1991年诺贝尔物理学奖获得者
P. G. DE GENNES 著作选译 第一辑

SUPERCONDUCTIVITY
OF METALS AND ALLOYS

金属与合金的超导电性

P. G. 德热纳 著 邱惠民 译

德热纳

1991年诺贝尔物理学奖获得者
P. G. DE GENNES 著作选译 第二辑

THE PHYSICS OF
LIQUID CRYSTALS

液晶物理学 (第二版)

P. G. 德热纳 J. 普罗斯特 著

德热纳

1991年诺贝尔物理学奖获得者
P. G. DE GENNES 著作选译 第三辑

SCALING CONCEPTS
IN POLYMER PHYSICS

高分子物理学中的
标度概念

P. G. 德热纳 著

德热纳

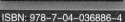

ISBN: 978-7-04-036886-4

1991年诺贝尔物理学奖获得者
P. G. DE GENNES 著作选译 第四辑

CAPILLARITY AND
WETTING PHENOMENA
DROPS, BUBBLES, PEARLS, WAVES

毛细和润湿现象
——液滴、气泡、液珠和表面波

P. G. 德热纳 F. 布罗沙尔 缇亚尔 D. 凯雷 著

德热纳

1991年诺贝尔物理学奖获得者
P. G. DE GENNES 著作选译 第五辑

SOFT INTERFACES
THE 1994 DIRAC MEMORIAL LECTURE

1994年狄拉克纪念讲演录
——软界面

P. G. 德热纳 著

德热纳

1991年诺贝尔物理学奖获得者
P. G. DE GENNES 著作选译 第六辑

INTRODUCTION TO
POLYMER DYNAMICS

高分子动力学导引

P. G. 德热纳 著

德热纳

U0338061

1997年诺贝尔物理学奖获得者
C. COHEN-TANNOUDJI 著作选译 第一辑

MÉCANIQUE QUANTIQUE
TOME I

量子力学 (第一卷)

C. Cohen-Tannoudji B. Diu F. Laloë 著

科恩 塔努季

1997年诺贝尔物理学奖获得者
C. COHEN-TANNOUDJI 著作选译 第二辑

MÉCANIQUE QUANTIQUE
TOME II

量子力学 (第二卷)

C. Cohen-Tannoudji B. Diu F. Laloë 著

科恩 塔努季

1983年诺贝尔物理学奖获得者
S. CHANDRASEKHAR 著作选译

THE MATHEMATICAL THEORY
OF BLACK HOLES

黑洞的数学理论

S. 钱德拉塞卡 著

钱德拉塞卡

S. P. Timoshenko

J. N. Goodier

THEORY OF ELASTICITY

(THIRD EDITION)

TANXING LILUN

弹性理论（第三版）

S. P. 铁摩辛柯　J. N. 古地尔　著

徐芝纶　译

高等教育出版社·北京

HIGHER EDUCATION PRESS　BEIJING

图字:01-2013-0445 号

再版说明

　　本书为 1990 年版的重排版。利用重排机会,对全书进行了几点修改、补充和订正:根据有关规定修改了外国人名的中译名;根据国家有关标准规范使用了一些外文符号;补充了英文人名索引和英文主题索引;订正了 1990 年版中存在的一些疏漏。

目　　录

第三版前言

为第三版修订本书时，保留了第一版原来的意图和办法——以议题所容许的最简单形式，给工程师们提供弹性理论的重要基本知识，以及工程实践与设计中的一些重要专题的解答汇编。大量的注释资料，显示出若干专题可以如何进一步研讨。鉴于这些资料现在很容易由 Applied Mechanics Reviews 得到补充，增补的新注很少。第一次阅读时可以省略的部分，仍然用小字排印*。

对全书进行了再审查；通过删简、增补和重新安排，作了许多小的改进。

主要的增补，反映了 1951 年第二版问世之后出现的、重要而又有实际应用的发展和扩张。在第三章和第四章中，论述了与圣维南原理有联系的端效应和本征解。鉴于位错弹性解在材料科学上的应用迅速增多，对这些非连续性的位移解给以更详尽的论述，如第四章、第八章、第十章及第十二章中的边缘位错和螺型位错。在第五章中增加了云纹法的简介及其实例说明。对应变能及变分原理的论述，已改写成三维的形式而归入第八章，为第十三章中热弹性理论的更新部分提供基础。关于对二维问题应用复势的讨论，根据现已周知的穆斯赫利什维利方法，扩展了几节新的内容。此外，研究的方法也有所不同：为了只处理解析函数，利用了早先已发展的解法。详细论述了对当代断裂力学起重要作用的、关于椭圆孔的进一步解答。简化了第十二章中对轴对称应力的讨论；增加了新的几段，以较精确的分析代替近似分析，以螺圈弹簧的一圈代替圆环段。鉴于热应力在例如核装置等方面的应用大大增多，扩大了第十三章热应力，其中包括热弹性互等定理和一些由此得来的有用成果，还介绍了由于热流受孔洞及包体干扰而引起的热应力集中。此外，还对二维问题的论述补充了最后两节，其中最后一节把二维热弹性问题和第六章中的复势及穆斯赫利什维利方法联系起来。重新安排了第十四章波的传播，突出了三维基本理论，增加了球形洞中爆炸压力的解答。在关于数值差分法的附录中，包含了一个用数字计算机处理大量未知数的实例。

在这些改动中间，有一些提供了分析的简化，是从过去二十年间在斯坦福大学授课的经验得来的。有很多宝贵的建议和勘误，以至安排完整并带有解答的问题，来自众多的学员和通信者，为此谨致衷心的感谢。

---

*译注：为了便于读者阅读，中译本中未用小字。

　　几乎全部习题都是来自斯坦福大学安排举行的考试。读者可以由此约略看出，本书的哪些部分是相应于一学年的、每周略少于三小时的课程安排。

J. N. 古地尔

第二版前言

在第一版之后出现的弹性理论的许多发展和澄清及其应用,在这一版大量增加和修订的内容中已有所反映。本书的安排绝大部分保持与第一版相同。

光弹性法、曲线坐标中的二维问题及热应力都已重新编写,并分别扩大成章,其中介绍了第一版中所未给出的许多方法和解答。增加了一篇关于差分法及其应用(包括松弛法)的附录。在其他各章中还加入了一些新的节和段,讨论了应变丛理论、重力、应力、圣维南原理、转动分量、互等定理、一般解答、平面应力解答的近似性、扭转中心和剪切中心、内圆角处扭应力的集中、受扭及受弯的纤细截面(如实心机翼)的近似处理,以及圆轴受压力带等。

本书中还增加了为学生准备的习题,直到扭转一章为止。

对本书读者提出的许多有益的建议谨致谢意。

S. P. 铁摩辛柯

J. N. 古地尔

第一版前言

近年来, 弹性理论已被广泛地用来解决工程问题。在许多情况下, 材料力学的初等方法不能提供关于工程结构中应力分布的令人满意的资料, 于是必须借重更强有力的弹性理论方法。关于梁的载荷附近及支点附近的局部应力, 初等理论就不能给出足够的资料; 用来考察各向同阶大小的物体中的应力分布, 它也是无效的。圆滚和轴承珠中的应力, 只有用弹性理论的方法才能求得。梁或轴的截面如有剧烈的变化, 变化处的应力也无法用初等理论来研究。大家知道, 在内凹角处有高度的应力集中, 因而裂痕就会从这种凹角处开始; 结构受有反复应力时更是如此。机件在使用时的断裂, 大都起因于这种裂痕。

近年来, 对于解决这种实用上极为重要的问题, 已经大有进展。对于某些不能得出严格解答的情况, 已经发展了一些近似方法。在另一些情况下, 解答可用实验方法得到。作为这方面的例子, 可以提一提解决弹性理论二维问题的光弹性法。在一些大学里和许多工业研究实验室里, 现在都已经有了光弹性实验设备。已经证明, 对于截面尺寸的剧烈变化处以及凹角的尖锐内圆角处, 用光弹性实验的结果来研究应力集中, 是特别有效的。毫无疑问, 这些结果已经大大地影响了近代的机件设计, 并在许多情况下帮助改进了制造方法, 以消除可能发生裂痕的弱点。

用实验方法解决弹性理论问题而得到成功的另一个例子, 是用皂膜法确定柱形杆在扭转或弯曲时的应力。这样, 在指定边界条件下求解偏微分方程的难题, 就成为量测一个适当受拉并受载荷的皂膜的挠度及斜率。实验证明, 这样不但可以得到应力分布的可见的形象, 而且可以得到关于应力数值的必需资料, 并且这些资料对于实际应用也足够精确。

此外, 电比拟可以用来研究变直径圆轴中靠近内圆角或直槽处的扭应力。板的弯曲问题与弹性理论二维问题之间的相互比拟, 也被成功地用来解答一些重要工程问题。

编著本书的目的, 在于把弹性理论中的必需的基本知识以简单的形式提供给工程师们, 还在于汇集一些实用上很重要的特殊问题的解答, 并叙述一些求解弹性理论问题的近似方法和实验方法。

为了注意弹性理论的实际应用, 有些理论价值较大而目前工程上尚无直接应用的材料都被略去，以便多讨论一些特殊问题。只有仔细地研究这些问题，并把精确的结果与材料力学初等教程中通常给出的近似解答对比，设计者才能对工程结构中的应力分布有透彻的了解，并学会应用这些严格的应力分析方法。

在讨论特殊问题时，大都采用直接确定应力的方法而应用那些表以应力分量的相容方程。这一方法，对于通常对应力数值感兴趣的工程师们说来，是比较熟悉的。如果适当地引用应力函数，这一方法也常比应用那些表以位移的平衡方程来得简单。

在许多情况下，也采用了解答弹性理论问题的能量法。这样，研究某些积分的极小条件，就代替了求解微分方程。应用瑞次法，这一变分问题又简化为求某一函数的极小值的简单问题。这样就可以得到许多重要实用问题的有用的近似解答。

为了便于陈述，本书从二维问题的讨论开始，在读者对于求解弹性理论问题的各种方法已经熟悉之后，再讨论二维问题。书中某些部分，虽然在实用上具有重要性，但在第一次阅读时可以省略的，都用小字排印。读者可在读完本书中最重要部分以后再研究这类问题。

数学推导都用了浅近的形式，一般并不需要比工业学校中所讲授的数学知识更多。对于某些比较复杂的问题，还给出了所有必要的解释和中间演算，以使读者易于领会全部推导。只有在极少数的情况下只给出最后结果而没有全部推导，但也指出了可以找到这些推导的必需参考文献。

关于弹性理论的参考论文和书籍，凡是可能在实用上具有重要性的，都在注释中给出。这些参考资料，对于打算更仔细地研究某些特殊问题的工程师们，可能是有用的。同时，这些参考资料也给出了弹性理论的近代发展的轮廓，对于打算在这方面工作的研究生们也可能有些用处。

编著本书时，曾由同一学科的一本早期书籍 (С. П. Тимошенко, Курс теории упругости, Пгр. ч. I, 1914) 引用了大量的内容，这本书是俄国某些工业学校中的弹性理论教材。

S. P. 铁摩辛柯

记　　号

x, y, z　　直角坐标。

r, θ　　极坐标。

ξ, η　　正交曲线坐标; 有时是直角坐标。

R, ψ, θ　　球面坐标。

N　　物体边界的向外法线。

l, m, n　　向外法线的方向余弦。

A　　截面积。

I_x, I_y　　截面对于 x 轴及 y 轴的惯矩。

I_p　　截面的极惯矩。

g　　重力加速度。

ρ　　密度。

q　　连续分布载荷的集度。

p　　压力。

X, Y, Z　　每单位体积的体力分量。

$\overline{X}, \overline{Y}, \overline{Z}$　　每单位面积的面力分量。

M　　弯矩。

M_t　　扭矩。

$\sigma_x, \sigma_y, \sigma_z$　　平行于 x, y, z 轴的正应力分量。

σ_n　　平行于 n 的正应力分量。

σ_r, σ_θ　　极坐标中的径向及切向正应力。

σ_ξ, σ_η　　曲线坐标中的正应力分量。

$\sigma_r, \sigma_\theta, \sigma_z$　　柱面坐标中的正应力分量。

$\Theta = \sigma_x + \sigma_y + \sigma_z = \sigma_r + \sigma_\theta + \sigma_z$。

τ　　剪应力。

$\tau_{xy}, \tau_{xz}, \tau_{yz}$　　直角坐标中的剪应力分量。

$\tau_{r\theta}$　　极坐标中的剪应力。

$\tau_{\xi\eta}$　　曲线坐标中的剪应力。

$\tau_{r\theta}, \tau_{\theta z}, \tau_{rz}$　　柱面坐标中的剪应力分量。

S　平面上的总应力; 表面张力。

u, v, w　位移分量。

ϵ　单位伸长。

$\epsilon_x, \epsilon_y, \epsilon_z$　x, y, z 方向的单位伸长。

$\epsilon_r, \epsilon_\theta$　极坐标中的径向及切向单位伸长。

$e = \epsilon_x + \epsilon_y + \epsilon_z$　体积膨胀。

γ　单位剪切。

$\gamma_{xy}, \gamma_{xz}, \gamma_{yz}$　直角坐标中的剪应变分量。

$\gamma_{r\theta}, \gamma_{\theta z}, \gamma_{rz}$　柱面坐标中的剪应变分量。

E　抗拉及抗压的弹性模量。

G　抗剪弹性模量, 刚性模量。

ν　泊松比。

$\mu = G, \lambda = \dfrac{\nu E}{(1+\nu)(1-2\nu)}$　拉梅常数。

ϕ　应力函数。

$\phi(z), \psi(z), X(z)$　复势; 复变数 $z = x + \mathrm{i}y$ 的函数。

$\bar{z}$　共轭复变数 $x - \mathrm{i}y$。

C　扭转刚度。

θ　每单位长度的扭角。

$F = 2G\theta$　用于扭转问题。

V　应变能。

V_0　每单位体积的应变能。

t　时间。

T　一段时间。温度。

α　热胀系数; 角度。

c_1, c_2　波速。

第一章

绪　　论

§1　弹性

[1]

几乎所有的工程材料都具有一定程度的弹性. 如果引起形变的外力不超过一定的限度, 则当外力移去时, 形变也就消失. 本书中将假定受外力作用的物体是完全弹性的, 就是, 外力移去后, 物体能完全恢复它原来的形状.

这里对原子结构将不予考虑. 假定弹性体的质料是均匀的, 并且在全体积内连续分布, 因而由物体中割取的最微小单元也具有与该物体相同的物理特性. 为了简化讨论, 还假定物体是各向同性的, 就是, 沿着所有各个方向, 弹性相同.

结构材料并不完全满足上述假定. 例如, 把钢这样重要的材料用显微镜来观察, 就可以看出它是由各种晶体按不同的排列方式组成的. 这材料远不是均匀的, 但经验证明, 基于均匀性和各向同性假定的弹性理论解答, 可以应用于钢结构而极为精确. 对于这一点的解释是: 晶体很小, 通常每立方英寸钢材内有几百万个. 虽然每个晶体在不同的方向可能有不同的弹性, 但这些晶体通常是随机排列的, 而大块钢材的弹性代表这些晶体的平均性质. 只要物体的几何尺寸远大于单个晶体的尺寸, 关于均匀性的假定就可以采用而极为精确, [2]而且, 如果这些晶体是随机排列的, 这材料就可以当作是各向同性的.

如果由于滚辗之类的某种工艺处理, 金属内晶体的某一方位占了优势, 那么, 金属在不同方向的弹性将成为不相同, 就必须考虑各向异性的情况. 例如, 冷辗铜的情形就是这样.

§2　应 力

图 1 表示一个平衡物体. 在外力 P_1、$\cdots$、P_7 的作用下, 该物体各部分之间将发生内力. 为了研究任一点 O 处的内力大小, 可假想用经过该点的截面 mm 将物体分为 A 和 B 两部分. 试考察两部分之一, 如 A, 可以说它是在外力 P_5、P_6、P_7 和分布在截面 mm 上的内力作用下维持平衡, 而这些内力代表 B 部分材料对于 A 部分材料的作用. 假定这些内力连续分布在面积 mm 上, 就像静水压力或风压力连续分布在它们的作用面上一样. 这种力的大小通常表以集度, 就是, 作用在每单位面积上的力的数量. 在讨论内力时, 这个集度就称为应力.

[3]　　在柱形杆因两端有均匀分布力而受拉的最简单情况下 (图 2), 任一截面 mm 上的内力也是均匀分布的. 因此, 内力的集度, 也就是应力, 可由总拉力除以截面积 A 而求得.

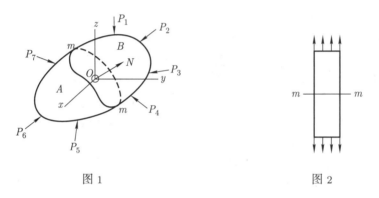

图 1　　　　　　　　　　　　　　　　图 2

在刚才所考虑的情况下, 应力是均匀分布在截面上的. 在如图 1 所示的一般情况下, 应力并非均匀分布在 mm 上. 为了求得从截面 mm 上任一点 O 处割出的微小面积 δA 上的应力大小, 我们注意, 作用在这单元面积上的力 (由于 B 部分材料对于 A 部分材料的作用) 可以简化为合力 δP. 如果将单元面积 δA 无限缩小, 那么, 比率 $\delta P/\delta A$ 的极限值就是在 O 点处作用在截面 mm 上的应力的大小, 合力 δP 的极限方向就是应力的方向. 在一般情况下, 应力的方向倾斜于作用面 δA, 但我们可以将它分解成为两个分量: 垂直于该面积的正应力及作用于 δA 平面内的剪应力.

§3　力和应力的记号

可能作用于物体的外力有两种. 分布在物体表面上的力, 例如一个物体对另一个物体作用的压力, 或静水压力等, 称为面力. 分布在物体体积内的力,如重力、磁力或运动物体的惯性力等, 称为体力. 我们把单位面积上的面力分解为平行于直角坐标轴的三个分量, 用记号 $\overline{X}$、$\overline{Y}$、$\overline{Z}$ 代表; 把单位体积上的体力也分解为三个分量, 用记号 X、Y、Z 代表。

我们将用字母 σ 代表正应力, 字母 τ 代表剪应力. 为了表明应力作用面的方向, 对这些字母再加用下标. 如果在 P 点 (图 1) 取微小的单元立方体, 使其各棱边与坐标轴平行, 则作用在单元体各面上的应力分量的记号及取用的正方向如图 3 所示. 例如, 对于单元体的垂直于 y 轴的两面, 作用于其上的正应力用 σ_y 代表. 下标 y 表明这应力作用在垂直于 y 轴的面上. 正应力以引起拉伸时为正, 引起压缩时为负. [4]

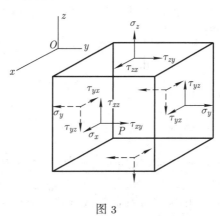

图 3

剪应力将分解为平行于坐标轴的两个分量. 这时, 下标用两个字母, 第一个字母表示作用面的法线方向, 第二个字母表示应力分量的方向. 仍以垂直于 y 轴的面为例: 沿 x 方向的分量用 τ_{yx} 代表, 沿 z 方向的分量用 τ_{yz} 代表. 如果立方体任一面上的拉应力与对应坐标轴的正方向相同, 就取各坐标轴的正方向作为这平面上各剪应力分量的正方向. 如果拉应力的方向与坐标轴的正方向相反, 剪应力分量的正方向也应反转. 根据这个规则, 作用于立方体 (图 3)右面的各应力分量的正方向与各坐标轴的正方向一致; 如果考虑立方体的左面, 则所有的正方向都应反转.

§4 应力分量

由前节中的讨论可见, 在如图 3 所示的单元立方体的每一对平行面上, 需要一个记号代表正应力分量,两个记号代表剪应力的两个分量. 为了表明该单元体的六个面上的应力, 需要三个记号 σ_x、σ_y、σ_z 代表正应力, 六个记号 τ_{xy}、τ_{yx}、τ_{xz}、τ_{zx}、τ_{yz}、τ_{zy} 代表剪应力. 只要考虑单元体的平衡, 剪应力的记号就可以减少到三个. [5]

例如, 把作用于单元体的所有各力对于通过中点 C 并平行于 x 轴的一根线求矩. 这时, 只须考虑图 4 所示的各表面应力. 在此情况下, 体力 (如单元体的重力) 可以不计, 因为, 当单元体缩小时, 它所受的体力按长度的立方减小面力则按长度的平方减小. 因此, 就微小单元体来说, 体力是比面力高一阶的微量, 在计算力矩时, 体力可以不计. 同样, 由于正应力分布不均匀而有的矩, 比剪应力产生的矩高一阶, 在取极限时就消失了. 每一面上的力, 也可以当作等于那一面的面积乘以位于它中点的应力. 于是, 用 dx、dy、dz 代表图 4 中微小单元体的边长, 取所有各力对于 C 的矩, 就得到该单元体的平衡方程

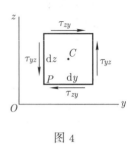

图 4

$$\tau_{zy}dxdydz = \tau_{yz}dxdydz.$$

另外两个方程也可以同样得出. 由这些方程得

$$\tau_{xy} = \tau_{yx}, \quad \tau_{zx} = \tau_{xz}, \quad \tau_{zy} = \tau_{yz}. \tag{1}$$

[6]　　可见, 两垂直面上垂直于该两面交线的两个剪应力分量是互等的.[①]

因此, σ_x、σ_y、σ_z、$\tau_{xy} = \tau_{yx}$、$\tau_{xz} = \tau_{zx}$、$\tau_{yz} = \tau_{zy}$ 这六个量足以表明经过一点的各坐标面上的应力; 这些量就称为该点的应力分量.

以后将证明 (§74), 经过该点的任何斜面上的应力都可用这六个应力分量来确定.

注:

①　也有例外, 特别是当应力是由电场或磁场引起的时候 (见本章的习题 2).

§5　应变分量

在讨论弹性体的形变时, 将假定有充分的约束以阻止物体的刚体运动. 因此, 如果没有形变, 物体的质点就不可能有位移.

本书中将只考虑像工程结构中通常发生的那样微小的形变. 变形体的质点的微小位移, 将分解为平行于坐标轴 x、y、z 的三个分量 u、v、w. 假定这些分量是在物体全体积内连续变化的微量. 试考虑弹性体的任一微小单元 $dxdydz$ (图 5). 如果该物体发生形变, 而 u、v、w 为 P 点的位移分量, 那么, x 轴上的邻近一点 A, 由于函数 u 随坐标 x 的增加而增加 $(\partial u/\partial x)dx$ (精确到 dx 的

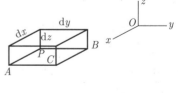

图 5

一次方), 将在 x 方向有位移 $u+(\partial u/\partial x)\mathrm{d}x$. 由于形变, 单元线段 PA 增长了 $(\partial u/\partial x)\mathrm{d}x$. 因此, 在 P 点处的沿 x 方向的单位伸长是 $\partial u/\partial x$. 同样可以证明, [7] 沿 y 方向和 z 方向的单位伸长是 $\partial v/\partial y$ 和 $\partial w/\partial z$.

现在来考察线段 PA 与 PB (图 6) 之间的夹角的改变. 设 u 及 v 为 P 点沿 x 方向及 y 方向的位移, 则 A 点沿 y 方向的位移及 B 点沿 x 方向的位移分别为 $v+(\partial v/\partial x)\mathrm{d}x$ 及 $u+(\partial u/\partial y)\mathrm{d}y$. 由于这些位移, 线段 PA 的新方向 $P'A'$ 将与它的原方向倾斜成微小角度 $\partial v/\partial x$, 如图 6 所示. 同样, $P'B'$ 的方向与 PB 倾斜成微小角度 $\partial u/\partial y$. 由此可见, 线段 PA 与 PB 之间原来的直角 APB 减小了角度 $\partial v/\partial x+\partial u/\partial y$. 这就是平面 xz 与 yz 之间的剪应变. 平面 xy 与 xz 之间的及平面 yx 与 yz 之间的剪应变也可同样求得.

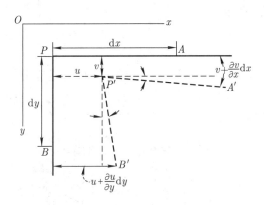

图 6

用字母 ϵ 代表单位伸长, 字母 γ 代表剪应变, 并用与应力分量下标相同的字母表示应变的方向. 于是由以上的讨论得

$$\epsilon_x=\frac{\partial u}{\partial x}, \quad \epsilon_y=\frac{\partial v}{\partial y}, \quad \epsilon_z=\frac{\partial w}{\partial z},$$
$$\gamma_{xy}=\frac{\partial u}{\partial y}+\frac{\partial v}{\partial x}, \quad \gamma_{xz}=\frac{\partial u}{\partial z}+\frac{\partial w}{\partial x}, \quad \gamma_{yz}=\frac{\partial v}{\partial z}+\frac{\partial w}{\partial y}. \tag{2}$$

以后将证明, 有了这三个垂直方向的单位伸长以及与该三方向相关的三个剪应变, 任何方向的伸长及任何两方向间的夹角的改变都可以算出 (见 §81). [8] ϵ_x、$\cdots$、γ_{yz} 等六个量称为应变分量.

§6 胡克定律

应力分量与应变分量之间的线性关系, 就是通常所谓的胡克定律. 假想有一个单元长方体, 各棱边平行于坐标轴, 在两个对面上受有均匀分布的正应力

σ_x, 就像在拉伸试验中那样. 在比例极限之内, 单元体在 x 方向的单位伸长可以表示为

$$\epsilon_x = \frac{\sigma_x}{E}, \tag{a}$$

其中 E 是抗拉弹性模量. 工程结构中所用的材料都具有远较许用应力为大的弹性模量, 因而单位伸长 (a) 是很小的量. 例如, 在结构钢中, 它通常都小于 0.001.

单元体在 x 方向的伸长将伴随有侧向应变分量 (收缩)

$$\epsilon_y = -\nu \frac{\sigma_x}{E}, \quad \epsilon_z = -\nu \frac{\sigma_x}{E}, \tag{b}$$

其中 ν 是一个常数, 称为泊松比. 许多材料的泊松比都可以取为 0.25; 对于结构钢, 通常把它取为 0.3.

方程 (a) 和 (b) 也可以用于简单压缩的情形. 压缩时的弹性模量和泊松比都与拉伸时的相同.

设上述单元体在各面上同时受有均匀分布的正应力 σ_x、σ_y、σ_z 的作用, 则总的应变分量可由方程 (a) 和 (b) 求得. 将三个应力中的每一个所引起的应变分量相叠加, 就得到与很多试验量测相一致的方程

$$\begin{aligned}
\epsilon_x &= \frac{1}{E}[\sigma_x - \nu(\sigma_y + \sigma_z)], \\
\epsilon_y &= \frac{1}{E}[\sigma_y - \nu(\sigma_x + \sigma_z)], \\
\epsilon_z &= \frac{1}{E}[\sigma_z - \nu(\sigma_x + \sigma_y)].
\end{aligned} \tag{3}$$

[9] 在以后的讨论中, 将常用这种叠加法来计算由几个力引起的总的形变和应力. 只要形变是微小的, 对应的微小位移不致显著影响外力的作用, 这个方法就是合理的. 在这种情况下, 可以不计变形体尺寸的微小改变以及外力作用点的微小位移, 而以该物体原来的尺寸和形状作为计算依据. 于是, 合成位移可用叠加法求得, 表为外力的线性函数, 像导出方程 (3) 时那样.

但也有例外的情形, 这时, 微小形变不能忽略而必须加以考虑. 例如, 一根细杆同时受轴向力和侧向力的作用, 就是这种情形. 轴向力单独作用时, 只引起简单的拉伸或压缩, 但如和侧向力同时作用, 就将显著影响杆的弯曲. 计算杆件在这种情况下的形变时, 即使挠度很小, 也必须考虑它对于外力的矩的影响.[①] 这时, 总挠度不再是力的线性函数, 不能用简单的叠加法求得.

方程 (3) 表明, 单位伸长与应力之间的关系完全由两个物理常数 E 和 ν 所确定. 这两个常数也可用来确定剪应力与剪应变之间的关系.

试考虑在 $\sigma_z = \sigma$、$\sigma_y = -\sigma$、$\sigma_x = 0$ 的特殊情况下长方体的形变. 用平行于 x 轴而与 y 轴及 z 轴各成 45° 的平面割取单元体 $abcd$ (图 7), 将沿着 bc 及

垂直于 bc 的力分别相加, 则由图 7b 可见, 这单元体各面上的正应力都是零, [10]
而剪应力是

$$\tau = \frac{1}{2}(\sigma_z - \sigma_y) = \sigma. \tag{c}$$

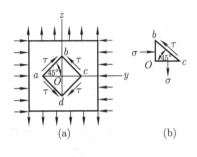

图 7

这种应力状态称为纯剪. 铅直边 Ob 的伸长等于水平边 Oa 及 Oc 的缩短. 不
计二阶微量, 可以断定该单元体的长度 ab 和 bc 在变形时并不改变. 但是, ab
与 bc 两边之间的夹角却有改变, 而对应的剪应变 γ 可由三角形 Obc 求得. 在
变形之后, 我们有

$$\frac{Oc}{Ob} = \mathrm{tg}\left(\frac{\pi}{4} - \frac{\gamma}{2}\right) = \frac{1 + \epsilon_y}{1 + \epsilon_z}.$$

由方程 (3) 得

$$\epsilon_z = \frac{1}{E}(\sigma_z - \nu\sigma_y) = \frac{(1+\nu)\sigma}{E},$$

$$\epsilon_y = -\frac{(1+\nu)\sigma}{E}.$$

代入上式, 并注意当 γ 很小时,

$$\mathrm{tg}\left(\frac{\pi}{4} - \frac{\gamma}{2}\right) = \frac{\mathrm{tg}\,\frac{\pi}{4} - \mathrm{tg}\,\frac{\gamma}{2}}{1 + \mathrm{tg}\,\frac{\pi}{4}\mathrm{tg}\,\frac{\gamma}{2}} = \frac{1 - \frac{\gamma}{2}}{1 + \frac{\gamma}{2}},$$

就得到

$$\gamma = \frac{2(1+\nu)\sigma}{E} = \frac{2(1+\nu)\tau}{E}. \tag{4}$$

可见剪应力与剪应变之间的关系决定于常数 E 和 ν. 通常引用记号

$$G = \frac{E}{2(1+\nu)}. \tag{5}$$

于是方程 (4) 成为

$$\gamma = \frac{\tau}{G}.$$

由公式 (5) 决定的常数 G, 称为抗剪弹性模量或刚性模量.

如果单元体的所有各面都有剪应力作用, 如图 3 所示, 则任何两个相交面的夹角的改变仅与相应的剪应力分量有关, 于是我们有

$$\gamma_{xy} = \frac{1}{G}\tau_{xy}, \quad \gamma_{yz} = \frac{1}{G}\tau_{yz}, \quad \gamma_{zx} = \frac{1}{G}\tau_{zx}. \tag{6}$$

[11]　　正应变 (3) 与剪应变 (6) 是各自独立的. 由三个正应力分量和三个剪应力分量引起的一般情形的应变, 可用叠加法求得: 在方程 (3) 给出的三个正应变上叠加以方程 (6) 给出的三个剪应变.

方程 (3) 和 (6) 将应变分量表为应力分量的函数. 有时需要将应力分量表为应变分量的函数. 这些表达式可导出如下. 将 (3) 中的各方程相加, 并引用记号

$$\begin{aligned} e &= \epsilon_x + \epsilon_y + \epsilon_z, \\ \Theta &= \sigma_x + \sigma_y + \sigma_z, \end{aligned} \tag{7}$$

得出体积膨胀 e 与正应力总和之间的下列关系:

$$e = \frac{1-2\nu}{E}\Theta. \tag{8}$$

在各向均匀压力 p 的情况下, 我们有

$$\sigma_x = \sigma_y = \sigma_z = -p,$$

于是由方程 (8) 得

$$e = -\frac{3(1-2\nu)p}{E},$$

这式子表明单位体积膨胀 e 与各向均匀压力 p 之间的关系, 而 $E/3(1-2\nu)$ 称为体积膨胀模量.

用记号 (7), 并由方程 (3) 解出 σ_x、σ_y、σ_z, 得

$$\begin{aligned} \sigma_x &= \frac{\nu E}{(1+\nu)(1-2\nu)}e + \frac{E}{1+\nu}\epsilon_x, \\ \sigma_y &= \frac{\nu E}{(1+\nu)(1-2\nu)}e + \frac{E}{1+\nu}\epsilon_y, \\ \sigma_z &= \frac{\nu E}{(1+\nu)(1-2\nu)}e + \frac{E}{1+\nu}\epsilon_z. \end{aligned} \tag{9}$$

采用记号

$$\lambda = \frac{\nu E}{(1+\nu)(1-2\nu)}, \tag{10}$$

并应用方程 (5), 方程 (9) 就成为

$$\sigma_x = \lambda e + 2G\epsilon_x,$$
$$\sigma_y = \lambda e + 2G\epsilon_y, \tag{11}$$
$$\sigma_z = \lambda e + 2G\epsilon_z.$$

注:

① 几个这样的例子见 S. Timoshenko, "Strength of Materials", 3rd ed., vol. 2, chap. 2, 1956.

§7 下标记号法

[12]

前面为力的分量、应力分量、应变分量和位移分量引用的记号法,已经成为国际上公认的一种 (特别是为了工程上的目的), 本书中将采用它. 可是, 为了简洁地表示一般方程以及由它们推出的定理, 改用下标记号法是有益的, 也是常见的. 例如, 位移分量可写成 u_1、u_2、u_3, 或者合并写成 u_i, 而理解下标 i 可以是 1,2, 或者是 3. 坐标可写成 x_1、x_2、x_3, 或者简写为 x_i, 以代替 x、y、z.

图 3 中有九个应力分量. 它们可以排成下面左边的那个表或阵列.

$$
\begin{matrix}
\sigma_x & \tau_{xy} & \tau_{xz} & \quad & \tau_{xx} & \tau_{xy} & \tau_{xz} & \quad & \tau_{11} & \tau_{12} & \tau_{13} \\
\tau_{yx} & \sigma_y & \tau_{yz} & \quad & \tau_{yx} & \tau_{yy} & \tau_{yz} & \quad & \tau_{21} & \tau_{22} & \tau_{23} \\
\tau_{zx} & \tau_{zy} & \sigma_z & \quad & \tau_{zx} & \tau_{zy} & \tau_{zz} & \quad & \tau_{31} & \tau_{32} & \tau_{33}
\end{matrix}
\tag{a}
$$

把 σ_x 改写成 τ_{xx}, σ_y 改写成 τ_{yy}, σ_z 改写成 τ_{zz}, 得到上面中间那个阵列. 在这里, 第一个下标表示应力分量作用面的法线方向, 第二个下标表示平行于应力分量的轴向. 在上面右边那个阵列里, 字母下标改成对应的数字下标. 现在, 为了合写这九个分量, 需要两个下标 i 和 j, 每个下标独自为 1,2,3. 于是全部九个分量概括为

$$\tau_{ij}, \quad i, j = 1, 2, 3. \tag{b}$$

关系式 (1) 曾把九个分量归结为六个独立的量 (但阵列中仍然有九项), 现在可以表示成为

$$\tau_{ji} = \tau_{ij}, \quad i \neq j. \tag{c}$$

如果允许 $i = j$, 那就只有像 $\tau_{11} = \tau_{11}$ 这样的三个恒等式.

可以不用应变–位移关系式 (2) 而用关系式

$$\epsilon_{ij} = \frac{1}{2}\left(\frac{\partial u_i}{\partial x_j} + \frac{\partial u_j}{\partial x_i}\right) \tag{d}$$

表示九个应变分量 ϵ_{ij} (剪应变的定义要求 $\epsilon_{ji} = \epsilon_{ij}$). 取 $i = j = 1$, 即再次得出 (2) 中的第一式, 亦即下列三个关系式中的第一式:

$$\epsilon_{11} = \frac{\partial u_1}{\partial x_1}; \quad \epsilon_{22} = \frac{\partial u_2}{\partial x_2}, \quad \epsilon_{33} = \frac{\partial u_3}{\partial x_3}. \tag{e}$$

取 $i = 1, j = 2$, 可由式 (d) 得出下列三个关系式中的第一式:

$$\epsilon_{12} = \frac{1}{2}\left(\frac{\partial u_1}{\partial x_2} + \frac{\partial u_2}{\partial x_1}\right), \quad \epsilon_{23} = \frac{1}{2}\left(\frac{\partial u_2}{\partial x_3} + \frac{\partial u_3}{\partial x_2}\right),$$

$$\epsilon_{31} = \frac{1}{2}\left(\frac{\partial u_3}{\partial x_1} + \frac{\partial u_1}{\partial x_3}\right). \tag{f}$$

注意到 $2\epsilon_{12}, 2\epsilon_{13}, 2\epsilon_{23}$ 和 (2) 中的 $\gamma_{xy}, \gamma_{xz}, \gamma_{yz}$ 是一回事, 可见 ϵ_{12} 是在 x_1, x_2, x_3 处的两个微小线段 dx_1, dx_2 之间的直角减小的一半.

为了表示 (7) 中第一式右边出现的三项之和, 可以写出

$$\epsilon_{11} + \epsilon_{22} + \epsilon_{33} \quad \text{或} \quad \sum_{i=1,2,3} \epsilon_{ii}. \tag{g}$$

[13] 但在这个记号中间, 习惯上都省去求和的标记而简单地写出 ϵ_{ii}. 重复下标就表示求和. 这就是所谓求和约定. 于是, 对于应力分量有

$$\tau_{ii} = \tau_{11} + \tau_{22} + \tau_{33}. \tag{h}$$

用下标 j 或任何其他一个下标来代替 i, 意义并不改变. 因此, 这样一个重复的下标常被标为哑标.

式 (11), 连带式 (6), 把六个应力分量表以六个应变分量. 为了用下标记号法归并这些表达式, 需要

$$\begin{matrix} 1 & 0 & 0 \\ 0 & 1 & 0 \\ 0 & 0 & 1 \end{matrix}$$

这个阵列, 记为 δ_{ij}. 显然, 在 $i \neq j$ 时, 这个记号表示零, 而在 $i = j = 1$ 或 2 或 3 时, 它表示 1. 它称为克罗内克记号. 由

$$\tau_{ij} = \lambda\delta_{ij}\epsilon_{kk} + 2G\epsilon_{ij}, \quad i, j, k = 1 \text{ 或 } 2 \text{ 或 } 3, \tag{j}$$

可再次得出六个关系式 (11) 和 (6). 当然, 记号 ϵ_{kk} 和 (h) 中的 τ_{ii} 一样, 表示要求和. 但读者可以看出, 这里必须用一个不同于 i 和 j 的哑标 k. 例如, 为了再次得出 (11) 中的第一式, 取 $i = 1, j = 1$, 从而由式 (j) 得出

$$\tau_{11} = \lambda\delta_{11}\epsilon_{kk} + 2G\epsilon_{11} = \lambda\epsilon_{kk} + 2G\epsilon_{11} \tag{k}$$

而 ϵ_{kk} 的意义和 (7) 中的 e 相同.

对坐标的求导, 例如 (d) 中所示的, 可以更简洁地用逗号来表示. 这样, 式 (d) 可以写成

$$\epsilon_{ij} = \frac{1}{2}(u_{i,j} + u_{j,i}). \tag{l}$$

将式 (h) 右边的三项之和写做 3τ, 则 τ 为三个正应力分量的平均值. 应力 τ_{ij} 可以作为两个应力状态

$$
\begin{matrix}
\tau & 0 & 0 \\
0 & \tau & 0 \\
0 & 0 & \tau
\end{matrix}
\quad 及 \quad
\begin{matrix}
\tau_{11} - \tau & \tau_{12} & \tau_{13} \\
\tau_{21} & \tau_{22} - \tau & \tau_{23} \\
\tau_{31} & \tau_{32} & \tau_{33} - \tau
\end{matrix}
\tag{m}
$$

的叠加. 前一个状态常被简称为平均应力[①], 可用 $\tau\delta_{ij}$ 表示, 后一个状态称为偏斜应力或应力偏量, 可用 τ'_{ij} 表示, 其中

$$\tau'_{ij} = \tau_{ij} - \tau\delta_{ij}. \tag{n}$$

同样可以将应变 ϵ_{ij} 分解成为一个平均应变 $\epsilon_{ij}/3$ 或 $e/3$ 和一个偏斜应变 ϵ'_{ij}, 而

$$\epsilon'_{ij} = \epsilon_{ij} - \frac{1}{3}e\delta_{ij}. \tag{o}$$

表示胡克定律的那六个方程, 就等价于

$$\tau'_{ij} = 2G\epsilon'_{ij}, \quad 3\tau = (3\lambda + 2G)e. \tag{p}$$

作为简单的练习, 试从方程 (j) 导出这些方程, 或相反地从 (p) 开始, 恢复方程 (j). [14]

作为塑性理论或黏弹性理论的重要方程时, 用 (p) 的形式特别方便. 常数 $3\lambda + 2G$ 常被写做 $3K$. 这样, K 就是 §6 中已经介绍了的体积膨胀模量.

注:

①　如果 $\tau = -p, p > 0$, 则平均应力为各向均匀压力 p.

习题

1. 设图 4 中的单元体处在运动中, 并像刚体一样具有角加速度, 试证明方程 (1) 仍然适用.

2. 设某一弹性材料含有大量均匀分布的微小磁化粒子, 因而磁场对任意单元体 $dxdydz$ 作用一个对于与 x 轴平行的轴的力矩 $\mu dxdydz$. 问方程 (1) 需要作怎样的修正?

3. 举出一些理由来说明, 为什么公式 (2) 只是对于微小应变才是正确的.

4. 一弹性薄片被夹在两块完全刚性的平板之间, 并粘结在平板上. 薄片在两平板之间受压, 压应力是 σ_z. 假设因与平板粘结而完全阻止了侧向应变 ϵ_x 和 ϵ_y, 试求视杨氏模量 (即 σ_z/ϵ_z), 用 E 和 ν 表示. 试证明: 设薄片材料的泊松比仅仅略小于 0.5 (例如橡皮), 则视杨氏模量将比 E 大许多倍.

5. 试证方程 (8) 可由方程 (11)、(10) 和 (5) 导出.

第二章

平面应力和平面应变

§8　平面应力

　　如果薄板只在边缘上受到平行于板面并沿厚度均匀分布的力 (图 8), 则应力分量 σ_z、τ_{xz}、τ_{yz} 在板的两侧面上都是零, 而且可以暂时假定, 这些应力分量在板内也是零. 这时, 应力状态只须用 σ_x、σ_y、τ_{xy} 表明, 并称为平面应力. 还可以暂时假定[1], 这三个应力分量与 z 无关, 就是说, 它们沿板的厚度没有变化, 因而只是 x 和 y 的函数.

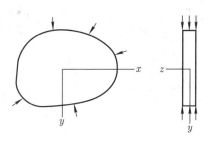

图 8

注:

①　这里所作的假定将在 §98 中加以审查. 应力确有变化, 但对于充分薄的板, 变化可以不计, 就像温度计的毛细管中液柱上端的弯月面那样.

§9　平面应变

　　在另一极端, 当物体在 z 方向的尺寸很大时, 类似的简化也是可能的. 如果一个长的柱体或棱柱体受到垂直于纵轴并且不沿长度变化的载荷作用, 就可以假定所有的横截面都处于相同的情况. 为简单起见, 现在先假定两端截面被限制在两个固定的光滑刚性平面之间,因而轴向位移被阻止了. 至于移去两个刚性平面而产生的影响,将在以后再来考察. 由于在两端没有轴向位移,而且由于对称,在中间截面处也没有轴向位移,因而可以假定,在每一横截面处都同样没有轴向位移.

[16]　　　　有许多重要问题属于这一类,例如受侧压力的挡土墙 (图 9),隧洞或涵洞 (图 10),受内压力的圆管,圆柱形滚子像在滚柱轴承中那样受到在直径平面内的压力 (图 11). 当然,在每一种情况下,载荷必须不沿长度变化. 由于所有横截面的情况相同,只须考虑相隔一个单位距离的两截面之间的一个薄片就够了. 位移分量 u 和 v 是 x 和 y 的函数,但与纵坐标 z 无关. 因为纵向位移 w 是零,由方程 (2) 得

$$\gamma_{yz} = \frac{\partial v}{\partial z} + \frac{\partial w}{\partial y} = 0,$$

$$\gamma_{xz} = \frac{\partial u}{\partial z} + \frac{\partial w}{\partial x} = 0, \tag{a}$$

$$\epsilon_z = \frac{\partial w}{\partial z} = 0.$$

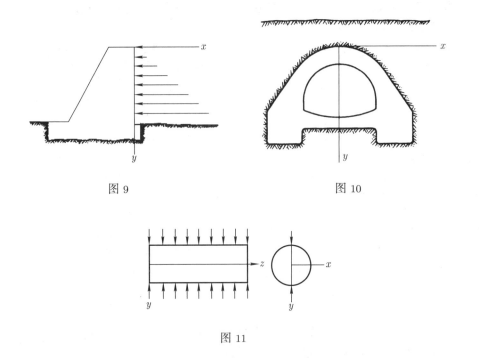

图 9　　　　　　　　　　　　　　　图 10

图 11

[17]　　　　纵向正应力 σ_z 可按胡克定律即方程 (3) 求得,表以 σ_x 和 σ_y. 因为 $\epsilon_z = 0$,

我们有

$$\sigma_z - \nu(\sigma_x + \sigma_y) = 0$$

或

$$\sigma_z = \nu(\sigma_x + \sigma_y). \tag{b}$$

此项正应力作用于各个横截面, 包括两个端截面. 在两端截面, 它们代表维持平面应变所必需的、由两个固定光滑刚体平面所施的力.

根据方程 (a) 和 (6), 应力分量 τ_{xz} 和 τ_{yz} 都是零; 用方程 (b), 可由 σ_x 和 σ_y 求得 σ_z. 于是, 平面应变问题同平面应力问题一样, 简化为决定 σ_x、σ_y、τ_{xy}, 它们只是 x 和 y 的函数.

§10 在一点的应力

对于平面应力或平面应变状态下的薄板, 如果已知任一点处的应力分量 σ_x、σ_y、τ_{xy}, 则作用于经过该点、垂直于板面而倾斜于 x 轴和 y 轴的任何平面上的应力, 都可由静力学方程算得. 令 P 为受力的板中的一点, 并假定应力分量 σ_x、σ_y、τ_{xy} 是已知的 (图 12). 试取一个平行于 z 轴而距离 P 点很近的平面 BC, 于是, 这个平面连同坐标面一起, 从板上分割出一个很小的三棱柱 PBC. 因为应力在物体内连续变化, 所以当分割的三棱柱渐小时, 作用于平面 BC 上的应力将趋近于经过 P 点并与它平行的平面上的应力. [18]

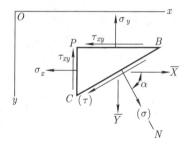

图 12

在讨论微小三棱柱的平衡条件时, 体力是较高阶的微量, 可以不计. 同样, 如果三棱柱很小, 也可以不计各面上应力的变化, 而假定应力是均匀分布的. 因此, 三棱柱所受的力可以决定于应力分量乘以各面的面积. 令 N 为平面 BC 的法线方向, 并用

$$\cos Nx = l, \quad \cos Ny = m$$

代表法线与 x 轴和 y 轴之间的夹角的余弦. 于是, 把三棱柱 BC 面的面积用 A 代表, 则另外两面的面积为 Al 和 Am.

用 $\overline{X}$ 及 $\overline{Y}$ 代表 BC 面上的应力分量, 则由三棱柱的平衡方程得

$$\begin{aligned}
\overline{X} &= l\sigma_x + m\tau_{xy}, \\
\overline{Y} &= m\sigma_y + l\tau_{xy}.
\end{aligned} \tag{12}$$

于是, 如果已知 P 点处的三个应力分量 σ_x、σ_y、τ_{xy}, 则由方向余弦 l 和 m 所决定的任一平面上的应力分量很容易由方程 (12) 算得.

令 α 为法线 N 与 x 轴之间的夹角, 于是有 $l = \cos\alpha, m = \sin\alpha$, 并由方程

[19] (12) 得平面 BC 上的正应力分量和剪应力分量

$$\begin{aligned}
\sigma &= \overline{X}\cos\alpha + \overline{Y}\sin\alpha \\
&= \sigma_x\cos^2\alpha + \sigma_y\sin^2\alpha + 2\tau_{xy}\sin\alpha\cos\alpha, \\
\tau &= \overline{Y}\cos\alpha - \overline{X}\sin\alpha \\
&= \tau_{xy}(\cos^2\alpha - \sin^2\alpha) + (\sigma_y - \sigma_x)\sin\alpha\cos\alpha.
\end{aligned} \tag{13}$$

可见, 可以选择角 α, 使得剪应力 τ 成为零. 这样我们就有

$$\tau_{xy}(\cos^2\alpha - \sin^2\alpha) + (\sigma_y - \sigma_x)\sin\alpha\cos\alpha = 0,$$

或

$$\frac{\tau_{xy}}{\sigma_x - \sigma_y} = \frac{\sin\alpha\cos\alpha}{\cos^2\alpha - \sin^2\alpha} = \frac{1}{2}\mathrm{tg}\,2\alpha. \tag{14}$$

由这一方程可以找到剪应力为零的两个垂直方向. 这两个方向称为主向, 而对应的正应力称为主应力.

如果取主向为 x 轴和 y 轴方向, 则 τ_{xy} 为零, 而方程 (13) 简化为

$$\begin{aligned}
\sigma &= \sigma_x\cos^2\alpha + \sigma_y\sin^2\alpha, \\
\tau &= \frac{1}{2}\sin 2\alpha(\sigma_y - \sigma_x).
\end{aligned} \tag{13'}$$

当 α 角改变时, 应力分量 σ 和 τ 的变化可用 σ 和 τ 为坐标作图来表明[①]. 每一平面在图上对应于一点, 这一点的坐标就代表该平面上的 σ 和 τ 的值. 图 13 就是一个这样的图. 对于垂直于主向的两平面, 我们得到横坐标分别为 σ_x

[20] 和 σ_y 的两点 A 和 B. 现在可以证明, 倾角为 α 的任一平面 BC (图 12) 上的应力分量, 可用以 AB 为半径的圆周上一点的坐标来代表. 为了求出这一点, 只须由 A 点顺着图 12 中量 α 角的方向量取对角等于 2α 的弧. 设 D 点是这样求得的一点, 则由图可得

$$\begin{aligned}
OF &= OC + CF = \frac{\sigma_x + \sigma_y}{2} + \frac{\sigma_x - \sigma_y}{2}\cos 2\alpha \\
&= \sigma_x\cos^2\alpha + \sigma_y\sin^2\alpha, \\
DF &= CD\sin 2\alpha = \frac{1}{2}(\sigma_x - \sigma_y)\sin 2\alpha.
\end{aligned}$$

与方程 (13′) 对比, 可见 D 点的坐标就是倾角为 α 的平面 BC 上的应力分量的数值. 为了使剪应力的符号与坐标符号一致, 在图上 τ 以向上为正 (图 13), 而剪应力则以组成顺时针方向的力偶者为正, 像单元体 $abcd$ 的 bc 和 ad 两面上的剪应力就是正的 (图 13b); 相反方向的剪应力为负, 像单元体的 ab 和 dc 两面上的就是负的[②].

　　当平面 BC (图 12) 绕着垂直于 xy 平面的某一轴依顺时针方向旋转, α 由 0 变到 $\pi/2$ 时, 图 13 中的 D 点将由 A 移动到 B, 因而下半个圆周就决定了 α 值在这范围内时的应力变化. 上半个圆周则给出 $\pi/2 \leqslant \alpha \leqslant \pi$ 时的应力.

　　延长半径 CD 至 D_1 (图 13), 就是用角 $\pi + 2\alpha$ 代替 2α, 就得到图 12 中与 BC 垂直的平面上的应力. 这就表明, 两垂直面上的剪应力的数值相等, 如前面已证明了的. 至于正应力, 则由图可见 $OF_1 + OF = 2OC$, 就是当角 α 改变时, 两垂直截面上的正应力之和保持为常量.

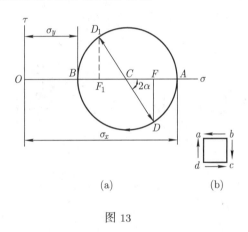

图 13

　　最大剪应力在图上由圆周的最大纵坐标决定, 也就是等于圆周的半径. 因此

$$\tau_{\max} = \frac{\sigma_x - \sigma_y}{2}. \tag{15}$$

它作用在 $\alpha = \pi/4$ 的平面上, 也就是作用在平分两主应力之间的夹角的平面上.

　　这种图也适用于两主应力或其中之一为负 (压应力) 的情形. 对于压应力, 只须改变横坐标的符号. 这样, 图 14a 就表示两主应力都是负值的情形, 图 14b 则代表纯剪的情形.　　　　　　　　　　　　　　　　　　　　　　　[21]

　　由图 13 和 14 可见, 在一点的应力可分解为两部分: (一) 两轴向的相等的拉应力或压应力, 大小等于圆心的横坐标; (二) 纯剪, 大小决定于圆周的半径. 将几组平面应力叠加时, 拉应力或压应力可用代数法相加; 但叠加纯剪时却必

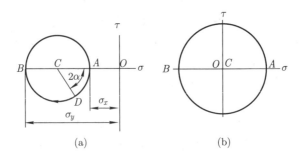

图 14

须考虑到它们的作用面的方向. 可以证明, 如果将最大剪应力平面互成 β 角的两个纯剪应力系叠加, 合成的应力系将是另一个纯剪. 例如, 设有大小为 τ_1 和 [22] τ_2 的两个纯剪, 一个作用在 xz 和 yz 平面上 (图 15a), 另一个作用在与 xz 和 yz 倾斜成 β 角的平面上 (图 15b), 则图 15 表明怎样确定在任一成倾角 α 的平

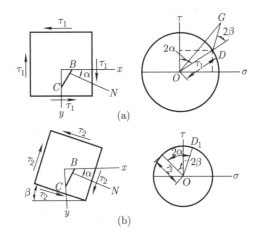

图 15

面上引起的应力. 在图 15a 中, D 点的坐标代表平面 CB 上由第一应力系引起的剪应力和正应力, 而 D_1 的坐标 (图 15b) 则代表这平面上由第二应力系引起的应力. 将 OD 和 OD_1 按几何相加得出 OG, 就是这平面上由两个应力系引起的合应力, 而 G 点的坐标就代表剪应力和正应力. 注意, OG 的大小与 α 无关. 因此, 将两个纯剪叠加的结果, 得到对应于另一纯剪的莫尔圆, 纯剪的大小决定于 OG, 而最大剪应力的平面与 xz 和 yz 平面倾斜成一角度, 其大小等于 GOD 角的一半.

如果已知任意两个垂直面上的应力分量 σ_x、σ_y、τ_{xy} (图 12), 也可以用如

图 13 所示的作图来求出主应力. 在这种情况下, 先标出 D 和 D_1 两点, 代表两坐标面上的应力 (图 16), 这样就得到圆周的直径 DD_1. 画出圆周, 即由圆周与横坐标轴的交点得出主应力 σ_1 和 σ_2. 由图可得

$$
\begin{aligned}
\sigma_1 &= OC + CD = \frac{\sigma_x + \sigma_y}{2} + \sqrt{\left(\frac{\sigma_x - \sigma_y}{2}\right)^2 + \tau_{xy}^2}, \\
\sigma_2 &= OC - CD = \frac{\sigma_x + \sigma_y}{2} - \sqrt{\left(\frac{\sigma_x - \sigma_y}{2}\right)^2 + \tau_{xy}^2}.
\end{aligned}
\tag{16}
$$

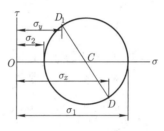

图 16

最大剪应力决定于圆周的半径, 也就是

$$
\tau_{\max} = \frac{1}{2}(\sigma_1 - \sigma_2) = \sqrt{\left(\frac{\sigma_x - \sigma_y}{2}\right)^2 + \tau_{xy}^2}.
\tag{17}
$$

这样, 在任一定点, 只要已知三个应力分量 σ_x、σ_y、τ_{xy}, 就可以了解应力分布的所有特征.

注:

① 这个图解法归功于 O. Mohr, 见 *Zivilingenieur*, 1882, p. 113. 又见他所著的 "Technische Mechanik", 2d ed., 1914.

② 这个规则仅限于作莫尔圆时应用, 在别处则仍用 §3 中所定的规则.

§11 在一点的应变 [23]

设已知在一点的应变分量 ϵ_x、ϵ_y、γ_{xy}, 则在这一点的沿任一方向的单位伸长, 以及任何方位的直角的减小 (剪应变), 就都能求得. 发生形变时, 点 (x, y) 与 $(x + dx, y + dy)$ 之间的线段 PQ 将平移, 伸长 (或缩短), 并转动到 $P'Q'$ (图 17a). P 的位移分量是 u 和 v, Q 的位移分量是

$$
u + \frac{\partial u}{\partial x} dx + \frac{\partial u}{\partial y} dy, \quad v + \frac{\partial v}{\partial x} dx + \frac{\partial v}{\partial y} dy.
$$

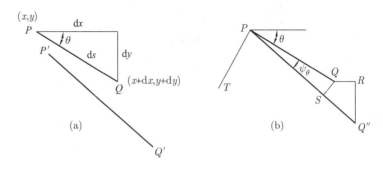

图 17

如果将图 17a 中的 $P'Q'$ 平移, 使 P' 回到 P, 就是图 17b 中的位置 PQ'', 则 QR 和 RQ'' 就代表 Q 相对于 P 的位移的分量. 于是

$$QR = \frac{\partial u}{\partial x}\mathrm{d}x + \frac{\partial u}{\partial y}\mathrm{d}y, \quad RQ'' = \frac{\partial v}{\partial x}\mathrm{d}x + \frac{\partial v}{\partial y}\mathrm{d}y. \tag{a}$$

由此还可以求得上述相对位移在垂直于 PQ'' 和沿 PQ'' 方向的分量 QS 和 SQ'' 为

$$QS = -QR\sin\theta + RQ''\cos\theta,$$

$$SQ'' = QR\cos\theta + RQ''\sin\theta, \tag{b}$$

在这里, 微小角度 QPS 在与 θ 相比较时被略去了. 由于短线段 QS 可以认为就是以 P 为中心的一段圆弧, 因而 SQ'' 就代表 PQ 的伸长. $P'Q'$ 的单位伸长是 SQ''/PQ, 用 ϵ_θ 代表. 利用 (b) 和 (a), 得

$$\epsilon_\theta = \cos\theta\left(\frac{\partial u}{\partial x}\frac{\mathrm{d}x}{\mathrm{d}s} + \frac{\partial u}{\partial y}\frac{\mathrm{d}y}{\mathrm{d}s}\right) + \sin\theta\left(\frac{\partial v}{\partial x}\frac{\mathrm{d}x}{\mathrm{d}s} + \frac{\partial v}{\partial y}\frac{\mathrm{d}y}{\mathrm{d}s}\right)$$

$$= \frac{\partial u}{\partial x}\cos^2\theta + \left(\frac{\partial u}{\partial y} + \frac{\partial v}{\partial x}\right)\sin\theta\cos\theta + \frac{\partial v}{\partial y}\sin^2\theta$$

或

$$\epsilon_\theta = \epsilon_x\cos^2\theta + \gamma_{xy}\sin\theta\cos\theta + \epsilon_y\sin^2\theta, \tag{c}$$

它给出沿任一方向 θ 的单位伸长.

线段 PQ 转动的角度 ψ_θ 是 QS/PQ. 于是由 (b) 和 (a) 有

$$\psi_\theta = -\sin\theta\left(\frac{\partial u}{\partial x}\frac{\mathrm{d}x}{\mathrm{d}s} + \frac{\partial u}{\partial y}\frac{\mathrm{d}y}{\mathrm{d}s}\right) + \cos\theta\left(\frac{\partial v}{\partial x}\frac{\mathrm{d}x}{\mathrm{d}s} + \frac{\partial v}{\partial y}\frac{\mathrm{d}y}{\mathrm{d}s}\right)$$

或

$$\psi_\theta = \frac{\partial v}{\partial x}\cos^2\theta + \left(\frac{\partial v}{\partial y} - \frac{\partial u}{\partial x}\right)\sin\theta\cos\theta - \frac{\partial u}{\partial y}\sin^2\theta. \tag{d}$$

垂直于 PQ 的线段 PT 与 x 方向成角 $\theta + \pi/2$, 在 (d) 中用 $\theta + \pi/2$ 代替 θ, 就得到 PT 的转角 $\psi_{\theta+\pi/2}$. 因 $\cos(\theta + \pi/2) = -\sin\theta, \sin(\theta + \pi/2) = \cos\theta$, 我们有 [24]

$$\psi_{\theta+\pi/2} = \frac{\partial v}{\partial x}\sin^2\theta - \left(\frac{\partial v}{\partial y} - \frac{\partial u}{\partial x}\right)\sin\theta\cos\theta - \frac{\partial u}{\partial y}\cos^2\theta. \tag{e}$$

PQ 与 PT 两方向之间的剪应变 γ_θ 是 $\psi_\theta - \psi_{\theta+\pi/2}$, 于是得

$$\gamma_\theta = \left(\frac{\partial v}{\partial x} + \frac{\partial u}{\partial y}\right)(\cos^2\theta - \sin^2\theta) + \left(\frac{\partial v}{\partial y} - \frac{\partial u}{\partial x}\right)2\sin\theta\cos\theta,$$

或

$$\frac{1}{2}\gamma_\theta = \frac{1}{2}\gamma_{xy}(\cos^2\theta - \sin^2\theta) + (\epsilon_y - \epsilon_x)\sin\theta\cos\theta. \tag{f}$$

将 (c) 和 (f) 与 (13) 对比, 可以看出, 只要在 (13) 中用 ϵ_θ 代替 σ, $\gamma_\theta/2$ 代替 τ, ϵ_x 代替 σ_x, ϵ_y 代替 σ_y, $\gamma_{xy}/2$ 代替 τ_{xy}, θ 代替 α, 就得到 (c) 和 (f). 因此, 对应于从 (13) 作出的关于 σ 和 τ 的每一推论, 都可以从 (c) 和 (f) 作出关于 ϵ_θ 和 $\gamma_\theta/2$ 的相应推论. 于是可知有两个 θ 值, 相差 90°, 而对于这两个 θ 值, γ_θ 等于零. 这两个 θ 值决定于

$$\frac{\gamma_{xy}}{\epsilon_\theta - \epsilon_y} = \mathrm{tg}\,2\theta.$$

与这两个 θ 值对应的应变 ϵ_θ 称为主应变. 可以画出与图 13 或图 16 相似的莫尔圆, 圆周上一点的纵坐标代表 $\gamma_\theta/2$, 横坐标代表 ϵ_θ. 主应变 ϵ_1 和 ϵ_2 是 ϵ_θ (作为 θ 的函数) 的代数最大值和最小值. $\gamma_\theta/2$ 的最大值由圆周的半径代表. 于是最大剪应变为

$$\gamma_{\theta\mathrm{max}} = \epsilon_1 - \epsilon_2.$$

§12 表面应变的量测

物体表面的应变或单位伸长, 通常可以很方便地用电阻应变仪量得①. 这种应变仪的最简单的形式是贴在表面但与表面绝缘的一根短的电阻丝. 当发生伸长时, 电阻丝的电阻增大, 于是就可用电学方法测出应变. 为了放大效应, 通常将电阻丝来回弯绕几次, 形成相串联的几个标距长度. 将电阻丝胶粘在两纸片之间, 再将它们一起贴在物体的表面上. [25]

当主向已知时, 用这仪器是简单的. 沿每一主向贴一电阻丝, 可直接测得 ϵ_1 和 ϵ_2. 主应力 σ_1 和 σ_2 可按胡克定律算得, 只须在方程 (3) 中令 $\sigma_x = \sigma_1, \sigma_y = \sigma_2, \sigma_z = 0$ (因为假设在贴电阻丝的表面上没有应力作用, 所以 $\sigma_z = 0$). 于是

$$(1-\nu^2)\sigma_1 = E(\epsilon_1 + \nu\epsilon_2), \quad (1-\nu^2)\sigma_2 = E(\epsilon_2 + \nu\epsilon_1).$$

如果事先并不知道主向, 就须作三个量测. 假如能测出 ϵ_x、ϵ_y、γ_{xy}, 应变状态就完全确定了. 但是, 由于应变仪只是量测伸长, 而不能直接量测剪应变, 所以就要量测在一点的三个方向的单位伸长. 这样一组电阻丝称为一个 "应变丛". 按照 §13 所述的简单作图法[②] 画出莫尔圆, 即可读出主应变. 图 18a 中的三条实线代表三根电阻丝, 虚线代表较大的主应变 ϵ_1 的方向 (未知的), 从这个方向按顺时针方向转动一个角度 ϕ, 就是第一根电阻丝的方向.

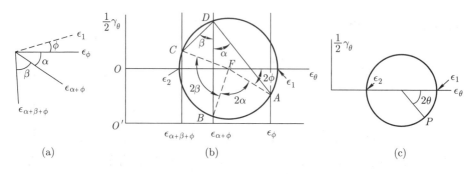

图 18

[26] 如果在 §11 的方程 (c) 和 (f) 中所用的 x 方向和 y 方向是取在主向, ϵ_x 就成为 ϵ_1, ϵ_y 成为 ϵ_2, 而 γ_{xy} 等于零. 于是这两方程成为

$$\epsilon_\theta = \epsilon_1 \cos^2 \theta + \epsilon_2 \sin^2 \theta, \quad \frac{1}{2}\gamma_\theta = -(\epsilon_1 - \epsilon_2)\sin\theta\cos\theta,$$

其中 θ 是从 ϵ_1 的方向量起的角度. 上列两式又可写成

$$\epsilon_\theta = \frac{1}{2}(\epsilon_1 + \epsilon_2) + \frac{1}{2}(\epsilon_1 - \epsilon_2)\cos 2\theta,$$
$$\frac{1}{2}\gamma_\theta = -\frac{1}{2}(\epsilon_1 - \epsilon_2)\sin 2\theta.$$

图 18c 中圆周上的 P 点的坐标就代表这两个值. 如果取 θ 等于 ϕ, P 点就相当于图 18b 中圆周上的 A 点, 因为从 ϵ_θ 轴起算的角位移是 2ϕ. 这一点的横坐标是 ϵ_ϕ, 是已知的. 如果取 θ 等于 $\phi + \alpha$, P 点就移动到 B 点, 偏过一个角度 $AFB = 2\alpha$, 而横坐标是已知值 $\epsilon_{\alpha+\phi}$. 如果取 θ 等于 $\phi + \alpha + \beta$, P 点就移动到 C 点, 又偏过一个角度 $BFC = 2\beta$, 而横坐标是 $\epsilon_{\alpha+\beta+\phi}$.

问题在于当已知三个横坐标和两个角度 α 及 β 时, 如何画出圆周.

注:

① 这种方法的详细说明见 M. Hetényi 所编的 "Handbook of Experimental Stress Analysis", 第五章和第九章, 1950.

② Glenn Murphy, *J. Appl. Mech.*, vol, 12, p. A-209, 1945; N. J. Hoff, 同上期刊.

§13 应变丛的莫尔应变圆的作法

暂以从任一原点 O' 画出的水平轴为 ϵ 轴, 图 18b, 在轴上量取测得的三个应变 ϵ_ϕ、$\epsilon_{\alpha+\phi}$、$\epsilon_{\alpha+\beta+\phi}$. 从这三点作铅直线, 在经过 $\epsilon_{\alpha+\phi}$ 的铅直线上任取一点 D, 从 D 点画出与铅直线成角 α 和 β 的两直线 DA 和 DC, 与另两条铅直线相交于 A 和 C. 经过 D、A、C 三点的圆就是所求的圆. 圆心 F 决定于 CD 的中垂线与 DA 的中垂线的交点. 代表三个电阻丝方向的是 A、B、C 三点. 角 AFB 二倍于圆周角 ADB, 是 2α, 而角 BFC 是 2β. 于是 A、B、C 三点在圆周上相隔着所需的角度, 并具有所需的横坐标. 现在画 OF 作为 ϵ_θ 轴, 从 O 到该轴与圆周的两个交点的距离就是 ϵ_1 和 ϵ_2. 角 2ϕ 是 FA 与 ϵ_θ 轴所成的角, 在该轴的下面.

§14 平衡微分方程

现在来考察三个边长为 h、k 和一个单位的微小长方体的平衡 (图 19). 作用在 1、2、3、4 各面上的应力和它们的正方向都注明在图上. 由于应力在物体内变化, 以 σ_x 为例, 它在面 1 上的值与在面 3 上的值并不完全相同. 记号 σ_x、σ_y、τ_{xy} 是对图 19 中矩形的中心点 x、y 而言的. 在各面中点的应力的值用 $(\sigma_x)_1$、$(\sigma_x)_3$ 等等代表. 由于各面都很小, 将这些应力的值乘以它们作用面的面积, 就得到对应的力①.

[27]

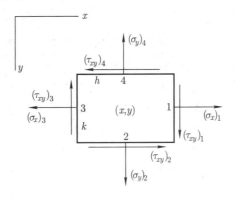

图 19

在考虑图 12 中三棱柱的平衡时, 体力因为是高阶的微量而被略去, 现在却必须考虑作用于长方体的体力, 因为它和现在考虑的那些由于应力分量变化而有的各项是同阶大小的. 用 X、Y 代表单位体积的体力分量, 则在 x 方向的各力的平衡方程是

$$(\sigma_x)_1 k - (\sigma_x)_3 k + (\tau_{xy})_2 h - (\tau_{xy})_4 h + Xhk = 0,$$

或者, 除以 hk, 得

$$\frac{(\sigma_x)_1 - (\sigma_x)_3}{h} + \frac{(\tau_{xy})_2 - (\tau_{xy})_4}{k} + X = 0.$$

现在, 如果把长方体逐渐取小, 也就是令 $h \to 0, k \to 0$, 那么, 根据偏导数的定义, $[(\sigma_x)_1 - (\sigma_x)_3]/h$ 的极限就是 $\partial\sigma_x/\partial x$. 同样, $[(\tau_{xy})_2 - (\tau_{xy})_4]/k$ 成为 $\partial\tau_{xy}/\partial y$. 在 y 方向各力的平衡方程可用同样方式得到. 于是得

$$\frac{\partial\sigma_x}{\partial x} + \frac{\partial\tau_{xy}}{\partial y} + X = 0,$$
$$\frac{\partial\sigma_y}{\partial y} + \frac{\partial\tau_{xy}}{\partial x} + Y = 0. \tag{18}$$

这就是二维问题的平衡微分方程.

[28]　　　在很多实际应用上, 物体所受的重力往往是唯一的体力. 这时, 取 y 轴向下, 并用 ρ 代表物体每单位体积的质量, 方程 (18) 就成为

$$\frac{\partial\sigma_x}{\partial x} + \frac{\partial\tau_{xy}}{\partial y} = 0,$$
$$\frac{\partial\sigma_y}{\partial y} + \frac{\partial\tau_{xy}}{\partial x} + \rho g = 0. \tag{19}$$

注:

① 更仔细的考虑将引出一些高阶微小的项, 但它们将在最后取极限时消失.

§15　边界条件

方程 (18) 或 (19) 必须在物体整个体积内的所有各点都被满足. 应力分量在板的体积内随处而变; 当到达边界时, 应力分量必须与板边界上的外力维持平衡, 这样, 外力可以当作内力分布的连续. 边界上的平衡条件可由方程 (12) 得出. 取一微小三棱柱 PBC (图 12), 使其 BC 边与板的边界相合, 如图 20 所示, 并用 $\overline{X}$ 和 $\overline{Y}$ 代表在边界上这一点处的单位面积上的面力分量, 即有

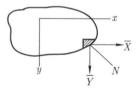

图 20

$$\overline{X} = l\sigma_x + m\tau_{xy},$$
$$\overline{Y} = m\sigma_y + l\tau_{xy}, \tag{20}$$

其中 l 和 m 是边界法线 N 的方向余弦.

在矩形板的特殊情况下, 通常取坐标轴平行于板边, 以简化边界条件 (20). 以平行于 x 轴的板边为例, 这部分边界的法线 N 平行于 y 轴, 因此, $l = 0$ 而 $m = \pm 1$, 于是方程 (20) 成为

$$\overline{X} = \pm\tau_{xy}, \quad \overline{Y} = \pm\sigma_y.$$

在这里, 如果法线 N 指向 y 轴的正方向, 就取正号; 如果 N 的方向相反, 就取负号. 由此可见, 在边界上, 应力分量等于边界上每单位面积的面力分量. [29]

§16 相容方程

弹性理论的一种基本问题是决定一个受已知力作用的物体中的应力状态. 在二维问题中, 须求解平衡微分方程 (18), 而解答必须满足边界条件 (20). 这些方程是应用刚体静力学方程导出的, 包含着三个应力分量 σ_x、σ_y、τ_{xy}, 不足以决定这些应力分量. 这是一个超静定问题, 要得到解答, 还必须考虑到物体的弹性形变.

应力分布与确定形变的连续函数 u、v、w 的存在必须相容, 相容条件的数学公式将从方程 (2) 得出. 对于二维问题, 我们来考虑三个应变分量, 就是

$$\epsilon_x = \frac{\partial u}{\partial x}, \quad \epsilon_y = \frac{\partial v}{\partial y}, \quad \gamma_{xy} = \frac{\partial u}{\partial y} + \frac{\partial v}{\partial x}. \tag{a}$$

这三个应变分量是用两个函数 u 和 v 表示的; 因此, 它们不能任意取定, 而在这些应变分量之间存在着一定的关系, 这关系很容易由 (a) 得出. 将 (a) 中的第一方程对 y 求导两次, 第二方程对 x 求导两次, 第三方程对 x 求导一次, 并对 y 求导一次, 就得到

$$\frac{\partial^2 \epsilon_x}{\partial y^2} + \frac{\partial^2 \epsilon_y}{\partial x^2} = \frac{\partial^2 \gamma_{xy}}{\partial x \partial y}. \tag{21}$$

这个微分关系, 称为相容条件, 必须为应变分量所满足, 以保证用方程 (a) 与应变分量相联系的函数 u 和 v 的存在. 应用胡克定律 [方程 (3)], 条件 (21) 可变换成为应力分量之间的关系.

在平面应力的情况下 (§8), 方程 (3) 简化为

$$\epsilon_x = \frac{1}{E}(\sigma_x - \nu\sigma_y), \quad \epsilon_y = \frac{1}{E}(\sigma_y - \nu\sigma_x), \tag{22}$$

$$\gamma_{xy} = \frac{1}{G}\tau_{xy} = \frac{2(1+\nu)}{E}\tau_{xy}. \tag{23}$$

代入方程 (21), 得 [30]

$$\frac{\partial^2}{\partial y^2}(\sigma_x - \nu\sigma_y) + \frac{\partial^2}{\partial x^2}(\sigma_y - \nu\sigma_x) = 2(1+\nu)\frac{\partial^2 \tau_{xy}}{\partial x \partial y}. \tag{b}$$

这方程可以利用平衡方程而写成另一形式. 当物体所受的重力是唯一的体力时, 将 (19) 中的第一个方程对 x 求导, 第二个方程对 y 求导, 然后相加, 得

$$2\frac{\partial^2 \tau_{xy}}{\partial x \partial y} = -\frac{\partial^2 \sigma_x}{\partial x^2} - \frac{\partial^2 \sigma_y}{\partial y^2}.$$

代入方程 (b), 即得用应力分量表示的相容方程

$$\left(\frac{\partial^2}{\partial x^2} + \frac{\partial^2}{\partial y^2}\right)(\sigma_x + \sigma_y) = 0. \tag{24}$$

同样处理一般的平衡方程 (18), 就得到

$$\left(\frac{\partial^2}{\partial x^2} + \frac{\partial^2}{\partial y^2}\right)(\sigma_x + \sigma_y) = -(1 + \nu)\left(\frac{\partial X}{\partial x} + \frac{\partial Y}{\partial y}\right). \tag{25}$$

在平面应变的情况下 (§9), 有

$$\sigma_z = \nu(\sigma_x + \sigma_y),$$

从而由胡克定律 [方程 (3)] 得

$$\begin{aligned}
\epsilon_x &= \frac{1}{E}[(1 - \nu^2)\sigma_x - \nu(1 + \nu)\sigma_y], \\
\epsilon_y &= \frac{1}{E}[(1 - \nu^2)\sigma_y - \nu(1 + \nu)\sigma_x],
\end{aligned} \tag{26}$$

$$\gamma_{xy} = \frac{2(1 + \nu)}{E}\tau_{xy}. \tag{27}$$

代入方程 (21), 像前面一样地利用平衡方程 (19), 可见相容方程 (24) 对平面应变也适用. 对于一般体力的情形, 由方程 (21) 和 (18) 可得如下形式的相容方程:

$$\left(\frac{\partial^2}{\partial x^2} + \frac{\partial^2}{\partial y^2}\right)(\sigma_x + \sigma_y) = -\frac{1}{1 - \nu}\left(\frac{\partial X}{\partial x} + \frac{\partial Y}{\partial y}\right). \tag{28}$$

[31]　　将平衡方程 (18) 或 (19) 与边界条件 (20) 以及上述相容方程之一相结合, 可得出一组方程, 用来完全决定二维问题中的应力分布, 通常是充分的[①]. 至于需要附加某些考虑的特殊情况, 将在后面讨论 (§43). 值得注意, 在体力为常量的情况下, 决定应力分布的各方程中并不包含材料的弹性常数. 因此, 如果这些方程足以完全决定应力, 则所有各向同性的材料中的应力分布将是相同的. 这一结论在实用上很重要. 后面将看到, 在玻璃或赛璐珞等透明材料中, 有可能借光学方法利用偏振光来确定应力 (§47). 由以上的讨论显然可见, 由透明材料得来的实验结果, 在绝大多数情况下都能直接应用于任何别种材料, 如钢.

　　还须注意, 当体力为常量时, 相容方程 (24) 对平面应力及平面应变两种情况都适用. 因此, 在这两种情况下, 假如边界形状和外力都相同, 应力分布也将是相同的[②].

注:

① 在平面应力的情况下, 还有 (21) 之外的一些相容条件, 而我们所作的假定事实上违反了这些条件. 虽然如此, 在 §98 中将证明, 本章的方法对于薄板能给出好的近似结果.

② 当板或柱有孔时, 这一陈述必须修正, 那时, 只有既考虑应力又考虑位移, 才能正确地求解问题. 见 §39.

§17 应力函数

前已说明, 求解二维问题归结为寻求平衡微分方程和相容方程的积分, 并应满足边界条件. 首先来考察物体所受的重力是唯一体力的情形, 这时, 应满足的方程是 [见方程 (19) 及 (24)]:

$$\frac{\partial \sigma_x}{\partial x} + \frac{\partial \tau_{xy}}{\partial y} = 0,$$
$$\frac{\partial \sigma_y}{\partial y} + \frac{\partial \tau_{xy}}{\partial x} + \rho g = 0; \tag{a}$$

$$\left(\frac{\partial^2}{\partial x^2} + \frac{\partial^2}{\partial y^2}\right)(\sigma_x + \sigma_y) = 0. \tag{b}$$

对这些方程还须附加边界条件 (20). 解这些方程的常用的方法是引用一个新的函数, 称为应力函数①. 很容易证明, 如果取 x 和 y 的任意函数 ϕ, 并取应力分量的表达式为 [32]

$$\sigma_x = \frac{\partial^2 \phi}{\partial y^2} - \rho g y, \quad \sigma_y = \frac{\partial^2 \phi}{\partial x^2} - \rho g y, \quad \tau_{xy} = -\frac{\partial^2 \phi}{\partial x \partial y}, \tag{29}$$

则方程 (a) 将被满足. 用这样的方法, 能得到平衡方程 (a) 的各种解答. 但是, 只有那也能满足相容方程 (b) 的解答才是问题的真正解答. 将应力分量的表达式 (29) 代入方程 (b), 可见应力函数 ϕ 必须满足方程

$$\frac{\partial^4 \phi}{\partial x^4} + 2\frac{\partial^4 \phi}{\partial x^2 \partial y^2} + \frac{\partial^4 \phi}{\partial y^4} = 0. \tag{30}$$

于是, 当物体所受的重力是唯一的体力时, 求解二维问题就归结为寻求方程 (30) 的一个满足问题的边界条件 (20) 的解. 在下面各章中, 这种解答方法将应用于几个有实用价值的例题.

现在来考虑体力的较一般的情况: 假定体力是有势的. 这时, 方程 (18) 中的分量 X 和 Y 可表为

$$X = -\frac{\partial V}{\partial x}, \quad Y = -\frac{\partial V}{\partial y}, \tag{c}$$

其中 V 是势函数. 方程 (18) 成为

$$\frac{\partial}{\partial x}(\sigma_x - V) + \frac{\partial \tau_{xy}}{\partial y} = 0, \quad \frac{\partial}{\partial y}(\sigma_y - V) + \frac{\partial \tau_{xy}}{\partial x} = 0.$$

这两个方程, 与方程 (a) 同一形式, 可被下列各式满足:

$$\sigma_x - V = \frac{\partial^2 \phi}{\partial y^2}, \quad \sigma_y - V = \frac{\partial^2 \phi}{\partial x^2}, \quad \tau_{xy} = -\frac{\partial^2 \phi}{\partial x \partial y}, \tag{31}$$

其中 ϕ 是应力函数. 将表达式 (31) 代入平面应力的相容方程 (25), 得

$$\frac{\partial^4 \phi}{\partial x^4} + 2\frac{\partial^4 \phi}{\partial x^2 \partial y^2} + \frac{\partial^4 \phi}{\partial y^4} = -(1-\nu)\left(\frac{\partial^2 V}{\partial x^2} + \frac{\partial^2 V}{\partial y^2}\right). \tag{32}$$

对于平面应变的情形, 也可得到相似的方程.

[33]　　　　当体力只是重力时, 势函数 V 是 $-\rho g y$. 在这种情况下, 方程 (32) 的右边成为零. 取 $\phi = 0$ 作为 (32) 或 (30) 的解, 从 (31) 或 (29) 求得的应力分布

$$\sigma_x = -\rho g y, \quad \sigma_y = -\rho g y, \quad \tau_{xy} = 0, \tag{d}$$

是重力引起的一种可能的应力状态. 这是一个二维的、各向受相同压力 $\rho g y$ 的、在 $y = 0$ 处应力等于零的应力状态. 假如施加相当的边界力, 这种状态可能存在于任何形状的薄板或柱体中. 试考察如图 12 中所示的边界单元体, 由方程 (13) 可见, 边界上必须有压力 $\rho g y$, 而剪应力为零. 如果薄板或柱体用其他方式支承, 须将边界拉力 $\rho g y$ 与新的支承力相叠加. 两者一起成平衡, 而决定它们的效应, 只是一个没有体力的边界力问题 ②.

　　　　注:

　　　　①　引用这函数来求解二维问题的是 G.B.Airy, 见 *Brit. Assoc. Advan. Sci. Rept.*, 1862. 这函数有时也称为艾瑞应力函数.

　　　　②　这一问题, 以及使方程 (32) 右边成为零的势函数 V 的一般情形, 曾由 M. Biot, 讨论过, 见 *J. Appl. Mech.*, 1935, p. A-41.

习题

　　1. 试证明: 当图 12 中的单元体有加速度时, 方程 (12) 仍然正确.

　　2. 试根据由应变丛测得的

$$\epsilon_\phi = 2 \times 10^{-3}, \quad \epsilon_{\alpha+\phi} = 1.35 \times 10^{-3}, \quad \epsilon_{\alpha+\beta+\phi} = 0.95 \times 10^{-3},$$

用图解法求出主应变和它们的方向. 式中 $\alpha = \beta = 45°$.

3. 试证明: 在 (x, y) 点, 具有极大和极小转动的两个线段互相垂直, 它们的方向 θ 决定于

$$\operatorname{tg} 2\theta = \frac{\left(\dfrac{\partial v}{\partial y} - \dfrac{\partial u}{\partial x}\right)}{\left(\dfrac{\partial v}{\partial x} + \dfrac{\partial u}{\partial y}\right)}.$$

4. 转动圆盘 (单位厚度) 中的应力可看作是以离心力为体力的静止圆盘中的应力. 试证明, 这体力可从势函数 $V = -\dfrac{1}{2}\rho\omega^2(x^2 + y^2)$ 导出, 其中 ρ 是密度, ω 是绕原点转动的角速度.

5. 轴线水平的圆盘, 具有如 §16 中方程 (d) 所示的重力应力. 试作一草图表明支承它的重量的边界力. 设圆盘的重量完全由搁置它的水平面的反力支承, 试用另一草图表明必须解答的辅助的边界力问题.

6. 轴线水平的圆柱, 具有如 §16 中方程 (d) 所示的重力应力. 圆柱两端被限制在两个光滑的固定刚性平面之间, 以维持平面应变的状态. 试用草图表明作用于它表面 (包括两端) 的力.

7. 把应力–应变关系和 §16 中的方程 (a) 应用于平衡方程 (18), 证明: 当没有体力时, 平面应力问题中的位移必须满足

$$\frac{\partial^2 u}{\partial x^2} + \frac{\partial^2 u}{\partial y^2} + \frac{1+\nu}{1-\nu}\frac{\partial}{\partial x}\left(\frac{\partial u}{\partial x} + \frac{\partial v}{\partial y}\right) = 0$$

和另一相似的方程.

8. 附图表示薄板的一个 "齿", 这薄板处在平行于纸面的平面应力状态中. 齿的两个面 (在图上是两条直线) 不受力. 假定应力分量在整个区域内都是有限大而且是连续的, 试证明, 在齿的尖端根本没有应力. [34]

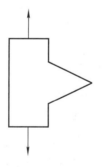

第三章

用直角坐标解二维问题

§18　用多项式求解

前已说明, 当体力不存在或为常量时, 求解二维问题简化为求解微分方程

$$\frac{\partial^4 \phi}{\partial x^4} + 2\frac{\partial^4 \phi}{\partial x^2 \partial y^2} + \frac{\partial^4 \phi}{\partial y^4} = 0, \tag{a}$$

并满足边界条件 (20). 在矩形长板条的情况下, 方程 (a) 的多项式解答是有用的. 取不同幂次的多项式并适当调整它们的系数, 可以解答许多重要的实际问题[①].

从二次多项式开始:

$$\phi_2 = \frac{a_2}{2}x^2 + b_2 xy + \frac{c_2}{2}y^2, \tag{b}$$

它显然满足方程 (a). 由方程 (29), 令 $\rho g = 0$, 得

$$\sigma_x = \frac{\partial^2 \phi_2}{\partial y^2} = c_2, \quad \sigma_y = \frac{\partial^2 \phi_2}{\partial x^2} = a_2, \quad \tau_{xy} = -\frac{\partial^2 \phi_2}{\partial x \partial y} = -b_2.$$

三个应力分量在整个物体内都是常量, 就是说, 应力函数 (b) 代表两个垂直方向的均匀拉应力或压应力[②]与均匀剪应力的组合. 边界上的力必须等于在那些点的应力, 如 §15 中所述; 对于各边平行于坐标轴的矩形板, 这些力如图 21

所示.

现在来考虑三次多项式的应力函数:

$$\phi_3 = \frac{a_3}{3(2)}x^3 + \frac{b_3}{2}x^2 y + \frac{c_3}{2}xy^2 + \frac{d_3}{3(2)}y^3, \tag{c}$$

这函数也满足方程 (a). 用方程 (29), 并令 $\rho g = 0$, 得

$$\sigma_x = \frac{\partial^2 \phi_3}{\partial y^2} = c_3 x + d_3 y,$$

$$\sigma_y = \frac{\partial^2 \phi_3}{\partial x^2} = a_3 x + b_3 y,$$

$$\tau_{xy} = -\frac{\partial^2 \phi_3}{\partial x \partial y} = -b_3 x - c_3 y.$$

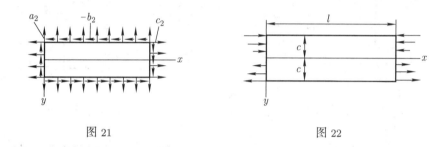

图 21   图 22

对于一块矩形板, 如图 22 所示, 假定除 d_3 外其余各系数都等于零, 就得到纯弯曲. 如果只有系数 a_3 不等于零, 就得到由作用于板边 $y = \pm c$ 的正应力所引起的纯弯曲. 如果取系数 b_3 或 c_3 不等于零, 则不仅有正应力, 而且还有剪应力作用于板边. 例如, 图 23 代表函数 (c) 中除 b_3 外其余系数都等于零的情形. 沿 $y = \pm c$ 的边上, 各有均匀分布的拉应力或压应力, 并有与 x 成比例的剪应力. 在 $x = l$ 的边上, 只有常量的剪应力 $-b_3l$; 在 $x = 0$ 的边上, 没有应力作用. 如果令系数 c_3 不等于零, 也可得到相似的应力分布.

[37]

取二次和三次多项式为应力函数时, 对系数数值的选择是完全自由的, 因为不论这些系数的数值如何, 方程 (a) 都能满足. 在较高次多项式的情况下, 只有在系数之间的某些关系被满足时, 方程 (a) 才能满足. 例如, 取四次多项式的应力函数

$$\phi_4 = \frac{a_4}{4(3)} x^4 + \frac{b_4}{3(2)} x^3 y + \frac{c_4}{2} x^2 y^2 + \frac{d_4}{3(2)} x y^3 + \frac{e_4}{4(3)} y^4, \tag{d}$$

代入方程 (a), 可见只有当

$$e_4 = -(2c_4 + a_4)$$

时, 方程 (a) 才能满足. 这时的应力分量是

$$\sigma_x = \frac{\partial^2 \phi_4}{\partial y^2} = c_4 x^2 + d_4 xy - (2c_4 + a_4)y^2,$$

$$\sigma_y = \frac{\partial^2 \phi_4}{\partial x^2} = a_4 x^2 + b_4 xy + c_4 y^2,$$

$$\tau_{xy} = -\frac{\partial^2 \phi_4}{\partial x \partial y} = -\frac{b_4}{2} x^2 - 2c_4 xy - \frac{d_4}{2} y^2.$$

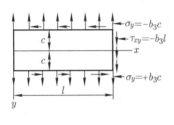

图 23

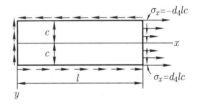

图 24

现在, 各式中的系数 a_4、$\cdots$、d_4 是任意的, 适当地调整它们, 可得矩形板的各种载荷情况. 例如, 令 d_4 以外的各系数全等于零, 得

$$\sigma_x = d_4 xy, \quad \sigma_y = 0, \quad \tau_{xy} = -\frac{d_4}{2} y^2. \tag{e}$$

[38]　　假定 d_4 为正, 作用于矩形板而引起应力 (e) 的各力就如图 24 所示. 在 $y = \pm c$ 的纵边上有均匀分布的剪力; 在两端, 剪力依抛物线规律分布. 作用在板边上的剪力简化为一个力偶[③]

$$M = \frac{d_4 c^2 l}{2} 2c - \frac{1}{3} \frac{d_4 c^2}{2} 2cl = \frac{2}{3} d_4 c^3 l.$$

这个力偶与板边 $x = l$ 上的法向力所产生的力偶成平衡.

　　试考虑五次多项式的应力函数

$$\phi_5 = \frac{a_5}{5(4)} x^5 + \frac{b_5}{4(3)} x^4 y + \frac{c_5}{3(2)} x^3 y^2 + \frac{d_5}{3(2)} x^2 y^3 + \frac{e_5}{4(3)} xy^4 + \frac{f_5}{5(4)} y^5. \tag{f}$$

代入方程 (a), 可见, 如果

$$e_5 = -(2c_5 + 3a_5)$$

$$f_5 = -\frac{1}{3}(b_5 + 2d_5),$$

方程 (a) 就能满足. 对应的应力分量是

$$\sigma_x = \frac{\partial^2 \phi_5}{\partial y^2} = \frac{c_5}{3}x^3 + d_5 x^2 y - (2c_5 + 3a_5)xy^2 - \frac{1}{3}(b_5 + 2d_5)y^3,$$

$$\sigma_y = \frac{\partial^2 \phi_5}{\partial x^2} = a_5 x^3 + b_5 x^2 y + c_5 xy^2 + \frac{d_5}{3}y^3,$$

$$\tau_{xy} = -\frac{\partial^2 \phi_5}{\partial x \partial y} = -\frac{1}{3}b_5 x^3 - c_5 x^2 y - d_5 xy^2 + \frac{1}{3}(2c_5 + 3a_5)y^3.$$

现在, 系数 a_5、$\cdots$、d_5 是任意的, 适当地调整它们, 可得板在不同载荷情况下的解答. 例如, 令 d_5 以外的系数全都等于零, 得

$$\sigma_x = d_5\left(x^2 y - \frac{2}{3}y^3\right),$$

$$\sigma_y = \frac{1}{3}d_5 y^3, \tag{g}$$

$$\tau_{xy} = -d_5 xy^2.$$

沿着板的纵边, 有均匀分布的正应力 (图 25a). 沿 $x = l$ 的边上, 正应力由两部分组成, 一部分依直线规律, 另一部分则依三次抛物线规律. 剪力在板的纵边上与 x 成正比, 而在 $x = l$ 的边上则依抛物线规律. 剪应力的分布如图 25b 所示. [39]

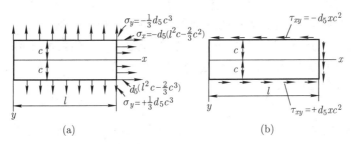

图 25

由于方程 (a) 是线性微分方程, 因而这方程的几个解答之和也是一个解答. 将本节中所考虑的各基本解答相叠加, 可以得到一些有实用价值的新解答. 以后将考虑几个应用叠加法的例题.

注:

①　A. Mesnager, *Compt. rend.*, vol. 132, p. 1475, 1901. 又见 A. Timpe, *Z. Math. Physik*, vol. 52, p. 348, 1905.

②　图 21 中的箭头都画在 §3 中所规定的正方向. 附记的数字 a_2、$-b_2$、c_2 可正可负. 这样就概括了一切可能性, 而不必改换箭头的方向. 但是, 图 22 中的箭头却直接表示作用力的预期方向.

③ 取板的厚度等于一个单位.

§19　端效应. 圣维南原理

在前一节中, 曾由一些很简单形式的应力函数 ϕ 得到矩形板的若干解答. 在每一情况下, 边界力都必须是精确按照解答本身所要求的那样分布. 例如, 在纯弯曲的情况下 (图 22), 两端的载荷必须是正比于 y 的法向力 (即 $x = 0$ 及 $x = l$ 处的 σ_x). 当两端的力偶以任何其他方式施加时, §18 中给出的解答就不再是精确的. 如果要精确满足两端改变了的边界条件, 就必须另求解答. 不仅对于矩形区域, 而且也对于棱柱形、圆柱形和锥形的杆, 都已经得出很多这样的解答 (有些将在后面提到). 这些解答表明: 一端的载荷, 如果只改变分布而不改变合成, 就只会显著改变该端附近的应力. 在这些情况下, 本章中的那些简单解答, 除了在该端的近处, 都能给出足够精确的结果.

改变载荷的分布, 就等于叠加一个主矢为零、主矩也为零的力系. 可以期望, 这样一个力系, 如果作用在物体表面的微小部分上, 只会引起局部性的应力和应变. 这个期望由圣维南[①] 在 1855 年加以阐述, 因而被称为圣维南原理. 这个原理符合种种不同情况下的普遍经验, 而不限于服从胡克定律的弹性材料的小形变. 例如, 用一个小夹钳把一段厚橡皮管夹紧, 只会在邻近夹钳处引起显著的应变.

对于像圆盘、圆球或半无限大实体之类的二维或三维物体, 可以期望: 物体一小部分上的载荷所引起的应力或应变, 将由于 "几何发散" 而随着距离衰减, 不管载荷是否合成为零. 但已经证明[②], 载荷合成为零, 这对于局部性并不是一个充分的准则.

注:

① B. de Saint-Venant, "Mémoires des Savants Etrangers," vol. 14, 1855.

② R. Von Mises, *Bull. Am. Math. Soc.*, vol. 51, p. 555, 1945; E. Sternberg, *Quart. Appl. Math.*, vol. 11, p. 393, 1954; E. Sternberg and W. T. Koiter, *J. Appl. Mech.*, vol. 25, pp. 575-581, 1958.

§20　位移的确定

在应力分量已由前面的方程求得以后, 应变分量就可以用胡克定律即方程 (3) 和 (6) 求得, 然后由下面的方程求得位移 u 和 v:

$$\frac{\partial u}{\partial x} = \epsilon_x, \quad \frac{\partial v}{\partial y} = \epsilon_y, \quad \frac{\partial u}{\partial y} + \frac{\partial v}{\partial x} = \gamma_{xy}. \tag{a}$$

求这些方程在每种特殊情况下的积分, 并无任何困难, 后面将列举几个应用例

题. 显然可见, 如果在 u 和 v 上加以线性函数

$$u_1 = a + by, \quad v_1 = c - bx, \tag{b}$$

其中 a、b 和 c 都是常数, 应变分量 (a) 将保持不变. 这表示位移不能由应力和应变完全确定, 在由应变引起的位移上, 可叠加以刚体位移. 方程 (b) 中的常数 a 和 c 代表物体的平移, 而常数 b 是刚体绕 z 轴的微小转角.

已经证明 (见 §16), 在体力为常量的情况下, 平面应力的应力分布与平面应变的应力分布是相同的. 但是, 这两类问题中的位移却不相同, 因为, 在平面应力的情况下, 方程 (a) 中的应变分量由下列方程给出:

$$\epsilon_x = \frac{1}{E}(\sigma_x - \nu\sigma_y), \quad \epsilon_y = \frac{1}{E}(\sigma_y - \nu\sigma_x), \quad \gamma_{xy} = \frac{1}{G}\tau_{xy};$$

而在平面应变的情况下, 应变分量是   [41]

$$\epsilon_x = \frac{1}{E}[\sigma_x - \nu(\sigma_y + \sigma_z)] = \frac{1}{E}[(1-\nu^2)\sigma_x - \nu(1+\nu)\sigma_y],$$

$$\epsilon_y = \frac{1}{E}[\sigma_y - \nu(\sigma_x + \sigma_z)] = \frac{1}{E}[(1-\nu^2)\sigma_y - \nu(1+\nu)\sigma_x],$$

$$\gamma_{xy} = \frac{1}{G}\tau_{xy}.$$

容易证明, 在前面一组关于平面应力的方程中, 用 $E/(1-\nu^2)$ 代替 E, 用 $\nu/(1-\nu)$ 代替 ν, 就得到后面一组关于平面应变的方程. 这样的替换并不改变 G, 它仍然是 $E/2(1+\nu)$. 方程 (a) 的积分将在后面讨论具体问题时加以说明.

§21   端点受载荷的悬臂梁的弯曲

试考察一悬臂梁, 梁的截面为一单位宽度的狭矩形, 被作用于梁端的力 P 所弯曲 (图 26). 上下两边都没有载荷, 而在 $x = 0$ 的一端上, 有合力为 P 的剪力分布着. 将纯剪应力与 §18 中由图 24 所表示的应力 (e) 适当结合, 能满足这些条件. 将纯剪 $\tau_{xy} = -b_2$ 与应力 (e) 叠加, 得

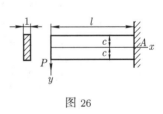

图 26

$$\sigma_x = d_4 xy, \quad \sigma_y = 0,$$

$$\tau_{xy} = -b_2 - \frac{d_4}{2}y^2. \tag{a}$$

为了使 $y = \pm c$ 的边上没有力作用, 必须

$$(\tau_{xy})_{y=\pm c} = -b_2 - \frac{d_4}{2}c^2 = 0,$$

[42]　由此得

$$d_4 = -\frac{2b_2}{c^2}.$$

为了满足载荷端的条件, 分布在这一端上的剪力的总和必须等于 P. 因此[①]

$$-\int_{-c}^{c} \tau_{xy}\mathrm{d}y = \int_{-c}^{c}\left(b_2 - \frac{b_2}{c^2}y^2\right)\mathrm{d}y = P,$$

由此得

$$b_2 = \frac{3}{4}\frac{P}{c}.$$

将 d_4 和 b_2 的值代入方程 (a), 得

$$\sigma_x = -\frac{3}{2}\frac{P}{c^3}xy, \quad \sigma_y = 0,$$
$$\tau_{xy} = -\frac{3P}{4c}\left(1 - \frac{y^2}{c^2}\right).$$

注意 $2c^3/3$ 是悬臂梁的截面惯矩 I, 即得

$$\sigma_x = -\frac{Pxy}{I} \quad \sigma_y = 0,$$
$$\tau_{xy} = -\frac{P}{I}\frac{1}{2}(c^2 - y^2). \tag{b}$$

这与材料力学教程中的初等解答完全一致. 需要注意, 只有当两端上的剪力是和剪应力 τ_{xy} 一样地依抛物线规律分布, 而且固定端的法向力的集度与 y 成比例时, 这解答才是精确的. 如果两端上的力依任何别种方式分布, 对悬臂梁的两端说, 应力分布 (b) 就不是正确解答, 但是, 根据圣维南原理, 在离两端较远的截面上, 这解答可以认为是令人满意的.

现在来考察与应力 (b) 相对应的位移. 应用胡克定律, 得

$$\epsilon_x = \frac{\partial u}{\partial x} = \frac{\sigma_x}{E} = -\frac{Pxy}{EI}, \quad \epsilon_y = \frac{\partial v}{\partial y} = -\frac{\nu\sigma_x}{E} = \frac{\nu Pxy}{EI}, \tag{c}$$

$$\gamma_{xy} = \frac{\partial u}{\partial y} + \frac{\partial v}{\partial x} = \frac{\tau_{xy}}{G} = -\frac{P}{2IG}(c^2 - y^2). \tag{d}$$

[43]　为了求得位移分量 u 和 v, 须将方程 (c) 和 (d) 积分. 由方程 (c) 的积分得

$$u = -\frac{Px^2y}{2EI} + f(y), \quad v = \frac{\nu Pxy^2}{2EI} + f_1(x),$$

其中 $f(y)$ 和 $f_1(x)$ 分别为 y 和 x 的未知函数. 将 u 和 v 的这些值代入方程 (d), 得

$$-\frac{Px^2}{2EI} + \frac{\mathrm{d}f(y)}{\mathrm{d}y} + \frac{\nu Py^2}{2EI} + \frac{\mathrm{d}f_1(x)}{\mathrm{d}x} = -\frac{P}{2IG}(c^2 - y^2).$$

这方程中有些项只是 x 的函数, 有些项只是 y 的函数, 有一项与 x 和 y 都无关, 分别用 $F(x)$、$G(y)$ 和 K 代表, 即

$$F(x) = -\frac{Px^2}{2EI} + \frac{\mathrm{d}f_1(x)}{\mathrm{d}x}, \quad G(y) = \frac{\mathrm{d}f(y)}{\mathrm{d}y} + \frac{\nu Py^2}{2EI} - \frac{Py^2}{2IG},$$

$$K = -\frac{Pc^2}{2IG},$$

上面的方程即可写成

$$F(x) + G(y) = K.$$

这样一个方程表示 $F(x)$ 必须是某一常数 d 而 $G(y)$ 是某一常数 e. 要不然, $F(x)$ 和 $G(y)$ 将分别随 x 和 y 而变, 那么, 单独改变 x, 或单独改变 y, 就将违反该方程. 因此

$$e + d = -\frac{Pc^2}{2IG}, \tag{e}$$

而

$$\frac{\mathrm{d}f_1(x)}{\mathrm{d}x} = \frac{Px^2}{2EI} + d, \quad \frac{\mathrm{d}f(y)}{\mathrm{d}y} = -\frac{\nu Py^2}{2EI} + \frac{Py^2}{2IG} + e.$$

于是, 函数 $f(y)$ 和 $f_1(x)$ 为

$$\begin{aligned} f(y) &= -\frac{\nu Py^3}{6EI} + \frac{Py^3}{6IG} + ey + g, \\ f_1(x) &= \frac{Px^3}{6EI} + dx + h. \end{aligned} \tag{f}$$

代入 u 和 v 的表达式, 得

$$\begin{aligned} u &= -\frac{Px^2y}{2EI} - \frac{\nu Py^3}{6EI} + \frac{Py^3}{6IG} + ey + g, \\ v &= \frac{\nu Pxy^2}{2EI} + \frac{Px^3}{6EI} + dx + h. \end{aligned} \tag{g}$$

现在, 常数 d、e、g、h 可以决定于方程 (e) 和阻止梁在 xy 平面内作刚体运动 [44] 所必须的三个约束条件. 假定端截面的形心 A 是固定的, 则当 $x = l, y = 0$ 时, u 和 v 都是零, 于是由方程 (g) 得

$$g = 0, \quad h = -\frac{Pl^3}{6EI} - dl.$$

将 $y = 0$ 代入 (g) 中的第二个方程, 就得到挠度曲线. 这样得

$$(v)_{y=0} = \frac{Px^3}{6EI} - \frac{Pl^3}{6EI} - d(l - x). \tag{h}$$

为了确定这方程中的常数 d, 必须用第三个约束条件, 从而消除梁在 xy 平面内绕 A 点转动的可能性. 这种约束可用不同的方法来实现. 我们将考虑两种情况: (1) 梁轴在 A 点的单元线段被固定. 这时, 约束条件是

$$\left(\frac{\partial v}{\partial x}\right)_{\substack{x=l \\ y=0}} = 0. \tag{k}$$

(2) 横截面在点 A 处的铅直单元被固定. 这时, 约束条件是

$$\left(\frac{\partial u}{\partial y}\right)_{\substack{x=l \\ y=0}} = 0. \tag{l}$$

在第一种情况下, 由方程 (h) 得

$$d = -\frac{Pl^2}{2EI},$$

并由方程 (e) 得

$$e = \frac{Pl^2}{2EI} - \frac{Pc^2}{2IG}.$$

将各常数代入方程 (g), 就得到

$$
\begin{aligned}
u &= -\frac{Px^2y}{2EI} - \frac{\nu Py^3}{6EI} + \frac{Py^3}{6IG} + \left(\frac{Pl^2}{2EI} - \frac{Pc^2}{2IG}\right)y, \\
v &= \frac{\nu Pxy^2}{2EI} + \frac{Px^3}{6EI} - \frac{Pl^2x}{2EI} + \frac{Pl^3}{3EI}.
\end{aligned}
\tag{m}
$$

挠度曲线的方程是

$$(v)_{y=0} = \frac{Px^3}{6EI} - \frac{Pl^2x}{2EI} + \frac{Pl^3}{3EI}, \tag{n}$$

[45] 由此可得载荷端 ($x=0$) 的挠度值 $\dfrac{Pl^3}{3EI}$. 这个值和材料力学初等教程中通常导出的一致.

为了说明由剪应力引起的截面翘曲, 我们来考虑固定端 ($x=l$) 的位移 u. 对于这一端, 由方程 (m) 有

$$
\begin{aligned}
(u)_{x=l} &= -\frac{\nu Py^3}{6EI} + \frac{Py^3}{6IG} - \frac{Pc^2y}{2IG}, \\
\left(\frac{\partial u}{\partial y}\right)_{x=l} &= -\frac{\nu Py^2}{2EI} + \frac{Py^2}{2IG} - \frac{Pc^2}{2IG}, \\
\left(\frac{\partial u}{\partial y}\right)_{\substack{x=l \\ y=0}} &= -\frac{Pc^2}{2IG} = -\frac{3}{4}\frac{P}{cG}.
\end{aligned}
\tag{o}
$$

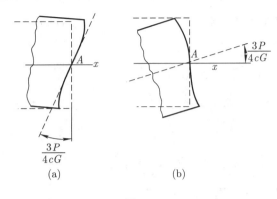

(a)　　　　　　　　(b)

图 27

截面翘曲以后的形状如图 27a 所示. 由于点 A 处的剪应力 $\tau_{xy} = -\dfrac{3P}{4c}$, 截面在点 A 处的单元绕着 A 点在 xy 平面内依顺时针方向转动一个角度 $3P/4cG$.

如果不是梁轴的水平单元而是截面的铅直单元在 A 点被固定 (图 27b), 则由 (g) 中的第一个方程和条件 (l) 得

$$e = \frac{Pl^2}{2EI},$$

并由方程 (e) 得

$$d = -\frac{Pl^2}{2EI} - \frac{Pc^2}{2IG}.$$

代入 (g) 中的第二个方程, 得

[46]

$$(v)_{y=0} = \frac{Px^3}{6EI} - \frac{Pl^2x}{2EI} + \frac{Pl^3}{3EI} + \frac{Pc^2}{2IG}(l-x). \tag{r}$$

与方程 (n) 对比, 可见, 由于轴端在 A 点的转动 (图 27b), 悬臂梁轴线的挠度增加了

$$\frac{Pc^2}{2IG}(l-x) = \frac{3P}{4cG}(l-x).$$

这是对于梁挠度所受的所谓剪力影响的一个估算[2]. 实际上, 固定端的情况与图 27 所示的情况不同. 固定截面通常是不能自由翘曲的[3], 而这截面上的力的分布也与方程 (b) 所给出的不同. 但对于较长的悬臂梁, 在离两端较远之处, 解答 (b) 是能令人满意的.

注:

① 积分号前面的负号, 是根据剪应力符号的规则取定的. 在 $x=0$ 端的剪应力 τ_{xy}, 以向上为正 (见 §3).

② 其他的情况, 见本章的习题 3 和 §22.

③ 关于支座弹性的影响, 其实验及分析见 W. J. O'Donnell, *J. Appl. Mech.*, vol. 27, pp. 461-464, 1960.

§22　受均布载荷的梁的弯曲

设有单位宽度的狭矩形截面的梁, 支承在两端, 受到集度为 q 的均布载荷而弯曲, 如图 28 所示. 在梁的上下两边的条件是

$$(\tau_{xy})_{y=\pm c} = 0, \quad (\sigma_y)_{y=+c} = 0, \quad (\sigma_y)_{y=-c} = -q. \tag{a}$$

在 $x = \pm l$ 的两端的条件是

$$\int_{-c}^{c} \tau_{xy}\mathrm{d}y = \mp ql, \quad \int_{-c}^{c} \sigma_x\mathrm{d}y = 0, \quad \int_{-c}^{c} \sigma_x y\mathrm{d}y = 0. \tag{b}$$

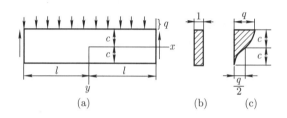

图 28

[47]　(b) 中的后两个方程分别表明, 没有纵向力和弯矩作用在梁的两端. 全部条件 (a) 和 (b), 都可由 §18 中几个多项式解答的组合来满足. 首先用图 25 所示的解答 (g). 为了消除沿 $y = c$ 边上的拉应力和沿 $y = \pm c$ 边上的剪应力, 可将 §18 解答 (b) 中的简单压应力 $\sigma_y = a_2$ 与图 23 中的应力 $\sigma_y = b_3 y$ 和 $\tau_{xy} = -b_3 x$ 叠加. 这样就得到

$$\begin{aligned}
\sigma_x &= d_5\left(x^2 y - \frac{2}{3}y^3\right), \\
\sigma_y &= \frac{1}{3}d_5 y^3 + b_3 y + a_2, \\
\tau_{xy} &= -d_5 xy^2 - b_3 x.
\end{aligned} \tag{c}$$

由条件 (a) 有

$$\begin{aligned}
&-d_5 c^2 - b_3 = 0, \\
&\frac{1}{3}d_5 c^3 + b_3 c + a_2 = 0, \\
&-\frac{1}{3}d_5 c^3 - b_3 c + a_2 = -q,
\end{aligned}$$

由此得

$$a_2 = -\frac{q}{2}, \quad b_3 = \frac{3}{4}\frac{q}{c}, \quad d_5 = -\frac{3}{4}\frac{q}{c^3}.$$

代入方程 (c), 并注意 $2c^3/3$ 等于单位宽度的矩形截面的惯矩 I, 就得到

$$\sigma_x = -\frac{3}{4}\frac{q}{c^3}\left(x^2 y - \frac{2}{3}y^3\right) = -\frac{q}{2I}\left(x^2 y - \frac{2}{3}y^3\right),$$

$$\sigma_y = -\frac{3}{4}\frac{q}{c^3}\left(\frac{1}{3}y^3 - c^2 y + \frac{2}{3}c^3\right) = -\frac{q}{2I}\left(\frac{1}{3}y^3 - c^2 y + \frac{2}{3}c^3\right),$$

$$\tau_{xy} = -\frac{3q}{4c^3}(c^2 - y^2)x = -\frac{q}{2I}(c^2 - y^2)x. \tag{d}$$

容易证明, 这些应力分量不但在纵边上满足条件 (a), 还在两端满足条件 (b) 中的前两个. 为了消除梁两端的力偶, 可在解答 (d) 上叠加以图 22 所示的纯弯曲应力 $\sigma_x = d_3 y, \sigma_y = \tau_{xy} = 0$, 而由 $x = \pm l$ 处的条件来确定常数 d_3:

$$\int_{-c}^{c}\sigma_x y\mathrm{d}y = \int_{-c}^{c}\left[-\frac{3}{4}\frac{q}{c^3}\left(l^2 y - \frac{2}{3}y^3\right) + d_3 y\right]y\mathrm{d}y = 0,$$

由此得

$$d_3 = \frac{3}{4}\frac{q}{c}\left(\frac{l^2}{c^2} - \frac{2}{5}\right).$$

最后可得 [48]

$$\sigma_x = -\frac{3}{4}\frac{q}{c^3}\left(x^2 y - \frac{2}{3}y^3\right) + \frac{3}{4}\frac{q}{c}\left(\frac{l^2}{c^2} - \frac{2}{5}\right)y$$

$$= \frac{q}{2I}(l^2 - x^2)y + \frac{q}{2I}\left(\frac{2}{3}y^3 - \frac{2}{5}c^2 y\right). \tag{33}$$

式中的第一项代表通常初等弯曲理论给出的应力, 第二项则给出必需的矫正. 这一矫正项不随 x 而变, 而且, 只要梁的跨度远大于深度, 矫正项就远小于最大弯应力. 对于这种梁, 初等弯曲理论能给出充分精确的 σ_x 值. 必须注意, 只有当 $x = \pm l$ 的两端的法向力依照

$$\overline{X} = \frac{3}{4}\frac{q}{c^3}\left(\frac{2}{3}y^3 - \frac{2}{5}c^2 y\right)$$

的规律分布时, 也就是, 当两端的法向力与方程 (33) 中 $x = \pm l$ 时的 σ_x 相同时, 式 (33) 才是精确解答. 这些力的主矢及主矩都等于零. 于是, 由圣维南原理可以断定, 在离两端较远处 (比如说距离大于梁的深度), 这些力对于应力的影响可以不计. 因此, 当没有力 $\overline{X}$ 时, 解答 (33) 对于这些点是足够精确的.

　　精确解答 (33) 与由 (33) 中第一项给出的近似解答之间所以有差异, 是由于导出近似解答时, 曾假定梁的纵向纤维是处于简单拉伸的状态. 由解答 (d)

可见, 各纤维之间有压应力 σ_y 存在. 解答 (33) 中的第二项所代表的矫正项就是由这些压应力引起的. 压应力 σ_y 在梁的深度上的分布如图 28c 所示. (d) 中第三方程所示的剪应力 τ_{xy} 在梁截面上的分布, 与通常初等理论给出的相一致.

当梁承受自重以代替分布截荷 q 时, 解答必须加以这样的修正: 在方程 (33) 和 (d) 的后两个方程中令 $q = 2\rho gc$, 并加上应力

$$\sigma_x = 0, \quad \sigma_y = \rho g(c - y), \quad \tau_{xy} = 0. \tag{e}$$

取

$$\phi = \frac{1}{6}\rho_g(y^3 + 3cx^2)$$

即可由方程 (29) 得到应力分布 (e), 因而它代表由自重和边界力引起的一种可能的应力状态. 在上边 $(y = -c)$, 我们有 $\sigma_y = 2\rho gc$, 而在下边 $(y = c)$ 有 $\sigma_y = 0$. 于是, 将应力 (e) 与前面令 $q = 2\rho gc$ 而得到的解答相加, 两个水平边上的应力就成为零, 而梁上的载荷只是梁的自重.

位移 u 和 v 可用前节中所述的方法算得. 假定在中间截面的形心处 $(x = 0, y = 0)$, 水平位移为零, 而铅直位移等于挠度 δ, 则由解答 (d) 和 (33) 得

$$u = \frac{q}{2EI}\left[\left(l^2x - \frac{x^3}{3}\right)y + x\left(\frac{2}{3}y^3 - \frac{2}{5}c^2y\right) + \nu x\left(\frac{1}{3}y^3 - c^2y + \frac{2}{3}c^3\right)\right],$$

$$v = -\frac{q}{2EI}\left\{\frac{y^4}{12} - \frac{c^2y^2}{2} + \frac{2}{3}c^3y + \nu\left[(l^2 - x^2)\frac{y^2}{2} + \frac{y^4}{6} - \frac{1}{5}c^2y^2\right]\right\}$$

$$- \frac{q}{2EI}\left[\frac{l^2x^2}{2} - \frac{x^4}{12} - \frac{1}{5}c^2x^2 + \left(1 + \frac{1}{2}\nu\right)c^2x^2\right] + \delta.$$

由 u 的表达式可见, 梁的中性面并不在中线处. 由于压应力

$$(\sigma_y)_{y=0} = -\frac{q}{2},$$

梁的中线有拉应变 $\nu g/2E$, 因而有

$$(u)_{y=0} = \frac{\nu qx}{2E}.$$

由 v 的表达式得挠度曲线方程

$$(v)_{y=0} = \delta - \frac{q}{2EI}\left[\frac{l^2x^2}{2} - \frac{x^4}{12} - \frac{1}{5}c^2x^2 + \left(1 + \frac{1}{2}\nu\right)c^2x^2\right]. \tag{f}$$

假定在中线两端 $(x = \pm l)$ 挠度为零, 就得到

$$\delta = \frac{5}{24}\frac{ql^4}{EI}\left[1 + \frac{12}{5}\frac{c^2}{l^2}\left(\frac{4}{5} + \frac{\nu}{2}\right)\right]. \tag{34}$$

方括号前面的因子就是由初等分析导出的挠度, 那时假定梁的截面在弯曲时保持为平面. 方括号中的第二项是矫正项, 通常称为剪力影响.

将挠度曲线方程 (f) 对 x 求导两次, 就得到曲率的表达式

$$\left(\frac{\mathrm{d}^2 v}{\mathrm{d}x^2}\right)_{y=0} = \frac{q}{EI}\left[\frac{l^2 - x^2}{2} + c^2\left(\frac{4}{5} + \frac{\nu}{2}\right)\right]. \tag{35}$$

可见曲率并不是精确地与弯矩 $q(l^2 - x^2)/2$ 成比例[1]. 方括号中的附加项, 表示对通常初等公式的必需的矫正. 对于梁的曲率的更一般的研究[2], 证明表达式 (35) 中的矫正项也可以用于载荷集度连续变化时的任何情形. 在集中载荷情形下剪力对于挠度的影响, 将在后面讨论 (§40). [50]

剪力对于梁的挠度曲线的曲率的影响, 曾由郎肯[3]在英国及格拉斯霍夫[4]在德国作过初步推演. 取单位宽度矩形梁的中性轴上的最大剪应变为 $\frac{3}{2}(Q/2cG)$, 其中 Q 是剪力, 则对应的曲率增加可由上述剪应变对 x 的导数求得为 $(3/2)(q/2cG)$. 于是由初等分析得来的曲率矫正表达式成为

$$\frac{q}{EI}\frac{l^2 - x^2}{2} + \frac{3}{2}\frac{q}{2cG} = \frac{q}{EI}\left[\frac{l^2 - x^2}{2} + c^2(1 + \nu)\right].$$

将此式与式 (35) 对比, 可见初等解答所给出的矫正值过大[5].

式 (35) 中对曲率的矫正项不能单独归于剪力. 其中一部分是由压应力 σ_y 引起的. 这压应力在梁的深度上不是均匀分布的. 由这些应力引起的在 x 方向的侧向膨胀, 由梁顶至梁底逐渐减小, 因而产生反向的曲率 (向上凸). 这个曲率, 连同剪力影响一起, 是方程 (35) 中矫正项的来源.

注:

① 这一点首先由 K. Pearson 指出, 见 *Quart. J. Math.*, vol. 24, p. 63, 1889.

② 见 T. v. Kármán 的论文, 载 *Abhandl. Aerodynam. Inst., Tech. Hochschule, Aachen*, vol. 7, p. 3, 1927.

③ Rankine, "Applied Mechanics", 14th ed., p. 344, 1895.

④ Grashof, "Elastizität und Festigkeit", 2d ed., 1878.

⑤ 对应变能的初步考虑, 能给出较好的近似值. 见 S. Timoshenko, "Strength of Materials", 3d ed., vol. 1, p. 318.

§23　受连续载荷的梁的其他情形

增高 §18 中表示二维问题解答的多项式的幂次, 可得载荷以各种方式连续变化时的弯曲问题的解答[1]. 例如, 取六次多项式形式的解答, 与 §18 中的解答相结合, 就得到承受静水压力的铅直悬臂梁 (图 29) 中的应力. 这样, 可以证明, 悬臂梁纵边上的所有条件都能被如下的一组应力所满足: [51]

$$\sigma_x = \frac{qx^3y}{4c^3} + \frac{q}{4c^3}\left(-2xy^3 + \frac{6}{5}c^2xy\right),$$

$$\sigma_y = -\frac{qx}{2} + qx\left(\frac{y^3}{4c^3} - \frac{3y}{4c}\right), \tag{a}$$

$$\tau_{xy} = \frac{3qx^2}{8c^3}(c^2 - y^2) - \frac{q}{8c^3}(c^4 - y^4) + \frac{q}{4c^3}\frac{3}{5}c^2(c^2 - y^2).$$

这里的 q 是流体每单位体积的重量, 因而在深度 x 处的载荷集度是 qx. 在同一深度处的剪力及弯矩分别为 $qx^2/2$ 及 $qx^3/6$. 显然, 在 σ_x 和 τ_{xy} 的表达式中的第一项, 就是用一般初等公式算得的应力值.

在梁的顶端 $(x = 0)$, 正应力为零, 而剪应力是

$$\tau_{xy} = -\frac{q}{8c^3}(c^4 - y^4) + \frac{q}{4c^3}\frac{3}{5}c^2(c^2 - y^2).$$

此项应力虽然不等于零, 但在整个截面上都很小, 而且合力为零, 因而情况与顶端无外力时近似.

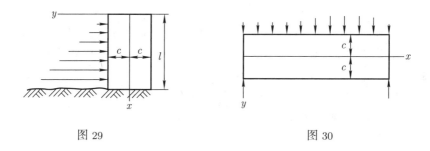

图 29　　　　　　　　　　　　　　　　图 30

将方程 (a) 中的 σ_x 加上一项 $-q_1x$, 其中 q_1 是悬臂梁材料每单位体积的重量, 就考虑到了梁的重量对应力分布的影响. 曾有人建议[2]用这样得来的解答计算矩形截面圬工坝中的应力. 但须指出, 这个解答不满足在坝底的条件. 如果在坝底有像解答 (a) 中 σ_x 和 τ_{xy} 一样分布的力作用着, 解答 (a) 就是精确的. 实际上坝底是与基础相连的, 不同于这个解答所代表的情况. 根据圣维南原理, 可以说, 坝底所受的约束的影响, 在离坝底较远之处可以不计, 但由于圬工坝的截面尺寸 $2c$ 一般并不远比高度 l 为小, 这种影响不能忽略[3].

取七次多项式为应力函数, 可以求得在抛物线形分布载荷下的梁的应力. 在第六章中 (§58) 将说明, 如何利用复变函数直接写出任意次多项式的应力函数.

在载荷 q 连续分布的一般情况下 (图 30), 在离两端较远处 (距离大于梁

的深度), 任何截面上的应力, 可用下列方程近似地算得 [4]:

$$\sigma_x = \frac{My}{I} + q\left(\frac{y^3}{2c^3} - \frac{3}{10}\frac{y}{c}\right),$$
$$\sigma_y = -\frac{q}{2} + q\left(\frac{3y}{4c} - \frac{y^3}{4c^3}\right), \tag{36}$$
$$\tau_{xy} = \frac{Q}{2I}(c^2 - y^2),$$

其中 M 和 Q 是按通常方法算得的弯矩和剪力, q 是在所考察的截面处的载荷 [53] 集度. 这些方程与前面对均布载荷梁求得的方程相符 (见 §22).

如果集度为 q 的向下载荷是分布在梁的下边 ($y = +c$), 应力的表达式可由方程 (36) 叠加以均匀拉应力 $\sigma_y = q$ 而得到:

$$\sigma_x = \frac{My}{I} + q\left(\frac{y^3}{2c^3} - \frac{3}{10}\frac{y}{c}\right),$$
$$\sigma_y = \frac{q}{2} + q\left(\frac{3y}{4c} - \frac{y^3}{4c^3}\right), \tag{36'}$$
$$\tau_{xy} = \frac{Q}{2I}(c^2 - y^2).$$

注:

① 见 A. Timpe 的论文 (见 §18 中的注 ①); 又见 W. R. Osgood, *J. Res. Nat. Bur. Std*, ser. B, p. 159, 1942.

② M. Levy, *Compt. rend.*, vol. 126, p. 1235, 1898.

③ 圬工坝中应力的问题有很大的实用意义, 曾经由许多著者加以讨论. 见 K. Pearson, On Some Disregarded Points in the Stability of Masonry Dams, *Drapers' Co. Research Mems.*, 1904; K. Pearson and C. Pollard. An Experimental Study of the Stresses in Masonry Dams, *Drapers' Co. Research Mems.*, 1907. 又见 L. F. Richardson, *Trans. Roy. Soc. (London)*, ser. A, vol. 210, p. 307, 1910; S. D. Carothers, *Proc. Roy. Soc. Edinburgh*, vol. 33, p. 292, 1913; I. Muller, *Publ. Lab. Photoélasticité*, Zürich, 1930; Fillunger, *Oesterr. Wochschr. Öffentl. Baudienst*, 1913, No. 35; K. Wolf, *Sitzber. Akad. Wiss. Wien*, vol. 123, 1914.

④ F. Seewald, *Abhandl. Aerodynam. Inst.*, *Tech. Hochschule, Aachen*, vol. 7, p. 11, 1927. 关于这种近似解答的进一步发展, 见 B. E. Gatewood and R. Dale, *J. Appl. Mech.* vol. 29, 1962, pp. 747-749.

§24 傅里叶级数形式的二维问题解答 [1]

前已说明, 如果载荷沿狭矩形截面梁的长度连续分布, 则在某些简单情况下可以用多项式形式的应力函数. 把应力函数取为 x 的傅里叶级数, 可以获得更大程度的普遍性. 在这种级数中, 上下两边的载荷的每一个分量都可以有普遍性. 例如, 载荷可以是不连续的.

为了满足应力函数的方程

$$\frac{\partial^4 \phi}{\partial x^4} + 2\frac{\partial^4 \phi}{\partial x^2 \partial y^2} + \frac{\partial^4 \phi}{\partial y^4} = 0, \tag{a}$$

可以取函数 ϕ 为如下的形式:

$$\phi = \sin\frac{m\pi x}{l} f(y), \tag{b}$$

其中 m 是一整数, $f(y)$ 是 y 的函数. 将 (b) 代入方程 (a), 并用记号 $m\pi/l = \alpha$, 就得到如下的方程以确定 $f(y)$:

$$\alpha^4 f(y) - 2\alpha^2 f''(y) + f^{\text{IV}}(y) = 0. \tag{c}$$

这个常系数线性微分方程的通解是

$$f(y) = C_1 \text{ch}\,\alpha y + C_2 \text{sh}\,\alpha y + C_3 y\text{ch}\,\alpha y + C_4 y\text{sh}\,\alpha y.$$

于是应力函数为

$$\phi = \sin\alpha x(C_1 \text{ch}\,\alpha y + C_2 \text{sh}\,\alpha y + C_3 y\text{ch}\,\alpha y + C_4 y\text{sh}\,\alpha y), \tag{d}$$

[54]　　而对应的应力分量是:

$$\sigma_x = \frac{\partial^2 \phi}{\partial y^2} = \sin\alpha x[C_1\alpha^2\text{ch}\,\alpha y + C_2\alpha^2\text{sh}\,\alpha y$$
$$+ C_3\alpha(2\text{sh}\,\alpha y + \alpha y\text{ch}\,\alpha y) + C_4\alpha(2\text{ch}\,\alpha y + \alpha y\text{sh}\,\alpha y)],$$
$$\sigma_y = \frac{\partial^2 \phi}{\partial x^2} = -\alpha^2 \sin\alpha x(C_1\text{ch}\,\alpha y + C_2\text{sh}\,\alpha y + C_3 y\text{ch}\,\alpha y + C_4 y\text{sh}\,\alpha y),$$
$$\tau_{xy} = -\frac{\partial^2 \phi}{\partial x \partial y} = -\alpha\cos\alpha x[C_1\alpha\text{sh}\,\alpha y + C_2\alpha\text{ch}\,\alpha y \tag{e}$$
$$+ C_3(\text{ch}\,\alpha y + \alpha y\text{sh}\,\alpha y) + C_4(\text{sh}\,\alpha y + \alpha y\text{ch}\,\alpha y)].$$

我们来考察一个特殊情形: 支承于两端的矩形梁, 沿上下两边作用着连续分布的铅直力, 其集度分别为 $A\sin\alpha x$ 和 $B\sin\alpha x$. 图 31 表示 $\alpha = 4\pi/l$ 时的情形, 并标出 A 和 B 的正值. 对于这种情形, 应力分布可由解答 (e) 求得. 积分常数 $C_1, \cdots, C_4$ 可由梁上下两边 ($y = \pm c$) 的条件来决定. 这些条件是:

在 $y = +c$ 处,

$$\tau_{xy} = 0, \quad \sigma_y = -B\sin\alpha x;$$

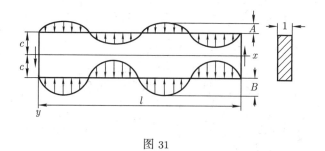

图 31

在 $y = -c$ 处,

$$\tau_{xy} = 0, \quad \sigma_y = -A\sin\alpha x. \tag{f}$$

将这些值代入 (e) 中的第三方程, 得

$$C_1\alpha\mathrm{sh}\,\alpha c + C_2\alpha\mathrm{ch}\,\alpha c + C_3(\mathrm{ch}\,\alpha c + \alpha\mathrm{sh}\,\alpha c) + C_4(\mathrm{sh}\,\alpha c + \alpha\mathrm{ch}\,\alpha c) = 0,$$

$$-C_1\alpha\mathrm{sh}\,\alpha c + C_2\alpha\mathrm{ch}\,\alpha c + C_3(\mathrm{ch}\,\alpha c + \alpha\mathrm{sh}\,\alpha c) - C_4(\mathrm{sh}\,\alpha c + \alpha\mathrm{ch}\,\alpha c) = 0,$$

由此得

$$\begin{aligned}
C_3 &= -C_2\frac{\alpha\mathrm{ch}\,\alpha c}{\mathrm{ch}\,\alpha c + \alpha\mathrm{sh}\,\alpha c}, \\
C_4 &= -C_1\frac{\alpha\mathrm{sh}\,\alpha c}{\mathrm{sh}\,\alpha c + \alpha\mathrm{ch}\,\alpha c}.
\end{aligned} \tag{g}$$

将 $y = \pm c$ 两边上的条件用于 (e) 中的第二个方程, 可得

$$\alpha^2(C_1\mathrm{ch}\,\alpha c + C_2\mathrm{sh}\,\alpha c + C_3c\mathrm{ch}\,\alpha c + C_4c\mathrm{sh}\,\alpha c) = B,$$

$$\alpha^2(C_1\mathrm{ch}\,\alpha c - C_2\mathrm{sh}\,\alpha c - C_3c\mathrm{ch}\,\alpha c + C_4c\mathrm{sh}\,\alpha c) = A.$$

将这两个方程相加和相减, 并利用方程 (g), 得 [55]

$$\begin{aligned}
C_1 &= \frac{A+B}{\alpha^2} \cdot \frac{\mathrm{sh}\,\alpha c + \alpha c\mathrm{ch}\,\alpha c}{\mathrm{sh}\,2\alpha c + 2\alpha c}, \\
C_2 &= -\frac{A-B}{\alpha^2} \cdot \frac{\mathrm{ch}\,\alpha c + \alpha c\mathrm{sh}\,\alpha c}{\mathrm{sh}\,2\alpha c - 2\alpha c}, \\
C_3 &= \frac{A-B}{\alpha^2} \cdot \frac{\alpha\mathrm{ch}\,\alpha c}{\mathrm{sh}\,2\alpha c - 2\alpha c}, \\
C_4 &= -\frac{A+B}{\alpha^2} \cdot \frac{\alpha\mathrm{sh}\,\alpha c}{\mathrm{sh}\,2\alpha c + 2\alpha c}.
\end{aligned} \tag{h}$$

再代入方程 (e), 就得到应力分量的表达式如下:

$$\sigma_x = (A+B)\frac{(\alpha c\,\mathrm{ch}\,\alpha c - \mathrm{sh}\,\alpha c)\mathrm{ch}\,\alpha y - \alpha y\mathrm{sh}\,\alpha y\mathrm{sh}\,\alpha c}{\mathrm{sh}\,2\alpha c + 2\alpha c} \cdot \sin\alpha x$$

$$-(A-B)\frac{(\alpha c\,\mathrm{sh}\,\alpha c - \mathrm{ch}\,\alpha c)\mathrm{sh}\,\alpha y - \alpha y\mathrm{ch}\,\alpha y\mathrm{ch}\,\alpha c}{\mathrm{sh}\,2\alpha c - 2\alpha c} \cdot \sin\alpha x,$$

$$\sigma_y = -(A+B)\frac{(\alpha c\,\mathrm{ch}\,\alpha c + \mathrm{sh}\,\alpha c)\mathrm{ch}\,\alpha y - \alpha y\mathrm{sh}\,\alpha y\mathrm{sh}\,\alpha c}{\mathrm{sh}\,2\alpha c + 2\alpha c} \cdot \sin\alpha x \tag{k}$$

$$+(A-B)\frac{(\alpha c\,\mathrm{sh}\,\alpha c + \mathrm{ch}\,\alpha c)\mathrm{sh}\,\alpha y - \alpha y\mathrm{ch}\,\alpha y\mathrm{ch}\,\alpha c}{\mathrm{sh}\,2\alpha c - 2\alpha c} \cdot \sin\alpha x,$$

$$\tau_{xy} = -(A+B)\frac{\alpha c\,\mathrm{ch}\,\alpha c\,\mathrm{sh}\,\alpha y - \alpha y\mathrm{ch}\,\alpha y\mathrm{sh}\,\alpha c}{\mathrm{sh}\,2\alpha c + 2\alpha c} \cdot \cos\alpha x$$

$$+(A-B)\frac{\alpha c\,\mathrm{sh}\,\alpha c\,\mathrm{ch}\,\alpha y - \alpha y\mathrm{sh}\,\alpha y\mathrm{ch}\,\alpha c}{\mathrm{sh}\,2\alpha c - 2\alpha c} \cdot \cos\alpha x.$$

这些应力能满足图 31 中 $y = \pm c$ 两边上的条件. 在梁的两端 ($x = 0$ 和 $x = l$), 应力 σ_x 为零, 只有剪应力 τ_{xy}. 这个剪应力由两项表示 [见方程 (k)]. 与 $A+B$ 成比例的第一项, 代表这样的应力: 在端截面的上半部和下半部大小相同而符号相反; 在每一端, 这些应力的合力为零. 与 $A-B$ 成比例的第二项, 在梁的两端各有一个合力, 与加于纵边 ($y = \pm c$) 的载荷维持平衡.

如果上下两边的载荷相同, 则系数 A 等于 B, 而两端的反力都成为零. 我们来更详细地讨论这一特殊情形, 假定梁的长度远比深度为大. 由 (k) 中的第二个方程得梁的中面 ($y = 0$) 上的正应力 σ_y 为

$$\sigma_y = -2A\frac{\alpha c\,\mathrm{ch}\,\alpha c + \mathrm{sh}\,\alpha c}{\mathrm{sh}\,2\alpha c + 2\alpha c}\sin\alpha x. \tag{l}$$

对于长梁, 只要半波的数目 m 不大, $\alpha c = m\pi c/l$ 总是很小的. 于是, 将

$$\mathrm{sh}\,\alpha c = \alpha c + \frac{(\alpha c)^3}{6} + \frac{(\alpha c)^5}{120} + \cdots,$$

$$\mathrm{ch}\,\alpha c = 1 + \frac{(\alpha c)^2}{2} + \frac{(\alpha c)^4}{24} + \cdots$$

代入 (l), 并略去比 $(\alpha c)^4$ 更高阶的微量, 就得到

$$\sigma_y = -A\sin\alpha x\left[1 - \frac{(\alpha c)^4}{24}\right].$$

因此, 当 αc 的值很小时, 中面上的应力分布实际上与梁的两水平边 ($y = \pm c$) 上的相同. 于是可以断定, 只要梁边上的压力变化不快, 这些压力就将没有显著改变地在梁或板内传递.

[56]

对于这种情形, 剪应力 τ_{xy} 是很小的. 在两个端截面的上半部和下半部上, 这些剪应力分别合成一个微小合力, 借以平衡水平边 $(y = \pm c)$ 与中面 $(y = 0)$ 上的压力的微小差值.

在最一般的情况下, 铅直载荷沿梁上下两边的分布 (图 32) 可用如下的级数表示②:

在上边,

$$q_u = A_0 + \sum_{m=1}^{\infty} A_m \sin\frac{m\pi x}{l} + \sum_{m=1}^{\infty} A'_m \cos\frac{m\pi x}{l};$$

在下边,

$$q_l = B_0 + \sum_{m=1}^{\infty} B_m \sin\frac{m\pi x}{l} + \sum_{m=1}^{\infty} B'_m \cos\frac{m\pi x}{l}. \tag{m}$$

常数项 A_0 和 B_0 代表梁的均布载荷, 这在 §22 中已经讨论过. 由包含 $\sin(m\pi x/l)$ 的各项所引起的应力, 可由 (k) 型解答的叠加而得到. 由包含 $\cos(m\pi x/l)$ 的各项所引起的应力也可由 (k) 得出, 但须将 $\sin\alpha x$ 与 $\cos\alpha x$ 互换, 并改变 τ_{xy} 的符号.

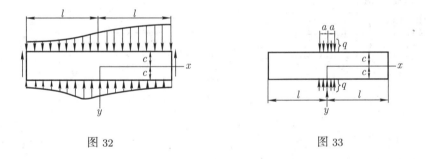

图 32   图 33

为了说明计算应力的这种一般方法在矩形板中的应用③, 我们来考察图 33 所示的情形. 对于这种对称载荷的情形, 表达式 (m) 中含有 $\sin(m\pi x/l)$ 的各项都消失, 而系统 A_0 和 A'_m 可用通常的方法求得:

$$A_0 = B_0 = \frac{qa}{l}, \quad A'_m = B'_m = \frac{1}{l}\int_{-a}^{a} q\cos\frac{m\pi x}{l}\mathrm{d}x = \frac{2q\sin\dfrac{m\pi a}{l}}{m\pi}. \tag{n}$$

A_0 和 B_0 两项代表 y 方向的均匀压力, 等于 qa/l. 各三角函数项所对应的应力可用解答 (k) 求得, 但须将这解答中的 $\sin\alpha x$ 与 $\cos\alpha x$ 互换, 并改变 τ_{xy} 的符号.

试考察中面 $y = 0$. 在这平面上只有正应力 σ_y. 用 (k) 中的第二方程, 得

[57]

$$\sigma_y = -\frac{qa}{l} - \frac{4q}{\pi}\sum_{m=1}^{\infty}\frac{\sin\dfrac{m\pi a}{l}}{m}\cdot\frac{\dfrac{m\pi c}{l}\operatorname{ch}\dfrac{m\pi c}{l}+\operatorname{sh}\dfrac{m\pi c}{l}}{\operatorname{sh}\dfrac{2m\pi c}{l}+2\dfrac{m\pi c}{l}}\cos\frac{m\pi x}{l}.$$

法伊隆曾对无限长板条在 a 很小 (即, 集中力 $P = 2qa$) 的情况下计算过这个应力[④]. 计算结果示于图 34 中. 可见 σ_y 随着 x 迅速消减, 当 $x/c = 1.35$ 时, 它成为零, 以后就被拉应力所代替. 法伊隆还讨论过如图 35 所示的当两个力 P 相对移动后的情形. 在这种情况下, 剪应力在截面 nn 上的分布 (图 36) 具有实用意义. 由图可见, 对于小的比值 b/c, 剪应力并不像初等理论中给出的抛物线形分布, 在梁顶和梁底, 都有很大的应力, 而在梁的中间部分, 实际上没有什么剪应力.

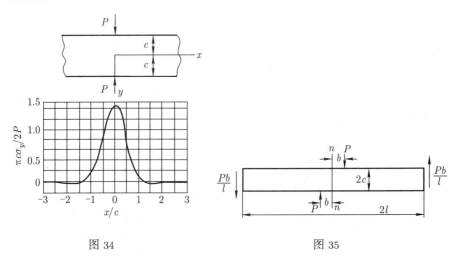

图 34　　　　　　　　　　　　　　　图 35

在图 34 所示的问题中, 由于对称, 在中线 $y = 0$ 处没有剪应力, 也没有铅直位移. 因此, 梁的上半部相当于支承在刚性光滑基础上的一个弹性层[⑤].

现在考察另一极端情形: 板的深度 $2c$ 远较长度 $2l$ 为大 (图 37). 我们将用这一情形来证明, 当距力 P 的作用点的距离增大时, 横截面上的应力分布迅速趋于均匀. 用 (k) 中的第二个方程, 以 $\cos\alpha x$ 代替 $\sin\alpha x$, 并用式 (n) 中的系数 $A_m' = B_m'$, 得

$$\sigma_y = -\frac{qa}{l} - \frac{4q}{\pi}\sum_{m=1}^{\infty}\frac{\sin\alpha a}{m}\frac{(\alpha c\operatorname{ch}\alpha c+\operatorname{sh}\alpha c)\operatorname{ch}\alpha y-\alpha y\operatorname{sh}\alpha y\operatorname{sh}\alpha c}{\operatorname{sh}2\alpha c+2\alpha c}\cdot\cos\alpha x, \quad (p)$$

其中 $qa = P/2$. 如果 l 远较 c 为小, 则 αc 是一个大的数字, 与 $\operatorname{sh}\alpha c$ 相比, 可以略去. 此外, 还可令

$$\operatorname{sh}\alpha c = \operatorname{ch}\alpha c = \frac{1}{2}\mathrm{e}^{\alpha c}.$$

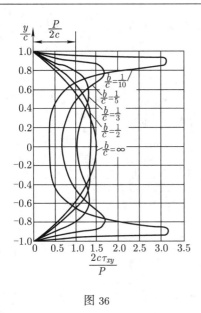

图 36

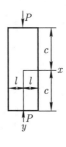

图 37

对于离开板中点很远处的横截面, 可令 $\operatorname{sh}\alpha y = \operatorname{ch}\alpha y = \mathrm{e}^{\alpha y/2}$. 将这些值代入 [59]
方程 (p), 得

$$\sigma_y = -\frac{qa}{l} - \frac{4q}{\pi}\sum_{m=1}^{\infty}\frac{\sin\alpha a}{2m}[(\alpha c+1)\mathrm{e}^{\alpha(y-c)} - \alpha y\mathrm{e}^{\alpha(y-c)}]\cos\alpha x$$

$$= -\frac{qa}{l} - \frac{4q}{\pi}\sum_{m=1}^{\infty}\frac{\sin\dfrac{m\pi a}{l}}{2m}\left[\frac{m\pi}{l}(c-y)+1\right]\mathrm{e}^{\frac{m\pi}{l}(y-c)}\cos\frac{m\pi x}{l}.$$

如果 $c-y$ 并不很小, 譬如 $c-y > l/2$, 则这一级数收敛很快, 计算 σ_y 时只须取
很少几项. 这时可以取

$$\sin\frac{m\pi a}{l} = \frac{m\pi a}{l},$$

并令 $2aq = P$, 就得到

$$\sigma_y = -\frac{P}{2l} - \frac{P}{l}\sum_{m=1}^{\infty}\left[\frac{m\pi}{l}(c-y)+1\right]\mathrm{e}^{\frac{m\pi}{l}(y-c)}\cos\frac{m\pi x}{l}.$$

例如, 当 $y = c-l$ 时,

$$\sigma_y = -\frac{P}{2l} - \frac{P}{l}\left(\frac{\pi+1}{\mathrm{e}^{\pi}}\cos\frac{\pi x}{l} + \frac{2\pi+1}{\mathrm{e}^{2\pi}}\cos\frac{2\pi x}{l} + \frac{3\pi+1}{\mathrm{e}^{3\pi}}\cos\frac{3\pi x}{l} + \cdots\right).$$

只用级数的前三项, 即可得到足够的精度, 应力分布如图 38b 所示. 在同一图
中还表示了 $c-y = l/2$ 和 $c-y = 2l$ 处的应力分布[6]. 显然, 在离开两端的距

离等于板条宽度之处, 应力分布实际上是均匀的, 这就验证了通常根据圣维南原理而得的结论.

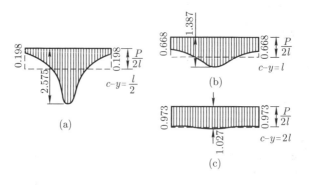

图 38

对于如图 37 中那样的长板条, 如果应力 σ_x 沿边缘的变化率并不太快, 那么, 这个应力将很少改变地传过板的宽度 $2l$. 可是, 上面解答所表示的应力却因此而须要作一些矫正, 特别是在邻近 $y = \pm c$ 的两端之处. 对图 37 所示的问题, 当 $c = 2l$ 时, 用另一方法得到的解答[7], 表明在中间水平截面上的压应力实际上是均匀的, 与图 38c 相符. 在邻近力 P 作用点处的应力, 将在后面讨论 (见 §36).

[60]

注:

① 对傅里叶解答研究得最早而且最彻底的大概是 E, Mathieu, 见 "Théorie de l'Elasticité des Corps Solides," seconde partie, chap. 10, pp. 140-178, Gauthier-Villars, Paris, 1890. 文中把 x 的和 y 的傅里叶级数相叠加, 以求解有限大矩形域的问题, 还考察了用一组无数多个联立代数方程决定傅里叶系数时的收敛性.

② 关于傅里叶级数, 见 Osgood, "Advanced Calculus", 1928; 或 Byerly, "Fourier Series and Spherical Harmonics", 1902; 或 Churchill "Fourier Series and Boundary Value Problems", 1963.

③ 曾算出过几个例题, 见 M. C. Ribiére, *Compt. Rend.* vol. 126, pp 402-404 及 1190-1192, 1898; 又见 F. Bleich, *Bauingenieur*, vol. 4, p. 255, 1923.

④ 见 L. N. G. Filon, *Trans. Roy. Soc. (London)*, ser. A, vol. 201, p. 67, 1903. 这个问题也曾由下列作者讨论过: A. Timpe, *Z. Math, Physik*, vol. 55, p. 149, 1907; G. Mesmer, Vergleichende spannungsoptische Untersuchungen···, Dissertation, Göttingen, 1929; F. Seewald, *Abhandl. Aerodynam. Inst., Tech. Hochschule, Anchen*, vol. 7, p. 11, 1927; H. Bay, *Ingenieur-Arch.*, vol. 3, p. 435, 1932. 这个问题的近似解答曾由 M. Pigeaud 得出, 见 *Compt. rend.*, vol. 161, p. 673, 1915. 这个问题在有限长矩形板情形下的研究是 J. N. Goodier 所作的, 见 *Appl. Mech.*, vol. 54, no. 18, p. 173, 1932.

⑤　粗糙基础的情形曾由 K. Marguerre 研究过, 见 *Ingenieur-Arch.*, vol. 2, p. 108, 1931; G. R. Abrahamson and J. N. Goodier, *J. Appl. Mech.* vol. 28, pp 608-610, 1961. 夹在弹性材料中的一个柔软但不可伸长的薄层, 是土力学中的一种重要情形, 曾由 M. A. Biot 研究过, 见 *Phys.*, vol. 6, p. 367, 1935.

⑥　见 F. Bleich 的论文 (见注 ③). 这些结果已由 P. Theocaris 用更完整的分析和量测加以验证, 见 (1) *J. Appl. Mech.*, vol. 26, pp. 401-406, 1959; (2) *Intern. J. Engr. Sci.*, vol. 2, pp. 1-19, 1964.

⑦　J. N. Goodier, *Trans. ASME*, vol. 54, p. 173, 1932.

§25　傅里叶级数的另一些应用. 重力载荷

在 §24 中所考察的问题, 只涉及一个 "跨度"l 或 $2l$. 但是, 这些解答同样可以表明在平行于 x 轴的长板条中的周期性应力状态, 因为傅里叶级数是周期函数. 等跨度连续梁在各跨度上受同样载荷时, 如果梁端的条件是相当的, 就具有这样一种周期性的应力分布. 如果这梁在实质上就是一道墙, 它在几点受支承, 而支承点的间距与梁的深度同等大小 (图 39), 像在某些钢筋混凝土仓库建筑上那样, 就可用上述方法得出有用的结果①. 这时, 梁的初等理论是不够用的. 均匀分布在梁下边的载荷 q_1, 被均匀分布在宽度 $2b$ 上而相隔为 l 的向上反力支承, 是包括在 §24 方程 (m) 中的一种特殊情形. 如果载荷 q_1 作用在梁的上边, 只须加上由于上下两边受相等而相反的均布压力 q_1 所引起的应力.

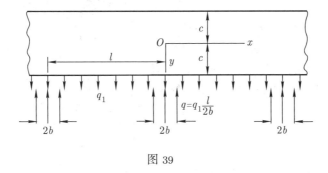

图 39

如果载荷是梁的自重, 这体力问题极易化为边缘载荷问题. 简单的应力分布

$$\sigma_x = 0, \quad \sigma_y = -\rho g(y + c), \quad \tau_{xy} = 0$$

能满足平衡方程 (19) 和相容方程 (24). 它显然表明, 在图 39 中, 梁的下边受到均布压力 $2\rho gc$ 的支承. 把这个应力加在图 39 中用 $2\rho gc$ 代替 q_1 而有的应力

上, 能满足 σ_y 在下边等于零的条件 (支承宽度 $2b$ 除外), 而这就是没有体力时由 q 和 q_1 引起的应力.

注:

① 这类问题的讨论, 附参考文献, 见 K. Beyer, "Die Statikim Eisenbetonbau", 2d ed., p. 723, 1934; 又见 H. Craemer, *Ingenieur-Arch.*, vol. 7, p. 325, 1936.

§26　端效应. 本征解

在 §24 及 §25 中考虑过的傅里叶级数形式的应力函数, 适用于两对边上载荷或位移为已知的情形. 对于矩形域全部四边上都具有已知条件的情形, 它不是充分普遍的. 但是, 可以加上一个应力函数, 它不是 x 的而是 y 的傅里叶级数. 这就导致马修所发展的 "单级数交叉叠加" 的方法 (见 §24 中的注 ①).

当两对边上载荷为零、或位移为零、或有其他齐次条件时, 可用另一种应力函数来研究端载荷. 例如, 试针对自由边 $y = \pm c$ 来考察应力函数

$$\phi = C e^{-\gamma x/c} \left(\kappa \cos \frac{\gamma y}{c} + \frac{\gamma y}{c} \sin \frac{\gamma y}{c} \right), \tag{a}$$

它在常数 C、γ、κ 取任意数值时都满足微分方程 (30). 为了满足 $y = \pm c$ 处的 $\sigma_y = 0$ 和 $\tau_{xy} = 0$ 的条件, 我们使

$$\phi = 0, \quad \frac{\partial \phi}{\partial y} = 0, \quad \text{在 } y = \pm c, \tag{b}$$

因为它们保证

$$\frac{\partial^2 \phi}{\partial x^2} = 0, \quad \frac{\partial^2 \phi}{\partial x \partial y} = 0, \quad \text{在 } y = \pm c.$$

条件 (b) 也能保证: 在 x 为常量的任一截面上, 主矢及主矩均为零. 由于对 x 轴的对称性, 只须考察 x 方向的力. 在这方面, 我们有

$$\int_{-c}^{c} \sigma_x \mathrm{d}y = \int_{-c}^{c} \frac{\partial^2 \phi}{\partial y^2} \mathrm{d}y = \left[\frac{\partial \phi}{\partial y} \right]_{y=-c}^{y=c} = 0.$$

可见板条每端的载荷是自成平衡的.

[62]　　　由于函数 (a) 是 y 的偶函数, 只须在 $y = c$ 处应用条件 (b). 结果是

$$\kappa \cos \gamma + \gamma \sin \gamma = 0, \quad \gamma \cos \gamma + (1 - \kappa) \sin \gamma = 0. \tag{c}$$

于是, 只要 $\cos \gamma \neq 0$, 即可消去 κ 而得

$$\sin 2\gamma + 2\gamma = 0. \tag{d}$$

方程 (d) 的根, 除了无用的明显的根 $\gamma = 0$ 以外, 都是复数. 它们呈现为成对的共轭复数, 而且, 如果 γ 是一个根, 则 $-\gamma$ 也是一个根. 具有正实部的那些根, 将给出 (a) 型的应力函数. 这些应力函数随着 x 的增大而减小, 因而适用于这样的问题: 在板条 $(x > 0)$ 的一端 $(x = 0)$, 载荷自成平衡. 按照实部增大的顺序, 最前的两个根是[①]

$$\gamma_2 = 2.106\ 1 + 1.125\ 4i,$$

$$\gamma_4 = 5.356\ 3 + 1.551\ 6i. \tag{e}$$

因为在 (a) 中只考虑 y 的偶函数, 所以只用偶数的下标. 如果不是这样而考虑奇函数

$$\kappa' \sin \frac{\gamma y}{c} \cos \frac{\gamma y}{c}, \tag{f}$$

则方程 (d) 改换为

$$\sin 2\gamma - 2\gamma = 0. \tag{g}$$

最前两个非零根是[①]

$$\gamma_3 = 3.748\ 8 + 1.384\ 3i,$$

$$\gamma_5 = 6.950\ 0 + 1.676\ 1i, \tag{h}$$

而为了求得相应的 κ' 值, 须将 (c) 中的第一个方程改换为

$$\kappa' \sin \gamma + \gamma \cos \gamma = 0. \tag{i}$$

再回到式 (a) 所代表的对称情况. 选用 γ 的一个根, 例如 (e) 中的 γ_2, 连同 (c) 中第一式或第二式给出的相关的 κ 值, 一并代入 (a), 将得到一个复数形式的应力函数, 其中的系数 C 暂时作为 1. 因为这个应力函数满足微分方程 (30), 所以它的实部和虚部也都分别满足该方程, 都可以用来作为实应力函数. 每个实应力函数各有其已知的实系数. 系数 γ 的实部意味着有一个指数因子, 它反映 x 增大时的衰减率. 最低衰减率出现在对应于 γ_2 的函数中; 由 (e) 得出指数因子为

$$e^{-2.106\ 1x/c}.$$

如果这里所考虑的那一组无数多个 "本征函数" 能够表示板条一端上可能有的、自成平衡的载荷, 那么, 根据圣维南原理定性地预期到的衰减性, 即可由上列指数因子提供一个量度. 虽然如此, 在实际决定系数时, 计算是很繁的. 为了避免这一点, 在有些论文中列举了并且应用了一些简单形式的近似函数[②].

板条端的条件可能不是给定载荷而是给定位移. 这时, 在某些情况下, 应力将在角点 $x = 0$、$y = \pm c$ 处具有奇异性, 而辨别这些奇异项[③]的性质是很重

[63]

要的. 如果可能的话, 要把这些奇异项表示成闭合形式, 从而使解答的级数部分只代表非奇异部分. 作为一个例子, 曾用上述方法解答过这样的问题: 板条在一端被夹紧 (没有位移) 而受有拉伸载荷[④]. 还研究过这样的问题: 复合材料的受拉板条, 在 $x > 0$ 处和 $x < 0$ 处具有不同的弹性常数 [⑤].

注:

① 摘自 J. Fadle, *Ingenieur-Arch.*, vol. 11, 1941, p. 125. 这里考虑的这种函数, 是 Fadle 和Папкович (1940) 各自独立提出的. 关于这方面的参考资料, 见 (1) J. P. Benthem, *Quart. J. Mech. Appl. Math.*, vol. 16, 1963, pp. 413-429; (2) G. Horvay and J. S. Born, *J. Appl. Mech.*, vol. 24, 1957, pp. 261-268; (3) J. N. Goodier and P. G. Hodge, "Elasticity and Plasticity," p. 20, John Wiley & sons, Inc., New York, 1958; (4) M. W. Johnson, Jr. and R. W. Little, *Quart. Appl. Math.*, vol. 22, pp. 335-344, 1965.

② 见注 ① 中的 (2).

③ 这就要求单独考虑角点区域, 如 §42 中所述.

④ 见注 ① 中的 (1).

⑤ K. T. S. Iyengar and R. S. Alwar, *Z. Angew. Math. Phys*; vol. 14, pp. 344-352, 1963; *Z. Angew. Math. Mech.*, vol. 43, pp. 249-258, 1963.

习题

1. 试考察什么样的平面应力问题可用如下的应力函数求解:

$$\phi = \frac{3F}{4c}\left(xy - \frac{xy^3}{3c^2}\right) + \frac{q}{2}y^2.$$

2. 试考察, 将

$$\phi = -\frac{F}{d^3}xy^2(3d - 2y)$$

应用于 $y = 0$、$y = d$、$x = 0$ 所包围的 x 为正的区域内, 能解答什么问题.

3. 试证

$$\phi = \frac{q}{8c^3}\left[x^2(y^3 - 3c^2y - 2c^3) - \frac{1}{5}y^3(y^2 + 2c^2)\right]$$

是一个应力函数, 并查明, 将它应用于 $y = \pm c, x = 0$ 所包围的 x 为正的区域内, 能解答什么问题.

4. 悬臂梁 $(-c < y < c$、$0 < x < l)$ 沿下边受均布剪力而上边和 $x = l$ 的一端不受载荷时, 有人建议用应力函数

$$\phi = s\left(\frac{1}{4}xy - \frac{xy^2}{4c} - \frac{xy^3}{4c^2} + \frac{ly^2}{4c} + \frac{ly^3}{4c^2}\right)$$

得出解答. 这解答在哪些方面是不完善的? 试将应力表达式与由拉伸和弯曲的初等公式得到的作一比较.

5. 在图 26 所示的悬臂梁问题中, 设 $x = l$ 处的支承条件是:

在 $x = l$、$y = 0$ 处,　　　　　　　$u = v = 0$;

在 $x = l$、$y = \pm c$ 处, $\qquad u = 0$.

试证挠度是

$$(v)_{\substack{x=0 \\ y=0}} = \frac{Pl^3}{3EI}\left[1 + \frac{1}{2}(4+5\nu)\frac{c^2}{l^2}\right].$$

试草绘支承端 $(x = l)$ 变形以后的形状, 并在草图上表明, 怎样才能实现这一支承方式 [64] (铰? 固定平面上的滚轴支承?).

6. 设图 28 中的梁不是在上边受载荷 q 而是受到自重, 试求位移分量 u 和 v 的表达式. 并求厚度 (原来是一个单位) 改变的表达式.

7. 设图 26 中的悬臂梁具有宽矩形截面而不是狭矩形截面, 并在铅直边上受到适当的力以维持平面应变. 在梁端单位宽度上的载荷是 P.

证明应力 σ_x、σ_y、τ_{xy} 与 §21 中求得的相同. 求出应力 σ_z 的表达式, 并画出它沿悬臂梁纵边分布的草图. 写出位移分量 u 和 v 的表达式, 假定梁轴在 $x = l$ 处的水平单元被固定.

8. 证明: 如果 V 是平面调和函数, 就是说它满足拉普拉斯方程

$$\frac{\partial^2 V}{\partial x^2} + \frac{\partial^2 V}{\partial y^2} = 0,$$

那么, 函数 xV、yV、$(x^2+y^2)V$, 都满足 §18 中的方程 (a), 因而可以作为应力函数.

9. 证明

$$(Ae^{\alpha y} + Be^{-\alpha y} + Cye^{\alpha y} + Dye^{-\alpha y})\sin\alpha x$$

是一个应力函数.

半无限大板 $(y > 0)$ 在直边 $(y = 0)$ 上受有按

$$\sum_{m=1}^{\infty} b_m \sin\frac{m\pi x}{l}$$

分布的法向压力, 试导出各应力的级数表达式. 试证边界上任一点处的应力 σ_x 是压应力, 等于作用在该点的压力. 假定当 y 增大时应力趋于零.

10. 试证明: 由 §24 中的方程 (e) 得出的应力, 以及第 9 题中的应力, 都满足 §17 中的方程 (b).

第四章

用极坐标解二维问题

§27　极坐标中的一般方程

在讨论圆环、圆盘以及具有圆形轴线和狭矩形截面的曲杆等的应力时,用极坐标是方便的. 这时, 板的中面内任一点的位置决定于距原点 O 的距离 r, 以及 r 与平面内某一固定轴 Ox 之间的夹角 θ (图 40).

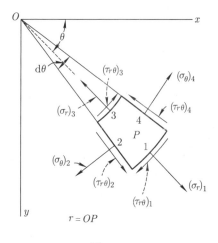

图 40

用垂直于板的径向截面 $O4$、$O2$ 和圆柱面 3、1 从板上割出一个微小单元体 1234. 现在来考察这微小单元体的平衡. 用 σ_r 代表径向的正应力分量, σ_θ 代表环向的正应力分量, $\tau_{r\theta}$ 代表剪应力分量, 每一记号所表示的是在单元体的中点 $P(r,\theta)$ 的应力. 由于应力的变化, 在 1、2、3、4 各边中点的应力值并不与 σ_r、σ_θ、$\tau_{r\theta}$ 的值完全相同, 在图 40 中用 $(\sigma_r)_1$ 等等代表.3 和 1 两边的半径

用 r_3 和 r_1 代表. 在 1 边上的径向力是 $(\sigma_r)_1 r_1 \mathrm{d}\theta$, 可以写成 $(\sigma_r r)_1 \mathrm{d}\theta$; 相似地, 在 3 边上的径向力是 $-(\sigma_r r)_3 \mathrm{d}\theta$. 2 边上的法向力在通过 P 点的半径方向具有分量 $-(\sigma_\theta)_2 (r_1 - r_3)\sin(\mathrm{d}\theta/2)$, 可用 $-(\sigma_\theta)_2 \mathrm{d}r(\mathrm{d}\theta/2)$ 代替. 4 边上的法向力的相应分量是 $-(\sigma_\theta)_4 \mathrm{d}r(\mathrm{d}\theta/2)$. 2 和 4 两边上的剪力则为

$$[(\tau_{\gamma\theta})_2 - (\tau_{r\theta})_4]\mathrm{d}r.$$

叠加所有的径向力, 包括每单位体积的径向体力 R 在内, 得到平衡方程

$$(\sigma_r r)_1 \mathrm{d}\theta - (\sigma_r r)_3 \mathrm{d}\theta - (\sigma_\theta)_2 \mathrm{d}r\frac{\mathrm{d}\theta}{2} - (\sigma_\theta)_4 \mathrm{d}r\frac{\mathrm{d}\theta}{2}$$
$$+[(\tau_{r\theta})_2 - (\tau_{r\theta})_4]\mathrm{d}r + Rr\mathrm{d}\theta\mathrm{d}r = 0.$$

除以 $\mathrm{d}r\mathrm{d}\theta$, 这方程成为

$$\frac{(\sigma_r r)_1 - (\sigma_r r)_3}{\mathrm{d}r} - \frac{1}{2}[(\sigma_\theta)_2 + (\sigma_\theta)_4]$$
$$+ \frac{(\tau_{r\theta})_2 - (\tau_{r\theta})_4}{\mathrm{d}\theta} + Rr = 0.$$

令单元体的尺寸逐渐缩小, 以零为极限, 方程中的第一项在取极限时就成为 $\partial(\sigma_r r)/\partial r$, 第二项成为 σ_θ, 而第三项成为 $\partial\tau_{r\theta}/\partial\theta$. 切向的平衡方程可用同样方法导出. 这两个方程最后具有如下的形式:

$$\frac{\partial\sigma_r}{\partial r} + \frac{1}{r}\frac{\partial\tau_{r\theta}}{\partial\theta} + \frac{\sigma_r - \sigma_\theta}{r} + R = 0,$$
$$\frac{1}{r}\frac{\partial\sigma_\theta}{\partial\theta} + \frac{\partial\tau_{r\theta}}{\partial r} + \frac{2\tau_{r\theta}}{r} + S = 0, \tag{37}$$

其中 S 是每单位体积内的切向体力 (沿 θ 增大的方向).

用极坐标解答二维问题时, 这两个方程就代替方程 (18). 当体力为零时, 它们将满足下列各式:

$$\sigma_r = \frac{1}{r}\frac{\partial\phi}{\partial r} + \frac{1}{r^2}\frac{\partial^2\phi}{\partial\theta^2},$$
$$\sigma_\theta = \frac{\partial^2\phi}{\partial r^2}, \tag{38}$$
$$\tau_{r\theta} = \frac{1}{r^2}\frac{\partial\phi}{\partial\theta} - \frac{1}{r}\frac{\partial^2\phi}{\partial r\partial\theta} = -\frac{\partial}{\partial r}\left(\frac{1}{r}\frac{\partial\phi}{\partial\theta}\right),$$

其中 ϕ 是应力函数, 是 r 和 θ 的函数. 这是可以由直接代入得到证明的. 方程 (38) 的推导如下.

我们也可以不导出方程 (37) 然后再说明它们在 $R = S = 0$ 时能为 (38) 所满足, 而首先像第三章中那样把应力分布当作是用 xy 分量 σ_x、σ_y、τ_{xy} 表示

[67]

的, 然后由此得出极坐标分量 σ_r、σ_θ、$\tau_{r\theta}$. 在公式 (13) 中, 令 α 先后等于 θ 及 $\theta + \pi/2$, 可得

$$
\begin{aligned}
\sigma_r &= \sigma_x \cos^2\theta + \sigma_y \sin^2\theta + 2\tau_{xy} \sin\theta\cos\theta, \\
\sigma_\theta &= \sigma_x \sin^2\theta + \sigma_y \cos^2\theta - 2\tau_{xy} \sin\theta\cos\theta, \\
\tau_{r\theta} &= (\sigma_y - \sigma_x)\sin\theta\cos\theta + \tau_{xy}(\cos^2\theta - \sin^2\theta).
\end{aligned}
\tag{a}
$$

与此相似, 可以用下列关系式 (参阅习题 1) 把 σ_x、σ_y、τ_{xy} 用 σ_r、σ_θ、$\tau_{r\theta}$ 来表示:

$$
\begin{aligned}
\sigma_x &= \sigma_r \cos^2\theta + \sigma_\theta \sin^2\theta - 2\tau_{r\theta} \sin\theta\cos\theta, \\
\sigma_y &= \sigma_r \sin^2\theta + \sigma_\theta \cos^2\theta + 2\tau_{r\theta} \sin\theta\cos\theta, \\
\tau_{xy} &= (\sigma_r - \sigma_\theta)\sin\theta\cos\theta + \tau_{r\theta}(\cos^2\theta - \sin^2\theta).
\end{aligned}
\tag{b}
$$

为了导出 (38), 试考虑两个坐标系中的导数之间的关系. 首先, 我们有

$$
r^2 = x^2 + y^2, \quad \theta = \operatorname{arctg}\frac{y}{x},
$$

由此得出

$$
\begin{aligned}
\frac{\partial r}{\partial x} &= \frac{x}{r} = \cos\theta, \quad \frac{\partial r}{\partial y} = \frac{y}{r} = \sin\theta, \\
\frac{\partial \theta}{\partial x} &= -\frac{y}{r^2} = -\frac{\sin\theta}{r}, \quad \frac{\partial \theta}{\partial y} = \frac{x}{r^2} = \frac{\cos\theta}{r}.
\end{aligned}
$$

这样, 对于任一函数 $f(x,y)$, 即极坐标中的 $f(r\cos\theta, r\sin\theta)$, 可得

$$
\frac{\partial f}{\partial x} = \frac{\partial f}{\partial r}\frac{\partial r}{\partial x} + \frac{\partial f}{\partial \theta}\frac{\partial \theta}{\partial x} = \cos\theta\frac{\partial f}{\partial r} - \frac{\sin\theta}{r}\frac{\partial f}{\partial \theta}.
\tag{c}
$$

为了得出 $\partial^2 f/\partial x^2$, 可重复式 (c) 右边所示的运算. 于是得

$$
\begin{aligned}
\frac{\partial^2 f}{\partial x^2} &= \left(\cos\theta\frac{\partial}{\partial r} - \frac{\sin\theta}{r}\frac{\partial}{\partial \theta}\right)\left(\cos\theta\frac{\partial f}{\partial r} - \frac{\sin\theta}{r}\frac{\partial f}{\partial \theta}\right) \\
&= \cos^2\theta\frac{\partial^2 f}{\partial r^2} - \cos\theta\sin\theta\frac{\partial}{\partial r}\left(\frac{1}{r}\frac{\partial f}{\partial \theta}\right) \\
&\quad - \frac{\sin\theta}{r}\frac{\partial}{\partial \theta}\left(\cos\theta\frac{\partial f}{\partial r}\right) + \frac{\sin\theta}{r^2}\frac{\partial}{\partial \theta}\left(\sin\theta\frac{\partial f}{\partial \theta}\right).
\end{aligned}
$$

稍加整理, 上式成为

$$
\begin{aligned}
\frac{\partial^2 f}{\partial x^2} &= \cos^2\theta\frac{\partial^2 f}{\partial r^2} + \sin^2\theta\left(\frac{1}{r}\frac{\partial f}{\partial r} + \frac{1}{r^2}\frac{\partial^2 f}{\partial \theta^2}\right) \\
&\quad - 2\sin\theta\cos\theta\frac{\partial}{\partial r}\left(\frac{1}{r}\frac{\partial f}{\partial \theta}\right).
\end{aligned}
\tag{d}
$$

同样可得 [68]

$$\frac{\partial^2 f}{\partial y^2} = \sin^2 \theta \frac{\partial^2 f}{\partial r^2} + \cos^2 \theta \left(\frac{1}{r} \frac{\partial f}{\partial r} + \frac{1}{r^2} \frac{\partial^2 f}{\partial \theta^2} \right)$$
$$+ 2 \sin \theta \cos \theta \frac{\partial}{\partial r} \left(\frac{1}{r} \frac{\partial f}{\partial \theta} \right), \tag{e}$$

$$-\frac{\partial^2 f}{\partial x \partial y} = \sin \theta \cos \theta \left(\frac{1}{r} \frac{\partial f}{\partial r} + \frac{1}{r^2} \frac{\partial^2 f}{\partial \theta^2} - \frac{\partial^2 f}{\partial r^2} \right)$$
$$- (\cos^2 \theta - \sin^2 \theta) \frac{\partial}{\partial r} \left(\frac{1}{r} \frac{\partial f}{\partial \theta} \right). \tag{f}$$

把 f 取为 (29) 中的应力函数 $\phi(x, y)$, 但令 $\rho g = 0$, 则 (d)、(e)、(f) 的左边分别成为 σ_x、σ_y、τ_{xy}. 于是可以用 (d)、(e)、(f) 右边的表达式代替式 (a) 右边的那些应力分量. 容易证明, 结果将归结为 (38).

为了把 §18 中的微分方程 (a) 变换成为极坐标的形式, 我们首先把 (d) 和 (e) 相加, 得出

$$\left(\frac{\partial^2}{\partial x^2} + \frac{\partial^2}{\partial y^2} \right) f = \left(\frac{\partial^2}{\partial r^2} + \frac{1}{r} \frac{\partial}{\partial r} + \frac{1}{r^2} \frac{\partial^2}{\partial \theta^2} \right) f, \tag{g}$$

这表示右边的极坐标算子与左边的拉普拉斯算子是等价的. 然后, 把 (b) 中的前两个方程相加, 得出

$$\sigma_x + \sigma_y = \sigma_r + \sigma_\theta. \tag{h}$$

当体力为零时, 我们有 (24), 即

$$\left(\frac{\partial^2}{\partial x^2} + \frac{\partial^2}{\partial y^2} \right) (\sigma_x + \sigma_y) = 0, \tag{i}$$

由于 (g)、(h)、(38), 方程 (i) 成为

$$\left(\frac{\partial^2}{\partial r^2} + \frac{1}{r} \frac{\partial}{\partial r} + \frac{1}{r^2} \frac{\partial^2}{\partial \theta^2} \right) \left(\frac{\partial^2 \phi}{\partial r^2} + \frac{1}{r} \frac{\partial \phi}{\partial r} + \frac{1}{r^2} \frac{\partial^2 \phi}{\partial r^2} \right) = 0. \tag{39}$$

由这一偏微分方程的各种解答, 可以得出二维问题在各种边界条件下的极坐标解答. 本章中将讨论这种问题的若干实例.

§28 轴对称应力分布

当应力函数只与 r 有关时, 相容方程 (39) 成为

$$\left(\frac{\mathrm{d}^2}{\mathrm{d}r^2} + \frac{1}{r} \frac{\mathrm{d}}{\mathrm{d}r} \right) \left(\frac{\mathrm{d}^2 \phi}{\mathrm{d}r^2} + \frac{1}{r} \frac{\mathrm{d}\phi}{\mathrm{d}r} \right)$$
$$= \frac{d^4 \phi}{dr^4} + \frac{2}{r} \frac{d^3 \phi}{dr^3} - \frac{1}{r^2} \frac{d^2 \phi}{dr^2} + \frac{1}{r^3} \frac{d\phi}{dr} = 0. \tag{40}$$

[69]　　这是一个常微分方程, 如果引用一个新变数 t 而使 $r = \mathrm{e}^t$, 就可以简化为一个常系数线性微分方程. 这样就容易求得方程 (40) 的通解. 这个通解有四个积分常数, 须由边界条件决定. 用代入法可以证明

$$\phi = A \ln r + B r^2 \ln r + C r^2 + D \tag{41}$$

就是通解. 由此可得应力轴对称分布而又无体力的一些问题的解答.[①] 由方程 (38) 得对应的应力分量

$$
\begin{aligned}
\sigma_r &= \frac{1}{r}\frac{\partial \phi}{\partial r} = \frac{A}{r^2} + B(1 + 2\ln r) + 2C, \\
\sigma_\theta &= \frac{\partial^2 \phi}{\partial r^2} = -\frac{A}{r^2} + B(3 + 2\ln r) + 2C, \\
\tau_{r\theta} &= 0.
\end{aligned}
\tag{42}
$$

如果在坐标原点处没有孔, 常数 A 和 B 就必须是零, 否则, 当 $r = 0$ 时, 应力分量 (42) 将成为无限大. 因此, 对于原点处没有孔而且不受体力的薄板, 只有一种轴对称应力分布的情形可能存在, 那就是 $\sigma_r = \sigma_\theta = $ 常量, 而薄板处于在其平面内各向均匀受拉或受压的状态中.

　　如果原点处有孔, 则可由表达式 (42) 得出均匀拉压以外的解答. 例如, 取 B 为零[②], 方程 (42) 就成为

$$
\begin{aligned}
\sigma_r &= \frac{A}{r^2} + 2C, \\
\sigma_\theta &= -\frac{A}{r^2} + 2C.
\end{aligned}
\tag{43}
$$

这个解答可以用来表示内外两面都受均匀压力的圆筒 (图 41) 中的应力分布[③]. 用 a 和 b 代表圆筒的内半径和外半径, p_i 和 p_o 代表均匀的内压力和外压力. 于是边界条件为

$$
\begin{aligned}
(\sigma_r)_{r=a} &= -p_i, \\
(\sigma_r)_{r=b} &= -p_o.
\end{aligned}
\tag{a}
$$

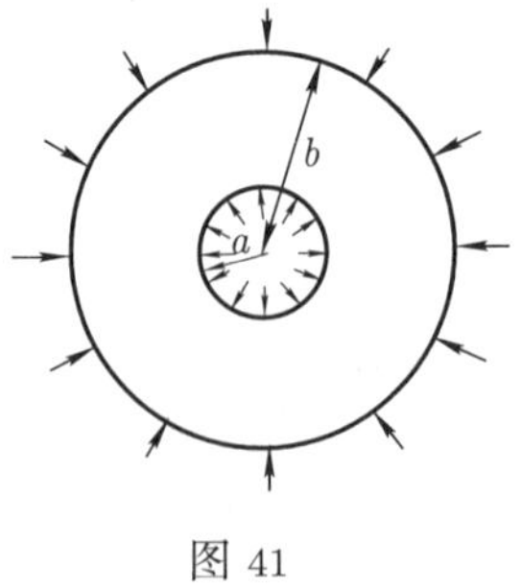

图 41

代入 (43) 中的第一方程, 可得下列方程以确定 A 和 C: [70]

$$\frac{A}{a^2} + 2C = -p_i,$$
$$\frac{A}{b^2} + 2C = -p_o,$$

由此得

$$A = \frac{a^2 b^2 (p_o - p_i)}{b^2 - a^2},$$
$$2C = \frac{p_i a^2 - p_o b^2}{b^2 - a^2}.$$

将它们代入方程 (43), 就得到应力分量的表达式如下:

$$\sigma_r = \frac{a^2 b^2 (p_o - p_i)}{b^2 - a^2} \frac{1}{r^2} + \frac{p_i a^2 - p_o b^2}{b^2 - a^2},$$

$$\sigma_\theta = -\frac{a^2 b^2 (p_o - p_i)}{b^2 - a^2} \frac{1}{r^2} + \frac{p_i a^2 - p_o b^2}{b^2 - a^2}. \tag{44}$$

径向位移 u 很容易求得, 因为在这里 $\epsilon_\theta = u/r$, 而对于平面应力有

$$E\epsilon_\theta = \sigma_\theta - \nu\sigma_r.$$

值得注意, 在筒壁的全厚度中, $\sigma_r + \sigma_\theta$ 是常量. 因此, 应力 σ_r 和 σ_θ 使圆筒沿轴向发生均匀的伸长或收缩, 而垂直于筒轴的截面保持为平面. 因此, 用两个相邻截面割出的圆筒的每一单元由应力 (44) 引起的形变, 并不与相邻单元的形变抵触, 因而, 像在上面的讨论中那样, 认为单元体处于平面应力状态, 是合理的.

在 $p_o = 0$ 而圆筒仅受内压力的特殊情况下, 方程 (44) 给出 [71]

$$\sigma_r = \frac{a^2 p_i}{b^2 - a^2} \left(1 - \frac{b^2}{r^2}\right),$$

$$\sigma_\theta = \frac{a^2 p_i}{b^2 - a^2} \left(1 + \frac{b^2}{r^2}\right). \tag{45}$$

这两个方程表明, σ_r 总是压应力, σ_θ 总是拉应力. 后者在圆筒的内表面处为最大, 在那里

$$(\sigma_\theta)_{\max} = \frac{p_i(a^2 + b^2)}{b^2 - a^2} \tag{46}$$

$(\sigma_\theta)_{\max}$ 在数量上总是大于内压力, 而当 b 增大时将趋近于内压力, 因此, 无论在圆筒外边增加多少材料, 绝不能使其低于 p_i. 方程 (45) 和 (46) 在机械设计中的各种应用, 通常在初等材料力学教程中已加以讨论[④].

关于具有偏心筒腔的圆筒的相应问题, 是杰佛瑞解出的[⑤]. 设筒腔的半径是 a, 外表面的半径是 b, 两者的中心相距 e, 当圆筒受内压力 p_i 时, 如果 $e < a/2$, 则最大应力是在最薄部分的内表面处的切向应力, 大小是

$$\sigma = p_i \left[\frac{2b^2(b^2 + a^2 - 2ae - e^2)}{(a^2 + b^2)(b^2 - a^2 - 2ae - e^2)} - 1 \right].$$

如 $e = 0$, 它和方程 (46) 相同.

注:

①　与 θ 无关的应力函数, 并不能给出所有一切与 θ 无关的应力分布. 像 §41 末尾式 (g) 所示的 $A\theta$ 形式的应力函数就说明这一点.

②　要证明 B 必须为零, 就须要考虑位移. 见 §31.

③　这问题的解答归功于 Lamé, 见 "Leçons sur la théorie · · · de l'élasticité", Gauthier-Villars, Paris, 1852.

④　例如, 见 S. Timoshenko, "Strength of Materials", 3d ed., vol. 2, chap. 6, 1956.

⑤　*Trans. Roy. Soc.* (*London*), ser. A, vol. 221, p. 265, 1921; 又见 *Brit. Assoc. Advan. Sci. Rept.*, 1921. 本书将在 §66 中给出用另一方法求得的完整解答.

§29　曲杆的纯弯曲

试考虑一狭矩形等截面的圆轴曲杆[①], 因两端受力偶 M 而在曲率平面内弯曲 (图 42). 在这种情况下, 沿着杆长、弯矩是常量, 自然可以期望, 所有径向 [72] 截面上的应力分布相同, 因而这一问题的解答可用表达式 (41) 求得. 用 a 和 b 代表边界的内半径和外半径, 并取矩形截面的宽度为一个单位, 则边界条件是

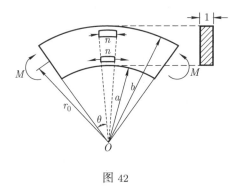

图 42

(1) 在 $r = a$ 和 $r = b$ 处, 　$\sigma_r = 0$;

(2) $\int_a^b \sigma_\theta \mathrm{d}r = 0$, 　　$\int_a^b \sigma_\theta r \mathrm{d}r = -M$; 　　　　　　　　　(a)

(3) 在边界上, 　$\tau_{r\theta} = 0$.

条件 (1) 表示曲杆的凹凸两边界上都没有法向力; 条件 (2) 表示两端的正应力

只能简化成力偶 M; 而条件 (3) 表示在边界上没有切向力. 用 (42) 中的第一方程和边界条件 (a) 中的 (1), 可得

$$\frac{A}{a^2} + B(1 + 2\ln a) + 2C = 0,$$
$$\frac{A}{b^2} + B(1 + 2\ln b) + 2C = 0. \tag{b}$$

现在必须来满足 (a) 中的条件 (2). 应力函数的引用保证了平衡, 但每一边上如有不等于零的合力, 将会破坏平衡, 于是可见该合力一定等于零, 即

$$\int_a^b \sigma_\theta \mathrm{d}r = 0. \tag{c}$$

为了使弯矩等于 M, 必须满足条件

$$\int_a^b \sigma_\theta r \mathrm{d}r = \int_a^b \frac{\partial^2 \phi}{\partial r^2} r \mathrm{d}r = -M. \tag{d}$$

但

$$\int_a^b \frac{\partial^2 \phi}{\partial r^2} r \mathrm{d}r = \left| \frac{\partial \phi}{\partial r} r \right|_a^b - \int_a^b \frac{\partial \phi}{\partial r} \mathrm{d}r = \left| \frac{\partial \phi}{\partial r} r \right|_a^b - |\phi|_a^b,$$

又由 (b) 有

$$\left| \frac{\partial \phi}{\partial r} r \right|_a^b = 0,$$

于是由 (d) 得

$$|\phi|_a^b = M.$$

将表达式 (41) 代入, 即得

$$A\ln\frac{b}{a} + B(b^2 \ln b - a^2 \ln a) + C(b^2 - a^2) = M. \tag{e}$$

这一方程, 连同 (b) 中的两个方程, 可以完全确定常数 A、B、C, 从而得出

$$A = -\frac{4M}{N} a^2 b^2 \ln\frac{b}{a}, \quad B = -\frac{2M}{N}(b^2 - a^2),$$
$$C = \frac{M}{N}[b^2 - a^2 + 2(b^2 \ln b - a^2 \ln a)], \tag{f}$$

其中, 为了简便, 引用了记号

$$N = (b^2 - a^2)^2 - 4a^2 b^2 \left(\ln\frac{b}{a}\right)^2. \tag{g}$$

[73]

将各常数的值 (f) 代入应力分量的表达式 (42), 得

$$\sigma_r = -\frac{4M}{N}\left(\frac{a^2b^2}{r^2}\ln\frac{b}{a} + b^2\ln\frac{r}{b} + a^2\ln\frac{a}{r}\right),$$

$$\sigma_\theta = -\frac{4M}{N}\left(-\frac{a^2b^2}{r^2}\ln\frac{b}{a} + b^2\ln\frac{r}{b} + a^2\ln\frac{a}{r} + b^2 - a^2\right), \tag{47}$$

$$\tau_{r\theta} = 0.$$

只要两端的法向力的分布如方程 (47) 中的 σ_θ 所示, 这些方程给出的应力就满足纯弯曲问题的所有边界条件 (a), 因而代表该问题的精确解答[2]. 如果组成力偶 M 的力是以另一种方式分布在杆的两端, 则靠近两端处的应力分布将与方程 (47) 所示的不同. 但是, 如圣维南原理所启示, 在离两端较远处 (如在距离大于杆的深度之处), 应力分布与解答 (47) 所示的差异很小, 可以不计. 图 102 说明了这一点.

[74]　　　将解答 (47) 与一般材料力学教程中的初等解答对比一下是有实际意义的. 如果杆的深度 $(b-a)$ 远比中心轴的半径 $(b+a)/2$ 为小, 通常就假定应力分布同在直杆中的一样. 如果深度并不小, 在实用上通常就假定弯曲时杆的截面保持为平面, 由此可以推断, 正应力 σ_θ 在任一截面上都依照双曲线规律分布[3]. 在所有的情况下, 应力 σ_θ 的最大值和最小值都可以表示为 [4]

$$\sigma_\theta = m\frac{M}{a^2}. \tag{h}$$

下表给出用上述两种初等方法以及由精确公式 (47) 算得的因子 m 的值[5]. 由表可见, 以截面保持为平面这一假定为根据的初等解答, 能给出很精确的结果.

方程 (h) 中的系数 m

$\dfrac{b}{a}$	直线应力分布	双曲线应力分布		精确解答	
1.3	±66.67	+72.98,	−61.27	+73.05,	−61.35
2	±6.000	+7.725,	−4.863	+7.755,	−4.917
3	±1.500	+2.285,	−1.095	+2.292,	−1.130

后面将证明, 在纯弯曲的情况下, 截面确实保持为平面; 初等解答与精确解答之间的差异的发生, 是由于在初等解答中略去了应力分量 σ_r, 而假定杆的纵纤维只受简单的拉伸或压缩.

[75]　　　由 (47) 中的第一方程可见, 对于图 42 中所示的弯曲方向, 应力 σ_r 总是正的. 由作用于单元 $n-n$ 的应力 σ_θ 的方向也可得同样的结论. 对应的切向力在径向的合力有分裂纵向纤维的趋势, 因而产生径向拉应力. 这拉应力向中性面逐渐增大, 在邻近中性面处成为最大. 这个最大值总是远比 $(\sigma_\theta)_{\max}$ 为小. 例如,

当 $b/a = 1.3$ 时, $(\sigma_r)_{\max} = 0.060(\sigma_\theta)_{\max}$; 当 $b/a = 2$ 时, $(\sigma_r)_{\max} = 0.138(\sigma_\theta)_{\max}$; 当 $b/a = 3$ 时, $(\sigma_r)_{\max} = 0.193(\sigma_\theta)_{\max}$. 当 $b/a = 2$ 时, σ_θ 和 σ_r 的分布如图 43 所示. 由图可见, 最大应力 σ_r 的所在点是靠近中性轴而稍偏于曲率中心的一边.

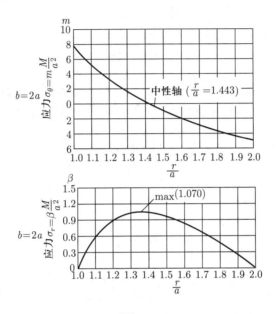

图 43

注:

① 由 §16 中对二维问题的一般讨论可知, 下面所得的解答也适用于平面应变问题.

② 这解答是 Х. Головин 得出的, 见 Изв. СПБ. Технолог. инст., 1881. 这论文用俄文在俄国发表, 其他国家都不知道. 稍后, M. C. Ribière (*Compt. Rend.* vol. 108, 1889, and vol. 132, 1901) 和 L.Prandtl 都曾解决过同一问题. 见 A. Föppl, "Vorlesungen über Technische Mechanik", vol. 5, p. 72, 1907; 又见 A. Timpe, *Z. Math. Physik*, vol, 52, p. 348, 1905.

③ 这近似理论的发展归功于 H. Résal (见 *Ann. Mines*, p. 617, 1862) 和 E. Winkler (见 *Zivilingenieur*, vol. 4, p. 232, 1858; 又见所著 "Die Lehre von der Elastizität und Festigkeit," 一书 Chap. 15, Prag, 1867). 进一步的发展则归于 F. Grashof ("Elastizität und Festigkeit", p. 251, 1878) 和 K. Pearson("History of the Theory of Elasticity", vol. 2, pt. 1, p. 422, 1893).

④ 式 (47) 中 σ_θ 的最大值总是发生在内边界 ($r = a$) 处. J. E. Brock 曾给出证明, 见 *J. Appl. Mech.*, vol 31, p. 559, 1964.

⑤ 这个结果摘自 V. Billevicz 的博士论文, University of Michigan, 1931.

§30　极坐标中的应变分量

[76]　　在讨论极坐标中的位移时, 将用 u 和 v 分别代表径向和切向的位移分量.如果 u 是单元 $abcd$ (图 44) 的 ad 边的径向位移, 则 bc 边的径向位移是 $u + (\partial u/\partial r)\mathrm{d}r$. 于是单元 $abcd$ 在径向的单位伸长为

$$\epsilon_r = \frac{\partial u}{\partial r}. \tag{48}$$

切向应变不仅与位移 v 有关, 而且与径向位移 u 有关. 例如, 假设单元 $abcd$ (图 44) 的 a 点和 d 点只有径向位移 u, 则弧 ad 的新长度是 $(r + u)\mathrm{d}\theta$, 因而切向应变是

$$\frac{(r + u)\mathrm{d}\theta - r\mathrm{d}\theta}{r\mathrm{d}\theta} = \frac{u}{r}.$$

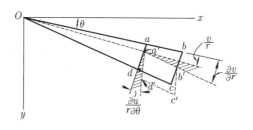

图 44

单元 $abcd$ 的 ab 和 cd 两边的切向位移之差是 $(\partial v/\partial\theta)\mathrm{d}\theta$, 因此, 位移 v 引起的切向应变是 $\partial v/r\partial\theta$. 于是, 总的切向应变是[①].

$$\epsilon_\theta = \frac{u}{r} + \frac{\partial v}{r\partial\theta}. \tag{49}$$

现在来考察剪应变. 令 $a'b'c'd'$ 为单元 $abcd$ 变形后的位置 (图 44). ad 与 $a'd'$ 两方向之间的角是由径向位移 u 引起的, 等于 $\partial u/r\partial\theta$. 同样, $a'b'$ 与 ab 之间的角等于 $\partial v/\partial r$, 但须注意, 这个角只有一部分 (图中阴影的部分) 归入剪应变, 而另一部分, 等于 v/r, 却是因单元 $abcd$ 像刚体一样绕着经过 O 点的轴转动而有的角位移. 因此, 角 dab 的总改变, 也就是剪应变, 是

$$\gamma_{r\theta} = \frac{\partial u}{r\partial\theta} + \frac{\partial v}{\partial r} - \frac{v}{r}. \tag{50}$$

[77]　　现在, 将应变分量 (48)、(49)、(50) 代入平面应力的胡克定律方程

$$\epsilon_r = \frac{1}{E}(\sigma_r - \nu\sigma_\theta),$$

$$\epsilon_\theta = \frac{1}{E}(\sigma_\theta - \nu\sigma_r), \tag{51}$$

$$\gamma_{r\theta} = \frac{1}{G}\tau_{r\theta},$$

就得到足够的方程以确定 u 和 v.

注:

① 注意, 记号 ϵ_θ 的意义与 §11 中的不同.

§31 应力轴对称分布时的位移

将方程 (42) 中的应力分量代入 (51) 中的第一方程, 得到

$$\frac{\partial u}{\partial r} = \frac{1}{E}\left[\frac{(1+\nu)A}{r^2} + 2(1-\nu)B\ln r + (1-3\nu)B + 2(1-\nu)C\right].$$

通过积分, 得

$$u = \frac{1}{E}\left[-\frac{(1+\nu)A}{r} + 2(1-\nu)Br\ln r - B(1+\nu)r + 2C(1-\nu)r\right] + f(\theta), \quad \text{(a)}$$

其中 $f(\theta)$ 只是 θ 的函数. 用方程 (49), 可由 (51) 中的第二方程得

$$\frac{\partial v}{\partial \theta} = \frac{4Br}{E} - f(\theta),$$

由此通过积分得出

$$v = \frac{4Br\theta}{E} - \int f(\theta)\mathrm{d}\theta + f_1(r), \tag{b}$$

其中 $f_1(r)$ 只是 r 的函数. 将 (a) 和 (b) 代入方程 (50), 并注意 $\gamma_{r\theta}$ 是零 (因为 $\tau_{r\theta}$ 是零), 就得到

$$\frac{1}{r}\frac{\partial f(\theta)}{\partial \theta} + \frac{\partial f_1(r)}{\partial r} + \frac{1}{r}\int f(\theta)\mathrm{d}\theta - \frac{1}{r}f_1(r) = 0, \tag{c}$$

由此得

$$f_1(r) = Fr, \quad f(\theta) = H\sin\theta + K\cos\theta, \tag{d}$$

其中 F、H 和 K 都是常数, 须由曲杆或环的约束条件决定. 将式 (d) 代入方程 (a) 和 (b), 可得如下的位移表达式①: [78]

$$u = \frac{1}{E}\left[-\frac{(1+\nu)A}{r} + 2(1-\nu)Br\ln r - B(1+\nu)r\right.$$

$$\left. + 2C(1-\nu)r\right] + H\sin\theta + K\cos\theta, \tag{52}$$

$$v = \frac{4Br\theta}{E} + Fr + H\cos\theta - K\sin\theta.$$

在每一特殊情况下, 须将常数 A、B、C 的值代入式中. 试以纯弯曲为例. 将开始量 θ 处的截面的形心 (图 42) 和这一点的径向单元固定, 则约束条件为

在 $\theta = 0$ 和 $r = r_0 = \dfrac{a+b}{2}$ 处, $u = 0, v = 0, \dfrac{\partial v}{\partial r} = 0$. 将这些条件用于表达式 (52), 可得计算积分常数 F、H 和 K 的方程

$$\frac{1}{E}\left[-\frac{(1+\nu)A}{r_0} + 2(1-\nu)Br_0\ln r_0 - B(1+\nu)r_0 + 2C(1-\nu)r_0 \right] + K = 0,$$

$$Fr_0 + H = 0,$$

$$F = 0.$$

由此得 $F = H = 0$, 并对位移 v 得出

$$v = \frac{4Br\theta}{E} - K\sin\theta. \tag{53}$$

这表示, 任一截面的此项位移都由两部分组成: 一是平移的位移 $-K\sin\theta$, 在截面上所有各点都相同; 二是由于截面绕曲率中心 O (图 42) 转动一个角度 $4B\theta/E$ 而有的位移. 可见在纯弯曲中各截面都保持为平面, 像通常在关于曲杆弯曲的初等理论中所假定的那样.

[79] 　　在讨论整环中的轴对称应力分布时 (§28), 曾取通解 (42) 中的常数 B 为零, 这样就得到拉梅问题的解答. 现在, 在已经得出位移表达式 (52) 之后, 可以看出取 B 为零的意义. 常数 B 使得位移 v 具有 $4Br\theta/E$ 一项; 这一项不是单值的, 因为当 θ 增加 2π 时, 也就是绕环一周而回到某一指定点时, 它的值将有改变. 这样的多值位移, 在整环中是不可能有的, 因此, 对于这种情形, 在通解 (42) 中必须令 $B = 0$.

　　整环是多连体的一个例子, 就是说, 它是这样一种物体, 可以横切某些截面而不致将物体分成两部分. 在确定这种物体中的应力时, 应力边界条件不足以完全确定应力分布, 而必须考虑一些附加的方程, 它们代表位移必须是单值的条件 (见 §34 及 §43).

　　考虑多连体中的初应力, 可以说明多值解答的物理意义. 如果将圆环在两相邻截面之间的一部分割去 (图 45), 再将两端用焊接或别种方法重新接合, 就得到一个具有初应力的环, 就是说, 外力不存在时环内已有应力. 设 α 为圆环割去部分的微小角度, 则将环的两端接合时所必需的切向位移是

图 45

$$v = \alpha r. \tag{e}$$

在方程 (53) 中令 $\theta = 2\pi$, 得到的切向位移是

$$\boldsymbol{v} = 2\pi\frac{4Br}{E}. \tag{f}$$

由 (e) 和 (f) 得

$$B = \frac{\alpha E}{8\pi} \tag{g}$$

位移 (53) 的多值项中的常数 B 现在已有了一定的数值, 与使环发生初应力的方式有关. 将 (g) 代入 §29 中的方程 (f), 可得将环的两端接合时 (图 45) 所必需的弯矩为

$$M = -\frac{\alpha E}{8\pi} \frac{(b^2 - a^2)^2 - 4a^2 b^2 \left(\ln \frac{b}{a}\right)^2}{2(b^2 - a^2)}. \tag{h}$$

由此, 用纯弯曲的解答 (47), 就容易算出环中的初应力. [80]

注:

① 只有当 $\int f(\theta)\mathrm{d}\theta$ 是取自 (d) 而没有附加常数时, 方程 (c) 才能被满足.

§32 转动的圆盘

转动的圆盘中的应力分布在实用上很重要①. 如果盘的厚度远比它的半径为小, 径向应力和切向应力沿厚度的变化就可以不计②, 问题也就容易求解③. 如果盘的厚度是常量, 就可以应用方程 (37), 只须令体力等于惯性力④. 这时

$$R = \rho\omega^2 r, \quad S = 0, \tag{a}$$

其中 ρ 是圆盘材料每单位体积的质量, ω 是盘的角速度. 由于对称, 没有 $\tau_{r\theta}$, 而且 σ_r 及 σ_θ 不随 θ 变化. 可见 (37) 中的第二个方程为恒等式, 而第一个方程成为

$$\frac{\mathrm{d}}{\mathrm{d}r}(r\sigma_r) - \sigma_\theta + \rho\omega^2 r^2 = 0. \tag{b}$$

由方程 (48) 和 (49), 在对称情况下的应变分量是

$$\epsilon_r = \frac{\mathrm{d}u}{\mathrm{d}r}, \quad \epsilon_\theta = \frac{u}{r}. \tag{c}$$

由应力应变关系 (51) 中的前二式求解应力分量, 得出

$$\sigma_r = \frac{E}{1-\nu^2}(\epsilon_r + \nu\epsilon_\theta), \quad \sigma_\theta = \frac{E}{1-\nu^2}(\epsilon_\theta + \nu\epsilon_r),$$

然后将 (c) 代入, 得

$$\sigma_r = \frac{E}{1-\nu^2}\left(\frac{\mathrm{d}u}{\mathrm{d}r} + \nu\frac{u}{r}\right), \quad \sigma_\theta = \frac{E}{1-\nu^2}\left(\frac{u}{r} + \nu\frac{\mathrm{d}u}{\mathrm{d}r}\right). \tag{d}$$

再代入 (b), 可见 u 必须满足方程 [81]

$$r^2 \frac{\mathrm{d}^2 u}{\mathrm{d}r^2} + r \frac{\mathrm{d}u}{\mathrm{d}r} - u = -\frac{1-\nu^2}{E} \rho \omega^2 r^3. \tag{e}$$

这一方程的解答是

$$u = \frac{1}{E}\left[(1-\nu)Cr - (1+\nu)C_1 \frac{1}{r} - \frac{1-\nu^2}{8}\rho\omega^2 r^2\right], \tag{f}$$

其中 C 和 C_1 是任意常数. 现在即可由 (d) 求得相应的应力分量

$$\begin{aligned}
\sigma_r &= C + C_1 \frac{1}{r^2} - \frac{3+\nu}{8}\rho\omega^2 r^2, \\
\sigma_\theta &= C - C_1 \frac{1}{r^2} - \frac{1+3\nu}{8}\rho\omega^2 r^2.
\end{aligned} \tag{g}$$

积分常数 C 和 C_1 须由边界条件决定.

对于实心圆盘, 必须取 $C_1 = 0$, 以使在盘心有 $u = 0$. 常数 C 由盘边 ($r = b$) 上的条件决定. 如果盘边上不受力, 就有

$$(\sigma_r)_{r=b} = C - \frac{3+\nu}{8}\rho\omega^2 b^2 = 0,$$

由此得

$$C = \frac{3+\nu}{8}\rho\omega^2 b^2.$$

现在可由方程 (g) 得应力分量

$$\begin{aligned}
\sigma_r &= \frac{3+\nu}{8}\rho\omega^2 (b^2 - r^2), \\
\sigma_\theta &= \frac{3+\nu}{8}\rho\omega^2 b^2 - \frac{1+3\nu}{8}\rho\omega^2 r^2.
\end{aligned} \tag{54}$$

各应力以在盘心为最大[5], 在那里

$$\sigma_r = \sigma_\theta = \frac{3+\nu}{8}\rho\omega^2 b^2. \tag{55}$$

对于在盘心有一个半径为 a 的圆孔的情况, 方程 (g) 中的积分常数可由内外两边界上的条件求得. 如果两边界上都不受力, 就有

$$(\sigma_r)_{r=a} = 0, \quad (\sigma_r)_{r=b} = 0, \tag{h}$$

[82]　由此得

$$C = \frac{3+\nu}{8}\rho\omega^2 (b^2 + a^2); \quad C_1 = -\frac{3+\nu}{8}\rho\omega^2 a^2 b^2.$$

代入方程 (g), 得

$$\begin{aligned}
\sigma_r &= \frac{3+\nu}{8}\rho\omega^2 \left(b^2 + a^2 - \frac{a^2 b^2}{r^2} - r^2\right), \\
\sigma_\theta &= \frac{3+\nu}{8}\rho\omega^2 \left(b^2 + a^2 + \frac{a^2 b^2}{r^2} - \frac{1+3\nu}{3+\nu}r^2\right).
\end{aligned} \tag{56}$$

最大径向应力在 $r = \sqrt{ab}$ 处, 在那里

$$(\sigma_r)_{\max} = \frac{3+\nu}{8}\rho\omega^2(b-a)^2. \tag{57}$$

最大切向应力在内边界处, 在那里

$$(\sigma_\theta)_{\max} = \frac{3+\nu}{4}\rho\omega^2\left(b^2 + \frac{1-\nu}{3+\nu}a^2\right). \tag{58}$$

可见这一应力大于 $(\sigma_r)_{\max}$.

当孔的半径 a 趋于零时, 最大切向应力趋于实心圆盘中的最大切向应力 (55) 的两倍, 就是说, 在转动的实心圆盘中心穿一小孔[⑥], 将使最大应力加倍. 这种孔边应力集中现象的更多实例, 将在后面讨论 (见 §35).

如果假定应力不沿盘的厚度变化, 则上述关于常厚度盘的分析方法也可以推广应用于变厚度盘. 设 h 是盘的厚度, 随半径 r 而变, 则图 40 所示的单元体的平衡方程为

$$\frac{\mathrm{d}}{\mathrm{d}r}(hr\sigma_r) - h\sigma_\theta + h\rho\omega^2 r^2 = 0. \tag{k}$$

通过式 (d) 把应力分量用 u 表示, 则方程 (k) 成为

$$r^2\frac{\mathrm{d}^2 u}{\mathrm{d}r^2} + r\frac{\mathrm{d}u}{\mathrm{d}r} - u + \frac{r}{h}\frac{\mathrm{d}h}{\mathrm{d}r}\left(r\frac{\mathrm{d}u}{\mathrm{d}r} + \nu u\right) = \frac{1-\nu^2}{E}\rho\omega^2 r^3. \tag{l}$$

当 h 给定为 r 的某一函数时, 这是 u 的微分方程. 在

$$h = Hr^n \tag{m}$$

而其中的 H 和 n 为常数时, 该方程不难求解. 通解具有如下的形式: [83]

$$u = mr^{n+3} + Ar^\alpha + Br^\beta,$$

其中

$$m = \frac{(1-\nu^2)\rho\omega^2}{E[8 + (3+\nu)n]},$$

而 α 和 β 是二次方程

$$x^2 + nx + n\nu - 1 = 0$$

的根, A 和 B 是任意常数.

将转动圆盘分成几部分, 每一部分近似地表以 (m) 型的曲线, 就能得到与该盘真实形状极为近似的情形[⑦]. 锥形盘的情形曾经由几个著者讨论过[⑧]. 计算时, 常常将盘分成几部分, 而将每部分都当作等厚度盘[⑨].

注:

① 这问题的详细讨论和大量文献见 K. Löffler, "Die Berechnung von Rotierenden Scheiben und Schalen", 1961.

② 关于具有扁平回转椭球形的盘的问题, 精确解答系由 C. Chree 所得, 见 *Proc. Roy. Soc.* (*London*), vol, 58, p. 39, 1895. 这解答表明, 在厚度为直径的 1/8 的均匀圆盘中, 回转轴上的最大应力与最小应力之差, 只是最大应力的 5%.

③ 以后将对这问题作更详尽的讨论 (见 §134).

④ 盘的重量不计.

⑤ 由 σ_r 及 σ_θ 的定义可见, 当二者不随 θ 变化时, 二者在盘心必须相等.

⑥ 关于偏心孔, 见 Ta-Cheng Ku, *J. Appl. Mech.*, vol. 27, pp.359-360, 1960.

⑦ 见 M. Grübler, *V. D. I.*, vol. 50. p. 535, 1906.

⑧ 见 A. Fischer, *Z. oesterr. Ing. Arch. Vereins*, vol. 74, p. 46, 1922; H. M. Martin, *Engineering*, vol. 115, p. 1, 1923; B. Hodkinson, *Engineering*, vol. 116 p. 274, 1923; K. E. Bisshopp, *J. Appl. Mech.* vol. 11, p. A-1, 1944.

⑨ 这一方法是 M. Donath 提出的, 见所著 "Die Berechnung Rotierender Scheiben und Ringe nach einem neuen Verfahren," Berlin, 1929; 又见注 ①.

§33　曲杆在一端受力时的弯曲①

[84] 首先从图 46 所示的简单情形开始. 具有狭矩形截面和圆轴的杆, 下端固定, 被加于上端的径向力 P 所弯曲. 任一截面 mn 上的弯矩与 $\sin\theta$ 成正比. 根据曲杆弯曲的初等理论, 正应力 σ_θ 与弯矩成正比. 假设这个结论也适用于精确解答 (一个将由结果来证实的假设), 于是由 (38) 中的第二方程可知, 能满足方程

$$\left(\frac{\partial^2}{\partial r^2}+\frac{1}{r}\frac{\partial}{\partial r}+\frac{1}{r^2}\frac{\partial^2}{\partial \theta^2}\right)\left(\frac{\partial^2\phi}{\partial r^2}+\frac{1}{r}\frac{\partial\phi}{\partial r}+\frac{1}{r^2}\frac{\partial^2\phi}{\partial \theta^2}\right)=0 \tag{a}$$

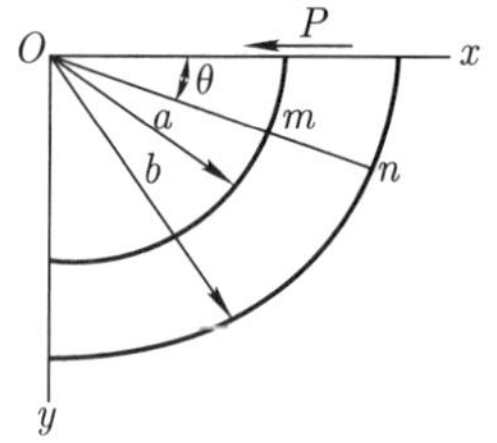

图 46

的应力函数 ϕ 应当与 $\sin\theta$ 成正比. 取

$$\phi=f(r)\sin\theta, \tag{b}$$

并代入方程 (a), 可见 $f(r)$ 必须满足常微分方程

$$\left(\frac{\mathrm{d}^2}{\mathrm{d}r^2}+\frac{1}{r}\frac{\mathrm{d}}{\mathrm{d}r}-\frac{1}{r^2}\right)\left(\frac{\mathrm{d}^2f}{\mathrm{d}r^2}+\frac{1}{r}\frac{\mathrm{d}f}{\mathrm{d}r}-\frac{f}{r^2}\right)=0. \tag{c}$$

这个方程可以变换为一个常系数线性微分方程 (见 §28), 而它的通解是

$$f(r)=Ar^3+B\frac{1}{r}+Cr+Dr\ln r, \tag{d}$$

其中 A、B、C、D 是须由边界条件决定的积分常数. 将解答 (d) 代入应力函数的表达式 (b), 并利用公式 (38), 就得到各应力分量的表达式如下:

$$\sigma_r = \frac{1}{r}\frac{\partial \phi}{\partial r} + \frac{1}{r^2}\frac{\partial^2 \phi}{\partial \theta^2} = \left(2Ar - \frac{2B}{r^3} + \frac{D}{r}\right)\sin\theta,$$

$$\sigma_\theta = \frac{\partial^2 \phi}{\partial r^2} = \left(6Ar + \frac{2B}{r^3} + \frac{D}{r}\right)\sin\theta, \qquad (59)$$

$$\tau_{r\theta} = -\frac{\partial}{\partial r}\left(\frac{1}{r}\frac{\partial \phi}{\partial \theta}\right) = -\left(2Ar - \frac{2B}{r^3} + \frac{D}{r}\right)\cos\theta.$$

曲杆内外两边界 (图 46) 都不受外力的条件要求

当 $r = a$ 和 $r = b$ 时，　$\sigma_r = \tau_{r\theta} = 0.$

于是由方程 (59) 得

$$2Aa - \frac{2B}{a^3} + \frac{D}{a} = 0,$$
$$2Ab - \frac{2B}{b^3} + \frac{D}{b} = 0. \qquad (e)$$

最后一个条件是, 分布在杆上端的剪力之和应当等于力 P. 取截面的宽度为一个单位, 也就是取 P 为每单位厚度上的载荷, 则当 $\theta = 0$ 时得 [85]

$$\int_a^b \tau_{r\theta}\mathrm{d}r = -\int_a^b \frac{\partial}{\partial r}\left(\frac{1}{r}\frac{\partial \phi}{\partial \theta}\right)\mathrm{d}r = \left|\frac{1}{r}\frac{\partial \phi}{\partial \theta}\right|_b^a$$

$$= \left|Ar^2 + \frac{B}{r^2} + C + D\ln r\right|_b^a = P,$$

或

$$-A(b^2 - a^2) + B\frac{(b^2 - a^2)}{a^2 b^2} - D\ln\frac{b}{a} = P. \qquad (f)$$

由方程 (e) 和 (f) 可得

$$A = \frac{P}{2N}, \quad B = -\frac{Pa^2 b^2}{2N}, \quad D = -\frac{P}{N}(a^2 + b^2), \qquad (g)$$

其中

$$N = a^2 - b^2 + (a^2 + b^2)\ln\frac{b}{a}.$$

将积分常数 (g) 代入方程 (59), 就得到各应力分量的表达式. 在杆的上端, $\theta = 0$, 得

$$\sigma_\theta = 0,$$

$$\tau_{r\theta} = -\frac{P}{N}\left[r + \frac{a^2 b^2}{r^3} - \frac{1}{r}(a^2 + b^2)\right]. \qquad (h)$$

在杆的下端, $\theta = \dfrac{\pi}{2}$, 得

$$\tau_{r\theta} = 0,$$
$$\sigma_\theta = \frac{P}{N}\left[3r - \frac{a^2 b^2}{r^3} - (a^2 + b^2)\frac{1}{r}\right]. \tag{k}$$

只有当曲杆两端的力按照方程 (h) 和 (k) 给定的方式分布时, 表达式 (59) 才是问题的精确解答. 对于以别种方式分布的力, 近两端处的应力分布将与解答 (59) 所表示的不同, 但根据圣维南原理, 在离两端较远处, 这解答是正确的. 计算证明, 以截面在弯曲时保持为平面这一假定为根据的简单理论, 也能给出很满意的结果.

　　图 47 表示剪应力 $\tau_{r\theta}$ 在截面 $\theta = 0$ 上的分布 (在 $b = 3a, 2a$ 和 $1.3a$ 时的情形). 横坐标是从内边界 ($r = a$) 算起的径向距离. 纵坐标代表一些数字因子, 用以乘平均剪应力 $P/(b-a)$, 就得到考察点的剪应力. 取这因子的值为 1.5, 就得到矩形直梁中按抛物线分布算出的最大剪应力. 由图可见, 当截面深度很小时, 剪应力的分布趋近于抛物线分布. 对于像通常在拱和穹顶中那样的尺寸, 都可假定剪应力按抛物线分布 (像在矩形直杆中一样) 而足够精确.

[86]

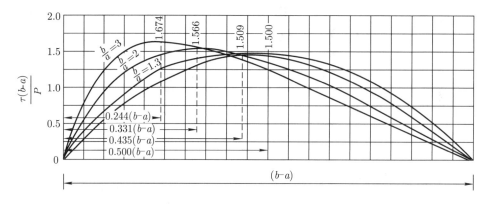

图 47

　　现在来考察由力 P 引起的位移 (图 46). 用方程 (48) 至 (51), 并将应力分量的表达式 (59) 代入, 就得到

$$\frac{\partial u}{\partial r} = \frac{\sin\theta}{E}\left[2Ar(1 - 3\nu) - \frac{2B}{r^3}(1 + \nu) + \frac{D}{r}(1 - \nu)\right],$$
$$\frac{\partial v}{\partial \theta} = r\epsilon_\theta - u, \tag{l}$$
$$\gamma_{r\theta} = \frac{\partial u}{r\partial\theta} + \frac{\partial v}{\partial r} - \frac{v}{r}.$$

由其中第一方程的积分得

$$u = \frac{\sin\theta}{E}\left[Ar^2(1-3\nu) + \frac{B}{r^2}(1+\nu) + D(1-\nu)\ln r\right] + f(\theta). \tag{m}$$

这里的 $f(\theta)$ 只是 θ 的函数. 将 (m) 和 ϵ_θ 的表达式一并代入 (l) 中的第二方程, 积分以后, 得

$$v = -\frac{\cos\theta}{E}[Ar^2(5+\nu) + \frac{B}{r^2}(1+\nu) - D\ln r(1-\nu) + D(1-\nu)]$$
$$- \int f(\theta)\mathrm{d}\theta + F(r), \tag{n}$$

其中 $F(r)$ 只是 r 的函数. 现在将 (m) 和 (n) 代入 (l) 中的第三方程, 就得到方程

$$\int f(\theta)\mathrm{d}\theta + f'(\theta) + rF'(r) - F(r) = -\frac{4D\cos\theta}{E}.$$

为了满足这一方程, 可令 [87]

$$F(r) = Hr, \quad f(\theta) = -\frac{2D}{E}\theta\cos\theta + K\sin\theta + L\cos\theta, \tag{p}$$

其中 H、K、L 是任意常数, 由约束条件决定. 于是由 (m) 和 (n) 得位移分量

$$u = -\frac{2D}{E}\theta\cos\theta + \frac{\sin\theta}{E}\left[D(1-\nu)\ln r + A(1-3\nu)r^2 + \frac{B(1+\nu)}{r^2}\right]$$
$$+ K\sin\theta + L\cos\theta,$$
$$v = \frac{2D}{E}\theta\sin\theta - \frac{\cos\theta}{E}\left[A(5+\nu)r^2 + \frac{B(1+\nu)}{r^2} - D(1-\nu)\ln r\right] \tag{q}$$
$$+ \frac{D(1+\nu)}{E}\cos\theta + K\cos\theta - L\sin\theta + Hr.$$

在 u 的表达式中令 $\theta = 0$, 得杆的上端的径向挠度

$$(u)_{\theta=0} = L. \tag{r}$$

常数 L 可由固定端 (图 46) 的条件求得. 在 $\theta = \pi/2$ 处, 有 $v = 0, \partial v/\partial r = 0$, 于是由 (q) 中的第二方程得

$$H = 0, \quad L = \frac{D\pi}{E}. \tag{s}$$

利用 (g), 即得上端的挠度

$$(u)_{\theta=0} = \frac{D\pi}{E} = -\frac{P\pi(a^2+b^2)}{E\left[(a^2-b^2) + (a^2+b^2)\ln\dfrac{a}{b}\right]}. \tag{60}$$

这公式的应用见后. 当 b 趋近于 a 因而曲杆的深度 $h = b - a$ 远比 a 为小时, 可用展式

$$\ln \frac{b}{a} = \ln \left(1 + \frac{h}{a} \right) = \frac{h}{a} - \frac{1}{2}\frac{h^2}{a^2} + \frac{1}{3}\frac{h^3}{a^3} - \cdots .$$

代入 (60), 并略去高阶的微量, 就得到

$$(u)_{\theta=0} = -\frac{3\pi a^3 P}{E h^3},$$

与关于这种情形的初等公式一致 [2].

[88]　　　　取应力函数为

$$\phi = f(r) \cos \theta,$$

进行如上, 就得到曲杆在上端受有铅直力和力偶时的解答 (图 46). 由这解答中减去由力偶所引起的应力 (见 §29), 就得到杆在上端只受有铅直力时的应力. 有了关于水平载荷和铅直载荷的解答, 就可以用叠加法求得关于任何倾斜力的解答.

　　　　在以上的讨论中, 一直都假定方程 (e) 能满足, 因而杆的圆边界上没有力. 令 (e) 中两式的右边不等于零, 可得杆在圆边界上受有与 $\sin \theta$ 和 $\cos \theta$ 成正比的法向力和切向力的情形. 将这些解答与前面已得的关于纯弯曲的解答和在一端受力而弯曲时的解答相结合, 可以接近穹顶上盖着沙或土壤的载荷情况 [3].

　　　　注:

①　Х.Головин, 见 §29 的注 ①.

②　见 S. Timoshenko, "Strength of Materials", Vol. 1, Art. 80, 1955.

③　Х. Головин (见 §29 的注 ①) 和 C. Ribière (见 §24 的注 ③), 曾讨论过几个这类的例题.

§34　边缘位错

　　　　在 §33 中, 位移分量 (q) 是由应力分量 (59) 导出的. 对于图 46 所示的问题, 常数 A、B、D 由式 (g) 给出.

　　　　把这个解答应用于四分之一圆环, 只是选择性的, 而不是必需的. 同一解答也可以应用于一个近乎完整的圆环, 如图 48a 或 48b. 我们还可以认为它是受到位移而不是受到力.

　　　　考察 §33 中的位移 (q), 我们看到, u 的表达式中的第一项可以表示一个间断. 在图 48b 中, 原为完整的圆环, 在 $\theta = 0$ 处被切出一个细微的径向缝. 缝的下面是 $\theta = 0$ 而上面是 $\theta = 2\pi - \epsilon$, 其中 ϵ 是微量. 如果按照这两个 θ 值算出

[89]　式 (q) 中的 u, 则结果相差一个数量 δ. 这样,

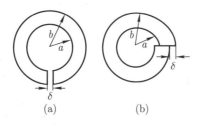

图 48

$$\delta = (u)_{\theta=2\pi-\epsilon} - (u)_{\theta=0}. \tag{a}$$

于是由式 (q) 得到

$$\delta = -\frac{2D}{E}2\pi. \tag{b}$$

缝的两面的这个相对位移在图 48b 中用 δ 表示. 为了实现这个相对位移而需要的力 P, 可由 §33 的 (g) 中最后一个方程求得, 其中的 D 由上面的式 (b) 给出. 如果在施加相对位移 δ 以后把缝的两面焊接起来, 则每一面将对另一面施以力 P, 作为作用与反作用, 而圆环即处于一种自应变状态, 称为 "边缘位错". 对应的平面应变状态, 是解释金属晶体中塑性形变的基础.[①]

图 48a 表示一个具有宽 δ 的平行缺口的圆环. 如果它是先被切出一个细缝, 然后被施以相对位移, 使缝张开成为缺口, 那么, 发生间断的将不是位移 v 而是 u. 由 §33 中的解答, 把缝的右面作为 $\theta = -\pi/2$, 左面作为 $\theta = 3\pi/2$, 可以得到这个间断. 这时我们有 (v 是以沿 θ 增大的方向为正)

$$\delta = (v)_{\theta=-\pi/2} - (v)_{\theta=3\pi/2}. \tag{c}$$

应用 §33 中 (q) 的第二个方程, 求得

$$\delta = \frac{2D}{E}\left(-\frac{\pi}{2}\right)\sin\left(-\frac{\pi}{2}\right) - \frac{2D}{E}\frac{3\pi}{2}\sin\frac{3\pi}{2} = \frac{4\pi D}{E}. \tag{d}$$

式 (b) 和式 (d) 中的 δ 只是符号不同, 这个事实说明两种情况下的应力也只是符号不同. 由 §33 中 (g) 的第三个方程求出 P, 然后即可由前两个方程求得 A 和 B. 如上的一致性可由这样的事实预料到: 如果同时作出图 48a 和图 48b 所示的缝, 切出的四分之一圆环就成为自由的. 使该四分之一圆环向右滑动 δ, 就同时实现图 48a 中的相对位移 δ 以及与图 48b 中相反的相对位移 $-\delta$. 这不会引起应力. 于是可见, 当两个位错分别单独存在时, 应力应当是相等而相反的. 这是普遍的[②] "等效切口定理" 的一个例子.

注:

① 见 G. I. Taylor, *Proc.Roy.Soc.* (London), ser. A, vol. 134, pp. 362-367, 1934. 或见 A. H. Cottrell, "Dislocations and Plastic Flow in Crystals," chap. 6, 1956.

② 这里采用的说明是 J. N. Goodier 给出的, 见 *Proc.* 5th *Intern. Congr. Appl. Mech.*, pp. 129-133, 1938. 该定理归功于 V. Volterra, 他给出一个普遍理论, 见 *Ann. Ecole. Norm. (Paris)*, ser. 3, vol. 24, pp. 401-517, 1907. 又见 A. E. H. Love, "Mathematical Theory of Elasticity," 4th ed., p. 221, Cambridge University Press, New York, 1927; A. Timpe, *Z. Math. Physik*, 见 §24 的注 ④.

[90] ## §35　圆孔对板中应力分布的影响

图 49 表示在 x 方向受有均匀拉力 S 的板. 如果在板的中央穿一小圆孔, 孔附近的应力分布就将改变, 但由圣维南原理可以断定, 在距离远大于孔的半径 a 处, 这种改变可以不计.

试考虑板在半径为 b (远较 a 为大) 的同心圆内的一部分. 在半径 b 处的应力, 实际上与无孔板中相同, 因而是

$$(\sigma_r)_{r=b} = S\cos^2\theta = \frac{1}{2}S(1+\cos 2\theta),$$
$$(\tau_{r\theta})_{r=b} = -\frac{1}{2}S\sin 2\theta. \tag{a}$$

这些力作用在内半径和外半径各为 $r=a$ 和 $r=b$ 的圆环的外边, 它们在环内引起的应力可以看作由两部分组成. 第一部分是由常量的法向力 $S/2$ 引起的, 可用方程 (44) 算得. 第二部分是由法向力 $(S/2)\cos 2\theta$ 与剪力 $-(S/2)\sin 2\theta$ 共同引起的, 可由如下形式的应力函数导出:

$$\phi = f(r)\cos 2\theta. \tag{b}$$

将这函数代入相容方程

$$\left(\frac{\partial^2}{\partial r^2} + \frac{1}{r}\frac{\partial}{\partial r} + \frac{1}{r^2}\frac{\partial^2}{\partial \theta^2}\right)\left(\frac{\partial^2\phi}{\partial r^2} + \frac{1}{r}\frac{\partial\phi}{\partial r} + \frac{1}{r^2}\frac{\partial^2\phi}{\partial \theta^2}\right) = 0,$$

可得如下的常微分方程以确定 $f(r)$:

$$\left(\frac{\mathrm{d}^2}{\mathrm{d}r^2} + \frac{1}{r}\frac{\mathrm{d}}{\mathrm{d}r} - \frac{4}{r^2}\right)\left(\frac{\mathrm{d}^2 f}{\mathrm{d}r^2} + \frac{1}{r}\frac{\mathrm{d}f}{\mathrm{d}r} - \frac{4f}{r^2}\right) = 0.$$

[91] 这方程的通解是

$$f(r) = Ar^2 + Br^4 + C\frac{1}{r^2} + D.$$

因此, 应力函数是

$$\phi = \left(Ar^2 + Br^4 + C\frac{1}{r^2} + D \right) \cos 2\theta, \tag{c}$$

而由方程 (38) 得出的对应的应力分量是

$$\sigma_r = \frac{1}{r}\frac{\partial \phi}{\partial r} + \frac{1}{r^2}\frac{\partial^2 \phi}{\partial \theta^2} = -\left(2A + \frac{6C}{r^4} + \frac{4D}{r^2} \right) \cos 2\theta,$$

$$\sigma_\theta = \frac{\partial^2 \phi}{\partial r^2} = \left(2A + 12Br^2 + \frac{6C}{r^4} \right) \cos 2\theta, \tag{d}$$

$$\tau_{r\theta} = -\frac{\partial}{\partial r}\left(\frac{1}{r}\frac{\partial \phi}{\partial \theta} \right) = \left(2A + 6Br^2 - \frac{6C}{r^4} - \frac{2D}{r^2} \right) \sin 2\theta.$$

各积分常数可由外边界上的条件 (a) 以及孔边没有外力的条件来确定. 由这些条件得

$$2A + \frac{6C}{b^4} + \frac{4D}{b^2} = -\frac{1}{2}S,$$

$$2A + \frac{6C}{a^4} + \frac{4D}{a^2} = 0,$$

$$2A + 6Bb^2 - \frac{6C}{b^4} - \frac{2D}{b^2} = -\frac{1}{2}S,$$

$$2A + 6Ba^2 - \frac{6C}{a^4} - \frac{2D}{a^2} = 0.$$

求解这些方程, 然后令 $a/b = 0$, 也就是假设板为无限大, 就得到

$$A = -\frac{S}{4}, \quad B = 0, \quad C = -\frac{a^4}{4}S, \quad D = \frac{a^2}{2}S.$$

将这些常数的值代入方程 (d), 再加上由方程 (44) 算得的、由外边界上的均匀拉力 $S/2$ 引起的应力, 就得到[①]

$$\sigma_r = \frac{S}{2}\left(1 - \frac{a^2}{r^2} \right) + \frac{S}{2}\left(1 + \frac{3a^4}{r^4} - \frac{4a^2}{r^2} \right) \cos 2\theta,$$

$$\sigma_\theta = \frac{S}{2}\left(1 + \frac{a^2}{r^2} \right) - \frac{S}{2}\left(1 + \frac{3a^4}{r^4} \right) \cos 2\theta, \tag{61}$$

$$\tau_{r\theta} = -\frac{S}{2}\left(1 - \frac{3a^4}{r^4} + \frac{4a^2}{r^2} \right) \sin 2\theta.$$

应用方程 (48) 至 (51), 可以由此求得位移 u 和 v (刚体运动除外). 这将留给读者作为习题 (即习题 6). 这些位移没有不连续性.

如果 r 很大, σ_r 和 $\tau_{r\theta}$ 就趋近于方程 (a) 所示的值. 在孔边, $r = a$, 得

$$\sigma_r = \tau_{r\theta} = 0, \quad \sigma_\theta = S - 2S\cos 2\theta.$$

[92]

可见, 在 $\theta = \pi/2$ 或 $\theta = 3\pi/2$ 处, 就是在垂直于拉力方向的直径的两端 m 和 n 处 (图 49), σ_θ 为最大. 在这两点, $(\sigma_\theta)_{\max} = 3S$. 这是最大拉应力, 是作用于板端的均匀拉力 S 的三倍.

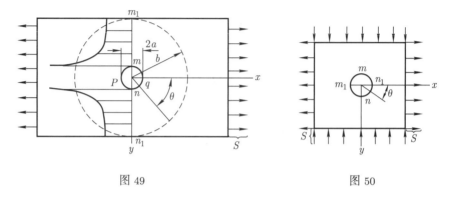

图 49　　　　　　　　　　　　　　　　图 50

在 p 和 q 两点, θ 等于 π 和 0, 得

$$\sigma_\theta = -S,$$

所以, 在这两点, 有切向压应力 S.

对于经过孔心而垂直于 x 轴的截面, $\theta = \pi/2$, 由方程 (61) 得

$$\tau_{r\theta} = 0, \quad \sigma_\theta = \frac{S}{2}\left(2 + \frac{a^2}{r^2} + 3\frac{a^4}{r^4}\right).$$

显然, 孔的影响是局部性的, 当 r 增大时, 应力 σ_θ 很快趋近于 S. 这应力的分布在图中用阴影面积表示. 孔边应力的局部性质, 使得对无限大板导出的解答 (61) 也能适用于有限宽的板. 如果板的宽度不小于孔直径的四倍, 用解答 (61) 计算 $(\sigma_\theta)_{\max}$ 时, 误差不致超过 6%[②].

有了在单方向受拉力或压力时的解答 (61), 在两个垂直方向受拉或受压时的解答就容易由叠加法得出. 例如, 令两个垂直方向的拉应力都等于 S, 可求得孔边的拉应力 $\sigma_\theta = 2S$(见 §32). 如果 x 方向有拉应力 S 而 y 方向有压应

[93]
力 $-S$ (图 50), 就得到纯剪的情形. 由方程 (61) 得孔边的切向应力为

$$\sigma_\theta = S - 2S\cos 2\theta - [S - 2S\cos(2\theta - \pi)].$$

在 $\theta = \pi/2$ 或 $\theta = 3\pi/2$ 处, 也就是在点 n 和 m 处, $\sigma_\theta = 4S$. 在 $\theta = 0$ 或 $\theta = \pi$ 处, 也就是在 n_1 和 m_1 处, $\sigma_\theta = -4S$. 因此, 当一块很大的板受纯剪时, 孔边的最大切向应力将四倍于所加的剪力.

孔边的高度应力集中, 在实用上很重要. 以船甲板上的孔为例: 当船身被弯曲时, 甲板中发生拉应力或压应力, 在有孔处就有高度的应力集中. 在由波

浪引起的应力循环下, 在应力过大的部分, 金属的疲劳最后可能造成疲劳破裂[3].

在某些孔边, 例如在飞机机翼和机身的进出口边, 常常必须降低应力集中. 这可以用附加小珠[4]或用加劲环[5]的办法来做到. 这个解析问题是把应用于孔的方法加以推广而得到解决的, 结果曾经和应变仪量测结果作了比较[5].

半限大板在邻近直边处有一圆孔而受到平行于直边的拉力 (图 51), 这种 [94] 情形曾由杰佛瑞分析过[6]. 后来由明德林给出了改正的结果, 并与光弹性试验 (见第五章) 作过比较[7]. 在距直边最近的 n 点的孔边应力, 当 mn 远比 np 为小时, 要比无孔时的拉应力大许多倍[8].

杰佛瑞又曾研究过均匀压力 p_i 作用于孔边的情形. 这是 §28 中所述的偏心筒腔问题的一个特殊情形. 如果孔离开直边很远, 由方程 (45) 可得孔边的应力为

$$\sigma_\theta = p_i, \quad \sigma_r = -p_i.$$

如果孔邻近直边, 在孔边处的切向应力就不再是常量. 最大切向应力在 k 和 l 两点, 由如下的公式给出:

$$(\sigma_\theta)_{\max} = p_i \frac{d^2 + r^2}{d^2 + r^2}. \tag{62}$$

必须把这个应力和公式

$$\sigma_\theta = \frac{4p_i r^2}{d^2 - r^2} \tag{63}$$

给出的板边上 m 点的拉应力进行对比. 当 $d = r\sqrt{3}$ 时, 两者的大小相同. 如果 d 大于这个值, 最大应力就在圆边界上; 如果 d 小于这个值, 最大应力就在 m 点.

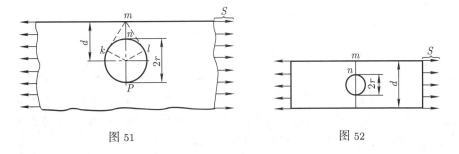

图 51　　　　　　　　　　　图 52

有限宽度的板在其对称轴上有一圆孔的情形 (图 52) 曾由豪兰[9] 讨论过. 他发现, 例如, 当 $2r = \frac{1}{2}d$ 时, 在 n 点, $\sigma_\theta = 4.3S$; 在 m 点, $\sigma_\theta = 0.75S$. [95]

　　本节中用来分析小圆孔附近的应力的方法, 当板受纯弯曲时, 也可以应用.[⑩] 已经算出很多受拉和受弯的特例.[①] 它们包括板条[⑪-⑬] 和半无限大板[①] 中有一个或一排孔的情形, 以及板条中有几排孔[②] 和有半圆槽[③] 的情形.

　　亨格斯特提出的一种方法, 曾被应用于有孔的方板[⑭] 在两个方向受相等拉力和受剪力的情形[⑮](孔是普通孔或加劲孔).

[96]　　关于无限大板有一圆孔而在孔边受力的情形[⑯], 关于板条的相应问题[⑰], 以及无限大板有一排孔平行于直边并靠近直边 (如一排铆钉孔) 的情形[⑱], 解答都已得到.

　　如果在受拉力 S 的无限大板中穿一椭圆孔, 使椭圆孔的主轴之一平行于拉力, 那么, 在垂直于拉力方向的孔轴的两端, 应力是

$$\sigma = S\left(1 + 2\frac{a}{b}\right), \tag{64}$$

其中 $2a$ 是椭圆在垂直于拉力方向的轴长, $2b$ 是另一轴长. 这一问题和其他关于椭圆、双曲线以及两个圆的问题, 将在第六章中讨论, 在那里可以找到一些参考文献.

　　一个垂直于拉力方向的很细长的孔 (a/b 很大), 将引起高度的应力集中[⑲]. 这说明为什么垂直于加力方向的裂缝会有扩张的趋势. 在裂缝两端钻孔, 以消除引起高度应力集中的尖锐曲率, 可以制止裂缝的扩张.

　　用材料将孔填塞, 而填料是刚性的, 或者它的弹性常数不同于板 (平面应力) 或柱形体 (平面应变), 就得到一个刚性或弹性包体的问题. 关于圆形包体[⑳] 和椭圆形包体[㉑] 的问题, 已经得到解决. 刚性圆形包体问题的结果已经被光弹性法 (见第五章) 所证实[㉒].

　　方程 (61) 所给出的关于图 49 所示问题的应力, 对平面应变情况和平面应力情况都是一样. 但是, 对平面应变情况, 在平行于 xy 面的两端平面上, 必然作用有轴向应力

$$\sigma_z = \nu(\sigma_r + \sigma_\theta),$$

以使 ϵ_z 等于零. 从两端移去这些力, 得出自由端, 就将产生非二维 (非平面应力或平面应变) 性质的应力. 如果孔的直径远比两端之间的距离 (长度) 为[97]小, 这种干扰将局限于邻近两端处. 但是, 如果直径与长度是同阶大小, 整个问题就必须作为三维问题来处理. 对这类问题的研究[㉓] 表明, σ_θ 仍然是最大的应力分量, 而且它的值与由二维理论得到的很相近.

　　注:

　　① 这个解答是 G. Kirsch 得出的, 见 *VDI*, vol. 42, 1898. 它已经由应变量测和光弹性法多次得到证实, 见第五章, 又见 §48 注中提到的各书.

② 见 C. П. Тимошенко, Изв. Киевского политехн. инст., 1907. 必须取 S 等于载荷除以板的毛面积.

③ 见下文中的绪论及参考书目: Thein Wah 编, "A Guide for the Analysis of Ship Structures," Office of Technical Services, U. S, Dept. of Commerce, Washington, D. C., 1960.

④ 见 S. Timoshenko, *J. Franklin Inst.*, vol. 197, p205, 1924; 又见 S. Timoshenko, "Strength of Materials," 3d ed., vol. 2, p. 305, 1956.

⑤ 见 S. Levy, A. E. McPherson and F. C. Smith, *J. Appl. Mech.*, vol. 15, p. 160, 1948. 在这篇论文中, 可以找到在此以前的参考文献. 到 1955 年为止的参考文献, 见 J. N. Goodier and P. G. Hodge, "Elasticity and Plasticity," 1958, p. 11.

⑥ 见 §28 的注 ⑤.

⑦ *Proc. Soc. Expl. Stress Analysis*, vol. 5, p. 56, 1948.

⑧ 见 W. T. Koiter, *Quart. Appl. Math.*, vol. 15, p. 303, 1957.

⑨ *Trans. Roy. Soc. (London)*, ser. A, vol. 229, p. 49, 1930. 关于圆孔及其他形状孔的解答和计算, 可通过 *Applied Mechanics Reviews* 查得许多参考书目. 下列书籍可供查阅: R. E. Peterson, "Stress Concentration Factors in Design," 1953; J. N. Goodier and P. G. Hodge, "Elasticity and Plasticity," 1958; Г. Н. Савин著, 卢鼎霍译,《孔附近的应力集中》, 科学出版社,1958. 在关于光弹性的主要书籍中, 载有许多有用的实验成果, 见第五章.

⑩ Z. Tuzi, *Phil. Mag.*, February, 1930, p, 210; *Sci. Papers Inst. Phys. Chem. Res. (Tokyo)*, vol. 9, p. 65, 1928. 关于椭圆孔的相应问题在早些时候已由 K. Wolf 解决, 见 *Z. Tech. Physik*, 1922, p. 160. R. C. J. How land 和 A. C. Stevenson 曾讨论过板条中有圆孔的问题, 见 *Trans. Roy. Soc. (London)*, ser. A, vol. 232, p. 155, 1933. R. C. Knight 对其中解答的收敛性作过证明, 见 *Quart. J. Math., Oxford Series*, vol. 5, p. 255, 1934.

⑪ K. J. Schulz, *Proe. Nederl. Akad. van Wetenschappen*, vol. 45, pp. 233, 341, 457 和 524, 1942; vol. 48, pp. 282 和 292, 1945.

⑫ Chih-Bing Ling, "Collected Papers in Elastisity and Mathematics," Institute of Mathematics, Academia Sinica, Taipei, Taiwan, China, 1963.

⑬ M. Isida, *Bull. Japan. Soc. Mech. Engr.*, vol. 3, pp. 259-266, 1960; M. Isida and S. Tagami, *Proc. 9th Japan Nat. Congr. Appl. Mech.*, pp. 51-54, 1959. 在这些刊物中, 还可以找到 M. Isida 的几篇有关论文.

⑭ H. Hengst, *Z. Angew. Math. Mech.*, vol. 18, p. 44, 1938.

⑮ C. K. Wang, *J. Appl. Mech.* vol. 13, p. A-77, 1946.

⑯ W. G. Bickley, *Trans. Roy. Soc. (London)*, ser. A, vol. 227. p. 383, 1928.

⑰ R. C. Knight, *Phil. Mag.*, ser. 7, vol. 19, p. 517, 1935.

⑱ 林致平、徐勉钊: 前成都航空研究院研究报告第 16 号,1945 年 2 月. 又见注 ⑫.

⑲　狭缝的问题曾由 M. Sadowsky 讨论过, 见 *Z. Angew. Math. Mech.*, vol. 10, p. 77, 1930.

⑳　K. Sezawa and G. Nishimura, *Rept, Aeron. Res. Inst., Tokyo Imp. Univ.*, vol. 6, no 25, 1931; J. N. Goodier, *Trans. ASME*, vol. 55, p. 39, 1933.

㉑　L. H. Donnell, "Theodore von Kármán Anniversary Volume", p. 293, Pasadena, 1941.

㉒　W. E. Thibodeau and L. A. Wood, *J. Res. Nat. Bur. Std.*, vol, 20, p. 393, 1938.

㉓　A. E. Green. *Trans. Roy. Soc. (London)*, ser. A, vol. 193, p. 229, 1948; E. Sternberg and M. Sadowsky, *J. Appl. Mech.* vol. 16, p. 27, 1949.

§36　集中力在直边界上的一点

现在来考虑集中铅直力 P 作用在半无限大板的水平直边界 AB 上的情形 (图 53a). 沿着板的厚度, 载荷的分布是均匀的, 如图 53b 所示. 板的厚度取为一个单位. 因而 P 是每单位厚度上的载荷.

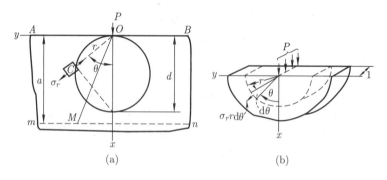

图 53

应力分布与作用在整个闭合边界 (例如 $ABnm$) 上的任何力都有关, 而不仅与 AB 上的情况有关. 即使当 $ABnm$ 趋于无穷远时也是如此.

有一个基本解答①, 称为简单径向分布. 距载荷作用点为 r 的任一单元 C, 都受着径向的简单压缩. 应力分量是

$$\sigma_r = -\frac{2P}{\pi}\frac{\cos\theta}{r}, \quad \sigma_\theta = \tau_{r\theta} = 0. \tag{65}$$

容易看出, 这些应力分量满足平衡方程 (37).

在 AB 上的边界条件也能满足, 因为, 沿着板的直边, σ_θ 和 $\tau_{r\theta}$ 都是零, 而直边界上除载荷作用点 ($r = 0$) 之外, 是没有外力的. 在载荷作用点, σ_r 成为无限大. 作用于半径为 r 的圆柱面 (图 53b) 上的力的合力必须与 P 成平衡. 这

[98]

个合力, 可由作用于每一单元面积 $r\mathrm{d}\theta$ 上的铅直分量 $\sigma_r r\mathrm{d}\theta\cos\theta$ 求和而得到. 这样就得到

$$2\int_0^{\pi/2}\sigma_r\cos\theta r\mathrm{d}\theta = -\frac{4P}{\pi}\int_0^{\pi/2}\cos^2\theta\mathrm{d}\theta = -P.$$

为了证明 (65) 是问题的精确解答, 还须考察相容方程 (39). 上述解答是由应力函数

$$\phi = -\frac{P}{\pi}r\theta\sin\theta \tag{a}$$

导出的, 可用方程 (38) 证明如下:

$$\begin{aligned}
&\sigma_r = \frac{1}{r}\frac{\partial\phi}{\partial r} + \frac{1}{r^2}\frac{\partial^2\phi}{\partial\theta^2} = -\frac{2P}{\pi}\frac{\cos\theta}{r}, \\
&\sigma_\theta = \frac{\partial^2\phi}{\partial r^2} = 0, \quad \tau_{r\theta} = -\frac{\partial}{\partial r}\left(\frac{1}{r}\frac{\partial\phi}{\partial\theta}\right) = 0.
\end{aligned} \tag{65'}$$

结果与解答 (65) 一致. 将函数 (a) 代入方程 (39), 容易证明这方程是满足的.

这个解答要求其余部分边界上的边界力按一定的方式分布. 例如, 设这部分边界是一个半径为 R 的半圆, 则要求的力应如式 (65) 在 $r = R$ 时所示.

取一任意直径 d 的圆, 中心在 x 轴上, 与 y 轴切于 O 点 (图 53a). 对于圆上的任一点 C, 有 $d\cos\theta = r$. 因此, 由方程 (65) 得

$$\sigma_r = -\frac{2P}{\pi d},$$

就是, 除开在载荷作用点 O 以外, 在圆上所有各点的应力都相同.

在离开板的直边为 a 处取一水平面 mn (图 53a). 这平面上任一点 M 处 [99] 的正应力和剪应力, 都可由径向的简单压应力算出:

$$\begin{aligned}
\sigma_x &= \sigma_r\cos^2\theta = -\frac{2P}{\pi}\frac{\cos^3\theta}{r} = -\frac{2P}{\pi a}\cos^4\theta, \\
\sigma_y &= \sigma_r\sin^2\theta = -\frac{2P}{\pi a}\sin^2\theta\cos^2\theta, \\
\tau_{xy} &= \sigma_r\sin\theta\cos\theta = -\frac{2P}{\pi}\frac{\sin\theta\cos^2\theta}{r} \\
&= -\frac{2P}{\pi a}\sin\theta\cos^3\theta.
\end{aligned} \tag{66}$$

图 54 表示应力 σ_x 和 τ_{xy} 沿水平面 mn 的分布曲线.

载荷作用点处的应力, 在理论上是无限大的, 因为是有限大的力作用在无穷小的面积上, 实际上, 载荷是分布在一个有限小宽度的面积上. 可能在局部发生塑性流动. 即使如此, 可以假想用一微小半径的圆柱面将塑性区域割去, 如图 53b 所示. 这样, 弹性理论方程就可以应用于板的留下部分.

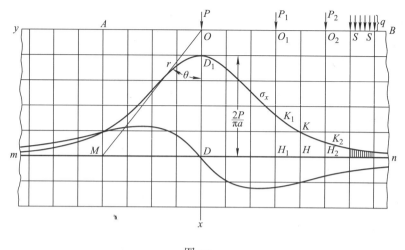

图 54

[100] 对于作用在半无限大板的直边界上的水平力 P (图 55), 也可以得到相似的解答. 这种情况下的应力分量可从方程 (65′) 求得, 只须从力的方向开始量角 θ, 如图所示. 作用在图 55 中虚线所示的圆柱面上的力的合力是

$$-\frac{2P}{\pi}\int_0^\pi \cos^2\theta\mathrm{d}\theta = -P.$$

这个合力与外力 P 成平衡, 而且, 因为直边界上的应力分量 $\tau_{r\theta}$ 和 σ_θ 都是零, 所以解答 (65′) 满足边界条件.

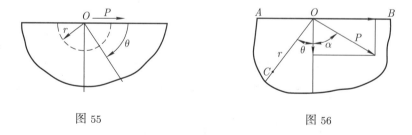

图 55　　　　　　　　　　　　　　　图 56

有了关于铅直集中力和水平集中力的解答, 即可用叠加法求得关于倾斜力的解答. 将倾斜力 P 分成两个分量: 铅直分量 $P\cos\alpha$ 和水平分量 $P\sin\alpha$ (图 56), 由方程 (65′) 可得在任一点 C 的径向应力为

$$\begin{aligned}
\sigma_r &= -\frac{2}{\pi r}\left[P\cos\alpha\cos\theta + P\sin\alpha\cos\left(\frac{\pi}{2}+\theta\right)\right] \\
&= -\frac{2P}{\pi r}\cos(\alpha+\theta).
\end{aligned} \tag{67}$$

因此, 方程 (65′) 对于任何方向的力都可以用, 只须在每一种情况下都从力的方向开始量角 θ.

应力函数 (a) 也可以用于半无限大板在直边界上受力偶作用的情形 (图 57a). 容易看出, 当拉力 P 在距离原点为 a 的一点 O_1 时, 应力函数可由方程 (a) 中的 ϕ 得出, 只须将 ϕ 作为 x 和 y(代替 r 和 θ) 的函数, 而以 $y+a$ 代替 y, 并以 $-P$ 代替 P. 将这个函数与原来的应力函数 ϕ 相结合, 就得到当两个相等而相反的力作用于 O 和 O_1 时的应力函数 [101]

$$-\phi(x, y+a) + \phi(x, y).$$

当 a 很小时, 这个函数趋近于

$$\phi_1 = -a\frac{\partial \phi}{\partial y}. \tag{b}$$

将 (a) 代入 (b), 并注意 (见 §27)

$$\frac{\partial \phi}{\partial y} = \frac{\partial \phi}{\partial r}\sin\theta + \frac{\partial \phi}{\partial \theta}\frac{\cos\theta}{r},$$

就得到

$$\phi_1 = \frac{Pa}{\pi}(\theta + \sin\theta\cos\theta) = \frac{M}{\pi}(\theta + \sin\theta\cos\theta), \tag{68}$$

其中 M 是所施力偶的矩.

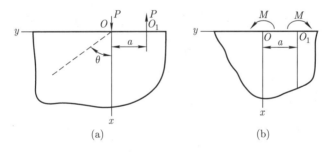

图 57

由同样的推理, 求 ϕ_1 的导数, 就得到两个相等而相反的力偶 M (图 57b) 作用在相距极近的两点 O 和 O_1 时的应力函数 ϕ_2. 这样得出

$$\phi_2 = \phi_1 - \left(\phi_1 + \frac{\partial \phi_1}{\partial y}a\right) = -a\frac{\partial \phi_1}{\partial y} = -\frac{2Ma}{\pi r}\cos^3\theta. \tag{69}$$

如果两个力偶的指向改变. 只须改变函数 (69) 的符号.

逐次求导而得出的一系列的应力函数, 曾被用来解答受平行于直边的拉 [102]

力的半无限大板中由于有半圆凹口而引起的应力集中问题[②]. 最大拉应力略大于离凹口很远处未受干扰的拉应力的三倍. 板条在每一边有一凹口的情形, 也有人研究过[③]. 应力集中因子 (最小截面处的最大应力与平均应力的比值) 低于 3, 而当凹口加大时趋近于 1.

有了应力分布, 就可以按通常的方法用方程 (48) 至 (50) 求得对应的位移. 当一个力垂直于直边界时 (图 53), 我们有

$$\epsilon_r = \frac{\partial u}{\partial r} = -\frac{2P}{\pi E}\frac{\cos\theta}{r},$$
$$\epsilon_\theta = \frac{u}{r} + \frac{\partial v}{r\partial\theta} = \nu\frac{2P}{\pi E}\frac{\cos\theta}{r}, \tag{c}$$
$$\gamma_{r\theta} = \frac{1}{r}\frac{\partial u}{\partial\theta} + \frac{\partial v}{\partial r} - \frac{v}{r} = 0.$$

将第一个方程积分, 得

$$u = -\frac{2P}{\pi E}\cos\theta\ln r + f(\theta), \tag{d}$$

其中 $f(\theta)$ 只是 θ 的函数. 代入 (c) 中的第二个方程并积分, 得

$$v = \frac{2\nu P}{\pi E}\sin\theta + \frac{2P}{\pi E}\ln r\sin\theta - \int f(\theta)\mathrm{d}\theta + F(r), \tag{e}$$

其中 $F(r)$ 只是 r 的函数. 将 (d) 和 (e) 代入 (c) 中的第三个方程, 可得

$$f(\theta) = -\frac{(1-\nu)P}{\pi E}\theta\sin\theta + A\sin\theta + B\cos\theta,$$
$$F(r) = Cr, \tag{f}$$

[103]　　其中 A、B、C 是积分常数, 由约束条件决定. 由方程 (d) 和 (e) 得位移的表达式

$$u = -\frac{2P}{\pi E}\cos\theta\ln r - \frac{(1-\nu)P}{\pi E}\theta\sin\theta + A\sin\theta + B\cos\theta,$$
$$v = \frac{2\nu P}{\pi E}\sin\theta + \frac{2P}{\pi E}\ln r\sin\theta - \frac{(1-\nu)P}{\pi E}\theta\cos\theta \tag{g}$$
$$+ \frac{(1-\nu)P}{\pi E}\sin\theta + A\cos\theta - B\sin\theta + Cr.$$

假设半无限大板 (图 53) 的约束条件是: 在 x 轴上的各点没有侧向位移. 于是, 当 $\theta = 0$ 时, $v = 0$, 而由 (g) 中的第二方程得 $A = 0, C = 0$. 用积分常数的这两个值, 则 x 轴上各点的铅直位移是

$$(u)_{\theta=0} = -\frac{2P}{\pi E}\ln r + B. \tag{h}$$

为了求得常数 B, 可假设 x 轴上距原点为 d 的一点不作铅直移动. 于是由方程 (h) 得

$$B = \frac{2P}{\pi E} \ln d.$$

有了各积分常数的值, 就可由方程 (g) 算出半无限大板上任一点的位移.

例如, 我们来考察板的直边界上各点的位移. 在 (g) 的第一方程中令 $\theta = \pm\pi/2$, 求得水平位移为

$$(u)_{\theta=\frac{\pi}{2}} = -\frac{(1-\nu)P}{2E}, \quad (u)_{\theta=-\frac{\pi}{2}} = -\frac{(1-\nu)P}{2E}. \tag{70}$$

可见, 直边界上在原点两边的所有各点都有一个常量位移 (70), 方向指向原点. 如果我们记得, 在载荷 P 的作用点周围, 在小半径圆柱面 (图 53b) 包围中的一部分材料, 因为弹性理论方程不能适用而被移去, 就会认为这样的位移是可能的. 当然, 实际上是这部分材料发生塑性形变, 因而容许沿直边界有位移 (70). 直边界的铅直位移可由 (g) 中的第二方程求得. 注意位移 v 是以沿 θ 增大的方向为正, 而形变是对称于 x 轴的, 即得在距原点为 r 处的向下的铅直位移 [104]

$$(v)_{\theta=-\frac{\pi}{2}} = -(v)_{\theta=\frac{\pi}{2}} = \frac{2P}{\pi E} \ln \frac{d}{r} - \frac{(1-\nu)P}{\pi E}. \tag{71}$$

在原点, 这方程给出无限大的位移. 要消除这一疑难, 必须像前面那样假定载荷作用点周围的一部分材料被小圆柱面割去. 对于边界上其他各点, 方程 (71) 都给出有限大的位移.

注:

① 这问题的解答是 Flamant 由 J. Boussinesq 的三维解答 (§138) 得来的, 见 *Compt. Rend.*, vol. 114, p. 1465, 1892, Paris. 将这解答推广于倾斜力的情形的是 Boussinesq, 见 *Compt. rend.*, vol. 114, p. 1510, 1892. 又见 J. H. Michell 的论文, 载 *Proc. London Math. Soc.*, vol. 32, p. 35, 1900. 启发上述理论的应力分布实验研究是 Carus Wilson 所作的, 见 *Phil. Mag.*, vol. 32, p. 481, 1891.

② F. G. Maunsell, *Phil. Mag.*, vol, 21, p. 765, 1936.

③ 一些作者对拉伸及弯曲的理论结果和光弹性量测, 曾由 M. Isida 加以比较, 见 *Sci. Papers Fac. Eng., Tokushima Univ., Japan*, vol, 4, no. 1, pp. 67-69, January, 1953. 这些结果包括: M. M. Frocht, R. Guernsey, Jr., and D. Landsberg, J. Appl. Mech., vol, 19, p. 124, 1952; C. B. Ling, *J. Appl. Mech.*, pp. 141-146, and vol. 14, pp. 275-280, 1947; H. Neuber, "Kerbspannungslehre," pp. 35-37, 1937 (1st ed.) or pp. 42-44, Springer-Verlag, OHG, Berlin, 1958 (2d ed.). 又见 H. Poritsky, H. D. Snively, and C. R. Wylie, *J. Appl. Mech.*, vol. 6, p. 63, 1939.

§37　直边界上的任意铅直载荷

前节中关于 σ_x 和 τ_{xy} 的曲线 (图 54) 可作为影响线来应用. 假定各曲线表示 P 是一个单位力 (如 1 lbf) 时的应力. 当力 P 具有其他值时, 平面 mn 上任一点 H 处的应力 σ_x 就可将纵坐标 $\overline{HK}$ 乘以 P 而求得.

如果有几个铅直力 P、P_1、P_2、$\cdots$ 同时作用在半无限大板的水平直边界 AB 上, 则水平面 mn 上的应力可将由每一个力引起的应力叠加而求得. 将为力 P 而作的 σ_x 和 τ_{xy} 曲线移到新原点 O_1、O_2、$\cdots$, 就得到对应于各个力的 σ_x 和 τ_{xy} 曲线. 由此可知, 例如, 在平面 mn 上的 D 点由力 P_1 引起的应力 σ_x, 可将纵坐标 $\overline{H_1K_1}$ 乘以 P_1 而求得. 同样, 在 D 点由 P_2 引起的应力 σ_x 是 $\overline{H_2K_2} \cdot P_2$ 余类推. 于是, 在平面 mn 上 D 点由 P、P_1、P_2、$\cdots$ 引起的总正应力是

$$\sigma_x = \overline{DD}_1 \cdot P + \overline{H_1K_1} \cdot P_1 + \overline{H_2K_2} \cdot P_2 + \cdots.$$

因此, 图 54 所示的 σ_x 曲线是在 D 点的正应力 σ_x 的影响线. 同样可以断定 τ_{xy} 曲线是平面 mn 上 D 点的剪应力的影响线.

有了这些曲线, 不论板边 AB 上有任何种类的铅直载荷, 点 D 处的应力分量都容易求得.

如果不是集中力, 而是集度为 q 的均匀载荷分布在直边界的一部分 $\overline{ss}$ 上 (图 54), 那么, 在 D 点的由这个载荷引起的正应力 σ_x 可将 q 乘以对应的影响面积 (图中阴影部分) 而求得.

均布载荷的问题也可用另一方法求解, 就是用应力函数

$$\phi = Ar^2\theta, \tag{a}$$

[105]　其中 A 是常数. 对应的应力分量是

$$\sigma_r = \frac{1}{r}\frac{\partial\phi}{\partial r} + \frac{1}{r^2}\frac{\partial^2\phi}{\partial\theta^2} = 2A\theta,$$
$$\sigma_\theta = \frac{\partial^2\phi}{\partial r^2} = 2A\theta, \tag{b}$$
$$\tau_{r\theta} = -\frac{\partial}{\partial r}\left(\frac{1}{r}\frac{\partial\phi}{\partial\theta}\right) = -A.$$

将这些表达式应用于半无限大板, 就得到如图 58a 所示的载荷分布. 板的直边受有集度为 $-A$ 的均布剪力和在原点 O 处突然改变符号而集度为 $A\pi$ 的均布法向力. 各力的方向系参照单元 C 上应力分量的正方向而定.

[106]　将原点移至 O_1, 并改变应力函数 ϕ 的符号, 就得到图 58b 所示的载荷分布. 将这两种载荷分布 (图 58a 和 58b) 叠加, 就得到半无限大板直边界的一部

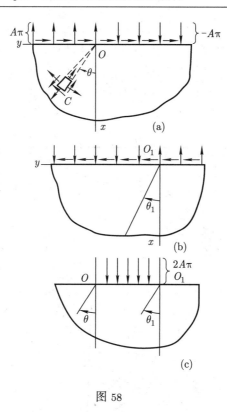

图 58

分受有均匀载荷的情形, 如图 58c 所示. 为了得到均匀载荷的指定集度 q, 我们取

$$2A\pi = q, \quad A = \frac{1}{2\pi}q.$$

于是板中任一点的应力可由如下的应力函数得出[1]:

$$\phi = A(r^2\theta - r_1^2\theta_1) = \frac{q}{2\pi}(r^2\theta - r_1^2\theta_1). \tag{c}$$

由方程 (b) 可见, 应力函数 (c) 的第一项表明, 在板的任一点 M (图 59a), 有等于 $2A\theta$ 的均匀拉应力作用在板平面内的各个方向, 并有纯剪应力 $-A$. 同样, 该应力函数的第二项表示有均匀压应力 $-2A\theta_1$ 和纯剪应力 A. 这均匀拉应力和均匀压应力可以简单地相加而得均匀压应力

$$p = 2A\theta - 2A\theta_1 = 2A(\theta - \theta_1) = -2A\alpha, \tag{d}$$

其中 α 是半径 r 与 r_1 之间的夹角.

两个纯剪应力, 一个对应于 r 方向, 另一个对应于 r_1 方向, 可用莫尔圆进行叠加 (图 59b). 在这种情况下, 莫尔圆的半径等于纯剪应力 A 的数值. 取平

[107]

行于 r 的直径 DD_1 和垂直于 r 的直径 FF_1 为 τ 轴和 σ 轴, 以代表对应于 r 方向的纯剪. 半径 CF 和 CF_1 代表对应于这纯剪的、在 M 点的主应力 A 和 $-A$, 与 r 成角 $\pi/4$; 半径 CD 则代表垂直于 r 的平面 mn 上的剪应力 $-A$. 对于与 mn 成角 β 的任一平面 $m_1 n_1$ (图 59a), 应力分量由圆周上一点 G 的坐标 σ 和 τ 给出, 而角 GCD 等于 2β.

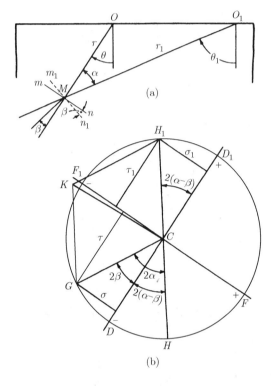

图 59

这个圆也可用来求得由 r_1 方向的纯剪引起的应力分量 (见 §10). 仍然考虑平面 $m_1 n_1$, 并注意这平面的法线与 r_1 方向成角 $\alpha - \beta$ (图 59a), 可见这平面上的应力分量可由圆周上 H 点的坐标来代表. 考虑到对应于 r_1 方向的纯剪的符号, 必须改变应力分量的符号, 这样就得到圆周上的一点 H_1. 作用于平面 $m_1 n_1$ 上的总应力由矢量 CK 代表, 它的两个分量就代表正应力 $-(\sigma + \sigma_1)$ 和剪应力 $\tau_1 - \tau$. 对于 β 的所有各值, 矢量 CK 的大小都相同, 因为它的分量 CH_1 和 CG 的长度, 以及两者之间的夹角 $\pi - 2\alpha$, 都与 β 无关. 因此, 两个纯剪的组合仍然是一个纯剪 (见 §10).

当 $\tau_1 - \tau = 0$ 时, 角 β 就确定 M 点的一个主应力的方向. 由图可见, 如果 $2\beta = 2(\alpha - \beta)$, 即 $\beta = \alpha/2$, 则 τ 与 τ_1 在数量上相等. 因此, 主应力的方向平分

半径 r 与 r_1 之间的夹角. 两主应力的大小是

$$\pm 2\sigma = \pm 2A\sin 2\beta = \pm 2A\sin\alpha, \qquad (e)$$

将这应力与均匀压应力 (d) 结合, 就得到任一点 M 处的主应力的总值

$$-2A(\alpha + \sin\alpha), \quad -2A(\alpha - \sin\alpha). \qquad (f)$$

沿着经过 O 和 O_1 的任何一个圆, 角 α 保持为一常量, 因此, 主应力 (f) 也是常量. 在点 O 与 O_1 之间的边界上 (图 59a), 角 α 等于 π, 于是由 (f) 求得两主应力都等于 $-2\pi A = -q$. 对于边界的其余部分, 由于 $\alpha = 0$, 两个主应力都是零.

因此, 如果把任意分布的载荷 (图 60) 看作无数多个分布在边界极短单元上的不同集度的载荷的组合, 那么, 在每一个这样的单元载荷 (如图 60 所示) 下面, 水平应力 σ_x 只是由这一单元载荷引起的, 因而在直边界上的所有各点都是 [108]

$$\sigma_x = \sigma_y = -q. \qquad (g)$$

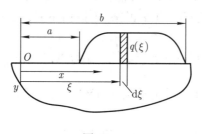

图 60

半无限大板在直边界上受有分布载荷的其他情形, 曾经由卡若色斯[②] 讨论过. 解答这问题的另一种方法将在后面讨论 (见 §45).

相应于方程 (b) 给出的应力分量, 位移 u 和 v 很容易像 §31 中那样通过直接积分而求得. 略去刚体位移项, 结果是

$$u = \frac{2A}{E}(1-\nu)r\theta, \quad v = -\frac{4A}{E}r\ln r. \qquad (h)$$

把这些结果应用于方程 (c) 所示的叠加, 可以求得板的水平直边界上每一点的铅直向下的位移. 按照定义, v 是沿着 θ 增大的方向的位移 (参照它自己的 $r\theta$ 系). 为了求得图 58c 中的向下的边界位移, 须将 O 点右方任一点的取为 v, 左方任一点的取为 $-v$. 同样, 参照 $r_1\theta_1$ 系, 与方程 (c) 中 $-r_1^2\theta_1$ 一项相应的贡献

在 O_1 点也须改变符号. 图 58c 中的平面应力所引起的向下位移如图 61 所示. 当然, 还可以加上任意的刚体位移. 图 61 中的表达式使得边界的坡度在中心及在无穷远处均为零. 在 O 及 O_1, 坡度为无限大, 这表示该两点是奇异点 (试与习题 18 对比).

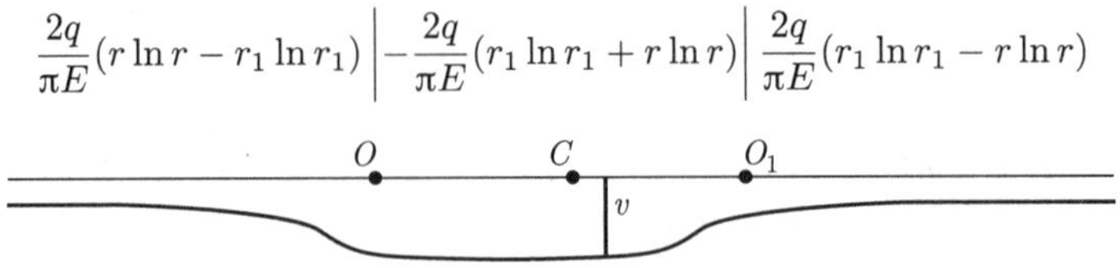

$$\frac{2q}{\pi E}(r \ln r - r_1 \ln r_1) \left| -\frac{2q}{\pi E}(r_1 \ln r_1 + r \ln r) \right| \frac{2q}{\pi E}(r_1 \ln r_1 - r \ln r)$$

图 61

设 $OO_1 = 2a$, 则直边中点 C 的位移是

$$v_c = -\frac{2q}{\pi E}(2a \ln a). \tag{i}$$

[109]

如果现在把载荷看成非均布载荷的一个单元 (图 60), 则宽度 $2a$ 应成为无穷小. 鉴于当 $a \to 0$ 时, $a \ln a$ 的极限是零, 可见在计算任一载荷单元下的位移时, 这个单元本身的贡献可以不计. 其他各处的载荷单元所引起的位移 (见图 60), 对于 $y = 0$ 的边界上的任一点 x 说来, 可以由下式求得:

$$v(x) = -\frac{2}{\pi E} \int_{\xi=a}^{\xi=b} q(\xi) \ln |x - \xi| \mathrm{d}\xi, \tag{j}$$

其中的记号 $|x - \xi|$ 表示 ξ 处的载荷单元与考察点 x 之间的 (正) 距离. 仍然可以加上刚体位移.

在 $x = \xi$ 处, 也就是对于 x 点上的载荷单元 (如果该处有载荷的话), 被积函数是奇异的. 但我们已经看到, 这个载荷单元并没有贡献. 因此, 该积分只须取为柯西主值.

方程 (j) 也可以用来求得使直边界上发生一定位移的载荷集度 q. 例如, 假设沿直边界的受载荷部分, 位移是常量 (图 62), 可以证明, 沿这部分的压力分布由如下的方程给出[③]:

$$q = \frac{P}{\pi\sqrt{a^2 - x^2}}.$$

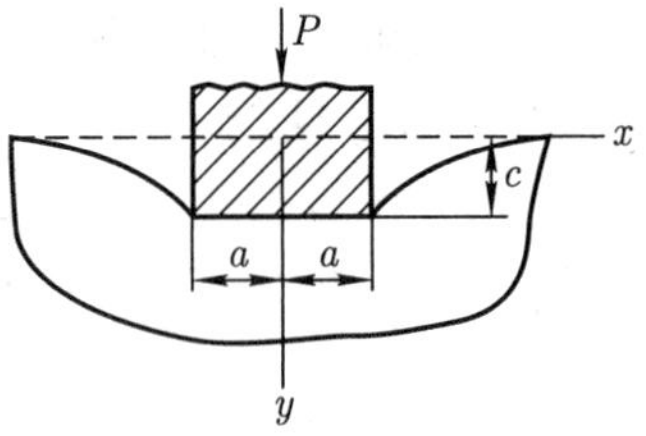

图 62

注:
① 这一解答归功于 J. H. Michell, 见 *Proc. London Math. Soc.*, vol. 34, p. 134, 1902.

② 见 *Proc. Roy. Soc.* (*London*), ser. A, vol. 97, p. 110, 1920.

③ M. Sadowsky, Z. Angew. *Math. Mech.*, vol. 8, p. 107, 1928. 对于接触面上发生的非均匀位移, 见 (1) Н. И. Мусхелишвили著, 赵惠元译,《数学弹性力学的几个基本问题》, 科学出版社, 1958; (2) Л. А. Галин, Контактные задачи теории упругости, М. -Л., 1953. 关于尖角局部被磨圆的影响, 见 J. N. Goodier and C. B. Loutzenheiser. *J. Appl. Mech.*, vol. 32, pp. 462-463, 1965.

§38 作用于楔端的力

在 §36 中讨论过的简单径向应力分布, 也可以表示楔形体中因顶点受集中力而产生的应力. 试考察如图 63 所示的对称情形. 在垂直于 xy 平面的方向, [110] 楔的厚度取为一个单位. 取各应力分量为

$$\sigma_r = -\frac{kP\cos\theta}{r}, \quad \sigma_\theta = 0, \quad \tau_{r\theta} = 0, \tag{a}$$

则沿楔的两面 ($\theta = \pm\alpha$), 边界条件都能满足. 现在来调整常数 k 以满足点 O 处的平衡条件. 使虚线所示的圆柱面上压力的合力等于 $-P$, 就有

$$-2\int_0^\alpha \frac{kP\cos^2\theta}{r} r\mathrm{d}\theta = -kP\left(\alpha + \frac{1}{2}\sin 2\alpha\right) = -P,$$

由此得

$$k = \frac{1}{\alpha + \frac{1}{2}\sin 2\alpha}.$$

于是由方程 (a) 得①

$$\sigma_r = -\frac{P\cos\theta}{r\left(\alpha + \frac{1}{2}\sin 2\alpha\right)}. \tag{72}$$

令 $\alpha = \pi/2$, 就得到前面讨论过的关于半无限大板的解答 (65). 可以看出, 任

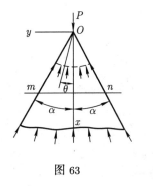

图 63

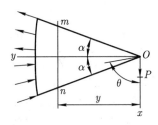

图 64

一横截面 mn 上的正应力的分布并不均匀, 在点 m 或 n 处的正应力与该截面中心的最大应力之比等于 $\cos^4 \alpha$.

如果力 P 垂直于楔轴 (图 64), 解答 (a) 仍可应用, 但须从力的方向开始量 θ. 常数 k 可用下面平衡方程求得:

$$\int_{\frac{\pi}{2} - \alpha}^{\frac{\pi}{2} + \alpha} \sigma_r \cos \theta r \mathrm{d}\theta = -P.$$

[111]　　　　由此得

$$k = \frac{1}{\alpha - \dfrac{1}{2}\sin 2\alpha},$$

而径向正应力是

$$\sigma_r = -\frac{P \cos \theta}{r \left(\alpha - \dfrac{1}{2}\sin 2\alpha \right)}. \tag{73}$$

任一截面 mn 上的正应力和剪应力是

$$\sigma_y = -\frac{Pyx \sin^4 \theta}{y^3 \left(\alpha - \dfrac{1}{2}\sin 2\alpha \right)},$$

$$\tau_{xy} = -\frac{Px^2 \sin^4 \theta}{y^3 \left(\alpha - \dfrac{1}{2}\sin 2\alpha \right)}. \tag{b}$$

当角 α 很小时, 可令

$$2\alpha - \sin 2\alpha = \frac{(2\alpha)^3}{6}.$$

于是, 用 I 代表截面 mn 的惯矩, 由 (b) 求得

$$\sigma_y = -\frac{Pyx}{I} \left(\frac{\operatorname{tg}\alpha}{\alpha} \right)^3 \sin^4 \theta,$$

$$\tau_{xy} = -\frac{Px^2}{I} \left(\frac{\operatorname{tg}\alpha}{\alpha} \right)^3 \sin^4 \theta. \tag{c}$$

当 α 值很小时, 因子 $\left(\dfrac{\operatorname{tg}\alpha}{\alpha} \right)^3 \sin^4 \theta$ 可以取为 1. 这时, σ_y 的表达式与梁的初等公式一致. 最大剪应力发生在 m 和 n 两点, 是初等理论所给出的矩形梁截面形心处的剪应力的两倍.

[112]　　有了图 63 和 64 所示的两种情形的解答, 就能处理在 xy 平面内的任何方向的力 P, 只须将该力分解成为两个分量,然后应用叠加法[②]. 必须注意, 只有当楔形体在支承端受到按解答 (72) 或 (73) 所示的方式分布的径向力支持时,

这些解答才是精确解答. 不然的话, 只有在离支承端较远的各点, 这些解答才是精确的.

注:

① 这个解答归功于 J. H. Michell, 见 §37 的注释 ①. 又见 A. Mesnager, *Ann. Ponts Chaussées*, 1901.

② Akira Miura 曾讨论过几个关于楔形体中应力分布的例题. 见 "Spannungs-kruven in rechteckigen und keilförmigen Trägern," Berlin, 1928.

§39　作用于楔端的弯矩

应力函数

$$\phi_1 = C_1 \sin 2\theta \tag{a}$$

给出

$$\sigma_r = -4C_1 \frac{1}{r^2} \sin 2\theta, \quad \sigma_\theta = 0, \tag{b}$$

$$\tau_{r\theta} = 2C_1 \frac{1}{r^2} \cos 2\theta.$$

应力函数

$$\phi_2 = C_2 \theta \tag{c}$$

给出

$$\sigma_r = 0, \quad \sigma_\theta = 0, \quad \tau_{r\theta} = \frac{C_2}{r^2}. \tag{d}$$

将二者结合, 得

$$\sigma_r = -4C_1 \frac{1}{r^2} \sin 2\theta, \quad \sigma_\theta = 0,$$

$$\tau_{r\theta} = \frac{1}{r^2}(2C_1 \cos 2\theta + C_2). \tag{e}$$

显然, 为了 $\theta = \pm\alpha$ 的面上没有力, 可以取

$$C_2 = -2C_1 \cos 2\alpha.$$

这时的应力是

$$\sigma_r = -4C_1 \frac{1}{r^2} \sin 2\theta, \quad \sigma_\theta = 0,$$

$$\tau_{r\theta} = 2C_1 \frac{1}{r^2}(\cos 2\theta - \cos 2\alpha). \tag{f}$$

在半径为 r 的圆柱面上 (图 65), 应力 σ_r 合成为一个非零的铅直力, $\tau_{r\theta}$ 也是如此. 由 (f) 可直接算得主矢为零. 每单位宽度上合成的主矩 M 是 [113]

$$M = \int_{-\alpha}^{\alpha} \tau_{r\theta} r^2 \mathrm{d}\theta = 2C_1(\sin 2\alpha - 2\alpha \cos 2\alpha). \tag{g}$$

可见, 在 $r = a$ 和 $r = b$ 两端之间的材料所受的应力 (f) 相应于弯矩 M 引起的弯曲 (图 65), 而 C_1 可通过式 (g) 用 M 和 α 表示. 内半径 a 可以是任意小的.[①]

适用于楔形体的任何 α 值, 都不会使得式 (g) 右边括弧中的表达式

$$\sin 2\alpha - 2\alpha \cos 2\alpha$$

等于零. 在 $0 < 2\alpha < 2\pi$ 的范围内, 它只是当 $2\alpha = 257.4°$ 时才等于零, 但这时的区域几乎是四分之三圆环 (图 66). 式 (g) 中的弯矩 M 成为零, 因为 ϕ_1 和 ϕ_2 的贡献是大小相等, 方向相反. 在 $r = a$ 的圆弧上的载荷自成平衡; 在 $r = b$ 的圆弧上的载荷当然也是如此.

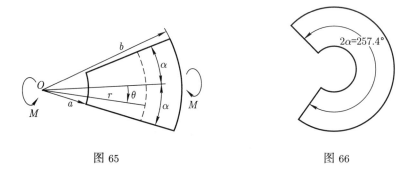

图 65　　　　　　　　　　　　　图 66

当 $2\alpha > 257.4°$ 时, 弯矩 M 也不是零, 而 C_1 决定于式 (g). 但是, 现在可用其他方式在 $r = a$ 的圆弧上施加载荷而保持弯矩 M 不变; 得出的应力, 它随 r 的增大而减小的速率要比式 (f) 所示的 r^{-2} 慢一些[②]. 实际上, 一当 2α 超过 $180°$, 这就成为事实. 式 (f) 和式 (g) 的应用, 仅限于较小角度的楔形区域, 这时, 在 $r = a$ 或 $r = b$ 上的载荷分布如有改变, 其影响只是局部性的.

注:

①　这个解答是 S. D. Carothers 给出的, 见 *Proc. Roy. Soc. Edinburgh*, sect. A, vol. 23, pp. 292-306, 1912. C. E. Inglis 也独立得出这一解答. 见 *Trans. Inst. Nav. Arch. London*, vol. 64, p. 253, 1922.

②　E. Sternberg and W. T. Koiter, *J. Appl, Mech.*, vol. 25, pp. 575-581, 1958.

§40　作用在梁上的集中力

梁受集中力作用时的应力分布问题是大有实用意义的. 前面已经证明 (§23), 在承受连续载荷的狭矩形截面梁内, 应力分布可用通常的初等弯曲理论求得而足够精确. 但是, 可以想到, 在靠近集中力作用点处, 应力分布必然遭受严重的局部干扰, 因而对这问题有作进一步研究的必要. 威尔森[①] 首先对这种局部应力作了实验研究. 实验时, 他将矩形玻璃梁支于两端, 在中点加载荷

[114]

(图 67), 利用偏振光 (见 §48), 证明施力点 A 处的应力分布近似于半无限大板中由法向集中力引起的应力分布. 沿着截面 AD, 正应力 σ_x 并不依从直线规律; 在与 A 相对的点 D 处, 拉应力比由梁的初等理论所推得的为小.这些结果曾由斯脱克斯根据某些经验假定加以说明[②]. 图 67 所示的系统可由图 68 所示的两个系统叠加而得到. 作用于半无限大板的截面 mn、np 和 pq 上的径向压应力 (图 68a), 可以被与它相等的、作用于支承在 n 和 p 的矩形梁各边上的径向拉应力 (图 68b) 所抵消. 为了得到斯脱克斯所讨论的情形, 须将这梁中的应力与半无限大板中的应力相叠加.

[115]

$$\text{图 67}$$

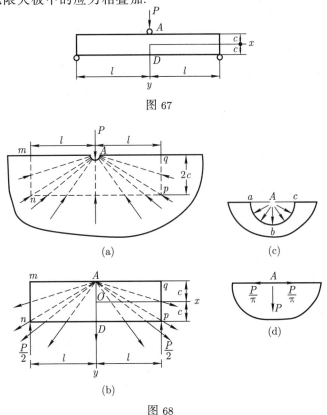

图 68

　　在计算梁的应力时, 将应用梁的初等公式. 梁的中间截面 AD 上的弯矩, 可将反力 $P/2$ 的矩, 减去一半梁上的径向拉力的矩而得到. 后一力矩是容易计算的: 注意, 径向分布的拉力与分布在 A 点处的圆柱面 abc 的象限 ab 上的压力 (图 68c) 是静力等效的, 或者, 利用方程 (65), 是与施于 A 点的水平力 P/π 和铅直力 $P/2$ (图 68d) 等效的. 于是, 弯矩 (就是对 O 点的矩) 是

$$\frac{P}{2}l - \frac{P}{\pi}c,$$

而对应的弯应力是[3]

$$\sigma_x' = \frac{P}{I}\left(\frac{l}{2} - \frac{c}{\pi}\right)y = \frac{3P}{2c^3}\left(\frac{l}{2} - \frac{c}{\pi}\right)y.$$

在这弯应力上, 还须加以由拉力 P/π 引起的均布拉应力 $P/2\pi c$. 因此, 由这初等方法求得截面 AD 上的正应力是

$$\sigma_x = \frac{3P}{2c^3}\left(\frac{l}{2} - \frac{c}{\pi}\right)y + \frac{P}{2\pi c}.$$

这与斯脱克斯所得的公式一致. 它在适当限度内的正确性, 已经用近代光弹性实验技术加以证实[4].

[116]　　　如果考虑到作用于梁底的连续分布载荷 (图 68b), 并用方程 (36′), 即可得到较好的近似结果. 由方程 (65) 得出这个分布载荷在 D 点的集度为 $P/\pi c$. 将这个值代入 (36′), 并与上面的 σ_x 值相结合, 就得到二次近似值

$$\begin{aligned}
\sigma_x &= \frac{2P}{2c^3}\left(\frac{l}{2} - \frac{c}{\pi}\right)y + \frac{P}{2\pi c} + \frac{P}{\pi c}\left(\frac{y^3}{2c^3} - \frac{3}{10}\frac{y}{c}\right), \\
\sigma_y &= \frac{P}{2\pi c} + \frac{P}{\pi c}\left(\frac{3y}{4c} - \frac{y^3}{4c^3}\right).
\end{aligned} \tag{a}$$

这些应力须叠加于半无限大板中的应力

$$\sigma_x = 0, \quad \sigma_y = -\frac{2P}{\pi(c+y)}, \tag{b}$$

以求得沿截面 AD 的总应力.

与本节后面表中给出的较精确的解答对比, 可见除了在梁底的 D 点以外, 在其余各点, 由方程 (a) 和 (b) 得到的应力都很精确. 在 D 点, 给予简梁公式的矫正项是

$$-\frac{3P}{2\pi c} + \frac{P}{2\pi c} + \frac{1}{5}\frac{P}{\pi c} = -0.254\frac{P}{c},$$

而较精确的解答所给的矫正项则只有 $-0.133P/c$.

法伊隆曾用三角级数求得这问题的解答[5]. 他曾将这解答应用于集中载荷的情形, 并对几种特殊情形作过计算 (见 §24), 很能符合最近研究的结果.

兰目[6] 作了又一步的推进. 他曾考虑一根无限长梁, 在相等间隔处受有向上和向下交替的大小相等的集中力, 求得了几种情况下的挠度曲线方程. 这样就证明, 如果梁的深度远比它的长度为小, 柏努利-欧拉的初等弯曲理论是很精确的. 又证明, 郎肯和格拉斯霍夫的初等理论给出的剪力矫正项 (见 §22) 过大, 约应减为其值的 0.75 倍[7].

关于集中力作用点近处的应力分布和曲率, 卡门和赛瓦德⑧ 曾作过更详细的研究. 卡门曾考虑一根无限长梁, 并应用半无限大板在直边界上相邻两点受有两个相等而相反的力偶 (图 57b) 时的解答. 由此而引起的沿梁底的应力, 可被 §24 中的三角级数形式的解答抵消 (对于无限长梁, 这解答可用傅里叶积分式表示). 卡门用这方法得到应力函数 [117]

$$
\phi = \frac{Ma}{\pi} \int_0^\infty \frac{(\alpha c \operatorname{ch}\alpha c + \operatorname{sh}\alpha c)\operatorname{ch}\alpha y - \operatorname{sh}\alpha c \operatorname{sh}\alpha y \cdot \alpha y}{\operatorname{sh}2\alpha c + 2\alpha c} \cos\alpha x \mathrm{d}\alpha
$$
$$
- \frac{Ma}{\pi} \int_0^\infty \frac{(\alpha c \operatorname{sh}\alpha c + \operatorname{ch}\alpha c)\operatorname{sh}\alpha y - \operatorname{ch}\alpha c \operatorname{ch}\alpha y \cdot \alpha y}{\operatorname{sh}2\alpha c - 2\alpha c} \cos\alpha x \mathrm{d}\alpha. \qquad (c)
$$

这个函数给出弯矩图为一狭矩形时 (如图 69 所示) 梁内的应力分布. 对于铅直力加于梁顶的最一般的载荷情形⑨, 对应的弯矩图可分成如图 69 所示的单元矩形, 而对应的应力函数可将式 (c) 沿梁长积分而求得.

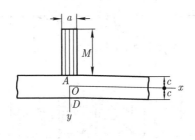

图 69

赛瓦德曾把这一解法应用于梁受集中力 P 的情形 (图 67). 他指出, 应力 σ_x 可以分成两部分: 一部分可由通常梁的初等公式算出, 另一部分则代表靠近载荷作用点处的局部影响. 这后一部分, 称为 σ_x', 可表为 $\beta(P/c)$ 的形式, 其中 β 是数字因子, 与计算局部应力的点的位置有关. 图 70 给出这因子的值. 另外两个应力分量 σ_y 和 τ_{xy} 也可表为 $\beta(P/c)$ 的形式. 图 71 和图 72 给出对应的 β 值. 由这两个图可见, 局部应力随着离开载荷作用点的距离的增加而迅速减小, 在距离等于梁的深度处, 通常可以不计. 用 $x = 0$ 时的因子 β 的值, 得出载荷下的截面 AD (图 67) 上五个点处的应力, 列表如下. 为了作比较, 由方程 (a) 和 (b) 求得的局部应力⑩ 也一并列出. 可见由这些方程求得的局部应力足够精确.

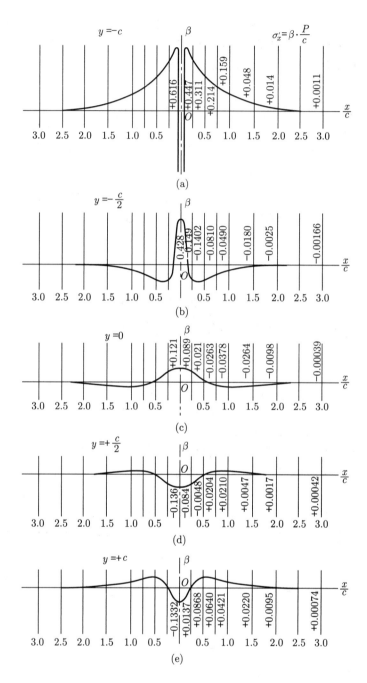

图 70

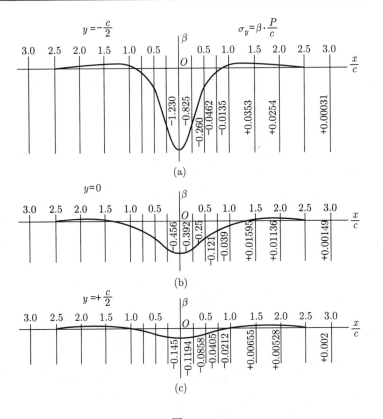

图 71

在中间截面处的因子 β

$y =$	$-c$	$-\dfrac{c}{2}$	0	$\dfrac{c}{2}$	c
精确解答					
$\sigma_x' =$	$\cdots\cdots$	0.428	0.121	-0.136	-0.133
$\sigma_y =$	∞	-1.23	-0.456	-0.145	0
近似解答					
$\sigma_x' =$	0.573	0.426	0.159	-0.108	-0.254
$\sigma_y =$	∞	-1.22	-0.477	-0.155	0

　　知道了应力,梁的曲率和挠度都可毫不困难地算出. 这些计算表明,挠度曲线的曲率也可分成两部分: 一部分是梁的初等理论所给出的,另一部分代表 [121] 集中载荷 P 的局部影响. 梁中线的这一附加曲率可用公式表为

$$\frac{1}{r} = \alpha \frac{P}{Ec^2}, \tag{d}$$

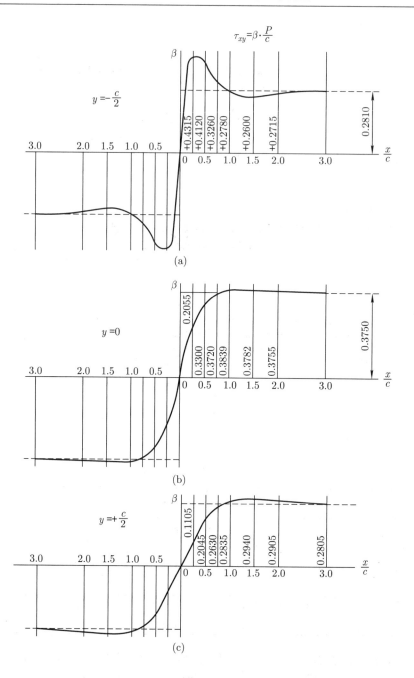

图 72

其中 α 是沿梁长变化的数字因子. 图 73 给出这因子的一些值. 由图可见, 对于距离大于梁的深度的一半处的截面, 附加曲率可以不计.

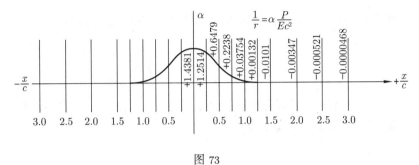

图 73

由于对曲率的这种局部影响, 挠度曲线的 AB 和 AC 两段 (图 74) 可以认为相交成一角度, 等于

$$\gamma = \frac{P}{c}\left(\frac{3}{4G} - \frac{3}{10E} - \frac{3\nu}{4E}\right). \tag{e}$$

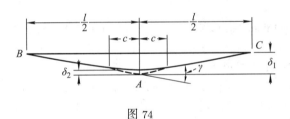

图 74

在中点, 对应的挠度是

$$\delta_1 = \frac{\gamma l}{4} = \frac{Pl}{4c}\left(\frac{3}{4G} - \frac{3}{10E} - \frac{3\nu}{4E}\right). \tag{f}$$

还须从这一挠度中减去一个微小的矫正量 δ_2, 以消除斜率在 A 点处的突变. 这个矫正量也是赛瓦德算出的, 它等于

$$\delta_2 = 0.21\frac{P}{E}.$$

现在用 δ_0 代表由初等理论算得的挠度, 在载荷下面的总挠度就是

$$\delta = \delta_0 + \delta_1 - \delta_2 = \frac{Pl^3}{48EI} + \frac{Pl}{4c}\left(\frac{3}{4G} - \frac{3}{10E} - \frac{3\nu}{4E}\right) - 0.21\frac{P}{E}. \tag{74}$$

取 $\nu = 0.3$, 就得到

[122]

$$\delta = \frac{Pl^3}{48EI}\left[1 + 2.85\left(\frac{2c}{l}\right)^2 - 0.84\left(\frac{2c}{l}\right)^3\right]. \tag{74'}$$

对于这种情形, 由郎肯和格拉斯霍夫的初等理论 (见 §22) 得到

$$\delta = \frac{Pl^3}{48EI}\left[1 + 3.90\left(\frac{2c}{l}\right)^2\right]. \tag{g}$$

可见方程 (g) 给出的由于剪力而有的矫正值过大[①]. 在这些公式中, 由于支承处的局部形变而引起的挠度都没有计入.

注:

① Carus Wilson, 见 §36 的注 ①.

② Wilson, 见注释 ①; 又见 G. G. Stokes, "Mathematical and Physical Papers", vol. 5, p. 238.

③ 和前面一样, 取 P 为板的单位厚度内的力.

④ 见 M. M. Frocht, "Photoelasticity", vol. 2pp. 104-107, 1948; C. Saad and A. W. Hendry, *Proc. Soc. Exptl. Stress Anal.*, vol 18, pp. 192-198, 1961. 对短梁中冲击应力的应用, 见 A. A. Betser and M. M. Frocht, *J. Appl. Mech.*, vol. 24. pp. 509-514, 1957.

⑤ L. N. G. Filon, *Trans. Roy. Soc. (London)*, ser. A, vol. 201, p. 63, 1903.

⑥ H. Lamb, *Atti IV Congr. Intern. Mat.*, vol. 3, p. 12, Rome, 1909.

⑦ Filon 在他的论文中也得到同一结论, 见注 ⑤.

⑧ *Abhandl. Aerodynam. Inst., Tech. Hochschule*, Aachen, vol. 7, 1927.

⑨ 集中力加于梁顶至梁底的中点的情形曾由 R. C. J. Howland 讨论过, 见 *Proc. Roy. Soc. (London)*, vol. 124, p. 89, 1929 (参看§42); 梁内受到一对力的情形曾由 K. Girkmann 讨论过, 见 *Ingenieur-Archiv*, vol. 13, p. 273, 1943. 工字梁腹板中的纵向集中力也由 Girkmann 考察过, 见 *Oesterr, Ingenieur-Archiv*, vol. 1, p. 420, 1946.

⑩ 这些应力是, 必须与由梁的普通公式求得的应力叠加的.

⑪ 对于梁和板的初等弯曲理论的修正, 作为三维线弹性一般理论的极限情况, 已经被导出. 见 J. N. Goodier, *Proc. Roy. Soc. Canada*, ser. 3, sec. 3, vol. 32, pp. 1-25, 1938.

§41　圆盘中的应力

首先讨论两个相等而相反的力 P 沿直径 AB 作用时的简单情形 (图 75). 假定每一个力引起一个简单的径向应力分布 [方程 (65)], 我们来查明, 在圆盘的圆周上须施加什么样的力来维持这种应力分布. 在圆周上任一点 M, 有沿 r 方向和 r_1 方向的压力, 分别等于 $\dfrac{2P}{\pi}\dfrac{\cos\theta}{r}$ 和 $\dfrac{2P}{\pi}\dfrac{\cos\theta_1}{r_1}$. 因 r 与 r_1 互相垂直,

而

$$\frac{\cos\theta}{r} = \frac{\cos\theta_1}{r_1} = \frac{1}{d},$$ (a)

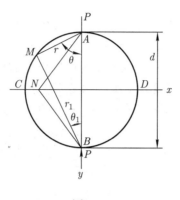

图 75

其中 d 是盘的直径, 由此可以断定, 在 M 点的两个主应力是大小为 $2P/\pi d$ 的
两个相等的压应力. 因此, 在经过 M 而垂直于盘平面的任一平面上, 都有相同
的压应力作用着, 而为了维持假设的两个简单的径向应力分布, 须在圆周上施
加集度为 $2P/\pi d$ 的均匀法向压力.

[123]

　　如果盘的边界上不受外力, 就可以将盘平面内大小为 $2P/\pi d$ 的均匀拉应
力叠加于以上两个简单的径向应力, 从而求得任一点的应力. 试考虑在盘的水
平直径截面上 N 处的应力. 由于对称, 可以断定这一平面上没有剪应力. 由两
个相等的径向压力引起的正应力是

$$-2\frac{2P}{\pi}\frac{\cos\theta}{r}\cos^2\theta,$$

其中 r 是距离 AN, θ 是 AN 与铅直直径之间的夹角. 将均匀拉应力 $2P/\pi d$ 与
这应力叠加, 就得到在水平面上 N 处的总正应力为

$$\sigma_y = -\frac{4P}{\pi}\frac{\cos^3\theta}{r} + \frac{2P}{\pi d},$$

或者, 应用

$$\cos\theta = \frac{d}{\sqrt{d^2 + 4x^2}},$$

就得到

$$\sigma_y = \frac{2P}{\pi d}\left[1 - \frac{4d^4}{(d^2 + 4x^2)^2}\right].$$ (b)

沿直径 CD, 最大压应力是在圆盘的中心, 在那里,

$$\sigma_y = -\frac{6P}{\pi d}.$$

在直径的两端, 却没有压应力 σ_y.

现在来考察两个相等而相反的力沿弦 AB 作用时的情形 (图 76). 仍然假定两个简单的径向分布从 A 和 B 向外辐射. 在 M 点与圆周相切的平面上的应力, 可将沿 r 方向和 r_1 方向作用的两个径向压应力 $2P\cos\theta/\pi r$ 和 $2P\cos\theta_1/\pi r_1$ 叠加而求得. 在 M 处的切线的法线 MN 就是盘的直径; 因此, MAN 和 MBN 都是直角三角形, 而法线 MO 与 r 和 r_1 所成的角分别为 $\pi/2 - \theta_1$ 和 $\pi/2 - \theta$. 于是, 在 M 处的边界单元上的正应力和剪应力是

[124]

$$\begin{aligned}
\sigma &= -\frac{2P}{\pi}\frac{\cos\theta}{r}\cos^2\left(\frac{\pi}{2} - \theta_1\right) - \frac{2P}{\pi}\frac{\cos\theta_1}{r_1}\cos^2\left(\frac{\pi}{2} - \theta\right) \\
&= -\frac{2P}{\pi}\left(\frac{\cos\theta\sin^2\theta_1}{r} + \frac{\cos\theta_1\sin^2\theta}{r_1}\right), \\
\tau &= -\frac{2P}{\pi}\left(\frac{\cos\theta}{r}\sin\theta_1\cos\theta_1 - \frac{\cos\theta_1}{r_1}\sin\theta\cos\theta\right).
\end{aligned} \tag{c}$$

这两个方程可以简化. 由三角形 MAN 和 MBN 有

$$r = d\sin\theta_1, \quad r_1 = d\sin\theta.$$

代入方程 (c), 得到

$$\sigma = -\frac{2P}{\pi d}\sin(\theta + \theta_1), \quad \tau = 0. \tag{d}$$

由图 76 可见, 沿着边界, $\sin(\theta + \theta_1)$ 保持为常量. 因此, 为了维持假定的径向

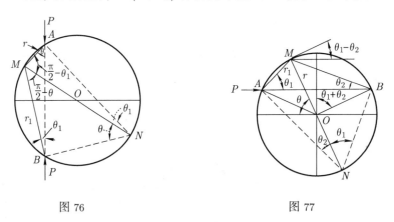

图 76　　　　　　　　　　　　图 77

应力分布, 必须在边界上施加集度为 $(2P/\pi d)\sin(\theta + \theta_1)$ 的均布压力. 为了求

得盘的边界上没有均匀压力时的解答, 只须在以上两个简单的径向应力之上叠加以集度为 $(2P/\pi d)\sin(\theta + \theta_1)$ 的均匀拉应力.

盘中应力分布的问题, 也可以在更一般的情况下求解, 那就是任一平衡力系作用在盘边上的情况①. 试取力系中在 A 点沿弦 AB 方向作用的一个力 (图 77)来考察. 仍然假设一个简单的径向应力分布, 在 M 点就有一个作用在 [125] AM 方向而大小为 $2P\cos\theta_1/\pi r_1$ 的简单径向压应力. 取盘心 O 为极坐标的原点, 并量 θ 如图所示. 如果注意到在 M 点与边界相切的单元的垂线 MO 与压应力方向 r_1 之间的夹角等于 $\pi/2 - \theta_2$, 就容易算出作用于该单元上的正应力和剪应力, 即

$$
\sigma_r = -\frac{2P}{\pi}\frac{\cos\theta_1}{r_1}\sin^2\theta_2,
$$
$$
\tau_{r\theta} = -\frac{2P}{\pi}\frac{\cos\theta_1}{r_1}\sin\theta_2\cos\theta_2. \tag{e}
$$

由三角形 AMN 有 $r_1 = d\sin\theta_2$, 因而方程 (e) 可以写成

$$
\sigma_r = -\frac{P}{\pi d}\sin(\theta_1 + \theta_2) - \frac{P}{\pi d}\sin(\theta_2 - \theta_1),
$$
$$
\tau_{r\theta} = -\frac{P}{\pi d}\cos(\theta_1 + \theta_2) - \frac{P}{\pi d}\cos(\theta_2 - \theta_1). \tag{f}
$$

这个作用在与边界相切于 M 点的单元上的应力, 可由该单元上的下列三项应力的叠加而求得:

(1) 沿边界均匀分布的正应力

$$
-\frac{P}{\pi d}\sin(\theta_1 + \theta_2); \tag{g}
$$

(2) 沿边界均匀分布的剪应力

$$
-\frac{P}{\pi d}\cos(\theta_1 + \theta_2); \tag{h}
$$

(3) 另一应力, 它的法向分量和切向分量是

$$
-\frac{P}{\pi d}\sin(\theta_2 - \theta_1) \quad \text{和} \quad -\frac{P}{\pi d}\cos(\theta_2 - \theta_1). \tag{k}
$$

注意到力 P 与 M 点的切线之间的夹角是 $\theta_1 - \theta_2$, 即可断定, 应力 (k) 的大小是 $P/\pi d$, 作用在与力 P 相反的方向.

现在, 假设有若干个力作用在盘上, 其中每一个力引起一个简单的径向应力分布. 于是, 必须施于边界以维持这种应力分布的力是: [126]

(1) 沿边界均匀分布的法向力, 其集度为

$$
-\sum\frac{P}{\pi d}\sin(\theta_1 + \theta_2); \tag{l}
$$

(2) 剪力, 其集度为

$$-\sum \frac{P}{\pi d} \cos(\theta_1 + \theta_2);\tag{m}$$

(3) 另一个力, 其集度和方向可由式 (k) 求矢量和而得到. 求和时, 必须顾到所有作用在边界上的力.

所有外力对于 O 点的矩 (由图 77) 是

$$\sum \frac{P\cos(\theta_1 + \theta_2)d}{2},$$

但是, 对于一个平衡力系, 这力矩必然是零, 于是可以断定剪力 (m) 是零. 将应力 (k) 求和而得到的力, 与外力的矢量和成比例, 对于一个平衡力系, 也必然是零. 因此, 只须在盘的边界上施以均匀压力 (l), 就可以维持简单的径向分布. 如果边界上没有均匀压力, 则将大小为

$$\sum \frac{P}{\pi d} \sin(\theta_1 + \theta_2)$$

的均匀拉应力叠加于简单的径向应力, 就得到盘中任一点的应力.

应用这一般方法, 也容易求解盘中应力分布的其他情形[②]. 作为例子, 我们可以选择这样的情形: 一个力偶作用于盘边 (图 78), 与施于盘心的力偶成平衡. 假定在 A 和 B 有两个相等的径向应力分布. 在这种情况下,(k) 的和及 (l) 都是零, 只须在边界上施加剪力 (m), 以维持简单的径向应力分布. 由 (m) 得这些剪力的集度是

$$-\frac{2P}{\pi d}\cos(\theta_1 + \theta_2) = -\frac{2M_t}{\pi d^2},\tag{n}$$

其中 M_t 是力偶矩. 为了消除盘边界上的剪力, 而把那个与两个力 P 维持平衡的力偶从盘的圆周上移到盘心, 必须在简单的径向应力上叠加以图 78b 所示情形下的应力. 如果注意到, 在半径为 r 的每一个同心圆上, 剪应力必须合成一个力偶矩 M_t, 那么, 由周界上的剪力引起的应力就容易算出. 这样得到

$$\tau_{r\theta}2\pi r^2 = M_t, \quad \tau_{r\theta} = \frac{M_t}{2\pi r^2}.\tag{p}$$

这些应力也可以取应力函数为

$$\phi = \frac{M_t\theta}{2\pi}\tag{q}$$

[127] 而由一般方程 (38) 导出; 由此得

$$\sigma_r = \sigma_\theta = 0, \quad \tau_{r\theta} = \frac{M_t}{2\pi r^2}.$$

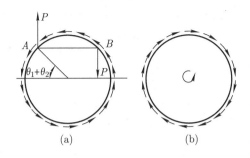

图 78

注:

① 本节中所讨论的问题是 H. Hertz 解答的, 见 *Z. Math. Physik*, vol. 28, 1883, 或 "Gesammelte Werke", vol. 1, p. 283; J. H. Michell 也解答过, 见 *Proc. London Math. Soc.*, vol. 32, p. 44, 1900, 和 vol. 34, p. 134, 1901. J. N. Goodier 曾考查过对应于图 75 而将圆盘换成矩形的问题, 包括载荷分布在边界的一小部分上的影响, 见 *Trans. ASME*, vol. 54, p. 173, 1932.

② 几个有用的例题曾由 J. H. Michell 讨论过, 见注 ①.

§42　作用在无限大板内的一点的力

如果有一个力 P 作用在无限大板的中面内 (图 79a), 很容易将前面讨论过的解答相叠加而求得应力分布. 但是, 将图 79b 和 79c 所示的半无限大板的两个解答简单地叠加, 并不能构成所需的解答. 在这两种情况下, 虽然铅直位移相同, 但是沿直边界的水平位移却不相同. 在图 79b 所示的情况下, 水平位移是由 O 点向外, 而在图 79c 所示的情况下, 则是指向 O 点. 在这两种情况下, 水平位移的大小都是 [由方程 (70)]

$$\frac{1-\nu}{4E}P. \tag{a}$$

将图 79b 和 79c 的情况分别与图 79d 和 79e 中剪力沿直边界作用的情况相结合, 就可以消除水平位移的这种差异. 后两种情况下的位移, 可由图 46 所示的曲杆弯曲问题求得. 令杆的内半径趋于零, 而外半径无限增大, 就得到半无限大板的情况. 由方程 (60) 得该板直边界上沿剪力作用方向的位移为

$$\frac{D\pi}{E}. \tag{b}$$

现在须要调整积分常数 D, 以使由 (a) 和 (b) 合成的位移消失. 于是有 [128]

$$\frac{D\pi}{E} = \frac{1-\nu}{4E}P, \quad D = \frac{1-\nu}{4\pi}P. \tag{c}$$

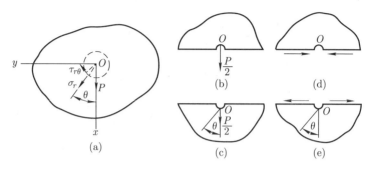

图 79

这样调整之后, 叠加图 79b、79c、79d 和 79e 所示各情况得到的结果, 就是在一点受载荷的无限大板的情况 (图 79a).

　　将半无限大板中由边界上的法向载荷 $P/2$ 引起的应力 (见 §36) 叠加于含有积分常数 D 的曲杆中的应力, 就得到板中的应力分布. 注意图 46 和 79 中对于角 θ 的不同量法, 并应用方程 (59), 可将曲杆中的应力用图 79 中的 θ 表示为

$$\sigma_r = \frac{D\cos\theta}{r} = \frac{1-\nu}{4\pi}\frac{P\cos\theta}{r},$$
$$\sigma_\theta = \frac{D\cos\theta}{r} = \frac{1-\nu}{4\pi}\frac{P\cos\theta}{r},$$
$$\tau_{r\theta} = \frac{D\sin\theta}{r} = \frac{1-\nu}{4\pi}\frac{P\sin\theta}{r}.$$

把这个应力和针对载荷 $P/2$ 算得的应力 (65) 相结合, 就得到无限大板中的应力分布如下:

$$\sigma_r = \frac{1-\nu}{4\pi}\frac{P\cos\theta}{r} - \frac{P\cos\theta}{\pi r} = -\frac{(3+\nu)}{4\pi}\frac{P\cos\theta}{r},$$
$$\sigma_\theta = \frac{1-\nu}{4\pi}\frac{P\cos\theta}{r}, \tag{75}$$
$$\tau_{r\theta} = \frac{1-\nu}{4\pi}\frac{P\sin\theta}{r}.$$

[129]　用半径为 r 的圆柱面在 O 点 (图 79a) 从板中割出一微小单元, 并将作用在该单元的圆柱形边界上的力投影于 x 轴和 y 轴, 得到

$$X = 2\int_0^\pi (\sigma_r\cos\theta - \tau_{r\theta}\sin\theta)r\mathrm{d}\theta = P,$$
$$Y = 2\int_0^\pi (\sigma_r\sin\theta + \tau_{r\theta}\cos\theta)r\mathrm{d}\theta = 0,$$

就是说, 作用于圆柱形单元的边界上的力和施于 O 点的载荷 P 成平衡. 用方程 (13), 可由方程 (75) 求得在直角坐标中的应力分量

$$\sigma_x = \frac{P}{4\pi}\frac{\cos\theta}{r}[-(3+\nu)+2(1+\nu)\sin^2\theta],$$

$$\sigma_y = \frac{P}{4\pi}\frac{\cos\theta}{r}[1-\nu-2(1+\nu)\sin^2\theta], \tag{76}$$

$$\tau_{xy} = -\frac{P}{4\pi}\frac{\sin\theta}{r}[1-\nu+2(1+\nu)\cos^2\theta].$$

从关于一个集中力的解答 (76), 可用叠加法求得关于别种载荷的解答. 以图 80 所示的情形为例, 其中两个相等而相反的力作用在无限大板中相隔一极小距离 d 的两点 O 和 O_1. 任一点 M 处的应力, 可将由 O 点的力引起的应力与由 O_1 点的力引起的应力叠加而求得. 例如, 考虑在 M 点垂直于 x 轴的单元, 用 σ_x 代表该单元上由在 O 点的力引起的正应力, 则由图中所示的两个力引起的正应力 σ_x' 为 [130]

$$\sigma_x' = \sigma_x - \left(\sigma_x + \frac{\partial\sigma_x}{\partial x}d\right) = -\frac{\partial\sigma_x}{\partial x}d$$

$$= -\left(\frac{\partial\sigma_x}{\partial r}\cos\theta - \frac{\partial\sigma_x}{\partial\theta}\frac{\sin\theta}{r}\right)d.$$

于是, 对于图 80 所示的情形, 应力分量可由方程 (76) 求导数而求得. 这样就得到

$$\sigma_x = \frac{Pd}{4\pi r^2}[-(3+\nu)\cos^2\theta + (1-\nu)\sin^2\theta + 8(1+\nu)\sin^2\theta\cos^2\theta],$$

$$\sigma_y = \frac{Pd}{4\pi r^2}[(1-\nu)\cos^2\theta + (1+3\nu)\sin^2\theta - 8(1+\nu)\sin^2\theta\cos^2\theta], \tag{77}$$

$$\tau_{xy} = \frac{Pd}{4\pi r^2}[-(6+2\nu)+8(1+\nu)\sin^2\theta]\sin\theta\cos\theta.$$

可见, 应力分量在 r 增大时迅速减小, 而在 r 远大于 d 时可以不计. 这一结果是可以根据圣维南原理预料得到的, 因为这里作用着相距极近的成平衡的两个力[①].

叠加两个如方程 (77) 所示的应力分布, 可得图 81 所示的问题的解答. 对于这种情形, 应力分量是

$$\sigma_x = -2(1-\nu)\frac{Pd}{4\pi r^2}(1-2\sin^2\theta),$$

$$\sigma_y = 2(1-\nu)\frac{Pd}{4\pi r^2}(1-2\sin^2\theta),$$

$$\tau_{xy} = -2(1-\nu)\frac{Pd}{4\pi r^2}\sin 2\theta.$$

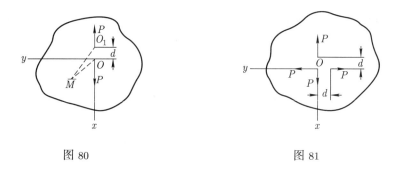

图 80　　　　　　　　　　　　　图 81

用极坐标表示, 这个应力分布就是

$$\sigma_r = -2(1-\nu)\frac{Pd}{4\pi r^2}, \quad \sigma_\theta = 2(1-\nu)\frac{Pd}{4\pi r^2}, \quad \tau_{r\theta} = 0. \tag{78}$$

可以使这个解答和厚壁圆筒受内压力作用时的解答 (45) 一致起来, 只须将圆筒的外直径取为无限大.

[131]　　　　用同样的方法可得到图 82a 所示的情形的解答. 这时, 应力分量是[②]

$$\sigma_r = \sigma_\theta = 0, \quad \tau_{r\theta} = -\frac{M}{2\pi r^2}. \tag{79}$$

它们代表由施于原点的力偶矩 M (图 82b) 引起的应力.

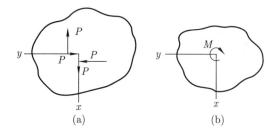

(a)　　　　　　　　　　　　(b)

图 82

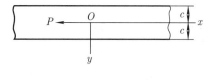

图 83

如果所研究的不是无限大的板, 而是无限长的板条, 承受纵向力 P 的作用 (图 83), 我们可以从解答 (76) 开始, 就好像这板在各个方向都是无限大的一样. 由于这样处理而在板条边缘上出现的应力, 可叠加一个相等而相反的力系而将它消去. 由这个矫正力系引起的应力, 则可用 §24 中所述的一般方法来确定. 豪兰[3] 所作的计算证明, 由集中力 P 引起的局部应力, 随着离开载荷作用点的距离的增大而迅速减小, 在距离大于板条宽度处, 截面上的应力分布实际上是均匀的. 应力 σ_x 和 σ_y 的一些值列于下表中. 这些值是假定板条固定于 $x = +\infty$ 的一端和泊松比为 1/4 而算得的. [132]

	$\dfrac{x}{c} =$	$-\dfrac{\pi}{3}$	$-\dfrac{\pi}{9}$	$-\dfrac{\pi}{18}$	$-\dfrac{\pi}{30}$	0
$y = 0$	$\dfrac{\sigma_x 2c}{P} =$	-0.118	-0.992	$\cdots\cdots$	$\cdots\cdots$	∞
$y = c$	$\dfrac{\sigma_x 2c}{P} =$	$+0.159$	$+0.511$	0.532	0.521	0.500
$y = 0$	$\dfrac{\sigma_y 2c}{P} =$	0.110	0.364	$\cdots\cdots$	$\cdots\cdots$	$\cdots\cdots$
	$\dfrac{x}{c} =$	$\dfrac{\pi}{30}$	$\dfrac{\pi}{18}$	$\dfrac{\pi}{9}$	$\dfrac{\pi}{3}$	$\dfrac{\pi}{2}$
$y = 0$	$\dfrac{\sigma_x 2c}{P} =$	$\cdots\cdots$	$\cdots\cdots$	1.992	1.118	1.002
$y = c$	$\dfrac{\sigma_x 2c}{P} =$	0.479	0.468	0.489	0.841	0.973
$y = 0$	$\dfrac{\sigma_y 2c}{P} =$	$\cdots\cdots$	$\cdots\cdots$	-0.364	-0.110	-0.049

半无限大板中由于在距边缘某一距离处受力而引起的应力, 曾由迈兰[4]讨论过.

注:

①　但必须注意, 当相邻的力不成平衡时, 应力也可以有类似的衰减. 下面的图 82a 和方程 (79) 就提供一个例子. 见 E. Sternberg, *Quart. Appl. Math.*, vol. 11, pp. 393-404, 1954, 并见该文中引用的 R. Von Mises 的论文.

②　A. E. H. Love, "Theory of Elasticity", p. 214, Cambridge, 1927.

③　见 §40 的注 ⑨. 又见 E. Melan, *Z. Angew. Math. Mech.*, vol. 5, p. 314, 1925.

④　E. Melan, *Z. Angew. Math. Mech.*, vol. 12, p. 343, 1932. L. M. Kurshin 曾校正这篇论文, 见 *Appl. Math. Mech.* (译自俄文刊物Π. M. M.), vol. 23, p. 1403, 1959.

§43　二维问题的极坐标通解

在讨论了用极坐标解二维问题的各种特殊情形之后, 现在来把更一般性的应力函数用级数形式写成[1]
[133]

$$\phi = a_0 \ln r + b_0 r^2 + c_0 r^2 \ln r + d_0 r^2 \theta + a_0' \theta$$

$$+ \frac{a_1}{2} r\theta \sin\theta + (b_1 r^3 + a_1' r^{-1} + b_1' r \ln r)\cos\theta$$

$$- \frac{c_1}{2} r\theta \cos\theta + (d_1 r^3 + c_1' r^{-1} + d_1' r \ln r)\sin\theta$$

$$+ \sum_{n=2}^{\infty} (a_n r^n + b_n r^{n+2} + a_n' r^{-n} + b_n' r^{-n+2})\cos n\theta$$

$$+ \sum_{n=2}^{\infty} (c_n r^n + d_n r^{n+2} + c_n' r^{-n} + d_n' r^{-n+2})\sin n\theta. \tag{80}$$

式中第一行的前三项, 代表对称于坐标原点的应力分布 (见 §28). 第四项给出图 58 所示情况下的应力分布. 第五项给出纯剪的解答 (图 78b). 第二行中的第一项是载荷在 $\theta = 0$ 的方向时的简单径向分布. 第二行中的其余各项代表一段圆环被径向力弯曲时的解答 (图 46). 综合第二行所有各项, 就得到在无限大板上作用一个力时的解答 (见 §42); 由表达式 (80) 的第三行也可得到相似的解答, 唯一的差别是力的方向改变了 $\pi/2$. 式 (80) 的其余各项代表与 $\sin n\theta$ 和 $\cos n\theta$ 成比例的剪力和法向力作用于圆环的内边界和外边界时的解答. 在讨论小圆孔周围的应力分布时曾遇到过这种例子 (见 §35).

只用边界条件, 并不一定足以决定级数 (80) 中所有的系数. 有时就必须再对位移进行某些研究. 我们来考虑整环, 并假定法向力和切向力的集度可表为如下的傅里叶级数:

$$(\sigma_r)_{r=a} = A_0 + \sum_{n=1}^{\infty} A_n \cos n\theta + \sum_{n=1}^{\infty} B_n \sin n\theta,$$

$$(\sigma_r)_{r=b} = A_0' + \sum_{n=1}^{\infty} A_n' \cos n\theta + \sum_{n=1}^{\infty} B_n' \sin n\theta,$$

$$(\tau_{r\theta})_{r=a} = C_0 + \sum_{n=1}^{\infty} C_n \cos n\theta + \sum_{n=1}^{\infty} D_n \sin n\theta, \tag{a}$$

$$(\tau_{r\theta})_{r=b} = C_0' + \sum_{n=1}^{\infty} C_n' \cos n\theta + \sum_{n=1}^{\infty} D_n' \sin n\theta,$$

其中的常数 A_0、A_n、B_n、$\cdots$ 可按通常的方式由边界上已知力的分布而算得 (见 §24). 用方程 (38) 由式 (80) 计算各应力分量, 并将 $r = a$ 和 $r = b$ 时这些分量的值与由方程 (a) 给出的值对比, 可得足够的方程以确定所有在 $n \geqslant 2$ 的情形下的系数. 对于 $n = 0$, 就是对于式 (80) 第一行中的各项, 以及对于 $n = 1$, 就是对于第二行和第三行中的各项, 则需要作进一步的研究.

[134]　　　取式 (80) 的第一行为应力函数时, 常数 a_0' 可由沿边界均匀分布的剪力的大小来决定 (见 §41). 由带有 d_0 的一项得出的应力分布 (见 §37) 是多值的, 因

而对于整环必须取[②]$d_0 = 0$. 在确定其余三个常数 a_0、b_0 和 c_0 时, 我们只有两个方程

$$(\sigma_r)_{r=a} = A_0 \text{ 和 } (\sigma_r)_{r=b} = A_0'.$$

考虑位移, 可以得到确定这些常数的附加方程. 整环中的位移应当是 θ 的单值函数. 前面的研究表明 (见 §28), 令 $c_0 = 0$, 这条件可被满足. 于是其余两个常数 a_0 和 b_0 就可由上述的两个边界条件决定.

现在来较详细地考察 $n = 1$ 时的各项. 为了确定表达式 (80) 的第二行和第三行中的八个常数 a_1、b_1、$\cdots$、d_1, 我们用函数 ϕ 的这一部分求出应力分量 σ_r 和 $\tau_{r\theta}$, 然后用条件 (a), 并令 $\sin n\theta$ 和 $\cos n\theta$ 的对应系数相等, 就得到如下的八个方程:

$$
\begin{aligned}
(a_1 + b_1')a^{-1} + 2b_1 a - 2a_1' a^{-3} &= A_1, \\
(a_1 + b_1')b^{-1} + 2b_1 b - 2a_1' b^{-3} &= A_1', \\
(c_1 + d_1')a^{-1} + 2d_1 a - 2c_1' a^{-3} &= B_1, \\
(c_1 + d_1')b^{-1} + 2d_1 b - 2c_1' b^{-3} &= B_1';
\end{aligned}
\tag{b}
$$

$$
\begin{aligned}
2d_1 a - 2c_1' a^{-3} + d_1' a^{-1} &= -C_1, \\
2d_1 b - 2c_1' b^{-3} + d_1' b^{-1} &= -C_1', \\
2b_1 a - 2a_1' a^{-3} + b_1' a^{-1} &= D_1, \\
2b_1 b - 2a_1' b^{-3} + b_1' b^{-1} &= D_1'.
\end{aligned}
\tag{c}
$$

将方程 (b) 与 (c) 对比, 可见, 要它们一致, 必须

$$
\begin{aligned}
a_1 a^{-1} &= A_1 - D_1, \\
a_1 b^{-1} &= A_1' - D_1', \\
c_1 a^{-1} &= B_1 + C_1, \\
c_1 b^{-1} &= B_1' + C_1',
\end{aligned}
\tag{d}
$$

由此得

$$a(A_1 - D_1) = b(A_1' - D_1'), \quad a(B_1 + C_1) = b(B_1' + C_1'). \tag{e}$$

可以证明, 如果作用于环上的力是平衡的, 则方程 (e) 总能满足. 例如, 令所有各力在 x 轴方向的分量之和为零, 得到

$$\int_0^{2\pi} \{[b(\sigma_r)_{r=b} - a(\sigma_r)_{r=a}]\cos\theta - [b(\tau_{r\theta})_{r=b} - a(\tau_{r\theta})_{r=a}]\sin\theta\}\mathrm{d}\theta = 0.$$

将式 (a) 所示的 σ_r 和 $\tau_{r\theta}$ 代入, 就得到 (e) 中的第一个方程. 同样, 沿 y 轴分解所有的力, 可得 (e) 中的第二个方程.

在 a_1 和 c_1 由方程 (d) 确定后, (b) 和 (c) 两组方程成为相同, 于是只有 [135]

四个方程可以用来确定其余的六个常数. 必需的两个附加方程须由考虑位移而得来. 表达式 (80) 中第二行的各项代表简单的径向应力与曲杆中的弯应力 (图 46) 相结合时的应力函数. 叠加[③] 这两种情况下位移的一般表达式, 也就是 §36 中的方程 (g) 和 §33 中的方程 (q), 再以 $a_1/2$ 代替方程 (g) 中的 $-P/\pi$, 以 b_1' 代替方程 (q) 中的 D, 就得到位移 u 和 v 的表达式中的多值项如下:

$$\frac{a_1}{2}\frac{1-\nu}{E}\theta\sin\theta + \frac{2b_1'}{E}\theta\sin\theta,$$

$$\frac{a_1}{2}\frac{1-\nu}{E}\theta\cos\theta + \frac{2b_1'}{E}\theta\cos\theta.$$

对于整环, 这两项必须是零, 因此有

$$\frac{a_1}{2}\frac{1-\nu}{E} + \frac{2b_1'}{E} = 0$$

或

$$b_1' = -\frac{a_1(1-\nu)}{4}. \tag{f}$$

以同样方式考察表达式 (80) 中的第三行, 得

$$d_1' = -\frac{c_1(1-\nu)}{4}. \tag{g}$$

　　方程 (b) 和 (c), 连同 (f) 和 (g), 足以确定由表达式 (80) 的第二行和第三行代表的应力函数中的所有各个常数.

　　可以看出, 在整环的情况下, 边界条件 (a) 不足以确定应力分布, 还必须考虑位移. 整环的位移应当是单值的. 为了满足这条件, 必须有

$$c_0 = 0, \quad b_1' = -\frac{a_1(1-\nu)}{4}, \quad d_1' = -\frac{c_1(1-\nu)}{4}. \tag{81}$$

　　可见常数 b_1' 和 d_1' 与泊松比有关. 因此, 整环中的应力分布通常都与材料的弹性有关. 只有当 a_1 和 c_1 为零因而由方程 (81) 得出 $b_1' = d_1' = 0$ 时, 应力分布才与弹性常数无关. 如果

$$A_1 = D_1 \quad \text{而} \quad B_1 = -C_1,$$

就发生这种特殊情况 [见方程 (d)]. 当环的每一边界上所受的力的主矢量为零时, 就是这种情况. 例如, 试求边界 $r = a$ 上所受的力在 x 方向的分力之和: 由式 (a) 得

$$\int_0^{2\pi} (\sigma_r\cos\theta - \tau_{r\theta}\sin\theta)a\,\mathrm{d}\theta = a\pi(A_1 - D_1).$$

[136]　如果它是零, 就有 $A_1 = D_1$. 同样, 沿 y 方向分解各力, 当分力之和为零时, 就有 $B_1 = -C_1$. 由此可以断定, 如果每一边界上的所有各力的主矢量为零 (这些力的主矩并不须等于零), 整环中的应力分布就与材料的弹性常数无关.

关于圆环的这些结论, 也适用于多连体的二维问题的最一般的情形. 由密切尔[④] 所作的一般的研究可知, 对于多连体 (图 84), 应对每一独立环线(如图中的环线 A 和 B) 导出与方程 (81) 相似而表示单值位移条件的方程. 这种物体中的应力分布, 一般都与材料的弹性常数有关, 只有当每一边界上的各力的主矢量为零时才与弹性常数无关[⑤]. 就数量而言, 各个模量对于最大应力的影响通常都很小, 实际上可以略而不计[⑥].

图 84

这一结论在实用上很重要. 在后面将见到, 对于玻璃或电木等透明材料, 用偏振光借光学方法来测定应力是可能的 (见 §48), 而这一结论表明, 由透明材料得来的试验结果, 可以直接应用于别种材料 (如钢), 只须两者的外力相同.

注:

① 这解答是 J. H. Michell 得出的, 见 *Proc. London Math. Soc.*, vol. 31, p. 100, 1899. 又见 A. Timpe, *Z. Math. Physik*, vol. 52, p. 348, 1905. 对椭圆环的情形有一相似的解答, 是 A. Timpe 得出的, 见 *Math. Z.*, vol. 17, p. 189, 1923.

② 给出圆环中的应力间断性的应力函数, 可以用具有切口的圆环的解答来说明, 见 J. N. Goodier and J. C. Wilhoit, Jr., *Proc. 4th Ann. Conf. Solid Mech.*, Austin, Texas, pp. 152-170, 1959.

③ 必须注意, 如果角 θ 是从铅直轴量起 (如图 53) 而不是从水平轴量起 (如图 46), 必须以 $\theta + \pi/2$ 代替 θ.

④ 见注 ①.

⑤ 必须记住, 体力是作为零的.

⑥ L. N. G. Filon 曾研究过这个问题, 见 *Brit. Assoc. Advan. Sci. Rept.*, 1921. 又见 E. G. Coker and L. N. G. Filon, "Photo-elasticity", §6.07 and §6.16, 1931.

§44 极坐标通解的应用

作为二维问题的极坐标通解的第一个应用, 我们来考察一个圆环, 它受到沿直径作用的两个相等而相反的力的压缩[①] (图 85a). 先从实心圆盘的解答 (§41) 开始. 在盘中钻一半径为 a 的同心孔, 就将有法向力及剪力分布于孔边. 叠加一个相等而相反的力系, 可以抵消这些力. 叠加的力系, 用傅里叶级数的前几项来表示就足够精确. 这时, 环中对应的应力可用前节中的通解求得. 这些应力与针对实心圆盘算出的应力相结合, 就成为环中的总应力. 当 $b = 2a$ 时, 用这方法算得的、截面 mn 及 m_1n_1 上各点的比值 $\sigma_\theta : 2P/\pi b$, 列于下表[②,③]. 为了比较, 表内还列出由两个初等理论算得的各应力的值. 这两个初等理论各以下列二假定之一为依据: (1) 截面保持为平面, 这时截面上的正应力依双曲线律分布; (2) 应力依直线律分布. 由表可见, 对于离载荷 P 的作

[137]

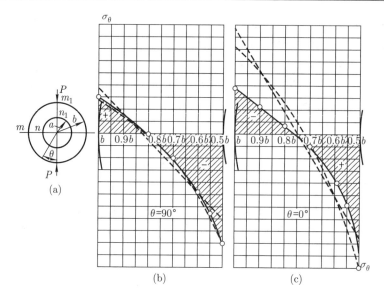

图 85

[138] 用点较远的截面 mn, 双曲线应力分布所给出的结果几乎是精确的. 最大应力的误差只不过 3%. 对于截面 m_1n_1, 该近似解答的误差却大得多. 值得注意, 截面 m_1n_1 上的正应力的合力是 P/π. 如果记得图 68d 所表示的集中力的楔作用, 这结果是预料得到的. 由以上三种方法算得的截面 mn 和 m_1n_1 上的正应力的分布, 如图 85b 和 85c 所示. 上述应用于两个相等而相反的力的方法, 也可用于圆环受集中力的一般载荷情况[④].

$r=$	b	$0.9b$	$0.8b$	$0.7b$	$0.6b$	$0.5b$
精确理论						
mn	2.610	1.477	-0.113	-2.012	-4.610	-8.942
m_1n_1	-3.788	-2.185	-0.594	1.240	4.002	10.147
双曲线应力分布						
mn	2.885	1.602	0.001	-2.060	-4.806	-8.653
m_1n_1	-7.036	-5.010	-2.482	0.772	5.108	11.18
直线应力分布						
mn	3.90	1.71	-0.48	-2.67	-4.86	-7.04
m_1n_1	-8.67	-5.20	-1.73	1.73	5.20	8.67

作为第二个例子, 试考察眼杆的一端[⑤] (图 86). 沿孔边的压力分布与螺栓和孔之间的间隙量有关. 以下的结果是假定内边界和外边界上只有正压力

而求得的, 正压力的大小是[6]:

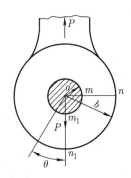

当 $-\dfrac{\pi}{2} \leqslant \theta \leqslant \dfrac{\pi}{2}$ 时,

$$(\sigma_r)_{r=a} = -\frac{2P}{\pi}\frac{\cos\theta}{a};$$

当 $\dfrac{\pi}{2} \leqslant \theta \leqslant \dfrac{3\pi}{2}$ 时,

$$(\sigma_r)_{r=b} = -\frac{2P}{\pi}\frac{\cos\theta}{b}.$$

这就是说, 压力分布于杆的环形端内边的下半部及外边的上半部. 将这种分布压力展成三角级数, 就可由前

图 86

节中的通解 (80) 算出应力. 图 87 表示当 $b/a = 4$ 和 $b/a = 2$ 时就截面 mn 和 $m_1 n_1$ 算得的 $\sigma_\theta : P/2a$ 的值. 须要注意, 在这种情况下, 作用于每一边界上的力的合力并不是零, 因此, 应力分布与材料的弹性常数有关. 在以上的计算中[7], 取泊松比 $\nu = 0.3$.

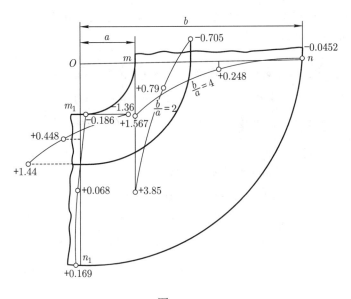

图 87

注:

① 见 С. П. Тимошенко, Изв. Киевского по. штехн. инст., 1910, 及 *Phil. Mag.*, vol. 44, p. 1014, 1922. 又见 K. Wieghardt, *Sitzber. Akad. Wiss.*, Wien, vol. 124, Abt. Ⅱ, p. 1119, 1915.

② 板的厚度作为 1.

③　对于 $b = 2a$、$2.5a$、$3.33a$、$5a$、$10a$ 时 m_1n_1 上的应力的计算, 见 E. A. Ripperger and N. Davids, *Trans. ASCE*, vol. 112, pp. 619-628, 1947.

④　L. N. G. Filon, The Stresses in a Circular Ring, *Selected Engineering Papers*, No. 12, London, 1924, Institution of Civil Engineers 出版.

⑤　H. Reissner, *Jahrb. Wiss. Gesellsch. Luftfahrt*, p. 126; 1928; H. Reissner and F. Strauch, *Ingenieur-Archiv*, vol. 4, p. 481, 1933.

⑥　P 是板的单位厚度上的力.

⑦　关于确定眼杆中的应力分布的光弹性试验, 见 Frocht, "Photoelasticity", vol. 2, Art. 6. 4; E. G. Coker and L. N. G. Filon, "Photoelasticity," Art. 6.18; K. Takemura and Y. Hosokawa, *Tokyo Imp. Univ. Aeron. Res. Inst. Rept.* 12, 1926. 钢制眼杆中的应力曾由 J. Mathar 研究过, 见 *Forschungsarbeiten*, no. 306, 1928. P. S. Theocaris 给出了进一步的理论, 见 *J. Appl. Mech.*, vol. 23, pp. 85-90, 1956.

[139]　## §45　表面受载荷的楔

对于楔面上的多项式分布载荷, 通解 (80) 也可以应用①. 按通常的方法由方程 (80) 计算应力分量, 只取包含 r^n 的各项, 而 $n \geqslant 0$, 得到依 r 的升幂排列的应力分量表达式如下:

$$\sigma_\theta = 2b_0 + 2d_0\theta + 2a_2 \cos 2\theta + 2c_2 \sin 2\theta$$
$$+ 6r(b_1 \cos\theta + d_1 \sin\theta + a_3 \cos 3\theta + c_3 \sin 3\theta)$$
$$+ 12r^2(b_2 \cos 2\theta + d_2 \sin 2\theta + a_4 \cos 4\theta + c_4 \sin 4\theta)$$
$$\cdots\cdots\cdots$$
$$+ (n+2)(n+1)r^n[b_n \cos n\theta + d_n \sin n\theta$$
$$+ a_{n+2} \cos(n+2)\theta + c_{n+2} \sin(n+2)\theta],$$

$$\tau_{r\theta} = -d_0 + 2a_2 \sin 2\theta - 2c_2 \cos 2\theta \tag{82}$$
$$+ r(2b_1 \sin\theta - 2d_1 \cos\theta + 6a_3 \sin 3\theta - 6c_3 \cos 3\theta)$$
$$+ r^2(6b_2 \sin 2\theta - 6d_2 \cos 2\theta + 12a_4 \sin 4\theta - 12c_4 \cos 4\theta)$$
$$\cdots\cdots\cdots$$
$$+ r^n[n(n+1)b_n \sin n\theta - n(n+1)d_n \cos n\theta + (n+1)(n+2)$$
$$a_{n+2} \sin(n+2)\theta - (n+1)(n+2)c_{n+2} \cos(n+2)\theta].$$

[140]　这样, r 的每一幂次都关联着四个任意常数, 因此, 如果作用在边界 $\theta = \alpha$ 和 $\theta = \beta$ 上的应力是用 r 的多项式表示的, 则在两边界范围内的楔中的应力就可以确定.

例如, 设边界条件是[②]

$$
\begin{aligned}
(\sigma_\theta)_{\theta=\alpha} &= N_0 + N_1 r + N_2 r^2 + \cdots, \\
(\sigma_\theta)_{\theta=\beta} &= N_0' + N_1' r + N_2' r^2 + \cdots, \\
(\tau_{r\theta})_{\theta=\alpha} &= S_0 + S_1 r + S_2 r^2 + \cdots, \\
(\tau_{r\theta})_{\theta=\beta} &= S_0' + S_1' r + S_2' r^2 + \cdots.
\end{aligned} \tag{a}
$$

令同幂次的 r 的系数相等, 就有

$$
\begin{aligned}
2(b_0 + d_0\alpha + a_2\cos 2\alpha + c_2\sin 2\alpha) &= N_0, \\
6(b_1\cos\alpha + d_1\sin\alpha + a_3\cos 3\alpha + c_3\sin 2\alpha) &= N_1,
\end{aligned} \tag{b}
$$

而它们的通式是

$$
\begin{aligned}
(n+2)(n+1)[b_n\cos n\alpha + d_n\sin n\alpha + a_{n+2}\cos(n+2)\alpha \\
+ c_{n+2}\sin(n+2)\alpha] = N_n.
\end{aligned}
$$

另有三组关于 $\sigma_\theta(\theta=\beta)$ 和 $\tau_{r\theta}(\theta=\alpha$ 和 $\theta=\beta)$ 的方程. 用这些方程, 足以计算解答 (82) 中的常数.

试以图 88 所示的情形为例. 均布法向压力 q 作用于楔的一面 $(\theta=0)$, 另一面 $(\theta=\beta)$ 上不受力. 只须用 σ_θ 和 $\tau_{r\theta}$ 的表达式 (82) 中的第一行, 就得到确定常数 b_0、d_0、a_2 和 c_2 的方程

$$
\begin{aligned}
2b_0 + 2a_2 &= -q, \\
2b_0 + 2d_0\beta + 2a_2\cos 2\beta + 2c_2\sin 2\beta &= 0, \\
-d_0 - 2c_2 &= 0, \\
-d_0 + 2a_2\sin 2\beta - 2c_2\cos 2\beta &= 0,
\end{aligned}
$$

由此 (用 $k = \operatorname{tg}\beta - \beta$) 得

$$
c_2 = \frac{q}{4k}, \quad a_2 = -\frac{q\operatorname{tg}\beta}{4k}, \quad d_0 = -\frac{q}{2k}, \quad 2b_0 = -q + \frac{q\operatorname{tg}\beta}{2k}.
$$

代入方程 (82), 就得到[③]　　　　　　　　　　　　　　　　　　　　　　[141]

$$
\begin{aligned}
\sigma_\theta &= \frac{q}{k}\left(-k + \frac{1}{2}\operatorname{tg}\beta - \theta - \frac{1}{2}\operatorname{tg}\beta\cos 2\theta + \frac{1}{2}\sin 2\theta\right), \\
\tau_{r\theta} &= \frac{q}{k}\left(\frac{1}{2} - \frac{1}{2}\operatorname{tg}\beta\sin 2\theta - \frac{1}{2}\cos 2\theta\right), \\
\sigma_r &= \frac{q}{k}\left(-k + \frac{1}{2}\operatorname{tg}\beta - \theta - \frac{1}{2}\sin 2\theta + \frac{1}{2}\operatorname{tg}\beta\cos 2\theta\right).
\end{aligned} \tag{c}
$$

对于多项式载荷分布 (a) 中的任何其他项, 应力分量都可用相似的方法求得.

上述计算楔中应力的方法, 只须令楔角 β 等于 π, 就可应用于半无限大板. 例如, 在方程 (c) 中令 $\beta = \pi$, 就得到在图 89 所示情况下的应力

$$\sigma_\theta = -\frac{q}{\pi}\left(\pi - \theta + \frac{1}{2}\sin 2\theta\right),$$
$$\tau_{r\theta} = -\frac{q}{2\pi}(1 - \cos 2\theta), \tag{d}$$
$$\sigma_r = -\frac{q}{\pi}\left(\pi - \theta - \frac{1}{2}\sin 2\theta\right).$$

这些应力满足直边上的边界条件, 也满足任一截线 (例如半圆 $r = b$) 以上部分的平衡条件.

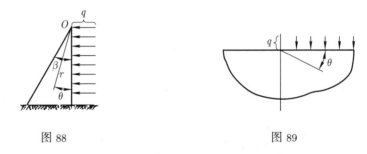

图 88　　　　　　　　　　　　　　　图 89

注:

① 见 С. П. Тимошенко, Курс Теории упругости, Пгр., ч. 1, 1914, стр. 119.

② N_0、N_0'、S_0、S_0' 四项并不是互不相关的. 它们代表在角点 $r = 0$ 处的应力; 只能指定其中的三项.

③ 这解答是 M. Levy 用别种方法求得的, 见 *Compt.Rend.*, vol. 126, p. 1235, 1898. 又见 P. Fillunger. *Z. Math. Physik*, vol. 60, 1912. E, Reissner 曾将这种形式的应力函数应用于楔形的空心梁, 见 *J. Aeron. Sci.*, vol. 7, p. 353, 1940. 楔受别种载荷的情形, 曾由 C. J. Tranter 考察过, 见 *Quart. J. Mech. Appl. Math.*, vol. 1, p. 125, 1948.

§46　用于楔和凹角的本征解

在 §45 中, 应力分量 (82) 被取为 r 的正整数幂次, 对应于同样形式的一个应力函数. 但是, 对于应力函数 (80) 中的 $\cos n\theta$ 和 $\sin n\theta$ 的级数, 则容易证明, 不管 n 是不是整数, 每一项都是一个应力函数. 事实上, 不论 n 值如何, 微分方程 (39) 总是满足的. 这个值可以是复数, 这时, 实部或虚部都可以用为应力函数. 这样, 可以将 n 改写为 $\lambda + 1$ 而取

[142]

$$\phi = r^{\lambda+1}f(\theta), \tag{a}$$

其中

$$f(\theta) = C_1 \sin(\lambda + 1)\theta + C_2 \cos(\lambda + 1)\theta + C_3 \sin(\lambda - 1)\theta + C_4 \cos(\lambda - 1)\theta, \quad \text{(b)}$$

而 C_1、C_2、C_3、C_4 是任意常数.

应力分量和位移分量 (略去刚体项) 是

$$\sigma_r = r^{\lambda-1}[f''(\theta) + (\lambda + 1)f(\theta)], \tag{c}$$

$$\sigma_\theta = r^{\lambda-1}[\lambda(\lambda + 1)f(\theta)], \tag{d}$$

$$\tau_{r\theta} = -r^{\lambda-1}\lambda f'(\theta), \tag{e}$$

$$2Gu = r^{\lambda}[-(\lambda + 1)f(\theta) + (1 + \nu)^{-1}g'(\theta)], \tag{f}$$

$$2Gv = r^{\lambda}[-f'(\theta) + (1 + \nu)^{-1}(\lambda - 1)g(\theta)], \tag{g}$$

其中

$$g(\theta) = 4(\lambda - 1)^{-1}[C_3 \cos(\lambda - 1)\theta + C_4 \sin(\lambda - 1)\theta], \tag{h}$$

而位移是针对平面应力的.

现将上式应用于一个以径向线 $\theta = \pm\alpha$ 为边界而边界上不受载荷的楔形域, 于是

$$\text{在 } \theta = \pm\alpha \text{ 处,} \quad \sigma_\theta = 0, \quad \tau_{r\theta} = 0. \tag{i}$$

通过 (d) 和 (e), 可见这就表示

$$f(\alpha) = 0, \quad f(-\alpha) = 0, \quad f'(\alpha) = 0, \quad f'(-\alpha) = 0. \tag{j}$$

通过式 (b), 它们将成为常数 C_1、C_2、C_3、C_4 的四个方程. 再通过相加相减, 可见这些方程等价于

$$C_1 \sin(\lambda + 1)\alpha + C_3 \sin(\lambda - 1)\alpha = 0,$$

$$(\lambda + 1)C_1 \cos(\lambda + 1)\alpha + (\lambda - 1)C_3 \cos(\lambda - 1)\alpha = 0; \tag{k}$$

$$C_2 \cos(\lambda + 1)\alpha + C_4 \cos(\lambda - 1)\alpha = 0,$$

$$(\lambda + 1)C_2 \sin(\lambda + 1)\alpha + (\lambda - 1)C_4 \sin(\lambda - 1)\alpha = 0. \tag{l}$$

这些方程是齐次的, 因此, 如果任选一个 λ 值, 则四个常数都将是零. 但 (k) 中的 C_1、C_3 可以不是零, 而这就要求系数的行列式等于零, 也就是

$$(\lambda - 1)\sin(\lambda + 1)\alpha \cos(\lambda - 1)\alpha$$

$$-(\lambda + 1)\sin(\lambda - 1)\alpha \cos(\lambda + 1)\alpha = 0.$$

[143]　　这个方程归结为

$$\lambda \sin 2\alpha - \sin 2\lambda\alpha = 0. \tag{m}$$

　　如果取 λ 值满足这一方程, C_1 和 C_3 就可以不是零. 比值 C_3/C_1 可以决定于 (k) 中的任一方程. 但 C_1 本身可以保持为一个任意常数.

　　同样地考虑另外两个方程 (l), 可见 C_2 和 C_4 也可以不是零, 但须

$$\lambda \sin 2\alpha + \sin 2\lambda\alpha = 0. \tag{n}$$

同时考察 (m) 和 (n), 显然可见, 满足这两个方程的 λ 值只有 $\lambda = 0$, 而这是无用的. 这样, 如果一个方程满足了, 另一个方程就不满足. 据此, 如果 C_1、C_3 不是零, C_2、C_4 就必须是零, 反过来也是一样.

　　试取这反过来的情况 (对称情况):(n) 是满足的, 由 (l) 中的第一个方程得

$$\frac{C_4}{C_2} = -\frac{\cos(\lambda+1)\alpha}{\cos(\lambda-1)\alpha}. \tag{o}$$

应力函数 (a) 成为

$$\phi = r^{\lambda+1} C_2 [\cos(\lambda+1)\theta - \frac{\cos(\lambda+1)\alpha}{\cos(\lambda-1)\alpha} \cos(\lambda-1)\theta]. \tag{p}$$

对于 (n) 的每一个根, 都有一个这样的复函数, 导致两个实函数.

　　考察方程 (n) 的根[①], 可见, 对于楔形域, 即 $2\alpha < \pi$, 有一个具有正实部的无穷集, 而这些实部都大于 1. 于是对应的应力函数, 通过方程 (c) 至 (h), 将给出伴随着 r 而趋于零的应力和位移. 但是, 如果 λ 是 (n) 的一个根, 则 $-\lambda$ 也将是一个根. 于是又有一个具有负实部的根集. 这些根将使得应力和位移都在 r 趋于零时无限增大. 因此, 楔顶不能当作不受载荷 (即使主矢量和主矩都是零). 在方程 (m) 所对应的反对称情况下, 结论也是一样. 对于 $2\alpha > \pi$, 即具有凹角的板,(n) 的根会改变性质[②]. 在 $2\alpha = 257.4°$ 时,(m) 的根发生改变[②].

　　对于 $\theta = \pm\alpha$ 两边上的其他种条件, 也已经得出了这样的结果[①]. 当楔形域 ($2\alpha < \pi$) 的两边均被固定时 ($u = v = 0$), 结论在性质上与上相似. 对于一边被固定而另一边为自由时 ($\sigma_\theta = \tau_{r\theta} = 0$) 的情况, 有些应力函数给出的位
[144]　移伴着 r 趋近于零, 但应力无限增大(对于 $\nu = 0.3$, 大约是 $2\alpha > 63°$). 象限域 ($2\alpha = \pi/2$) 是一个有用的特例, 它在一端固定的板条的受拉问题中示出奇异点的特性[③].

　　在楔和凹角的一些具体问题中, 包括径向边受载荷的问题在内, 变换法[④]直接导致一些特殊解答的适当结合[⑤], 例如 §38 及 §39 中的解答与本节中所考虑的本征解的结合.

注:

① M. L. Williams, *J. Appl. Mech.*, vol. 19, p. 256, 1952.

② E. Sternberg and W. T. Koiter, 见 §39 的注 ②.

③ 见 §26 的注 ①.

④ 见 Sternberg 及 Koiter 的论文 (见注 ②), Benthem 的论文 (见 §26 的注 ①), 并参阅这些论文中给出的早期参考文献目录.

⑤ G. Sonntag 在一系列的论文中考虑过其他结合, 并涉及实验结果 (由第五章中所述的光弹性法得来). 见 *Forsch. Ing. Wes.*, vol. 29, pp. 197-203, 1963, 以及其中的参考文献目录. 又见 H. Neuber, *Z. Angew. Math. Mech.*, vol. 43, pp. 211-228, 1963.

习题

1. 试导出 §27 中的三个关系式 (b). 为每一关系式选择一个适当的三角形单元, 由此可以把该关系式作为平衡方程而立即导出.

2. 试在

$$\phi = x^4 - y^4 = (x^2 + y^2)(x^2 - y^2) = r^4 \cos 2\theta$$

的情况下证明 §27 中的方程 (d).

3. 试考察应力函数 $C\theta$ 的意义 (其中 C 是常数). 试将它应用于 $a < r < b$ 的圆环并应用于无限大板.

圆环在 $r = a$ 处被固定, 并在 $r = b$ 处受到均匀环向剪力 (组成一个力偶矩 M). 试用方程 (48)、(49)、(50) 求出在 $r = b$ 处的环向位移 v 的表达式.

4. 试证明, 在图 45 所示的问题中, 设内半径 a 远小于处半径 b, 则当缺口被闭合后, 在内边界处的 σ_θ 值为

$$\frac{\alpha E}{4\pi}\left(1 - 2\ln\frac{b}{a}\right),$$

因而很大, 并且, 当 α 为正时是负值.

设 $b/a = 10$, $E = 3 \times 10^7 \text{lbf/in}^2$, 弹性极限等于 $4 \times 10^4 \text{lbf/in}^2$, 问能够闭合而应力不超过弹性极限的最大缺口 α 的值是多少?

5. 有孔的无限大板, 在无穷远处未被扰乱的应力在 x 方向和 y 方向都是均匀拉应力 S, 试用叠加法由方程 (61) 求出应力. 得到的应力应当对应于在方程 (44) 中令 $b/a \to \infty$、$p_i = 0$、$p_o = -S$ 的特殊情形. 可用这方程作为校核.

6. 试求对应于应力 (61) 的位移的表达式, 并证明它们是单值的.

7. 试将 §36 中的应力函数 (a) 向直角坐标变换, 从而导出与方程 (65′) 所示的应力分布相对应的 σ_x、σ_y、τ_{xy}, 并证明, 当离开力的距离沿任一方向增大时, 它们的值都趋近于零.

8. 试证明, 在 $\alpha = \pi/2$ 的特殊情况下, §39 中的应力分量 (f) 与方程 (68) 一致, 并考察, 当 α 很小时, 这个应力分布是否与弯曲的初等理论趋于一致. [145]

9. 试用主矢量的计算来证明, §39 中的应力分布 (f) 确是对应于楔端受力偶矩 M.

10. 每单位厚度上有力 P 通过刀刃作用于大板的 90° 凹口的底部, 如图 90 所示. 试按 §38 中方程 (a) 所示的分布模式算出应力, 以及传过弧 AB 的水平力.

11. 试求图 91 所示截面 mn 上的应力 σ_x 的表达式. 本章中的楔理论与第三章中的悬臂梁理论对接头 rs 处给出不同的应力分布, 试加以评论.

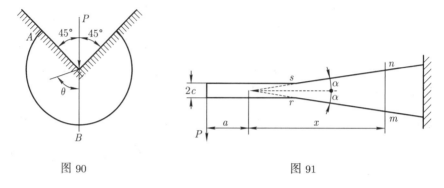

图 90　　　　　　　　　　　　　　　图 91

12. 试确定应力函数

$$\phi = C[r^2(\alpha - \theta) + r^2 \sin\theta\cos\theta - r^2\cos^2\theta\,\mathrm{tg}\,\alpha]$$

中常数 C 的值, 使能满足图 92 所示的三角板上下两边的条件. 计算铅直截面 mn 上的应力分量 σ_x 和 τ_{xy}. 画出当 $\alpha = 20°$ 时的应力曲线, 并画出由梁的初等理论得出的应力曲线以资比较.

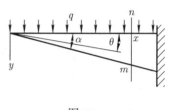

图 92

[146]　　　13. 试确定应力函数

$$\phi = Cr^2(\cos 2\theta - \cos 2\alpha)$$

中常数 C 的值, 使能满足楔在每一边上都受到背离楔顶的均匀剪力的条件:

$$在 \theta = \alpha 面上, \quad \sigma_\theta = 0, \quad \tau_{r\theta} = s;$$

$$在 \theta = -\alpha 面上, \quad \sigma_\theta = 0, \quad \tau_{r\theta} = -s.$$

并证明, 没有集中力或集中力偶作用于顶点.

14. 试确定应力函数

$$a_3 r^3 \cos 3\theta + b_1 r^3 \cos\theta,$$

使其满足条件:

$$在 \theta = \alpha 面上, \quad \sigma_\theta = 0, \quad \tau_{r\theta} = sr;$$

$$在 \theta = -\alpha 面上, \quad \sigma_\theta = 0, \quad \tau_{r\theta} = -sr,$$

其中 s 是常数. 画出当 s 是正值时的载荷草图.

15. 试确定应力函数:

$$a_4 r^4 \cos 4\theta + b_2 r^4 \cos 2\theta,$$

使其满足条件:

$$在 \theta = \alpha 面上,\quad \sigma_\theta = 0,\quad \tau_{r\theta} = sr^2;$$

$$在 \theta = -\alpha 面上,\quad \sigma_\theta = 0,\quad \tau_{r\theta} = -sr^2,$$

其中 s 是常数. 画出载荷草图.

16. 试从应力函数 [参看 §37 中的方程 (a)]

$$\phi = -\frac{p}{2\pi}\left[(x^2 + y^2)\operatorname{arctg}\frac{y}{x} - xy\right]$$

导出应力分布

$$\sigma_x = -\frac{p}{\pi}\left(\operatorname{arctg}\frac{y}{x} + \frac{xy}{x^2 + y^2}\right),\quad \tau_{xy} = -\frac{p}{\pi}\frac{y^2}{x^2 + y^2},$$

$$\sigma_y = -\frac{p}{\pi}\left(\operatorname{arctg}\frac{y}{x} - \frac{xy}{x^2 + y^2}\right),$$

并证明它们满足图 93 所示的半无限大板在边界
$y = 0$ 上的条件. 坐标轴如图所示. 载荷向左边无限
延伸.

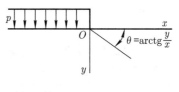

图 93

　　试考察:(a) 沿边界 Ox 趋近于 O 时,(b) 沿 y 轴
趋近于 O 时, τ_{xy} 的值 (两者的差异是由于载荷在
O 点不连续而产生的).

　　17. 试证明应力函数

$$\phi = \frac{s}{\pi}\left[\frac{1}{2}y^2\ln(x^2 + y^2) + xy\operatorname{arctg}\frac{y}{x} - y^2\right]$$

[147]

满足图 94 所示的半无限大板在边界 $y = 0$ 上的条件, 其中均布剪力 s 从 O 向左无限
延伸. 证明: 由任一方向趋近于 O 时, σ_x 无限增大. (这是由于载荷在 O 点不连续. 如
果使邻近 O 点的载荷曲线成为光滑的, 就能得到有限值.)

　　18. 利用第 16 题的结果, 用叠加法求出半无限大板在直边界的一段 $-a < x < a$
上受压力 p 时的应力 σ_x、σ_y 和 τ_{xy}. 证明剪应力是

$$\tau_{xy} = -\frac{p}{\pi}\frac{4axy^2}{[(x-a)^2 + y^2][(x+a)^2 + y^2]},$$

并考察:(a) 沿边界及 (b) 沿 $x = a$ 的线趋近于 $x = a$ 和 $y = 0$ 的一点时, 剪应力的性质.

　　19. 利用第 17 题的结果, 画出当均布剪力 s 作用于 $y = 0$ 的边缘上的一段 $-a <
x < a$ 时, σ_x 沿边缘变化的草图.

　　20. 证明应力函数

$$\phi = \frac{p}{2\pi a}\left[\left(\frac{1}{3}x^3 + xy^2\right)\operatorname{arctg}\frac{y}{x} + \frac{1}{3}y^2\ln(x^2 + y^2) - \frac{1}{3}x^2y\right]$$

满足图 95 所示的半无限大板在边界 $y = 0$ 上的条件, 其中按直线增大的压力载荷向
左边无限延伸.

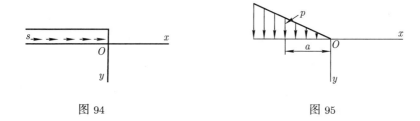

图 94　　　　　　　　　　　　　　　图 95

21. 试证明, 如果把第 20 题中的压力 p 用剪力 s 代替, 则相应的应力函数是

$$\phi = \frac{s}{2\pi a}\left[xy^2\ln(x^2+y^2)+(x^2y-y^3)\operatorname{arctg}\frac{y}{x}-3xy^2\right].$$

22. 试说明, 怎样将图 95 所示类型的载荷叠加, 才能得到图 96 所示的载荷分布.

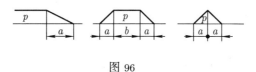

图 96

[148]　　　23. 试证明, 图 97 所示的抛物线载荷可由如下的应力函数得到: 对于压力,

$$-\frac{p}{\pi}\left\{-\frac{xy^3}{3a^2}\ln\frac{r_2^2}{r_1^2}-\left[\frac{a^2}{4}+\frac{1}{2}(x^2+y^2)\left(1-\frac{x^2}{6a^2}+\frac{y^2}{2a^2}\right)\right]\alpha\right.$$
$$\left.+\frac{2}{3}ax\beta+\frac{1}{2}ay\left(1-\frac{x^2}{3a^2}+\frac{y^2}{a^2}\right)\right\};$$

对于剪力,

$$\frac{s}{\pi}\left\{\frac{y^2}{6a^2}(3a^2-3x^2+y^2)\ln\frac{r_2^2}{r_1^2}+\frac{2}{3}ay\beta+\frac{xy}{3a^2}(x^2-3y^2-3a^2)\alpha+\frac{4xy^2}{3a}\right\},$$

其中

$$r_1^2=(x-a)^2+y^2,\quad r_2^2=(x+a)^2+y^2,$$
$$\alpha=\theta_1-\theta_2=\operatorname{arctg}\frac{2ay}{x^2+y^2-a^2},$$
$$\beta=\theta_1+\theta_2=\operatorname{arctg}\frac{2xy}{x^2-y^2-a^2}.$$

24. 试证明, 在图 75 所示的问题中, 沿铅直半径 (A、B 两点除外) 有拉应力 $\sigma_x=2P/\pi d$. 试考察半圆部分 ADB 的平衡 (假想在 A、B 两点有如图 68c 所示的微小半圆槽).

25. 试证明, 当力 P 作用于无限大板内的孔中 (图 98) 而在无限远处应力为零时, 应力函数

$$\phi=-\frac{P}{\pi}\left\{\psi r\sin\theta-\frac{1}{4}(1-\nu)r\ln r\cos\theta-\frac{1}{2}r\theta\sin\theta+\frac{d}{4}\ln r-\frac{d^2}{32}(3-\nu)\frac{1}{r}\cos\theta\right\}$$

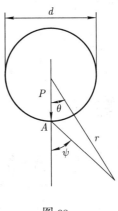

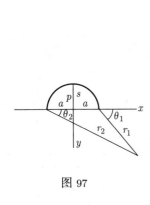

图 97   图 98

满足边界条件, 而围绕孔边的环向应力 (A 点除外) 是

$$\frac{P}{\pi d}[2 + (3 - \nu)\cos\theta],$$

并证明, 这应力函数也对应于单值位移.

26. 试由第 25 题通过积分求出孔边上由于孔内受均匀压力 p 而引起的环向应力, [149] 并用方程 (45) 校核所得的结果.

27. 试求应力函数 $\theta f(r)$ 中 $f(r)$ 的一般形式, 并求应力分量 σ_r、σ_θ、$\tau_{r\theta}$ 的表达式. 这样的应力函数是否能应用于闭合的环?

第五章

光弹性实验法和云纹实验法

§47 实验方法和实验检验

理论进展将在第六章中恢复. 本章则拟作为两种实验方法的引论, 这些方法可以用来验证以上各章中已经求得并讨论过的关于应力和形变的若干特性. 前面已经考察过的那些板的边界, 都具有简单的几何形状. 对于较复杂的形状, 要得出解析解答, 就极其困难; 但是, 借助于数值计算法 (将在附录里讨论), 或借助于实验方法, 例如用应变仪量测表面应变 (见 §12), 用光弹性法, 或用云纹法, 这些困难大都可以避免.

§48 光弹性应力量测

光弹性法是以布茹斯特的发现[①]为依据的. 他发现: 一块受力的玻璃, 用透过它的偏振光观察时, 就看到由应力引起的一幅颜色鲜明的图形. 他建议, 这种有色图形可用来量测工程结构中 (如圬工桥中) 的应力, 方法是将一个玻璃模型, 在不同载荷情况下, 用偏振光来观察. 在当时, 这一建议并没有得到工程师们的注意. 将光弹性有色图形与解析解答加以比较的, 是物理学家麦克斯韦[②]. 很久以后, 这个建议才被威尔森用来研究受集中载荷的梁内的应力[③], 被
麦斯纳格用来研究拱桥[④]. 将这方法加以发展和推广应用的, 是柯克[⑤], 他用赛璐珞作为模型材料. 后来的研究者们用电木, 有机玻璃[⑥]和环氧树脂[⑦]. 为了量测的目的, 由单色光得来的黑白条纹图形代替了由白色光得来的彩色图形.

下面我们将只考虑最简单形式的光弹性仪器[⑧]. 寻常的光被认为是由垂直于光线的各个方向的振动组成的. 使光线从一面涂有黑色涂料的玻璃板反射, 或使其透过一个起偏器 —— 尼科尔棱晶, 或偏振片, 我们就得到或多或少地偏极化了的一柱光, 其中某个一定方向的横振动占着优势. 包含这一方向和

光线的平面就是偏振平面. 用于应力的光弹性研究的就是这种光. 我们将只考虑单色光.

图 99a 表示一个平面偏振仪的简图. 从 L 发出的一柱光通过起偏器 P, 再通过透明模型 M (它按照应力情况使光线发生改变), 然后再通过一个分析器——另一个起偏器 A, 而到达幕 S, 在幕上形成一幅干涉条纹的图形 (图 101 至 105).

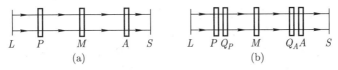

图 99

在图 100a 中, $abcd$ 代表模型 M 左面的一个微小单元, 为了方便, 主应力 σ_x 和 σ_y 的方向画成铅直的和水平的. 在 OA 平面 (图 100) 内的偏振光从 P 到来, 光线的方向在图 100 中是穿过图平面的. 这个振动是简谐振动, 可用在 OA 方向的横向 "位移" 表示为   [152]

$$s = a \cos pt, \tag{a}$$

其中 p 是频率的 2π 倍, 与光色有关, t 是时间.

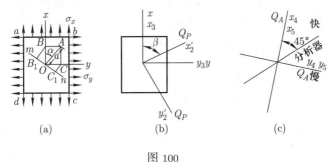

图 100

将在平面 OA 内的位移 (a) 分解成为在平面 Ox 和 Oy 内的两个分量, 振幅分别为 $OB = a \cos\alpha$ 和 $OC = a \sin\alpha$. 相应的位移分量是

$$x = a \cos\alpha \cos pt, \quad y = a \sin\alpha \cos pt. \tag{b}$$

作用于板上 O 点的主应力 σ_x 和 σ_y 的效应, 是改变这两个分量传过板的速度. 用 v_x 和 v_y 分别代表在平面 Ox 和 Oy 内的速度. 设 h 是板的厚度, 则两个分量穿过板的厚度所需的时间分别是

$$t_1 = \frac{h}{v_x}, \quad t_2 = \frac{h}{v_y}. \tag{c}$$

因为光波透射时不改变波形, 所以光在瞬时 t 离开板时在 x 方向的位移 x_1, 与光在 t_1 时间之前进入板时在 x 方向的位移, 是对应的. 于是有

$$x_1 = a \cos\alpha \cos p(t - t_1), \quad y_1 = a \sin\alpha \cos p(t - t_2). \tag{d}$$

[153]

因此, 当离开板时, 两个分量将有位相差 $\Delta = p(t_2 - t_1)$. 由实验已知, 对于一定温度下的一定材料, 对于一定波长的光, 这个位相差与主应力之差成正比, 也与板的厚度成正比. 这个关系通常表为如下的形式:

$$\Delta = \frac{2\pi h}{\lambda} C(\sigma_x - \sigma_y), \tag{e}$$

其中 λ 是 (在真空中的) 波长, C 是由实验求得的应力 – 光系数. C 不仅与材料有关, 还与波长和温度有关.

分析器 A 只让在它自身的偏振平面内的振动或分量透过. 如果这一偏振平面与起偏器的偏振平面成直角[9], 并且假设模型已被移去, 就没有光线透过 A, 因而幕是黑暗的. 现在来考察, 当放有模型时, 将会发生什么. 分量 (d) 在到达分析器时可表为

$$x_2 = a \cos\alpha \cos\psi, \quad y_2 = a \sin\alpha \cos(\psi - \Delta), \tag{f}$$

因为它们从 M 传到 A 时保持着位相差 Δ. 这里的 ψ 代表 $pt+$ 常数.

为了方便, A 的偏振平面在图 100a 中用 mn 代表. 它与 OA 垂直. 振动 (f) 的透过 A 的分量是沿 Om 的分量, 由方程 (f) 得出它们是

$$x_2 \sin\alpha = \frac{1}{2} a \sin 2\alpha \cos\psi,$$

$$-y_2 \cos\alpha = -\frac{1}{2} a \sin 2\alpha \cos(\psi - \Delta).$$

因此, 沿 mn 的合成振动是

$$\frac{1}{2} a \sin 2\alpha [\cos\psi - \cos(\psi - \Delta)] = -a \sin 2\alpha \sin\frac{\Delta}{2} \sin\left(\psi - \frac{\Delta}{2}\right).$$

因子 $\sin(\psi - \Delta/2)$ 表示随时间作简谐运动. 振幅是

$$a \sin 2\alpha \sin\frac{\Delta}{2}. \tag{g}$$

可见, 除非 $\sin 2\alpha = 0$ 或 $\sin(\Delta/2) = 0$, 一部分光线将到达幕上. 如果 $\sin 2\alpha = 0$, 主应力的方向将平行 (或垂直) 于 P 和 A 的偏振方向. 于是通过 M 上这些点的光线将消失, 而幕 S 上对应的各点将是黑暗的. 这些点通常是在一条或许多条曲线上, 由 S 上的暗带指示出来. 这种曲线称为"等倾线". 在这种线上的

许多点各画出平行于 P 的轴和 A 的轴的短线, 可以记录下这些点的主应力的 (平行) 方向. 将 P 和 A 放置在不同的 (互相垂直) 方向, 就得到不同的等倾线. 于是, 这些短线将分布在整个幕上, 就像铁屑分布在磁体上一样, 我们也就有可能画出一些曲线, 使其在每一点都和应力主轴相切. 这样画出的曲线就是主应力迹线. [154]

如果 $\sin(\Delta/2) = 0$, 则 $\Delta = 2n\pi$, 其中 $n = 0, 1, 2, \cdots$. 当 $\Delta = 0$ 时, 两个主应力相等. 两个主应力相等的那些点称为各向同性点, 当然, 这些点将是黑暗的. $n = 1$ 的那些点形成一条暗带或条纹, 称为第一级条纹; $n = 2$ 的那些点形成的条纹称为第二级条纹, 余类推. 这些条纹称为等色线(因为, 当用白光时, 它们相当于某一波长的波消失, 因而相当于一条有色带). 由方程 (e) 可知, $n = 2$ 的条纹上的 $\sigma_x - \sigma_y$ 的值为 $n = 1$ 的条纹上的 $\sigma_x - \sigma_y$ 的值的两倍, 余类推. 因此, 为了算出主应力差, 必须知道条纹的级别, 以及第一级条纹所代表的应力差或条纹值.

条纹值可将板条加载使受简单拉伸来求得. 由于应力是均匀的, 因而没有条纹, 整片板条在幕上现出均匀的亮度或黑暗. 在零载荷之下, 它是黑暗的. 当应力增加时, 它将转亮, 而当应力差 (在这里就是拉应力) 达到条纹值时, 又将转暗. 继续增加载荷, 它将再一次转亮, 而当应力两倍于条纹值时再一次转暗, 依此类推.

在非均匀应力场的任意一点, 当载荷增大时, 如果应力差逐次达到条纹值的整倍数, 也将出现相似的亮与暗的循环. 在各个点的这些循环, 从整个应力场看来, 就相当于条纹的逐渐移动, 包括当载荷增大时新条纹的产生. 因此, 观察这种移动并数计条纹数目, 就可定出条纹的级别.

例如, 一块受纯弯曲的板条将给出如图 101 所示的条纹图形. 那些平行的条纹体现这样的事实: 在板条的离开载荷作用点较远的部分, 所有各铅直截面上的应力分布是相同的. 当载荷逐渐增大时, 注意着幕, 我们就会看到在板条的顶上和底下出现新的条纹, 并且向中间移动, 整个说来, 条纹变得愈来愈密. 在中性轴处, 有一根条纹始终保持黑暗, 这显然是零级 $(n = 0)$ 条纹. [155]

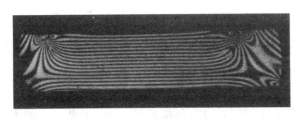

图 101

注:

① D. Brewster, *Trans. Roy. Soc. (London)*, 1816, p. 156.

② J. Clerk Maxwell, *Sci. Papers.* vol. 1, p.30.

③ C. Wilson, *Phil. Mag.*, vol. 32, p. 481, 1891.

④ A. Mesnager, *Ann. Ponts et Chaussées*, 4e Trimestre, p. 129, 1901, 9e Series, vol. 16, p. 135, 1913.

⑤ 柯克教授的很多著作都编入他的两篇论文, 见 *Gen. Elec. Rev.*, vol. 23, p. 870, 1920 和 *J. Franklin Inst.*, vol. 199, p. 289, 1925. 又见 E. G. Coker and L. N. G. Filon, "Photo-elasticity", Cambridge University Press, 1931.

⑥ M. M. Leven, *Proc. Soc. Expl. Stress Analysis*, vol. 6, no. 1, p. 19, 1948.

⑦ 见 M. Hetényi, "Photoelasticity and Photoplasticity," 载于 J. N. Goodier and N. J. Hoff (编), "Structural Mechanics" (*Proc. lst Symp. Naval Structural Mech.*), pp. 483-505, 1960.

⑧ 较全面的论述可在下列各书中找到: M. Hetenyi (编), "Handbook of Experimental Stress Analysis", 1950; M. M. Frocht, "Photoelasticity", 2 vols., 1941 and 1948; 注 ⑤ 中提到的书.

⑨ 这时我们说起偏器与分析器 "正交".

§49　圆偏振仪

我们已经看到, 上面讨论过的平面偏振仪, 对于选定的 α 值, 既给出相应的等倾线, 也给出相应的等色线或条纹. 因此, 凡是在主应力方向与起偏器方向或分析器方向重合的地方, 图 101 都应该呈现黑暗. 实际上, 图 101 得自圆偏振仪, 它是为了消除等倾线而设计的, 是平面偏振仪的改进①. 圆偏振仪的简图如图 99b 所示, 它相当于在图 99a 中加上两块四分之一波片 Q_P 和 Q_A. 四分之一波片是具有两个偏振轴的晶片, 它对光的影响同一个受均匀应力的模型一样, 使其产生如方程 (f) 中的位相差 Δ——但选取四分之一波片的厚度使 $\Delta = \pi/2$. 用方程 (f), 并且对离开 Q_P 的光用 $\Delta = \pi/2$, 即可看到, 取 P 的偏振平面与 Q_P 的一个轴之间的夹角 α 为 45°, 能得到简单的结果. 这时可以写出

$$x_2' = \frac{a}{\sqrt{2}} \cos \psi, \quad y_2' = \frac{a}{\sqrt{2}} \cos \left(\psi - \frac{\pi}{2} \right) = \frac{a}{\sqrt{2}} \sin \psi. \tag{h}$$

这里的 x_2' 对应于四分之一波片的 "快" 轴. 以这样两个位移分量进行运动的一点, 是在一个圆周上运动的 (对于光线上的一定点, ψ 总是具有 $pt + \mathrm{const}$ 的形式). 因此, 这种光称为圆偏振光.

分量 (h) 是沿着 Q_P 的两个偏振轴的. 用 β 代表 x_2' 与图 100b 中模型内 σ_x 方向之间的夹角, 仍然用 Δ 代表由受应力的单元体引起的位相差, 于是, 对

于离开模型的光, 仅由于 x_2' 而有的分量是

$$x_3 = \frac{a}{\sqrt{2}} \cos\beta \cos\psi, \quad y_3 = \frac{a}{\sqrt{2}} \sin\beta \cos(\psi - \Delta); \tag{i}$$

仅由于 y_2' 而有的分量是

$$x_3 = -\frac{a}{\sqrt{2}} \sin\beta \sin\psi, \quad y_3 = \frac{a}{\sqrt{2}} \cos\beta \sin(\psi - \Delta). \tag{j}$$

将 (i) 和 (j) 中的分量相加, 我们对于离开模型的光得到

$$x_3 = \frac{a}{\sqrt{2}} \cos\psi', \quad y_3 = \frac{a}{\sqrt{2}} \sin(\psi' - \Delta), \tag{k}$$

其中 $\psi' = \psi + \beta$.

在考察 Q_A 和 A 对光的影响之前, 宜将运动 (k) 表为两个圆周运动的叠加. 这可以进行如下. 用 ψ'' 代表 $\psi' - \Delta/2$, b 代表 $a/\sqrt{2}$, 于是由方程 (k) 得

$$x_3 = b\cos\left(\psi'' + \frac{\Delta}{2}\right) = b\left(\cos\frac{\Delta}{2}\cos\psi'' - \sin\frac{\Delta}{2}\sin\psi''\right), \tag{l}$$

$$y_3 = b\sin\left(\psi'' - \frac{\Delta}{2}\right) = b\left(\cos\frac{\Delta}{2}\sin\psi'' - \sin\frac{\Delta}{2}\cos\psi''\right). \tag{m}$$

它们代表两个圆周运动的叠加: 一个圆周运动具有半径 $b\cos(\Delta/2)$, 在图 100b 中是顺时针转向的 (图中光线穿过纸面向下); 另一个圆周运动具有半径 $b\sin(\Delta/2)$, 逆时针转向.

现在来证明, 如果使 A 的偏振轴与 Q_A 的两个偏振轴成 45°, 则两个圆周运动中的一个将传达到幕 S 上, 而另一个则将消失, 于是就得到所希望的结果 —— 只有等色线而没有等倾线.

方程 (l) 和 (m) 中的分量 x_3 和 y_3 是沿着模型中主应力的方向的. 改变一个圆周运动的轴, 结果将仅使相角 ψ'' 改变一个常量. 于是顺时针转向的圆周运动可用沿 Q_A 的两个轴的分量表示为如下的形式:

$$x_4 = c\cos\psi, \quad y_4 = c\sin\psi, \tag{n}$$

其中 ψ 也具有 $pt + \text{const}$ 的形式. 使 x_4 与 Q_A 的快轴一致时, 对于离开 Q_A 的光, 我们有

$$x_5 = c\cos\psi, \quad y_5 = c\sin\left(\psi - \frac{\pi}{2}\right) = -c\cos\psi, \tag{o}$$

ψ 又改变了一个常量.

现在, 如果我们使分析器 A 的轴与 Ox_4 和 Oy_4 成 45° (图 100c), 则位移 (o) 沿这个轴的分量是

$$c\cos 45° \cos\psi - c\cos 45° \cos\psi,$$

[157]

或者说是零. 于是顺时针转向的圆周运动就消失了.

　　用同样方法考虑方程 (l) 和 (m) 所示运动的逆时针转向部分, 就是

$$x_4' = -c\sin\psi, \quad y_4' = -c\cos\psi, \tag{n'}$$

我们发现, 沿分析器的轴通过的位移是

$$-c\cos 45° \sin\psi - c\cos 45° \sin\psi,$$

因而振幅是

$$\sqrt{2}c \quad 或 \quad \sqrt{2}b\sin\frac{\Delta}{2} \quad 或 \quad a\sin\frac{\Delta}{2}, \tag{p}$$

其中 b 代表 $\dfrac{a}{\sqrt{2}}$, 而 a 是离开起偏器时的振幅. 当然我们没有考虑光在仪器中的散失. 将这结果与关于平面偏振仪的结果 (g) 对比, 可见现在没有因子 $\sin 2\alpha$, 因而在幕上只出现等色线, 而没有等倾线.

　　如果 Δ 是零, 振幅 (p) 也是零. 因此, 如果没有模型, 或者模型不受载荷, 幕将是黑暗的, 我们就得到一个黑暗场的装置. 如果分析器的轴相对于 Q_A 转过 90°, 我们就得到一个明亮场, 而明亮条纹就代替了原先的黑暗条纹. 使起偏器的轴与分析器的轴平行而不是成直角, 对平面偏振场也产生同样的效果.

　　注:

　　① 如果转动起偏器和分析器, 但它们的轴保持垂直, 条纹将保持不动, 而等倾线则将移动. 如果转动很快, 等倾线就不再能看见. 用圆偏振仪, 是以纯光学方法获得同样效果的.

§50　光弹性应力量测举例

　　在研究孔边及凹角处的应力集中时, 光弹性法曾给出特别重要的结果. 在这些情况下, 最大应力是在边界上, 可用光学方法直接求得, 因为在自由边界上, 主应力之一是零.

　　图 102 表示被力偶矩 M 所弯曲的曲杆的条纹图形①. 曲杆的外半径是内半径的三倍. 注在右端的条纹级数, 在顶部和底部最大, 都是 9. 条纹的均匀间隔相应于弯应力在直肢部分的直线分布. 沿顶边注出的条纹级数表明弯曲部分的应力分布 (模型连续到此顶边以上, 并以顶边为它的对称轴), 指示内边压应力的级数是 13.5, 外边拉应力的级数是 6.7. 这些值, 按比例, 与§29 的表中最末一行中理论上的 "精确解答" 的值非常接近.

[158]

　　图 103 和 104 表示梁在中点受力而弯曲时的情形②. 在靠近载荷作用点处, 黑条纹的稠密分布表示应力很高. 通过一个横截面的条纹的数目, 随着截面与梁中点的距离的增加而减少. 这是由于弯矩减小的缘故.

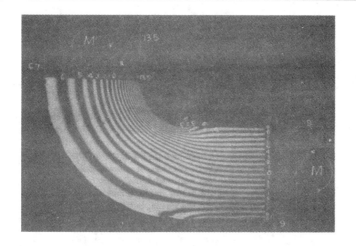

图 102

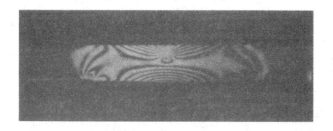

图 103

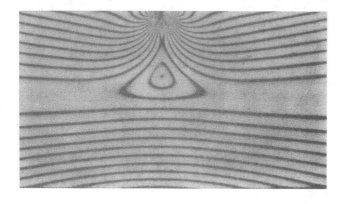

图 104

　　图 105 表示具有两个不同宽度的板沿中心线受拉力时的应力分布. 由图可见, 最大应力发生在内圆角的端点. 最大应力与板的狭窄部分的平均应力之比, 称为应力集中因子. 这个因子依赖于内圆角半径 R 与板的宽度 d 之比.　　　　[159]

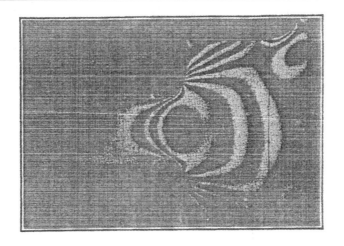

图 105

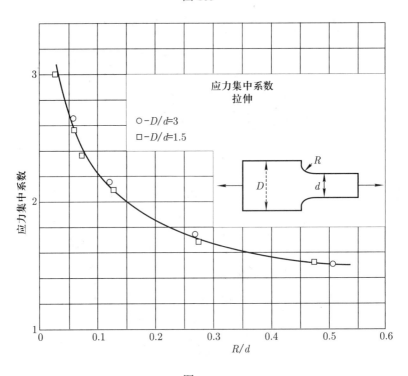

图 106

由实验得出的应力集中因子的一些值③见图 106. 由图可见, 当比值 R/d 减小时, 最大应力增大很快, 而当 $R/d = 0.1$ 时, 最大应力大于平均拉应力的两倍. 图 107 表示同一块板, 承受加于板端并作用于板的中面内的力偶而发生纯弯

曲. 图 108 给出的应力集中因子④, 定义为内圆角处的最大应力与较狭部分处 [160]
的纤维应力这两者之间的比值. 当内圆角可用的空间受到设计的限制时, 椭圆
形⑤可能比圆形更可取些.

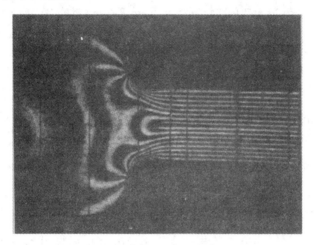

图 107

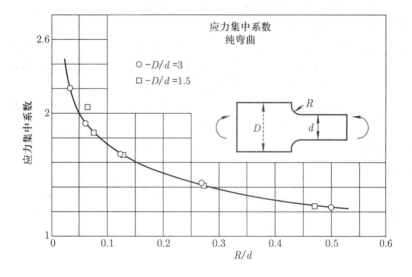

图 108

注:

① E. E. Weibel, *Trans. ASME*, vol. 56, p. 637, 1934.

② M. M. Frocht, *Trans. ASME*, vol. 53, 1931.

③ 见 Weibel 的论文 (见注 ①).

④　用理论和实验方法得出的、各种情况下的很多类似的曲线, 见 R. E. Peterson, "Stress Concentration Design Factors", 1953; R. B. Heywood, "Design by Photoelasticity", 1952.

⑤　M. M. Frocht and D. Landsberg, *J. Appl. Mech.*, vol. 26, pp. 448-450, 1959.

§51　主应力的确定

前面已经看到, 普通的偏振仪只能确定两主应力之差及主应力的方向. 如果要确定整个模型内的主应力, 或受有未知载荷的边界上的主应力, 就必须作进一步的量测或计算. 已经有许多方法被采用, 或者被提出来. 这里只对其中[161]　的某几个方法作简略的叙述①.

量测板的厚度的改变, 可以求得主应力之和②. 由于应力, 厚度的减小是

$$\Delta h = \frac{h\nu}{E}(\sigma_x + \sigma_y), \tag{a}$$

可见, 如果在须要计算应力的每一点量出 Δh, 就可以算出 $\sigma_x + \sigma_y$. 为了这一目的, 已经设计出一些特殊形式的引伸仪③. 将模型紧贴着一张光学平面 (平[162]　晶), 形成一个厚度随板厚度变化而变化的空气层, 这样产生的干涉条纹的图形将在一个照片上提供必需的资料.

受均匀拉力的薄膜 (如皂膜), 它的挠度也满足主应力之和所须满足的微分方程, 即 §17 中的方程 (b). 因此, 如果使两者的边界值互相对应, 薄膜的挠度就以一定的比例尺代表 $\sigma_x + \sigma_y$④. 在许多情况下, 制作薄膜时所需的 $\sigma_x + \sigma_y$ 的边界值, 可以从光弹性条纹图形得到. 条纹图形给出 $\sigma_x - \sigma_y$. 在自由边界, 主应力之一 (如 σ_y) 是零, 所以 $\sigma_x + \sigma_y$ 与 $\sigma_x - \sigma_y$ 成为相同. 又, 在边界上的一点, 如果载荷垂直于边界而且大小已知, 载荷本身就是主应力之一, 由光弹性量测得来的主应力之差就足以确定主应力之和. 同一微分方程也可被通过薄板中的电流的电势所满足, 这可以作为电测法的根据⑤. 作为这些方法的代替者, 曾经发展了一些有效的数值计算法. 这种数值计算法将在附录中讨论. 主应力也可以单纯用光弹性观测来确定, 但比在 §48 和 §49 中讨论过的更加费事⑤.

注:

①　关于更多的资料, 可参考 §48 的注 ⑧ 中指出的文献.

②　提出这方法的是 Mesnager, 见 §48 的注 ④.

③　见 M. M. Frocht, "Photoelasticity", vol. 2.

④　J. P. Den Hartog, *Z. Angew. Math. Mech.*, vol. 11, p. 156, 1931.

⑤　见 R. D. Mindlin, *J. Appl. Phys.*, vol. 10, p. 282, 1939.

§52　三维光弹性理论

普通光弹性实验用的模型是在室内温度下加载的, 是弹性的, 当载荷移去时, 条纹也就消失. 由于光线必须通过整个厚度, 因此, 只有当模型处于平面应力状态中, 应力分量在整个厚度上近乎均匀时, 条纹图形的解释才是可能的. 如果情况不是这样, 例如在三维应力分布的情况下, 光学效应只是沿光线上所有各点的应力的总效应[①].

这个困难, 已经被以布茹斯特和麦克斯韦[②]所作的观察为依据的方法所克服. 他们观察到, 使胶质材料 (如鱼胶) 在载荷下干燥, 卸载后, 在偏振光下仍保留着永久条纹, 好像仍然受有载荷并且仍然是弹性的一样. 后来的一些研究者发现, 电木和有机玻璃等树脂类材料在热的时候加载, 然后冷却, 也具有同样性质. 对这种性质的解释[③]是, 这些材料具有一个坚强的弹性骨架或分子网络的构造, 它不受热的影响, 中间填满了粘结松散的分子团, 这个分子团受热时就会软化. 当热试件受载时, 弹性骨架承受着载荷, 并且毫不受阻碍地发生弹性形变. 冷却时, 那包围着骨架的、软化了的分子团变得 “冻结” 了, 使得骨架在载荷移去以后仍然保留着几乎同样的形变. 光学效应实际上也同样地保留下来, 而且在试件被切成小块后也不受影响. 因此, 一个三维试件可以切成薄片, 将每一薄片用偏振仪来观察. 在薄片中引起光学效应的应力状态并不是平面应力状态, 但另外几个分量 τ_{xz}、τ_{yz}、σ_z 已经知道是不影响沿 z 方向 (垂直于薄片方向) 的光线的. 图 109 所示的条纹图形, 是将具有双曲线槽的、受有拉力的有机玻璃圆轴从中心切取薄片而得到的[④]. 从这图形得到的最大应力与理论值只相差百分之二到百分之三[⑤]. 图 110 示出同类型的另一个条纹

[163]

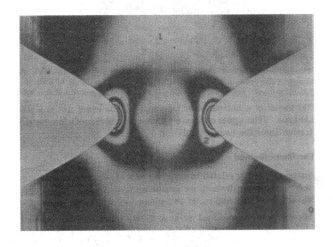

图 109

[164]　　图形, 它是由螺栓与螺母接合的 (电木) 模型得到的⑥. 下螺母是普通类型的. 上螺母有一斜边, 它比普通螺母表现出较低的应力集中.

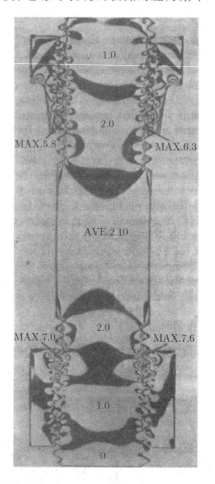

图 110

注:

　　① 见 "Handbook of Experimental Stress Analysis" 中 D. C. Drucker 所写的一节, 其中对三维光弹性理论有详尽的说明.

　　② 见 §48 的注 ① 和 ②.

　　③ M. Hetényi, *J. Appl. Phys.*, vol. 10, p. 295, 1939.

　　④ 见 §48 的注 ⑥.

　　⑤ H. Neuber, "Kerbspannungslehre", p. 39, Berlin, 1958.

　　⑥ M. Hetényi, *J. Appl. Mech.*, vol. 10, p. A-93, 1943. 文中还给出有关其他几种形状的螺母的结果. 关于和疲劳试验的对比, 以及关于实验和理论分析的广泛叙述, 见

§50 的注 ④ 中提到的 Heywood 的书, 第七章.

§53 云纹法

用很简单的一种方法, 可以构成与位移直接相关的条纹图形. 作为实例, 试考察一块薄板, 在其平面内受有简单剪切形变. 图 111a 表示在薄板上画出的等间距平行栅线. 剪切形变使这些线进入倾斜位置, 如图 111b. 每根线绕其中点转动, 而并不移动. 由这些线明显看到铅直位移场. 将原来的栅线 (图 111a) 复制保留在透明薄膜上, 再将薄膜蒙在图 111b 所示的变形后的栅线之上, 如图 111c. 于是得出一幅两组栅线交叉的图形. 从远处看, 或者用半闭的眼睛看, 这些栅线形成了一些相当宽的铅直的黑暗带. 在两个黑暗带之间, 例如在图 111c 的中部, 则有一串白色的菱形面积, 形成一个铅直的明亮带. 当沿一根铅直线行经该图的中部时, 将穿过一个到处铅直位移为零的明亮条纹. 这时, 我们跨越了组成 "七线阴影" 的 7 根黑线. 但在沿一根铅直线穿过右方 (或左方) 相邻的黑暗带时, 将跨越 13 根黑线, 即 "十三线阴影". 这个黑暗带的中线, 明显地把铅直位移等于原栅线间距 (δ) 的各点连结起来. 右边紧接着的铅直明亮条纹, 则相应于铅直位移 2δ, 等等. 显然, 这些条纹就是铅直位移的等值线.

[165]

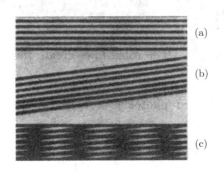

图 111

也很明显, 如果形变使得原栅线成为曲线, 则黑暗条纹和明亮条纹也将是弯曲的, 但它们仍然是铅直位移的等值线. 再者, 如果原栅线有伸缩, 则条纹将是铅直位移分量的等值线.

与上相似, 如用铅直栅线代替图 111a, 则导致的条纹将是水平位移分量的等值线.

这是云纹法[①]的一种类型. 云纹有时被称为机械干涉条纹. 平行栅线只不过是由于遮去光线而造成黑暗条纹.

[166]

图 112 示出这方法的一个应用. 它呈现了杜瑞里所指导的一系列云纹观测及有关光弹观测的最终成果[②].

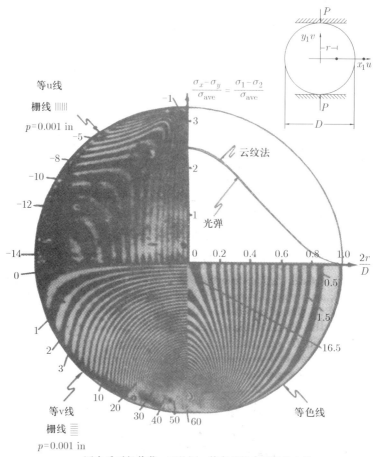

圆盘受对径载荷。云纹图，等色线及水平轴线上的
规范化主应力差。

图 112

图 112 右上方的插图示出被两个力 P 对压的圆盘. 在它的下方, 标以 "云纹法" 和 "光弹" 的曲线, 示出沿水平直径处的主应力差 $\sigma_1 - \sigma_2$ 与径向截面上的平均压力 σ_{av} 这两者之间的比值. 两根曲线的接近一致, 表明云纹法可以达到的精度. 由位移值过渡到应力, 须通过求导. 图 112 中的左上象限示出水平位移的云纹法等值线, 左下象限示出铅直位移的等值线.

[167]

圆盘受集中力的问题, 其解析解答已在 §41 中给出. 在直径为 d 而厚度为

1 的圆盘的中心,

$$\sigma_1 = \frac{2P}{\pi d}, \quad \sigma_2 = -\frac{6P}{\pi d}, \quad \sigma_{av} = \frac{P}{d}.$$

$(\sigma_1 - \sigma_2)/\sigma_{av}$ 的理论值是 $8/\pi$, 即 2.55. 这个值比图 112 中实验曲线所示的值 (约为 2.4) 稍高一些. 力 P 在模型的小接触面积上的实际分布, 可能影响了中心处的应力[3].

注:

① 关于光学方面的综合论述, 见 M. Stecher, *Am. J. Phys.*, vol. 32, pp. 247-257, 1964. P. S. Theocaris 曾给出详尽的全面评述和文献目录, 见 H. N. Abramson, H. Liebowitz, J. M. Crowley and S. Juhasz 所编的 "Applied Mechanics Surveys", pp. 613-626, 1966.

② 作者为这个图向杜瑞里教授致谢.

③ J. N. Goodier, *Trans. ASME*, vol. 54, pp. 173-183, 1932.

第六章

用曲线坐标解二维问题

§54 复变函数

对于前面解答过的那些问题, 直角坐标和极坐标是适用的. 对于另外一些边界 —— 椭圆、双曲线、非同心圆以及其他非简单曲线, 通常宁愿采用别种坐标. 考虑到这些, 并且为了构成适当的应力函数, 利用复变数是方便的.

用两个实数 x、y 构成一个复数 $x + \mathrm{i}y$, 其中 i 代表 $\sqrt{-1}$. 由于 i 不属于实数序列, 因而 "相等"、加、减、乘、除的意义都必须加以规定[①]. 据定义, $x + \mathrm{i}y = x' + \mathrm{i}y'$ 是指 $x = x'$、$y = y'$, 而 i^2 是指 -1. 其他运算规定与实数运算相同. 例如

$$(x + \mathrm{i}y)^2 = x^2 + 2x\mathrm{i}y + (\mathrm{i}y)^2 = x^2 - y^2 + \mathrm{i}2xy,$$

因为 $\mathrm{i}^2 = -1$. 改用极坐标, 如图 113, 有

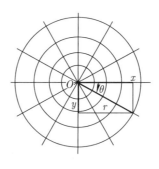

图 113

$$z = x + \mathrm{i}y = r(\cos\theta + \mathrm{i}\sin\theta).\tag{a}$$

由于
$$\cos\theta + \mathrm{i}\sin\theta = 1 - \frac{1}{2!}\theta^2 + \frac{1}{4!}\theta^4 - \cdots + \mathrm{i}\left(\theta - \frac{1}{3!}\theta^3 + \cdots\right),$$

而 $\mathrm{i}^2 = -1, \mathrm{i}^3 = -i, \mathrm{i}^4 = 1$, 等等, 因此有

$$\cos\theta + \mathrm{i}\sin\theta = 1 + \mathrm{i}\theta + \frac{1}{2!}(\mathrm{i}\theta)^2 + \frac{1}{3!}(\mathrm{i}\theta)^3 + \cdots = \mathrm{e}^{\mathrm{i}\theta}.$$

当 θ 为实数时, 这就是记号 $\mathrm{e}^{\mathrm{i}\theta}$ 的定义. 于是由方程 (a) 得 [169]

$$z = x + \mathrm{i}y = r\mathrm{e}^{\mathrm{i}\theta}.$$

假如只用解析定义而不用几何定义, 就可以用 z 构成代数函数、三角函数、指数函数、对数函数以及其他函数, 就像用实变数构成这些函数一样. 这样, $\sin z$、$\cos z$ 和 e^z 都可用它们的幂级数来定义. 每一个这样的函数都可以分为 "实部" 和 "虚部", 也就是写成 $\alpha(x,y) + \mathrm{i}\beta(x,y)$ 的形式, 其中实部 $\alpha(x,y)$ 和虚部[②] $\beta(x,y)$ 都是 x 和 y 的通常的实函数 (不包含 i). 例如, 设 z 的函数 $f(z)$ 是 $1/z$, 我们有

$$f(z) = \frac{1}{x+\mathrm{i}y} = \frac{x-\mathrm{i}y}{(x+\mathrm{i}y)(x-\mathrm{i}y)} = \frac{x}{x^2+y^2} + \mathrm{i}\frac{(-y)}{x^2+y^2}. \tag{b}$$

在分开实部和虚部时, 如果有可能的话, 引用指数函数最为简捷. 例如,

$$\begin{aligned}
\mathrm{sh}\, z &= \frac{1}{2}[\mathrm{e}^{x+\mathrm{i}y} - \mathrm{e}^{-(x+\mathrm{i}y)}] \\
&= \frac{1}{2}[(\mathrm{e}^x - \mathrm{e}^{-x})\cos y + (\mathrm{e}^x + \mathrm{e}^{-x})\mathrm{i}\sin y] \\
&= \mathrm{sh}\, x \cos y + \mathrm{i}\mathrm{ch}\, x \sin y.
\end{aligned}$$

同样,

$$\mathrm{ch}\, z = \mathrm{ch}\, x \cos y + \mathrm{i}\mathrm{sh}\, x \sin y.$$

按定义, 一个复函数的共轭函数是把所有的 i 代以 −i 而得到的. 函数和它的共轭函数的乘积显然是实函数. 在式 (b) 中, 为了得到实数的分母, 把分子和分母同乘以 $x+\mathrm{i}y$ 的共轭数, 即 $x-\mathrm{i}y$. 遵循这个一般规律, 可以把 $\mathrm{cth}\, z$ 的实部和虚部分开:

$$\mathrm{cth}\, z = \frac{\mathrm{ch}\, z}{\mathrm{sh}\, z} = \frac{(\mathrm{e}^{x+\mathrm{i}y} + \mathrm{e}^{-x-\mathrm{i}y})}{(\mathrm{e}^{x+\mathrm{i}y} - \mathrm{e}^{-x-\mathrm{i}y})}\frac{(\mathrm{e}^{x-\mathrm{i}y} - \mathrm{e}^{-x+\mathrm{i}y})}{(\mathrm{e}^{x-\mathrm{i}y} - \mathrm{e}^{-x+\mathrm{i}y})}.$$

求出分子和分母中的乘积, 这就归结为

$$\mathrm{cth}\, z = \frac{\mathrm{sh}\, 2x - \mathrm{i}\sin 2y}{\mathrm{ch}\, 2x - \cos 2y}. \tag{c}$$

函数 $f(z)$ 对 z 的导数定义为

$$\frac{\mathrm{d}f(z)}{\mathrm{d}z} = \lim_{\Delta z \to 0} \frac{f(z+\Delta z) - f(z)}{\Delta z}, \tag{d}$$

[170]　其中 $\Delta z = \Delta x + \mathrm{i}\Delta y$, $\Delta z \to 0$ 的意义自然是 $\Delta x \to 0$ 而且 $\Delta y \to 0$. 我们总可以把 x、y 当作一个点在平面内的直角坐标. 于是 Δx、Δy 就代表这一点向邻近一点的位移. 可能想到, 对于不同的位移方向, 式 (d) 的结果将会不同. 但是, 式 (d) 中的极限是可以用 z 和 Δz 直接算出的 (就像 z 和 Δz 是实数时一样), 而所得的结果, 例如

$$\frac{\mathrm{d}}{\mathrm{d}z}(z^2) = 2z, \qquad \frac{\mathrm{d}}{\mathrm{d}z}\sin z = \cos z,$$

必然与 Δz 的选择无关, 也与 Δx 和 Δy 的选择无关. 因此, 可以说, 按通常方法用 z 构成的所有函数都具有与实函数相同的性质; 它们具有仅仅与 z 有关的导数, 而对于点 z 处 $\mathrm{d}z$ 的各个方向都相同. 这样的函数称为解析函数.

量 $x - \mathrm{i}y$ 可以看作 z 的函数, 是从这个意义来说的: 如果 z 已知, 即 x 和 y 已知, $x - \mathrm{i}y$ 也就确定. 它对 z 的导数是 $(\Delta x - \mathrm{i}\Delta y)/(\Delta x + \mathrm{i}\Delta y)$ 在 $\Delta x \to 0$、$\Delta y \to 0$ 时的极限. 这个极限与 Δx、Δy 的选择有关. 如果取位移在 x 方向, 则 $\Delta y = 0$, 极限的值是 1; 如果取位移在 y 方向, 则 $\Delta x = 0$, 而极限的值是 -1. 因此, $x - \mathrm{i}y$ 不是 $x + \mathrm{i}y$ 的解析函数. 后面将用解析函数与 $x - \mathrm{i}y$ 一起构成应力函数. 任何一个包含 i 的函数将被称为 "复变函数".

解析函数 $f(z)$ 具有不定积分. 不定积分的定义是, 它对 z 的导数是 $f(z)$. 不定积分写作 $\int f(z)\mathrm{d}z$. 例如, 设 $f(z) = 1/z$, 就有

$$\int 1/z\,\mathrm{d}z = \ln z + C,$$

其中的附加常数 C 现在是包含两个任意实常数 A 和 B 的复数 $A + \mathrm{i}B$.

注:

①　这些规定表示对一对实数进行的运算, 利用 i 只是为了方便. 例如, 见 E. T. Whittaker and G. N. Watson, "Modern Analysis", 3d ed., pp. 6-8, 1920.

②　必须注意, 虽然它的名称是虚部, 但它是实函数.

§55　解析函数与拉普拉斯方程

解析函数 $f(z)$ 可以看作 x 和 y 的具有偏导数的函数. 于是

$$\frac{\partial}{\partial x}f(z) = \frac{\mathrm{d}}{\mathrm{d}z}f(z)\frac{\partial z}{\partial x} = f'(z)\frac{\partial z}{\partial x} = f'(z), \tag{a}$$

因为 $\partial z/\partial x = 1$. 同样,

$$\frac{\partial}{\partial y}f(z) = f'(z)\frac{\partial z}{\partial y} = \mathrm{i}f'(z), \tag{b}$$

因为 $\partial z/\partial y = \mathrm{i}$.

但是, 如果把 $f(z)$ 写成 $\alpha(x,y) + \mathrm{i}\beta(x,y)$ 的形式, 或简写成 $\alpha + \mathrm{i}\beta$, 就有

$$\frac{\partial}{\partial x}f(z) = \frac{\partial\alpha}{\partial x} + \mathrm{i}\frac{\partial\beta}{\partial x}, \quad \frac{\partial}{\partial y}f(z) = \frac{\partial\alpha}{\partial y} + \mathrm{i}\frac{\partial\beta}{\partial y}. \tag{c}$$

将方程 (c) 与方程 (a) 和 (b) 对比, 就得到

$$\mathrm{i}\left(\frac{\partial\alpha}{\partial x} + \mathrm{i}\frac{\partial\beta}{\partial x}\right) = \frac{\partial\alpha}{\partial y} + \mathrm{i}\frac{\partial\beta}{\partial y}. \tag{d}$$

注意 α、β 是实函数, $\mathrm{i}^2 = -1$, 而这个等式的意义是两边的实部和虚部分别相等, 可见 [171]

$$\frac{\partial\alpha}{\partial x} = \frac{\partial\beta}{\partial y}, \quad \frac{\partial\alpha}{\partial y} = -\frac{\partial\beta}{\partial x}. \tag{e}$$

这就是所谓柯西 – 雷曼方程. 将第一个方程对 x 求导数, 第二个方程对 y 求导数, 再相加, 就可消去 β 而得到

$$\frac{\partial^2\alpha}{\partial x^2} + \frac{\partial^2\alpha}{\partial y^2} = 0. \tag{f}$$

这样形式的方程称为拉普拉斯方程, 它的任一个解都称为调和函数. 同样, 从方程 (e) 中消去 α, 得到

$$\frac{\partial^2\beta}{\partial x^2} + \frac{\partial^2\beta}{\partial y^2} = 0. \tag{g}$$

因此, 如果 x 和 y 的两个函数 α 和 β 是解析函数 $f(z)$ 的实部和虚部, 则每一个函数都将是拉普拉斯方程的解. 在很多物理问题 (包括弹性理论的问题) 中, 将会遇到拉普拉斯方程 [例如, 见 §17 中的方程 (b)].

函数 α 和 β 称为共轭调和函数. 显然, 如果已知任一调和函数 α 就可由方程 (e) 求得与 α 共轭的另一函数 β, 只是差一个常数.

作为从 z 的解析函数导出调和函数的例子, 我们来考察 $\mathrm{e}^{\mathrm{i}nz}$、$z^n$、$\ln z$, 其中 n 是实常数. 我们有

$$\mathrm{e}^{\mathrm{i}nz} = \mathrm{e}^{\mathrm{i}nx}\mathrm{e}^{-ny} = \mathrm{e}^{-ny}\cos nx + \mathrm{i}\mathrm{e}^{-ny}\sin nx,$$

这表明 $\mathrm{e}^{-ny}\cos nx$ 和 $\mathrm{e}^{-ny}\sin nx$ 是调和函数. 将 n 改成 $-n$, 可知 $\mathrm{e}^{ny}\cos nx$ 和 $\mathrm{e}^{ny}\sin nx$ 也是调和函数, 从而可知

$$\operatorname{sh}ny\sin nx, \quad \operatorname{ch}ny\sin nx, \quad \operatorname{sh}ny\cos nx, \quad \operatorname{ch}ny\cos nx \tag{h}$$

也是调和函数, 因为它们是可以从前两个函数的相加或相减再乘以 $\dfrac{1}{2}$ 而构成的. 由

$$z^n = (re^{i\theta})^n = r^n e^{in\theta} = r^n \cos n\theta + ir^n \sin n\theta,$$

我们得到调和函数

$$r^n \cos n\theta, \quad r^n \sin n\theta, \quad r^{-n} \cos n\theta, \quad r^{-n} \sin n\theta. \tag{i}$$

由

$$\ln z = \ln re^{i\theta} = \ln r + i\theta,$$

我们得到调和函数

$$\ln r, \quad \theta. \tag{j}$$

容易证明: 函数 (i) 和 (j) 满足极坐标中的拉普拉斯方程 [见 §27 中的方程 (g)], 也就是

$$\frac{\partial^2 \psi}{\partial r^2} + \frac{1}{r}\frac{\partial \psi}{\partial r} + \frac{1}{r^2}\frac{\partial^2 \psi}{\partial \theta^2} = 0. \tag{k}$$

习题

1. 试确定复变函数 z^2、z^3、$\operatorname{th} z$ 的实部和虚部 (作为 x 和 y 的实函数).
答: $x^2 - y^2, 2xy; x^3 - 3xy^2, 3x^2y - y^3$;

$$\operatorname{sh} 2x(\operatorname{ch} 2x + \cos 2y)^{-1}, \quad \sin 2y(\operatorname{ch} 2x + \cos 2y)^{-1}.$$

[172] 2. 试确定复变函数 z^{-2}、$z\ln z$ 的实部和虚部 (作为 r 和 θ 的实函数).
答: $r^{-2}\cos 2\theta, r^{-2}\sin 2\theta; r\ln r\cos\theta - r\theta\sin\theta$,

$$r\ln r\sin\theta + r\theta\cos\theta.$$

3. 设 ζ 是复变数, 而 $z = c\operatorname{ch}\zeta$, 试求

$$\frac{\mathrm{d}}{\mathrm{d}z}\operatorname{sh} n\zeta,$$

用 ζ 表示. 令 $\zeta = \xi + i\eta$, 试求当 c 和 n 是实数时这个导数的实部和虚部.

4. 设 $z = x + iy, \zeta = \xi + i\eta$, 而 $z = ia\operatorname{cth}\dfrac{1}{2}\zeta$ (其中 a 是实数), 试证明

$$x = \frac{a\sin\eta}{\operatorname{ch}\xi - \cos\eta}, \quad y = \frac{a\operatorname{sh}\xi}{\operatorname{ch}\xi - \cos\eta}.$$

§56   用调和函数和复变函数表示的应力函数

设 ψ 是 x 和 y 的任一函数, 我们可以通过求导而得到

$$\left(\frac{\partial^2}{\partial x^2} + \frac{\partial^2}{\partial y^2}\right)(x\psi) = x\left(\frac{\partial^2 \psi}{\partial x^2} + \frac{\partial^2 \psi}{\partial y^2}\right) + 2\frac{\partial \psi}{\partial x}. \tag{a}$$

如果 ψ 是调和函数, 方程右边的括弧就是零. $\partial \psi / \partial x$ 也是调和函数, 因为

$$\left(\frac{\partial^2}{\partial x^2} + \frac{\partial^2}{\partial y^2}\right)\left(\frac{\partial \psi}{\partial x}\right) = \frac{\partial}{\partial x}\left(\frac{\partial^2 \psi}{\partial x^2} + \frac{\partial^2 \psi}{\partial y^2}\right) = 0.$$

于是, 对 (a) 再作拉普拉斯运算, 即得

$$\left(\frac{\partial^2}{\partial x^2} + \frac{\partial^2}{\partial y^2}\right)\left(\frac{\partial^2}{\partial x^2} + \frac{\partial^2}{\partial y^2}\right)(x\psi) = 0, \tag{b}$$

也就是

$$\left(\frac{\partial^4}{\partial x^4} + 2\frac{\partial^4}{\partial x^2 \partial y^2} + \frac{\partial^4}{\partial y^4}\right)(x\psi) = 0.$$

与 §18 中方程 (a) 对比, 可知 $x\psi$ (ψ 是调和函数) 可以用作应力函数. 同样, $y\psi$ 也可以用作应力函数, 当然, 函数 ψ 本身也可以.

通过求导容易证明, $(x^2 + y^2)\psi$, 也就是 $r^2\psi$ (ψ 是调和函数), 也满足上面的微分方程, 因而也可取为应力函数.

例如, 由前一节的函数 (h) 中取两个调和函数

$$\mathrm{sh}\, ny \sin nx, \quad \mathrm{ch}\, ny \, \sin\, nx,$$

乘以 y, 再进行叠加, 就得到 §24 中的应力函数 (d). 取前一节中的调和函数 (i) 和 (j), 或者再乘以 x、y 或 r^2, 即可构成 §43 中方程 (80) 所示的极坐标应力函数的各项.

[173]

是否任何应力函数都可用这样的方式得到呢? 在把一般应力函数用两个任意解析函数来表示的过程中, 这个问题将自然得到回答.

用 ∇^2 代表拉普拉斯算子

$$\frac{\partial^2}{\partial x^2} + \frac{\partial^2}{\partial y^2},$$

则 §18 中的方程 (a) 可以写成 $\nabla^2(\nabla^2\phi) = 0$ 或 $\nabla^4\phi = 0$. 将 $\nabla^2\phi$ (它代表 $\sigma_x + \sigma_y$) 写成 P, 可见 P 是一个调和函数, 因而有一个共轭调和函数 Q. 于是 $P + \mathrm{i}Q$ 是 z 的解析函数, 可以写成

$$f(z) = P + \mathrm{i}Q. \tag{c}$$

这个函数对 z 的积分是另一个解析函数, 设为 $4\psi(z)$. 于是, 用 p 和 q 代表 $\psi(z)$ 的实部和虚部, 就有

$$\psi(z) = p + \mathrm{i}q = \frac{1}{4}\int f(z)\mathrm{d}z, \tag{d}$$

而 $\psi'(z) = f(z)/4$. 由此又有

$$\frac{\partial p}{\partial x} + \mathrm{i}\frac{\partial q}{\partial x} = \frac{\partial}{\partial x}\psi(z) = \psi'(z)\frac{\partial z}{\partial x} = \frac{1}{4}f(z) = \frac{1}{4}(P + \mathrm{i}Q).$$

令最左部分和最右部分的实部相等, 就得到

$$\frac{\partial p}{\partial x} = \frac{1}{4}P. \tag{e}$$

由于 p 和 q 是共轭调和函数, 它们满足 §55 中的方程 (e), 因而

$$\frac{\partial q}{\partial y} = \frac{1}{4}P. \tag{f}$$

回想到 $P = \nabla^2\phi$, 方程 (e) 和 (f) 就使得我们能证明 $\phi - xp - yq$ 是调和函数, 因为

$$\nabla^2(\phi - xp - yq) = \nabla^2\phi - 2\frac{\partial p}{\partial x} - 2\frac{\partial q}{\partial y} = 0. \tag{g}$$

因此, 对于任一应力函数 ϕ, 我们有

$$\phi - xp - yq = p_1,$$

其中 p_1 是某一个调和函数. 于是

$$\phi = xp + yq + p_1, \tag{83}$$

[174]　这就表示, 任何应力函数都可由适当选取的共轭调和函数 p、q 和一个调和函数 p_1 构成.

方程 (83) 在后面很有用, 但是, 可以看出, p 和 q 两个函数并不是都必须用到的. 我们可以把方程 (g) 写作

$$\nabla^2(\phi - 2xp) = \nabla^2\phi - 4\frac{\partial p}{\partial x} = 0,$$

这表明 $\phi - 2xp$ 是调和函数, 例如等于 p_2, 于是任何应力函数都一定可以表为

$$\phi = 2xp + p_2, \tag{h}$$

其中 p 和 p_2 是适当选取的调和函数. 同样, 考虑 $\phi - 2yq$, 也可以证明, 任何应力函数也都一定能够表示成为

$$\phi = -2yq + p_3,$$

其中 q 和 p_3 是适当选取的调和函数.

再回到 (83) 的形式, 引用 p_1 的共轭调和函数 q_1, 并令

$$\chi(z) = p_1 + iq_1.$$

于是, 容易证明,

$$(x - iy)(p + iq) + p_1 + iq_1$$

的实部与方程 (83) 的右边相同. 因此, 任何应力函数都可以表示成为如下的形式[①];

$$\phi = \mathrm{Re}\,[\bar{z}\psi(z) + \chi(z)], \tag{84}$$

其中 Re 的意思是 "实部", $\bar{z}$ 代表 $x - iy$, 而 $\psi(z)$ 和 $\chi(z)$ 是适当选取的解析函数. 反之, 任意选取 $\psi(z)$ 和 $\chi(z)$, (84) 能给出一个应力函数, 它是 §18 中方程 (a) 的解. 这在后面求解一些有实际意义的问题时将会用到.

将 (84) 括弧中的 "复应力函数" 写成

$$\bar{z}z\frac{\psi(z)}{z} + \chi(z),$$

并注意 $\bar{z}z = r^2$, 而 $\psi(z)/z$ 仍旧是 z 的函数, 可见任何应力函数又可以表示成为

$$r^2 p_4 + p_5,$$

其中 p_4 和 p_5 是调和函数.

注:

① E. Goursat, *Bull. Soc. Math. France*, vol. 26, p. 206, 1898. N. I. Muskhelišvili, *Math. Ann.*, vol. 107, pp. 282-312, 1932.

§57 对应于已知应力函数的位移 [175]

在 §43 中曾经指出, 确定多连区域内的应力时, 须要计算位移, 以保证位移是连续的, 也就是保证应力不是部分地由于位错而引起的. 由于这一原因, 以及在有些情况下位移本身有着重要意义, 我们需要一个由已知应力函数寻求位移 u 和 v 的方法.

对于平面应力, 应力–应变关系 [方程 (22) 和 (23)] 可以写成

$$E\frac{\partial u}{\partial x} = \sigma_x - \nu\sigma_y, \quad E\frac{\partial v}{\partial y} = \sigma_y - \nu\sigma_x, \tag{a}$$

$$G\left(\frac{\partial v}{\partial x} + \frac{\partial u}{\partial y}\right) = \tau_{xy}. \tag{b}$$

将应力函数代入 (a) 中的第一式, 并注意 $P = \nabla^2\phi$, 就有

$$E\frac{\partial u}{\partial x} = \frac{\partial^2\phi}{\partial y^2} - \nu\frac{\partial^2\phi}{\partial x^2} = \left(P - \frac{\partial^2\phi}{\partial x^2}\right) - \nu\frac{\partial^2\phi}{\partial x^2} = -(1+\nu)\frac{\partial^2\phi}{\partial x^2} + P; \qquad (c)$$

相似地,

$$E\frac{\partial v}{\partial y} = -(1+\nu)\frac{\partial^2\phi}{\partial y^2} + P. \qquad (d)$$

但是, 由 §56 的方程 (f) 和 (g), 上面方程 (c) 中的 P 可用 $4\partial p/\partial x$ 代替, 方程 (d) 中的 P 可用 $4\partial q/\partial y$ 代替. 这样, 在除以 $1+\nu$ 之后, 就得到

$$2G\frac{\partial u}{\partial x} = -\frac{\partial^2\phi}{\partial x^2} + \frac{4}{1+\nu}\frac{\partial p}{\partial x}, \quad 2G\frac{\partial v}{\partial y} = -\frac{\partial^2\phi}{\partial y^2} + \frac{4}{1+\nu}\frac{\partial q}{\partial y}. \qquad (e)$$

积分, 得

$$2Gu = -\frac{\partial\phi}{\partial x} + \frac{4}{1+\nu}p + f(y),$$
$$2Gv = -\frac{\partial\phi}{\partial y} + \frac{4}{1+\nu}q + f_1(x), \qquad (f)$$

其中 $f(y)$ 和 $f_1(x)$ 是任意函数. 将它们代入方程 (b) 的左边, 得到

$$-\frac{\partial^2\phi}{\partial x\partial y} + \frac{2}{1+\nu}\left(\frac{\partial p}{\partial y} + \frac{\partial q}{\partial x}\right) + \frac{1}{2}\frac{\mathrm{d}f}{\mathrm{d}y} + \frac{1}{2}\frac{\mathrm{d}f_1}{\mathrm{d}x} = \tau_{xy}. \qquad (g)$$

但左边的第一项等于 τ_{xy}; 括弧等于零, 因为 p 和 q 是满足柯西 – 雷曼方程的共轭调和函数 (见 §56). 于是有

$$\frac{\mathrm{d}f}{\mathrm{d}y} + \frac{\mathrm{d}f_1}{\mathrm{d}x} = 0,$$

[176]　　这表示

$$\frac{\mathrm{d}f}{\mathrm{d}y} = A, \quad \frac{\mathrm{d}f_1}{\mathrm{d}x} = -A,$$

其中 A 是一个常数. 由此可见, 方程 (f) 中的 $f(y)$ 和 $f_1(x)$ 两项代表刚体位移. 舍去这两项, 可将方程 (f) 写成[①]

$$2Gu = -\frac{\partial\phi}{\partial x} + \frac{4}{1+\nu}p, \quad 2Gv = -\frac{\partial\phi}{\partial y} + \frac{4}{1+\nu}q. \qquad (h)$$

在这上面, 可以加上任何刚体位移. 当 ϕ 已知时, 这两个方程就使我们能求出 u 和 v. 首先须求出 P (作为 $\nabla^2\phi$), 然后利用柯西 – 雷曼方程

$$\frac{\partial P}{\partial x} = \frac{\partial Q}{\partial y} \quad 和 \quad \frac{\partial P}{\partial y} = -\frac{\partial Q}{\partial x}$$

决定共轭函数 Q, 以构成函数 $f(z) = P + iQ$, 再按照 §56 中的方程 (d) 积分 $f(z)$, 得出 p 和 q. 这样就可以求出方程 (h) 中的各项.

方程 (h) 的用处将表现在以后的应用中, 在那里, 第三章和第四章中用来确定位移的方法是不适宜的.

注:

① A. E. H. Love, "Mathematical Theory of Elasticity," 4th ed., Arts. 144, 146, 1926.

§58 用复势表示应力和位移

在这以前, 应力分量和位移分量是用应力函数 ϕ 表示的. 但是, 由于方程 (84) 把 ϕ 用两个函数 $\psi(z)$ 和 $\chi(z)$ 表示, 这就有可能用这两个 "复势" 来表明应力和位移.

任一复变函数 $f(z)$ 都可写成 $\alpha + i\beta$ 的形式, 其中 α 和 β 是实函数. 对应于这个函数, 有共轭①函数 $\alpha - i\beta$, 它是把 $f(z)$ 中的 i 改变成 $-i$ 而得到的. 这个改变将用记号表为

$$\overline{f}(\overline{z}) = \alpha - i\beta. \tag{a}$$

例如, 设 $f(z) = e^{inz}$, 则

$$\overline{f}(\overline{z}) = e^{-in\overline{z}} = e^{-in(x-iy)} = e^{-inx}e^{-ny}. \tag{b}$$

这个式子与

$$f(\overline{z}) = e^{in\overline{z}}$$

的对比, 可以说明方程 (a) 中 f 上的短划的意义.

很明显, [177]

$$f(z) + \overline{f}(\overline{z}) = 2\alpha = 2\mathrm{Re}\, f(z).$$

同样, 如果将方程 (84) 括弧中的函数与它的共轭函数相加, 它们的和将是原函数实部的两倍. 于是方程 (84) 可以改写成

$$2\phi = \overline{z}\psi(z) + \chi(z) + z\overline{\psi}(\overline{z}) + \overline{\chi}(\overline{z}), \tag{85}$$

求导以后得

$$2\frac{\partial \phi}{\partial x} = \overline{z}\psi'(z) + \psi(z) + \chi'(z) + z\overline{\psi}'(\overline{z}) + \overline{\psi}(\overline{z}) + \overline{\chi}'(\overline{z}),$$

$$2\frac{\partial \phi}{\partial y} = i[\overline{z}\psi'(z) - \psi(z) + \chi'(z) - z\overline{\psi}'(\overline{z}) + \overline{\psi}(\overline{z}) - \overline{\chi}'(\overline{z})].$$

将第二个方程乘以 i, 并与第一个方程相加, 可将两方程合而为一. 这样得

$$\frac{\partial \phi}{\partial x} + i\frac{\partial \phi}{\partial y} = \psi(z) + z\overline{\psi}'(\overline{z}) + \overline{\chi}'(\overline{z}). \tag{c}$$

用同样方法将 §57 的 (h) 中的两方程合并, 得

$$2G(u + iv) = -\left(\frac{\partial \phi}{\partial x} + i\frac{\partial \phi}{\partial y}\right) + \frac{4}{1+\nu}(p + iq),$$

或者, 利用 §57 中的方程 (d) 和上面的方程 (c), 得

$$2G(u + iv) = \frac{3-\nu}{1+\nu}\psi(z) - z\overline{\psi}'(\overline{z}) - \overline{\chi}'(\overline{z}). \tag{86}$$

当已知复势 $\psi(z)$ 和 $\chi(z)$ 时, 这方程就确定平面应力状态下的 u 和 v.

对于平面应变, 按照 §20, 须用 $\nu/(1-\nu)$ 代替方程 (86) 右边的 ν.

应力分量 σ_x、σ_y、τ_{xy} 可直接由方程 (85) 的二阶导数求得. 但是, 考虑到在后面曲线坐标中的应用, 采取另外的方法更好些. 将方程 (c) 对 x 求导, 得

$$\frac{\partial^2 \phi}{\partial x^2} + i\frac{\partial^2 \phi}{\partial x \partial y} = \psi'(z) + z\overline{\psi}''(\overline{z}) + \overline{\psi}'(\overline{z}) + \overline{\chi}''(\overline{z}). \tag{d}$$

将方程 (c) 对 y 求导, 并乘以 i, 得

$$i\frac{\partial^2 \phi}{\partial x \partial y} - \frac{\partial^2 \phi}{\partial y^2} = -\psi'(z) + z\overline{\psi}''(z) - \overline{\psi}'(\overline{z}) + \overline{\chi}''(\overline{z}). \tag{e}$$

[178]　将方程 (d) 与 (e) 相减、相加, 可得到较简单的形式. 这时得[②]

$$\sigma_x + \sigma_y = 2\psi'(z) + 2\overline{\psi}'(\overline{z}) = 4\mathrm{Re}\,\psi'(z), \tag{87}$$

$$\sigma_y - \sigma_x - 2i\tau_{xy} = 2[z\overline{\psi}''(\overline{z}) + \overline{\chi}''(\overline{z})]. \tag{88}$$

将方程 (88) 两边的 i 改成 $-i$, 就又得到另一形式

$$\sigma_y - \sigma_x + 2i\tau_{xy} = 2[\overline{z}\psi''(z) + \chi''(z)]. \tag{89}$$

将方程 (89) 或 (88) 右边的实部与虚部分开, 就得到 $\sigma_x - \sigma_y$ 和 $2\tau_{xy}$. 方程 (87) 和 (89) 用复势 $\psi(z)$ 和 $\chi(z)$ 确定应力分量. 因此, 选取一定的函数 $\psi(z)$ 和 $\chi(z)$, 就由方程 (87) 和 (89) 得到一个可能的应力状态, 而对应于这应力状态的位移也容易由方程 (86) 求得.

作为这方法的简单例子, 我们来考察 §18 中讨论过的多项式应力系. 例如, 五次多项式的应力函数显然可由方程 (85) 得到, 只须取

$$\psi(z) = (a_5 + ib_5)z^4, \quad \chi(z) = (c_5 + id_5)z^5,$$

其中 a_5、b_5、c_5、d_5 都是任意实数. 这时

$$\psi'(z) = 4(a_5 + \mathrm{i}b_5)z^3, \quad \chi'(z) = 5(c_5 + \mathrm{i}d_5)z^4,$$
$$\psi''(z) = 12(a_5 + \mathrm{i}b_5)z^2, \quad \chi''(z) = 20(c_5 + \mathrm{i}d_5)z^3,$$

而方程 (87) 和 (89) 给出

$$\begin{aligned}
\sigma_x + \sigma_y &= 4\operatorname{Re}4(a_5 + \mathrm{i}b_5)z^3 \\
&= 16\operatorname{Re}(a_5 + \mathrm{i}b_5)[x^3 - 3xy^2 + \mathrm{i}(3x^2y - y^3)] \\
&= 16a_5(x^3 - 3xy^2) - 16b_5(3x^2y - y^3),
\end{aligned}$$

$$\begin{aligned}
\sigma_y - \sigma_x + 2\mathrm{i}\tau_{xy} &= 2[12(a_5 + \mathrm{i}b_5)\overline{z}z^2 + 20(c_5 + \mathrm{i}d_5)z^3] \\
&= 24(a_5 + \mathrm{i}b_5)(x - \mathrm{i}y)(x + \mathrm{i}y)^2 + 40(c_5 + \mathrm{i}d_5)(x + \mathrm{i}y)^3 \\
&= [24a_5x(x^2 + y^2) - 24b_5y(x^2 + y^2) \\
&\quad + 40c_5(x^3 - 3xy^2) - 40d_5(3x^2y - y^3)] \\
&\quad + \mathrm{i}[24a_5y(x^2 + y^2) + 24b_5x(x^2 + y^2) \\
&\quad + 40c_5(3x^2y - y^3) + 40d_5(x^3 - 3xy^2)].
\end{aligned}$$

两个方括号中的表达式分别给出 $\sigma_y - \sigma_x$ 和 $2\tau_{xy}$. 对应于这一应力分布的位移分量, 容易由方程 (86) 求得为

$$2G(u + \mathrm{i}v) = \frac{3 - \nu}{1 + \nu}(a_5 + \mathrm{i}b_5)z^4 - 4(a_5 - \mathrm{i}b_5)z\overline{z}^3 - 5(c_5 - \mathrm{i}d_5)\overline{z}^4.$$

显然, 在一个完整的 n 次多项式 $(n > 2)$ 应力函数中, 只能有 4 个独立的实常数.　　　　　　　　　　　　　　　　　　　　　　　　　　　　　　　　　　[179]

注:

① 这里的 "共轭" 的意义与 "共轭调和函数" 一词中 "共轭" 的意义完全不同.

② 这些结果以及方程 (86) 是 G. Kolosoff (Г. В. Колосов) 得到的, 见他的论文, 载 *Z. Math. Physik.*, vol. 62, 1914.

§59 曲线上应力的合成. 边界条件

图 114 中的 AB 是画在薄板上的一个曲线弧段. 从 A 向 B 看时, 左边材料对右边材料在弧 $\mathrm{d}s$ 上作用的力可用分量 $\overline{X}\mathrm{d}s$ 和 $\overline{Y}\mathrm{d}s$ 代表. 于是, 由 §10 的方程 (12) 有

$$\begin{aligned}
\overline{X} &= \sigma_x \cos\alpha + \tau_{xy}\sin\alpha, \\
\overline{Y} &= \sigma_y \sin\alpha + \tau_{xy}\cos\alpha,
\end{aligned} \tag{a}$$

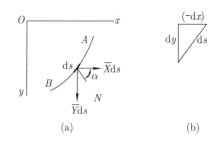

图 114

其中 α 是左边的法线 N 与 x 轴之间的夹角. 与 $\mathrm{d}s$ 相对应的 $\mathrm{d}x$ 和 $\mathrm{d}y$ 如图 114b 所示. 顺 AB 方向通过 $\mathrm{d}s$ 时, x 减小, $\mathrm{d}x$ 是负数. 因此, 图 114b 中单元三角形的水平边的长度是 $-\mathrm{d}x$. 于是

$$\cos\alpha = \frac{\mathrm{d}y}{\mathrm{d}s}, \quad \sin\alpha = -\frac{\mathrm{d}x}{\mathrm{d}s}. \tag{b}$$

将式 (b), 连同

$$\sigma_x = \frac{\partial^2\phi}{\partial y^2}, \quad \sigma_y = \frac{\partial^2\phi}{\partial x^2}, \quad \tau_{xy} = -\frac{\partial^2\phi}{\partial x \partial y},$$

一并代入方程 (a), 得

$$\begin{aligned} \overline{X} &= \frac{\partial^2\phi}{\partial y^2}\frac{\mathrm{d}y}{\mathrm{d}s} + \frac{\partial^2\phi}{\partial x \partial y}\frac{\mathrm{d}x}{\mathrm{d}s} = \frac{\partial}{\partial y}\left(\frac{\partial\phi}{\partial y}\right)\frac{\mathrm{d}y}{\mathrm{d}s} + \frac{\partial}{\partial x}\left(\frac{\partial\phi}{\partial y}\right)\frac{\mathrm{d}x}{\mathrm{d}s} = \frac{\mathrm{d}}{\mathrm{d}s}\left(\frac{\partial\phi}{\partial y}\right), \\ \overline{Y} &= -\frac{\partial^2\phi}{\partial x^2}\frac{\mathrm{d}x}{\mathrm{d}s} - \frac{\partial^2\phi}{\partial x \partial y}\frac{\mathrm{d}y}{\mathrm{d}s} = -\frac{\mathrm{d}}{\mathrm{d}s}\left(\frac{\partial\phi}{\partial x}\right). \end{aligned} \tag{c}$$

[180]　　弧 AB 上的合力的分量因而是

$$\begin{aligned} F_x &= \int_A^B \overline{X}\mathrm{d}s = \int_A^B \frac{\mathrm{d}}{\mathrm{d}s}\left(\frac{\partial\phi}{\partial y}\right)\mathrm{d}s = \left[\frac{\partial\phi}{\partial y}\right]_A^B, \\ F_y &= \int_A^B \overline{Y}\mathrm{d}s = -\int_A^B \frac{\mathrm{d}}{\mathrm{d}s}\left(\frac{\partial\phi}{\partial x}\right)\mathrm{d}s = -\left[\frac{\partial\phi}{\partial x}\right]_A^B, \end{aligned} \tag{d}$$

方括号代表其中的量在 B、A 两点的两值之差.

利用方程 (c), 得到 AB 上的力对 O 点的矩 (顺时针转向) 是

$$M = \int_A^B x\overline{Y}\mathrm{d}s - \int_A^B y\overline{X}\mathrm{d}s = -\int_A^B \left[x\mathrm{d}\left(\frac{\partial\phi}{\partial x}\right) + y\mathrm{d}\left(\frac{\partial\phi}{\partial y}\right)\right].$$

分部积分, 得[①]

$$M = \left[\phi\right]_A^B - \left[x\frac{\partial\phi}{\partial x} + y\frac{\partial\phi}{\partial y}\right]_A^B. \tag{e}$$

由方程 (c) 显然可见, 如果曲线 AB 是不受载荷的边界, $\overline{X}$ 和 $\overline{Y}$ 都是零, $\partial\phi/\partial x$ 和 $\partial\phi/\partial y$ 在 AB 上就必须是常数. 如果 AB 上有给定的载荷, 则方程 (c) 指出, 它们可由 $\partial\phi/\partial x$ 和 $\partial\phi/\partial y$ 在该段边界上的值来确定. 这相当于给出沿 AB 的导数 $\partial\phi/\partial s$ 和垂直于 AB 的导数 $\partial\phi/\partial n$. 假如 ϕ 和 $\partial\phi/\partial n$ 在 AB 上是已知的, 也就知道这些值[2].

现在, 设弧段延续而形成一根闭合曲线, 于是 B 与 A 重合, 但 B 点仍可看作是在绕闭合线路 AB 一周后到达的一点. 这时, 方程 (d) 和 (e) 就给出作用于该线路所包围的那一部分板上的应力的主矢量和主矩. 如果它们不等于零, 那么, $\partial\phi/\partial x$ 和 $\partial\phi/\partial y$ 在绕线路一周之后 (在 B) 就不恢复它们 (在 A) 的初值, 因而它们是不连续的函数, 就像极坐标中的角 θ 那样. 只有当闭合线路之内的那一部分板上有载荷 (与 F_x、F_y、M 相等而反向) 作用时, 情况才会是这样.

为了用方程 (85) 中的复势 $\psi(z)$、$\chi(z)$ 来表示,(d) 中的两个方程可以写成

$$F_x + iF_y = \left[\frac{\partial\phi}{\partial y} - i\frac{\partial\phi}{\partial x}\right]_A^B = -i\left[\frac{\partial\phi}{\partial x} + i\frac{\partial\phi}{\partial y}\right]_A^B,$$

或者, 利用 §58 中的方程 (c), 得   [181]

$$F_x + iF_y = -i[\psi(z) + z\overline{\psi}'(\bar{z}) + \overline{\chi}'(\bar{z})]_A^B. \tag{90}$$

方程 (e) 则成为

$$M = \mathrm{Re}\,[-z\bar{z}\overline{\psi}'(\bar{z}) + \chi(z) - \bar{z}\,\overline{\chi}'(\bar{z})]_A^B. \tag{91}$$

将方程 (90) 和 (91) 应用于包围原点的闭合线路, 可以证明: 如果把 $\psi(z)$ 和 $\chi(z)$ 取为 z^n 的形式 (n 是正或负整数), F_x、F_y、M 就都是零, 因为环绕线路一周时, 两个方括号中的函数都恢复它们的初值. 这些函数本身不能代表由作用于原点的载荷所引起的应力. 函数 $\ln z = \ln r + i\theta$ 在环绕包围原点的线路一周之后并不恢复初值, 因为 θ 增加了 2π. 因此, 如果 $\psi(z) = C\ln z$, 或 $\chi(z) = Dz\ln z$, 而 C 和 D 是 (复数) 常数, 那么, 方程 (90) 将给出 $F_x + iF_y$ 的非零值. 同样, $\chi(z) = D\ln z$ 在 D 是虚数时给出 M 的非零值, 而在 D 是实数时给出零值.

注:

① 方程 (d) 和 (e) 可用来建立平面应力与黏滞流体的二维缓慢运动之间的相似性. 见 J. N. Goodier, *Phil. Mag.*, ser. 7, vol. 17, pp. 554 和 800, 1934.

② 这些边界条件指出 ϕ 与弹性薄板横向挠度的相似性. 对这种相似性的讨论和参考文献, 见 R. D. Mindlin, *Quart. Appl. Math.*, vol. 4, p. 279, 1946.

§60　曲线坐标

极坐标 r、θ (图 113) 可以认为是用一个圆 (半径 r) 与一条径向线 (与极轴成角 θ) 的交点来表明一点的位置的. 从直角坐标向极坐标变换时, 可用方程

$$\sqrt{x^2 + y^2} = r, \quad \text{arctg}\,\frac{y}{x} = \theta. \tag{a}$$

当 r 取不同的常数值时, 第一方程代表一族圆. 当 θ 取不同的常数值时, 第二方程代表一族径向线.

方程 (a) 只是下列形式的方程的特殊情形:

$$F_1(x, y) = \xi, \quad F_2(x, y) = \eta. \tag{b}$$

给予 ξ 和 η 一定的值, 这两个方程就代表两条曲线; 如果 $F_1(x, y)$ 和 $F_2(x, y)$ 是适宜的函数, 两条曲线将相交. 给 ξ 和 η 以不同的值, 将得到不同的曲线和不同的交点. 于是 xy 平面内的每一点可以用 ξ 和 η 的一定值来表示 —— 这两个值使方程 (b) 所示的两条曲线通过该点, 而 ξ 和 η 可看作该点的 "坐标". 因为 ξ 和 η 的给定值用两条相交曲线决定一点, 所以它们称为曲线坐标[①].

[182]　　　极坐标及其相关联的应力分量, 在第四章中对于同心圆边界的问题曾表现极为有用. 在这种边界上, 应力和位移只是 θ 的函数, 因为 r 是常数. 如果边界是由别种曲线 (例如椭圆) 形成的, 则宜采用曲线坐标而使其中的一个坐标在每一边界曲线上是常数.

由方程 (b) 求解 x 和 y, 就得到如下的两个方程:

$$x = f_1(\xi, \eta), \quad y = f_2(\xi, \eta), \tag{c}$$

从它们开始讨论, 往往是最方便的. 例如, 试考察两个方程

$$x = c\,\text{ch}\,\xi \cos\eta, \quad y = c\,\text{sh}\,\xi \sin\eta, \tag{d}$$

其中 c 是常数. 消去 η, 得到

$$\frac{x^2}{c^2\text{ch}^2\xi} + \frac{y^2}{c^2\text{sh}^2\xi} = 1.$$

如果 ξ 是常数, 这就是一个椭圆的方程, 椭圆的半轴是 $c\,\text{ch}\,\xi$ 和 $c\,\text{sh}\,\xi$, 而焦点在 $x = \pm c$ 处. 对于 ξ 的各个不同的值, 我们得到具有共同焦点的不同的椭圆, 就是说, 得到一族共焦椭圆 (图 115). 在每一个这种椭圆上, ξ 是常数, 而 η

是在 2π 范围内变化的, 就像在极坐标中的一个圆周上, r 是常数而 θ 是变化的一样. 其实, 在目前情况下, η 就是椭圆上一点的偏心角[②].

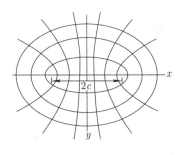

图 115

另一方面, 如果用关系式 $\mathrm{ch}^2\xi - \mathrm{sh}^2\xi = 1$ 从方程 (d) 中消去 ξ, 就得到 [183]

$$\frac{x^2}{c^2\cos^2\eta} - \frac{y^2}{c^2\sin^2\eta} = 1. \tag{e}$$

对于一定的 η 值, 这个方程代表一根双曲线, 它和上述椭圆具有相同的焦点. 因此, 方程 (e) 代表一族共焦双曲线, 在每一根双曲线上, η 是常数而 ξ 是变化的. 坐标 ξ 和 η 称为椭圆坐标.

方程 (d) 相当于 $x + \mathrm{i}y = c\,\mathrm{ch}\,(\xi + \mathrm{i}\eta)$ 或

$$z = c\,\mathrm{ch}\,\zeta, \tag{f}$$

其中 $\zeta = \xi + \mathrm{i}\eta$. 这显然是关系式

$$z = f(\zeta) \tag{g}$$

的一种特殊情形. 这个式子除了将 z 定义为 ζ 的函数外, 还可解出 ζ, 表示成为 z 的函数. 这样, ξ 和 η 是 z 的一个函数的实部和虚部, 因而满足 §55 中的柯西–雷曼方程 (e) 以及同节中的拉普拉斯方程 (f) 和 (g).

本章中所用的曲线坐标将全从 (g) 型的方程导出, 因而将具有某些特殊性质. 设点 x、y 的曲线坐标是 ξ、η, 相邻一点 $x + \mathrm{d}x$、$y + \mathrm{d}y$ 的曲线坐标将是 $\xi + \mathrm{d}\xi$、$\eta + \mathrm{d}\eta$. 由于有 (c) 型的两个方程, 我们可以写出

$$\mathrm{d}x = \frac{\partial x}{\partial \xi}\mathrm{d}\xi + \frac{\partial x}{\partial \eta}\mathrm{d}\eta, \quad \mathrm{d}y = \frac{\partial y}{\partial \xi}\mathrm{d}\xi + \frac{\partial y}{\partial \eta}\mathrm{d}\eta. \tag{h}$$

如果只改变 ξ, 那么, 与曲线 $\eta = \mathrm{const}$ 上的单元弧线 $\mathrm{d}s_\xi$ 相对应的增量 $\mathrm{d}x$、$\mathrm{d}y$ 将是

$$\mathrm{d}x = \frac{\partial x}{\partial \xi}\mathrm{d}\xi, \quad \mathrm{d}y = \frac{\partial y}{\partial \xi}\mathrm{d}\xi, \tag{i}$$

于是

$$(\mathrm{d}s_\xi)^2 = (\mathrm{d}x)^2 + (\mathrm{d}y)^2 = \left[\left(\frac{\partial x}{\partial \xi}\right)^2 + \left(\frac{\partial y}{\partial \xi}\right)^2\right](\mathrm{d}\xi)^2. \tag{j}$$

由于 $z = f(\zeta)$, 我们有

$$\frac{\partial z}{\partial \xi} = \frac{\partial x}{\partial \xi} + \mathrm{i}\frac{\partial y}{\partial \xi} = \frac{\mathrm{d}}{\mathrm{d}\xi}f(\zeta)\frac{\partial \zeta}{\partial \xi} = f'(\zeta), \tag{k}$$

其中

$$f'(\zeta) = \frac{\mathrm{d}f(\zeta)}{\mathrm{d}\zeta}.$$

[184] 现在, 任一复变量可以写成 $J\cos\alpha + \mathrm{i}J\sin\alpha$ 或 $J\mathrm{e}^{\mathrm{i}\alpha}$ 的形式, 其中 J 和 α 是实数. 由于

$$f'(\zeta) = J\mathrm{e}^{\mathrm{i}\alpha}, \tag{l}$$

方程 (k) 给出

$$\frac{\partial x}{\partial \xi} = J\cos\alpha, \quad \frac{\partial y}{\partial \xi} = J\sin\alpha, \tag{m}$$

从而方程 (j) 给出

$$\mathrm{d}s_\xi = J\mathrm{d}\xi.$$

利用方程 (i) 和 (m), 得 $\mathrm{d}s_\xi$ 的斜率

$$\frac{\mathrm{d}y}{\mathrm{d}x} = \frac{\partial y/\partial \xi}{\partial x/\partial \xi} = \mathrm{tg}\,\alpha. \tag{n}$$

可见, 由方程 (l) 给定的 α 就是曲线 $\eta = \mathrm{const}$ 的切线 (朝向 ξ 增加的一边) 与 x 轴之间的夹角 (图 116). 同样, 如果只改变 η, 则方程 (h) 中的增量 $\mathrm{d}x$ 和 $\mathrm{d}y$ 将与曲线 $\xi = \mathrm{const}$ 上的单元弧线 $\mathrm{d}s_\eta$ 相对应, 而代替方程 (i) 的将是

$$\mathrm{d}x = \frac{\partial x}{\partial \eta}\mathrm{d}\eta, \quad \mathrm{d}y = \frac{\partial y}{\partial \eta}\mathrm{d}\eta.$$

和上面一样地进行推导, 就将得到

$$\frac{\partial x}{\partial \eta} = -J\sin\alpha, \quad \frac{\partial y}{\partial \eta} = J\cos\alpha,$$

并得到 $\mathrm{d}s_\eta = J\mathrm{d}\eta$ 和

$$\frac{\mathrm{d}y}{\mathrm{d}x} = -\mathrm{ctg}\alpha.$$

将最后这一结果与方程 (n) 对比, 可见曲线 $\xi = \mathrm{const}$ 与 $\eta = \mathrm{const}$ 相交成直角, η 增加的方向与 x 轴成角 $(\pi/2) + \alpha$ (图 116).

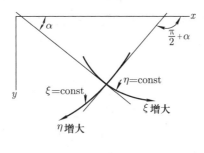

图 116

试以方程 (f) 所决定的椭圆坐标为例, 我们有 [185]

$$f'(\zeta) = \operatorname{csh}\zeta = \operatorname{csh}\xi\cos\eta + \mathrm{i}\operatorname{cch}\xi\sin\eta = J\mathrm{e}^{\mathrm{i}\alpha}.$$

将最后一个等号两边的实部和虚部对比, 得到

$$J\cos\alpha = \operatorname{csh}\xi\cos\eta, \quad J\sin\alpha = \operatorname{cch}\xi\sin\eta,$$

因而

$$J^2 = c^2(\operatorname{sh}^2\xi\cos^2\eta + \operatorname{ch}^2\xi\sin^2\eta) = \frac{1}{2}c^2(\operatorname{ch}2\xi - \cos 2\eta), \tag{o}$$

$$\operatorname{tg}\alpha = \operatorname{cth}\xi\operatorname{tg}\eta. \tag{p}$$

注:

① 曲线坐标的一般理论是 Lamé 加以发展的, 见他所著的 "Leçons sur les coordonnées curvilignes", Paris, 1859.

② 如果在半轴为 a 和 b 的椭圆的外接圆上一点的极坐标是 a 和 θ, 则由这一点到 x 轴的垂线将与椭圆相交于 $x = a\cos\theta$、$y = b\sin\theta$ 的一点; θ 就称为椭圆上这一点的偏心角.

§61 曲线坐标中的应力分量

方程 (86)、(87) 和 (89) 给出用复势 $\psi(z)$ 和 $\chi(z)$ 表示的位移及应力的直角坐标分量. 采用曲线坐标时, 复势可取为 ζ 的函数, z 本身则通过 §60 中规定曲线坐标的 (g) 型方程用 ζ 表示. 这样, 用 ξ 和 η 来表示 σ_x、σ_y、τ_{xy} 就没有困难. 但是, 通常更方便的是用下列分量来表明应力:

σ_ξ, 曲线 $\xi = \mathrm{const}$ 上的正应力分量;

σ_η, 曲线 $\eta = \mathrm{const}$ 上的正应力分量;

$\tau_{\xi\eta}$, 两曲线上的剪应力分量.

这些分量如图 117 所示. 将这个图和图 116 与图 12 对比, 可见 σ_ξ 和 $\tau_{\xi\eta}$ 相当于图 12 中的 σ 和 τ. 因此, 可利用方程 (13) 而得到

$$\sigma_\xi = \frac{1}{2}(\sigma_x + \sigma_y) + \frac{1}{2}(\sigma_x - \sigma_y)\cos 2\alpha + \tau_{xy}\sin 2\alpha,$$

$$\tau_{\xi\eta} = -\frac{1}{2}(\sigma_x - \sigma_y)\sin 2\alpha + \tau_{xy}\cos 2\alpha.$$

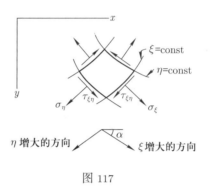

图 117

[186] 同样, 用 $(\pi/2) + \alpha$ 代替 α, 就得到

$$\sigma_\eta = \frac{1}{2}(\sigma_x + \sigma_y) - \frac{1}{2}(\sigma_x - \sigma_y)\cos 2\alpha - \tau_{xy}\sin 2\alpha,$$

并且很容易由此得到下列方程①:

$$\sigma_\xi + \sigma_\eta = \sigma_x + \sigma_y, \tag{92}$$

$$\sigma_\eta - \sigma_\xi + 2\mathrm{i}\tau_{\xi\eta} = \mathrm{e}^{2\mathrm{i}\alpha}(\sigma_y - \sigma_x + 2\mathrm{i}\tau_{xy}). \tag{93}$$

对于由 $z = f(\zeta)$ 决定的曲线坐标, 因子 $\mathrm{e}^{2\mathrm{i}\alpha}$ 可由 §60 中的方程 (1) 求得. 这一方程, 以及将 i 改为 $-$i 而得到的共轭方程, 是

$$f'(\zeta) = J\mathrm{e}^{\mathrm{i}\alpha}, \quad \overline{f}'(\overline{\zeta}) = J\mathrm{e}^{-\mathrm{i}\alpha},$$

由此得

$$\mathrm{e}^{2\mathrm{i}\alpha} = \frac{f'(\zeta)}{\overline{f}'(\overline{\zeta})}. \tag{94}$$

例如, 对于椭圆坐标, $f'(\zeta) = \mathrm{csh}\,\zeta$,
而

$$\mathrm{e}^{2\mathrm{i}\alpha} = \frac{\mathrm{sh}\,\zeta}{\mathrm{sh}\,\overline{\zeta}}. \tag{q}$$

按照这样确定的 $e^{2i\alpha}$ 的值, 方程 (92) 和 (93) 用 σ_x、σ_y、τ_{xy} 表示出 σ_ξ、σ_η、$\tau_{\xi\eta}$.

曲线坐标中的位移是用沿 ξ 增大的方向 (图 116) 的分量 u_ξ 和沿 η 增大的方向的分量 u_η 来表明的. 设 u 和 v 是位移的直角坐标分量, 就有

$$u_\xi = u \cos\alpha + v \sin\alpha, \quad u_\eta = v \cos\alpha - u \sin\alpha,$$

因而

$$u_\xi + iu_\eta = e^{-i\alpha}(u + iv). \tag{95}$$

当复势 $\psi(z)$ 和 $\chi(z)$ 已经选定时, 利用方程 (86), 使其中的 $z = f(\zeta)$, 并利用方程 (94), 就能够将 u_ξ 和 u_η 用 ξ 和 η 表示.

将方程 (86)、(87)、(89) 与 (92)、(93)、(95) 结合, 就得到应力分量和位移分量的下列方程 (在最后一个方程中, 已用 $-i$ 代替 i):

$$\sigma_\xi + \sigma_\eta = 2[\psi'(z) + \overline{\psi}'(\bar{z})] = 4\text{Re}\,\psi'(z), \tag{96}$$

$$\sigma_\eta - \sigma_\xi + 2i\tau_{\xi\eta} = 2e^{2i\alpha}[\bar{z}\psi''(z) + \chi''(z)], \tag{97}$$

$$2G(u_\xi - iu_\eta) = e^{i\alpha}\left[\frac{3-\nu}{1+\nu}\overline{\psi}(\bar{z}) - \bar{z}\psi'(z) - \chi'(z)\right]. \tag{98}$$

在求解某些有关曲线边界的问题时, 将用到这些方程.

[187]

注:

① 方程 (92)、(93)、(95) 是 Г. В. Голосов 得到的, 见 §58 的注 ②.

习题

1. 试证明, 对于由 $z = e^\zeta$ 所决定的极坐标, 方程 (94) 成为

$$e^{2i\alpha} = e^{2i\eta}, \quad \text{而} \quad \alpha = \eta = \theta.$$

2. 试利用提示的复势求出下列各问题的极坐标解答. 算出应力分量和位移分量. 题中大写字母代表常数, 但不一定是实数.

(a) 圆环 $(a < r < b)$ 在两个边界上受有由剪应力组成的相等而相反的力偶矩 M (图 138). $\psi(z) = 0, \chi(z) = A \ln z$.

(b) 上述圆环受内压力 p_i 和外压力 p_o (图 41). $\psi(z) = Az, \chi(z) = B \ln z$.

(c) 曲杆的纯弯曲和圆环的 "转动位错", 如 §29 和 §31 中所讨论的.

$$\psi(z) = Az \ln z + Bz, \quad \chi(z) = C \ln z.$$

(d) §33 中所解答的问题. $\psi(z) = Az^2 + B \ln z, \chi(z) = Cz \ln z + D/z$.

(e) 受拉力的板有一圆孔 (§35). $\psi(z) = Az + \dfrac{B}{z}, \chi(z) = C \ln z + Dz^2 + F/z^2$.

(f) §36 中的径向应力分布. $\psi(z) = A \ln z, \chi(z) = Bz \ln z$.

(g) 力作用于无限大板内的一点 (§42). $\psi(z) = A \ln z, \chi(z) = Bz \ln z$.

§62 用椭圆坐标求解. 受均匀应力的板内的椭圆孔

在 §60 中曾经讨论过的如图 115 所示的椭圆坐标 ξ、η, 决定于

$$z = c\,\mathrm{ch}\,\zeta, \quad \zeta = \xi + \mathrm{i}\eta, \tag{a}$$

由此得出

$$x = c\,\mathrm{ch}\,\xi\cos\eta, \quad y = c\,\mathrm{sh}\,\xi\sin\eta,$$

并得出

$$\frac{\mathrm{d}z}{\mathrm{d}\zeta} = c\,\mathrm{sh}\,\zeta, \quad \mathrm{e}^{2\mathrm{i}\alpha} = \frac{\mathrm{sh}\,\zeta}{\mathrm{sh}\,\bar\zeta}. \tag{b}$$

在半轴为 $c\,\mathrm{ch}\,\xi_0$ 和 $c\,\mathrm{sh}\,\xi_0$ 的椭圆上, 坐标 ξ 是常数, 并等于 ξ_0. 如果已知半轴是 a 和 b, 即可由

$$c\,\mathrm{ch}\,\xi_0 = a, \quad c\,\mathrm{sh}\,\xi_0 = b \tag{c}$$

[188]

求得 c 和 ξ_0, 因此, 如果给定椭圆族中的一个椭圆, 整个椭圆族以及双曲线族 (见 §60) 就决定了. 如果 ξ 很小, 对应的椭圆就很细长, 而在 $\xi = 0$ 的极限时, 它将成为连接两焦点而长度为 $2c$ 的一条线. 取 ξ 为逐渐增大的正值, 椭圆也逐渐加大, 而在 $\xi = \infty$ 的极限时趋近于无限大的圆. 当 η 由零 (在正 x 轴上, 图 115) 增大到 2π 时, 任一椭圆上的一点就绕椭圆一周. 从这方面来看, η 与极坐标的角 θ 相似. 位移分量和应力分量的连续性, 要求它们是 η 的周期函数, 而以 2π 为周期, 使得它们在 $\eta = 2\pi$ 时与在 $\eta = 0$ 时具有相同的值.

现在来考察一块各向受均匀拉力 S 的无限大板, 板内有一个半轴为 a 和 b 的椭圆孔, 孔边没有应力[①]. 这些条件指的是

$$\text{在无穷远处 } (\xi \to \infty), \quad \sigma_x = \sigma_y = S, \tag{d}$$

$$\text{在椭圆孔边界上 } (\xi = \xi_0), \quad \sigma_\xi = \tau_{\xi\eta} = 0. \tag{e}$$

由方程 (87) 和 (89) 可知, 如果在无穷远处有

$$2\mathrm{Re}\,\psi'(z) = S, \quad \bar z\psi''(z) + \chi''(z) = 0, \tag{f}$$

条件 (d) 就可以满足.

为了连续性, 应力分量和位移分量必须是 η 的周期函数, 而以 2π 为周期. 这使我们想到 $\psi(z)$ 和 $\chi(z)$ 的形式应当能给出具有同样周期的应力函数, 而这类形式是

$$\mathrm{sh}\,n\zeta, \text{ 也就是, } \mathrm{sh}\,n\xi\cos n\eta + \mathrm{i}\,\mathrm{ch}\,n\xi\sin n\eta,$$

$$\mathrm{ch}\,n\zeta, \text{ 也就是, } \mathrm{ch}\,n\xi\cos n\eta + \mathrm{i}\,\mathrm{sh}\,n\xi\sin n\eta,$$

其中 n 是整数. 函数 $\chi(z) = Bc^2\zeta$ (B 是常数) 对于这个问题也适合.

由式 (a) 显然可见, 当 $\xi \to \infty$ 时, ζ 的表现一如 $\ln z$, 而在相关的圆孔问题中正需要这种形式的 χ (见 §61 中的习题 2b).

取 $\psi(z) = A\mathrm{sh}\,\zeta$, 其中 A 是常数, 并利用 (b) 中的第一方程求 $\mathrm{d}\zeta/\mathrm{d}z$ (它是 $\mathrm{d}z/\mathrm{d}\zeta$ 的倒数), 得到

$$\psi'(z) = A\mathrm{ch}\,\zeta\frac{\mathrm{d}\zeta}{\mathrm{d}z} = A\frac{\mathrm{ch}\,\zeta}{\mathrm{sh}\,\zeta} = A\mathrm{cth}\zeta. \tag{g}$$

在离开原点无穷远处, ξ 是无穷大, 而 $\mathrm{cth}\zeta$ 的值等于 1. 因此, 如果 $2A = S$, (f) 中的第一个条件就被满足. 由 (g) 又可求得 [189]

$$\psi''(z) = -\frac{A}{c}\frac{1}{\mathrm{sh}^3\zeta} \tag{h}$$

和

$$\overline{z}\psi''(z) = -A\frac{\mathrm{ch}\,\overline{\zeta}}{\mathrm{sh}^3\zeta}. \tag{i}$$

取 $\chi(z) = Bc^2\zeta$, 其中 B 是常数, 就有

$$\chi'(z) = \frac{Bc}{\mathrm{sh}\,\zeta}, \quad \chi''(z) = -B\frac{\mathrm{ch}\,\zeta}{\mathrm{sh}^3\zeta}. \tag{j}$$

方程 (i) 和 (j) 表明: $\overline{z}\psi''(z)$ 和 $\chi''(z)$ 在无穷远处都等于零. 于是 (f) 中的第二个条件也被满足.

适当选取常数 B, 可以满足条件 (e). 从方程 (96) 减去方程 (97), 得到

$$\sigma_\xi - \mathrm{i}\tau_{\xi\eta} = \psi'(z) + \overline{\psi}'(\overline{z}) - \mathrm{e}^{2\mathrm{i}\alpha}[\overline{z}\psi''(z) + \chi''(z)], \tag{k}$$

而 $\mathrm{e}^{2\mathrm{i}\alpha}$ 是由 (b) 中的第二式决定的. 于是

$$\begin{aligned}
\sigma_\xi - \mathrm{i}\tau_{\xi\eta} &= A\left(\frac{\mathrm{ch}\,\zeta}{\mathrm{sh}\,\zeta} + \frac{\mathrm{ch}\,\overline{\zeta}}{\mathrm{sh}\,\overline{\zeta}}\right) + \frac{\mathrm{sh}\,\zeta}{\mathrm{sh}\,\overline{\zeta}}\left(A\frac{\mathrm{ch}\,\overline{\zeta}}{\mathrm{sh}^3\zeta} + B\frac{\mathrm{ch}\,\zeta}{\mathrm{sh}^3\zeta}\right) \\
&= \frac{1}{\mathrm{sh}^2\zeta\,\mathrm{sh}\,\overline{\zeta}}\{A[\mathrm{sh}\,\zeta\mathrm{sh}\,(\zeta + \overline{\zeta}) + \mathrm{ch}\,\overline{\zeta}] + B\mathrm{ch}\,\zeta\}.
\end{aligned} \tag{l}$$

在椭圆孔的边界上, $\xi = \xi_0, \zeta + \overline{\zeta} = 2\xi_0, \overline{\zeta} = 2\zeta_0 - \zeta$, 于是 (l) 可简化为

$$\frac{1}{\mathrm{sh}^2\zeta\,\mathrm{sh}\,\overline{\zeta}}(A\mathrm{ch}\,2\xi_0 + B)\mathrm{ch}\,\zeta.$$

因此, 设

$$B = -A\mathrm{ch}\,2\xi_0 = -\frac{1}{2}S\mathrm{ch}\,2\xi_0, \tag{m}$$

条件 (e) 就被满足. 现在我们得到

$$\psi(z) = \frac{1}{2}S\operatorname{sh}\zeta, \quad \chi(z) = -\frac{1}{2}Sc^2\operatorname{ch}2\xi_0 \cdot \zeta. \tag{n}$$

现在所有的边界条件都已满足. 但是我们还不能确信复势 (n) 就代表这问题的解答, 除非我们知道它们给出的位移是连续的. 位移的直角坐标分量可由方程 (86) 求得. 在目前情况下, 这方程给出

$$2G(u + \mathrm{i}v) = \frac{3-\nu}{1+\nu}A\operatorname{sh}\zeta - A\operatorname{ch}\zeta\operatorname{cth}\bar{\zeta} - \frac{Bc}{\operatorname{sh}\bar{\zeta}}, \tag{o}$$

其中 $A = S/2$, 而 B 是由方程 (m) 决定的. 这些双曲线函数的实部和虚部是 η 的周期函数. 因此, 环绕板内 $\xi = \text{const}$ 的任一椭圆一周, u 和 v 将恢复初值. 可见复势 (n) 能给出这问题的解答.

孔边的应力分量 σ_η 很容易由方程 (96) 求得, 因为在孔边 σ_ξ 为零. 将方程 (g) 中的 $\psi'(z)$ 值连同 $A = S/2$ 代入方程 (96), 得

$$\sigma_\xi + \sigma_\eta = 4\mathrm{Re}\,\psi'(z) = 2S\mathrm{Re}\operatorname{cth}\zeta.$$

但是, 由 §54 中的方程 (c) 有

$$\operatorname{cth}\zeta = \frac{\operatorname{sh}2\xi - \mathrm{i}\sin 2\eta}{\operatorname{ch}2\xi - \cos 2\eta}.$$

因此

$$\sigma_\xi + \sigma_\eta = \frac{2S\operatorname{sh}2\xi}{\operatorname{ch}2\xi - \cos 2\eta},$$

而在孔边上有

$$(\sigma_\eta)_{\xi=\xi_0} = \frac{2S\operatorname{sh}2\xi_0}{\operatorname{ch}2\xi_0 - \cos 2\eta}.$$

最大值发生在长轴的两端 ($\eta = 0$ 和 $\pi, \cos 2\eta = 1$):

$$(\sigma_\eta)_{\max} = \frac{2S\operatorname{sh}2\xi_0}{\operatorname{ch}2\xi_0 - 1}.$$

由方程 (c) 容易证明,

$$c^2 = a^2 - b^2, \quad \operatorname{sh}2\xi_0 = \frac{2ab}{c^2}, \quad \operatorname{ch}2\xi_0 = \frac{a^2+b^2}{c^2}.$$

利用这些值, 就得到

$$(\sigma_\eta)_{\max} = 2S\frac{a}{b}.$$

当使椭圆逐渐细长时, 这应力也逐渐增大.

应力 $(\sigma_\eta)_{\xi=\xi_0}$ 的最小值发生在短轴的两端 $(\cos 2\eta = -1)$:

$$(\sigma_\eta)_{\min} = \frac{2S\,\mathrm{sh}\,2\xi_0}{\mathrm{ch}\,2\xi_0 + 1} = 2S\frac{a}{b}.$$

当 $a = b$ 时, 椭圆成为一个圆, $(\sigma_\eta)_{\max}$ 和 $(\sigma_\eta)_{\min}$ 都简化成为 $2S$, 与 §35 中对于各向受均匀拉力而具有圆孔的板求得的值相符. [191]

对于在椭圆孔内受均匀压力 S 而在无穷远处应力为零的问题, 只要将上面的解答与由复势 $\psi(z) = -Sz/2$ 导出的均匀应力状态 $\sigma_\xi = \sigma_\eta = -S$ 相结合, 就能得到解答.

注:

① 首先得出具有椭圆孔的板的解答的是 Г. В. Голосов, 见 §58 的注 ②, 以及 C. E. Inglis, *Trans. Inst. Naval Arch.*, London, 1913; *Eng.* vol. 95, p. 415, 1913. 又见 T. Pöschl, *Math. Z.*, vol. 11, p. 95, 1921. 这里采用的是 Г. В. Голосов 的方法. 同一方法曾被 A. C. Stevenson 应用于弹性理论的若干二维问题, 见 *Proc. Roy. Soc. (London)*, ser. A, vol. 184, pp. 129 and 218, 1945. 本章中以后还将举出另一些参考文献.

§63 受简单拉伸的板内的椭圆孔

作为第二个问题, 试考察一块在简单拉应力 S 状态下的无限大板, 拉应力方向在正 x 轴下面与 x 轴成角 β (图 118), 板内有一椭圆孔, 其长轴与前面问题中一样沿着 x 轴. 椭圆孔的长轴垂直于 (或平行于) 拉力①, 是本问题的特殊情况. 用现在的方法求解更一般的问题, 并没有更多的困难. 由这一问题的解答, 我们可以了解椭圆孔对任何均匀平面应力状态的影响 (这应力状态是以在无穷远处与孔成任意方向的主应力来表征的).

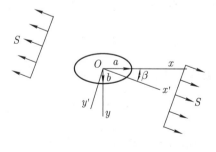

图 118

设 Ox'、Oy' 是将 Ox 转过 β 角使其与拉力 S 平行而得到的直角坐标轴.

于是由方程 (92)、(93) 有

$$\sigma_{x'} + \sigma_{y'} = \sigma_x + \sigma_y,$$

$$\sigma_{y'} - \sigma_{x'} + 2\mathrm{i}\tau_{x'y'} = \mathrm{e}^{2\mathrm{i}\beta}(\sigma_y - \sigma_x + 2\mathrm{i}\tau_{xy}).$$

因为在无穷远处 $\sigma_{x'} = S, \sigma_{y'} = \tau_{x'y'} = 0$, 所以在无穷远处有

$$\sigma_x + \sigma_y = S, \quad \sigma_y - \sigma_x + 2\mathrm{i}\tau_{xy} = -S\mathrm{e}^{-2\mathrm{i}\beta},$$

从而由方程 (87) 和 (89) 有

$$4\mathrm{Re}\,\psi'(z) = S, \quad 2[\bar{z}\psi''(z) + \chi''(z)] = -S\mathrm{e}^{-2\mathrm{i}\beta}. \tag{a}$$

在孔的边界上, $\xi = \xi_0$, 必须有 $\sigma_\xi = \tau_{\xi\eta} = 0$.

[192]　　　所有这些边界条件都能满足, 只要取 $\psi(z)$、$\chi(z)$ 为如下的形式[②]:

$$4\psi(z) = A\mathrm{cch}\,\zeta + B\mathrm{sh}\,\zeta,$$

$$4\chi(z) = Cc^2\zeta + Dc^2\mathrm{ch}\,2\zeta + Ec^2\mathrm{sh}\,2\zeta,$$

其中 A、B、C、D、E 都是待定常数.

由于 $z = c\mathrm{ch}\,\zeta$, $4\psi(z)$ 的表达式中 $A\mathrm{cch}\,\zeta$ 一项就简单地成为 Az. 它将使方程 (84) 所示的应力函数中有一项 $\mathrm{Re}\,A\bar{z}z$ 或 $\mathrm{Re}\,Ar^2$. 如果 A 是虚数, 这一项就是零, 因而可以取 A 为实数. 常数 C 也必须是实数. 因为, 如果将上面 $\psi(z)$、$\chi(z)$ 的表达式代入方程 (91), 并取曲线 AB 为围绕着孔的闭合线路, 那么, 除了包含 C 的一项外, 其余各项全都给出零值, 因为双曲线函数是 η 的周期函数, 而周期是 2π. 包含 C 的一项是 $\mathrm{Re}\,[Cc^2(\xi + \mathrm{i}\eta)]_A^B$. 对于闭合线路, 只有当 C 是实数时这一项才等于零.

常数 B、D、E 都是复数, 可以写作

$$B = B_1 + \mathrm{i}B_2, \quad D = D_1 + \mathrm{i}D_2, \quad E = E_1 + \mathrm{i}E_2. \tag{b}$$

将上面 $\psi(z)$、$\chi(z)$ 的表达式代入条件 (a), 得

$$A + B_1 = S, \quad 2(D + E) = -S\mathrm{e}^{-2\mathrm{i}\beta}. \tag{c}$$

为了求得 $\sigma_\xi - \mathrm{i}\tau_{\xi\eta}$, 从方程 (96) 减去方程 (97), 得

$$4(\sigma_\xi - \mathrm{i}\tau_{\xi\eta}) = \mathrm{csch}\overline{\zeta}[(2A + B\mathrm{cth}\,\zeta)\mathrm{sh}\,\overline{\zeta} + (\overline{B} + B\mathrm{csch}^2\zeta)\mathrm{ch}\,\overline{\zeta}$$

$$+ (C + 2E)\mathrm{csch}\,\zeta\mathrm{cth}\,\zeta - 4D\mathrm{sh}\,\zeta - 4E\mathrm{ch}\,\zeta].$$

在孔边，$\xi = \xi_0$，而 $\bar{\zeta} = 2\xi_0 - \zeta$. 将 ζ 的这个值代入上式中的 $\mathrm{sh}\,\bar{\zeta}$ 和 $\mathrm{ch}\,\bar{\zeta}$，并将函数 $\mathrm{sh}\,(2\xi_0 - \zeta)$ 和 $\mathrm{ch}\,(2\xi_0 - \zeta)$ 展开，方括号中的表达式就简化成为

$$(2A\mathrm{sh}\,2\xi_0 - 2iB_2\mathrm{ch}\,2\xi_0 - 4E)\mathrm{ch}\,\zeta - (2A\mathrm{ch}\,2\xi_0 - 2iB_2\mathrm{sh}\,2\xi_0 + 4D)\mathrm{sh}\,\zeta$$
$$+(C + 2E + B\mathrm{ch}\,2\xi_0)\mathrm{cth}\zeta\mathrm{csch}\zeta.$$

如果 $\mathrm{ch}\zeta$、$\mathrm{sh}\zeta$、$\mathrm{cth}\zeta\mathrm{csch}\zeta$ 的系数都等于零，这个式子，从而在孔边的 $\sigma_\xi - i\tau_{\xi\eta}$，将等于零. 于是我们有三个方程，连同 (c) 中的两个方程，都必须被常数 A、B、C、D、E 所满足. 由于 A 和 C 是实数，实际上有九个方程被八个常数 —— A、C 以及 B、D、E 的实部和虚部 B_1、B_2、D_1、D_2、E_1、E_2 —— 所满足. 这九个方程是相容的，它们的解答是 [193]

$$A = Se^{2\xi_0}\cos 2\beta, \qquad\qquad D = -\frac{1}{2}Se^{2\xi_0}\mathrm{ch}\,2(\xi_0 + i\beta),$$
$$B = S(1 - e^{2\xi_0 - 2i\beta}), \qquad E = \frac{1}{2}Se^{2\xi_0}\mathrm{sh}\,2(\xi_0 + i\beta),$$
$$C = -S(\mathrm{ch}\,2\xi_0 - \cos 2\beta).$$

于是这个问题的复势由下式给出：

$$4\psi(z) = Sc[e^{2\xi_0}\cos 2\beta\,\mathrm{ch}\,\zeta + (1 - e^{2\xi_0 + 2i\beta})\mathrm{sh}\,\zeta],$$
$$4\chi(z) = -Sc^2\left[(\mathrm{ch}\,2\xi_0 - \cos 2\beta)\zeta + \frac{1}{2}e^{2\xi_0} - \mathrm{ch}\,2(\zeta - \xi_0 - i\beta)\right].$$

现在可由方程 (98) 求出位移分量. 可以看出，它们是单值的.

孔边的应力 σ_η 可由方程 (96) 求得，因为在孔边 σ_ξ 是零. 于是得

$$(\sigma_\eta)_{\xi=\xi_0} = S\frac{\mathrm{sh}\,2\xi_0 + \cos 2\beta - e^{2\xi_0}\cos 2(\beta - \eta)}{\mathrm{ch}\,2\xi_0 - \cos 2\eta}.$$

当拉力 S 与长轴成直角时 $(\beta = \pi/2)$，

$$(\sigma_\eta)_{\xi=\xi_0} = Se^{2\xi_0}\left[-\frac{\mathrm{sh}\,2\xi_0(1 + e^{-2\xi_0})}{\mathrm{ch}\,2\xi_0 - \cos 2\eta} - 1\right],$$

而发生在长轴两端 $(\cos 2\eta = 1)$ 的最大值成为

$$S\left(1 + 2\frac{a}{b}\right).$$

当椭圆孔愈益细长时，这个值将无限增大. 当 $a = b$ 时，它和 §35 中就圆孔求得的值 $3S$ 一致. 椭圆孔边应力的最小值是 $-S$，发生在短轴的两端. 这也和对于圆孔求得的值相同.

当拉力 S 平行于长轴时 $(\beta = 0)$, 孔边应力 σ_η 的最大值是 $S(1 + 2b/a)$, 发生在短轴的两端. 当孔很细长时, 这个值趋近于 S. 在长轴的两端, 不论 a/b 的值如何, 这应力都是 $-S$.

椭圆孔对平行于 x 轴和 y 轴的纯剪 S 状态的影响, 很容易由 $\beta = \pi/4$ 方向的拉力 S 和 $\beta = 3\pi/4$ 方向的 $-S$ 两种情形叠加而求得. 这时, 孔边应力是

$$(\sigma_\eta)_{\xi = \xi_0} = -2S \frac{e^{2\xi_0} \sin 2\eta}{\operatorname{ch} 2\xi_0 - \cos 2\eta}.$$

[194]　这应力在长轴的两端和短轴的两端都是零, 而最大值

$$\pm S \frac{(a + b)^2}{ab}$$

发生在由 $\operatorname{tg} \eta = \operatorname{th} \xi_0 = b/a$ 决定的各点. 当椭圆很细长时, 这些值很大, 而它们所在的点将邻近长轴的两端.

对于下面几种情况都已经求得解答: 具有椭圆孔的薄板在其平面内受纯弯曲[3],[4]或像狭矩形梁一样受有按抛物线分布的剪力[4], 椭圆孔在短轴两端受相等而相反的集中力[5], 以及受拉力的薄板在孔内填以刚性或弹性 "包体"[6]. 椭圆坐标中更一般的级数形式的实数应力函数 ϕ 也有人研究过[7]. 与此等价的复势, 可由这里用到或提到的一些函数以及类似于 §61 习题中引用的简单函数 (包括位错以及集中力和力偶的在内) 来作成. 关于椭圆孔受一般载荷时的解答, 将在 §67 至 §72 中给出.

对于椭圆形的和其他非圆形的孔或包体受各种载荷时的更多解答, 已经详尽地作出[8].

注:

① 见 §62 的注释 ① 中列举的文献.

② Stevenson, 见 §62 的注 ①.

③ K. Wolf, *Z. Tech. Physik*, 1922, p. 160.

④ H. Neuber, *Ingenieur-Arch.*, vol. 5, p. 242, 1934. 这一解答以及有关椭圆和双曲线的另外几个解答见 Neuber 所著 "Kerbspannungslehre", Berlin, 1958.

⑤ P. S. Symonds, *J. Appl. Mech.*, vol. 13, p. A-183, 1946. 有限形式的解答是 A. E. Green 得出的, 见同上期刊, vol. 14, p. A-246, 1947.

⑥ N. I. Muskhelišvili, *Zeit. angew. Math. Mech.*, vol. 13, p. 264, 1933; L. H. Donnell, "Theodore von Kármán Anniversary Volume", p. 293, Pasadena, 1941.

⑦ E. G. Coker and L. N. G. Filon, "Photoelasticity," pp. 123, 535, Cambridge University Press 1931; A. Timpe, *Math. Z.*, vol. 17, p. 189, 1923.

⑧ Н. И. Мусхелишвили 著, 赵惠元译,《数学弹性力学的几个基本问题》, 科学出版社, 1958; Г. Н. Савин 著, 卢鼎霍译,《孔附近的应力集中》, 科学出版社, 1958; p.

p. Teodorescu, One Hundred Years of Investigation in the Plane Problem of the Theory of Elasticity, 载于 "Applied Mechanics Surveys," p. p. 245-262, 1966.

§64 双曲线边界. 凹口

在 §60 中曾经指出, 椭圆坐标中 $\eta = $ const 的曲线是双曲线, 在 §62 中又曾指出, η 的范围可取为从 0 到 2π, ξ 的范围是 0 到 ∞.

设 η_0 是 η 在图 119 中双曲线弧 BA 上的常数值, 它是在 0 与 $\pi/2$ 之间, 因为 x 和 y 在 BA 上都是正值. 沿着双曲线这一支的另一半 BC, η 的值是 $2\pi - \eta_0$. 沿着另一支的一半 ED, η 是 $\pi - \eta_0$, 而沿着 EF, η 是 $\pi + \eta_0$. [195]

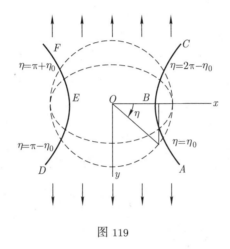

图 119

试考察这两条双曲线边界之间的板 $ABCFED$, 设板在 Oy 方向受拉力[①]. 在无穷远处拉应力必须下降为零, 以使通过腰部 EOB 的拉力保持为有限大. 能满足这一条件并满足对称于 Ox 和 Oy 以及双曲线边界不受力等必需条件的复势是

$$\psi(z) = -\frac{1}{2}Ai\zeta, \quad \chi(z) = -\frac{1}{2}Ai\zeta z - B\mathrm{cish}\,\zeta, \tag{a}$$

其中 A 和 B 是实常数, 而 $z = c\mathrm{ch}\,\zeta$. 由此得

$$\psi'(z) = -\frac{iA}{2\mathrm{csh}\,\zeta},$$
$$\chi'(z) = -\frac{1}{2}Ai\zeta - \left(\frac{1}{2}A + B\right)i\mathrm{cth}\zeta. \tag{b}$$

§59 中的方程 (90) 表明: 沿着双曲线边界 $\eta = \eta_0$, 如果函数

$$\psi(z) + z\overline{\psi}'(\bar{z}) + \overline{\chi}'(\bar{z}) \tag{c}$$

是常数, 或者相应地, 这函数的共轭函数是常数, 则该边界上不受力. 由方程 (a) 和 (b) 可见, 这个共轭函数是

$$A\eta - \frac{1}{2}A\mathrm{i}\frac{\operatorname{ch}\overline{\zeta}}{\operatorname{sh}\zeta} - \left(\frac{1}{2}A + B\right)\mathrm{icth}\zeta. \tag{d}$$

[196]　　在双曲线 $\eta = \eta_0$ 上, $\overline{\zeta} = \zeta - 2\mathrm{i}\eta_0$, 于是表达式 (d) 成为

$$A\eta_0 - \frac{1}{2}A\sin 2\eta_0 - \left(\frac{1}{2}A\cos 2\eta_0 + \frac{1}{2}A + B\right)\mathrm{icth}\zeta.$$

如果使括弧中的量成为零, 这个式子就成为常数. 由此得

$$B = -A\cos^2\eta_0. \tag{e}$$

　　为了求得传递的合力, 可将 §59 中的方程 (90) 应用于狭截面 EOB (图 119), 更准确地说, 应用于双曲线 $\eta = \eta_0$ 与 $\eta = \pi - \eta_0$ 之间的、极限椭圆 $\xi = 0$ 的下半部. 在这椭圆上, ζ 成为 $\mathrm{i}\eta$, $\overline{\zeta}$ 成为 $-\mathrm{i}\eta$, 于是由方程 (90)、(c) 和 (d) 有

$$\begin{aligned}
F_x - \mathrm{i}F_y &= \mathrm{i}[A\eta - (A+B)\operatorname{ctg}\eta]_{\eta=\eta_0}^{\eta=\pi-\eta_0} \\
&= \mathrm{i}[A(\pi - 2\eta_0 + 2\operatorname{ctg}\eta_0) + 2B\operatorname{ctg}\eta_0].
\end{aligned}$$

由于 A 和 B 是取为实数的, 所以 F_x 是零, 而利用方程 (e) 得

$$F_y = -A(\pi - 2\eta_0 + \sin 2\eta_0).$$

当总拉力 F_y 为已知时, 即可由此求得 A. 应力分量和位移分量容易由方程 (96)、(97) 和 (98) 求得. 由 (96) 得

$$\sigma_\xi + \sigma_\eta = -\frac{4A}{c}\frac{\operatorname{ch}\xi\sin\eta}{\operatorname{ch}2\xi - \cos 2\eta}.$$

在式中令 $\eta = \eta_0$, 就得到沿双曲线边界的 σ_ξ 值. 在腰部 ($\xi = 0$), 这应力有最大值 $-2A/c\sin\eta_0$. 诺伊贝尔[2]曾将这个应力表为双曲线腰部的曲率半径的函数. 他并用另一种方法解答了薄板受拉伸以及受弯曲和剪切的问题.

注:

① A. A. Griffith 解答了这一问题, 以及剪力载荷的问题, 见 *Tech. Rept. Aeron. Res. Comm.* (Great Britain) 1927—1928, vol. 2, p. 668; H. Neuber 也解答过这一问题, 见 *Z. Angew. Math. Mech.*, vol. 13, p. 439, 1933; 或见 "Kerbspannungslehre", p. 35, Berlin, 1938.

② 见 §63 的注 ④. 关于诺伊贝尔的结果与有凹口的板和有槽的轴的光弹性试验及疲乏试验的比较, 见 R. E. Peterson and A. M. Wahl, *J. Appl. Mech.*, vol. 3, p. 15, 1936, 或 S. Timoshenko, "Strength of Materials", 3d ed., vol. 2, p. 328. 又见 M. M. Frocht, "Photoelasticity", vol. 2, 1948.

§65 双极坐标

具有两个非同心圆边界的问题, 包括半无限大板内有一圆孔这一特殊情形, 通常须用下式所定义的双极坐标 ξ 和 η:

$$z = \mathrm{iacth}\frac{1}{2}\zeta, \quad \zeta = \xi + \mathrm{i}\eta, \tag{a}$$

其中 a 是实常数.

用 $(\mathrm{e}^{\frac{1}{2}\zeta} + \mathrm{e}^{-\frac{1}{2}\zeta})/(\mathrm{e}^{\frac{1}{2}\zeta} - \mathrm{e}^{-\frac{1}{2}\zeta})$ 代替 $\mathrm{cth}\frac{1}{2}\zeta$, 并由第一式解出 e^{ζ}, 就容易证明, 式 (a) 相当于 [197]

$$\zeta = \ln\frac{z+\mathrm{i}a}{z-\mathrm{i}a}. \tag{b}$$

式中 $z + \mathrm{i}a$ 这个量可用连结 xy 平面内的 $-\mathrm{i}a$ 点与 z 点的线段来代表, 因为这个线段在坐标轴上的投影给出实部和虚部. 这个量也可用 $r_1\mathrm{e}^{\mathrm{i}\theta_1}$ 来代表, 其中 r_1 是该线段的长度, 而 θ_1 是该线段与 x 轴所成的角 (图 120). 同样, $z - \mathrm{i}a$ 是连结 $\mathrm{i}a$ 点与 z 点的线段, 并可用 $r_2\mathrm{e}^{\mathrm{i}\theta_2}$ 代表 (图 120). 这样, 方程 (b) 就成为

$$\xi + \mathrm{i}\eta = \ln\left(\frac{r_1}{r_2}\mathrm{e}^{\mathrm{i}\theta_1}\mathrm{e}^{-\mathrm{i}\theta_2}\right) = \ln\frac{r_1}{r_2} + \mathrm{i}(\theta_1 - \theta_2),$$

因而

$$\xi = \ln\frac{r_1}{r_2}, \quad \eta = \theta_1 - \theta_2. \tag{c}$$

由图 120 可见, 当典型点 z 在 y 轴右边时, $\theta_1 - \theta_2$ 就是连结两个 "极点" $-\mathrm{i}a$、$\mathrm{i}a$ 与此典型点 z 的两线段之间的夹角, 而当典型点在 y 轴左边时, $\theta_1 - \theta_2$ 是两线段之间的夹角冠以负号. 由此可知, 曲线 $\eta = \mathrm{const}$ 是经过两个极点的圆的弧. 若干个这样的圆画在图 120 内. 由方程 (c) 显然可见, $\xi = \mathrm{const}$ 是一条 $r_1/r_2 = \mathrm{const}$ 的曲线. 这样的曲线也是一个圆. 当 r_1/r_2 大于 1, 也就是 ξ 为正值时, 这个圆环绕着极点 $\mathrm{i}a$; 如果 ξ 是负值, 它就环绕着另一极点 $-\mathrm{i}a$. 若干个 [198] 这样的圆也画在图 120 内. 它们形成一族共轴圆, 而以两极点为极限点.

在横穿两极点之间的一段 y 轴时, 坐标 η 从 π 改变为 $-\pi$, 而在整个平面上, η 的范围是 $-\pi$ 到 π. 如果把应力和位移表为 η 的周期函数, 以 2π 为周期, 则在横穿这一段 y 轴时, 它们将是连续的.

将方程 (a) 的实部与虚部分开, 可得[①]

$$x = \frac{a\sin\eta}{\mathrm{ch}\,\xi - \cos\eta}, \quad y = \frac{a\mathrm{sh}\,\xi}{\mathrm{ch}\,\xi - \cos\eta}. \tag{d}$$

将方程 (a) 求导, 得

$$J\mathrm{e}^{\mathrm{i}\alpha} = \frac{\mathrm{d}z}{\mathrm{d}\zeta} = -\frac{1}{2}\mathrm{iacsch}^2\frac{1}{2}\zeta \tag{e}$$

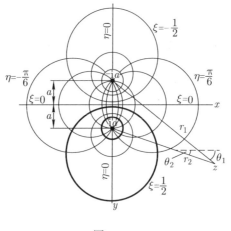

图 120

和

$$\mathrm{e}^{2\mathrm{i}\alpha} = \frac{\mathrm{d}z/\mathrm{d}\zeta}{\mathrm{d}\bar{z}/\mathrm{d}\bar{\zeta}} = -\mathrm{sh}^2\frac{1}{2}\bar{\zeta}\,\mathrm{csch}^2\frac{1}{2}\zeta \tag{f}$$

注:

① 见 §54 中方程 (c) 的推导.

§66　双极坐标解答

现在来考察有一偏心孔的圆盘,圆盘外边受压力 p_0,而在孔边受压力 p_1[①]. 求得的应力分量也适用于具有偏心钻孔的圆形厚壁管.

设外边界是圆族 $\xi = \mathrm{const}$ 中 $\xi = \xi_0$ 的一个圆,而孔是 $\xi = \xi_1$ 的一个圆. 在图 120 中用粗线画出了这两个圆. 由 §65 方程 (d) 中 y 的表达式可见,这两个圆的半径是 $a\,\mathrm{csch}\xi_0$ 和 $a\,\mathrm{csch}\xi_1$,而它们的中心与原点的距离是 $a\,\mathrm{cth}\xi_0$ 和 $a\,\mathrm{cth}\xi_1$. 因此,假如给定两个半径和两个圆心之间的距离,就可以求出 a、ξ_0 和 ξ_1.

在图 120 中,从紧邻 y 轴左侧开始,逆时针转向绕 $\xi = \mathrm{const}$ 的任一个圆一周,坐标 η 将从 $-\pi$ 改变到 π. 因此,表示应力分量和位移分量的那些函数在 $\eta = \pi$ 处必须与在 $\eta = -\pi$ 处有相同的值. 假如它们是 η 的周期函数,而以 2π 为周期,就能保证这一点. 于是可见,宜取复势 $\psi(z)$ 和 $\chi(z)$ 为如下的形式:

$$\mathrm{ch}\,n\zeta, \quad \mathrm{sh}\,n\zeta, \tag{a}$$

[199]　　其中 n 是整数,因为这两个函数确实是 η 的周期函数,而周期为 2π. 它们对 z 的导数也是这样的函数,因为 $\mathrm{d}\zeta/\mathrm{d}z$ 与原函数具有相同的性质 [§65 方程 (e)].

如果将这样的函数引入方程 (90) 和 (91), 并将这两个方程应用于 $\xi = \mathrm{const}$ 的任一个圆, 那么, 由于周期性, 对应的力和力偶都将是零. 为了这圆内的板的平衡, 在整个解答中都必须保证如此.

我们也将需要函数 $\chi(z) = aDζ$, 其中 D 是常数. 像上面一样地考察方程 (90) 和 (91), 我们发现, 只有当 D 是实数时, 方程 (91) 所示的力矩才是零. 我们就取 D 为实数. 考察位移方程 (86), 我们发现, 用这个函数以及函数 (a) 作为 $\psi(z)$ 或 $\chi(z)$, 得到的位移将是连续的.

作为解答的一部分的各向均匀拉应力或压应力状态, 可由复势 $\psi(z) = Az$ 求得, 其中 A 是实数. 按照方程 (84), 对应的实应力函数是

$$\phi = \mathrm{Re}\,(\overline{z}Az) = A\overline{z}z = A(x^2 + y^2).$$

利用 §65 中的方程 (d), 可将这应力函数用双极坐标表示, 结果是

$$Aa^2 \frac{\mathrm{ch}\,\xi + \cos\eta}{\mathrm{ch}\,\xi - \cos\eta}. \tag{b}$$

考察 (a) 型的函数, 取 $n = 1$, 可以看出, 由于这一问题中的应力分布对称于 y 轴, 我们选择这些函数时必须使对应的应力函数具有同样的对称性. 于是我们可以取

$$\psi(z) = \mathrm{i}B\mathrm{ch}\,ζ, \quad \chi(z) = B'\mathrm{sh}\,ζ, \tag{c}$$

其中 B、B' 是实数, 以及

$$\psi(z) = \mathrm{i}C\mathrm{sh}\,ζ, \quad \chi(z) = C'\mathrm{ch}\,ζ, \tag{d}$$

其中 C、C' 是实数.

按照方程 (84), 对应于 (c) 的实应力函数是

$$aB\frac{\mathrm{sh}\,\xi\mathrm{ch}\,\xi\cos\eta - \mathrm{sh}\,\xi\sin^2\eta}{\mathrm{ch}\,\xi - \cos\eta} + B'\frac{\mathrm{sh}\,\xi\mathrm{ch}\,\xi\cos\eta - \mathrm{sh}\,\xi\cos^2\eta}{\mathrm{ch}\,\xi - \cos\eta}.$$

如果选取 $B' = aB$, 两分子中含 $\sin^2\eta$ 和 $\cos^2\eta$ 的项就与 η 无关, 而整个分子只是通过含 $\cos\eta$ 的项取决于 η, 就像函数 (b) 一样. 如果选取 $C' = aC$, 复势 (d) 也将是这样. 于是我们就得到较简单的、限制较多的、适宜用于本问题的函数. [200]

因此, 取

$$\psi(z) = \mathrm{i}B\mathrm{ch}\,ζ, \quad \chi(z) = aB\mathrm{sh}\,ζ. \tag{e}$$

用方程 (96)、(97) 和 §65 中的方程 (a)、(f), 可见对应的应力分量可由下列方程得出:

$$a(\sigma_\xi + \sigma_\eta) = 2B(2\mathrm{sh}\,\xi\cos\eta - \mathrm{sh}\,2\xi\cos 2\eta), \tag{f}$$

$$a(\sigma_\eta - \sigma_\xi + 2\mathrm{i}\tau_{\xi\eta}) = -2B[\mathrm{sh}\,2\xi - 2\mathrm{sh}\,2\xi\,\mathrm{ch}\,\xi\cos\eta + \mathrm{sh}\,2\xi\cos 2\eta$$

$$-\mathrm{i}(2\,\mathrm{ch}\,2\xi\,\mathrm{ch}\,\xi\sin\eta - \mathrm{ch}\,2\xi\sin 2\eta)]. \tag{g}$$

同样, 由函数

$$\psi(z) = \mathrm{i}C\,\mathrm{sh}\,\zeta, \quad \chi(z) = aC\,\mathrm{ch}\,\zeta \tag{h}$$

得出

$$a(\sigma_\xi + \sigma_\eta) = -2C(1 - 2\,\mathrm{ch}\,\xi\cos\eta + \mathrm{ch}\,2\xi\cos 2\eta), \tag{i}$$

$$a(\sigma_\eta - \sigma_\xi + 2\mathrm{i}\tau_{\xi\eta}) = 2C[-\mathrm{ch}\,2\xi + 2\,\mathrm{ch}\,2\xi\,\mathrm{ch}\,\xi\cos\eta - \mathrm{ch}\,2\xi\cos 2\eta$$

$$+\mathrm{i}(2\,\mathrm{sh}\,2\xi\,\mathrm{ch}\,\xi\sin\eta - \mathrm{sh}\,2\xi\sin 2\eta)]. \tag{j}$$

由

$$\chi(z) = aD\zeta \tag{k}$$

引起的应力分量, 则由下列方程得出:

$$\sigma_\xi + \sigma_\eta = 0,$$

$$a(\sigma_\eta - \sigma_\xi + 2\mathrm{i}\tau_{\xi\eta}) = D[\mathrm{sh}\,2\xi - 2\,\mathrm{sh}\,\xi\cos\eta - \mathrm{i}(2\,\mathrm{ch}\,\xi\sin\eta - \sin 2\eta)]. \tag{l}$$

由

$$\psi(z) = Az \tag{m}$$

所表示的各向均匀拉应力状态得出

$$\sigma_\xi + \sigma_\eta = 4A, \quad \sigma_\eta - \sigma_\xi + 2\mathrm{i}\tau_{\xi\eta} = 0,$$

或

$$\sigma_\xi = \sigma_\eta = 2A, \quad \tau_{\xi\eta} = 0. \tag{n}$$

现在, 本问题的解答可由复势 (e)、(h)、(k)、(m) 所代表的应力状态的叠加而得到. 将方程 (g)、(j)、(l) 中代表 $\tau_{\xi\eta}$ 的各项合并以后, 我们发现, $\tau_{\xi\eta}$ 在 $\xi = \xi_0$ 和 $\xi = \xi_1$ 的边界上等于零的条件要求

$$D - 2B\,\mathrm{ch}\,2\xi_0 - 2C\,\mathrm{sh}\,2\xi_0 = 0,$$
$$D - 2B\,\mathrm{ch}\,2\xi_1 - 2C\,\mathrm{sh}\,2\xi_1 = 0. \tag{o}$$

[201]　解出 B 和 C, 用 D 表示, 得

$$2B = D\frac{\mathrm{ch}\,(\xi_1 + \xi_0)}{\mathrm{ch}\,(\xi_1 - \xi_0)}, \quad 2C = -D\frac{\mathrm{sh}\,(\xi_1 + \xi_0)}{\mathrm{ch}\,(\xi_1 - \xi_0)}. \tag{p}$$

为了求得正应力 σ_ξ, 可以从方程 (f) 减去方程 (g) 的实部, 从方程 (i) 减去方程 (j) 的实部, 从方程 (l) 减去方程 (m) 的实部. 在 $\xi = \xi_0$ 的边界上, σ_ξ 的值是 $-p_0$, 而在 $\xi = \xi_1$ 的边界上, σ_ξ 的值是 $-p_1$. 用方程 (p) 中 B 和 C 的值, 由这些条件得出两个方程

$$2A + \frac{D}{a}\operatorname{sh}^2\xi_0\operatorname{th}(\xi_1 - \xi_0) = -p_0,$$

$$2A - \frac{D}{a}\operatorname{sh}^2\xi_1\operatorname{th}(\xi_1 - \xi_0) = -p_1,$$

由此得

$$A = -\frac{1}{2}\frac{p_0\operatorname{sh}^2\xi_1 + p_1\operatorname{sh}^2\xi_0}{\operatorname{sh}^2\xi_1 + \operatorname{sh}^2\xi_0},$$

$$D = -a\frac{(p_0 - p_1)\operatorname{cth}(\xi_1 - \xi_0)}{\operatorname{sh}^2\xi_1 + \operatorname{sh}^2\xi_0}.$$

这两个方程和方程 (p) 完全确定了复势. 当只有内压力 p_1 时 $(p_0 = 0)$, 孔边的应力求得为

$$(\sigma_\eta)_{\xi=\xi_1} = -p_1 + 2p_1(\operatorname{sh}^2\xi_1 + \operatorname{sh}^2\xi_0)^{-1}$$

$$(\operatorname{ch}\xi_1 - \cos\eta)[\operatorname{sh}\xi_1\operatorname{cth}(\xi_1 - \xi_0) + \cos\eta].$$

这应力的最大值[2]的表达式已在 §28 中给出.

杰佛瑞[3]曾给出一个用双极坐标表示的一般级数形式的应力函数. 与此相当的一些复势也很容易求出, 它们包含这里考察过的一些函数以及 §61 习题中引用的简单函数 (包括位错和集中力在内). 上述应力函数曾被应用于这样一些问题: 半无限大板在任一点受集中力[4]; 具有一个圆孔的半无限大板承受平行于直边或边界平面的拉力[5], 或承受自重[6]; 无限大板具有两个孔[7], 或者具有由两个圆相交而形成的一个孔[8]. [202]

圆盘在任一点受集中力[9], 悬挂于一点而承受自重[10], 或者绕偏心轴旋转[11], 都已采用或不用[12]双极坐标而求得解答; 关于在直边受集中力的半无限大板内圆孔的影响[13], 也已经得到解答.

别种曲线坐标. 方程

$$z = \operatorname{e}^\zeta + ab\operatorname{e}^{-\zeta} + ac^3\operatorname{e}^{-3\zeta},$$

或

$$x = (\operatorname{e}^\xi + ab\operatorname{e}^{-\xi})\cos\eta + ac^3\operatorname{e}^{-3\xi}\cos 3\eta,$$

$$y = (\operatorname{e}^\xi - ab\operatorname{e}^{-\xi})\sin\eta - ac^3\operatorname{e}^{-3\xi}\sin 3\eta,$$

(其中 a、b、c 是常数) 给出的 $\xi = \text{const}$ 的一族曲线, 可以包括各种卵形线, 其中也包括圆角的正方形. 这种形状的孔对于受拉力的板的影响, 曾由格林斯潘 (用实应力函数) 算得[14]. 格林[15]曾利用这种坐标的推广求得圆角的三角形孔的解答, 并用另一种坐标变换求得准确矩形孔的解答. 在后面这种情形下, 完全尖锐的角引起无限大的应力集中.

由

$$z = \zeta + \mathrm{i}a_1 \mathrm{e}^{\mathrm{i}\zeta} + \mathrm{i}a_2 \mathrm{e}^{\mathrm{i}2\zeta} + \cdots + \mathrm{i}a_n \mathrm{e}^{\mathrm{i}n\zeta}$$

给出的曲线坐标 (其中 a_1、a_2、$\cdots$、a_n 是实常数) 曾被韦伯应用于有锯齿形边界的半无限大板[16]; 他曾以间隔均匀的半圆形凹口为例, 作出了解答. 当凹口中心之间的距离为凹口直径的两倍时, 应力集中 (拉力) 求得为 2.13. 对于单个凹口, 这个值是 3.07(见 §36).

[203]

指定形状. 菊川曾经设计出并应用过一些适合于指定形状的孔口和内圆角的方法[17]. 他对一个初设的保角变换进行逐步调整, 直到充分接近该指定形状. 详细结果包括下列情况下的应力集中计算: (1) 受拉的板具有菱形孔而在菱形的角隅有圆弧形凹角; (2) 受拉的板条具有两个槽口, 每一槽口为两个平行直边以半圆连接而成的 U 形; (3) 受拉的板在从有限宽过渡到无限宽之处具有象限内圆角. 第 (2) 种情况下的结果, 很好地符合诺伊贝尔对两个双曲线槽口所得的结果[18].

注:

① 以实数应力函数表示的原始解答是 G. B. Jeffery 得到的, 见 *Trans. Roy. Soc. (London)*, ser, A, vol. 221, p. 265, 1921.

② Coker 和 Filon 曾给出关于这个最大值的详细讨论, 见 §63 的注 ⑦.

③ 见注 ①.

④ E. Melan, 见 §42 的注释 ④. 关于集中力和力偶的复势, 见 *A. E. Green and W. Zerna, "Theoretical Elasticity"*, 1954.

⑤ 见 §35; 又见 W. T. Koiter, *Quart, Appl, Math.*, vol. 15, p. 303, 1957.

⑥ R. D. Mindlin, *Proc. ASCE*, p. 619, 1939.

⑦ T. Pöschl, *Z. Angew. Math. Mech.* vol. 1, p. 174, 1921, 和 vol. 2, p. 187, 1922. 又见 C. Weber, 同上期刊 vol. 2, p. 267, 1922; E. Weinel, 同上期刊 vol. 17, p. 276, 1937; Chih Bing Ling, *J. Appl. Phys.*, vol. 19, p. 77, 1948.

⑧ Chih Bing Ling, 同上期刊, p. 405, 1948.

⑨ R. D. Mindlin, *J. Appl. Mech.*, vol. 4, p. A-115, 1937.

⑩ R. D. Mindlin, 同上期刊 vol. 9, p. 714, 1938.

⑪ R. D. Mindlin, *Phil. Mag.*, ser 7, vol. 26, p. 713, 1938.

⑫ B. Sen, *Bull. Calcutta Math. Soc.* vol. 36, pp. 58 and 83, 1944.

⑬ A. Barjansky, *Quart. Appl. Math.*, vol. 2, p. 16, 1944. 又见 R. M. Evan-Iwanowski, 同上期刊 vol. 19, p. 359. 1962.

⑭ M. Greenspan, *Quart. Appl. Math.*, vol. 2, p. 64, 1944. 又见 V. Morkovin, 同上期刊, p. 350, 1945.

⑮ A. E. Green, *Proc. Roy. Soc.* (*London*), ser. A, vol. 184, p. 231, 1945.

⑯ C. Weber, *Z. Angew. Math, Mech.*, vol. 22, p. 29, 1942.

⑰ 这一方法的概要, 附以参考文献目录, 见 J. N. Goodier and P. G. Hodge, "Elasticity and Plasticity", pp. 8-10, 1958.

⑱ 见 §64.

§67 由已知边界条件决定复势. 穆斯赫利什维利方法

在以上各节中, 通过机智地选择一些形式比较简单的具有适当特性的复势, 解答了几个具体问题. 但是, 通过进一步应用复变函数理论, 已经发展了一些更有力更普遍的方法, 借以由已知边界条件直接推出复势.①

在 §59 中已经看到, 物体材料中传过弧 AB 的分力 F_x、F_y 由方程 (90) 给出:

$$F_x + \mathrm{i}F_y = -\mathrm{i}[\psi(z) + z\overline{\psi}'(\overline{z}) + \overline{\chi}'(\overline{z})]_A^B. \tag{90'}$$

弧 AB 可以是闭合曲线 (如图 121 中的孔 L) 的一部分. 这时, 在从 A 向 B 的进行中, 由于材料在左方, 传过的分力将是 $-F_x$、$-F_y$. 现在, 把 A 取为孔边上的一个定点, 把 B 取为 L 上的任一典型点. 假定孔边上的载荷是给定的, 分力 F_x、F_y 是图 121 中的 s 的已知函数. 于是可以写出

$$\mathrm{i}(F_x + \mathrm{i}F_y) = f_1(s) + \mathrm{i}f_2(s), \tag{a}$$

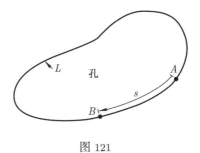

图 121

其中 $f_1(s)$、$f_2(s)$ 是实函数. 在上面的方程 (90') 中, 方括号内的值在定点 A 处是某一常数 C. 用 z 表示动点 B, 则孔边上的边界条件可以表示为: 在 L 上, [204]

$$\psi(z) + z\overline{\psi}'(\overline{z}) + \overline{\chi}'(\overline{z}) = f_1(s) + \mathrm{i}f_2(s) + C. \tag{99}$$

利用这一方程决定两个复势时, 宜将域内任一点处的一般复变数 z 通过关系式

$$z = \omega(\zeta) \tag{100}$$

用新的变数 ζ 来表示, 其中 $\omega(\zeta)$ 是 ζ 的适当选取的函数. 这样的关系式, 以前曾经用来定义一种曲线坐标 [§60 中的方程 (g)]. 现在则宜采用一个与此密切相关但又有所不同的几何解释, 即保角映射.

在 ζ 平面内由复坐标 $\zeta = \xi + \mathrm{i}\eta$ 表示的一点 P' (图 122b), 在 z 平面内有一个对应点或 "映射" 点 P (图 122a), 而 z 值取决于 $z = \omega(\zeta)$. 一条平滑曲线 $P'Q'$ 一般将映射为另一条平滑曲线 PQ. 对于弹性理论中涉及无限域内的单个非圆孔 L 的问题, 将这样来选择保角映射函数 $\omega(\zeta)$: 使 ζ 平面内的单位圆 $\rho = 1$ 映射为曲线 L. 因此, 比较方便的是利用极坐标 ρ、θ 而不用直角坐标 ξ、η. 选择函数 $\omega(\zeta)$, 还应使圆外或圆上的一点 P' 只映射为一点 P. 在映射为物体内一点 P 的每一点 P' 处, 这函数必须是解析的, 容许用罗朗展式.

[205]

$$\omega(\zeta) = R\zeta + \frac{e_1}{\zeta} + \frac{e_2}{\zeta^2} + \cdots, \tag{b}$$

其中 R、e_1、e_2 等等是常数.

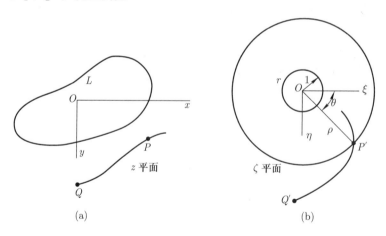

图 122

这样, z 的一个函数, 例如 $\psi(z)$ 或 $\chi'(z)$, 也将是 ζ 的一个函数, 可通过用 $\omega(\zeta)$ 代替 z 而得来. 于是

$$\psi(z) = \psi[\omega(\zeta)], \quad \chi'(z) = \chi'[\omega(\zeta)]. \tag{c}$$

在变换为 ζ 的函数以后, 为了新的目的, 我们将改变记号而采用函数记号 ϕ 和

ψ 如下: 将式 (c) 中的函数 $\psi[\omega(\zeta)]$ 写成

$$\phi(\zeta), \tag{d}$$

而将式 (c) 中的函数 $\chi'[\omega(\zeta)]$ 写成

$$\psi(\zeta). \tag{e}$$

在边界条件 (99) 中改用新记号时, 左边的第一项简单地成为 $\phi(s)$. 第三项成为 $\overline{\psi(\zeta)}$, 可将 $\psi(\zeta)$ 中的每个 i 换为 $-$i 而得来. 对于 (99) 左边的第二项, 须将 z 换为 $\omega(\zeta)$. 为了变换 $\overline{\psi}'(\overline{z})$, 要注意

$$\psi'(z) = \frac{\mathrm{d}}{\mathrm{d}z}\psi(z) = \frac{\mathrm{d}}{\mathrm{d}\zeta}\psi[\omega(\zeta)]\frac{\mathrm{d}\zeta}{\mathrm{d}z} = \frac{\mathrm{d}}{\mathrm{d}\zeta}\phi(\zeta)\frac{\mathrm{d}\zeta}{\mathrm{d}z} = \phi'(\zeta)\frac{\mathrm{d}\zeta}{\mathrm{d}z}, \tag{f}$$

而

$$\frac{\mathrm{d}\zeta}{\mathrm{d}z} = \frac{1}{\mathrm{d}z/\mathrm{d}\zeta} = \frac{1}{\omega'(\zeta)}. \tag{g}$$

于是上述第二项变换为

$$\omega(\zeta)[\overline{\phi}'(\overline{\zeta})] = \frac{1}{\overline{\omega}'(\overline{\zeta})}. \tag{h}$$

方程 (99) 的右边有一个在 L 上的位置复函数. 单位圆 $\rho = 1$ 上的相应位置, 可用坐标 θ 或 $\mathrm{e}^{\mathrm{i}\theta}$ 来表示. 写出

$$\sigma = \mathrm{e}^{\mathrm{i}\theta}, \quad \overline{\sigma} = \mathrm{e}^{-\mathrm{i}\theta}, \tag{i}$$

可见 σ 实际上是单位圆上典型点的 ζ 值. 于是可将 (99) 右边表示为 σ 的函数, 写成

$$f_1(s) + \mathrm{i}f_2(s) = f(\sigma). \tag{j}$$

[206]

在方程 (99) 中, 只要对 $\psi(z)$ 或者 $\chi'(z)$ 加上一个适当的常数, 即可将常数 C 消去, 而这样的改变对应力并无影响. 根据方程 (a), 函数 $f(\sigma)$ 就以 $-F_y + \mathrm{i}F_x$ 的形式表示那作用在 A 与 B 之间的载荷.

于是边界条件 (99) 成为

$$\phi(\sigma) + \frac{\omega(\sigma)}{\overline{\omega}'(\overline{\sigma})}\overline{\phi}'(\overline{\sigma}) + \overline{\psi}(\overline{\sigma}) = f(\sigma). \tag{101}$$

这个条件是穆斯赫利什维利方法的基础. 改用的记号, 实际上就是 §63 的注释中提到的那一本书所用的记号, 本节中对该方法的导论也是来自那一本书.

注:

① 见 Мусхелишвили 所著的书 (见 §63 的注 ⑧).

§68　复势的公式[①]

现在的目标是: 为单位圆外的任一点 ζ 定出复势 $\phi(\zeta)$ 和 $\psi(\zeta)$, 使其满足边界条件 (101).

在目前的推导中, ζ 是一经选好就固定不变的. 于是可将 (101) 乘以 $1/(\sigma - \zeta)$. 每一项都保持为 σ 的函数, 可以环绕单位圆 (此后用 r 表示) 进行积分. 于是得

$$\int_r \frac{\phi(\sigma)\mathrm{d}\sigma}{\sigma - \zeta} + \int_r \frac{\omega(\sigma)}{\overline{\omega}'(\overline{\sigma})}\overline{\phi}'(\overline{\sigma})\frac{\mathrm{d}\sigma}{\sigma - \zeta} + \int_r \frac{\overline{\psi}(\overline{\sigma})\mathrm{d}\sigma}{\sigma - \zeta} = \int_r \frac{f(\sigma)\mathrm{d}\sigma}{\sigma - \zeta}. \tag{102}$$

这一步骤的重要性是, 它联系着柯西–古尔萨积分定理和柯西积分公式中的一些周知的积分式[②]. 根据以后将在 §70 中给出的定理, 如果 $\phi(\zeta)$ 在 r 外的每一点 ζ 处, 包括在无穷远处, 都是解析的, 则 (102) 中第一个积分求得为

$$\int_r \frac{\phi(\sigma)\mathrm{d}\sigma}{\sigma - \zeta} = -2\pi\mathrm{i}\phi(\zeta); \tag{a}$$

[207]

在 r 上的 $\phi(\sigma)$ 值必须与 r 外的 $\phi(\zeta)$ 值相连续. 如果 $\psi(\zeta)$ 在 r 外的每一点 ζ 处, 包括在无穷远处, 都是解析的, 则可知 (102) 中的第三个积分为零; $\psi(\sigma)$ 也必须与 $\psi(\zeta)$ 相连续. 当 $\omega(\zeta)$ 为有理函数 (两个多项式之比) 时, (102) 中的第二个积分可以求得; 对于在 §71 中取为实例的特殊情况, 它是零. 于是由方程 (102) 得出如下的 $\phi(\zeta)$:

$$\phi(\zeta) = -\frac{1}{2\pi\mathrm{i}} \int_r \frac{f(\sigma)\mathrm{d}\sigma}{\sigma - \zeta}. \tag{b}$$

如以后所见 (§72), 方程 (102) 也将导致 $\psi(\zeta)$ 的一个与此相似的公式.

函数 $\phi(\zeta)$ 和 $\psi(\zeta)$ 在 r 之外必须是解析的, 这个要求意味着, 对于能用上述方法求解的问题的种类加上了某些限制. 现在就来查明这些限制.

注:

① 在 §68 及 §69 中, 假定读者具有一些关于复数积分的知识 (§54 及 §55 中的复变函数简介没有包括这些知识). 参阅注 ②.

② 例如见 R. V. Churchill, "Complex Variables and Applications", 2d ed; chap. 5, 1960.

§69　在物体的孔的周围区域内相应于解析复势的应力和位移的性质

不言而喻, 映射函数 $\omega(\zeta)$ 在物体区域内是解析的. 因此, 如果复势是 ζ 的解析函数, 它们在表为 z 的函数以后也将在物体区域内任一点处都是解析的. 由此可见, 它们的一切导数也是解析的. "解析", 就意味着它们是连续的. 特别

是, 在沿着任一个包围着孔并全部在物体内的围线绕行一周后, 它们将恢复原值. 由此也可见, 它们的共轭函数, 以及它们的实部或虚部, 也同样都是连续的[①].

知道了这些, 就可以用方程 (86) 至 (91) 来证实, 解析复势所能表示的状态具有如下的特征:

1. 由方程 (87) 和 (88), 应力分量是连续的[②].

2. 由方程 (86), 位移分量是连续的 (因此, 这种解答不能表示位错).

3. 由方程 (90), 任一围线上的合力为零; 因此, 作用于孔边的载荷的合力为零.

4. 由方程 (91), 作用于孔边的载荷的合力矩为零.

此外, 一个在物体区域内 (包括在无穷远处) 为解析的函数, 当原点取在孔内时, 具有罗朗展式 [208]

$$F(z) = c_0 + \frac{c_1}{z} + \frac{c_2}{z^2} + \cdots,$$

其中 c_0、c_1 等等是常数. 因此, 这里所考虑的复势 $\psi(z)$ 和 $\chi(z)$ 具有这种展式, 从而由方程 (87) 及 (88) 可见:

5. 应力分量在无穷远处为零. 于是, 在无穷远处, 根本没有载荷, 因为根据 (3) 和 (4), 无限大围线上的合力及合力矩为零[③].

由这些性质显然可见, 解析复势所表示的应力和形变, 必须是作用于孔边的自成平衡的载荷所引起的.

这个限制并不严重. 对于一个在无穷远边界上受载荷的无限域 (例如图 118 所示的问题), 为了求得自由孔的影响, 可以首先求出无孔时的应力. 这就表示, 在相应于孔边的曲线上有一定的载荷, 但是, 根据孔内材料的平衡, 这是自成平衡的载荷. 于是我们要来确定的是, 由孔边上与此相等而相反的载荷引起的, 在无穷远处为零的孔外应力. 这个问题符合如上所述的对解析复势的要求.

如果孔边载荷具有非零的合力及合力矩, 我们可以从 §61 中习题 2 的 (g) 部分所示的集中力解答开始, 而使这个集中力具有所要求的合力的值; 再叠加以同一习题的 (a) 部分所示的力偶矩解答, 但取 b 值为无限大而 a 值很小. 这就使得相应于孔边的曲线上的载荷有着指定的合力及合力矩, 但分布不同. 为了得到指定的分布, 再在孔边上施以待定的载荷, 而这样出现的问题能符合那些对解析复势的要求.

如果所求的是位错解答, 我们可以从同一习题的 (c) 部分和 (d) 部分开始, 而使平移或转动位错具有指定的大小, 从而与上相似地把问题归结为解析复势的问题.

[209]

　　当然, §61 中习题 2 的每一部分的两个复势, 并不都在物体的区域内到处解析, 因为 $\ln z$ 在环绕原点一周后并不连续, 还因为 z 和 z^2 在包含无穷远处在内的域上并不是到处解析的.

　　注:

　　① 关于这些性质的论证, 可参阅 (例如) §68 的注 ② 中提到的 Churchill 的书, 第二章.

　　② 一些表示间断应力的复势及其应用, 见 J. N. Goodier and J. C. Wilhoit, *Proc. 4th. Ann. Midwest Conf. Solid Mech.*, *Univ. Texas*, pp. 152-170, 1959.

　　③ 在一个无限大的边界曲线上, 应力分量为零不一定意味着合力为零.

§70　关于边界积分的定理

　　在建立 §68 中提到过的定理时, 我们从 §68 中的方程 (a) 开始. 在 r 外的区域内, 包括在无穷远处, $\phi(\zeta)$ 是到处解析的, 因而具有罗朗展式

$$\phi(\zeta) = \frac{a_1}{\zeta} + \frac{a_2}{\zeta^2} + \cdots . \tag{a}$$

不必包含常数项 a_0, 因为它不影响应力[①].

　　在图 123 中, 画出与 r 同心的较大的圆周 Γ. 由于 $\phi(\zeta)$ 在带箭头的围线所包围的区域内是解析的, 因而可用柯西积分公式求得

$$2\pi i \phi(\zeta) = \int_\Gamma \frac{\phi(t)\mathrm{d}t}{t-\zeta} - \int_r \frac{\phi(\sigma)\mathrm{d}\sigma}{\sigma-\zeta}, \tag{b}$$

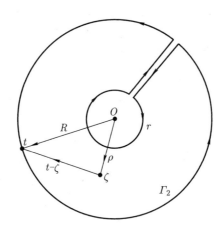

图 123

其中 ζ 是该区域内的一点, t 表示 Γ 上的各点, 而 σ 表示 r 上的各点如前. 但是, 环绕 Γ 的第一个积分为零. 为了说明这一点, 首先注意: 将 ζ 代以 t, 则展

式 (a) 在 $\varGamma$ 上成立. 于是有

$$t\phi(t) = a_1 + \frac{a_2}{t} + \cdots. \tag{c}$$

因为这个级数是收敛的, 所以 $t\phi(t)$ 是有界的. 我们可以引用一个正常数 C, 使 [210]

$$|t||\phi(t)| < C, \tag{d}$$

其中 $|t|$ 表示 t 的模 (绝对值), 也就是图 123 中的半径 R. 可以选择 C, 使得式 (d) 在 R 的值大于某个值 R_0 时都成立. 例如, R_0 可以相应于 $|t||\phi(t)|$ 的最大值.

写出

$$I_1 = \int_\varGamma \frac{\phi(t)\mathrm{d}t}{t - \zeta}, \quad |I_1| \leqslant \int_\varGamma \frac{|\phi(t)||\mathrm{d}t|}{|t - \zeta|}. \tag{e}$$

我们来改换式 (e) 中积分号后面的每一项, 使积分值增大. 首先把 $|\phi(t)|$ 换为 $C/|t|$, 由式 (d) 可见积分值是增大的. 在改换 $|\mathrm{d}t|$ 时, 我们写出

$$t = R\mathrm{e}^{\mathrm{i}\theta}, \quad \mathrm{d}t = \mathrm{i}R\mathrm{e}^{\mathrm{i}\theta}\mathrm{d}\theta, \quad |\mathrm{d}t| = R\mathrm{d}\theta, \tag{f}$$

可见把 $|\mathrm{d}t|$ 换为 $R\mathrm{d}\theta$ 时, 积分值不变. 将分母中的 $|t - \zeta|$ 改换为 $R - \rho$ 时, 并不减小积分值, 因为由图 123 中的三角形显然可见

$$\rho + |t - \zeta| \geqslant R, \quad R - \rho \leqslant |t - \zeta|. \tag{g}$$

于是, 回到式 (e), 可见

$$|I_1| < \int_0^{2\pi} \frac{C}{R}\frac{1}{R - \rho}R\mathrm{d}\theta = \frac{2\pi C}{R - \rho}. \tag{h}$$

我们可以使 R 无限增大而不改变 C; 当然, 一当 ζ 被选定, ρ 是不变的. 显然, $|I_1|$ 的极限值是零. 但当增大 R 时, $\varGamma$ 的改变不会改变 (e) 中的积分值. 于是, 当 R 为有限大时, $|I_1|$ 必然为零. 现在, 上面的方程 (b) 中的第一个积分可以略去. 剩下的就是所需的结果

$$-2\pi\mathrm{i}\phi(\zeta) = \int_r \frac{\phi(\sigma)\mathrm{d}\sigma}{\sigma - \zeta}, \tag{103}$$

与 §68 中的方程 (a) 相同 [②].

其次, 我们来证明, 方程 (102) 中的第三个积分为零, 即

$$\int_r \frac{\overline{\psi(\overline{\sigma})}\mathrm{d}\sigma}{\sigma - \zeta} = 0. \tag{104}$$

[211] 由于 $\psi(\zeta)$ 在 r 外的区域内, 包括在无穷远处, 是到处解析的, 它将具有罗朗展式

$$\psi(\zeta) = \frac{b_1}{\zeta} + \frac{b_2}{\zeta^2} + \cdots, \tag{i}$$

其中也略去了不影响应力的常数项. 为了目前的论证, 我们必须不仅考虑 r 外的点, 还要考虑 r 内的点. 为明了起见, 我们用 ζ_0 和 ζ_1 分别表示 r 外和 r 内的点. 据此, 在 (104) 及 (i) 中, 把 ζ 写成 ζ_0. 取 (i) 的左右两边的共轭复数, 得

$$\overline{\psi}(\overline{\zeta}_0) = \frac{\overline{b}_1}{\overline{\zeta}_0} + \frac{\overline{b}_2}{\overline{\zeta}_0^2} + \cdots. \tag{j}$$

这当然是一个对于任何 ζ_0 都收敛的级数. 但

$$\zeta_0 = \rho_0 e^{i\theta}, \quad \overline{\zeta}_0 = \rho_0 e^{-i\theta}, \quad \frac{1}{\overline{\zeta}_0} = \frac{1}{\rho_0} e^{i\theta}, \tag{k}$$

其中显然有 $\rho_0 > 1$. 因此, $1/\overline{\zeta}_0$ 作为 ζ 平面内的一点是在 r 之内. 这样就可以得到任何一个内点 ζ_1. 于是由方程 (j) 得到一个函数 $F(\zeta_1)$, 它等于 $\overline{\psi}(\overline{\zeta}_0)$ 并可表以收敛的幂级数, 即

$$F(\zeta_1) = \overline{b}_1 \zeta_1 + \overline{b}_2 \zeta_1^2 + \cdots. \tag{l}$$

显然, $F(\zeta_1)$ 在 r 内是解析的. 现在, 用 ζ 代表 r 外的任选一点 (不与 ζ_1 相关), 则函数

$$\frac{F(\zeta_1)}{\zeta_1 - \zeta}$$

在 r 内也是解析的; 因此, 按照柯西定理, 它环绕 r 内的任一围线的积分为零. 将这一围线向外扩大到 r, 即得

$$\int_r \frac{F(\sigma) d\sigma}{\sigma - \zeta} = 0. \tag{m}$$

但是, 由 $\sigma = e^{i\theta}$ 有 $\sigma = 1/\overline{\sigma}$. 于是由 (l) 得

$$F(\sigma) = \overline{b}_1 \sigma + \overline{b}_2 \sigma^2 + \cdots = \frac{\overline{b}_1}{\overline{\sigma}} + \frac{\overline{b}_2}{\overline{\sigma}^2} + \cdots. \tag{n}$$

[212] 当 $\zeta_1 \to \sigma$ 时, 我们将有 $\zeta_0 \to \sigma$, 而 (j) 中的级数成为与级数 (n) 相同, 从而有

$$F(\sigma) = \overline{\psi}(\overline{\sigma}).$$

于是方程 (m) 导致方程 (104), 即所需的结果.

现在我们已经处理了 §68 中方程 (102) 左边的第一个和第三个积分. 第二个积分将在 §71 中针对具体的映射函数 $\omega(\zeta)$ 加以考虑.

注:

① 以后在用这样的复势计算位移时, 可以任意加上刚体位移项.

② 实质上就是穆斯赫利什维利所谓的 "外域的柯西积分公式".

§71 椭圆孔的映射函数 $\omega(\zeta)$. 第二个边界积分

如果取

$$z = \omega(\zeta) = R\left(\zeta + \frac{m}{\zeta}\right), \tag{105}$$

其中 R 是一个正的常数, 而 m 是一个小于 1 的正的常数, 即有

$$x = R\left(\rho + \frac{m}{\rho}\right)\cos\theta, \quad y = R\left(\rho - \frac{m}{\rho}\right)\sin\theta. \tag{a}$$

在 ζ 平面内的单位圆 r 将映射成为 z 平面内的一个椭圆, 其半轴为

$$a = R(1+m), \quad b = R(1-m), \tag{b}$$

而单位圆外的一个同心圆映射成为该椭圆外的一个共焦椭圆.

对于方程 (102) 左边的第二个积分, 可见有

$$\omega'(\zeta) = R\left(1 - \frac{m}{\zeta^2}\right), \quad \overline{\omega}'(\sigma) = R\left(1 - \frac{m}{\sigma^2}\right). \tag{c}$$

由 $\overline{\sigma} = 1/\sigma$ 可得

$$\frac{\omega(\sigma)}{\overline{\omega}'(\overline{\sigma})} = \frac{1}{\sigma}\frac{\sigma^2 + m}{1 - m\sigma^2}. \tag{d}$$

于是所需的第二个积分为

$$I_2 = \int_r \frac{1}{\sigma}\frac{\sigma^2 + m}{1 - m\sigma^2}\overline{\phi}'(\overline{\sigma})\frac{\mathrm{d}\sigma}{\sigma - \zeta_0}, \tag{e}$$

其中又把 ζ 写成 ζ_0, 为的是强调这里的 ζ 代表 r 外的某个 (任意) 选定点. 现在用柯西积分定理来证明, 这个积分是零. 试考察这样的可能性: 整个被积函数是某一个解析函数 $f(\zeta_1)$ 在 r 上的值 $f(\sigma)$, 其中 ζ_1 表示 r 内的任意一点. 由

$$f(\sigma) = \lim_{\zeta_1 \to \sigma} f(\zeta_1)$$

所示的连续性是不言而喻的.

这样, 由于式 (e), 我们可以写出 [213]

$$f(\zeta_1) = \frac{1}{\zeta_1}\frac{\zeta_1^2 + m}{1 - m\zeta_1^2}\overline{\phi}'\left(\frac{1}{\zeta_1}\right)\frac{1}{\zeta_1 - \zeta_0}. \tag{f}$$

分母里的 $1 - m\zeta_1^2$ 和 $\zeta_1 - \zeta_0$ 两项是没有问题的; 它们不会是零, 因为 $m < 1$ 而 ζ_0 是在 r 之外. 回想到 §70 中的展式 (a), 我们有

$$\frac{1}{\zeta_1}\overline{\phi}'\left(\frac{1}{\zeta_1}\right) = -\overline{a}_1\zeta_1 - 2\overline{a}_2\zeta_1^2 - \cdots,$$

而这是解析的, 因为由 §70 中的式 (a) 求导而得来的级数 $\phi'(\zeta)$, 对于 r 外的 ζ (即 r 内的 $1/\zeta$) 是解析的. 显然, $f(\zeta_1)$ 在 r 内是解析的. 因此, 按照柯西积分定理, 它环绕 r 的积分, 即式 (e) 中的 I_2, 等于零.

这个结果, 连带 §70 中的结果, 就为椭圆孔问题建立了 §68 中的公式 (b).

§72　椭圆孔. $\psi(\zeta)$ 的公式

原来的边界条件, 方程 (101), 可以改换为共轭式

$$\overline{\phi}(\overline{\sigma}) + \frac{\overline{\omega}(\overline{\sigma})}{\omega'(\sigma)} \phi'(\sigma) + \psi(\sigma) = \overline{f}(\overline{\sigma}). \tag{a}$$

然后再改换为

$$\int_r \frac{\overline{\phi}(\overline{\sigma}) \mathrm{d}\sigma}{\sigma - \zeta} + \int_r \sigma \frac{1 + m\sigma^2}{\sigma^2 - m} \phi'(\sigma) \frac{\mathrm{d}\sigma}{\sigma - \zeta} + \int_r \frac{\psi(\sigma) \mathrm{d}\sigma}{\sigma - \zeta} = \int_r \frac{\overline{f}(\overline{\sigma}) \mathrm{d}\sigma}{\sigma - \zeta}, \tag{106}$$

其中 ζ 是一个外点.

不限于椭圆孔, 将方程 (104) 中的 ψ 用 ϕ 代替, 则由于 ϕ 具有 §70 中对 ψ 要求的一切性质, 可见 (106) 中的第一个积分为零. 对于第二个积分, 应用外域的积分公式 (103), 得

$$\frac{1}{2\pi \mathrm{i}} \int_r \left[\sigma \frac{1 + m\sigma^2}{\sigma^2 - m} \phi'(\sigma) \right] \frac{\mathrm{d}\sigma}{\sigma - \zeta} = -\zeta \frac{1 + m\zeta^2}{\zeta^2 - m} \phi'(\zeta). \tag{b}$$

在公式 (103) 中, 我们用式 (b) 右边的函数代替了 $-\phi(\zeta)$, 因为这个函数在 r 之外 (包括在无穷远处) 也是到处解析的. 应用同一公式, 上面 (106) 中的第三个积分成为

$$\int_r \frac{\psi(\sigma) \mathrm{d}\sigma}{\sigma - \zeta} = -2\pi \mathrm{i} \psi(\zeta). \tag{c}$$

[214]　　于是 (106) 归结为

$$\psi(\zeta) = -\frac{1}{2\pi \mathrm{i}} \int_r \frac{\overline{f}(\overline{\sigma}) \mathrm{d}\sigma}{\sigma - \zeta} - \zeta \frac{1 + m\zeta^2}{\zeta^2 - m} \phi'(\zeta). \tag{d}$$

重复写出 §68 中的式 (b), 即

$$\phi(\zeta) = -\frac{1}{2\pi \mathrm{i}} \int_r \frac{f(\sigma) \mathrm{d}\sigma}{\sigma - \zeta}, \tag{e}$$

就有了把 $\phi(\zeta)$ 和 $\psi(\zeta)$ 用已知的、自成平衡的载荷来表示的公式 (e) 和 (d). 当然, 式 (d) 限用于椭圆孔[①], 但式 (e) 不限.

注:

①　关于推广到任意的有理映射函数, 见 §63 的注 ⑧ 中提到的 Мусхелишвили 所著的书.

§73 椭圆孔. 具体问题

图 124 所示的椭圆孔, 不受载荷. 引起应力的是无穷远处的均匀拉应力 S, 它与 x 轴成角 β. 在 §63 中, 通过直接选择两个具有适当性质的复势, 求得了这个问题的解答. 现在用穆斯赫利什维利方法导出复势.

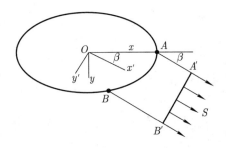

图 124

按照 §69, 我们将实际求出复势, 以叠加于无孔时全域内存在的简单拉应力场. 用 §59 中的记号, 传过图 124 中 AB 弧的力是

$$F_x^0 + \mathrm{i}F_y^0 = S(y_{B'} - y_{A'})\mathrm{e}^{\mathrm{i}\beta}. \tag{a}$$

由于 $z' = x' + \mathrm{i}y'$, 我们一般地有

$$z' = \mathrm{e}^{-\mathrm{i}\beta}z, \tag{b}$$

而在椭圆上有

$$z' = \mathrm{e}^{-\mathrm{i}\beta}\left(\sigma + \frac{m}{\sigma}\right). \tag{c}$$

使 σ 与 B 点一致, 式 (a) 可以写成

$$F_x^0 + \mathrm{i}F_y^0 = \frac{SR}{2\mathrm{i}}\left[\sigma + \frac{m}{\sigma} - 1 - m - \mathrm{e}^{2\mathrm{i}\beta}\left(\frac{1}{\sigma} + m\sigma - 1 - m\right)\right]. \tag{d}$$

解析复势提供的力必须在椭圆上抵消这个力. 因此, 解析复势相应于

$$\begin{aligned}
f(\sigma) &= \mathrm{i}(F_x + \mathrm{i}F_y) = -\mathrm{i}(F_x^0 + \mathrm{i}F_y^0) \\
&= -\frac{SR}{2}\left[(1 - m\mathrm{e}^{2\mathrm{i}\beta})\sigma + (m - \mathrm{e}^{2\mathrm{i}\beta})\frac{1}{\sigma} - (1 + m)(1 - \mathrm{e}^{2\mathrm{i}\beta})\right].
\end{aligned} \tag{e}$$

现在把这个表达式应用于 §72 中的式 (e), 以决定 $\phi(\zeta)$. 导致的三个积分很容易求得:

$$\int_r \frac{\sigma\mathrm{d}\sigma}{\sigma - \zeta} = 0, \quad \int_r \frac{\mathrm{d}\sigma}{\sigma - \zeta} = 0, \quad \int_r \frac{1}{\sigma}\frac{\mathrm{d}\sigma}{\sigma - \zeta} = -2\pi\mathrm{i}\frac{1}{\zeta}. \tag{107}$$

[215]

前两个积分可以立即得出, 只须对单位圆及圆内应用柯西积分定理 (ζ 点在圆外). 对圆外应用柯西积分定理, 或对圆内应用留数定理, 可得出第三个积分. 于是

$$\phi(\zeta) = -\frac{1}{2\pi i}\int_r \frac{f(\sigma)\mathrm{d}\sigma}{\sigma - \zeta} = -\frac{SR}{2}(m - \mathrm{e}^{2\mathrm{i}\beta})\frac{1}{\zeta}. \tag{f}$$

为了决定 $\psi(\zeta)$, 首先由式 (e) 得出

$$\overline{f}(\overline{\sigma}) = -\frac{SR}{2}\left[(1 - m\mathrm{e}^{-2\mathrm{i}\beta})\frac{1}{\sigma} + (m - \mathrm{e}^{-2\mathrm{i}\beta})\sigma - (1 + m)(1 - \mathrm{e}^{-2\mathrm{i}\beta})\right]. \tag{g}$$

应用 §72 中的式 (d), 并再次利用 (107) 求出式中的积分, 得

$$\psi(\zeta) = -\frac{SR}{2}\left[(m - \mathrm{e}^{2\mathrm{i}\beta})\frac{1 + m\zeta^2}{\zeta(\zeta^2 - m)} + (1 - m\mathrm{e}^{-2\mathrm{i}\beta})\frac{1}{\zeta}\right]. \tag{h}$$

　　现在, 由 $\phi(\zeta)$ 和 $\psi(\zeta)$ 对 z 的导数, 可以求得 xy 坐标系中的应力分量. 对于 $\rho > 1$ 的那些圆所映射到 z 平面内的椭圆, 以及 θ 为常数的那些径向线所映射的正交双曲线, 曲线坐标中的应力分量可以由 (92) 和 (93) 型的公式求得, 或者由 (96) 和 (97) 型的公式求得. 位移可由方程 (86) 或 (98) 求得.

　　作为第二个实例, 试取图 125 中的椭圆孔, 它在 GAC 部分和 DEF 部分受均匀压力 p, 而 CD 部分和 FG 部分不受载荷. C、G、D、F 各点分别为 z_1、$\overline{z}_1$、$-\overline{z}_1$、$-z_1$, 而在 ζ 平面内的 r 上的对应点分别为 σ_1、$\overline{\sigma}_1$、$-\overline{\sigma}_1$、$-\sigma_1$.

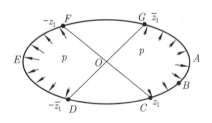

图 125

[216]　　将椭圆的 GC 之内的一点 B 记为 z, 即有

对于 GAC,　　$F_x + \mathrm{i}F_y = \mathrm{i}p(z - a)$.

从 C 到 D, 这个力保持为常量. 因此,

对于 CD,　　　$F_x + \mathrm{i}F_y = \mathrm{i}p(z_1 - a)$.

然后有

对于 DEF,　　$F_x + \mathrm{i}F_y = \mathrm{i}p(z_1 - a + z + \overline{z}_1)$,

对于 FG,　　　$F_x + \mathrm{i}F_y = \mathrm{i}p(\overline{z}_1 - a)$.

于是函数 $f(\sigma) = \mathrm{i}(F_x + \mathrm{i}F_y)$ 如下式所示:

对于 GAC, $\quad f(\sigma) = -p\left[R\left(\sigma + \dfrac{m}{\sigma}\right) - a\right]$,

对于 CD, $\quad f(\sigma) = -p\left[R\left(\sigma_1 + \dfrac{m}{\sigma_1}\right) - a\right]$,

对于 DEF, $\quad f(\sigma) = -p\left[R\left(\sigma_1 + \dfrac{m}{\sigma_1}\right) - a + R\left(\sigma + \dfrac{m}{\sigma}\right) + R\left(\dfrac{1}{\sigma_1} + m\sigma_1\right)\right]$, $\quad$ (i)

对于 FG, $\quad f(\sigma) = -p\left[R\left(\dfrac{1}{\sigma_1} + m\sigma_1\right) - a\right]$.

各括号内的 $-a$ 可以略去, 因为载荷是由 $f(\sigma)$ 的变化表示的. 由 §72 中的式 (e) 得

$$
2\pi\mathrm{i}\phi(\zeta) = pR\left\{ \int_{\bar\sigma_1}^{\sigma_1} \left(\sigma + \frac{m}{\sigma}\right)\frac{\mathrm{d}\sigma}{\sigma - \zeta} + \left(\sigma_1 + \frac{m}{\sigma_1}\right)\int_{\sigma_1}^{-\bar\sigma_1}\frac{\mathrm{d}\sigma}{\sigma - \zeta} \right.
$$
$$
+ \int_{-\bar\sigma_1}^{-\sigma_1}\left[\sigma + \frac{m}{\sigma} + (1+m)\left(\sigma_1 + \frac{1}{\sigma_1}\right)\right]\frac{\mathrm{d}\sigma}{\sigma - \zeta}
$$
$$
\left. + \left(\frac{1}{\sigma_1} + m\sigma_1\right)\int_{-\sigma_1}^{\bar\sigma_1}\frac{\mathrm{d}\sigma}{\sigma - \zeta} \right\}.
$$
$\hfill$ (j)

求出不定积分, 再将上下限代入, 即得各个积分. 于是 $\hfill$ [217]

$$
\frac{2\pi\mathrm{i}}{pR}\phi(\zeta) = \zeta\ln\frac{\zeta^2 - \sigma_1^2}{\zeta^2 - \bar\sigma_1^2} - \frac{m}{\zeta}\left(4\ln\sigma_1 - \ln\frac{\zeta^2 - \sigma_1^2}{\zeta^2 - \bar\sigma_1^2}\right)
$$
$$
+ \left(\sigma_1 + \frac{m}{\sigma_1}\right)\ln\frac{\zeta + \bar\sigma_1}{\zeta - \sigma_1} + (1+m)\left(\sigma_1 + \frac{1}{\sigma_1}\right)\ln\frac{\zeta + \sigma_1}{\zeta + \bar\sigma_1}
$$
$$
+ \left(\frac{1}{\sigma_1} + m\sigma_1\right)\ln\frac{\zeta - \bar\sigma_1}{\zeta + \sigma_1}.
$$
$\hfill$ (k)

这可以简化为

$$
\frac{2\pi\mathrm{i}}{pR}\phi(\zeta) = -\frac{4m}{\zeta}\ln\sigma_1 + \left(\zeta + \frac{m}{\zeta}\right)\ln\frac{\zeta^2 - \sigma_1^2}{\zeta^2 - \bar\sigma_1^2}
$$
$$
+ \left(\sigma_1 + \frac{m}{\sigma_1}\right)\ln\frac{\zeta + \sigma_1}{\zeta - \sigma_1} + \left(\frac{1}{\sigma_1} + m\sigma_1\right)\ln\frac{\zeta - \bar\sigma_1}{\zeta + \bar\sigma_1}.
$$
$\hfill$ (l)

现在, 由式 (i) 得出 $\overline{f}(\overline\sigma)$, 即可利用 §72 中的式 (e) 求得函数 $\psi(\zeta)$. 像对于式 (j) 那样进行积分, 结果是

$$
\int_r \frac{\overline{f}(\overline\sigma)\mathrm{d}\sigma}{\sigma - \zeta} = -pR\left[m\zeta\ln\frac{\zeta^2 - \sigma_1^2}{\zeta^2 - \bar\sigma_1^2} \right.
$$
$$
- \frac{1}{\zeta}\left(4\ln\sigma_1 - \ln\frac{\zeta^2 - \sigma_1^2}{\zeta^2 - \bar\sigma_1^2}\right) + \left(\frac{1}{\sigma_1} + m\sigma_1\right)\ln\frac{\zeta + \bar\sigma_1}{\zeta - \sigma_1}
$$
$$
\left. + (1+m)\left(\frac{1}{\sigma_1} + \sigma_1\right)\ln\frac{\zeta + \sigma_1}{\zeta + \bar\sigma_1} + \left(\sigma_1 + \frac{m}{\sigma_1}\right)\ln\frac{\zeta - \bar\sigma_1}{\zeta + \sigma_1} \right].
$$
$\hfill$ (m)

简化以后, 得

$$\frac{2\pi i}{pR}\psi(\zeta) = -4\ln\sigma_1(1+m^2)\frac{\zeta}{\zeta^2-m}$$
$$+ \left(\sigma_1+\frac{m}{\sigma_1}\right)\ln\frac{\zeta-\overline{\sigma}_1}{\zeta+\overline{\sigma}_1} + \left(\frac{1}{\sigma_1}+m\sigma_1\right)\ln\frac{\zeta+\sigma_1}{\zeta-\sigma_1}. \tag{n}$$

有了方程 (l) 和 (n) 所示的两个复势的最后形式, 即可由一般公式 (96)、(97)、(98) 求得应力和位移的表达式.

习题

1. 试证明: 对于椭圆孔长轴及短轴端点处的应力, §73 中 (f) 和 (h) 所示的解答导致的结果与 §63 中的解答相同.

[218]　　　2. 试由 §73 中对于图 125 所示问题的解答出发, 导出椭圆孔边所有各点均受压力 p 时的复势 $\phi(\zeta)$ 和 $\psi(\zeta)$. 试证明, 对于长轴及短轴端点处算得的应力, 是和 §62 中得出的结果相一致的.

3. 具有一椭圆孔的无限大板 (如图 124), 在无穷远处有均匀应力

$$\sigma_x = S_1, \quad \sigma_y = S_2, \quad \tau_{xy} = 0$$

(不是图 124 中那样与 x 轴成角 β 的 S).

(a) 求出孔边应力的表达式.

(b) 利用椭圆孔和圆孔的已知结果, 对所得的结果建议并应用几个验证方法.

(c) 证明: 如果 $S_2/S_1 = b/a$, 则沿整个孔边有相同的应力[1].

(d) 证明: 当无穷远处的应力是与椭圆轴线成 45° 的纯剪时, 孔边的最大应力发生在长轴的端点, 而相应的应力集中因子是 $2(1+a/b)$.

注:

[1]　A. J. Durelli and W. M. Murray, *Proc. Soc. Exptl. Stress Anal.*, vol. 1, no. 1, 1943.

第七章

三维应力和应变的分析

§74 引言

除了第一章的初步基本知识以外, 以上各章只涉及二维问题. 本章和下一章则用于较深入的一般议题, 作为求解更多问题时的基础. 在本章中, 应力分析与应变分析完全分开, 也不介绍应力–应变关系. 所得的结果, 可以应用于任何一种连续介质 (例如塑性固体或黏滞流体) 中发生的应力; 关于应变, 也与此类似.

现在来考察三维应力分布的一般情形. 前已说明 (见§4), 作用于单元立方体六个面上的应力, 可用三个正应力 σ_x、σ_y、σ_z 和三个剪应力 $\tau_{xy} = \tau_{yx}$、$\tau_{xz} = \tau_{zx}$、$\tau_{yz} = \tau_{zy}$ 这六个应力分量来表明. 如果在任一点的这些应力分量已知, 就可以用静力学方程算出作用于经过这点的任何斜面上的应力.

设 O 点是受应力的物体内的一点, 并假定坐标面 xy、xz、yz (图 126) 上的各应力是已知的. 为了得到经过 O 点的任一斜面上的应力, 可在离 O 点一微小距离处取一平面 BCD 与斜面平行, 于是平面 BCD 和坐标面从物体中割出一微小四面体 $BCDO$. 由于应力在物体内是连续变化的, 因此, 当所取的四

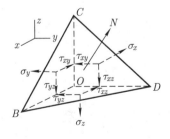

图 126

面体为无限小时, 作用于平面 BCD 上的应力将趋近于经过 O 点而与它平行的平面上的应力.

在考虑四面体的平衡条件时, 体力可以不计 (见 §4). 又由于这四面体很小, 也可以不计各面上的应力的变化, 而把应力当作是均匀分布的. 因此, 作用于四面体的力, 可将应力分量乘以作用面的面积而求得. 用 A 代表四面体的 BCD 面的面积, 其余三面的面积就可将 A 投影于三个坐标面而求得. 设 N 是平面 BCD 的法线, 并令

$$\cos(Nx) = l, \quad \cos(Ny) = m, \quad \cos(Nz) = n, \tag{a}$$

四面体其余三面的面积就是

$$Al, \quad Am, \quad An.$$

如果用 X、Y、Z 代表斜面 BCD 上平行于坐标轴的三个应力分量, 则作用于 BCD 面上的力在 x 轴方向的分量就是 AX. 作用于四面体其余三面上的力在 x 方向的分量各为 $-Al\sigma_x$、$-Am\tau_{xy}$、$-An\tau_{xz}$. 于是, 四面体的对应的平衡方程是

$$AX - Al\sigma_x - Am\tau_{xy} - An\tau_{xz} = 0.$$

用同样方法, 将各力投影于 y 轴和 z 轴, 就得到另外两个平衡方程. 消去因子 A 之后, 四面体的这三个平衡方程可写成

$$\begin{aligned}
X &= \sigma_x l + \tau_{xy} m + \tau_{xz} n, \\
Y &= \tau_{xy} l + \sigma_y m + \tau_{zy} n, \\
Z &= \tau_{xz} l + \tau_{yz} m + \sigma_z n.
\end{aligned} \tag{108}$$

于是, 如果在 O 点的六个应力分量 σ_x、σ_y、σ_z、τ_{xy}、τ_{yz}、τ_{xz} 是已知的, 则任一个由方向余弦 l、m、n 所决定的平面上的应力分量就容易由方程 (108) 算出.

§75　主应力

现在来考察作用于平面 BCD (图 126) 上的正应力 σ_n. 利用上一节中的方向余弦的记号 (a), 得到

$$\sigma_n = Xl + Ym + Zn, \tag{a}$$

或将方程 (108) 中的 X、Y、Z 的值代入而得

$$\sigma_n = \sigma_x l^2 + \sigma_y m^2 + \sigma_z n^2 + 2\tau_{yz} mn + 2\tau_{xz} ln + 2\tau_{xy} lm. \tag{109}$$

正应力 σ_n 随法线 N 的方向而变化的情形,可用几何方法表示如下. 沿法线 N 的方向作一矢量, 它的长度 r 与应力 σ_n 的绝对值的平方根成反比, 就是

$$r = \frac{k}{\sqrt{|\sigma_n|}}, \tag{b}$$

其中 k 是常量因子. 矢端的坐标是

$$x = lr, \quad y = mr, \quad z = nr. \tag{c}$$

将由 (b) 得来的

$$\sigma_n = \pm \frac{k^2}{r^2} \tag{d}$$

和由 (c) 得来的 l、m、n 的值代入方程 (109), 就得到 [①]

$$\pm k^2 = \sigma_x x^2 + \sigma_y y^2 + \sigma_z z^2 + 2\tau_{yz} yz + 2\tau_{zx} zx + 2\tau_{xy} xy. \tag{110}$$

当平面 BCD 绕 O 点转动时, 矢量 r 的矢端总是在方程 (110) 所确定的二次曲面上.

我们知道, 对于像方程 (110) 所表示的二次曲面, 总可以找到 x、y、z 轴的一组方向, 使方程中含有坐标乘积的各项成为零. 这就是说, 总可以找到三个垂直面, 在这三个面上 τ_{yz}、τ_{zx}、τ_{xy} 等于零, 也就是各合应力垂直于它们的作用面. 这些应力称为该点的主应力, 它们的方向称为主轴, 而它们的作用面称为主面. 可以看出, 如果已知一点的主轴方向和三个主应力的大小, 这一点的应力就完全确定. 不论我们如何选取 x、y、z 轴方程 (110) 所表示的面不变. [222]

注:

① 依照 σ_n 是拉应力或压应力, 在方程 (d) 和方程 (110) 中用正号或负号. 当三个主应力同号时, 两个符号中只须取一个, 曲面是一个椭球面. 当主应力不全同号时, 两个符号都需要, 而这时由两个方程 (110) 所代表的曲面是由具有公共渐近锥面的一个双叶双曲面和一个单叶双曲面组成的.

§76　应力椭球面和应力准面

如果把坐标轴 x、y、z 取在主轴的方向, 计算任一斜面上的应力就很简单. 这时, 剪应力 τ_{yz}、τ_{zx}、τ_{xy} 都是零, 而方程 (108) 成为

$$X = \sigma_x l, \quad Y = \sigma_y m, \quad Z = \sigma_z n. \tag{111}$$

将这三个方程中的 l、m、n 的值代入周知的关系式 $l^2 + m^2 + n^2 = 1$, 就得到

$$\frac{X^2}{\sigma_x^2} + \frac{Y^2}{\sigma_y^2} + \frac{Z^2}{\sigma_z^2} = 1. \tag{112}$$

这就表示, 如果经过 O 点的每一斜面上的应力都用从 O 点作出的一个矢量代表, 矢量的分量是 X、Y、Z, 所有这些矢量的矢端就都在由方程 (112) 所表示的椭球面上. 这一椭球面称为应力椭球面. 椭球面的半轴给出在该点的主应力. 由此可以断定, 任一点的最大正应力就是该点的三个主应力中最大的一个.

如果三个主应力中有两个数值相等, 应力椭球面就成为回转椭球面. 如果数值相等的这两个主应力的符号相同, 则所有经过椭球面的对称轴的平面上的合应力将相等, 而且垂直于它们的作用面. 在这种情况下, 经过对称轴的任何两个垂直平面上的应力都可当作主应力. 如果三个主应力都相等而且符号相同, 应力椭球面就成为球面, 任何三个互相垂直的方向都可当作主轴. 当主应力之一为零时, 应力椭球面就成为一个椭圆, 而代表那经过该点的各平面上的应力矢量都在同一平面内. 这种应力状态称为平面应力, 已在前面各章中讨论过. 当两个主应力为零时, 就得到简单拉伸或压缩的情形.

应力椭球面的每一个矢径, 依一定的比例尺, 代表那经过椭球面中心的一个平面上的应力. 为了求得这一平面, 可用应力椭球面 (112) 和由方程

$$\frac{x^2}{\sigma_x} + \frac{y^2}{\sigma_y} + \frac{z^2}{\sigma_z} = 1 \tag{113}$$

[223]　　所决定的应力准面. 应力椭球面的每一个矢径所代表的应力的作用面, 平行于在应力准面与该矢径的交点切于应力准面的平面, 证明如下. 在任一点 $(x_0、y_0、z_0)$ 切于应力准面 (113) 的平面的方程是

$$\frac{xx_0}{\sigma_x} + \frac{yy_0}{\sigma_y} + \frac{zz_0}{\sigma_z} = 1. \tag{a}$$

用 h 代表从坐标原点到这切面的垂线的长度, l、m、n 代表该垂线的方向余弦, 又可将切面的方程写成

$$lx + my + nz = h. \tag{b}$$

将 (a) 与 (b) 对比, 即得

$$\sigma_x = \frac{x_0 h}{l}, \quad \sigma_y = \frac{y_0 h}{m}, \quad \sigma_z = \frac{z_0 h}{n}. \tag{c}$$

将这些值代入方程 (111), 得

$$X = x_0 h, \quad Y = y_0 h, \quad Z = z_0 h;$$

就是说, 方向余弦为 l、m、n 的平面上的应力分量, 与坐标 x_0、y_0、z_0 成比例. 因此, 代表应力的矢量将经过点 $(x_0、y_0、z_0)$, 如上所述 [①].

注:

① O. Mohr 曾经提出另一种用三个圆来代表一点的应力的方法, 见 "Technische, Meschanik," 2d ed., p. 192, 1914. 又见 A. Föppl und L. Föppl, "Drang und Zwang," vol. 1, p. 9, 以及 H. M. Westergaard, *Z. Angew. Math. Mech.*, vol. 4, p. 520, 1924. 莫尔圆的应用已见于二维问题的讨论中 (见 §9).

§77 主应力的确定

如果已知三个坐标面上的应力分量, 就可以利用主应力垂直于其作用面这一特性来确定主应力的方向和大小. 设 l、m、n 是主平面的方向余弦, S 是作用于这平面的主应力的大小. 于是这应力的分量是

$$X = Sl, \quad Y = Sm, \quad Z = Sn.$$

代入方程 (108), 得

$$
\begin{aligned}
(S - \sigma_x)l - \tau_{xy}m - \tau_{xz}n &= 0, \\
-\tau_{xy}l + (S - \sigma_y)m - \tau_{yz}n &= 0, \\
-\tau_{xz}l - \tau_{yz}m + (S - \sigma_z)n &= 0.
\end{aligned}
\tag{a}
$$

这是 l、m、n 的三个齐次线性方程. 只有当三个方程的系数行列式为零时, 才 [224] 可能得到非零解. 展开行列式, 并使它等于零, 得 S 的三次方程

$$
S^3 - (\sigma_x + \sigma_y + \sigma_z)S^2 + (\sigma_x\sigma_y + \sigma_y\sigma_z + \sigma_x\sigma_z - \tau_{yz}^2 - \tau_{xz}^2 - \tau_{xy}^2)S
$$
$$
- (\sigma_x\sigma_y\sigma_z + 2\tau_{yz}\tau_{xz}\tau_{xy} - \sigma_x\tau_{yz}^2 - \sigma_y\tau_{xz}^2 - \sigma_z\tau_{xy}^2) = 0.
\tag{114}
$$

这方程的三个根就给出三个主应力 S_1、S_2、S_3 的值. 将三个主应力依次代入方程 (a) 并利用关系式 $l^2 + m^2 + n^2 = 1$, 就可以得到三个主平面的三组方向余弦.

§78 应力不变量

对于已知的应力状态, 即已知的主应力及主轴, 当然可以用任一组 x、y、z 轴上的分量来表示. 不论这些轴选在什么方向, 方程 (114) 都应当给出同样的三个根 S_1、S_2、S_3, 因此, 这方程的系数不会改变. 我们可以选择主轴本身作为 x、y、z 轴. 这时, σ_x、σ_y、σ_z 将成为 S_1、S_2、S_3 (依这样或那样的次序), 而 τ_{xy}、τ_{yz}、τ_{zx} 将成为零. 于是得出方程 (114) 中的系数所组成的不变数值

$$\sigma_x + \sigma_y + \sigma_z = S_1 + S_2 + S_3, \tag{a}$$

$$\sigma_x\sigma_y + \sigma_y\sigma_z + \sigma_z\sigma_x - \tau_{xy}^2 - \tau_{yz}^2 - \tau_{zx}^2 = S_1S_2 + S_2S_3 + S_3S_1, \tag{b}$$

$$\sigma_x\sigma_y\sigma_z + 2\tau_{xy}\tau_{yz}\tau_{zx} - \sigma_x\tau_{yz}^2 - \sigma_y\tau_{zx}^2 - \sigma_z\tau_{xy}^2 = S_1S_2S_3. \tag{c}$$

左边的三个表达式称为"应力不变量". 显然可以用它们构成其他的不变量. 把 (a)、(b)、(c) 右边的表达式分别写成 I_1、I_2、I_3, 很容易证明

$$(\sigma_x - \sigma_y)^2 + (\sigma_y - \sigma_z)^2 + (\sigma_z - \sigma_x)^2 + 6(\tau_{xy}^2 + \tau_{yz}^2 + \tau_{zx}^2) = 2I_1^2 - 6I_2. \tag{d}$$

因此, 这方程左边的表达式也是一个不变量. 以后在讨论应变能时, 它将出现.

§79　极大剪应力的确定

设 x、y、z 是主轴, 因而 σ_x、σ_y、σ_z 是主应力, 并令 l、m、n 为某一平面的方向余弦. 于是, 由方程 (111), 可知, 该平面上的总应力的二次方是

$$S^2 = X^2 + Y^2 + Z^2 = \sigma_x^2 l^2 + \sigma_y^2 m^2 + \sigma_z^2 n^2.$$

[225]　又由方程 (109) 可知, 该平面上的正应力分量的二次方是

$$\sigma_n^2 = (\sigma_x l^2 + \sigma_y m^2 + \sigma_z n^2)^2. \tag{a}$$

于是该平面上的剪应力的二次方应当是

$$\tau^2 = S^2 - \sigma_n^2 = \sigma_x^2 l^2 + \sigma_y^2 m^2 + \sigma_z^2 n^2 - (\sigma_x l^2 + \sigma_y m^2 + \sigma_z n^2)^2. \tag{b}$$

现在, 用关系式

$$l^2 + m^2 + n^2 = 1$$

消去方程 (b) 中的三个方向余弦之一, 如 n, 然后确定 l 和 m 以使 τ 为极大. 将 $n^2 = 1 - l^2 - m^2$ 代入 (b) 之后, 对 l 和 m 求导数, 并使它们等于零, 就得到下列方程, 以确定 τ 为极大或极小的平面的方向余弦:

$$\begin{aligned} l\left[(\sigma_x - \sigma_z)l^2 + (\sigma_y - \sigma_z)m^2 - \frac{1}{2}(\sigma_x - \sigma_z)\right] &= 0, \\ m\left[(\sigma_x - \sigma_z)l^2 + (\sigma_y - \sigma_z)m^2 - \frac{1}{2}(\sigma_y - \sigma_z)\right] &= 0. \end{aligned} \tag{c}$$

这两个方程的一个解是 $l = m = 0$. 此外还可以得到几个异于零的解. 例如, 令 $l = 0$, 由 (c) 中的第二方程得 $m = \pm\sqrt{1/2}$; 令 $m = 0$, 由 (c) 中的第一方程得 $l = \pm\sqrt{1/2}$. 当 l 和 m 都不等于零时, 方程 (c) 一般没有解, 因为在这种情况下, 两个方括号中的表达式不能都等于零.

重复如上的计算 [先从方程 (b) 中消去 m, 然后再消去 l], 最后就得到使 τ 为极大或极小的方向余弦, 如下表所示:

τ 为极大或极小的平面的方向余弦

$l =$	0	0	± 1	0	$\pm\sqrt{\dfrac{1}{2}}$	$\pm\sqrt{\dfrac{1}{2}}$
$m =$	0	± 1	0	$\pm\sqrt{\dfrac{1}{2}}$	0	$\pm\sqrt{\dfrac{1}{2}}$
$n =$	± 1	0	0	$\pm\sqrt{\dfrac{1}{2}}$	$\pm\sqrt{\dfrac{1}{2}}$	0

表中前三列所示的平面就是与主平面重合的坐标平面, 如原来所假定的.
对于这些平面, 剪应力为零, 就是说式 (b) 为极小. 其余三列分别表示经过主
轴之一而平分其余两主轴之间的夹角的三个平面. 将这三个平面的方向余弦 [226]
代入式 (b), 求得这三个平面上的剪应力的值如下:

$$\tau = \pm\frac{1}{2}(\sigma_y - \sigma_z), \quad \tau = \pm\frac{1}{2}(\sigma_x - \sigma_z),$$
$$\tau = \pm\frac{1}{2}(\sigma_x - \sigma_y). \tag{115}$$

这就表示, 极大剪应力作用在平分最大和最小主应力之间的夹角的平面上, 并
等于这两个主应力之差的一半.

如果图 126 中的 x、y、z 轴代表主应力的方向, 并且 $OB = OC = OD$, 因
而四面体斜面的法线 N 的方向余弦是 $l = m = n = 1/\sqrt{3}$, 则该斜面上的正应
力由方程 (109) 求得为

$$\sigma_n = \frac{1}{3}(\sigma_x + \sigma_y + \sigma_z). \tag{d}$$

这个应力称为 "平均应力". 斜面上的剪应力的二次方由方程 (b) 求得为

$$\tau^2 = \frac{1}{3}(\sigma_x^2 + \sigma_y^2 + \sigma_z^2) - \frac{1}{9}(\sigma_x + \sigma_y + \sigma_z)^2,$$

也可以写成

$$\tau^2 = \frac{1}{9}[(\sigma_x - \sigma_y)^2 + (\sigma_y - \sigma_z)^2 + (\sigma_z - \sigma_x)^2],$$

利用 (d), 还可以写成

$$\tau^2 = \frac{1}{3}[(\sigma_x - \sigma_n)^2 + (\sigma_y - \sigma_n)^2 + (\sigma_z - \sigma_n)^2].$$

这个剪应力 τ 称为 "八面体剪应力", 因为它的作用面是顶点在三个轴上的正
八面体的一个面. 在塑性理论中常常出现这个剪应力.

§80　均匀形变

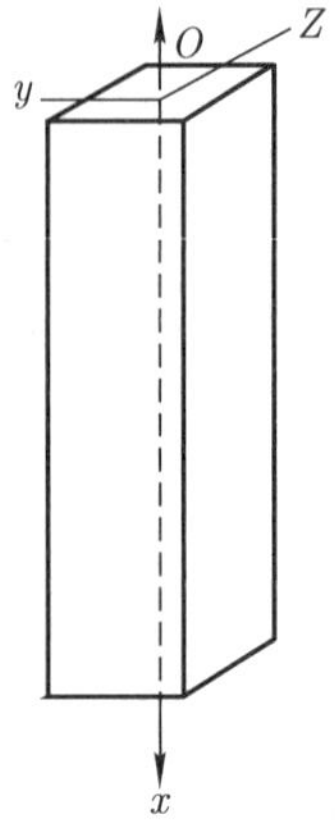

我们只考虑微小形变, 像工程结构中所发生的那样. 变形体中各质点的微小位移通常将分解成三个分量 u、v、w, 分别平行于坐标轴 x、y、z. 假定各个分量是在物体体积内连续变化的微量.

试以上端被固定的受简单拉伸的柱形杆为例 (图 127). 设 ϵ 为杆在 x 方向的单位伸长, $\nu\epsilon$ 是侧向单位收缩. 于是, 坐标为 x、y、z 的一点的位移分量是

$$u = \epsilon x, \quad v = -\nu\epsilon y, \quad w = -\nu\epsilon z.$$

用 x'、y'、z' 代表该点在变形以后的坐标, 则

图 127

$$
\begin{aligned}
x' &= x + u = x(1 + \epsilon), \\
y' &= y + v = y(1 - \nu\epsilon), \\
z' &= z + w = z(1 - \nu\epsilon).
\end{aligned}
\tag{a}
$$

[227]　　我们来考察在变形以前杆内的一个平面, 平面的方程是

$$ax + by + cz + d = 0. \tag{b}$$

这平面上的各点在变形以后仍然在一个平面内. 新平面的方程可将方程 (a) 中的 x、y、z 的值代入方程 (b) 而求得. 这样就很容易证明: 在变形以后, 平行的平面依旧平行, 平行线也依旧平行.

再来考察在变形以前杆内的一个球面, 球面的方程是

$$x^2 + y^2 + z^2 = r^2. \tag{c}$$

在变形以后, 该球面将成为椭球面, 椭球面的方程可将由方程 (a) 求得的 x、y、z 的表达式代入方程 (c) 而求得为

$$\frac{x'^2}{r^2(1+\epsilon)^2} + \frac{y'^2}{r^2(1-\nu\epsilon)^2} + \frac{z'^2}{r^2(1-\nu\epsilon)^2} = 1. \tag{d}$$

可见半径为 r 的球面变成为半轴为 $r(1+\epsilon)$、$r(1-\nu\epsilon)$、$r(1-\nu\epsilon)$ 的椭球面.

以上所考察的简单拉伸和侧向收缩, 只是位移分量 u、v、w 为坐标 x、y、z 的线性函数这种更一般形式的形变的一个特殊情况. 照前面一样进行演算, 可以证明, 这种一般形式的形变也具有上述简单拉伸情况下的一切性质: 平面和直线在变形以后仍然保持为平面和直线; 平行的平面和平行的直线在变形以

后依旧平行; 球面在变形以后成为椭球面. 这种形变称为均匀形变. 后面将证明, 在这种情况下, 变形体内所有各点的在任一给定方向的形变是相同的. 因此, 物体内两个几何形状相似而且方向相同的单元体在变形以后依旧相似.

在更一般的情况下, 形变是在变形体体积内随处变化的. 例如, 梁被弯曲时, 纵纤维的伸长和收缩与其距中性面的距离有关; 被扭转的圆轴内单元体的剪应变与其距轴心线的距离成正比. 在这种非均匀形变的情况下, 对一点的邻近处的应变加以分析是必要的.

§81 在一点的应变

在讨论变形体中一点 O (图 128) 的邻近处的应变时, 可考虑一长度为 r 而方向余弦为 l、m、n 的单元线段 OO_1. 这单元线段在坐标轴上的投影是

$$\delta x = rl, \quad \delta y = rm, \quad \delta z = rn. \tag{a}$$

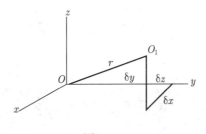

图 128

它们代表 O_1 点在以 O 为原点的坐标系 x、y、z 中的坐标. 设 u、v、w 是 O 点在物体变形时的位移, 相邻点 O_1 的对应位移就可以表示如下:

$$\begin{aligned}
u_1 &= u + \frac{\partial u}{\partial x}\delta x + \frac{\partial u}{\partial y}\delta y + \frac{\partial u}{\partial z}\delta z, \\
v_1 &= v + \frac{\partial v}{\partial x}\delta x + \frac{\partial v}{\partial y}\delta y + \frac{\partial v}{\partial z}\delta z, \\
w_1 &= w + \frac{\partial w}{\partial x}\delta x + \frac{\partial w}{\partial y}\delta y + \frac{\partial w}{\partial z}\delta z.
\end{aligned} \tag{b}$$

这里假定 δx、δy、δz 都是微量, 因此, 含有这些量的高幂次和乘积的各项都被当作高阶微量而在 (b) 中略去. 在变形以后, 点 O_1 的坐标成为

$$\begin{aligned}
\delta x + u_1 - u &= \delta x + \frac{\partial u}{\partial x}\delta x + \frac{\partial u}{\partial y}\delta y + \frac{\partial u}{\partial z}\delta z, \\
\delta y + v_1 - v &= \delta y + \frac{\partial v}{\partial x}\delta x + \frac{\partial v}{\partial y}\delta y + \frac{\partial v}{\partial z}\delta z, \\
\delta z + w_1 - w &= \delta z + \frac{\partial w}{\partial x}\delta x + \frac{\partial w}{\partial y}\delta y + \frac{\partial w}{\partial z}\delta z.
\end{aligned} \tag{c}$$

值得注意, 这些坐标都是原坐标 δx、δy、δz 的线性函数; 因此, 物体在点 O 处的微小单元体的形变可以当作是均匀的 (§80).

现在来考虑单元线段 r 由形变引起的伸长. 单元线段在变形后的长度的平方等于式 (c) 右边各坐标的平方和. 因此, 设 ϵ 是单元线段的单位伸长, 就得到

$$
\begin{aligned}
(r+\epsilon r)^2 = {} & \left(\delta x + \frac{\partial u}{\partial x}\delta x + \frac{\partial u}{\partial y}\delta y + \frac{\partial u}{\partial z}\delta z\right)^2 \\
& + \left(\delta y + \frac{\partial v}{\partial x}\delta x + \frac{\partial v}{\partial y}\delta y + \frac{\partial v}{\partial z}\delta z\right)^2 \\
& + \left(\delta z + \frac{\partial w}{\partial x}\delta x + \frac{\partial w}{\partial y}\delta y + \frac{\partial w}{\partial z}\delta z\right)^2.
\end{aligned}
$$

除以 r^2, 并利用方程 (a), 得

$$
\begin{aligned}
(1+\epsilon)^2 = {} & \left[l\left(1+\frac{\partial u}{\partial x}\right) + m\frac{\partial u}{\partial y} + n\frac{\partial u}{\partial z}\right]^2 \\
& + \left[l\frac{\partial v}{\partial x} + m\left(1+\frac{\partial v}{\partial y}\right) + n\frac{\partial v}{\partial z}\right]^2 \\
& + \left[l\frac{\partial w}{\partial x} + m\frac{\partial w}{\partial y} + n\left(1+\frac{\partial w}{\partial z}\right)\right]^2. \tag{d}
\end{aligned}
$$

注意 ϵ 和各个导数 $\partial u/\partial x$、$\cdots$、$\partial w/\partial z$ 都是微量, 因而它们的平方和乘积可以不计, 再利用关系式 $l^2+m^2+n^2=1$, 方程 (d) 就成为

$$
\begin{aligned}
\epsilon = {} & l^2\frac{\partial u}{\partial x} + m^2\frac{\partial v}{\partial y} + n^2\frac{\partial w}{\partial z} + lm\left(\frac{\partial u}{\partial y} + \frac{\partial v}{\partial x}\right) \\
& + ln\left(\frac{\partial u}{\partial z} + \frac{\partial w}{\partial x}\right) + mn\left(\frac{\partial v}{\partial z} + \frac{\partial w}{\partial y}\right). \tag{116}
\end{aligned}
$$

[230] 因此, 如果 $\partial u/\partial x$、$\cdots$、$(\partial u/\partial y + \partial v/\partial x)$、$\cdots$ 是已知的, 单元线段 r 的伸长就可以算出. 用记号

$$
\begin{aligned}
& \frac{\partial u}{\partial x} = \epsilon_x, \quad \frac{\partial v}{\partial y} = \epsilon_y, \quad \frac{\partial w}{\partial z} = \epsilon_z, \\
& \frac{\partial u}{\partial y} + \frac{\partial v}{\partial x} = \gamma_{xy}, \quad \frac{\partial u}{\partial z} + \frac{\partial w}{\partial x} = \gamma_{xz}, \\
& \frac{\partial v}{\partial z} + \frac{\partial w}{\partial y} = \gamma_{yz},
\end{aligned} \tag{e}
$$

方程 (116) 可以写成 [①]

$$
\epsilon = \epsilon_x l^2 + \epsilon_y m^2 + \epsilon_z n^2 + \gamma_{xy}lm + \gamma_{xz}ln + \gamma_{yz}mn. \tag{117}
$$

前面已经讨论过 ϵ_x、$\cdots$、γ_{yz}、$\cdots$ 各个量的物理意义 (见 §5), 并已指出 ϵ_x、ϵ_y、ϵ_z 是 x、y、z 三个方向的单位伸长, γ_{xy}、γ_{xz}、γ_{yz} 是与这些方向相关的三个剪应变. 现在看到, 如果这六个应变分量是已知的, 经过 O 点的任何单元线段的伸长都可由方程 (117) 算出.

在均匀形变的特殊情况下, 位移分量 u、v、w 是坐标的线性函数, 于是, 由方程 (e) 可见, 应变分量在物体的整个体积内是常量, 就是说, 物体的每一单元发生相同的应变.

在研究 O 点周围的应变时, 有时须要知道经过该点的两个单元线段间夹角的改变. 利用方程 (c) 和 (a), 并将 ϵ 作为微量, 则在变形以后, 单元线段 r (图 128) 的方向余弦是

$$
\begin{aligned}
l_1 &= \frac{\delta x + u_1 - u}{r(1+\epsilon)} = l\left(1 - \epsilon + \frac{\partial u}{\partial x}\right) + m\frac{\partial u}{\partial y} + n\frac{\partial u}{\partial z}, \\
m_1 &= \frac{\delta y + v_1 - v}{r(1+\epsilon)} = l\frac{\partial v}{\partial x} + m\left(1 - \epsilon + \frac{\partial v}{\partial y}\right) + n\frac{\partial v}{\partial z} \\
n_1 &= \frac{\delta z + w_1 - w}{r(1+\epsilon)} = l\frac{\partial w}{\partial x} + m\frac{\partial w}{\partial y} + n\left(1 - \epsilon + \frac{\partial w}{\partial z}\right).
\end{aligned}
\tag{f}
$$

取经过同一点的另一单元线段 r', 其方向余弦为 l'、m'、n', 在变形以后, 各余弦的大小可用与 (f) 相似的方程表示. 变形后, 两单元线段的夹角的余弦是

$$
\cos(rr') = l_1 l_1' + m_1 m_1' + n_1 n_1'.
$$

考虑到在这两个方向的伸长 ϵ 和 ϵ' 是微量, 并利用方程 (f), 就得到   [231]

$$
\begin{aligned}
\cos(rr') = {}&(ll' + mm' + nn')(1 - \epsilon - \epsilon') \\
&+ 2(\epsilon_x ll' + \epsilon_y mm' + \epsilon_z nn') + \gamma_{yz}(mn' + m'n) \\
&+ \gamma_{xz}(nl' + n'l) + \gamma_{xy}(lm' + l'm).
\end{aligned}
\tag{118}
$$

如果 r 和 r' 的方向互相垂直, 则

$$
ll' + mm' + nn' = 0,
$$

而方程 (118) 就表示这两方向之间的剪应变.

注:

① 试将这一方程与 σ_n 的方程 (109) 进行对比, 并注意方程 (109) 右边后三项中的因子 2. 当采用下标记号法时, 特别是由于采用 §7 中的方程 (f), 方程 (117) 的右边用 ϵ_{ij} 表示后, 也将有相应的因子 2. 在考虑坐标变换时, 这是一个有利的形式; 这时, 应力和应变都可用二秩张量来表示.

§82　应变主轴

由方程 (117) 可以得出应变在一点的变化的几何表示. 为此, 可沿每一单元线段如 r (图 128) 作一长度为

$$R = \frac{k}{\sqrt{|\epsilon|}} \tag{a}$$

的矢径, 再照 §75 中所述的方法进行, 就可以证明, 所有这些矢径的矢端都在方程

$$\pm k^2 = \epsilon_x x^2 + \epsilon_y y^2 + \epsilon_z z^2 + \gamma_{yz} yz + \gamma_{xz} xz + \gamma_{xy} xy \tag{119}$$

所表示的曲面上. 这曲面的形状和方位完全决定于该点的应变状态, 而与坐标轴的方向无关. 我们总可以选取正交坐标轴的方向, 使方程 (119) 中含有坐标乘积的各项消失, 就是说, 使这些方向的剪应变成为零. 这样的方向称为应变主轴, 对应的平面称为应变主面, 而对应的应变则称为主应变. 由以上的讨论显然可见, 应变主轴在变形以后依旧互相垂直; 各面平行于主平面的正平行六面体, 在变形以后, 仍保持为正平行六面体. 一般说来, 六面体将有一微小的转动.

设 x、y、z 轴是应变主轴, 则方程 (119) 成为

$$\pm k^2 = \epsilon_x x^2 + \epsilon_y y^2 + \epsilon_z z^2.$$

这时, 方向余弦为 l、m、n 的任一单元线段的伸长为 [由方程 (117)].

$$\epsilon = \epsilon_x l^2 + \epsilon_y m^2 + \epsilon_z n^2, \tag{120}$$

[232]　而对应于两垂直方向 r 和 r' 的剪应变则成为 [由方程 (118)]

$$\gamma_{rr'} = 2(\epsilon_x ll' + \epsilon_y mm' + \epsilon_z nn'). \tag{121}$$

由此可见, 如果已知某点的应变主轴的方向和主应变的大小, 在这一点的应变就完全确定. 应变主轴和主应变可用与 §77 所述的同样方法求得. 还可以证明, 当坐标系转动时, 正应变之和 $\epsilon_x + \epsilon_y + \epsilon_z$ 保持为常量. 我们知道, 这个和具有一简单的物理意义: 它代表由于在某一点的应变而有的单位体积膨胀.

§83　转动

一般说来, 当物体变形时, 任一单元体都将改变形状, 并发生平移和转动. 由于有剪应变, 单元体各棱边的转动并不相等, 因而就必须考虑怎样来描述整

个单元体的转动. 棱边沿 x、y、z 方向的任一长方单元体, 从物体未变形时开始, 可以经过下列三个步骤而到达最终的形状、位置和方向:

1. 使单元体发生应变 ϵ_x、ϵ_y、ϵ_z、γ_{xy}、γ_{yz}、γ_{xz}, 而单元体的主应变方向并不转动;

2. 使单元体发生平移, 直至其中心到达最终的位置;

3. 将单元体转动到最终的方向.

第 3 步中的转动显然就是主应变方向的转动, 因而与 x、y、z 轴的选择无关. 当位移 u、v、w 已知时, 必然有可能算出这个转动. 另一方面, 这个转动显然与应变分量无关.

由于单元体的平移在这里是无关重要的, 我们可以和 §81 及图 128 中一样地考虑点 O_1 相对于单元体中心点 O 的位移. 根据 §81 中的方程 (b), 这个相对位移是

$$
\begin{aligned}
u_1 - u &= \frac{\partial u}{\partial x}\delta x + \frac{\partial u}{\partial y}\delta y + \frac{\partial u}{\partial z}\delta z, \\
v_1 - v &= \frac{\partial v}{\partial x}\delta x + \frac{\partial v}{\partial y}\delta y + \frac{\partial v}{\partial z}\delta z, \\
w_1 - w &= \frac{\partial w}{\partial x}\delta x + \frac{\partial w}{\partial y}\delta y + \frac{\partial w}{\partial z}\delta z.
\end{aligned}
\tag{a}
$$

引用 §81 中应变分量的记号 (e), 并利用记号 [①]

$$
\frac{1}{2}\left(\frac{\partial w}{\partial y} - \frac{\partial v}{\partial z}\right) = \omega_x, \quad \frac{1}{2}\left(\frac{\partial u}{\partial z} - \frac{\partial w}{\partial x}\right) = \omega_y,
$$
$$
\frac{1}{2}\left(\frac{\partial v}{\partial x} - \frac{\partial u}{\partial y}\right) = \omega_z,
\tag{122}
$$

可将方程 (a) 写成

$$
\begin{aligned}
u_1 - u &= \epsilon_x\delta x + \frac{1}{2}\gamma_{xy}\delta y \\
&\quad + \frac{1}{2}\gamma_{xz}\delta z - \omega_z\delta y + \omega_y\delta z, \\
v_1 - v &= \frac{1}{2}\gamma_{xy}\delta x + \epsilon_y\delta y \\
&\quad + \frac{1}{2}\gamma_{yz}\delta z - \omega_x\delta z + \omega_z\delta x, \\
w_1 - w &= \frac{1}{2}\gamma_{xz}\delta x + \frac{1}{2}\gamma_{yz}\delta y \\
&\quad + \epsilon_z\delta z - \omega_y\delta x + \omega_x\delta y,
\end{aligned}
\tag{b}
$$

它们把相对位移表示为两部分, 一部分只与应变分量有关, 而另一部分只与 ω_x、ω_y、ω_z 各个量有关.

现在可以证明, ω_x、ω_y、ω_z 实际上就是上述第 3 步中转动的分量. 试考察由方程 (119) 决定的曲面. 在任一方向的矢径的平方与在这一方向的单元线段的单位伸长成反比. 方程 (119) 的形式是

$$F(x, y, z) = \text{const.} \tag{c}$$

如果我们考虑曲面上相邻的一点 $x + \mathrm{d}x$、$y + \mathrm{d}y$、$z + \mathrm{d}z$, 就得到关系式

$$\frac{\partial F}{\partial x}\mathrm{d}x + \frac{\partial F}{\partial y}\mathrm{d}y + \frac{\partial F}{\partial z}\mathrm{d}z = 0. \tag{d}$$

增量 $\mathrm{d}x$、$\mathrm{d}y$、$\mathrm{d}z$ 所在的方向的方向余弦与 $\mathrm{d}x$、$\mathrm{d}y$、$\mathrm{d}z$ 成比例. $\partial F/\partial x$、$\partial F/\partial y$、$\partial F/\partial z$ 这三个量也决定一个方向, 因为我们可以取方向余弦与它们成比例. 于是方程 (d) 的左边与这两个方向之间的夹角的余弦成比例. 由于方程 (d) 的左边等于零, 所以这两个方向成直角; 又由于 $\mathrm{d}x$、$\mathrm{d}y$、$\mathrm{d}z$ 代表曲面在 x、y、z 点的切面内的一个方向, 所以 $\partial F/\partial x$、$\partial F/\partial y$、$\partial F/\partial z$ 所代表的方向垂直于方程 (c) 所决定的曲面.

在目前所讨论的情况下, $F(x, y, z)$ 就是在方程 (119) 右边的函数. 因此

$$\begin{aligned}
\frac{\partial F}{\partial x} &= 2\epsilon_x x + \gamma_{xy} y + \gamma_{xz} z, \\
\frac{\partial F}{\partial y} &= \gamma_{xy} x + 2\epsilon_y y + \gamma_{yz} z, \\
\frac{\partial F}{\partial z} &= \gamma_{xz} x + \gamma_{yz} y + 2\epsilon_z z.
\end{aligned} \tag{e}$$

[234]　　方程 (119) 所决定的曲面是以 O 点 (图 128) 为中心画出的, 所以方程 (b) 中的 δx、δy、δz 可看作与方程 (e) 中的 x、y、z 相同.

现在来考察当 ω_x、ω_y、ω_z 为零时的特殊情形. 这时, 方程 (e) 的右边与方程 (b) 的右边只差一个因子 2. 因此, 方程 (b) 所示的位移垂直于方程 (119) 所示的曲面. 将点 O_1 (图 128) 作为曲面上的一点, 这就表示 O_1 的位移在 O_1 处垂直于曲面. 因此, 如果 OO_1 是应变主轴之一, 也就是曲面的主轴之一, 那么, O_1 的位移就在 OO_1 的方向, 因而 OO_1 不转动. 所考察的位移将是对应于上述第 1 步中的位移.

为了得到全部的位移, 必须在方程 (b) 中保留含有 ω_x、ω_y、ω_z 的各项. 但是这些项对应于刚体绕 x、y、z 轴的微小转动, 转动的分量是 ω_x、ω_y、ω_z. 因此, 由方程 (122) 决定的这些量, 就表明上述第 3 步中的转动, 也就是在 O 点的应变主轴的转动. 它们就简称为转动分量.

注:

① 从图 6 可以看出, ω_z 的表达式中的 $\partial v/\partial x$ 和 $-\partial u/\partial y$ 分别是单元线段 $O'A'$ 和 $O'B'$ 从它们的初始位置 OA 和 OB 算起的顺时针向转动. 因此, ω_z 是这两个转动的平均值, ω_x 和 ω_y 在 yz 平面和 xz 平面内具有相似的意义.

习题

1. 以 O 为中心的曲面, 在发生 §80 所述的均匀形变以后, 成为球面 $x'^2 + y'^2 + z'^2 = r^2$. 这曲面的 $f(x, y, z) = 0$ 形式的方程是怎样的? 这曲面是怎样一种曲面?

2. 试证明: 如果在整个物体中, 转动都是零 (无旋位移), 则位移矢量为某一标量势函数的梯度. 试在本书所探讨的问题中指出一个或几个这种无旋位移的例子.

第八章

一般定理

§84 平衡微分方程

在 §74 的讨论中, 我们考察了弹性体的在一点的应力. 现在来考察应力在点的位置改变时的变化. 为此, 必须研究各边为 δx、δy、δz 的微小长方体 (图 129) 的平衡条件. 作用于这单元体各面上的应力分量以及它们的正方向都注在图上. 这里我们考虑了各应力分量由于坐标的微小增量 δx、δy、δz 而有的微小改变. 因此, 在图 129 中用 1、2、3、4、5、6 标明单元体各面的中点, 并把 σ_x 在点 1 的值与在点 2 的值加以区别, 分别写作 $(\sigma_x)_1$ 和 $(\sigma_x)_2$. 自然, 记号 σ_x 本身是代表这应力分量在点 (x, y, z) 处的值. 在计算作用于单元体的各力时, 我们认为各个面都很微小, 因而每个力都可用每一面形心处的应力乘以这个面的面积而求得.

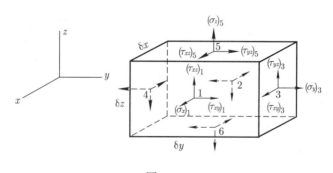

图 129

应当注意, 在讨论四面体 (图 126) 的平衡时, 作用在单元体上的体力被当作高阶微量而略去, 但现在却必须加以考虑, 因为它的大小与现在所考虑的应力分量的改变是同阶的. 用 X、Y、Z 代表单元体每单位体积的体力分量, 将

这单元体所受的沿 x 方向的各力相加, 得平衡方程

$$[(\sigma_x)_1 - (\sigma_x)_2]\delta y\delta z + [(\tau_{xy})_3 - (\tau_{xy})_4]\delta x\delta z$$
$$+ [(\tau_{xz})_5 - (\tau_{xz})_6]\delta x\delta y + X\delta x\delta y\delta z = 0.$$

其他两个平衡方程也可用同样方式得到. 除以 $\delta x\delta y\delta z$ 之后, 取单元体缩小而 [236] 趋近于点 $(x \text{、} y \text{、} z)$ 时的极限, 得

$$
\begin{aligned}
\frac{\partial \sigma_x}{\partial x} + \frac{\partial \tau_{xy}}{\partial y} + \frac{\partial \tau_{xz}}{\partial z} + X &= 0, \\
\frac{\partial \sigma_y}{\partial y} + \frac{\partial \tau_{xy}}{\partial x} + \frac{\partial \tau_{yz}}{\partial z} + Y &= 0, \\
\frac{\partial \sigma_z}{\partial z} + \frac{\partial \tau_{xz}}{\partial x} + \frac{\partial \tau_{yz}}{\partial y} + Z &= 0.
\end{aligned}
\tag{123}
$$

方程 (123) 必须在物体内所有各点都被满足. 应力在物体内随处变化, 而在物体表面, 应力必须与表面上的外力成平衡. 这种在表面处的平衡条件, 可由方程 (108) 求得. 试取一四面体 $OBCD$ (图 126), 使其 BCD 面与物体的表面重合, 并用 $\overline{X}$、$\overline{Y}$、$\overline{Z}$ 代表这一点每单位面积的面力分量, 方程 (108) 就成为

$$
\begin{aligned}
\overline{X} &= \sigma_x l + \tau_{xy}m + \tau_{xz}n, \\
\overline{Y} &= \sigma_y m + \tau_{yz}n + \tau_{xy}l, \\
\overline{Z} &= \sigma_z n + \tau_{xz}l + \tau_{yz}m,
\end{aligned}
\tag{124}
$$

其中 l、m、n 是物体表面在考察点的向外法线的方向余弦.

如果问题是要确定物体在已知力作用下的应力状态, 就必须求解方程 (123), 而且解答必须能满足边界条件 (124). 这些含有六个应力分量 σ_x、$\cdots$、τ_{yz} 的方程是不足以确定这些分量的. 这是一个超静定问题, 为了求得解答, 必须 [237] 与求解二维问题时一样地考虑物体的弹性形变.

§85 相容条件

应当注意, 在每一点的六个应变分量完全确定于代表位移分量的三个函数 $u \text{、} v \text{、} w$. 因此, 应变分量不能取为 $x \text{、} y \text{、} z$ 的任意函数, 而必须服从方程 (2) 所示的关系.

由方程 (2) 有

$$
\begin{aligned}
\frac{\partial^2 \epsilon_x}{\partial y^2} &= \frac{\partial^3 u}{\partial x \partial y^2}, \quad \frac{\partial^2 \epsilon_y}{\partial x^2} = \frac{\partial^3 v}{\partial x^2 \partial y}, \\
\frac{\partial^2 \gamma_{xy}}{\partial x \partial y} &= \frac{\partial^3 u}{\partial x \partial y^2} + \frac{\partial^3 v}{\partial x^2 \partial y},
\end{aligned}
$$

由此得

$$\frac{\partial^2 \epsilon_x}{\partial y^2} + \frac{\partial^2 \epsilon_y}{\partial x^2} = \frac{\partial^2 \gamma_{xy}}{\partial x \partial y}. \tag{a}$$

循环更换 x、y、z 三个字母, 可得到另外两个同一类型的关系式.

求导数

$$\frac{\partial^2 \epsilon_x}{\partial y \partial z} = \frac{\partial^3 u}{\partial x \partial y \partial z}, \qquad \frac{\partial \gamma_{yz}}{\partial x} = \frac{\partial^2 v}{\partial x \partial z} + \frac{\partial^2 w}{\partial x \partial y},$$

$$\frac{\partial \gamma_{xz}}{\partial y} = \frac{\partial^2 u}{\partial y \partial z} + \frac{\partial^2 w}{\partial x \partial y}, \quad \frac{\partial \gamma_{xy}}{\partial z} = \frac{\partial^2 u}{\partial y \partial z} + \frac{\partial^2 v}{\partial x \partial z},$$

得

$$2\frac{\partial^2 \epsilon_x}{\partial y \partial z} = \frac{\partial}{\partial x}\left(-\frac{\partial \gamma_{yz}}{\partial x} + \frac{\partial \gamma_{xz}}{\partial y} + \frac{\partial \gamma_{xy}}{\partial z}\right). \tag{b}$$

循环更换 x、y、z 三个字母, 又可得到两个 (b) 型的关系式. 于是得到满足方程 (2) 的应变分量之间的六个微分关系式如下:

$$
\begin{aligned}
&\frac{\partial^2 \epsilon_x}{\partial y^2} + \frac{\partial^2 \epsilon_y}{\partial x^2} = \frac{\partial^2 \gamma_{xy}}{\partial x \partial y}, \\
&2\frac{\partial^2 \epsilon_x}{\partial y \partial z} = \frac{\partial}{\partial x}\left(-\frac{\partial \gamma_{yz}}{\partial x} + \frac{\partial \gamma_{xz}}{\partial y} + \frac{\partial \gamma_{xy}}{\partial z}\right), \\
&\frac{\partial^2 \epsilon_y}{\partial z^2} + \frac{\partial^2 \epsilon_z}{\partial y^2} = \frac{\partial^2 \gamma_{yz}}{\partial y \partial z}, \\
&2\frac{\partial^2 \epsilon_y}{\partial x \partial z} = \frac{\partial}{\partial y}\left(\frac{\partial \gamma_{yz}}{\partial x} - \frac{\partial \gamma_{xz}}{\partial y} + \frac{\partial \gamma_{xy}}{\partial z}\right), \\
&\frac{\partial^2 \epsilon_z}{\partial x^2} + \frac{\partial^2 \epsilon_x}{\partial z^2} = \frac{\partial^2 \gamma_{xz}}{\partial x \partial z}, \\
&2\frac{\partial^2 \epsilon_z}{\partial x \partial y} = \frac{\partial}{\partial z}\left(\frac{\partial \gamma_{yz}}{\partial x} + \frac{\partial \gamma_{xz}}{\partial y} - \frac{\partial \gamma_{xy}}{\partial z}\right).
\end{aligned}
\tag{125}
$$

这些微分关系式[①] 称为相容条件.

[238]　　　应用胡克定律 [方程 (3)], 条件 (125) 可以变换成为应力分量之间的关系式. 试以

$$\frac{\partial^2 \epsilon_y}{\partial z^2} + \frac{\partial^2 \epsilon_z}{\partial y^2} = \frac{\partial^2 \gamma_{yz}}{\partial y \partial z} \tag{c}$$

为例. 由方程 (3) 和 (4), 并用记号 (7), 得

$$
\begin{aligned}
\epsilon_y &= \frac{1}{E}[(1+\nu)\sigma_y - \nu\Theta], \\
\epsilon_z &= \frac{1}{E}[(1+\nu)\sigma_z - \nu\Theta], \\
\gamma_{yz} &= \frac{2(1+\nu)\tau_{yz}}{E}.
\end{aligned}
$$

将这些表达式代入 (c), 得

$$(1+\nu)\left(\frac{\partial^2 \sigma_y}{\partial z^2} + \frac{\partial^2 \sigma_z}{\partial y^2}\right) - \nu\left(\frac{\partial^2 \Theta}{\partial z^2} + \frac{\partial^2 \Theta}{\partial y^2}\right) = 2(1+\nu)\frac{\partial^2 \tau_{yz}}{\partial y \partial z}. \tag{d}$$

利用平衡方程 (123), 可将这方程的右边加以变换. 由方程 (123) 有

$$\frac{\partial \tau_{yz}}{\partial y} = -\frac{\partial \sigma_z}{\partial z} - \frac{\partial \tau_{xz}}{\partial x} - Z,$$

$$\frac{\partial \tau_{yz}}{\partial z} = -\frac{\partial \sigma_y}{\partial y} - \frac{\partial \tau_{xy}}{\partial x} - Y.$$

将第一和第二方程分别对 z 和 y 求导数, 然后相加, 得

$$2\frac{\partial^2 \tau_{yz}}{\partial y \partial z} = -\frac{\partial^2 \sigma_z}{\partial z^2} - \frac{\partial^2 \sigma_y}{\partial y^2} - \frac{\partial}{\partial x}\left(\frac{\partial \tau_{xz}}{\partial z} + \frac{\partial \tau_{xy}}{\partial y}\right) - \frac{\partial Z}{\partial z} - \frac{\partial Y}{\partial y},$$

或利用 (123) 中的第一方程, 得

$$2\frac{\partial^2 \tau_{yz}}{\partial y \partial z} = \frac{\partial^2 \sigma_x}{\partial x^2} - \frac{\partial^2 \sigma_y}{\partial y^2} - \frac{\partial^2 \sigma_z}{\partial z^2} + \frac{\partial X}{\partial x} - \frac{\partial Y}{\partial y} - \frac{\partial Z}{\partial z}.$$

代入方程 (d), 并且, 为了简便, 引用记号

$$\nabla^2 = \frac{\partial^2}{\partial x^2} + \frac{\partial^2}{\partial y^2} + \frac{\partial^2}{\partial z^2},$$

就得到 [239]

$$(1+\nu)\left(\nabla^2 \Theta - \nabla^2 \sigma_x - \frac{\partial^2 \Theta}{\partial x^2}\right) - \nu\left(\nabla^2 \Theta - \frac{\partial^2 \Theta}{\partial x^2}\right)$$

$$= (1+\nu)\left(\frac{\partial X}{\partial x} - \frac{\partial Y}{\partial y} - \frac{\partial Z}{\partial z}\right). \tag{e}$$

由 (c) 型的另外两个相容条件, 又可得到两个相似的方程.

将 (e) 型的三个方程相加, 得

$$(1-\nu)\nabla^2 \Theta = -(1+\nu)\left(\frac{\partial X}{\partial x} + \frac{\partial Y}{\partial y} + \frac{\partial Z}{\partial z}\right). \tag{f}$$

将 $\nabla^2 \Theta$ 的这一表达式代入方程 (e), 得

$$\nabla^2 \sigma_x + \frac{1}{1+\nu}\frac{\partial^2 \Theta}{\partial x^2} = -\frac{\nu}{1-\nu}\left(\frac{\partial X}{\partial x} + \frac{\partial Y}{\partial y} + \frac{\partial Z}{\partial z}\right) - 2\frac{\partial X}{\partial x}. \tag{g}$$

这种方程共可得出三个, 分别与 (125) 中前三个方程相对应. 同样可将 (125) 中的其余三个条件变换成如下类型的方程:

$$\nabla^2 \tau_{yz} + \frac{1}{1+\nu}\frac{\partial^2 \Theta}{\partial y \partial z} = -\left(\frac{\partial Z}{\partial y} + \frac{\partial Y}{\partial z}\right). \tag{h}$$

如果没有体力, 或者体力是常量, 方程 (g) 和 (h) 就成为

$$(1+\nu)\nabla^2\sigma_x + \frac{\partial^2\Theta}{\partial x^2} = 0, \quad (1+\nu)\nabla^2\tau_{yz} + \frac{\partial^2\Theta}{\partial y\partial z} = 0,$$

$$(1+\nu)\nabla^2\sigma_y + \frac{\partial^2\Theta}{\partial y^2} = 0, \quad (1+\nu)\nabla^2\tau_{xz} + \frac{\partial^2\Theta}{\partial x\partial z} = 0, \qquad (126)$$

$$(1+\nu)\nabla^2\sigma_z + \frac{\partial^2\Theta}{\partial z^2} = 0, \quad (1+\nu)\nabla^2\tau_{xy} + \frac{\partial^2\Theta}{\partial x\partial y} = 0.$$

可见, 各向同性体内的应力分量, 除了要能满足平衡方程 (123) 和边界条件 (124) 以外, 还必须满足六个相容条件 (g) 和 (h), 或者满足 (126). 这一系列的方程一般足以完全确定应力分量而毫无分歧 (见 §96).

相容条件只含有应力分量的二阶导数. 因此, 如果在某种外力作用下, 取应力分量为常量或为坐标的线性函数, 能满足平衡方程 (123) 和边界条件 (124), 就能同时满足相容方程, 而这一应力系就是问题的正确解答. 这类问题的几个例子将在第九章中加以讨论.

注:

①　这六个方程足以保证与给定的一组函数 ϵ_x、$\cdots$、γ_{xy}、$\cdots$ 相对应的位移的存在, 证明见 A. E. H. Love, "Mathematical Theory of Elasticity", 4th ed., p. 49, 又见 I. S. Sokolnikoff, "Mathematical Theory of Elasticity", p. 25, 1956. 方程本身系 B. de Saint-Venant 给出, 见他所编的 C. L. M. H. Navier 所著的书 "Résumé des Lecons sur l' Application de la Méchanique", app. 3. 1864.

[240]　## §86　位移的确定

在应力分量由前面的方程求得以后, 就可利用胡克定律 [方程 (3) 和 (6)] 算出应变分量; 而方程 (2) 就可用来确定位移 u、v、w. 将方程 (2) 对 x、y、z 求导, 可以得出包含着 u、v、w 的 18 个二阶导数的 18 个方程, 由此可以确定这些导数. 例如, 对于 u, 得

$$\frac{\partial^2 u}{\partial x^2} = \frac{\partial\epsilon_x}{\partial x}, \quad \frac{\partial^2 u}{\partial y^2} = \frac{\partial\gamma_{xy}}{\partial y} - \frac{\partial\epsilon_y}{\partial x},$$

$$\frac{\partial^2 u}{\partial z^2} = \frac{\partial\gamma_{xz}}{\partial z} - \frac{\partial\epsilon_z}{\partial x},$$

$$\frac{\partial^2 u}{\partial x\partial y} = \frac{\partial\epsilon_x}{\partial y}, \quad \frac{\partial^2 u}{\partial x\partial z} = \frac{\partial\epsilon_x}{\partial z}, \qquad (a)$$

$$\frac{\partial^2 u}{\partial y\partial z} = \frac{1}{2}\left(\frac{\partial\gamma_{xz}}{\partial y} + \frac{\partial\gamma_{xy}}{\partial z} - \frac{\partial\gamma_{yz}}{\partial x}\right).$$

将方程 (a) 中的 x、y、z 三个字母循环更换, 可得其余两个位移分量 v 和 w 的二阶导数.

现在可由各二阶导数的二重积分求得 u、v、w. 引进积分常数的结果, 将在 u、v、w 的表达式上附加以 x、y、z 的线性函数, 因为, 将这种函数附加于 u、v、w, 显然并不影响 (a) 型的方程. 要使应变分量 (2) 不因附加这种函数而有所改变, 各附加线性函数就必须具有如下的形式:

$$
\begin{aligned}
u' &= a + by - cz, \\
v' &= d - bx + ez, \\
w' &= f + cx - ey.
\end{aligned} \tag{b}
$$

这就表示, 应力和应变不能完全确定位移. 在由微分方程 (123)、(124)、(126) 求得的位移之上, 还可叠加以刚体位移. 方程 (b) 中的常数 a、d、f 代表物体的平移, 而常数 b、c、e 则代表刚体绕三个坐标轴的转动. 如果有足够的约束以阻止物体的刚体运动, 方程 (b) 中的六个常数就容易根据约束条件算出. 后面将举出几个这种运算的例子.

§87　用位移表示的平衡方程

求解弹性理论问题的一种方法是利用胡克定律从方程 (123) 和 (124) 中消去应力分量, 并利用方程 (2) 以位移表明应变分量. 这样就得到只含有三个未知函数 u、v、w 的三个平衡方程. 将由方程 (11) 得来的 [241]

$$
\sigma_x = \lambda e + 2G\frac{\partial u}{\partial x}, \tag{a}
$$

以及由方程 (6) 得来的

$$
\begin{aligned}
\tau_{xy} &= G\gamma_{xy} = G\left(\frac{\partial u}{\partial y} + \frac{\partial v}{\partial x}\right), \\
\tau_{xz} &= G\gamma_{xz} = G\left(\frac{\partial w}{\partial x} + \frac{\partial u}{\partial z}\right),
\end{aligned} \tag{b}
$$

代入 (123) 中的第一方程, 得

$$
(\lambda + G)\frac{\partial e}{\partial x} + G\left(\frac{\partial^2 u}{\partial x^2} + \frac{\partial^2 u}{\partial y^2} + \frac{\partial^2 u}{\partial z^2}\right) + X = 0.
$$

对其余两个方程进行同样的变换, 再用记号 ∇^2(见 §85), 则平衡方程 (123) 成为

$$
\begin{aligned}
(\lambda + G)\frac{\partial e}{\partial x} + G\nabla^2 u + X = 0, \\
(\lambda + G)\frac{\partial e}{\partial y} + G\nabla^2 v + Y = 0, \\
(\lambda + G)\frac{\partial e}{\partial z} + G\nabla^2 w + Z = 0,
\end{aligned} \tag{127}
$$

当没有体力时则成为

$$(\lambda + G)\frac{\partial e}{\partial x} + G\nabla^2 u = 0,$$
$$(\lambda + G)\frac{\partial e}{\partial y} + G\nabla^2 v = 0, \tag{128}$$
$$(\lambda + G)\frac{\partial e}{\partial z} + G\nabla^2 w = 0.$$

将第一个方程对 x 求导, 第二个方程对 y 求导, 第三个方程对 z 求导, 再相加, 得

$$(\lambda + 2G)\nabla^2 e = 0,$$

就是说, 体积膨胀 e 满足微分方程

$$\frac{\partial^2 e}{\partial x^2} + \frac{\partial^2 e}{\partial y^2} + \frac{\partial^2 e}{\partial z^2} = 0. \tag{129}$$

当物体的全体积内的体力是常量时, 这个结论仍然适用.

[242]   将 (a) 和 (b) 等方程中的应力分量代入边界条件 (124), 得

$$\overline{X} = \lambda el + G\left(\frac{\partial u}{\partial x}l + \frac{\partial u}{\partial y}m + \frac{\partial u}{\partial z}n\right) + G\left(\frac{\partial u}{\partial x}l + \frac{\partial v}{\partial x}m + \frac{\partial w}{\partial x}n\right), \tag{130}$$
....

方程 (127), 连带边界条件 (130), 可以完全确定 u、v、w 三个函数. 用这三个函数, 由方程 (2) 可求得应变分量, 由方程 (9) 和 (6) 可求得应力分量. 在第十四章中将说明这些方程的应用.

§88 位移的通解

用代入法容易证明, 用位移表示的平衡微分方程 (128) 可以这样来满足 [①]:

$$u = \phi_1 - \alpha\frac{\partial}{\partial x}(\phi_0 + x\phi_1 + y\phi_2 + z\phi_3),$$
$$v = \phi_2 - \alpha\frac{\partial}{\partial y}(\phi_0 + x\phi_1 + y\phi_2 + z\phi_3),$$
$$w = \phi_3 - \alpha\frac{\partial}{\partial z}(\phi_0 + x\phi_1 + y\phi_2 + z\phi_3),$$

其中 $4\alpha = 1/(1-\nu)$, 而 ϕ_0、ϕ_1、ϕ_2、ϕ_3 四个函数是调和函数, 就是说,

$$\nabla^2\phi_0 = 0, \quad \nabla^2\phi_1 = 0, \quad \nabla^2\phi_2 = 0, \quad \nabla^2\phi_3 = 0.$$

可以证明, 这个解答是通解, 甚至 ϕ_0 还可以略去 [②].

诺伊贝尔曾在曲线坐标中采用这一形式的解答, 并用来求解以双曲线为母线的回转体 (圆柱上的双曲线槽) 和以椭圆为母线的回转体 (回转椭球形的洞) 承受拉伸、弯曲、扭转或同时受弯曲和垂直于轴的剪力的问题[3].

注:

① 这个解答由下面两个作者独立给出: P. F. Papkovitch, 见 *Compt. Rend.*, vol. 195, pp. 513 和 754, 1932;H. Neuber, 见 *Z. Angew. Math. Mech.*, vol. 14, p. 203, 1934. 给出另外一些通解的还有 B. Galerkin, 见 *Compt. Rend.*, vol. 190, p. 1047, 1930;Boussinesq 和 Kelvin—— 见 Todhunter and Pearson, "History of Elasticity", vol. 2, pt. 2, p. 268. 又见 R. D. Mindlin, *Bull. Am. Math. Soc.*, 1936, p. 373.

② 为了完整性而需要的函数的数目, 在 P. M. Naghdi 和 C. S. Hsu 的论文中有所讨论, 见 *J. Math. Mech.*, vol. 10, pp. 233-246, 1961, 并见其中的参考文献目录.

③ H. Neuber, "Kerbspannungslehre", 2d ed., 1958. 这本书中也有一些二维解答. 见前面第六章.

§89　叠加原理　　　　　　　　　　　　　　　　　　　　　　[243]

求解弹性体受已知面力和体力的问题, 要求我们确定应力分量和位移, 使它们满足一些微分方程和边界条件. 如果按应力分量求解, 就必须满足平衡方程 (123)、相容条件 (125) 和边界条件 (124). 设 σ_x、$\cdots$、τ_{xy}、$\cdots$ 是这样求得的由面力 $\overline{X}$、$\overline{Y}$、$\overline{Z}$ 和体力 X、Y、Z 所引起的应力分量.

设 σ_x'、$\cdots$、τ_{xy}'、$\cdots$ 是同一弹性体内由面力 $\overline{X}'$、$\overline{Y}'$、$\overline{Z}'$ 和体力 X'、Y'、Z' 所引起的应力分量. 于是, $\sigma_x + \sigma_x'$、$\cdots$、$\tau_{xy} + \tau_{xy}'$、$\cdots$ 就代表由面力 $\overline{X} + \overline{X}'$、$\cdots$ 和体力 $X + X'$、$\cdots$ 所引起的应力分量. 这是因为所有的微分方程和边界条件都是线性的. 这样, 将 (123) 中的第一个方程与对应的方程

$$\frac{\partial \sigma_x'}{\partial x} + \frac{\partial \tau_{xy}'}{\partial y} + \frac{\partial \tau_{xz}'}{\partial z} + X' = 0$$

相加, 得

$$\frac{\partial}{\partial x}(\sigma_x + \sigma_x') + \frac{\partial}{\partial y}(\tau_{xy} + \tau_{xy}') + \frac{\partial}{\partial z}(\tau_{xz} + \tau_{xz}') + X + X' = 0.$$

同样, 将 (124) 中的第一个方程与对应的方程相加, 得

$$\overline{X} + \overline{X}' = (\sigma_x + \sigma_x')l + (\tau_{xy} + \tau_{xy}')m + (\tau_{xz} + \tau_{xz}')n.$$

相容条件亦可同样加以归并. 这整个一组方程表明, $\sigma_x + \sigma_x'$、$\cdots$、$\tau_{xy} + \tau_{xy}'$、$\cdots$ 满足所有那些确定 $\overline{X} + \overline{X}'$、$\cdots$、$X + X'$、$\cdots$ 各力引起的应力的方程和条件. 这就是叠加原理的一个例子. 这很容易推广到其他类型的边界 (如给出的是位移).

在推导平衡方程 (123) 和边界条件 (124) 时, 我们对于单元体在加载前与加载后位置和形状没有加以区别. 因此, 只有当形变所引起的微小位移不致显著影响外力的作用时, 所有的方程以及由它们得出的结论才是正确的. 但是, 在某些情况下, 必须考虑形变, 这时, 上述的叠加原理就不能用. 同时受有轴向和侧向载荷的梁, 就是这种情形的一个例子; 在研究薄壁结构的弹性稳定时, 还会出现许多别的例子.

[244]

§90 应变能

当一根均匀杆受到简单拉伸时, 两端的力在杆伸长时将作一定量的功. 这样, 如果图 130 所示的单元体只受有正应力 σ_x, 就有一个力 $\sigma_x \mathrm{d}y\mathrm{d}z$ 在发生伸长 $\epsilon_x \mathrm{d}x$ 的过程中作功. 在加载时, 力与伸长这两个量之间的关系可用如图 130b 中的直线 OA 来表示, 而三角形 OAB 的面积 $(\sigma_x \mathrm{d}y\mathrm{d}z)(\epsilon_x \mathrm{d}x)/2$ 就给出变形过程中所作的功. 用 $\mathrm{d}V$ 代表这个功, 就有

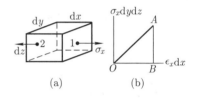

图 130

$$\mathrm{d}V = \frac{1}{2}\sigma_x \epsilon_x \mathrm{d}x\mathrm{d}y\mathrm{d}z. \tag{a}$$

显然, 在所有这样的单元体上, 如果它们的体积相同, 将作出同样数量的功. 现在我们要问: 这个功变成了什么 —— 它转变成哪一种或哪几种能?

对气体说来, 绝热压缩将引起温度上升. 普通钢杆受绝热压缩时也有相似的温度上升, 只是上升很少. 吸出热量, 即可恢复原来的温度. 这种温度改变将使应变有所改变, 但只是绝热应变的很小一部分. 如果不是这样, 绝热弹性模量与等温弹性模量就会有显著的差异. 在普通金属中, 实际的差别是很小的[①]. 例如, 铁的绝热弹性模量超出等温弹性模量不过 0.26%. 这里我们将不计这个差异[②]. 在单元体上作出并储存在单元体内的功, 将称为应变能. 假定单元体保持为弹性的, 并且没有动能出现.

[245]

当单元体受有全部六个应力分量 σ_x、σ_y、σ_z、τ_{xy}、τ_{yz}、τ_{xz} 的作用时 (图 3), 上述理由同样适用. 能量守恒要求力的功与加力的次序无关, 而只与最终的大小有关. 要不然, 我们按一种次序加载, 而按另一种对应于较大数量的功的次序卸载, 就将在一个循环中从这单元体获得一定量的净功.

如果所有的力或应力全都同时按照同样的比例增大, 则功的计算最为简单. 这时, 每一个力与对应的位移之间的关系仍然是线性的, 如图 130b 所示, 而所有各力所作的功是

$$\mathrm{d}V = V_0 \mathrm{d}x\mathrm{d}y\mathrm{d}z, \tag{b}$$

其中

$$V_0 = \frac{1}{2}(\sigma_x \epsilon_x + \sigma_y \epsilon_y + \sigma_z \epsilon_z + \tau_{xy}\gamma_{xy} + \tau_{yz}\gamma_{yz} + \tau_{xz}\gamma_{xz}) \tag{c}$$

是每单位体积的功, 或每单位体积的应变能.

在前面的讨论中, 单元体的每两个对面上的应力被当作是相同的, 而且没有体力. 现在来考察, 当应力在体内变化并考虑体力时, 对单元体所作的功. 首先考虑图 130a 中单元体面 1 上的力 $\sigma_x \mathrm{d}y\mathrm{d}z$, 它由于这一面的位移 u 所作的功是 $(1/2)(\sigma_x u)_1 \mathrm{d}y\mathrm{d}z$, 下标 1 表示函数 σ_x 和 u 必须就点 1 算得. 在面 2 上的力 $\sigma_x \mathrm{d}y\mathrm{d}z$ 所作的功是 $-(1/2)(\sigma_x u)_2 \mathrm{d}y\mathrm{d}z$. 两个面上的力的总功是

$$\frac{1}{2}[(\sigma_x u)_1 - (\sigma_x u)_2]\mathrm{d}y\mathrm{d}z,$$

取极限就是

$$\frac{1}{2}\frac{\partial}{\partial x}(\sigma_x u)\mathrm{d}x\mathrm{d}y\mathrm{d}z. \tag{d}$$

算出面 1 和面 2 上的剪应力 τ_{xy}、τ_{xz} 所作的功, 并与 (d) 相加, 就得到两个面上所有三个应力分量所作的功

$$\frac{1}{2}\frac{\partial}{\partial x}(\sigma_x u + \tau_{xy} v + \tau_{xz} w)\mathrm{d}x\mathrm{d}y\mathrm{d}z,$$

其中 v 和 w 是在 y 方向和 z 方向的位移分量. 在其余四个面上的力所作的功, 也可相似地表示出来. 于是求得所有各面上的应力的总功

$$\frac{1}{2}\Big[\frac{\partial}{\partial x}(\sigma_x u + \tau_{xy} v + \tau_{xz} w) + \frac{\partial}{\partial y}(\sigma_y v + \tau_{yz} w + \tau_{xy} u)$$
$$+ \frac{\partial}{\partial z}(\sigma_z w + \tau_{xz} u + \tau_{yz} v)\Big]\mathrm{d}x\mathrm{d}y\mathrm{d}z. \tag{e}$$

当物体受载时, 体力 $X\mathrm{d}x\mathrm{d}y\mathrm{d}z$ 等所作的功是

$$\frac{1}{2}(Xu + Yv + Zw)\mathrm{d}x\mathrm{d}y\mathrm{d}z. \tag{f}$$

对单元体作的总功是 (e) 与 (f) 之和. 求出式 (e) 中的导数, 总功就成为　　　[246]

$$\frac{1}{2}\Big[\sigma_x \frac{\partial u}{\partial x} + \sigma_y \frac{\partial v}{\partial y} + \sigma_z \frac{\partial w}{\partial z} + \tau_{xy}\Big(\frac{\partial v}{\partial x} + \frac{\partial u}{\partial y}\Big)$$
$$+ \tau_{yz}\Big(\frac{\partial w}{\partial y} + \frac{\partial v}{\partial z}\Big) + \tau_{xz}\Big(\frac{\partial u}{\partial z} + \frac{\partial w}{\partial x}\Big) + u\Big(\frac{\partial \sigma_x}{\partial x}$$
$$+ \frac{\partial \tau_{xy}}{\partial y} + \frac{\partial \tau_{xz}}{\partial z} + X\Big) + v\Big(\frac{\partial \sigma_y}{\partial y} + \frac{\partial \tau_{yz}}{\partial z} + \frac{\partial \tau_{xy}}{\partial x} + Y\Big)$$
$$+ w\Big(\frac{\partial \sigma_z}{\partial z} + \frac{\partial \tau_{xz}}{\partial x} + \frac{\partial \tau_{yz}}{\partial y} + Z\Big)\Big]\mathrm{d}x\mathrm{d}y\mathrm{d}z.$$

但是, 根据 §84 中导出的平衡方程 (123), 与 u、v、w 相乘的各个括弧内的值都是零. 又由方程 (2) 可知, 与各应力分量相乘的几个量就是 ϵ_x、$\cdots$、γ_{xy}、$\cdots$. 于是对单元体所作的总功就简化成如公式 (b) 和 (c) 所示. 因此, 当应力不均匀并考虑体力时, 这两个公式仍然给出单元体所作的功, 或储存于单元体内的应变能.

利用胡克定律, 即方程 (3) 和 (6), 可将方程 (c) 中的 V_0 表为只是应力分量的函数. 这样得

$$V_0 = \frac{1}{2E}(\sigma_x^2 + \sigma_y^2 + \sigma_z^2) - \frac{\nu}{E}(\sigma_x\sigma_y + \sigma_y\sigma_z + \sigma_z\sigma_x)$$
$$+ \frac{1}{2G}(\tau_{xy}^2 + \tau_{yz}^2 + \tau_{xz}^2). \tag{131}$$

容易证明

$$V_0 = \frac{1}{2E}[I_1^2 - 2(1+\nu)I_2],$$

其中 I_1 和 I_2 是 §79 中的应力不变量.

利用方程 (11), 可将 V_0 表为只是应变分量的函数. 这样得

$$V_0 = \frac{1}{2}\lambda e^2 + G(\epsilon_x^2 + \epsilon_y^2 + \epsilon_z^2) + \frac{1}{2}G(\gamma_{xy}^2 + \gamma_{yz}^2 + \gamma_{xz}^2), \tag{132}$$

其中

$$e = \epsilon_x + \epsilon_y + \epsilon_z, \quad \lambda = \frac{E\nu}{(1+\nu)(1-2\nu)}.$$

由此立刻可见, V_0 总是正的.

很容易证明, (132) 中的应变能 V_0 对于任一应变分量的导数给出对应的应力分量. 例如, 对 ϵ_x 求导数, 并利用方程 (11), 就得到

$$\frac{\partial V_0}{\partial \epsilon_x} = \lambda e + 2G\epsilon_x = \sigma_x. \tag{g}$$

对于平面应力的情形, $\sigma_z = \tau_{xz} = \tau_{yz} = 0$, 于是由 (131) 有

$$V_0 = \frac{1}{2E}(\sigma_x^2 + \sigma_y^2) - \frac{\nu}{E}\sigma_x\sigma_y + \frac{1}{2G}\tau_{xy}^2, \tag{133}$$

[247]   或用应变表示为

$$V_0 = \frac{E}{2(1-\nu^2)}(\epsilon_x^2 + \epsilon_y^2 + 2\nu\epsilon_x\epsilon_y) + \frac{G}{2}\gamma_{xy}^2. \tag{134}$$

变形后的弹性体的总应变能, 可由每单位体积的应变能 V_0 积分求得:

$$V = \int V_0 \mathrm{d}\tau. \tag{135}$$

它代表在加载过程中克服内力而作的总功. 如果我们想象物体是由无数多质点用弹簧连结而成, 那么, 它就代表在拉伸或压缩弹簧时所作的功. 对于内力在质点上所作的功, 须改变符号.

每单位体积材料中所存储的应变能, 有时据以确定发生破坏时的极限应力.③ 为了使理论能符合各向同性材料能承受很大的均匀压力而不致屈服这一事实, 曾有人建议将应变能分成两部分, 一部分由于体积改变, 另一部分由于畸变; 在确定强度时只考虑第二部分④.

我们知道, 体积的改变与三个正应力分量之和成正比 [方程 (8)], 因此, 如果这个和为零, 形变就只是由畸变构成. 每一应力分量可以分解成两部分:

$$\sigma_x = \sigma_x' + p, \quad \sigma_y = \sigma_y' + p, \quad \sigma_z = \sigma_z' + p,$$

其中

$$p = \frac{1}{3}(\sigma_x + \sigma_y + \sigma_z) = \frac{1}{3}\Theta. \tag{h}$$

由此有

$$\sigma_x' + \sigma_y' + \sigma_z' = 0,$$

因而应力 σ_x'、σ_y'、σ_z' 只引起畸变, 而体积改变将完全依赖于均匀拉应力 p 的大小⑤. 总能量中由于体积改变而有的一部分是 [由方程 (8)]

$$\frac{ep}{2} = \frac{3(1-2\nu)}{2E}p^2 = \frac{1-2\nu}{6E}(\sigma_x + \sigma_y + \sigma_z)^2. \tag{i}$$

从 (131) 中减去 (i), 并利用恒等式

$$\sigma_x\sigma_y + \sigma_y\sigma_z + \sigma_z\sigma_x = -\frac{1}{2}[(\sigma_x - \sigma_y)^2 + (\sigma_y - \sigma_z)^2 \\ + (\sigma_z - \sigma_x)^2] + (\sigma_x^2 + \sigma_y^2 + \sigma_z^2),$$

就可以将总能量中由于畸变而有的一部分表示为 [248]

$$V_0 - \frac{1-2\nu}{6E}(\sigma_x + \sigma_y + \sigma_z)^2 = \frac{1+\nu}{6E}[(\sigma_x - \sigma_y)^2 + (\sigma_y - \sigma_z)^2 \\ + (\sigma_z - \sigma_x)^2] + \frac{1}{2G}(\tau_{xy}^2 + \tau_{xz}^2 + \tau_{yz}^2). \tag{136}$$

在沿 x 方向的简单拉伸情况下, 只有 σ_x 不等于零, 于是畸变的应变能 (136) 为 $(1+\nu)\sigma_x^2/3E$. 在只是 xz 平面与 yz 平面之间有纯剪的情况下, 只有 τ_{xy} 不等于零, 于是畸变的应变能为 $\tau_{xy}^2/2G$. 如果确实是, 不论什么应力系, 当畸变的应变能到达某一极限时就发生破坏 (这极限是材料的特性), 那么, 拉应力和剪应力分别单独作用时的两个临界值之比可由下列方程求得:

$$\frac{1}{2G}\tau_{xy}^2 = \frac{1+\nu}{3E}\sigma_x^2,$$

由此得

$$\tau_{xy} = \frac{1}{\sqrt{3}}\sigma_x = 0.557\sigma_x. \tag{j}$$

用钢材作的实验表明,[⑥] 拉伸的屈服点与剪切的屈服点之比很好地符合式 (j).

考虑应变能, 可以使圣维南原理 (§19) 与能量守恒相联系[⑦]. 圣维南原理就等于这样的陈述: 作用在弹性实体的一小部分上而自成平衡的力, 只引起局部应力.

这样分布的力在它作用的过程中作功, 只是由于载荷区域有形变. 假定载荷区域的某一个单元面的位置和方向被固定. 如果用 p 代表单位面积上的力的量阶 (例如平均值), a 代表受载荷部分的线性尺寸 (例如直径), 则应变分量是 p/E 阶的, 而受载荷区域内的位移是 pa/E 阶的, 所作的功是 $pa^2 \cdot pa/E$ 或 p^2a^3/E 阶的.

另一方面, p 阶的应力分量意味着每单位体积内的应变能是 p^2/E 阶的. 因此, 只有对于 a^3 阶的体积, 所作的功才是足够的, 正与圣维南原理所陈述的相符.

这里曾假定物体服从胡克定律并且是实体. 如果上述论证中的 E 只是代表材料的应力–应变曲线的斜率的量阶, 则前一个限制是可以取消的. 如果物体不是实体, 例如具有很薄的腹板的梁, 或者很薄的柱壳, 那么, 在一端的自成平衡的分布力, 就可能使得距离许多倍于深度或直径之处受到影响[⑧].

对于合力不是零的载荷, 只要载荷区域内或者邻近处有一固定的单元表面, 就可以毫不改变地重复以上的论证. 因此, 如果把可变形的材料固着于刚性材料, 则在邻近接触处作用于可变形材料的一小部分上的压力将只引起局部应力[⑨].

[249]

注:

① Kelvin 的计算载于 *Quart. J. Math.*, 1855, 重新发表于 *Phil. Mag.*, ser, 5, pp. 4-27, 1878. 关于更早的参考文献, 见 §85 的注 ① 中提到的 Love 的书,p. 99.

② 关于进一步的考虑, 见 C. E. Pearson, "Theoretical Elasticity", p. 164, 1959.

③ 各种强度理论的讨论见 S. Timoshenko, "Strength of Materials", vol. 2, 1956.

④ M. T. Huber, *Czasopismo Techniczne*, Lwów, 1904. 又见 R. von Mises, *Göttingen Nachrichten, Math. -Phys. Klasse*, 1913, p. 582; F. Schleicher, *Z. Angew. Math. Mech.*, vol. 5, P. 199, 1925. 关于与实验的对比, 见 R. Hill, "Plasticity", 1950.

⑤ 剪应力 τ_{xy}、τ_{yz}、τ_{xz} 只引起剪应变而不涉及任何体积改变 (精确到微小应变的一阶).

⑥ 见 W.Lode 的论文, *Z. Physik*, vol. 36, p 913, 1926, 及 *Forschungsarbeiten*, No. 303, Berlin, 1928.

⑦ J. N. Goodier, *Phil. Mag,* ser. 7, vol. 24, p. 325, 1937; *J. Appl. Phys.,* vol. 13, p. 167, 1942.

⑧ В. З. Вдасов, Тонкостенные упругие стержин, Госстройиздат, Москва, 1940; J. N. Goodier and M. V. Barton, *J. Appl. Mech.,* vol. 11, p. A-35, 1944; N. J. Hoff, *J. Aeron. Sci.,* vol. 12, p. 455, 1945. L. H. Donnell, *J. Appl. Mech.,* vol. 29, pp. 792-793, 1962.

⑨ Goodier,*J. Applied Phys.,* 见注 ⑦.

§91 边缘位错的应变能

在 §34 中已经说明, 图 48b 所示的位错 δ 要求有一对力 P.§34 中的式 (b) 和 §33 中的式 (g) 给出 P 与 δ 的关系为

$$P = \frac{N}{a^2 + b^2} \frac{E}{4\pi} \delta, \tag{a}$$

其中

$$N = a^2 - b^2 + (a^2 + b^2) \ln \frac{b}{a}. \tag{b}$$

圆环的总应变能等于该一对力 P 在加载过程中所作的功. 利用式 (a), 可得每单位厚度内的应变能为

$$V = \frac{1}{2} P \delta = \frac{E}{8\pi} \frac{N}{a^2 + b^2} \delta^2. \tag{c}$$

这是针对平面应力的. 在平面应变的情况下, 对于同样的应力函数 ϕ, 应变 ϵ_x、ϵ_y、γ_{xy}, 从而位移 u、v, 将不同于平面应力的情况, 因为弹性常数有所不同, 如 §20 中所述. 于是, 为了向平面应变转换 (这时有 $\epsilon_z = 0$), 须将式 (c) 中的 E 换为 $\frac{E}{1 - \nu^2}$. 这样, 代替式 (c), 我们有 [利用式 (b)]

$$V = \frac{\delta^2}{8\pi} \frac{E}{1 - \nu^2} \left(\ln \frac{b}{a} - \frac{b^2 - a^2}{b^2 + a^2} \right). \tag{d}$$

这是每单位纵向长度内的应变能. 这个公式在材料科学中普遍应用于晶体的位错应变能.①a 和 b 都必须是有限值, 否则能量将是无穷大. 外半径与晶体总的尺寸有关, 内半径则与晶格内原子间隔有关.

在弹性理论的边值问题中, 边界通常是确定的. 但是, 晶体中的位错中心可能在晶体内移动, 就好像内边界圆 $r = a$ 可以移动, 而外边界圆 $r = b$ 不动. 如果有两个位错同时发生, 一个是正的 (例如 δ 是正的), 而另一个是负的 (例如 δ 是负的), 那么, 只要它们的中心是分开的, 就有净的总应变能. 如果两者重叠, 这两个位错将互相抵消. 这时就没有应力或应变, 也就没有应变能. 于是

[250]

就很明显, 两个中心的相互趋近必然使总的应变能减少. 因为在当前的情况下, 这个能量代表该系统的全部势能, 所以两个中心将表现为互相吸引[2], 而当两者聚合时, 应变能就转换为另一形式的能量, 例如晶体内的波动能量.

注:

① 参阅, 例如, A. H. Cottrell, "Dislocations and Plastic Flowin Crystals", 1953.

② G. I. Taylor, *Proc. Roy. Soc.* (London), Ser, A, vol. 134, pp. 362-387, 1934.

§92　虚功原理

在求解弹性理论问题时, 用虚功原理, 有时颇为方便. 对于一个质点的情形, 这个原理说明, 如果质点是处于平衡状态, 则作用于这质点的力在任何虚位移上的总功等于零.

设 δu、δv、δw 是虚位移在 x、y、z 方向的分量, ΣX、ΣY、ΣZ 是作用于质点的力在各该方向上的投影之和, 则由虚功原理有

$$\delta u \Sigma X = 0, \quad \delta v \Sigma Y = 0, \quad \delta w \Sigma Z = 0. \tag{a}$$

要使得这些方程对任何虚位移都能满足, 必须

$$\Sigma X = 0, \quad \Sigma Y = 0, \quad \Sigma Z = 0. \tag{b}$$

反过来, 有了方程 (b), 即可乘以任意的 δu、δv、δw 而得出方程 (a). 实际上, 虚位移不过是这种任意乘子的一个名字.

受有面力和体力的静止弹性体形成一个质点系, 其中每一质点都受到一组平衡力的作用. 作用于任一质点的力在任何虚位移上的总功都等于零, 因此, 所有作用于质点系的力所作的总功也等于零.

在弹性体的情况下, 虚位移可以取为任何这样一种微小位移[1], 它和材料的连续条件相容, 并且和物体表面的位移条件相容 (如果规定了这种条件的话). 例如, 设已知物体表面的某一部分 (如梁的固定端) 是不动的, 或者具有指定的位移, 这部分的虚位移必须取为零.

用 u、v、w 代表那由于载荷而有的实际位移分量, δu、δv、δw 代表虚位移分量. 这些虚位移分量是 x、y、z 的任意连续函数, 绝对值很小.

[251]　　　相应于虚位移 δu、δv、δw, 6 个应变分量的增量是

$$\delta \epsilon_x = \frac{\partial}{\partial x} \delta u, \cdots,$$

$$\delta \gamma_{xy} = \frac{\partial}{\partial x} \delta v + \frac{\partial}{\partial y} \delta u, \cdots, \tag{c}$$

而单元体内的虚功是

$$(\sigma_x \delta\epsilon_x + \cdots + \tau_{xy}\delta\gamma_{xy} + \cdots)\mathrm{d}x\mathrm{d}y\mathrm{d}z. \tag{d}$$

按照 §90 中的式 (g), 这可以写成

$$\delta V_0 \mathrm{d}x\mathrm{d}y\mathrm{d}z, \tag{e}$$

其中 V_0 是作为应变分量的函数, 如 (132) 所示.

前面已经说明, 应变能的变更可用来量度那个为了克服质点之间的相互作用力 (例如在拉长的弹簧中) 而作的功. 为了得到质点所受的相互作用力所作的功, 必须将符号改变.

外力包括:(1) 每个单元表面面积 $\mathrm{d}S$ 上的面力 $\overline{X}\mathrm{d}S$、$\overline{Y}\mathrm{d}S$、$\overline{Z}\mathrm{d}S$ 和 (2) 每个单元体积 $\mathrm{d}\tau$(或 $\mathrm{d}x\mathrm{d}y\mathrm{d}z$) 上的体力 $X\mathrm{d}\tau$、$Y\mathrm{d}\tau$、$Z\mathrm{d}\tau$.

整个物体上的总虚功为零, 这样的陈述可以表示为

$$\int (\overline{X}\delta u + \cdots)\mathrm{d}S + \int (X\delta u + \cdots)\mathrm{d}\tau - \int \delta\overline{V}_0\mathrm{d}\tau = 0. \tag{137}$$

因为在建立 (137) 时, 已知的外力和实际的应力分量保持不变, 所以变分记号 δ 可以提到积分号的前面. 这样, 改变全式的符号以后, 得到

$$\delta\left[\int \overline{V}_0\mathrm{d}\tau - \int (Xu + \cdots)\mathrm{d}\tau - \int (\overline{X}u + \cdots)\mathrm{d}S\right] = 0. \tag{137$'$}$$

这里认为, δ 并不影响式中明确写出的各个力. 方括号中的第一个积分是应变能, 而且, 作为卸载时可用的能量, 可以称为形变势能. 第二个积分是体力的势能 (体力具有与 u、v、w 无关的固定值), 而这个势能在 $u = v = w = 0$ 时取为零. 同样, 第三个积分是面力的势能. 按照定义, 方括号中的整个表达式是该系统的总势能. 于是 (137$'$) 可以陈述为: 在一定的外力作用和一定的支承方式之下, 对于任何虚位移, 总势能的一阶变分为零, 或者简略地说, 总势能取驻值.

虚位移和虚功这两个术语, 虽然在历史上沿用已久, 其意义不过是把 δu、δv、δw 所代表的任意乘子用于平衡方程. 像以上几段中那样把 δu、δv、δw 当作实际位移的变分, 是方便的.

为了考察平衡的稳定性, 我们可以设想, 随着冲击性的干扰, 平衡位移有了实际改变. 由于能量并不散失, 势能与动能之和保持为常量. 在偏离平衡形态时, 如果势能必须增加, 则动能必然减少. 但是, 如果势能必须减少, 则动能必然增加. 对微小的干扰来说, 这两种情况分别被认为稳定或不稳定. 显然, 稳定就表示势能在平衡位置为极小, 而不稳定就表示势能为极大. 在这里用到

[252]

"势能" 时, 假定在干扰之后的运动中, (1) 体力和面力随着它们在平衡形态下所作用的物体单元一起运动, (2) 它们的大小和方向保持不变.

再来考虑平面应力情况下的每单位体积的应变能 (134). 假定在冲击性干扰发生了一段时间之后, 平衡形态下的应变分量增加了 $\delta\epsilon_x$、$\delta\epsilon_y$、$\delta\gamma_{xy}$. 于是由 (134) 得出新的 $\overline{V}_0$ 值为

$$\frac{E}{2(1-\nu^2)}\left[(\epsilon_x+\delta\epsilon_x)^2+2\nu(\epsilon_x+\delta\epsilon_x)(\epsilon_y+\delta\epsilon_y)+(\epsilon_y+\delta\epsilon_y)^2\right]$$
$$+\frac{G}{2}(\gamma_{xy}+\delta\gamma_{xy})^2.$$

减去 (134) 直接给出的平衡形态下的值, 得到增量

$$\frac{E}{2(1-\nu^2)}[2\epsilon_x\delta\epsilon_x+2\nu(\epsilon_x\delta\epsilon_y+\epsilon_y\delta\epsilon_x)+2\epsilon_y\delta\epsilon_y]$$
$$+\frac{G}{2}2\gamma_{xy}\delta\gamma_{xy}+\frac{E}{2(1-\nu^2)}[(\delta\epsilon_x)^2+2\nu\delta\epsilon_x\delta\epsilon_y+(\delta\epsilon_y)^2]+\frac{G}{2}(\delta\gamma_{xy})^2.$$

式中的第一行代表一阶增量, 除了体积因子 $dxdy$ 以外, 是和式 (e) 完全对应的. 第二行是二阶增量; 它是正的, 因为 (134) 中的 $\overline{V}_0$ 对于 ϵ_x、ϵ_y、γ_{xy} 的任何值都是正的.

[253] 在上面所说的假定 1 和 2 之下, 在 (137′) 左边方括号内各项所示的总势能中间, 并没有来自体力和面力的二阶增量. 总势能的一阶增量为零, 因为干扰中的实际位移 δu、δv、δw 可以当作虚位移. 既然二阶增量一定是正的, 按照定义, 平衡就是稳定的. 可以看出, 这个结论依赖于胡克定律[②] 以及假定 1 和假定 2 的应用. 对于非线性的应力-应变关系式, 高阶增量不限于二阶.

对一个系统的总能量的全面研究, 曾被格瑞费斯用来发展他的脆性材料断裂理论[③]. 我们知道, 材料所表现的强度总是远比由分子力推测而得的为小. 对于某种玻璃, 格瑞费斯求得理论上的抗拉强度约为 $1.6\times10^6\mathrm{lbf/in}^2$, 而用玻璃棒作拉伸试验时却只有 $26\times10^3\mathrm{lbf/in}^2$. 他指出, 如果假定在玻璃这一类材料中存在着细微的裂缝, 因而发生高度的应力集中, 以致裂缝愈加扩大, 就可以解释理论与实验之间的差异. 为了计算, 格瑞费斯取裂缝的形状为一极狭的椭圆孔, 椭圆长轴垂直于拉力的方向. 试考察一块薄板, 它的两边 ab 和 cd 被固定, 并

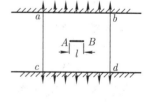

图 131

在这两边受有均布拉应力 S (图 131). 如果在板内作一长度为 l 的细微椭圆孔 [254] AB, 而 ab 和 cd 仍然固定, 这时由拉应力 S 而有的初应变能将减少. 此项减少

可用关于椭圆孔的解答④ 算出; 对于单位厚度的板, 它等于

$$V = \frac{\pi l^2 S^2}{4E}. \tag{f}$$

如果裂缝加长, 储存于板内的应变能将进一步减少. 但是, 裂缝的加长意味着表面能的增加, 因为固体表面也像液体一样具有表面张力. 例如, 格瑞费斯求得他作试验用的玻璃每单位表面面积的表面能 T 约为 $3.12 \times 10^{-3}\text{lbf-in/in}^2$. 现在, 如果裂缝加长要求表面能增加, 而表面能的增加可以从应变能的减少得到, 那么, 虽然总能量没有增加, 裂缝也会加长. 因此, 裂缝自然扩张的条件是, 应变能的减少等于表面能的增加. 利用 (f), 得

$$\frac{\mathrm{d}V}{\mathrm{d}l}\mathrm{d}l = \frac{\pi l S_{cr}^2}{2E}\mathrm{d}l = 2\mathrm{d}lT,$$

由此得

$$S_{cr} = \sqrt{\frac{4ET}{\pi l}}. \tag{g}$$

用金刚钻在玻璃上刻出一定长度的裂缝而作试验, 结果很能符合方程 (g). 试验又证明, 如果先作预防以消除细微裂缝, 就可得到远较平常为高的强度. 格瑞费斯所试验的一些玻璃棒曾表现有约 $900,000\text{lbf/in}^2$ 的极限强度, 大于上面所说的理论强度的一半.

格瑞费斯理论中的可疑方面, 即裂缝端点处的无限大应力, 已被巴伦勃拉特予以清除, 他改用有限大的应力表示原子凝聚力⑤.

注:

① 假定微小 (与实际位移相比), 只是为了方便.

② 在压曲理论中, 材料可能服从胡克定律, 然而, 一根柱子或一块板, 在超过欧拉临界值的压缩载荷之下, 按照目前的意义, 并不稳定. 线性弹性理论, 由于它的微小位移的假定, 排除了压曲问题. 例如, 对于图 37 中的问题, 铅直边缘的边界条件是: 在 $x = \pm l$ 处, $\sigma_x = \tau_{xy} = 0$. 精确的边界条件应当是: 变形以后的边缘不受法向及切向载荷.

③ A. A. Griffith *Trans. Roy. Soc. (London), Ser. A*, vol. 221, pp. 163-198, 1921, 又见 *Proc. Inter. Congr. Appl. Mech., Delft*, pp. 55-63, 1924.

关于断裂力学的参考文献目录, 见 A. H. Cottrell, "The Mechanical Properties of Matter", chap. 11. 1964; D. C. Drucker and J. J. Gilman(编), "Fracture in Solids", 1962; *Intern. J. Fracture Mech.* (1965 年 3 月创刊).

④ 见 §63.

⑤ G. I. Barenblatt, "Advances in Applied Mechanics", vol. 7, pp. 55-129, 1962.

§93　卡斯提安诺定理

在前节中, 曾将受已知体力和已知边界条件的弹性体的平衡状态, 与它从平衡位置经过虚位移 δu、δv、δw 而到达的邻近形象相比较. 已经证明, 对应于稳定平衡位置的真实位移, 是使系统的总势能为极小时的位移.

[255]　　　　现在, 我们不考察位移, 而考察对应于平衡位置的应力. 已经知道, 平衡微分方程 (123) 和边界条件 (124) 不足以确定应力分量. 我们可以求得满足平衡方程和边界条件的许多种不同的应力分布, 问题在于: 怎样从所有其他静力可能的应力分布中区别出真实的应力分布?

设 σ_x 等等是对应于平衡位置的真实应力分量, $\delta\sigma_x$ 等等是这些分量的微小变分, 而新的应力分量 $\sigma_x + \delta\sigma_x$ 等等也满足平衡方程 (123). 这时, 从后一组方程中减去前一组方程, 即可见各应力分量的变分满足如下类型的三个方程:

$$\frac{\partial\delta\sigma_x}{\partial x} + \frac{\partial\delta\tau_{xy}}{\partial y} + \frac{\partial\delta\tau_{xz}}{\partial z} = 0. \tag{a}$$

与各应力分量的变分相对应, 面力也将有变分. 令 $\delta\overline{X}$ 等等为各面力分量的变分; 于是由边界条件 (124) 得出如下类型的三个方程:

$$\delta\sigma_x l + \delta\tau_{xy} m + \delta\tau_{xz} n = \delta\overline{X}. \tag{b}$$

现在来考察由于各应力分量的上述变分而引起的物体中应变能的变更. 将每单位体积中的应变能看作应力分量的函数, 如 (131) 所示, 则应变能的变更为

$$\delta V_0 = \frac{\partial V_0}{\partial\sigma_x}\delta\sigma_x + \cdots + \frac{\partial V_0}{\partial\tau_{xy}}\delta\tau_{xy} + \cdots . \tag{c}$$

上式右边共有 6 项, 其中有

$$\frac{\partial V_0}{\partial\sigma_x} = \frac{1}{E}[\sigma_x - \nu(\sigma_y + \sigma_z)] = \epsilon_x,$$

等等, 和

$$\frac{\partial V_0}{\partial\tau_{xy}} = \frac{1}{G}\tau_{xy} = \gamma_{xy},$$

等等. 于是有

$$\delta V_0 = \epsilon_x\delta\sigma_x + \cdots + \gamma_{xy}\delta\tau_{xy} + \cdots,$$

而由应力分量的变分所引起的总应变能的变更是

$$\delta V = \int \delta V_0 d\tau = \int (\epsilon_x\delta\sigma_x + \cdots + \gamma_{xy}\delta\tau_{xy} + \cdots)d\tau. \tag{d}$$

现在来考察这个能量变更. 为了把边界条件 (b) 考虑在内, 我们需要用到通常所谓的散度定理[①], 或高斯定理, 或格林定理. 设有曲面 S 所围成的区域, 其中有三个位置函数 U、V、W, 而 S 的外法线的方向余弦为 l、m、n, 则该定理为 [256]

$$\int \left(\frac{\partial U}{\partial x} + \frac{\partial V}{\partial y} + \frac{\partial W}{\partial z} \right) \mathrm{d}\tau = \int (lU + mV + nW)\mathrm{d}S. \tag{138}$$

式中, 左边的体积分包括 S 所包围的整个体积, 右边的面积分包括整个边界面. S 还可能代表一个外表面和一个或几个内表面 (腔面).

为了当前的目标, 首先选择

$$U = u\delta\sigma_x, \quad V = u\delta\tau_{xy}, \quad W = u\delta\tau_{xz}. \tag{e}$$

于是方程 (138) 给出

$$\int \left[\frac{\partial}{\partial x}(u\delta\sigma_x) + \frac{\partial}{\partial y}(u\delta\tau_{xy}) + \frac{\partial}{\partial z}(u\delta\tau_{xz}) \right] \mathrm{d}\tau$$
$$= \int u(l\delta\sigma_x + m\delta\tau_{xy} + n\delta\tau_{xz})\mathrm{d}S. \tag{f}$$

求出左边方括号中的各项导数, 得到

$$u\left(\frac{\partial\delta\sigma_x}{\partial x} + \frac{\partial\delta\tau_{xy}}{\partial y} + \frac{\partial\delta\tau_{xz}}{\partial z} \right) + \frac{\partial u}{\partial x}\delta\sigma_x + \frac{\partial u}{\partial y}\delta\tau_{xy} + \frac{\partial u}{\partial z}\delta\tau_{xz}. \tag{g}$$

括弧中的表达式, 按照式 (a), 等于零. 于是 (f) 成为

$$\int \left(\frac{\partial u}{\partial x}\delta\sigma_x + \frac{\partial u}{\partial y}\delta\tau_{xy} + \frac{\partial u}{\partial z}\delta\tau_{xz} \right) \mathrm{d}\tau = \int u\delta\overline{X}\mathrm{d}S. \tag{h}$$

同样, 在式 (e) 中进行轮换, 选择

$$V = v\delta\sigma_y, \quad W = v\delta\tau_{yz}, \quad U = v\delta\tau_{yx},$$

可由式 (h) 中的轮换得出如下的结果:

$$\int \left(\frac{\partial v}{\partial y}\delta\sigma_y + \frac{\partial v}{\partial z}\delta\tau_{yz} + \frac{\partial v}{\partial x}\delta\tau_{yx} \right) \mathrm{d}\tau = \int v\delta Y\mathrm{d}S. \tag{i}$$

再一次进行轮换, 得到

$$\int \left(\frac{\partial w}{\partial z}\delta\sigma_z + \frac{\partial w}{\partial x}\delta\tau_{zx} + \frac{\partial w}{\partial y}\delta\tau_{zy} \right) \mathrm{d}\tau = \int w\delta\overline{Z}\mathrm{d}S. \tag{j}$$

将 (h)、(i)、(j) 相加, 并应用应变与位移的关系式 (2), 得到 [257]

$$\int (\epsilon_x \delta\sigma_x + \epsilon_y \delta\sigma_y + \epsilon_z \delta\sigma_z + \gamma_{xy} \delta\tau_{xy} + \gamma_{yz} \delta\tau_{yz} + \gamma_{zx} \delta\tau_{zx}) \mathrm{d}\tau$$

$$= \int (u\delta\overline{X} + v\delta\overline{Y} + w\delta\overline{Z}) \mathrm{d}S. \tag{k}$$

这方程的左边就是 δV, 如 (d) 所示. 于是, 相应于保持平衡的应力分量变分, 应变能的变分由下式给出:

$$\delta V = \int (u\delta\overline{X} + v\delta\overline{Y} + w\delta\overline{Z}) \mathrm{d}S. \tag{139}$$

真实应力是满足这一方程的应力. 这种变分是数学的而不是物理的. 由边界载荷的变分引起的物理应力变分, 它所受的限制多于式 (a) 所示的平衡限制. 但从数学方面看来, 在 (135) 的积分式中, V_0 是 6 个应力分量这 6 个变量的函数, 如 (131) 所示, 而当这 6 个变量不论如何改变时, 该积分式总有一定的变分.

在结构理论里, 一个线性弹性结构在一组集中力 P_1、P_2、$\cdots$ 之下的应变能, 可以表示成为这些力的一个二次函数 V_0. 于是有

$$\delta V = \frac{\partial V}{\partial P_1} \delta P_1 + \frac{\partial V}{\partial P_2} \delta P_2 + \cdots,$$

并由

$$\delta V = d_1 \delta P_1 + d_2 \delta P_2 + \cdots \tag{140}$$

的论证, 得到关于对应的位移分量 d_1、d_2、$\cdots$ 的卡斯提安诺定理[2]:

$$d_1 = \frac{\partial V}{\partial P_1}, \quad d_2 = \frac{\partial V}{\partial P_2}, \cdots.$$

方程 (140) 与 (139) 之间的类似性是明显的. 方程 (140) 所示的定理也被称为卡斯提安诺定理.

再回到 (139), 可以看出, 应力变分可能使得面力 $\overline{X}$、$\overline{Y}$、$\overline{Z}$ 保持不变. 这时, 三个 (b) 型条件中的 $\delta\overline{X}$、$\delta\overline{Y}$、$\delta\overline{Z}$ 都是零, 而 (139) 简化为

$$\delta V = 0. \tag{141}$$

[258] 于是, 对于这样的应力变分, V 具有驻值. 从式 (c) 开始, 我们就只考虑了一阶的增量或变分. 考虑到二阶增量, 可以证明, 事实上 V 是极小. 方程 (141) 所示的定理有时称为最小功原理, 它相似于结构理论里关于集中力的该原理.

对于平面应变或平面应力, 我们有 $w = 0$ 或 $\delta\overline{Z} = 0$, 于是 (139) 立即简化为

$$\delta V = \int (u\delta\overline{X} + v\delta\overline{Y}) \mathrm{d}s, \tag{142}$$

其中的 V 应取为适当的形式. 例如, 对于平面应力应取 (133), 而单位厚度内的积分应为环绕边界曲线的、沿单元弧长 ds 的线积分.

已经建立了更普遍的变分原理, 使位移和应力都具有变分[3].

注:

① 差不多所有的高等微积分或矢量分析的书中都给出了证明和有效条件. 例如见 I. S. Sokolnikoff and R. M. Redheffer, "Mathematics of Physics and Modern Engineering", p. 389, 1958.

② 例如见 S. Timoshenko and D. H. Young, "Theory of Structures", p. 234, 1965.

③ E. Reissner, "On Some Variational Theorems in Elasticity", pp. 370-381, 载于 "Some Problems of Continuum Mechanics", N. I. Muskhelishvili 70th Anniversary Volume, 1961.

§94 最小功原理的应用 —— 矩形板

试以矩形板为例. 前面曾经说明 (§24), 用三角级数, 可以满足矩形板两边上的边界条件. 这样求得的解答, 对于宽度远较长度为小的板, 是有实用价值的. 如果板的两个方向的尺寸是同阶的, 就必须考虑所有四个边上的边界条件. 在求解这类问题时, 应用最小功原理, 有时可以成功.

我们来考察矩形板受拉伸的情形. 设板两端的拉力依抛物线律分布[1] (图 132). 在这种情形下, 边界条件是:

在 $x = \pm a$ 处,

$$\tau_{xy} = 0, \quad \sigma_x = S\left(1 - \frac{y^2}{b^2}\right),$$

在 $y = \pm b$ 处, (a)

$$\tau_{xy} = 0, \quad \sigma_y = 0.$$

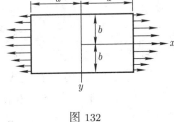

图 132

由方程 (133) 得单位厚度的板的应变能为

$$V = \frac{1}{2E} \iint [\sigma_x^2 + \sigma_y^2 - 2\nu\sigma_x\sigma_y + 2(1+\nu)\tau_{xy}^2] \mathrm{d}x\mathrm{d}y. \tag{b}$$

应当指出, 对于现在这种单连边界的情形, 应力分布与材料的弹性常数无关 (见 §43), 因此, 可以取泊松比为零, 使以后的计算简化. 引用应力函数 ϕ, 而将

$$\sigma_x = \frac{\partial^2 \phi}{\partial y^2}, \quad \sigma_y = \frac{\partial^2 \phi}{\partial x^2}, \quad \tau_{xy} = -\frac{\partial^2 \phi}{\partial x \partial y}, \quad \nu = 0$$

代入 (b), 就得到

$$V = \frac{1}{2E} \iint \left[\left(\frac{\partial^2 \phi}{\partial y^2}\right)^2 + \left(\frac{\partial^2 \phi}{\partial x^2}\right)^2 + 2\left(\frac{\partial^2 \phi}{\partial x \partial y}\right)^2 \right] \mathrm{d}x\mathrm{d}y. \tag{c}$$

[259]

正确的应力函数应能满足条件 (a) 并使应变能 (c) 成为极小.

如果用变分法求 (c) 的极小值, 就得到关于应力函数 ϕ 的方程 (30). 现在不用这种方法, 而用如下的方法[②] 求这问题的近似解答. 我们取级数形式的应力函数

$$\phi = \phi_0 + \alpha_1\phi_1 + \alpha_2\phi_2 + \alpha_3\phi_3 + \cdots, \tag{d}$$

使其满足边界条件 (a), 其中的 α_1、α_2、α_3、$\cdots$ 是待定的常数. 将这级数代入式 (c), 可见 V 是 α_1、α_2、α_3、$\cdots$ 的二次函数. 由极小条件

$$\frac{\partial V}{\partial \alpha_1} = 0, \quad \frac{\partial V}{\partial \alpha_2} = 0, \quad \frac{\partial V}{\partial \alpha_3} = 0, \cdots, \tag{e}$$

可以算出各常数的大小, 而这些条件都将是 α_1、α_2、α_3、$\cdots$ 的线性方程.

适当地选择函数 ϕ_1、ϕ_2、$\cdots$, 通常只须用级数 (d) 的前几项, 就能得到满意的近似解答. 在本例中, 取

$$\phi_0 = \frac{1}{2}Sy^2\left(1 - \frac{1}{6}\frac{y^2}{b^2}\right),$$

可以满足边界条件 (a), 因为这函数给出

$$\sigma_y = \frac{\partial^2\phi_0}{\partial x^2} = 0, \quad \tau_{xy} = -\frac{\partial^2\phi_0}{\partial x\partial y} = 0,$$

$$\sigma_x = \frac{\partial^2\phi_0}{\partial y^2} = S\left(1 - \frac{y^2}{b^2}\right).$$

其余各函数 ϕ_1、ϕ_2、$\cdots$ 必须适当选择, 使与之对应的应力在边界上为零. 为了保证这一点, 我们取表达式 $(x^2 - a^2)^2(y^2 - b^2)^2$ 为各函数中的一个因子; 这个表达式对 x 的二阶导数在 $y = \pm b$ 的两边为零; 对 y 的二阶导数在 $x = \pm a$ 的两边为零; 而二阶导数 $\partial^2/\partial x\partial y$ 在板的四边都是零. 于是应力函数可以取为

[260]

$$\phi = \frac{1}{2}Sy^2\left(1 - \frac{1}{6}\frac{y^2}{b^2}\right)$$
$$+ (x^2 - a^2)^2(y^2 - b^2)^2(\alpha_1 + \alpha_2 x^2 + \alpha_3 y^2 + \cdots). \tag{f}$$

因为应力分布对称于 x 轴和 y 轴, 所以在级数中只取 x 和 y 的偶次幂. 如在级数 (f) 中只取第一项 α_1, 就有

$$\phi = \frac{1}{2}Sy^2\left(1 - \frac{1}{6}\frac{y^2}{b^2}\right) + \alpha_1(x^2 - \alpha^2)^2(y^2 - b^2)^2.$$

这样, (e) 中的第一方程成为

$$\alpha_1\left(\frac{64}{7} + \frac{256}{49}\frac{b^2}{a^2} + \frac{64}{7}\frac{b^4}{a^4}\right) = \frac{S}{a^4 b^2}.$$

对于正方形板 $(a = b)$, 求得

$$\alpha_1 = 0.04253\frac{S}{a^6},$$

而应力分量是

$$\sigma_x = S\left(1 - \frac{y^2}{a^2}\right) - 0.1702S\left(1 - \frac{3y^2}{a^2}\right)\left(1 - \frac{x^2}{a^2}\right)^2,$$

$$\sigma_y = -0.1702S\left(1 - \frac{3x^2}{a^2}\right)\left(1 - \frac{y^2}{a^2}\right)^2,$$

$$\tau_{xy} = -0.6805S\frac{xy}{a^2}\left(1 - \frac{x^2}{a^2}\right)\left(1 - \frac{y^2}{a^2}\right).$$

在截面 $x = 0$ 上的 σ_x 的分布在图 133 中用曲线 Ⅱ 表示③.

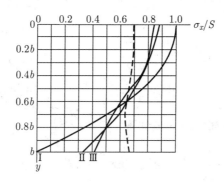

图 133

为了求得较精确的近似值, 现在取级数 (f) 中的三项. 于是计算常数 α_1、α_2、 [261]
α_3 的方程 (e) 成为

$$\alpha_1\left(\frac{64}{7} + \frac{256}{49}\frac{b^2}{a^2} + \frac{64}{7}\frac{b^4}{a^4}\right) + \alpha_2 a^2\left(\frac{64}{77} + \frac{64}{49}\frac{b^4}{a^4}\right)$$
$$+ \alpha_3 a^2\left(\frac{64}{49}\frac{b^2}{a^2} + \frac{64}{77}\frac{b^6}{a^6}\right) = \frac{S}{a^4 b^2},$$

$$\alpha_1\left(\frac{64}{11} + \frac{64}{7}\frac{b^4}{a^4}\right) + \alpha_2 a^2\left(\frac{192}{143} + \frac{256}{77}\frac{b^2}{a^2} + \frac{192}{7}\frac{b^4}{a^4}\right)$$
$$+ \alpha_3 a^2\left(\frac{64}{77}\frac{b^2}{a^2} + \frac{64}{77}\frac{b^6}{a^6}\right) = \frac{S}{a^4 b^2},$$ (g)

$$\alpha_1\left(\frac{64}{7} + \frac{64}{11}\frac{b^4}{a^4}\right) + \alpha_2 a^2\left(\frac{64}{77} + \frac{64}{77}\frac{b^4}{a^4}\right)$$
$$+ \alpha_3 a^2\left(\frac{192}{7}\frac{b^2}{a^2} + \frac{256}{77}\frac{b^4}{a^4} + \frac{192}{143}\frac{b^6}{a^6}\right) = \frac{S}{a^4 b^2}.$$

对于正方形板, 这些方程给出

$$\alpha_1 = 0.04040 \frac{S}{a^6}, \quad \alpha_2 = \alpha_3 = 0.01174 \frac{S}{a^8}.$$

在截面 $x = 0$ 上的 σ_x 的分布为

$$(\sigma_x)_{x=0} = S \left(1 - \frac{y^2}{a^2} \right) - 0.1616 S \left(1 - 3\frac{y^2}{a^2} \right)$$
$$+ 0.0235 \left(1 - 12\frac{y^2}{a^2} + 15\frac{y^4}{a^4} \right).$$

这个应力分布[④] 在图 133 中用曲线 Ⅲ 表示.

当板的长度增加时, 在截面 $x = 0$ 上的应力分布将渐趋均匀. 例如, 取 $a = 2b$, 由方程 (g) 得

$$\alpha_1 = 0.07983 \frac{S}{a^4 b^2}, \quad \alpha_2 = 0.1250 \frac{S}{a^6 b^2},$$
$$\alpha_3 = 0.01826 \frac{S}{a^6 b^2}.$$

在截面 $x = 0$ 上, 对应的 σ_x 的值如下:

$$\frac{y}{b} = 0 \quad 0.2 \quad 0.4 \quad 0.6 \quad 0.8 \quad 1.0$$
$$\sigma_x = 0.690\,S \quad 0.684\,S \quad 0.669\,S \quad 0.653\,S \quad 0.649\,S \quad 0.675\,S$$

这个应力分布在图 133 中用虚线表示. 可见, 在这种情形下, 相对于平均应力 $(2/3)S$ 的偏差很小.

对于其他各种对称分布在 $x = \pm a$ 两边上的力, 只须改变式 (f) 中函数 ϕ_0 的形式. 在方程 (g) 中, 只有右边的表达式须加以改变.

作为应力分布不对称于 x 轴的例子, 我们来考察图 134 所示的弯曲情形[⑤]. 这时, 作用于两端的力是 $(\sigma_x)_{x=\pm a} = Ay^3$ (图 134b 中的曲线 b). 显然, 应力将反对称于 x 轴而对称于 y 轴. 这些条件, 取如下形式的应力函数就能满足:

$$\phi = \frac{1}{20} Ay^5 + (x^2 - a^2)^2 (y^2 - b^2)^2 (\alpha_1 y$$
$$+ \alpha_2 yx^2 + \alpha_3 y^3 + \alpha_4 x^2 y^3 + \cdots). \tag{h}$$

和前面的一样, 第一项能满足 ϕ 的边界条件. 将含有四个系数 $\alpha_1 \,$、$\cdots$、α_4 的方程 (h)用于方程 (e), 则对于正方形板 $(a = b)$ 可得

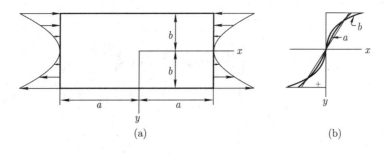

图 134

$$\sigma_x = \frac{\partial^2 \phi}{\partial y^2} = 2Aa^3\left\{\frac{1}{2}\eta^3 - (1-\xi^2)^2[0.08392(5\eta^3 - 3\eta)\right.$$
$$+ 0.004108(21\eta^5 - 20\eta^3 + 3\eta)]$$
$$- \xi^2(1-\xi^2)^2[0.07308(5\eta^3 - 3\eta)$$
$$\left.+ 0.04179(21\eta^5 - 20\eta^3 + 3\eta)]\right\} \tag{k}$$

其中 $\xi = x/a, \eta = y/b$. 在中间截面上 $(x = 0)$, 应力分布与直线分布相差不远, 如图 134b 中的曲线 a 所示.

注:

① 见 S. Timoshenko, *Phil.Mag.*, vol. 47, p. 1095, 1924.

② 瑞次法, 或瑞利–瑞次法. 见 W. Ritz, *J. Reine Angew. Math.*, vol. 135, pp. 1-61, 1908; 或见 W. Ritz, "Gesammelte Werke", pp. 192-250, 1911.

③ 曲线 I 代表板端的抛物线应力分布.

④ C. E. Inglis 曾得到相似的结果, 见 *Proc. Roy. Soc.* (*London*), Ser. A, vol. 103, 1923; G. Pickett 也得到过相似的结果, 见 *J. Appl. Mech.* vol. 11, p. 176, 1944.

⑤ 这些计算摘自 J. N. Goodier 的博士论文, Michigan University, 1931. 又见 *Trans. ASME*, vol. 54, p. 173, 1932.

§95 宽梁翼的有效宽度

作为最小功原理应用于二维问题的另一个例子, 我们来考察梁翼很宽的梁 (图 135). 这种梁在钢筋混凝土结构和船壳构造中常常遇到. 在初等弯曲理论中, 假定弯应力与距中性轴的距离成比例, 就是说, 应力并不沿梁宽而变化. 但是, 如果宽度很大, 我们知道, 离梁腹较远的一部分梁翼在抵抗弯矩时并不能充分发挥作用, 因此, 这梁比初等弯曲理论所指示的要弱一些. 在计算这种梁中的应力时, 通常都用某一个折减宽度来代替梁翼的实际宽度, 使应用初等弯曲理论于变换后的梁截面时, 能得出最大弯应力的正确值. 折减后的翼宽称为有效宽度. 在以下的讨论中, 将给出确定有效宽度的理论根据①.

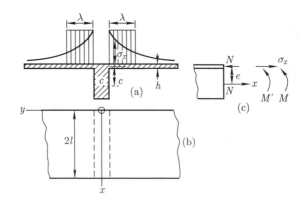

图 135

[263]　　　为了尽可能地使问题简化　假设有一无限长的连续梁, 放在等距离的支座上, 所有各跨度所承受的载荷相同而且对称于跨度的中点. 以图 135 所示的跨度的支座之一作为坐标原点, 并取 x 轴沿着梁轴的方向. 由于对称, 只须考虑一个跨度的梁翼的一半, 例如对应于正 y 的一半. 假设梁翼的宽度为无限大, 而它的厚度远比梁的深度为小. 于是, 可以不计梁翼的薄板弯曲, 并且可以假设, 当梁弯曲时, 力由梁翼的中面传入翼内, 因而翼中的应力分布乃是二维问题. 在目前这种对称情况下, 满足微分方程

$$\frac{\partial^4 \phi}{\partial x^4} + 2\frac{\partial^4 \phi}{\partial x^2 \partial y^2} + \frac{\partial^4 \phi}{\partial y^4} = 0 \tag{a}$$

的应力函数 ϕ, 可表为级数的形式:

$$\phi = \sum_{n=1}^{n=\infty} f_n(y)\cos\frac{n\pi x}{l}, \tag{b}$$

其中 $f_n(y)$ 只是 y 的函数. 代入方程 (a), 求得 $f_n(y)$ 的表达式如下:

$$f_n(y) = A_n \mathrm{e}^{-\frac{n\pi y}{l}} + B_n\left(1 + \frac{n\pi y}{l}\right)\mathrm{e}^{-\frac{n\pi y}{l}} + C_n\mathrm{e}^{\frac{n\pi y}{l}}$$
$$+ D_n\left(1 + \frac{n\pi y}{l}\right)\mathrm{e}^{\frac{n\pi y}{l}}\cdots. \tag{c}$$

对于 y 的无限大值, 应力必须等于零. 为了满足这一条件, 取 $C_n = D_n = 0$. 于是应力函数的表达式成为

$$\phi = \sum_{n=1}^{\infty}[A_n\mathrm{e}^{-\frac{n\pi y}{l}} + B_n\left(1 + \frac{n\pi y}{l}\right)\mathrm{e}^{-\frac{n\pi y}{l}}]\cos\frac{n\pi x}{l}. \tag{d}$$

[264]　　　真实的应力分布应使梁翼和梁腹的总应变能为极小. 根据这个条件可确定系

数 A_n 和 B_n. 将

$$\sigma_x = \frac{\partial^2 \phi}{\partial y^2}, \quad \sigma_y = \frac{\partial^2 \phi}{\partial x^2}, \quad \tau_{xy} = -\frac{\partial^2 \phi}{\partial x \partial y},$$

代入应变能的表达式

$$V_1 = 2\frac{h}{2E} \int_0^\infty \int_0^{2l} [\sigma_x^2 + \sigma_y^2 - 2\nu\sigma_x\sigma_y + 2(1+\nu)\tau_{xy}^2] \mathrm{d}x\mathrm{d}y,$$

并利用应力函数的表达式 (d), 则梁翼的应变能为[②]

$$V_1 = 2h \sum_{n=1}^\infty \frac{n^3\pi^3}{l^2} \left(\frac{B_n^2}{E} + \frac{A_n B_n}{2G} + \frac{A_n^2}{2G} \right). \tag{e}$$

在单独考虑梁腹的应变能时, 令 A 代表梁腹的截面面积, I 代表梁腹对于经过形心 C 的水平轴的惯矩, e 代表梁腹的形心到梁翼的中面的距离 (图 135). 在任一截面上, 梁腹和梁翼所传送的总弯矩, 在目前这种对称情形下, 可表为级数

$$M = M_0 + M_1 \cos\frac{\pi x}{l} + M_2 \cos\frac{2\pi x}{l} + \cdots. \tag{f}$$

在这级数中, M_0 是与支点弯矩的大小有关的超静定量, 其他系数 M_1、M_2、$\cdots$ 则将由载荷条件算得. 令 N 代表梁翼中的压力 (图 135c), 将弯矩 M 分成两部分: 一部分是由梁腹承受的 M', 另一部分是由梁腹和梁翼中的纵向力 N 而有的 M'', 等于 Ne. 由静力学可知, 整个梁的任一截面上的正应力组成一个力偶 M; 因此

$$\begin{aligned} N + 2h \int_0^\infty \sigma_x \mathrm{d}y &= 0, \\ M' - 2he \int_0^\infty \sigma_x \mathrm{d}y &= M, \end{aligned} \tag{g}$$

其中 $-2he \int_0^\infty \sigma_x \mathrm{d}y = M''$ 是梁翼所承受的一部分弯矩. 梁腹的应变能是

$$V_2 = \int_0^{2l} \frac{N^2 \mathrm{d}x}{2AE} + \int_0^{2l} \frac{M'^2 \mathrm{d}x}{2EI}. \tag{h}$$

由 (g) 中的第一方程求得

$$N = -2h \int_0^\infty \sigma_x \mathrm{d}y = -2h \int_0^\infty \frac{\partial^2 \phi}{\partial y^2} \mathrm{d}y = 2h \left| \frac{\partial \phi}{\partial y} \right|_\infty^0.$$

由应力函数的表达式 (d) 可见

$$\left(\frac{\partial \phi}{\partial y} \right)_{y=\infty} = 0, \quad \left(\frac{\partial \phi}{\partial y} \right)_{y=0} = \sum_{n=1}^\infty \frac{n\pi}{l} A_n \cos\frac{n\pi x}{l}.$$

[265]　　因此

$$N = 2h \sum_{n=1}^{\infty} \frac{n\pi}{l} A_n \cos \frac{n\pi x}{l},$$

$$M' = M + 2he \int_0^{\infty} \sigma_x \mathrm{d}y = M - Ne = M - 2he \sum_{n=1}^{\infty} \frac{n\pi}{l} A_n \cos \frac{n\pi x}{l}.$$

用记号

$$2h \frac{n\pi}{l} A_n = X_n,$$

上两式就可以写成

$$N = \sum_{n=1}^{\infty} X_n \cos \frac{n\pi x}{l}, \tag{k}$$

$$M' = M - e \sum_{n=1}^{\infty} X_n \cos \frac{n\pi x}{l} = M_0 + \sum_{n=1}^{\infty} (M_n - eX_n) \cos \frac{n\pi x}{l}.$$

代入 (h), 并注意

$$\int_0^{2l} \cos^2 \frac{n\pi x}{l} \mathrm{d}x = l, \quad \int_0^{2l} \cos \frac{n\pi x}{l} \cos \frac{m\pi x}{l} \mathrm{d}x = 0 (m \neq n),$$

得到

$$V_2 = \frac{l}{2AE} \sum_{n=1}^{\infty} X_n^2 + \frac{M_0^2 l}{EI} + \frac{l}{2EI} \sum_{n=1}^{\infty} (M_n - eX_n)^2.$$

将这个应变能与梁翼的应变能 (e) 相加, 并在式 (e) 中引用记号

$$2h \frac{n\pi}{l} A_n = X_n, \quad 2h \frac{n\pi}{l} B_n = Y_n,$$

于是得到总应变能的表达式如下:

$$V = \frac{\pi}{2hE} \sum_{n=1}^{\infty} n[Y_n^2 + (1+\nu)X_n Y_n$$

$$+ (1+\nu)X_n^2] + \frac{l}{2AE} \sum_{n=1}^{\infty} X_n^2$$

$$+ \frac{M_0^2 l}{EI} + \frac{l}{2EI} \sum_{n=1}^{\infty} (M_n - eX_n)^2. \tag{l}$$

现在, M_0、X_n、Y_n 三个量可由应变能 (l) 为极小的条件来确定. 由于 M_0 只出现在 $M_0^2 l/EI$ 一项中, 因而由 (l) 为极小的条件可知 $M_0 = 0$.

由条件

$$\frac{\partial V}{\partial Y_n} = 0$$

可得

$$2Y_n + (1 + \nu)X_n = 0, \quad Y_n = -\frac{1 + \nu}{2}X_n.$$

将这一关系式和 $M_0 = 0$ 代入方程 (l), 得应变能的表达式如下:

$$V = \frac{\pi}{2hE}\frac{3 + 2\nu - \nu^2}{4}\sum_{n=1}^{\infty}nX_n^2 + \frac{l}{2AE}\sum_{n=1}^{\infty}X_n^2$$

$$+ \frac{l}{2EI}\sum_{n=1}^{\infty}(M_n - eX_n)^2. \tag{m}$$

由 X_n 须使 V 为极小的条件可知

$$\frac{\partial V}{\partial X_n} = 0,$$

由此得

$$X_n = \frac{M_n}{e}\frac{1}{1 + \dfrac{I}{Ae^2} + \dfrac{n\pi I}{hle^2}\dfrac{3 + 2\nu - \nu^2}{4}}. \tag{n}$$

我们来考察一个特殊情形. 设弯矩图是简单余弦曲线, 如 $M = M_1\cos\left(\dfrac{\pi x}{l}\right)$. 这时, 由方程 (n) 得

$$X_1 = \frac{M_1}{e}\frac{1}{1 + \dfrac{I}{Ae^2} + \dfrac{\pi I}{he^2 l}\dfrac{3 + 2\nu - \nu^2}{4}},$$

又由方程 (k), 梁翼中由力 N 而有的弯矩是

$$M'' = eN = eX_1\cos\frac{\pi x}{l} = \frac{M}{1 + \dfrac{I}{Ae^2} + \dfrac{\pi I}{he^2 l}\dfrac{3 + 2\nu - \nu^2}{4}}. \tag{p}$$

现在, 应力 σ_x 沿梁翼宽度的分布可以这样来计算: 在方程 (d) 中使 A_1 和 B_1 以外的所有系数 A_n 和 B_n 都等于零, 并根据前面的记号令

$$A_1 = \frac{lX_1}{2\pi h}, \quad B_1 = -\frac{1 + \nu}{2}A_1 = -\frac{(1 + \nu)lX_1}{4\pi h}.$$

应力 σ_x 沿梁翼宽度的分布, 如图 135a 中曲线所示. 当距梁腹的距离增加时, σ_x 就逐渐减小.

现在来确定 T 形梁的翼宽 2λ (图 135a), 使均匀分布在这梁翼截面上的应力 (如阴影面积所示) 能组成由方程 (p) 算得的弯矩 M''. 这宽度就是梁翼的有效宽度.

和前面一样, 用 M' 和 M'' 分别代表梁腹和梁翼所承受的那部分弯矩, 用 σ_c 代表梁腹形心 O 处的应力, σ_e 代表梁翼中面处的应力, 由初等弯曲理论得

$$\sigma_e = \sigma_c - \frac{M'c}{l}, \tag{q}$$

又由静力学方程得

$$2\lambda h \sigma_e + \sigma_c A = 0,$$
$$2\lambda h \sigma_e e = M''. \tag{r}$$

[267] 由方程 (q) 和 (r) 求得两部分弯矩的表达式为

$$M' = -\frac{I}{e}(\sigma_e - \sigma_c) = -\frac{I}{e}\left(1 + \frac{2\lambda h}{A}\right)\sigma_e,$$
$$M'' = -2\lambda h e \sigma_e.$$

弯矩 M'' 与总弯矩的比率是

$$\frac{M''}{M' + M''} = \frac{2\lambda h e \sigma_e}{2\lambda h e \sigma_e + \dfrac{I}{e}\left(1 + \dfrac{2\lambda h}{A}\right)\sigma_e} = \frac{1}{1 + \dfrac{I}{Ae^2} + \dfrac{I}{2\lambda h e^2}}. \tag{s}$$

为了使这一比率与由精确解答 (p) 求得的比率 $\dfrac{M''}{M}$ 相等, 必须使

$$\frac{I}{2\lambda h e^2} = \frac{\pi I}{h e^2 l}\frac{3 + 2\nu - \nu^2}{4}.$$

由此得有效宽度 2λ 的表达式如下:

$$2\lambda = \frac{4l}{\pi(3 + 2\nu - \nu^2)}.$$

例如, 取 $\nu = 0.3$, 得

$$2\lambda = 0.181(2l),$$

就是说, 对于所假设的弯矩图, 梁翼的有效宽度约为跨度的 18%.

对于连续梁各跨度中点受相等的集中力的情形, 弯矩图如图 136 所示. 将这弯矩图用傅里叶级数表示, 并用上面所述的一般方法, 求得在各支点处的有效宽度是

$$2\lambda = 0.85\frac{4l}{\pi(3 + 2\nu - \nu^2)},$$

就是说, 比弯矩图为余弦曲线时的有效宽度略小.

在加劲薄壁结构中有一个问题, 它的性质大致和上面讨论的问题相同. 试考察一个箱形梁 (图 137), 它是由两块薄板 $ABCD$ 和 $EFGH$ 沿板边铆在或焊

在两个槽钢 $ABFE$ 和 $DCGH$ 上而构成的. 假定整个梁的左端是插入端, 并且, 像悬臂梁一样, 在另一端有两个力 P 作用在两个槽钢上. 由初等弯曲理论得出的薄板 $ABCD$ 中的弯应力 (拉应力), 在平行于 BC 的截面上是均匀的. 但是, 如图 137 所示, 薄板中的拉应力实际上是由于槽钢传到板边的剪应力而引起的, 因此, 这个拉应力在薄板宽度上的分布并不均匀, 而是两边的应力较大,中间的应力较小, 如图 137 所示. 这种与初等理论中假定的均匀性的分歧, 称为 "剪力滞后", 它使薄板内有剪切形变. 这问题已经有人借助于一些简化假定用应变能法及其他方法分析过[3].

[268]

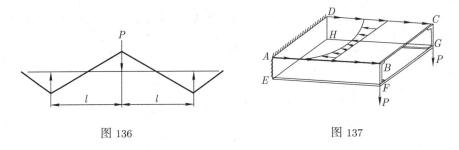

图 136　　　　　　　　　　图 137

注:

① 这个问题曾被 T. V. Kármán 研究过, 见 "Festschrift August Föppls," p. 114, 1923. 又见 G. Schnadel, *Werft und Reederei*, vol. 9, p. 92, 1928; E. Reissner, *Der Stahlbau*, 1934, p. 206; E. Chwalla, *Der Stahlbau*, 1936; L. Beschkine, *Publs. Intern. Assoc. Bridge Structural Eng.*, vol. 5, p65, 1938. 进一步的考虑和参考文献, 见 Thein Wah(编),"A Guide for the Analysis of Ship Structures", pp. 370-391, 1960.

② 这个应变能表达式中的积分曾由 Kármán 在他的论文中算出, 见注 ①.

③ E. Reissner, *Quart. Appl. Math.*, vol. 4, p. 268, 1946; J. Hadji-Argyris, *Brit. Aeron. Res. Council, Repts. Mem.* 2038, 1944; J. Hadji-Argyris and H. L. Cox, 同上文献, *Mem.* 1969, 1944. 更早期的研究资料可从这些论文中查得. 又见注 ①.

习题

1. 我们有什么理由料想任何普通金属的等温杨氏模量小于绝热模量?

2. 试以 σ_x、σ_y、τ_{xy} 表示在平面应变状态中 $(\epsilon_z = 0)$ 的柱形体或棱柱体每单位厚度内的应变能 V.

3. 试就平面应力的情形,写出用极坐标和极坐标中的应力分量表示的应变能 V 的积分式, 并与 §94 的方程 (b) 对比.

方程 (79) 所示的应力分布可用来解答图 138 所示的问题: 由均匀剪力在圆环的内边作用一个力偶矩 M, 在圆环的外边作用一个平衡力偶. 试计算环中的应变能, 并令这应变能等于加载时所作的功, 从而导出当环的内边被固定时外圆的转动 (与第四章习题 3 对比).

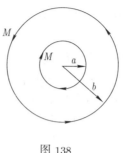

图 138

[269] 4. 设有 $a < r < b$ 的圆筒受内压力 p_i, 试计算圆筒每单位长度内的应变能. 圆筒的两端不受力 ($\sigma_z = 0$).

5. 解释方程

$$\iint V_0 \mathrm{d}x\mathrm{d}y = \frac{1}{2}\iint (Xu + Yv)\mathrm{d}x\mathrm{d}y + \frac{1}{2}\int (\overline{X}u + \overline{Y}v)\mathrm{d}s,$$

并对右边的因子 1/2 给以证明.

6. 试由方程 (131) 证明: 在平面应力情况和对应的平面应变 ($\epsilon_z = 0$) 情况下, 如果应力 σ_x、σ_y、τ_{xy} 相同, 那么, 在平面应力情况下每单位厚度的应变能较大.

7. 在图 139 中, (a) 代表一块受压的板条, 这时整个板条内都有应力. (b) 代表一块可变形的板条, 上下两边都固定在刚性板上. 这时, 是整个板条内都有应力, 还是只在两端有局部应力? 图 (c) 中板条上边和图 (a) 中一样是自由的, 但下边和图 (b) 中一样是固定的, 这时应力是否只是局部的?

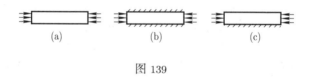

图 139

8. 根据 "系统在稳定平衡位置具有比在任何邻近位置为小的势能" 这一原理, 试不用计算而说明, 将图 131 中的板开一细小切口 AB 时, 应变能将减少或者保持不变.

9. 试以适宜于在极坐标中应用的方程代替方程 (142) 来表示卡斯提安诺定理 (将边界力 $\overline{X}$ 和 $\overline{Y}$ 用径向分量 $\overline{R}$ 和切向分量 $\overline{T}$ 代替, 而位移分量用第四章中的极坐标分量 u 和 v 代替).

10. "由于应力分量有满足 §93 中平衡方程 (a) 的任何微小变更而有 δV、$\delta\overline{X}$、$\delta\overline{Y}$ 时, 不论它们是否违反相容条件 (§16), 方程 (142) 总是正确的. 在它们不违反相容条件的情况下, 应力的变更是当边界力变更 $\delta\overline{X}$、$\delta\overline{Y}$ 时实际上发生的." 这一陈述是否正确?

11. §90 中的方程 (g) 所涉及的材料是服从胡克定律的. 假定材料不服从胡克定律, 但具有一个应变能函数 V_0, 它是应变分量的函数, 但比 (132) 更为复杂. 试证明, 应

力–应变关系 (非线性的) 仍然可以由如下形式的关系式得出:

$$\sigma_x = \frac{\partial V_0}{\partial \epsilon_x}, \quad \tau_{xy} = \frac{\partial V_0}{\partial \gamma_{xy}}.$$

(可考虑一个应变分量有增量时其他的应变分量保持不变).

§96 解答的唯一性

现在来考察, 对应于一定的面力和体力, 上面提到的那些方程是否能有不只一组的解答.

令 σ_x'、$\cdots$、τ_{xy}'、$\cdots$ 代表对应于载荷 $\overline{X}$、$\cdots$、X、$\cdots$ 的一组解答, 并设 σ_x''、$\cdots$、τ_{xy}''、$\cdots$、代表对应于相同载荷 $\overline{X}$、$\cdots$、X、$\cdots$ 的第二组解答.

这时, 对于第一组解答, 我们有这样一些方程:

[270]

$$\frac{\partial \sigma_x'}{\partial x} + \frac{\partial \tau_{xy}'}{\partial y} + \frac{\partial \tau_{xz}'}{\partial z} + X = 0,$$
$$\cdots\cdots\cdots\cdots$$
$$\overline{X} = \sigma_x' l + \tau_{xy}' m + \tau_{xz}' n,$$

并有相应的相容条件.

对于第二组解答, 我们有

$$\frac{\partial \sigma_x''}{\partial x} + \frac{\partial \tau_{xy}''}{\partial y} + \frac{\partial \tau_{xz}''}{\partial z} + X = 0,$$
$$\cdots\cdots\cdots\cdots$$
$$\overline{X} = \sigma_x'' l + \tau_{xy}'' m + \tau_{xz}'' n,$$

以及相应的相容条件.

将两组解答相减, 可见应力之差 $\sigma_x' - \sigma_x''$、$\cdots$、$\tau_{xy}' - \tau_{xy}''$、$\cdots$ 满足下列方程:

$$\frac{\partial(\sigma_x' - \sigma_x'')}{\partial x} + \frac{\partial(\tau_{xy}' - \tau_{xy}'')}{\partial y} + \frac{\partial(\tau_{xz}' - \tau_{xz}'')}{\partial z} = 0,$$
$$\cdots\cdots\cdots\cdots$$
$$0 = (\sigma_x' - \sigma_x'')l + (\tau_{xy}' - \tau_{xy}'')m + (\tau_{xz}' - \tau_{xz}'')n,$$
$$\cdots\cdots\cdots\cdots$$

其中所有的外力都等于零. 相容条件 (125) 也将被对应的应变分量 $\epsilon_x' - \epsilon_x''$、$\cdots$、$\gamma_{xy}' - \gamma_{xy}''$、$\cdots$ 所满足.

这个应力分布是对应于零面力和零体力的一组应力. 这些面力和体力在加载过程中所作的功等于零. 因而 $\iiint V_0 dx dy dz$ 等于零. 但是, 如方程 (132) 所示, 对于所有的应变状态, V_0 都是正值, 因而只有当 V_0 在物体的所有各点都是零时, 积分才会是零. 这就要求每一个应变分量 $\epsilon'_x - \epsilon''_x$、$\cdots$、$\gamma'_{xy} - \gamma''_{xy}$、$\cdots$ 都等于零. 因此, 两个应变状态 $\epsilon'_x \cdots$、$\gamma'_{xy} \cdots$ 与 $\epsilon''_x \cdots$、$\gamma''_{xy} \cdots$ 相同, 因而两个应力状态 $\sigma'_x \cdots$、$\tau'_{xy} \cdots$ 与 $\sigma''_x \cdots$、$\tau''_{xy} \cdots$ 也相同. 这就是说, 对应于一定的载荷, 只能由各方程得出一组解答[①].

[271]　　　　解答的唯一性的证明, 是以这样一个假定为依据的: 当物体不受外力时, 体内的应变能是零, 从而应力也是零. 但是, 在某些情况下, 虽然外力不存在, 物体内部可能有*初应力*. 在研究圆环时 (见 §31) 曾见到过这种例子. 如果将环中两相邻截面之间的一部分割去, 再用焊接或其他方法将两端重新接合, 就得到一个具有初应力的环[②]. 在研究二维问题时, 曾讨论过几个这样的例子.

在单连体内, 也可能由于作成该物体时有非弹性形变, 因而发生初应力. 例如, 在大块锻件内可能由于非均匀冷却而发生很大的初应力; 在轧制的金属杆内, 也可能因冷作所产生的塑性形变而发生很大的初应力. 弹性理论的方程不足以确定这种初应力, 而必须了解作成该物体的过程.

应当注意, 在叠加原理能应用的所有情况下, 外力所引起的形变和应力并不受初应力的影响, 可以和没有初应力时一样计算. 这时, 总应力可将初应力与由外力所引起的应力叠加而求得. 在不能应用叠加原理的情况下, 不知道初应力就不能确定外力所引起的应力. 例如, 细杆受有轴向初拉力或初压力时, 如果不知道这初应力的大小, 就不能算出由侧向载荷所引起的弯应力.

注:

① 这个定理是 G. Kirchhoff 提出的, 见他所著的 "Vorlesungenüber Math. Phys., Mechanik".

② 圆环是多连体的最简单的例子. 对于这种物体, 以应力分量表示的弹性理论一般方程不足以确定应力, 为了得到全部解答, 必须附带着研究位移. 首先研究这种问题的是 J. H. Michell, 见 *Proc. London Math. Soc.*, vol. 31, p. 103, 1899. 又见 L. N. G. Filon, *Brit. Assoc. Advanc. Sci. Rept.*, 1921, p. 305; V. Volterra, Sur l'équilibre des corps élastiques multiplement connexés, *Ann. écolenorm*, Paris, ser. 3, vol, 24, pp. 401-517, 1907. 关于初应力的其他文献, 见 P. Neményi 的论文, 载于 *Z. Angew. Math. Mech.*, vol. 11, p. 59, 1931.

§97　互等定理

现在来考察一个受有一组给定的面力 $\overline{X}'$、$\overline{Y}'$、$\overline{Z}'$ 和体力 X'、Y'、Z' 的弹性体; 假定位移、应变和应力是已知的, 用 u'、ϵ'_x、γ'_{xy}、σ'_x、τ'_{xy} 等等表示. 然

后再来考察与此无关的第二组 $\overline{X}''$ 和 X'' 等等, 并将这第二个问题的结果用 [272]
u''、ϵ_x''、γ_{xy}''、σ_x''、τ_{xy}'' 等等表示.

于是有两个不同问题的两个不同解答. 但它们涉及的是同一弹性体, 这个事实就是它们之间的关系. 现在来建立这个关系的一个方面 —— 互等定理[①].

由上述的两个解答, 可以通过纯数学运算构成一个量 $'T''$, 定义为

$$'T'' = \int (\overline{X}'u'' + \cdots)\mathrm{d}S + \int (X'u'' + \cdots)\mathrm{d}\tau; \tag{a}$$

将单撇与双撇全部对调, 还可以构成

$$''T' = \int (\overline{X}''u' + \cdots)\mathrm{d}S + \int (X''u' + \cdots)\mathrm{d}\tau. \tag{b}$$

互等定理指出,

$$'T'' = ''T'. \tag{c}$$

为了证明, 又须应用散度定理 (138). 试考虑 (a) 中的一项

$$\int \overline{X}'u''\mathrm{d}S, \tag{d}$$

它等同于

$$\int (l\sigma_x' + m\tau_{xy}' + n\tau_{xz}')u''\mathrm{d}S. \tag{e}$$

在 (138) 中, 可以令

$$U = u''\sigma_x', \quad V = u''\tau_{xy}', \quad W = u''\tau_{xz}', \tag{f}$$

以使 (138) 的右边和面积分 (e) 相同.

然后按照与 §93 中 (f) 和 (g) 同样的步骤进行, 并利用如下类型的三个平衡方程:

$$\frac{\partial \sigma_x'}{\partial x} + \frac{\partial \tau_{xy}'}{\partial y} + \frac{\partial \tau_{xz}'}{\partial z} + X' = 0. \tag{g}$$

于是, 代替 §93 中的式 (k), 我们得到

$$\int (\epsilon_x''\sigma_x' + \cdots + \gamma_{xy}''\tau_{xy}' + \cdots)\mathrm{d}\tau = \int (\overline{X}'u'' + \cdots)\mathrm{d}S + \int (X'u'' + \cdots)\mathrm{d}\tau, \tag{h}$$

它表示式 (a) 可以改写为

$$'T'' = \int (\epsilon_x''\sigma_x' + \cdots + \gamma_{xy}''\tau_{xy} + \cdots)\mathrm{d}\tau. \tag{i}$$

我们可以把 (i) 的右边完全用应力表示, 或者完全用应变表示. 选择后者, 并利用 (11) 和 (6) 形式的胡克定律. 这样就得出 (i) 中的被积函数为 [273]

$$\epsilon''_x \sigma'_x + \cdots + \gamma''_{xy} \tau'_{xy} + \cdots = \lambda \epsilon' \epsilon'' + 2G(\epsilon'_x \epsilon''_x + \cdots) + G(\gamma'_{xy} \gamma''_{xy} + \cdots), \quad \text{(j)}$$

其中

$$\epsilon' = \epsilon'_x + \epsilon'_y + \epsilon'_z, \quad \epsilon'' = \epsilon''_x + \epsilon''_y + \epsilon''_z.$$

显然, 将 (j) 中的单撇和双撇对调, 不会影响结果. 但是, 这样的对调, 正是我们要用来把 (i) 中的 $'T''$ 变换为 $''T'$ 的. 于是就建立了式 (c) 所示的定理.

　　式 (a) 的右边常被称为第一种状态 (单撇状态) 的力在第二种状态 (双撇状态) 的位移上的功, 式 (b) 的右边则称为第二种状态的力在第一种状态的位移上的功, 而这两方面的功是互等的.

　　这个定理可以立即推广到动力情形, 只须将惯性力归入体力.

　　这个定理的静力形式有很多的重要应用. 这里将给出两个简单的实例. 进一步而应用于热应力问题, 见第十三章.

　　首先考虑一根柱形杆, 它受相等而相反的两个压力[②]P (图 140a). 求这两个力所引起的应力, 是一个复杂的问题; 但是, 假如我们所注意的不是应力而是杆的总伸长 δ, 就能利用互等定理而立刻得到答案. 为此, 除了图 140a 所示的应力状态以外, 再考虑图 140b 所示的受简单轴向拉力的杆. 在这第二种情况下, 侧向收缩等于 $\delta_1 = \nu Qh/AE$, 其中 A 是杆的横截面积. 于是, 由互等定理得出方程

$$P\nu \frac{Qh}{AE} = Q\delta,$$

[274]　　而由图 140a 中的两个力 P 所引起的杆的伸长是

$$\delta = \frac{\nu Ph}{AE},$$

而且与截面的形状无关.

　　作为第二个例子, 我们来计算由两个相等而相反的力 P (图 141a) 所引起的弹性体的体积减小 Δ. 取同一弹性体承受均布压力 p (图 141b) 作为第二种应力状态. 在这第二种状态下, 体内每一点在所有各方向都受均匀压缩, 大小是 $(1 - 2\nu)p/E$ [见方程 (3)], 而两作用点 A 与 B 之间的距离 l 将缩小 $(1 - 2\nu)pl/E$. 将互等定理应用于图 141 中的两种应力状态[③], 得

$$P\frac{(1 - 2\nu)pl}{E} = p\Delta$$

因而物体的体积减小是

$$\Delta = \frac{Pl(1 - 2\nu)}{E}.$$

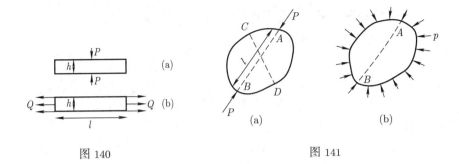

图 140　　　　　　　　　　图 141

注:

① E. Betti, *Il nuovo Cimento*, ser. 2, vol. 7, and 8, 1872. 在其他的议题中, 还有类似的定理, 见 Rayleigh, *Proc. London Math. Soc.*, vol. 4, 1873; 又见他所著的 "Theory of Sound", Dover Publications, New York: 又见 H. Lamb, "Higher Mechanics", Cambridge University Press, Inc., New York, 1920.

② 可以假定压力分布在一个小面积上, 以避免奇点.

③ 关于其他像这一类的应用, 见 A. E. H. Love, "Mathematical Theory of Elasticity," 4th ed., pp. 174-176, 1927.

§98　平面应力解答的近似性

在 §16 的注释中曾经指出: 关于平面应力问题的一组方程, 在所作的假定下 ($\sigma_z = \tau_{xz} = \tau_{yz} = 0$, 而 σ_x、σ_y、τ_{xy} 与 z 无关) 是足够解决问题的, 但是不能保证所有相容条件都得到满足. 那些假定意味着 ϵ_x、ϵ_y、ϵ_z、γ_{xy} 与 z 无关, 而 γ_{xz}、γ_{yz} 是零. 相容条件 (125) 中的第一个条件已经包含在平面应力理论里, 那就是方程 (21). 容易证明, 要满足其他五个条件, 必须 ϵ_z 是 x 和 y 的线性函数, 但这只是一种例外, 而不是第三章到第六章中求得的平面应力解答的一般规律. 显然这些解答不是精确的, 但是, 我们就将看到, 对于薄板, 它们是近乎精确的.

试求当

$$\sigma_z = \tau_{xz} = \tau_{yz} = 0$$

时三维方程的精确解答①, 取体力为零. 这些解答必须满足平衡方程 (123) 和相容条件 (126).　　　　　　　　　　　　　　　　　　　　[275]

由于 σ_z、τ_{xz}、τ_{yz} 是零, (126) 中的第三、第四、第五方程 (按竖读次序) 给出

$$\frac{\partial}{\partial z}\left(\frac{\partial \Theta}{\partial z}\right) = 0, \quad \frac{\partial}{\partial y}\left(\frac{\partial \Theta}{\partial z}\right) = 0, \quad \frac{\partial}{\partial x}\left(\frac{\partial \Theta}{\partial z}\right) = 0,$$

这表示 $\partial\Theta/\partial z$ 是常数. 将这常数写作 k, 于是, 对 z 积分得

$$\Theta = kz + \Theta_0, \tag{a}$$

其中 Θ_0 是 x 和 y 的任意函数.

方程 (123) 中的第三个恒被满足, 而前两个则简化成为二维的形式:

$$\frac{\partial\sigma_x}{\partial x} + \frac{\partial\tau_{xy}}{\partial y} = 0, \quad \frac{\partial\sigma_y}{\partial y} + \frac{\partial\tau_{xy}}{\partial x} = 0.$$

和以前一样, 这两个方程可被如下的应力所满足:

$$\sigma_x = \frac{\partial^2\phi}{\partial y^2}, \quad \sigma_y = \frac{\partial^2\phi}{\partial x^2}, \quad \tau_{xy} = -\frac{\partial^2\phi}{\partial x\partial y}, \tag{b}$$

但现在 ϕ 是 x、y 和 z 的函数.

回到方程 (126), 将左边三个方程相加, 并注意 $\Theta = \sigma_x + \sigma_y + \sigma_z$, 就得到

$$\nabla^2\Theta = 0, \tag{c}$$

从而由 (a) 得

$$\nabla_1^2\Theta_0 = 0, \tag{d}$$

其中

$$\nabla_1^2 = \frac{\partial^2}{\partial x^2} + \frac{\partial^2}{\partial y^2}.$$

又因为 σ_z 是零, 而 σ_x 和 σ_y 是由 (b) 中的前两个方程决定的, 我们可以得出 $\nabla_1^2\phi = \Theta$, 于是由 (a) 有

$$\nabla_1^2\phi = kz + \Theta_0, \tag{e}$$

其中 Θ_0 是 x 和 y 的函数, 满足方程 (d). 利用 (a), 并利用 (b) 中的第一式, (126) 中的第一方程成为

$$(1+\nu)\nabla^2\frac{\partial^2\phi}{\partial y^2} + \frac{\partial^2\Theta_0}{\partial x^2} = 0. \tag{f}$$

但

$$\nabla^2\frac{\partial^2\phi}{\partial y^2} = \frac{\partial^2}{\partial y^2}\nabla^2\phi = \frac{\partial^2}{\partial y^2}\left(\nabla_1^2\phi + \frac{\partial^2\phi}{\partial z^2}\right)$$
$$= \frac{\partial^2}{\partial y^2}\left(\Theta_0 + \frac{\partial^2\phi}{\partial z^2}\right),$$

在其中最末一步用了方程 (e). 又, 根据 (d), 可将 (f) 中的 $\partial^2 \Theta_0 / \partial x^2$ 用 $-\partial^2 \Theta_0 / \partial y^2$ 代替. 于是 (f) 成为

$$(1+\nu)\frac{\partial^2}{\partial y^2}\left(\Theta_0 + \frac{\partial^2 \phi}{\partial z^2}\right) - \frac{\partial^2 \Theta_0}{\partial y^2} = 0,$$

或

$$\frac{\partial^2}{\partial y^2}\left(\frac{\partial^2 \phi}{\partial z^2} + \frac{\nu}{1+\nu}\Theta_0\right) = 0. \tag{g}$$

这方程可用来代替 (126) 中的第一个方程. 同样, (126) 中的第二个和最末一个方程可用下面两个方程代替: [276]

$$\frac{\partial^2}{\partial x^2}\left(\frac{\partial^2 \phi}{\partial z^2} + \frac{\nu}{1+\nu}\Theta_0\right) = 0,$$

$$\frac{\partial^2}{\partial x \partial y}\left(\frac{\partial^2 \phi}{\partial z^2} + \frac{\nu}{1+\nu}\Theta_0\right) = 0.$$

这两个方程和方程 (g) 表明, 括弧中的函数 (x、y 和 z 的函数) 对 x 和 y 的三个二阶导数都是零. 因此, 这函数必须是 x 和 y 的线性函数, 可以写作

$$\frac{\partial^2 \phi}{\partial z^2} + \frac{\nu}{1+\nu}\Theta_0 = a + bx + cy, \tag{h}$$

其中 a、b、c 是 z 的任意函数. 将这方程对 z 积分两次, 得

$$\phi = -\frac{1}{2}\frac{\nu}{1+\nu}\Theta_0 z^2 + A + Bx + Cy + \phi_1 z + \phi_0, \tag{i}$$

其中 A、B、C 是 z 的函数, 是将 a、b、c 积分两次而得到的; ϕ_1、ϕ_0 是 x 和 y 的函数, 现在还是任意函数.

如果用公式 (b) 由 (i) 计算 σ_x、σ_y、τ_{xy},

$$A + Bx + Cy$$

各项是没有影响的. 因此, 可以令 A、B、C 等于零, 相应地, 可以取 (h) 中的 a、b、c 等于零.

如果只以应力分布对称于板的中面 ($z = 0$) 的问题为限, 则 $\phi_1 z$ 一项也必须是零. 方程 (a) 中的 k 也必须是零.

这时 (i) 简化成为

$$\phi = \phi_0 - \frac{1}{2}\frac{\nu}{1+\nu}\Theta_0 z^2. \tag{j}$$

但 ϕ 和 Θ_0 是由 (e) 联系着的, 而现在可以在 (e) 中取 $k = 0$. 于是, 将 (j) 代入 (e), 并利用 (d), 就有

$$\nabla_1^2 \phi_0 = \Theta_0, \tag{k}$$

因而由 (d) 有

$$\nabla_1^4 \phi_0 = 0. \tag{1}$$

由于方程 (a), 并由于 σ_z、τ_{xz}、τ_{yz} 都是零, (126) 中的其余各方程也都被满足.

现在我们可以这样求得应力分布: 选择能满足方程 (1) 的 x 和 y 的函数 ϕ_0, 由 (k) 求出 Θ_0, 由 (j) 求出 ϕ, 然后用公式 (b) 求出各个应力. 每一应力将包含两部分, 第一部分由方程 (j) 中的 ϕ_0 导出, 第二部分由 $-\dfrac{1}{2}\dfrac{\nu}{1+\nu}\Theta_0 z^2$ 一项导出. 由方程 (1) 可知, 第一部分与第三章到第六章中求得的平面应力分量完全相同. 至于与 z^2 成比例的第二部分, 只要限于充分薄的板, 就可以使它远小于第一部分. 于是得到结论: 第三章到第六章中的解答, 虽然不能满足所有的相容条件, 但对薄板却是很好的近似解.

[277] 由 (j) 型的应力函数所代表的 "精确" 解答, 要求应力在边界上和在别处一样地沿着板的厚度依抛物线律变化. 但是, 根据圣维南原理 (§19), 这种分布的任何改变, 只要不改变边界曲线的每单位长度上力的集度, 将只会改变紧邻边界处的应力. 上述类型的解答总可以代表真实应力, 而应力分量 σ_z、τ_{xz}、τ_{yz} 除了在紧邻边界处以外, 实际上是零[2].

注:

① A. Clebsch, "Elasticität," Art. 39. 又见 A. E. H. Love, "Mathematical Theory of Elasticity," 4th ed., p. 145, 1927.

② 因此,"沿板厚平均" 的提法, 即 "广义平面应力" 的依据. 并没有什么好处. 除了在靠近边界之处, 普遍存在着简单的抛物线性变化. 在靠近边界处, 应力随 z 的变化不同于此, 而依赖于边界载荷随 z 的变化.

习题

1. 试证明

$$\epsilon_x = k(x^2 + y^2), \quad \epsilon_y = k(y^2 + z^2), \quad \gamma_{xy} = k'xyz,$$
$$\epsilon_z = \gamma_{xz} = \gamma_{yz} = 0$$

(其中 k 和 k' 是微小的常数)不是一个可能的应变状态.

2. 将一实体非均匀加热到温度 T, 而 T 是 x、y、z 的函数. 如果假设每一单元体的热膨胀都不受约束, 那么, 各应变分量就将是

$$\epsilon_x = \epsilon_y = \epsilon_z = \alpha T, \quad \gamma_{xy} = \gamma_{yz} = \gamma_{xz} = 0,$$

其中 α 是热膨胀系数, 是一个常数.

试证明, 这只有当 T 是 x、y、z 的线性函数时才会发生 (当 T 不是线性函数时发生的应力, 以及由此而有的应变, 将在第十三章中讨论).

3. 形状如图 141a 所示的盘或柱体, 在 C 和 D 处受到沿 CD 作用的两个压力 P, 引起 AB 的伸长. 然后它受到沿 AB 作用的两个压力 P, 引起 CD 的伸长. 试证明这两个伸长相等.

4. 在 §88 的通解中, 怎样选取函数 ϕ_0、ϕ_1、ϕ_2、ϕ_3 才能给出平面应变 $(w = 0)$ 的通解?

5. 试将 §85 中的方程 (f) 与 §16 中的方程 (25) 联系起来考察, 从而证明, 在 $\sigma_z = \tau_{xz} = \tau_{yz} = 0$ 及 $Z = 0$ 的平面应力假定之下, 即在 §98 的精确理论中所用的假定之下, 前者可以简化为后者.

第九章

简单的三维问题

§99 均匀应力

在讨论平衡方程 (123) 和边界条件 (124) 时曾经指出, 问题的真正解答不仅要能满足方程 (123) 和 (124), 还必须满足相容条件 (见 §85). 如果没有体力作用或体力是常量, 相容方程就只包含应力分量的二阶导数. 因此, 如果取应力分量为常量或为坐标的线性函数而能满足方程 (123) 和 (124), 必能满足相容方程, 而这些应力分量就是问题的真正解答.

柱形杆的轴向受拉 (图 142) 可作为最简单的例子. 不计体力, 取

$$\sigma_x = \text{const}, \quad \sigma_y = \sigma_z = \tau_{xy} = \tau_{xz} = \tau_{yz} = 0, \tag{a}$$

可以满足平衡方程.

图 142

显然, 在杆的侧面 (不受外力), 边界条件 (124) 是满足的, 因为除 σ_x 以外其余各应力分量都是零. 两端的边界条件简化为

$$\sigma_x = \overline{X}, \tag{b}$$

就是说, 如果拉应力均匀分布在杆的两端, 则所有截面上也有均匀分布的拉应力. 在这种情况下, 解答 (a) 满足方程 (123) 和 (124), 同时也满足相容条件 (126), 所以是问题的正确解答.

如果两端的拉应力不是均匀分布的, 解答 (a) 就不再是正确解答, 因为它

不满足两端的边界条件. 这时, 真正解答就比较复杂, 因为截面上的应力不再是均匀分布的. 在讨论二维问题时曾举过这种非均匀分布的例子 (见 §24 和 §94).

以均匀各向受压而没有体力的情形作为第二个例子. 取

$$\sigma_x = \sigma_y = \sigma_z = -p, \quad \tau_{xy} = \tau_{xz} = \tau_{yz} = 0, \tag{c}$$

可以满足平衡方程 (123). 这时, 应力椭球面成为球面. 任何三个垂直方向都可当作主向, 而任一平面上的应力都是一个等于 p 的法向压应力. 显然, 只要压力 p 是均匀分布在物体表面上, 边界条件 (124) 就可以满足.

§100 柱形杆受自重拉伸

设 ρg 为杆 (图 143) 的单位体积的重量, 则体力分量为

$$X = Y = 0, \quad Z = -\rho g. \tag{a}$$

令

$$\sigma_z = \rho g z, \quad \sigma_x = \sigma_y = \tau_{xy} = \tau_{yz} = \tau_{xz} = 0, \tag{b}$$

就是, 假设每一截面上因受到下面的一部分杆的重量而发生均匀拉应力, 就能满足平衡微分方程 (123).

容易看出, 在不受外力的侧面上, 边界条件 (124) 是满足的. 边界条件给出杆下端的应力是零, 而上端有均匀分布的拉应力 $\sigma_z = \rho g l$, 其中 l 是杆的长度.

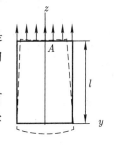

图 143

解答 (b) 也能满足相容方程 (126), 因此, 对于上端有均匀分布力的杆, 这就是正确解答. 这是和通常材料力学初等教程所给出的解答一致的.

现在来考察位移 (见 §86). 根据胡克定律, 利用方程 (3) 和 (6), 得

$$\epsilon_z = \frac{\partial w}{\partial z} = \frac{\sigma_z}{E} = \frac{\rho g z}{E}, \tag{c}$$

$$\epsilon_x = \epsilon_y = \frac{\partial u}{\partial x} = \frac{\partial v}{\partial y} = -\nu \frac{\rho g z}{E}, \tag{d}$$

$$\gamma_{xy} = \gamma_{xz} = \gamma_{yz} = \frac{\partial u}{\partial y} + \frac{\partial v}{\partial x} = \frac{\partial u}{\partial z} + \frac{\partial w}{\partial x} = \frac{\partial v}{\partial z} + \frac{\partial w}{\partial y} = 0. \tag{e}$$

将方程 (c)、(d)、(e) 积分, 就可求得位移 u、v、w. 由方程 (c) 的积分得

$$w = \frac{\rho g z^2}{2E} + w_0, \tag{f}$$

[280]

其中 w_0 是 x 和 y 的函数, 将在后面加以确定. 将 (f) 代入 (e) 中的第二和第三方程, 得

$$\frac{\partial w_0}{\partial x} + \frac{\partial u}{\partial z} = 0, \quad \frac{\partial w_0}{\partial y} + \frac{\partial v}{\partial z} = 0,$$

由此得

$$u = -z\frac{\partial w_0}{\partial x} + u_0, \quad v = -z\frac{\partial w_0}{\partial y} + v_0, \tag{g}$$

其中 u_0 和 v_0 都只是 x 和 y 的函数. 将表达式 (g) 代入方程 (d), 得

$$\begin{aligned}
-z\frac{\partial^2 w_0}{\partial x^2} + \frac{\partial u_0}{\partial x} &= -\nu\frac{\rho g z}{E}, \\
-z\frac{\partial^2 w_0}{\partial y^2} + \frac{\partial v_0}{\partial y} &= -\nu\frac{\rho g z}{E}.
\end{aligned} \tag{h}$$

由于 u_0 和 v_0 与 z 无关, 因而要满足方程 (h) 就必须

$$\frac{\partial u_0}{\partial x} = \frac{\partial v_0}{\partial y} = 0, \quad \frac{\partial^2 w_0}{\partial x^2} = \frac{\partial^2 w_0}{\partial y^2} = \frac{\nu \rho g}{E}. \tag{k}$$

[281]　　将 u 和 v 的表达式 (g) 代入 (e) 的第一方程, 得

$$-2z\frac{\partial^2 w_0}{\partial x \partial y} + \frac{\partial u_0}{\partial y} + \frac{\partial v_0}{\partial x} = 0,$$

又由于 u_0 和 v_0 与 z 无关, 所以必须有

$$\frac{\partial^2 w_0}{\partial x \partial y} = 0, \quad \frac{\partial u_0}{\partial y} + \frac{\partial v_0}{\partial x} = 0. \tag{l}$$

现在可由方程 (k) 和 (l) 写出函数 u_0、v_0、w_0 的一般表达式. 很容易证明, 所有这些方程都将被下列函数所满足:

$$\begin{aligned}
u_0 &= \delta y + \delta_1, \\
v_0 &= -\delta x + \gamma_1, \\
w_0 &= \frac{\nu \rho g}{2E}(x^2 + y^2) + \alpha x + \beta y + \gamma,
\end{aligned}$$

其中 α、β、γ、δ、δ_1、γ_1 都是任意常数. 现在由方程 (f) 和 (g) 得位移的一般表达式如下:

$$\begin{aligned}
u &= -\frac{\nu \rho g x z}{E} - \alpha z + \delta y + \delta_1, \\
v &= -\frac{\nu \rho g y z}{E} - \beta z - \delta x + \gamma_1, \\
w &= \frac{\rho g z^2}{2E} + \frac{\nu \rho g}{2E}(x^2 + y^2) + \alpha x + \beta y + \gamma.
\end{aligned} \tag{m}$$

六个任意常数必须由支承条件确定. 支点必须能阻止杆的刚体运动. 为了阻止杆的平移, 可将杆的上端的形心 A 固定, 于是当 $x = y = 0$ 和 $z = l$ 时, $u = v = w = 0$. 为了消除杆绕着经过 A 点而平行于 x 或 y 的轴转动, 可将 z 轴在 A 点的单元固定; 于是, 在这一点, $\partial u/\partial z = \partial v/\partial z = 0$. 将经过 A 点而平行于 zx 平面的单元面积固定, 就可消除杆绕 z 轴转动的可能性; 于是, 在 A 点, $\partial v/\partial x = 0$. 利用方程 (m), 上述在 A 点的六个条件就成为

$$-\alpha l + \delta_1 = 0, \quad -\beta l + \gamma_1 = 0, \quad \frac{\rho g l^2}{2E} + \gamma = 0,$$
$$\alpha = 0, \quad \beta = 0, \quad \delta = 0.$$

因此,

$$\delta_1 = 0, \quad \gamma_1 = 0, \quad \gamma = -\frac{\rho g l^2}{2E},$$

而位移的最后表达式是   [282]

$$u = -\frac{\nu \rho g x z}{E}, \quad v = -\frac{\nu \rho g y z}{E},$$
$$w = \frac{\rho g z^2}{2E} + \frac{\nu \rho g}{2E}(x^2 + y^2) - \frac{\rho g l^2}{2E}.$$

可见 z 轴上各点只有铅直位移

$$w = -\frac{\rho g}{2E}(l^2 - z^2).$$

至于杆的其他各点, 由于杆的侧向收缩, 不但有铅直位移, 而且有水平位移. 在变形以前平行于 z 轴的线, 在变形以后将倾斜于 z 轴. 杆在变形以后的形状如图 143 中虚线所示. 垂直于 z 轴的截面在变形以后将翘曲成抛物面. 例如, $z = c$ 的截面上的各点, 在变形以后将在下列方程所表示的抛物面上:

$$z = c + w = c + \frac{\rho g c^2}{2E} + \frac{\nu \rho g}{2E}(x^2 + y^2) - \frac{\rho g l^2}{2E}.$$

这个抛物面垂直于杆的各纵向纤维 (各纤维在变形以后已倾斜于 z 轴), 因而没有剪应变 γ_{xy} 或 γ_{xz}.

§101 等截面圆轴的扭转

关于圆轴扭转的初等理论指出, 截面上任一点的剪应力 τ 垂直于半径 r (图 144), 并与 r 及圆轴的每单位长度的扭角 θ 成正比:

$$\tau = G\theta r, \tag{a}$$

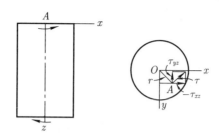

图 144

其中 G 是刚性模量. 将这应力分解为平行于 y 轴和 x 轴的两个分量, 得

$$\tau_{yz} = G\theta r \frac{x}{r} = G\theta x,$$
$$\tau_{xz} = -G\theta r \frac{y}{r} = -G\theta y. \tag{b}$$

[283]　　在初等理论中又假定

$$\sigma_x = \sigma_y = \sigma_z = \tau_{xy} = 0.$$

可以证明, 这初等解答在一定条件之下是精确解答. 因为所有应力分量都是坐标的线性函数或者是零, 所以相容方程 (126) 是满足的, 只须考虑平衡方程 (123) 和边界条件 (124). 将以上各应力分量的表达式代入方程 (123), 可见, 只要没有体力, 这些方程也是满足的. 轴的侧面上没有外力, 而对于圆柱面有 $\cos(Nz) = n = 0$, 因此边界条件 (124) 简化为

$$0 = \tau_{xz} \cos(Nx) + \tau_{yz} \cos(Ny). \tag{c}$$

对于圆柱面又有

$$\cos(Nx) = \frac{x}{r}, \quad \cos(Ny) = \frac{y}{r}. \tag{d}$$

将式 (d) 和应力分量的表达式 (b) 代入方程 (c), 显然这方程是满足的. 又很明显, 对于非圆形截面, 方程 (d) 不适用, 应力分量 (b) 就不能满足边界条件 (c), 因此, 解答 (a) 不能应用. 这种较复杂的扭转问题将在以后讨论 (见第十章).

[284]　　现在来考察轴的两端的边界条件. 两端表面上的剪力必须和轴的任一中间截面上的应力 τ_{xz} 及 τ_{yz} 完全一样地分布. 只有在这样的情况下, 方程 (b) 所表示的应力分布才是这问题的精确解答. 但这解答的实际应用并不限于这样的情况. 由圣维南原理可以断定, 在受扭转的长杆中, 在距两端较远处, 应力实际上仅与扭矩 M_t 的大小有关, 而与两端的力的分布方式无关.

对于这种情况, 位移可用与前节相同的方法求得. 假定在点 A 处的约束条件与前节的问题相同, 就得到

$$u = -\theta yz, \quad v = \theta xz, \quad w = 0.$$

这就是说, 关于扭转的初等理论中通常所作的假定, 即截面保持为平面而半径保持为直线的假定, 是正确的.

§102 柱形杆的纯弯曲

试考察在一个主平面内受相等而相反的两个力偶 M 而弯曲的柱形杆 (图 145). 取一端截面的形心为坐标原点, 并取主弯曲平面为 xz 平面, 通常初等弯曲理论给出的应力分量是

$$\sigma_z = \frac{Ex}{R}, \quad \sigma_y = \sigma_x = \tau_{xy} = \tau_{xz} = \tau_{yz} = 0, \tag{a}$$

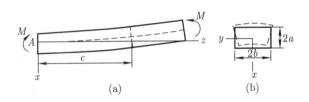

图 145

其中 R 是杆在弯曲后的曲率半径. 将应力分量的表达式 (a) 代入平衡方程 (123), 可见, 如果没有体力, 这些方程是满足的. 在没有外力的侧面上, 边界条件 (124) 也是满足的. 在两端, 边界条件 (124) 要求面力的分布方式和应力 σ_z 相同. 只有这样, 应力 (a) 才是问题的精确解答. 弯矩 M 是

[285]

$$M = \int \sigma_z x \mathrm{d}A = \int \frac{Ex^2 \mathrm{d}A}{R} = \frac{EI_y}{R},$$

其中 I_y 是梁的截面对于中性轴 (y 轴) 的惯矩. 由此得

$$\frac{1}{R} = \frac{M}{EI_y}.$$

这是初等弯曲理论中周知的公式.

现在来考察这纯弯曲情况下的位移. 应用胡克定律和方程 (2), 由解答 (a) 得

$$\epsilon_z = \frac{\partial w}{\partial z} = \frac{x}{R}, \tag{b}$$

$$\epsilon_x = \frac{\partial u}{\partial x} = -\nu \frac{x}{R}, \quad \epsilon_y = \frac{\partial v}{\partial y} = -\nu \frac{x}{R}, \tag{c}$$

$$\frac{\partial u}{\partial y} + \frac{\partial v}{\partial x} = \frac{\partial u}{\partial z} + \frac{\partial w}{\partial x} = \frac{\partial v}{\partial z} + \frac{\partial w}{\partial y} = 0. \tag{d}$$

利用这些微分方程, 并考虑杆的约束条件, 可用与 §100 中相同的方法求得位移.

由方程 (b) 得

$$w = \frac{xz}{R} + w_0,$$

其中 w_0 只是 x 和 y 的函数. 又由 (d) 中的第二和第三方程得

$$\frac{\partial u}{\partial z} = -\frac{z}{R} - \frac{\partial w_0}{\partial x}, \quad \frac{\partial v}{\partial z} = -\frac{\partial w_0}{\partial y},$$

由此得

$$u = -\frac{z^2}{2R} - z\frac{\partial w_0}{\partial x} + u_0, \quad v = -z\frac{\partial w_0}{\partial y} + v_0. \tag{e}$$

这里的 u_0 和 v_0 都是 x 和 y 的未知函数, 将在后面加以确定. 将式 (e) 代入方程 (c), 得

$$-z\frac{\partial^2 w_0}{\partial x^2} + \frac{\partial u_0}{\partial x} = -\frac{\nu x}{R},$$

$$-z\frac{\partial^2 w_0}{\partial y^2} + \frac{\partial v_0}{\partial y} = -\nu \frac{x}{R}.$$

这些方程必须被 z 的任何值所满足, 因此

$$\frac{\partial^2 w_0}{\partial x^2} = 0, \quad \frac{\partial^2 w_0}{\partial y^2} = 0; \tag{f}$$

[286]　　积分, 得

$$u_0 = -\frac{\nu x^2}{2R} + f_1(y), \quad v_0 = -\frac{\nu xy}{R} + f_2(x). \tag{g}$$

现在将 (e) 和 (g) 代入 (d) 中的第一方程, 得

$$2z\frac{\partial^2 w_0}{\partial x \partial y} - \frac{\partial f_1(y)}{\partial y} - \frac{\partial f_2(x)}{\partial x} + \frac{\nu y}{R} = 0.$$

注意, 这方程中只有第一项与 z 有关, 因此可以断定必须

$$\frac{\partial^2 w_0}{\partial x \partial y} = 0, \quad \frac{\partial f_1(y)}{\partial y} + \frac{\partial f_2(x)}{\partial x} - \frac{\nu y}{R} = 0.$$

这两个方程和方程 (f) 要求

$$w_0 = mx + ny + p,$$
$$f_1(y) = \frac{\nu y^2}{2R} + \alpha y + \gamma,$$
$$f_2(x) = -\alpha x + \beta,$$

其中 m、n、p、α、β、γ 都是任意常数. 现在, 各位移的表达式成为

$$u = -\frac{z^2}{2R} - mz - \frac{\nu x^2}{2R} + \frac{\nu y^2}{2R} + \alpha y + \gamma,$$
$$v = -nz - \frac{\nu xy}{R} - \alpha x + \beta,$$
$$w = \frac{xz}{R} + mx + ny + p.$$

现在由约束条件确定各任意常数. 假定杆左端的形心 A 和 z 轴上的一个单元线段以及 xz 平面内的一个单元面积被固定, 则当 $x = y = z = 0$ 时,

$$u = v = w = 0, \quad \frac{\partial u}{\partial z} = \frac{\partial v}{\partial z} = \frac{\partial v}{\partial x} = 0.$$

取所有任意常数等于零, 就能满足这些条件. 于是

$$u = -\frac{1}{2R}[z^2 + \nu(x^2 - y^2)],$$
$$v = -\frac{\nu xy}{R}, \quad w = \frac{xz}{R}. \tag{h}$$

以 $x = y = 0$ 代入方程 (h), 就得到杆轴的挠度曲线:

[287]

$$u = -\frac{z^2}{2R} = -\frac{Mz^2}{2EI_y}, \quad v = w = 0.$$

这与初等弯曲理论中给出的挠度曲线相同.

现在来考察距杆左端为 c (即 $z = c$) 的任一横截面. 在变形以后, 这截面的所有各点将在下面方程所表示的平面上:

$$z = c + w = c + \frac{cx}{R},$$

就是说, 在纯弯曲中, 横截面保持为平面, 像初等理论中所假定的那样. 为了研究横截面在它所在平面内的形变, 先考察 $y = \pm b$ 的两边 (图 145b). 弯曲以后有

$$y = \pm b + v = \pm b\left(1 - \frac{\nu x}{R}\right).$$

这两边变成倾斜的, 如图中虚线所示.

截面的另外两边 ($x = \pm a$) 在变形以后可用如下的方程代表:

$$x = \pm a + u = \pm a - \frac{1}{2R}[c^2 + \nu(a^2 - y^2)].$$

可见这两边被弯成抛物线. 当形变很小时, 用半径为 R/ν 的圆弧代替抛物线, 已足够精确. 考察杆的上面或下面, 显然可见, 在弯曲以后, 这两面在纵向的曲率是凸向下, 而在横向的曲率则凸向上. 这互反曲面的等高线将如图 146a 所示. 在 (h) 的第一方程中取 x 和 u 为常数, 得等高线的方程

$$z^2 - \nu y^2 = \text{const.}$$

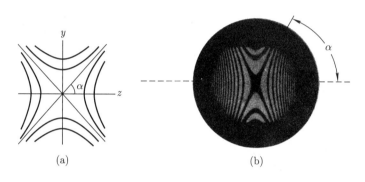

图 146

可见等高线是一些双曲线, 以

$$z^2 - \nu y^2 = 0$$

为渐近线. 由此方程, 角 α (图 146a) 可用下式求得:

$$\text{tg}^2\alpha = \frac{1}{\nu}.$$

[288] 这公式曾被用来测定泊松比 ν[1]. 如果将梁的上面磨光, 并盖上玻璃片, 则在弯曲以后, 玻璃片与梁的曲面之间将有不同厚度的空隙. 这不同的厚度可用光学方法量得. 垂直于玻璃片的一柱单色光 (如黄钠光) 将有一部分被玻璃片反射, 一部分被梁面反射. 在空隙厚度使两部分光线的光程差等于光的半波长的奇倍数的各点, 两部分光将发生干涉. 图 146b 所示的双曲等高线图形就是这样得来的.

注:

① A. Cornu, *Compt. Rend.*, vol. 69, p. 333, 1869. 又见 R. Straubel, *Wied. Ann.*, vol. 68, p. 369, 1899.

§103 板的纯弯曲

前节中的结果可用来讨论等厚度板的纯弯曲. 如果在平行于 y 轴 (图 147) 的板边上有应力 $\sigma_x = Ez/R$ 分布着, 板面就将成为[1] 互反曲面, 它在与 xz 面平行的平面内的曲率是 $1/R$,而在垂直方向的曲率是 $-\nu/R$. 设 h 是板的厚度, M_1 是平行于 y 轴的板边的每单位长度上的弯矩, 而 [289]

$$I_y = \frac{h^3}{12}$$

是每单位长度内的惯矩, 则由前节可得 M_1 与 R 之间的关系

$$\frac{1}{R} = \frac{M_1}{EI_y} = \frac{12M_1}{Eh^3}. \tag{a}$$

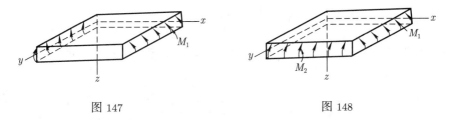

图 147   图 148

当两垂直方向都有弯矩时 (图 148), 挠曲面的曲率可用叠加法求得. 令 $1/R_1$ 和 $1/R_2$ 各为挠曲面在与坐标面 zx 和 zy 平行的平面内的曲率; 并令 M_1 和 M_2 各为平行于 y 轴和 x 轴的板边的每单位长度上的弯矩. 于是, 利用方程 (a) 并应用叠加原理, 可得

$$\frac{1}{R_1} = \frac{12}{Eh^3}(M_1 - \nu M_2), \quad \frac{1}{R_2} = \frac{12}{Eh^3}(M_2 - \nu M_1). \tag{b}$$

如果弯矩使板发生凸向下的挠度, 它就作为正的. 解方程 (b) 中的 M_1 和 M_2, 得

$$\begin{aligned}
M_1 &= \frac{Eh^3}{12(1-\nu^2)}\left(\frac{1}{R_1} + \nu\frac{1}{R_2}\right), \\
M_2 &= \frac{Eh^3}{12(1-\nu^2)}\left(\frac{1}{R_2} + \nu\frac{1}{R_1}\right).
\end{aligned} \tag{c}$$

对于微小的挠度, 可以用近似式

$$\frac{1}{R_1} = -\frac{\partial^2 w}{\partial x^2}, \quad \frac{1}{R_2} = -\frac{\partial^2 w}{\partial y^2}.$$

于是, 命 [290]

$$\frac{Eh^3}{12(1-\nu^2)} = D, \tag{143}$$

就得到

$$
\begin{aligned}
M_1 &= -D\left(\frac{\partial^2 w}{\partial x^2} + \nu\frac{\partial^2 w}{\partial y^2}\right), \\
M_2 &= -D\left(\frac{\partial^2 w}{\partial y^2} + \nu\frac{\partial^2 w}{\partial x^2}\right).
\end{aligned} \tag{144}
$$

常数 D 称为板的弯曲刚度. 在板被弯成柱面而其母线平行于 y 轴的情况下, $\partial^2 w/\partial y^2 = 0$, 由方程 (144) 得

$$M_1 = -D\frac{\partial^2 w}{\partial x^2}, \quad M_2 = -\nu D\frac{\partial^2 w}{\partial x^2}. \tag{145}$$

在 $M_1 = M_2 = M$ 的特殊情况下, 有

$$\frac{1}{R_1} = \frac{1}{R_2} = \frac{1}{R}.$$

这时板被弯成球面, 由方程 (c) 得曲率与弯矩的关系为

$$M = \frac{Eh^3}{12(1-\nu)}\frac{1}{R} = \frac{D(1+\nu)}{R}. \tag{146}$$

后面将用到这些结果.

　　在关于板的理论中, 当弯矩不均匀并伴随有剪力和表面压力时, 也将用到公式 (144). 对于这样的情况, 它们可作为适用于薄板的近似公式而由第八章中的一般方程导出. 用相似的方法也可以把杆的初等弯曲理论与一般方程联系起来[2].

　　注:

①　这里假定挠度远比板的厚度为小.

②　J. N. Goodier, *Trans, Roy. Soc. Can.* sect. Ⅲ, 3d ser., vol. 32, p. 65, 1938.

第十章

扭　转

§104　直杆的扭转

前已说明 (§101), 关于圆杆的扭转问题, 只要假定在扭转时杆的截面保持为平面并且只转动而不翘曲, 就可以求得精确解答. 这理论是库仑提出的①, 后来被纳维埃② 应用于非圆截面的杆. 纳维埃作了上述的假定, 得到这样的错误结论: 对于一定的扭矩, 杆的扭角与截面的中心极惯矩成反比, 而最大剪应力发生在距截面形心最远的点③. 容易看出, 上述假定是与边界条件抵触的. 以矩形截面杆 (图 149) 为例. 根据纳维埃的假定, 在边界上任一点 A, 剪应力将沿垂直于半径 OA 的方向作用. 将这应力分解成为两个分量 τ_{xz} 和 τ_{yz}, 显
然可见, 在杆的侧面在 A 点的单元面上应该有等于 τ_{yz} 的附加剪应力 (见 §4); 这是与假定条件 —— 杆的侧面不受外力而扭转系由施于两端的力偶所引起 —— 互相矛盾的. 用矩形杆作的简单实验 (图 150) 表明, 杆的截面在扭转时并不保持为平面, 在杆的表面上所有矩形单元面中, 发生最大剪应变的单元面是在各边的中点, 就是在离杆轴最近的各点.

柱形杆在两端受力偶而扭转的问题的正确解答是圣维南得出的④.

他用的是所谓半逆解法, 那就是, 开始先对扭杆的形变作某些假设, 再证
明, 根据这些假设, 可以使平衡方程 (123) 和边界条件 (124) 得到满足, 然后, 由弹性理论方程的解答的唯一性 (§96) 可知, 只要两端的扭矩确是由剪应力以解答本身所要求的方式施加的, 那么, 开始时所作的假设就是正确的, 而所得的解答也就是扭转问题的精确解答.

试考察任意截面的柱形杆被施于两端的力偶所扭转的情形 (图 151). 根据圆轴的解答 (§101), 圣维南假设扭杆的形变包括: (1) 截面的转动, 像圆

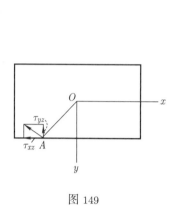

图 149

图 150

轴一样; (2) 截面的翘曲, 所有截面都相同. 将坐标原点取
在一端截面内 (图 151), 求得对应于截面的转动的位移是

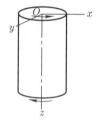

$$u = -\theta zy, \quad v = \theta zx, \tag{a}$$

其中 θz 是距原点为 z 处的截面的转角.

截面的翘曲用如下的函数来表示:

图 151

$$w = \theta \psi(x, y). \tag{b}$$

根据假设⑤ 的位移 (a) 和 (b), 由方程 (2) 计算应变分量, 得出

$$\epsilon_x = \epsilon_y = \epsilon_z = \gamma_{xy} = 0,$$

$$\gamma_{xz} = \frac{\partial w}{\partial x} + \frac{\partial u}{\partial z} = \theta \left(\frac{\partial \psi}{\partial x} - y \right), \tag{c}$$

$$\gamma_{yz} = \frac{\partial w}{\partial y} + \frac{\partial v}{\partial z} = \theta \left(\frac{\partial \psi}{\partial y} + x \right).$$

[294]   由方程 (3) 和 (6) 求得对应的应力分量是

$$\sigma_x = \sigma_y = \sigma_z = \tau_{xy} = 0,$$

$$\tau_{xz} = G\theta\left(\frac{\partial\psi}{\partial x} - y\right), \tag{d}$$

$$\tau_{yz} = G\theta\left(\frac{\partial\psi}{\partial y} + x\right).$$

可见, 根据关于位移的假设 (a) 和 (b), 在杆的纵纤维之间以及沿这些纤维的纵向都没有正应力作用. 在截面所在的平面内也没有形变, 因为 ϵ_x、ϵ_y、γ_{xy} 等于零. 在每一点都只有由分量 τ_{xz} 和 τ_{yz} 所决定的纯剪. 现在, 须用满足平衡方程 (123) 的办法来确定那个表示截面翘曲的函数 $\psi(x, y)$. 将表达式 (d) 代入平衡方程, 不计体力, 就得到函数 ψ 必须满足的方程

$$\frac{\partial^2\psi}{\partial x^2} + \frac{\partial^2\psi}{\partial y^2} = 0. \tag{147}$$

现在来考察边界条件 (124). 杆的侧面不受外力, 并且法线垂直于 z 轴, 因而有 $\overline{X} = \overline{Y} = \overline{Z} = 0$ 和 $\cos(Nz) = n = 0$. 于是 (124) 中的前两个方程恒被满足, 而第三个方程给出

$$\tau_{xz}l + \tau_{yz}m = 0, \tag{e}$$

这说明, 在边界处的合剪应力是沿着边界的切线方向 (图 152). 前面已经指出, 如果杆的侧面不受外力, 这条件就必须满足.

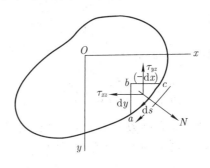

图 152

试考察边界处的一个微小单元 abc, 并假定在由 c 到 a 的方向上 s 是增大的, 我们有 [295]

$$l = \cos(Nx) = \frac{\mathrm{d}y}{\mathrm{d}s}, \quad m = \cos(Ny) = -\frac{\mathrm{d}x}{\mathrm{d}s},$$

而方程 (e) 成为

$$\left(\frac{\partial\psi}{\partial x} - y\right)\frac{\mathrm{d}y}{\mathrm{d}s} - \left(\frac{\partial\psi}{\partial y} + x\right)\frac{\mathrm{d}x}{\mathrm{d}s} = 0. \tag{148}$$

于是扭转的问题归结为寻求满足方程 (147) 和边界条件 (148) 的函数 ψ 的问题.

另外一种方法 (它的好处是导致较简单的边界条件) 进行如下. 由于 σ_x、σ_y、σ_z、τ_{xy} 等于零 [方程 (d)], 平衡方程 (123) 简化为

$$\frac{\partial \tau_{xz}}{\partial z} = 0, \quad \frac{\partial \tau_{yz}}{\partial z} = 0, \quad \frac{\partial \tau_{xz}}{\partial x} + \frac{\partial \tau_{yz}}{\partial y} = 0.$$

前两方程已经满足, 因为方程 (d) 给定的 τ_{xz} 和 τ_{yz} 与 z 无关. 第三方程说明, 可将 τ_{xz} 和 τ_{yz} 表为

$$\tau_{xz} = \frac{\partial \phi}{\partial y}, \quad \tau_{yz} = -\frac{\partial \phi}{\partial x}, \tag{149}$$

其中 ϕ 是 x 和 y 的函数, 称为应力函数[⑥].

由方程 (149) 和 (d) 有

$$\frac{\partial \phi}{\partial y} = G\theta \left(\frac{\partial \psi}{\partial x} - y \right), \quad -\frac{\partial \phi}{\partial x} = G\theta \left(\frac{\partial \psi}{\partial y} + x \right). \tag{f}$$

将第一式对 y 求导, 第二式对 x 求导, 再将两式相减, 就可消去 ψ 而得到应力函数所必须满足的微分方程

$$\frac{\partial^2 \phi}{\partial x^2} + \frac{\partial^2 \phi}{\partial y^2} = F, \tag{150}$$

其中

$$F = -2G\theta. \tag{151}$$

引用方程 (149), 边界条件 (e) 就成为

$$\frac{\partial \phi}{\partial y} \frac{\mathrm{d}y}{\mathrm{d}s} + \frac{\partial \phi}{\partial x} \frac{\mathrm{d}x}{\mathrm{d}s} = \frac{\mathrm{d}\phi}{\mathrm{d}s} = 0. \tag{152}$$

这表明, 沿着截面的边界, 应力函数 ϕ 必须是常数. 在单连边界 (实心杆的边界) 的情况下, 这常数可以任意选择, 而在以下的讨论中将取它等于零. 于是, 确定扭杆截面上的应力分布, 成为寻求满足方程 (150) 而在边界上为零的函数 ϕ. 后面将说明这一般理论对于几个特殊形状的截面的应用.

[296]

现在来考察扭杆两端的条件. 两端表面的法线平行于 z 轴. 因此, $l = m = 0, n = \pm 1$, 而方程 (124) 成为

$$\overline{X} = \pm \tau_{xz}, \quad \overline{Y} = \pm \tau_{yz}, \tag{g}$$

式中, 对于外法线沿 z 轴正方向的杆端 (如图 151 中杆的下端), 取正号. 可见两端的剪力分布与杆的所有截面上的剪应力的分布相同. 容易证明, 这些力合

成为一个扭矩. 将 (149) 中的剪应力代入方程 (g), 并注意 ϕ 在边界上是零, 就得到

$$\iint \overline{X}\mathrm{d}x\mathrm{d}y = \iint \tau_{xz}\mathrm{d}x\mathrm{d}y = \iint \frac{\partial \phi}{\partial y}\mathrm{d}x\mathrm{d}y = \int \mathrm{d}x \int \frac{\partial \phi}{\partial y}\mathrm{d}y = 0,$$

$$\iint \overline{Y}\mathrm{d}x\mathrm{d}y = \iint \tau_{yz}\mathrm{d}x\mathrm{d}y = -\iint \frac{\partial \phi}{\partial x}\mathrm{d}x\mathrm{d}y = -\int \mathrm{d}y \int \frac{\partial \phi}{\partial x}\mathrm{d}x = 0.$$

于是, 分布于杆端的剪力的合力为零, 而合力偶的矩是

$$M_t = \iint (\overline{Y}x - \overline{X}y)\mathrm{d}x\mathrm{d}y = -\iint \frac{\partial \phi}{\partial x}x\mathrm{d}x\mathrm{d}y - \iint \frac{\partial \phi}{\partial y}y\mathrm{d}x\mathrm{d}y. \tag{h}$$

分部积分, 并注意在边界上 $\phi = 0$, 就得到

$$M_t = 2\iint \phi\mathrm{d}x\mathrm{d}y. \tag{153}$$

方程 (h) 最右边两个积分中的每一个构成这扭矩的一半. 于是可知, 扭矩的一半是由于应力分量 τ_{xz} 而有的, 另一半则是由于 τ_{yz} 而有的.

可见, 根据假设的位移 (a) 和 (b), 并由方程 (149)、(150) 和 (152) 求应力分量 τ_{xz} 和 τ_{yz}, 得到的应力分布能满足平衡方程 (123), 使杆的侧面不受外力, 并在两端发生如方程 (153) 所示的扭矩. 至于相容条件 (126) 则无须考虑, 因为应力是由位移 (a) 和 (b) 导出的. 相容问题可归结为单个位移函数 ψ 的存在, 而这是从 (f) 式消去 ψ 后得到的方程 (150) 予以保证的. 于是, 弹性理论的所有方程都被满足,因而这样得来的解答就是扭转问题的精确解答.

[297]

已经指出, 这解答要求杆两端的外力应按照一定的方式分布. 但这解答的实际应用并不只限于这种情形. 由圣维南原理可知, 在长扭杆中, 在离两端较远处, 应力只与扭矩 M_t 的大小有关, 而实际上与两端上的外力的分布方式无关.

注:

① "Historie de l'Académie", 1784, pp. 229-269, Paris, 1787.

② Navier, "Résumé des Lecons sur l'Application de la Mécanique," Paris, 1864, 3d ed., 圣维南编辑.

③ 这些结论对于附着在两刚性板之间的薄弹性层 (相当于杆的两截面之间的薄片) 是正确的. 见 J. N. Goodier, *J. Appl. Phys.*, vol. 13, p. 167, 1942.

④ *Mém. Savants étrangers*, vol. 14, 1855. 又见纳维埃书中圣维南的注解 (见注释 ②); I. Todhunter and K. Pearson, "History of the Theory of Elasticity," vol. 2.

⑤ 已经证明, 如果杆的每一薄片都在同一状态下, 就不可能存在其他形式的与扭角 θ 成线性关系的位移. 见 J. N. Goodier and W. S. Shaw, *J. Mech. Phys. Solids*, vol. 10, pp. 35-52, 1962.

⑥ 这函数是 L. Prandtl 引用的. 见 *Physik. Z.*, vol. 4, 1903.

§105　椭圆截面

用方程

$$\frac{x^2}{a^2} + \frac{y^2}{b^2} - 1 = 0 \tag{a}$$

表示截面的边界 (图 153). 这时, 方程 (150) 和边界条件 (152) 可被如下的应力函数所满足:

$$\phi = m\left(\frac{x^2}{a^2} + \frac{y^2}{b^2} - 1\right), \tag{b}$$

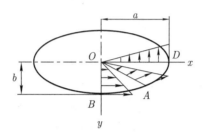

图 153

其中 m 是常数. 将 (b) 代入方程 (150), 得

$$m = \frac{a^2 b^2}{2(a^2 + b^2)} F.$$

因此

$$\phi = \frac{a^2 b^2 F}{2(a^2 + b^2)}\left(\frac{x^2}{a^2} + \frac{y^2}{b^2} - 1\right). \tag{c}$$

现在由方程 (153) 确定常数 F. 将 (c) 代入 (153), 得

$$M_t = \frac{a^2 b^2 F}{a^2 + b^2}\left(\frac{1}{a^2}\iint x^2 \mathrm{d}x\mathrm{d}y + \frac{1}{b^2}\iint y^2 \mathrm{d}x\mathrm{d}y - \iint \mathrm{d}x\mathrm{d}y\right). \tag{d}$$

[298]　由于

$$\iint x^2 \mathrm{d}x\mathrm{d}y = I_y = \frac{\pi b a^3}{4}, \quad \iint y^2 \mathrm{d}x\mathrm{d}y = I_x = \frac{\pi a b^3}{4}, \quad \iint \mathrm{d}x\mathrm{d}y = \pi ab,$$

因而由 (d) 有

$$M_t = -\frac{\pi a^3 b^3 F}{2(a^2 + b^2)}.$$

由此求得

$$F = -\frac{2M_t(a^2 + b^2)}{\pi a^3 b^3} \tag{e}$$

然后由 (c) 得

$$\phi = -\frac{M_t}{\pi ab}\left(\frac{x^2}{a^2} + \frac{y^2}{b^2} - 1\right).\tag{f}$$

代入方程 (149), 求得应力分量

$$\tau_{xz} = -\frac{2M_t y}{\pi ab^3}, \quad \tau_{yz} = \frac{2M_t x}{\pi a^3 b}.\tag{154}$$

两应力分量的比值与 y/x 成比例, 因而沿任何半径, 如 OA (图 153), 这个比值是常数. 这就是说, 沿任一半径 OA, 合剪应力有一定的方向, 这方向显然与边界在 A 点的切线方向一致. 沿铅直轴 OB, 应力分量 τ_{yz} 是零, 而合剪应力等于 τ_{xz}. 沿水平轴 OD, 合剪应力等于 τ_{yz}. 显然, 最大应力是在边界处, 而且容易证明, 这最大应力是在椭圆的短轴的两端. 将 $y = b$ 代入 (154) 中的第一方程, 求得最大应力的绝对值是

$$\tau_{\max} = \frac{2M_t}{\pi ab^2}.\tag{155}$$

当 $a = b$ 时, 这公式与我们所熟知的圆截面的公式一致.

将 (e) 代入方程 (151), 得扭角的表达式 [299]

$$\theta = M_t\frac{a^2 + b^2}{\pi a^3 b^3 G}.\tag{156}$$

用以除扭矩而得每单位长度的扭角的那个因子, 称为扭转刚度. 用 C 代表扭转刚度. 对于椭圆截面, C 的值是 [由方程 (156)]

$$C = \frac{\pi a^3 b^3 G}{a^2 + b^2} = \frac{G}{4\pi^2}\frac{(A)^4}{I_p},\tag{157}$$

其中

$$A = \pi ab, \quad I_p = \frac{\pi ab^3}{4} + \frac{\pi ba^3}{4}$$

分别为截面面积和截面对于形心的极惯矩.

有了应力分量 (154), 就容易求得位移. 位移分量 u 和 v 可由 §104 中的方程 (a) 求得. 位移 w 则可由 §104 中的方程 (d) 和 (b) 求得. 将方程 (154) 和 (156) 代入, 并积分, 得

$$w = M_t\frac{(b^2 - a^2)xy}{\pi a^3 b^3 G}.\tag{158}$$

这表明翘曲后的截面的等高线是双曲线, 而以椭圆的主轴为渐近线 (图 154).

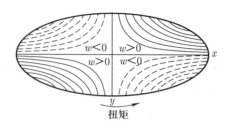

图 154

§106　另几个简单解答

在研究扭转问题时, 圣维南曾讨论过方程 (150) 的几个多项式解答. 为了解答问题, 可将应力函数表示为

$$\phi = \phi_1 + \frac{F}{4}(x^2 + y^2). \tag{a}$$

这时, 由方程 (150) 有

$$\frac{\partial^2 \phi_1}{\partial x^2} + \frac{\partial^2 \phi_1}{\partial y^2} = 0, \tag{b}$$

又由方程 (152) 可知, 沿着边界,

$$\phi_1 + \frac{F}{4}(x^2 + y^2) = \text{const.} \tag{c}$$

于是扭转问题归结为寻求方程 (b) 的满足边界条件 (c) 的解答. 为了得出多项式解答, 可用复变函数

$$(x + \mathrm{i}y)^n. \tag{d}$$

这表达式的实部和虚部都是方程 (b) 的解答 (见 §55). 例如, 取 $n = 2$, 就得到解答 $x^2 - y^2$ 和 $2xy$. 令 $n = 3$, 得解答 $x^3 - 3xy^2$ 和 $3x^2 y - y^3$. 令 $n = 4$, 则得四次齐次函数形式的解答. 其余依此类推. 将这类解答加以组合, 可以得到各种[300] 多项式形式的解答.

例如, 取

$$\phi = \frac{F}{4}(x^2 + y^2) + \phi_1 = \frac{F}{2}\left[\frac{1}{2}(x^2 + y^2) - \frac{1}{2a}(x^3 - 3xy^2) + b\right], \tag{e}$$

就得到方程 (150) 的三次多项式解答, 其中 a 和 b 是待定常数. 如果这个多项式能满足边界条件 (152), 也就是, 如果杆的截面边界可用方程表示为

$$\frac{1}{2}(x^2 + y^2) - \frac{1}{2a}(x^3 - 3xy^2) + b = 0, \tag{f}$$

这个多项式就是扭转问题的一个解答. 改变方程 (f) 中的常数 b, 可得各种不同形状的截面.

取 $b = -2a^2/27$, 就得到关于等边三角形截面的解答. 这时方程 (f) 可以表示为

$$\left(x - \sqrt{3}y - \frac{2}{3}a\right)\left(x + \sqrt{3}y - \frac{2}{3}a\right)\left(x + \frac{1}{3}a\right) = 0,$$

这是图 155 中所示三角形三个边的方程的乘积. 注意 $F = -2G\theta$, 并将

$$\phi = -G\theta\left[\frac{1}{2}(x^2 + y^2) - \frac{1}{2a}(x^3 - 3xy^2) - \frac{2}{27}a^2\right] \tag{g}$$

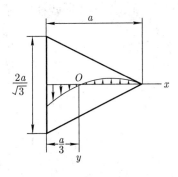

图 155

代入方程 (149), 即可求得应力分量 τ_{xz} 和 τ_{yz}. 由于对称, 沿 x 轴, $\tau_{xz} = 0$, 而由 (g) 得

$$\tau_{yz} = \frac{3G\theta}{2a}\left(\frac{2ax}{3} - x^2\right). \tag{h}$$

最大应力在三角形各边的中点, 由 (h) 得

$$\tau_{\max} = \frac{G\theta a}{2}. \tag{k}$$

在三角形的各顶点, 剪应力是零 (见图 155). 将 (g) 代入方程 (153), 得 [301]

$$M_t = \frac{G\theta a^4}{15\sqrt{3}} = \frac{3}{5}\theta G I_p. \tag{l}$$

把方程 (150) 的解答取为只包含 x 和 y 的偶次幂的四次多项式, 得应力函数

$$\phi = -G\theta\left[\frac{1}{2}(x^2 + y^2) - \frac{a}{2}(x^4 - 6x^2y^2 + y^4) + \frac{1}{2}(a - 1)\right].$$

如果截面的边界可用方程表示为

$$x^2 + y^2 - a(x^4 - 6x^2y^2 + y^4) + a - 1 = 0,$$

边界条件 (152) 就能满足. 改变 a 的值, 圣维南得到如图 156a 所示的一族截面. 将四次和八次多项式解答相结合, 他又得到如图 156b 所示的截面.

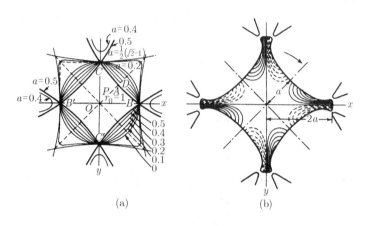

图 156

圣维南曾根据他的研究结果作出有实际意义的一般结论. 他指出: 在单连边界的情况下, 对于一定的截面积, 如果极惯矩减小, 扭转刚度就增大. 因此, 对于一定量的材料, 圆轴的扭转刚度最大. 对于最大剪应力, 也可作出相似的结论. 对于一定的扭矩和截面积, 当截面的极惯矩最小时, 最大应力也最小.

将各种单连边界的截面对比, 圣维南发现, 扭转刚度可用方程 (157) 近似地算出, 就是说, 将某一轴用一具有与它相同的截面积和相同的极惯矩的椭圆截面轴代替, 就可近似地算出该轴的扭转刚度.

[302]

在圣维南所讨论的所有各种情况下, 最大应力都在边界上离截面形心最近的各点. 法伊隆对这问题的更详细的研究说明[①], 在某些情况下, 发生最大应力的各点虽然总是在边界上, 但并不一定距截面的形心最近.

在式 (d) 中令 $n = 1$ 和 $n = -1$, 并用极坐标 r 和 ψ, 可得方程 (b) 的如下的解答:

$$\phi_1 = r\cos\psi, \quad \phi_1 = \frac{1}{r}\cos\psi.$$

这时, 应力函数 (a) 可以取为

$$\phi = \frac{F}{4}(x^2 + y^2) - \frac{Fa}{2}r\cos\psi + \frac{Fb^2}{2}\frac{a}{r}\cos\psi - \frac{F}{4}b^2, \tag{m}$$

其中 a 和 b 都是常数. 为了这个应力函数能满足边界条件 (152), 必须在截面的边界上有 $\phi = 0$, 或, 由 (m),

$$r^2 - b^2 - 2a(r^2 - b^2)\frac{\cos\psi}{r} = 0, \tag{n}$$

或

$$(r^2 - b^2)\left(1 - \frac{2a\cos\psi}{r}\right) = 0. \tag{o}$$

这是图 157 所示的截面的边界方程[2]. 取

$$r^2 - b^2 = 0,$$

得到半径为 b 而以原点为圆心的一个圆; 取

$$1 - \frac{2a\cos\psi}{r} = 0,$$

得到半径为 a 而在原点与 y 轴相切的一个圆. 最大剪应力在 A 点, 等于

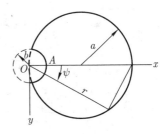

图 157

[303]

$$\tau_{\max} = G\theta(2a - b). \tag{p}$$

当 b 远比 a 为小时, 就是, 当圆轴有一很小半径的纵向半圆槽时, 槽底的应力两倍于半径为 a 而无槽的圆轴中的最大应力.

注:

① L. N. G. Filon, *Trans. Roy. Soc.* (*London*), ser, A, vol. 193, 1900. 又见 G. Pólya 的论文, 载 *Z. Angew. Math. Mech.*, vol. 10, p. 353, 1930.

② 这问题曾由 C. Weber 讨论过, 见 *Forschungsarbeiten*, no. 249, 1921.

§107 薄膜比拟

在求解扭转问题时, 普郎都[1] 所提出的薄膜比拟很有用处. 假想有一张支于边缘的均匀薄膜 (图 158), 具有与扭杆截面相同的轮廓, 在边缘受有均匀拉力, 还受有均匀侧压力. 设 q 是薄膜单位面积上的压力, S 是薄膜边界的单位长度上的均匀拉力. 当薄膜的挠度很小时, 作用于微小单元 $abcd$ (图 158) 的 ad 边和 bc 边上的拉力给出一个向上的合力 $-S(\partial^2 z/\partial x^2)\mathrm{d}x\mathrm{d}y$. 同样, 作用于这单元另外两边的拉力给出合力 $-S(\partial^2 z/\partial y^2)\mathrm{d}x\mathrm{d}y$. 于是这单元的平衡方程是

$$q\mathrm{d}x\mathrm{d}y + S\frac{\partial^2 z}{\partial x^2}\mathrm{d}x\mathrm{d}y + S\frac{\partial^2 z}{\partial y^2}\mathrm{d}x\mathrm{d}y = 0, \tag{[304]}$$

由此得

$$\frac{\partial^2 z}{\partial x^2} + \frac{\partial^2 z}{\partial y^2} = -\frac{q}{S}.\tag{159}$$

薄膜在边界处的挠度是零. 将关于薄膜挠度 z 的方程 (159) 和边界条件与应力函数 ϕ 的方程 (150) 和边界条件 (152) (见 §104) 对比, 可知这两个问题是相同的. 因此, 以方程 (150) 中的 $F = -2G\theta$ 代替方程 (159) 中的 $-(q/S)$, 即可由薄膜的挠度求得 ϕ 的值.

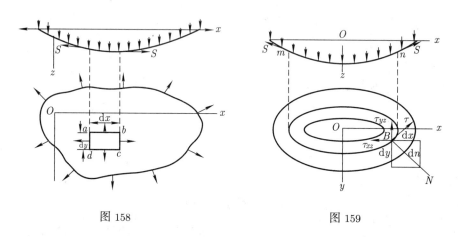

图 158   图 159

用等高线表示薄膜的挠曲面 (图 159), 可以得到几个关于扭应力分布的重要结论. 试考察薄膜上的任一点 B. 沿着通过 B 点的等高线, 薄膜的挠度是常量, 因而

$$\frac{\partial z}{\partial s} = 0.$$

应力函数 ϕ 也有对应的方程

$$\frac{\partial \phi}{\partial s} = \left(\frac{\partial \phi}{\partial y}\frac{\mathrm{d}y}{\mathrm{d}s} + \frac{\partial \phi}{\partial x}\frac{\mathrm{d}x}{\mathrm{d}s} \right) = \tau_{xz}\frac{\mathrm{d}y}{\mathrm{d}s} - \tau_{yz}\frac{\mathrm{d}x}{\mathrm{d}s} = 0.$$

[305] 这就表示, 点 B 处的合剪应力在等高线的法线 N 上的投影为零; 因此可以断定, 在扭杆中的 B 点, 剪应力是在通过该点的等高线的切线方向. 在扭杆的截面上画曲线, 使曲线上任一点处的合剪应力都在曲线的切线方向, 这种曲线称为剪应力线. 可见, 薄膜的等高线就是扭杆截面上的剪应力线.

在 B 点 (图 159) 的合剪应力 τ 的大小, 可将应力分量 τ_{xz} 和 τ_{yz} 投影于切线上而求得. 于是得

$$\tau = \tau_{yz}\cos(Nx) - \tau_{xz}\cos(Ny).$$

将

$$\tau_{xz} = \frac{\partial \phi}{\partial y}, \quad \tau_{yz} = -\frac{\partial \phi}{\partial x},$$

$$\cos(Nx) = \frac{\mathrm{d}x}{\mathrm{d}n}, \quad \cos(Ny) = \frac{\mathrm{d}y}{\mathrm{d}n}$$

代入, 得

$$\tau = -\left(\frac{\partial \phi}{\partial x}\frac{\mathrm{d}x}{\mathrm{d}n} + \frac{\partial \phi}{\partial y}\frac{\mathrm{d}y}{\mathrm{d}n}\right) = -\frac{\mathrm{d}\phi}{\mathrm{d}n}.$$

因此, 只须在斜率的表达式中以 $2G\theta$ 代替 g/S, 薄膜在点 B 的最大斜率就代表这一点的剪应力的大小. 由此可以断定, 最大剪应力发生在等高线最为稠密的各点.

由方程 (153) 又可以断定, 假如以 $2G\theta$ 代替 g/S, 挠曲了的薄膜与 xy 平面 (图 159) 之间的体积的两倍就代表扭矩.

可以看出, 在扭转问题中, 不论取截面内的哪一点作为原点, 薄膜的形状都相同, 因而应力分布也都相同. 当然, 这一点就代表截面的转动轴. 乍一看来, 在相同扭矩的作用下截面可以绕不同的平行轴转动, 这会使人惊奇. 但是, 这差异只是一个刚体转动的问题. 例如, 设有一圆柱体, 受到绕中心轴转动的扭转. 圆柱面上的一根母线将倾斜于它原来的方向, 但是, 令整个圆柱绕一直径作刚体转动, 就可使这斜倾的母线回到原来的方向. 这样, 各个截面的最后位置相当于以该母线为固定轴的扭转转动而达到的位置. 各截面仍然保持为平面, 但由于圆柱的刚体转动而倾斜于它们原来的平面. 对于任意形状的截面, 将发生翘曲, 但对于一个选定的轴, 端截面内一定的单元面的倾斜是一定的, 而 $\partial w/\partial x$ 和 $\partial w/\partial y$ 由 §104 的方程 (d) 和 (b) 给出. 这样的单元面可以绕着端截面内一轴作刚体转动而回到它原来的位置. 这一转动将使扭转转动的轴改变成为另一平行轴. 因此, 假如端截面内的一个单元面的最终位置是已知的 (例如这单元面是完全固定的), 就可以找到扭转转动的一定的轴或中心, 也就是扭转中心.

现在来考察等高线所围绕的一部分薄膜 mn (图 159) 的平衡条件. 在等高线的每一点, 薄膜的斜率都与剪应力 τ 成比例, 等于 $\tau(q/S)/2G\theta$. 于是, 用 A 代表薄膜 mn 部分的水平投影, 这部分薄膜的平衡方程就是 [306]

$$\int S\left(\tau\frac{q}{S}\frac{1}{2G\theta}\right)\mathrm{d}s = qA,$$

或

$$\int \tau \mathrm{d}s = 2G\theta A. \tag{160}$$

由这方程可求得沿等高线的剪应力的平均值.

如果令 $q = 0$, 就是说, 考察不受侧压力的薄膜, 就得到方程

$$\frac{\partial^2 z}{\partial x^2} + \frac{\partial^2 z}{\partial y^2} = 0, \tag{161}$$

这与前一节中函数 ϕ_1 的方程 (b) 一致. 取薄膜在边界处的坐标满足

$$z + \frac{F}{4}(x^2 + y^2) = \text{const}, \tag{162}$$

则前一节中的边界条件 (c) 也被满足. 于是, 假如未受载荷的薄膜在边界处的坐标有一定值, 即可由薄膜的挠曲面求得函数 ϕ_1. 后面将证明, 在用实验方法确定扭杆中的应力分布时, 受载荷的和不受载荷的薄膜都可以用.

薄膜比拟不仅当杆在弹性极限内被扭转时有用, 当截面的一部分材料屈服时也有用[2]. 假定屈服时剪应力保持为常量, 截面的弹性区内的应力分布可如以前一样用薄膜表示, 但塑性区内的应力须用另一个曲面表示, 这个曲面具有不变的、与屈服应力相应的最大斜率. 假想以这样的面在杆的截面上作成一个顶盖, 而使薄膜被拉紧并受载荷如前. 逐渐增大压力, 将得到薄膜开始碰到顶盖的情况. 这就表示扭杆中开始发生塑性形变. 当压力继续增大时, 薄膜的一部分将与顶盖接触. 这接触部分就代表扭杆中的塑性流动区域. 纳达伊[3]曾作实验以说明这理论.

注:

① 见 *Physik. Z.*, vol. 4, 1903. 又见 Anthes, *Dinglers Polytech. J.*, p. 342, 1906. 这方法的进一步的发展及其在各种情况下的应用见 A. A. Griffith 和 G. I. Taylor 的论文, 载于 *Tech. Rept. Adv. Comm. Aeron.*, vol, 3, pp, 910, 1917-1918.

② 这是 L. Prandtl 指出的, 见 A. Nádai, *Z. Angew. Math. Mech.*, vol. 3, p. 442, 1923. 又见 E. Trefftz, 同上期刊, vol. 5, p. 64, 1925.

③ 见 *Trans. ASME*, Applied Mechanics Division, 1930. 又见 A. Nádai, "Theory of Flow and Fracture of Solids," Chaps. 35 and 36, 1950.

§108　狭矩形截面杆的扭转

在狭矩形截面的情况下, 图 160a, 薄膜比拟能给出扭转问题的一个很简单的解答. 不计矩形短边的影响, 假定轻微挠曲的薄膜成柱形面, 图 160b, 即可由受均匀载荷的弦的抛物线形挠度曲线的基本公式求得薄膜的挠度

$$\delta = \frac{qc^2}{8S}. \tag{a}$$

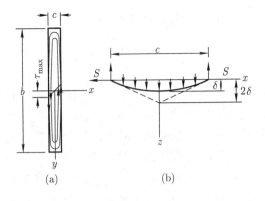

图 160

由抛物线的性质, 可知最大斜率发生在矩形长边的中点, 等于

$$\frac{4\delta}{c} = \frac{qc}{2S}. \tag{b}$$

挠曲薄膜与 xy 面之间的体积可按抛物柱体的体积算得:

$$V = \frac{2}{3}c\delta b = \frac{qbc^3}{12S}. \tag{c}$$

现在利用薄膜比拟, 以 $2G\theta$ 代替 (b) 和 (c) 中的 q/S, 得

$$\tau_{\max} = cG\theta, \quad M_t = \frac{1}{3}bc^3 G\theta, \tag{d}$$

由此得

$$\theta = \frac{M_t}{\frac{1}{3}bc^3 G}, \tag{163}$$

$$\tau_{\max} = \frac{M_t}{\frac{1}{3}bc^2}. \tag{164}$$

由抛物线形挠度曲线 (图 160b)

$$z = \frac{4\delta}{c^2}\left(\frac{c^2}{4} - x^2\right),$$

可知薄膜在任一点的斜率是

$$\frac{\mathrm{d}z}{\mathrm{d}x} = -\frac{8\delta x}{c^2} = -\frac{q}{S}x.$$

于是扭杆中对应的应力是

$$\tau_{yz} = 2G\theta x.$$

[308]

这个应力按直线规律分布, 如图 160a 所示. 对应于这应力分布的扭矩是

$$\frac{\tau_{\max}}{4} c \frac{2}{3} cb = \frac{1}{6} bc^2 \tau_{\max}.$$

这仅仅是方程 (164) 给出的总扭矩的一半. 另一半由应力分量 τ_{xz} 给出, 而这一应力分量在假设挠曲薄膜为柱面时已被略去. 虽然这应力分量只在邻近矩形短边处才有明显的大小, 它们的最大值也远比上面算得的 $\tau_{\max}$ 为小, 但作用在离杆轴较远之处, 因此, 它们的力矩达到总扭矩 M_t 的一半①.

[309]

值得注意,(d) 中的第一方程给出的 $\tau_{\max}$, 两倍于直径为 c 的圆轴有相同扭角 θ 时所发生的最大剪应力. 如果考虑截面的翘曲, 这一点就可得到解释. 截面的各边, 如 nn_1 (图 161), 在转角处 (如点 n 和 n_1) 保持垂直于杆的纵纤维. 任一单元面如 $abcd$ 的总剪应变系由两部分组成: 一部分 γ_1 是由于截面绕杆轴转动而有的, 等于直径为 c 的圆杆中的剪应变; 另一部分 γ_2 则是由于截面的翘曲而有的. 在狭矩形截面的情况下, $\gamma_2 = \gamma_1$, 因此, 总的剪应变两倍于直径为 c 的圆截面情况下的剪应变.

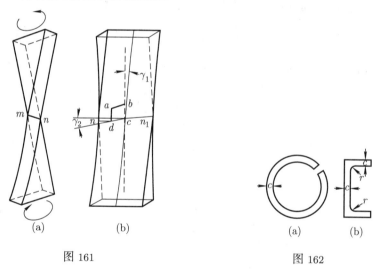

图 161　　　　　　　　　　　　　　图 162

以上就狭矩形截面求得的方程 (163) 和 (164) 也可用于具有如图 162 所示截面的薄壁杆, 只须令方程中的 b 等于截面的展开长度. 这是因为, 如果一个开口管 (图 162a) 的厚度 c 远比直径为小, 则薄膜的最大斜率和薄膜所包围的体积, 将与宽度为 c 而长度与管壁中面周长相等的狭矩形截面的情况几乎相同. 对于槽形截面 (图 162b) 也可作相似的结论. 但须注意, 在后一种情况下, 在凹角处将发生很大的应力集中, 大小与内圆角的半径 r 的大小有关, 因而方程 (164) 在这些点不适用. 在 §112 中将较详细地讨论这一问题.

注:

① 这一问题是 Lord Kelvin 解决的, 见 Kelvin and Tait, "Natural Philosophy," vol. 2, p. 267.

§109 矩形杆的扭转

利用薄膜比拟, 这问题就归结为求矩形薄膜 (图 163) 受均匀载荷时的挠度. 这挠度必须满足方程 (159), 即 [310]

$$\frac{\partial^2 z}{\partial x^2} + \frac{\partial^2 z}{\partial y^2} = -\frac{q}{S}, \tag{a}$$

而在边界处为零.

为了满足对称于 y 轴的条件, 以及在矩形两边 $(x = \pm a)$ 的边界条件, 取 z 为如下形式的级数:

$$z = \sum_{n=1,3,5,\cdots}^{\infty} b_n \cos \frac{n\pi x}{2a} Y_n, \tag{b}$$

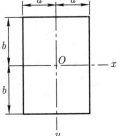

图 163

其中 b_1、b_3、$\cdots$ 是常系数, 而 Y_1、Y_3、$\cdots$ 只是 y 的函数. 将 (b) 代入方程 (a), 并注意方程 (a) 的右边可在 $-a < x < a$ 的区间表为傅里叶级数

$$-\frac{q}{S} = -\sum_{n=1,3,5,\cdots}^{\infty} \frac{q}{S} \frac{4}{n\pi} (-1)^{\frac{n-1}{2}} \cos \frac{n\pi x}{2a}, \tag{c}$$

就得到确定 Y_n 的方程

$$Y_n'' - \frac{n^2\pi^2}{4a^2} Y_n = -\frac{q}{S} \frac{4}{n\pi b_n} (-1)^{\frac{n-1}{2}}, \tag{d}$$

由此得

$$Y_n = A\,\mathrm{sh}\,\frac{n\pi y}{2a} + B\,\mathrm{ch}\,\frac{n\pi y}{2a} + \frac{16qa^2}{Sn^3\pi^3 b_n} (-1)^{\frac{n-1}{2}}. \tag{e}$$

由薄膜挠曲面对称于 x 轴的条件, 可知积分常数 A 必须是零. 常数 B 决定于薄膜挠度在 $y = \pm b$ 处为零的条件, 也就是 $(Y_n)_{y=\pm b} = 0$. 这样就得到

$$Y_n = \frac{16qa^2}{Sn^3\pi^3 b_n} (-1)^{\frac{n-1}{2}} \left[1 - \frac{\mathrm{ch}\,\dfrac{n\pi y}{2a}}{\mathrm{ch}\,\dfrac{n\pi b}{2a}} \right], \tag{f}$$

[311]

而薄膜挠曲面的一般表达式 (b) 成为

$$z = \frac{16qa^2}{S\pi^3} \sum_{n=1,3,5,\cdots}^{\infty} \frac{1}{n^3} (-1)^{\frac{n-1}{2}} \left[1 - \frac{\mathrm{ch}\,\dfrac{n\pi y}{2a}}{\mathrm{ch}\,\dfrac{n\pi b}{2a}} \right] \cos \frac{n\pi x}{2a}.$$

用 $2G\theta$ 代替 q/S, 就得到应力函数

$$\phi = \frac{32G\theta a^2}{\pi^3} \sum_{n=1,3,5,\cdots}^{\infty} \frac{1}{n^3}(-1)^{\frac{n-1}{2}} \times \left[1 - \frac{\mathrm{ch}\dfrac{n\pi y}{2a}}{\mathrm{ch}\dfrac{n\pi b}{2a}}\right]\cos\frac{n\pi x}{2a}. \tag{g}$$

现在, 通过求导, 即可由方程 (149) 得出应力分量. 例如

$$\tau_{yz} = -\frac{\partial\phi}{\partial x} = \frac{16G\theta a}{\pi^2} \sum_{n=1,3,5,\cdots}^{\infty} \frac{1}{n^2}(-1)^{\frac{n-1}{2}} \times \left[1 - \frac{\mathrm{ch}\dfrac{n\pi y}{2a}}{\mathrm{ch}\dfrac{n\pi b}{2a}}\right]\sin\frac{n\pi x}{2a}. \tag{h}$$

假定 $b > a$, 最大剪应力 (对应于薄膜的最大斜率) 是在矩形的长边 ($x = \pm a$) 的中点. 将 $x = a$、$y = 0$ 代入 (h), 得

$$\tau_{\max} = \frac{16G\theta a}{\pi^2} \sum_{n=1,3,5,\cdots}^{\infty} \frac{1}{n^2}\left[1 - \frac{1}{\mathrm{ch}\dfrac{n\pi b}{2a}}\right].$$

注意[①]

$$1 + \frac{1}{3^2} + \frac{1}{5^2} + \cdots = \frac{\pi^2}{8},$$

就得到

$$\tau_{\max} = 2G\theta a - \frac{16G\theta a}{\pi^2} \sum_{n=1,3,5,\cdots}^{\infty} \frac{1}{n^2\mathrm{ch}\dfrac{n\pi b}{2a}}. \tag{165}$$

当 $b > a$ 时, 右边的无穷级数收敛很快; 对于比率 b/a 的任何特殊值, 都不难充分精确地算出 $\tau_{\max}$. 例如, 对于很狭的矩形, b/a 成为很大的数值, 因而 (165) 中的无穷级数的和可以略去, 就得到

$$\tau_{\max} = 2G\theta a.$$

这和前一节的方程 (d) 中的第一式一致.

[312]　　　在正方形截面的情况下, $a = b$, 由方程 (165) 得

$$\begin{aligned}
\tau_{\max} &= 2G\theta a\left\{1 - \frac{8}{\pi^2}\left[\frac{1}{\mathrm{ch}\left(\dfrac{\pi}{2}\right)} + \frac{1}{9\mathrm{ch}\left(\dfrac{3\pi}{2}\right)} + \cdots\right]\right\} \\
&= 2G\theta a\left[1 - \frac{8}{\pi^2}\left(\frac{1}{2.509} + \frac{1}{9 \times 55.67} + \cdots\right)\right] \\
&= 1.351G\theta a.
\end{aligned} \tag{166}$$

一般可将最大剪应力表示成为

$$\tau_{\max} = k2G\theta a, \tag{167}$$

其中 k 是数字因子, 与比率 b/a 有关. 这因子的若干个值列于下表内.

有关矩形杆扭转的一些常数

$\dfrac{b}{a}$	k	k_1	k_2	$\dfrac{b}{a}$	k	k_1	k_2
1.0	0.675	0.1406	0.208	3	0.985	0.263	0.267
1.2	0.759	0.166	0.219	4	0.997	0.281	0.282
1.5	0.848	0.196	0.231	5	0.999	0.291	0.291
2.0	0.930	0.229	0.246	10	1.000	0.312	0.312
2.5	0.968	0.249	0.258	∞	1.000	0.333	0.333

现在来计算扭矩 M_t, 表示成为扭角 θ 的函数. 为此, 利用方程 (153), 求得

$$
M_t = 2\int_{-a}^{a}\int_{-b}^{b}\phi \mathrm{d}x\mathrm{d}y = \frac{64G\theta a^2}{\pi^3}\int_{-a}^{a}\int_{-b}^{b}\left\{\sum_{n=1,3,5,\cdots}^{\infty}\frac{1}{n^3}(-1)^{\frac{n-1}{2}}\right.
$$

$$
\left.\times\left[1 - \frac{\mathrm{ch}\left(\dfrac{n\pi y}{2a}\right)}{\mathrm{ch}\left(\dfrac{n\pi b}{2a}\right)}\right]\cos\frac{n\pi x}{2a}\right\}\mathrm{d}x\mathrm{d}y
$$

$$
= \frac{32G\theta(2a)^3(2b)}{\pi^4}\sum_{n=1,3,5,\cdots}^{\infty}\frac{1}{n^4} - \frac{64G\theta(2a)^4}{\pi^5}\sum_{n=1,3,5,\cdots}^{\infty}\frac{1}{n^5}\mathrm{th}\frac{n\pi b}{2a},
$$

或者, 注意

$$\frac{1}{1} + \frac{1}{3^4} + \frac{1}{5^4} + \cdots = \frac{\pi^4}{96},$$

就得到

$$M_t = \frac{1}{3}G\theta(2a)^3(2b)\left(1 - \frac{192}{\pi^5}\frac{a}{b}\sum_{n=1,3,5,\cdots}^{\infty}\frac{1}{n^5}\mathrm{th}\frac{n\pi b}{2a}\right). \tag{168}$$

右边的级数收敛很快,对于比率 b/a 的任何值都很容易算出 M_t. 在狭矩形的 [313]
情况下, 可以取

$$\mathrm{th}\frac{n\pi b}{2a} = 1,$$

于是

$$M_t = \frac{1}{3}G\theta(2a)^3(2b)\left(1 - 0.630\frac{a}{b}\right). \tag{169}$$

在正方形的情况下, $a = b$, 由 (168) 得

$$M_t = 0.1406G\theta(2a)^4. \tag{170}$$

一般可将扭矩表示成为

$$M_t = k_1 G\theta(2a)^3(2b), \tag{171}$$

其中 k_1 是数字因子, 与比率 $\dfrac{b}{a}$ 的值有关. 这因子的若干个值也列于前面的表内.

将方程 (171) 中的 θ 代入方程 (167), 可将最大剪应力用扭矩表示如下:

$$\tau_{\max} = \frac{M_t}{k_2(2a)^2(2b)}, \tag{172}$$

其中 k_2 是数字因子, 它的数值可由前面的表内查得.

注:

① 例如见 H. S. Carslaw, "Fourier Series and Integrals" 3d ed., p. 235, 1930.

§110 附加结果

和前一节一样地用无穷级数, 可以解答另外几种截面的扭转问题.

对于边界为 $\psi = \pm\dfrac{\alpha}{2}$、$r = 0$、$r = a$ 的扇形① (图 164), 我们取应力函数为

[314]

$$\phi = \phi_1 + \frac{F}{4}(x^2 + y^2) = \phi_1 - \frac{G\theta r^2}{2}.$$

函数 ϕ_1 必须满足拉普拉斯方程 (见 §106). 取这方程的解为级数

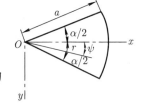

图 164

$$\phi_1 = \frac{G\theta}{2}\left[\frac{r^2\cos 2\psi}{\cos\alpha} + a^2\sum_{n=1,3,5,\cdots}^{\infty} A_n\left(\frac{r}{a}\right)^{\frac{n\pi}{\alpha}}\cos\frac{n\pi\psi}{\alpha}\right],$$

就得到应力函数

$$\phi = \frac{G\theta}{2}\left[-r^2\left(1 - \frac{\cos 2\psi}{\cos\alpha}\right) + a^2\sum_{n=1,3,5,\cdots}^{\infty} A_n\left(\frac{r}{a}\right)^{\frac{n\pi}{\alpha}}\cos\frac{n\pi\psi}{\alpha}\right].$$

这个表达式在

$$\psi = \pm\frac{\alpha}{2}$$

的边界处为零. 为了使它沿圆弧边界 $r = a$ 也是零, 必须令

$$\sum_{n=1,3,5,\cdots}^{\infty} A_n\cos\frac{n\pi\psi}{\alpha} = 1 - \frac{\cos 2\psi}{\cos\alpha},$$

用通常的方法可由此求得

$$A_n = \frac{16\alpha^2}{\pi^3}(-1)^{\frac{n+1}{2}}\frac{1}{n\left(n+\dfrac{2\alpha}{\pi}\right)\left(n-\dfrac{2\alpha}{\pi}\right)}.$$

因此, 应力函数是

$$\phi = \frac{G\theta}{2}\left[-r^2\left(1-\frac{\cos 2\psi}{\cos\alpha}\right)\right.$$

$$\left.+\frac{16a^2\alpha^2}{\pi^3}\sum_{n=1,3,5,\cdots}^{\infty}(-1)^{\frac{n+1}{2}}\left(\frac{r}{a}\right)^{\frac{n\pi}{\alpha}}\frac{\cos\dfrac{n\pi\psi}{\alpha}}{n\left(n+\dfrac{2\alpha}{\pi}\right)\left(n-\dfrac{2\alpha}{\pi}\right)}\right].$$

代入方程 (153), 得

$$M_t = 2\iint\phi r\mathrm{d}\psi\mathrm{d}r = kGa^4\theta,$$

其中 k 是与扇形的角 α 有关的因子. 圣维南所算得的若干个 k 值列于下表中.圆弧边界和径向边界上的最大剪应力可分别用 $k_1Ga\theta$ 和 $k_2Ga\theta$ 表示. k_1 和 k_2 的若干个值亦列入表中. [315]

　　对于由两个同心圆弧和两个径向线段所围成的曲线矩形, 可用同一方法求得解答[5].

α	$\dfrac{\pi}{4}$	$\dfrac{\pi}{3}$	$\dfrac{\pi}{2}$	$\dfrac{2\pi}{3}$	π	$\dfrac{3\pi}{2}$	$\dfrac{5\pi}{3}$	2π
k	0.0181	0.0349	0.0825	0.148	0.298[2]	0.572[3]	0.672[3]	0.878[3]
k_1	......	0.452	......	0.622	0.728[4]	......	......	......
k_2	......	0.490	......	0.652	0.849	......	......	......

　　对于等腰直角三角形的截面[6], 扭角可表示成为

$$\theta = 38.3\frac{M_t}{Ga^4},$$

其中 a 是三角形的两相等边的长度. 最大应力在斜边的中点, 等于

$$\tau_{\max} = 18.02\frac{M_t}{a^3}.$$

另外几种截面曾用曲线坐标研究过. 用椭圆坐标 (见 §62), 并用由方程

$$x + \mathrm{i}y = c\operatorname{ch}(\xi + \mathrm{i}\eta)$$

确定的共轭函数 ξ 和 η, 得到由共焦椭圆和双曲线所构成的截面[7]. 用方程

$$x + iy = \frac{1}{2}(\xi + i\eta)^2,$$

得到由正交抛物线所构成的截面[8].

对于其他许多实心的和空心的截面, 也已经求得解答[9], 其中包括多边形、角形、心脏线形、双纽线形[10], 以及具有一个或几个偏心孔的圆形[11]. 当截面可以保角映射到单位圆内时, 总可以由复数积分得出解答[12].

注:

① 这个问题曾经由圣维南讨论过, 见 *Compt. Rend.*, vol. 87, pp. 849 and 893, 1878. 又见 A. G. Greenhill, *Messenger of Math.*, vol. 10, p. 83, 1880. 另有用贝塞尔函数的解法, 是 А. Н. Динник 提出的, 见 Изв. донского политехн, инст., Новочеркасск, Т. I, стр. 309. 又见 A. Föppl and L. Föppl, "Drang und Zwang," p. 96, 1928.

② 已由 M. Aissen 改正, 见 G. Pólya and G. Szegö, "Isoperimetric Inequalities in Mathematical Physics", p. 261, 1951.

③ 由 Динник 改正, 见注 ①.

④ 作者为此项改正向 G. Szegö 致谢.

⑤ Saint-Venant, 见注 ①. 又见 A. E. H. Love, "Theory of Elasticity," 4th ed. p. 319, 1927; A. G. Greenhill, *Messenger of Math.*, vol. p. 35, 1879.

⑥ B. G. Galerkin, *Bull. Acad. des Sci. de Russ.*, p. 111, 1919; G. Kolosoff, *Compt. Rend.*, vol. 178, p. 2057, 1924.

⑦ A. G. Greenhill, *Quart. J. Math.*, vol. 16, 1879. 又见 L. N. G. Filon, *Trans. Roy. Soc. (London)*, scr. A, vol. 193, 1900.

⑧ E. W. Anderson and D. L. Holl, *Iowa State Coll. J. Sci.*, vol. 3, p. 231, 1929.

⑨ T. J. Higgins 作过一个汇编, 见 *Am. J. Phys.*, vol. 10, p. 248, 1942.

⑩ 关于这类截面的精确解答, 参考文献很多, 这里不能一一列举, 可查阅 *Applied Mechanics Reviews, Science Abstracts A, Mathematical Reviews* 和 *Zentralblatt für Mechanik* 等期刊. 在 §125 中列举的参考资料中, 大部分都涉及或者包括有相应的扭转问题.

⑪ 见 C. B. Ling, *Quart. Appl. Math.*, vol. 5, p. 168, 1947.

⑫ 这是 Н. И. Мусхелишвили 提出的, 见 §63 的注 ⑧. 又见 I. S. Sokolnikoff, "Mathematical Theory of Elasticity," 2d ed., p. 151, 1956. W. A. Bassali 给出更多的实例和后来的文献, 见 *J. Mech. Phys. Solids*, vol. 8, p. p. 87-99, 1960.

§111 用能量法解扭转问题[①]

我们已经看到, 求解扭转问题, 在每一个别情况下, 归结为寻求满足微分方程 (150) 和边界条件 (152) 的应力函数. 在导出这问题的近似解答时, 更有效

的方法是不解微分方程而由某一积分式为极小的条件来确定应力函数[2], 这积分式可由考虑扭杆的应变能而得到. 由 (131), 扭杆的每单位长度的应变能是

$$V = \frac{1}{2G} \iint (\tau_{xz}^2 + \tau_{yz}^2) \mathrm{d}x \mathrm{d}y$$
$$= \frac{1}{2G} \iint \left[\left(\frac{\partial \phi}{\partial x} \right)^2 + \left(\frac{\partial \phi}{\partial y} \right)^2 \right] \mathrm{d}x \mathrm{d}y.$$

如果设给应力函数 ϕ 一个微小变分 $\delta\phi$, 而在边界上 $\delta\phi$ 为零[3], 应变能的变分就是

$$\frac{1}{2G} \delta \iint \left[\left(\frac{\partial \phi}{\partial x} \right)^2 + \left(\frac{\partial \phi}{\partial y} \right)^2 \right] \mathrm{d}x \mathrm{d}y,$$

而扭矩的变分是 [由方程 (153)]

$$2 \iint \delta\phi \mathrm{d}x \mathrm{d}y.$$

这时, 按照与导出方程 (142) 时相似的推理, 可以断定

$$\frac{1}{2G} \delta \iint \left[\left(\frac{\partial \phi}{\partial x} \right)^2 + \left(\frac{\partial \phi}{\partial y} \right)^2 \right] \mathrm{d}x \mathrm{d}y = 2\theta \iint \delta\phi \mathrm{d}x \mathrm{d}y$$

或

$$\delta \iint \left\{ \frac{1}{2} \left[\left(\frac{\partial \phi}{\partial x} \right)^2 + \left(\frac{\partial \phi}{\partial y} \right)^2 \right] - 2G\theta\phi \right\} \mathrm{d}x \mathrm{d}y = 0.$$

于是, 使积分

$$U = \iint \left\{ \frac{1}{2} \left[\left(\frac{\partial \phi}{\partial x} \right)^2 + \left(\frac{\partial \phi}{\partial y} \right)^2 \right] - 2G\theta\phi \right\} \mathrm{d}x \mathrm{d}y \qquad (173)$$

的变分为零的应力函数 ϕ, 就是真正的应力函数.

用薄膜比拟和虚功原理 (§92) 也可以得到相同的结论. 设 S 是薄膜中的均匀拉力, 则薄膜由于挠曲而增加的应变能可用拉力 S 乘以薄膜面积的增大而求得为

$$\frac{1}{2} S \iint \left[\left(\frac{\partial z}{\partial x} \right)^2 + \left(\frac{\partial z}{\partial y} \right)^2 \right] \mathrm{d}x \mathrm{d}y,$$

其中 z 是薄膜的挠度. 现在使薄膜从平衡位置发生一虚位移, 薄膜的应变能由于这虚位移而有的变更必须等于均匀载荷 q 在虚位移上所作的功. 于是得到

$$\frac{1}{2} S \delta \iint \left[\left(\frac{\partial z}{\partial x} \right)^2 + \left(\frac{\partial z}{\partial y} \right)^2 \right] \mathrm{d}x \mathrm{d}y = \iint q \delta z \mathrm{d}x \mathrm{d}y,$$

[317]　而薄膜挠曲面的确定归结为寻求函数 z 的表达式, 以使积分

$$\iint \left\{ \frac{1}{2} \left[\left(\frac{\partial z}{\partial x} \right)^2 + \left(\frac{\partial z}{\partial y} \right)^2 \right] - \frac{q}{S} z \right\} \mathrm{d}x\mathrm{d}y$$

为极小. 如以 $2G\theta$ 代替式中的 q/S, 就得到上面的积分 (173).

　　在扭转问题的近似解答中, 上述的变分问题可代以寻求函数的极小值的简单问题. 取应力函数为级数的形式:

$$\phi = a_0\phi_0 + a_1\phi_1 + a_2\phi_2 + \cdots, \tag{a}$$

其中 ϕ_0、ϕ_1、ϕ_2、$\cdots$ 是满足边界条件 (即在边界上为零) 的函数. 在选择这些函数时, 我们将以薄膜比拟为根据, 使其具有适宜于代表函数 ϕ 的形式. 数字因子 a_0、a_1、a_2、$\cdots$ 将由积分 (173) 的极小条件来确定. 将级数 (a) 代入 (173), 积分以后, 得 a_0、a_1、a_2、$\cdots$ 的二次函数, 而这函数的极小条件是

$$\frac{\partial U}{\partial a_0} = 0, \quad \frac{\partial U}{\partial a_1} = 0, \quad \frac{\partial U}{\partial a_2} = 0, \quad \cdots. \tag{b}$$

于是得到一组线性方程, 由此可以确定常数 a_0、a_1、a_2、$\cdots$. 增加级数 (a) 的项数, 可以增加近似解答的精度; 如果用无穷级数, 就可得扭转问题的精确解答④.

　　试以矩形截面 (图 163) 为例⑤. 边界的方程是 $x = \pm a$ 和 $y = \pm b$, 而函数 $(x^2 - a^2)(y^2 - b^2)$ 在边界上为零. 级数 (a) 可取为

$$\phi = (x^2 - a^2)(y^2 - b^2)\Sigma\Sigma a_{mn}x^m y^n, \tag{c}$$

由于对称, 其中 m 和 n 必须是偶数.

[318]　　设有一正方形截面, 并以级数 (c) 的第一项为限, 则

$$\phi = a_0(x^2 - a^2)(y^2 - a^2). \tag{d}$$

代入 (173), 由极小条件得

$$a_0 = \frac{5}{8}\frac{G\theta}{a^2}.$$

由方程 (153) 得扭矩的大小为

$$M_t = 2\iint \phi\mathrm{d}x\mathrm{d}y = \frac{20}{9}G\theta a^4 = 0.138\,8(2a)^4 G\theta.$$

与正确解答 (170) 对比, 可见扭矩的误差约为 $1\frac{1}{3}\%$.

为了求得更好的近似值, 在级数 (c) 中取前三项. 这时, 利用对称条件, 得

$$\phi = (x^2 - a^2)(y^2 - a^2)[a_0 + a_1(x^2 + y^2)].\qquad\text{(e)}$$

代入 (173), 并应用方程 (b), 得

$$a_0 = \frac{5}{8}\frac{259}{277}\frac{G\theta}{a^2}, \quad a_1 = \frac{5}{8}\frac{3}{2}\frac{35}{277}\frac{G\theta}{a^4}.$$

代入扭矩的表达式 (153), 求得

$$M_t = \frac{20}{9}\left(\frac{259}{277} + \frac{2}{5}\frac{3}{2}\frac{35}{277}\right)G\theta a^4 = 0.140\,4G\theta(2a)^4.$$

这个值只比正确值小 0.15%.

最大应力的误差却较大. 将 (e) 代入应力分量的表达式 (149), 可见最大应力的误差约为 4%, 为了得到更高的精确度, 必须在级数 (c) 中多取几项.

由薄膜比拟可见, 按上述方法进行时, 所得的扭矩的值通常都比正确值为小. 在边界受均匀拉力并受均匀载荷的完全柔顺的薄膜, 是一个具有无限多自由度的系统. 只取级数 (c) 的前几项, 相当于对这系统加上了某些约束, 因而使系统成为只有几个自由度的系统. 这种约束只会降低薄膜的柔顺性, 从而减小挠曲薄膜所包围的体积. 因此, 由这体积求得的扭矩, 一般都比真正值为小.

特莱夫次[⑥] 曾建议另一个确定应力函数 ϕ 的近似方法. 用这方法求得的扭矩的近似值大于真正值. 因此, 联合运用瑞次法及特莱夫次法可以确定近似解的误差极限. [319]

运用瑞次法时, 并不限于用多项式 (c). 可以把级数 (a) 中的函数 ϕ_0、ϕ_1、ϕ_2、$\cdots$ 取为其他各种适宜于表示应力函数 ϕ 的形式. 例如, 用三角函数, 并注意对称条件 (图 163), 得

$$\phi = \sum_{m=1,3,5,\cdots}^{\infty}\sum_{n=1,3,5,\cdots}^{\infty} a_{mn}\cos\frac{m\pi x}{2a}\cos\frac{n\pi y}{2b}.\qquad\text{(f)}$$

代入 (173) 并进行积分, 得

$$U = \frac{\pi^2 ab}{8}\sum_{m=1,3,5,\cdots}^{\infty}\sum_{n=1,3,5,\cdots}^{\infty} a_{mn}^2\left(\frac{m^2}{a^2} + \frac{n^2}{b^2}\right)$$

$$-2G\theta\sum_{m=1,3,5,\cdots}^{\infty}\sum_{n=1,3,5,\cdots}^{\infty} a_{mn}\frac{16ab}{mn\pi^2}(-1)^{\frac{m+n}{2}-1}.$$

方程 (b) 成为

$$\frac{\pi^2 ab}{4}a_{mn}\left(\frac{m^2}{a^2} + \frac{n^2}{b^2}\right) - 2G\theta\frac{16ab}{mn\pi^2}(-1)^{\frac{m+n}{2}-1} = 0,$$

由此得

$$a_{mn} = \frac{128G\theta b^2(-1)^{\frac{m+n}{2}-1}}{\pi^4 mn(m^2\alpha^2+n^2)},$$

其中 $\alpha = b/a$. 代入 (f), 就得到这问题的精确解答, 表示成为无穷三角级数的形式. 这时, 扭矩将是

$$M_t = 2\int_{-a}^{a}\int_{-b}^{b}\phi\mathrm{d}x\mathrm{d}y = \sum_{m=1,3,\cdots}^{\infty}\sum_{n=1,3,\cdots}^{\infty}\frac{128G\theta b^2}{\pi^4 mn(m^2\alpha^2+n^2)}\frac{32ab}{mn\pi^2}. \tag{g}$$

这一表达式可化为与前面得出的表达式 (168) 一致, 只须注意到

$$\frac{1}{m^2}\sum_{n=1,3,5,\cdots}^{\infty}\frac{1}{n^2(m^2\alpha^2+n^2)} = \frac{\pi^4}{96m^2}\frac{\operatorname{th}\frac{m\alpha\pi}{2}-\frac{m\alpha\pi}{2}}{-\frac{1}{3}\left(\frac{m\alpha\pi}{2}\right)^3}$$

及[7]

$$\sum_{m=1,3,5,\cdots}^{\infty}\frac{1}{m^4} = \frac{\pi^4}{96}.$$

以狭矩形的情况作为另一个例子. 为大时当 b 远比 a (图 163), 作为一次近似

[320]　解, 可以取

$$\phi = G\theta(a^2 - x^2), \tag{h}$$

这和以前讨论过的解答 (§108) 相符. 为了得到能满足矩形短边上边界条件的较好的近似解答, 可以取

$$\phi = G\theta(a^2 - x^2)[1 - \mathrm{e}^{-\beta(b-y)}], \tag{i}$$

并选择 β 以使积分 (173) 为极小. 这样求得

$$\beta = \frac{1}{a}\sqrt{\frac{5}{2}}.$$

由于式 (i) 中方括号内的指数项, 可知在离矩形短边较远的各点, 应力分布实际上与由 (h) 得到的相同. 在靠近短边处, 应力函数 (i) 也能满足边界条件 (152). 将 (i) 代入方程 (153) 以求扭矩, 得

$$M_t = 2\int_{-a}^{a}\int_{-b}^{b}\phi\mathrm{d}x\mathrm{d}y = \frac{1}{3}G\theta(2a)^3(2b)\left(1-0.632\frac{a}{b}\right),$$

与前面利用无穷级数求得的方程 (169) 极为相近.

和前面用于矩形的式 (c) 相似的多项式应力函数, 也可有效地应用于一节凸多边形的截面. 设

$$a_1 x + b_1 y + c_1 = 0, \quad a_2 x + b_2 y + c_2 = 0, \quad \cdots$$

是多边形各边的方程, 则应力函数可取为

$$\phi = (a_1 x + b_1 y + c_1)(a_2 x + b_2 y + c_2) \cdots (a_n x + b_n y + c_n) \Sigma\Sigma a_{mn} x^n y^m.$$

通常只须取这级数的前几项就可以得到满意的精确度.

能量法也适用于下面两曲线所给出的截面[8] (图 165):

$$y = a\psi\left(\frac{x}{b}\right) \quad 和 \quad y = -a_1\psi\left(\frac{x}{b}\right),$$

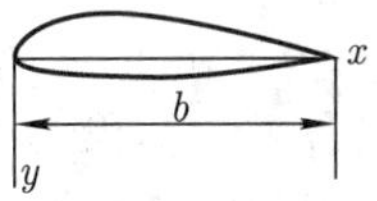

其中

$$\psi\left(\frac{x}{b}\right) = \psi(t) = t^m[1 - (t)^p]^q.$$

图 165

[321]

如果取应力函数的近似表达式为

$$\phi = A(y - a\psi)(y + a_1\psi),$$

边界条件将能满足. 代入积分式 (173), 由方程 $\mathrm{d}U/\mathrm{d}A = 0$ 求得

$$A = -\frac{G\theta}{1 + \dfrac{\alpha(a^2 + a_1^2 + aa_1)}{b^2}},$$

其中

$$\alpha = \frac{\displaystyle\int_0^1 \psi^3 \left(\frac{\mathrm{d}\psi}{\mathrm{d}t}\right)^2 \mathrm{d}t}{\displaystyle\int_0^1 \psi^3 \mathrm{d}t}.$$

由方程 (153) 求得扭矩

$$M_t = -A\frac{b(a + a_1)^3}{3}\int_0^1 \psi^3 \mathrm{d}t.$$

在 $m = 1/2$、$p = q = 1$、$a = a_1$ 的特殊情况下, 我们有

$$y = \pm a\psi\left(\frac{x}{b}\right) = \pm\sqrt{\frac{x}{b}}\left[1 - \left(\frac{x}{b}\right)\right],$$

于是得到

$$A = -\frac{G\theta}{1 + \dfrac{11}{13}\dfrac{a^2}{b^2}}, \quad M_t = 0.073\,6\frac{G\theta ba^3}{1 + \dfrac{11}{13}\dfrac{a^2}{b^2}}.$$

由圆弧和弦围成的截面的近似解答, 以及与实验结果的比较, 已由瓦伊刚德给出[9]. 数值计算法将在本书附录中讨论.

注:

① 对于这一个和其他近似方法的概述以及有关参考资料, 见 T. J. Higgins, *J. Appl. Phys.*, vol. 14, p. 469, 1943.

② 这方法是 W. Ritz 提出的, 他曾用来求解矩形板的弯曲和振动问题. 见 *J. Reine Angew. Math.*, vol. 135, 1908; *Ann. Physik*, ser. 4, vol. 28, p. 737, 1909.

③ 令 $\delta\phi$ 在边界上等于零, 则 ϕ 的变分不致使杆的侧面上发生新的力.

④ 这解答方法的收敛条件曾经由 Ritz 研究过, 见注 ②. 又见 E. Trefftz, "Handbuch der Physik," vol. 6, p. 130, 1928.

⑤ 见 С. П. Тимошенко, СБ. инст инженеров путей сообщения, Петербург, 1913; *Proc. London Math. Soc.*, ser. 2, vol. 20. p. 389, 1921.

⑥ E. Trefftz, *Proc. Second Intern. Congr. Appl. Mech.*, Zürich, 1926, p. 131, 又见 N. M. Basu, *Phil Mag.*, vol. 10, p. 886, 1930.

⑦ 是译者补充的.

⑧ 这类问题曾由 Л. С. Лейбензон 讨论过. 见他所著的 "Вариационные методы решения задач теории упругости," Москва, 1951 (中文译本名为《弹性力学问题的变分解法》, 叶开沅、卢文达译, 科学出版社 1958 年出版). 又见 W. T. Duncan, *Phil. Mag.* ser. 7, vol. 25, p. 634, 1938.

⑨ A. Weigand, *Luftfahrt-Forsch.*, vol. 20, 1944, 已译成英文, 载 *NACA Tech. Mem.* 1182, 1948.

§112　轧制杆的扭转

在研究角钢、槽钢、工字钢等轧制杆的扭转时, 可以应用 §108 中对狭矩形杆导出的各公式. 如果截面是等厚度的, 如图 166a 所示, 那么, 在方程 (163) 中用截面中线的展开长度代替 b[①], 就是令 $b = 2a - c$, 即可求得扭角而足够精确. 在槽形截面的情况下 (图 166b), 取翼的平均厚度为 c_2, 并将截面分成三个矩形, 而在方程 (163) 中以 $b_1 c_1^3 + 2 b_2 c_2^3$ 代替 bc^3, 也就是, 假定槽形的扭转刚度等于三个矩形的扭转刚度之和, 即可求得扭角的约略近似值[②]. 这样得出

[322]

$$\theta = \frac{3M_t}{(b_1 c_1^3 + 2 b_2 c_2^3)G}. \tag{a}$$

为了计算边界上离开截面转角较远的各点的应力, 可仍用狭矩形的公式, 令

$$\tau = c\theta G.$$

于是, 对于槽形的两翼, 由方程 (a) 得

$$\tau = \frac{3M_t c_2}{b_1 c_1^3 + 2 b_2 c_2^3}. \tag{b}$$

各近似方程也可以用于工字梁 (图 166c).

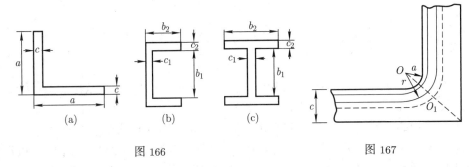

图 166   图 167

在凹角处有高度的应力集中, 应力大小与内圆角的半径有关. 在这些内圆角处的最大应力的约略近似值可用薄膜比拟求得. 试考察厚度为 c 而凹角处内圆角的半径为 a 的角钢截面 (图 167). 假定在内圆角的平分线 OO_1 处的薄膜面近似于回转面, 回转轴经过 O 点而垂直于图平面. 于是薄膜挠曲面的方程 (159) 可用极坐标表示为 (见 §27)

$$\frac{\mathrm{d}^2 z}{\mathrm{d}r^2} + \frac{1}{r}\frac{\mathrm{d}z}{\mathrm{d}r} = -\frac{q}{S}. \tag{c}$$

如果用 $2G\theta$ 代替 q/S, 薄膜的斜率 $\dfrac{\mathrm{d}z}{\mathrm{d}r}$ 就代表剪应力 τ, 于是由 (c) 得剪应力的方程如下: [323]

$$\frac{\mathrm{d}\tau}{\mathrm{d}r} + \frac{1}{r}\tau = -2G\theta. \tag{d}$$

在离凹角较远处, 薄膜面近于柱面, 角钢两肢中对应的剪应力方程是

$$\frac{\mathrm{d}\tau}{\mathrm{d}n} = -2G\theta, \tag{e}$$

其中 n 是边界的法线. 用 τ_1 代表边界处的剪应力, 就由 (e) 得到以前就狭矩形而求得的解答 $\tau_1 = G\theta c$. 利用这个解答, 由 (d) 得

$$\frac{\mathrm{d}\tau}{\mathrm{d}r} + \frac{1}{r}\tau = -\frac{2\tau_1}{c} \tag{d'}$$

积分以后得

$$\tau = \frac{A}{r} - \frac{\tau_1 r}{c}, \tag{f}$$

其中 A 是积分常数. 为了确定这个常数, 我们假定在距离边界 $c/2$ 的一点 O_1 (图 167) 剪应力是零. 于是由 (f) 得

$$\frac{A}{a+\dfrac{c}{2}} - \frac{\tau_1\left(a+\dfrac{c}{2}\right)}{c} = 0,$$

而

$$A = \frac{\tau_1}{c} \left(a + \frac{c}{2}\right)^2.$$

代入 (f), 并取 $r = a$, 得

$$\tau_{\max} = \tau_1 \left(1 + \frac{c}{4a}\right). \tag{g}$$

[324] 在图 167 中, 当 $a = c/2$ 时, 我们有 $\tau_{\max} = 1.5\tau_1$. 当内圆角半径很小时, 最大应力很大. 例如, 取 $a = 0.1c$, 得 $\tau_{\max} = 3.5\tau_1$.

较精确而完整的解答, 可利用以差分法为基础的数值计算法求得 (见附录). 用这方法求得的 $\tau_{\max}/\tau_1$ (表示成为 a/c 的函数) 如图 168 中的曲线 A 所示[3]; 图中还画出由方程 (g) 所表示的曲线. 可见当 a/c 小于 0.3 时, 这简单公式能给出很好的结果.

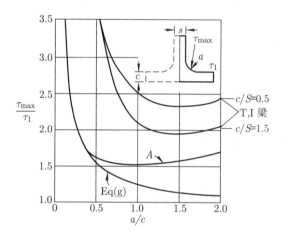

图 168

注:

① G. W. Trayer 和 H. W. March 曾发表过以皂膜和扭转试验为根据的较精确的公式, 其中考虑到了由三个矩形相接合而增加的刚度, 见 *Natl. Advisory Comm. Aeron. Rept.* 334, 1930.

② A. Föppl 的论文中曾将由此算得的具有不同尺寸的几种轧制截面的扭转刚度与由实验所得的加以比较, 见 *Sitzber. Bayer. Akad. Wiss.*, München, p. 295, 1921. 又见 *Bauingenieur*, ser. 5, vol. 3, p. 42, 1922.

③ 由 J. H. Huth 得出, 见 *J. Appl. Mech.*, vol. 17, p. 388, 1950. 当内圆角半径与角肢厚度的比值增大时, 极限情况要求曲线向右上升. 关于解答这问题的较早的参考资料, 包括皂膜量测, 见 I. Lyse and B. G. Johnston, *Proc. ASCE*, 1935, p. 469, 和上述 J. H. Huth 的论文.

§113　实验比拟

已经看到, 薄膜比拟很能帮助我们揣想扭杆截面上的应力分布. 皂膜也被用来直接量测应力[1],[2]. 在平板上挖成所需形状的孔, 并在孔上张以皂膜. 为了可能直接求得应力, 必须在同一平板上再挖一个圆孔代表圆截面, 以资比较. 使两皂膜承受相同的压力, 就得到相同的 q/S 值[3], 也就相当于两扭杆具有相同的 $G\theta$ 值. 因此, 量出两皂膜的斜率, 即可将给定截面的杆中的应力与圆轴中的应力加以比较 (杆与圆轴的每单位长度的扭角 θ 相同, G 也相同). 对应的两扭矩之比, 决定于两皂膜与板平面之间的两体积之比.[4]

在应力集中的那些点, 例如在小半径的内圆角处, 皂膜可能给出不精确的结果.[5] 由导片比拟[6] 可得较可靠的数值. 一个导电的薄片被切成扭杆截面的形状. 如果把密度为常量 i (每单位面积) 的电流经由全部表面通入薄片, 则整个薄片的电势 V 满足方程

$$\nabla^2 V = -\rho i,$$

其中 ρ 是薄片的均匀电阻率. 使薄片的边缘与汇流条相配接, 以保持常量的电势, 就得到一个完全类似于扭转的问题, 因为表示扭转问题的是方程 (150) 和 (151), 以及 ϕ 在单连边界曲线上为常量的条件 (152). 在图 168 中, 注以 "T, I 梁" 的曲线就是用这一方法得到的,[7] 其中针对角钢的曲线 A 已被证实了.

注:

① 译注: 这里指的是一种特制的皂膜, 与普通皂液所形成者不同, 表面张力很大, 经久不破, 可以刺孔.

② 见 Griffith 和 Taylor 的论文, 见 §107 的注释 ①; 又见 Trayer 和 March 的论文, 见 §112 的注 ①. 关于扭转的这一种和其他种比拟的概述与有关的参考资料, 见 T. J. Higgins, *Exp. Stress Anal.*, vol. 2, no. 2, p. 17, 1945.

③ 假定两皂膜的表面张力相同. 试验证明这个假定足够精确.

④ 更详细的资料见 M. Hetényi 编, "Handbook of Experimental Stress Analysis", chap. 16, 1950.

⑤ 见 C. B. Biezeno and J. M. Rademaker, *De Ingenieur*, no. 52, 1931; P. A. Cushman, *Trans. ASME*, 1932; H. Quest, *Ingenieur-Arch.*, vol. 4, p. 510, 1933; J. H. Huth, 见 §112 的注 ③.

⑥ N. S. Waner and W. W. Soroka, *Proc. Soc. Exptl. Stress Anal.*, vol. Ⅱ(L), pp. 19-26, 1953; 又见 W. W. Soroka, "AnalogMethods in Computation and Simulation".

⑦ C. W. Beadle and H. D. Conway, (1) *Exp. Mech.*, pp. 198-200, 1963; (2) *J. Appl. Mech.*, vol. 30, pp. 138-141, 1963. 这后一篇论文还给出近似解析法的更多成果.

[325]

§114　流体动力学比拟

在扭转问题与管中流体运动的动力学问题之间, 有几种比拟. 开尔文[1]曾指出, 有时用来解答扭转问题的函数 ϕ_1[见 §106 方程 (a)], 与 "理想流体" 在截面与扭杆相同的容器中作某种无旋运动时的流函数相同.

[326]　　布希涅斯克[2] 曾指出另一种比拟. 他证明, 确定应力函数 ϕ 的微分方程和边界条件 [见方程 (150) 和 (152)], 与确定黏滞流体在截面同于扭杆的管中的层流速度的微分方程和边界条件相同[3].

格林希尔指出, 应力函数 ϕ 在数学上与理想流体在截面同于扭杆的管中以均匀旋度[4] 作环流时的流函数相同[5]. 设 u 和 v (图 169) 是环流流体在 A 点的速度分量, 则由理想流体的不可压缩性有

$$\frac{\partial u}{\partial x} + \frac{\partial v}{\partial y} = 0. \tag{a}$$

均匀旋度的条件是

$$\frac{\partial v}{\partial x} - \frac{\partial u}{\partial y} = \text{const.} \tag{b}$$

取

$$u = \frac{\partial \phi}{\partial y}, \quad v = -\frac{\partial \phi}{\partial x}, \tag{c}$$

可以满足方程 (a), 并由方程 (b) 得

$$\frac{\partial^2 \phi}{\partial x^2} + \frac{\partial^2 \phi}{\partial y^2} = \text{const.} \tag{d}$$

这与扭转问题中应力函数的方程 (150) 一致.

[327]　　在边界处, 环流流体的速度是沿着边界的切线方向, 因而这一流体动力学问题的边界条件与扭转问题的边界条件 (152) 相同. 因此, 这流体动力学问题中的速度分布与扭转问题中的应力分布在数学上是相同的. 利用流体动力学中已知的解答, 可以得出扭转问题中的一些重要结论.

首先以扭转圆轴中有小圆孔的情形[6] (图 170) 为例. 圆孔对于应力分布的影响与在环流的流体中放置一静止圆柱体 (直径与圆孔相同) 的影响相似. 圆柱体使其紧邻处的流速大为改变: 在前后两点, 流速减低为零; 而在旁边两点 m 和 n, 流速则加倍, 因此, 轴中的圆孔也将使其所在处的剪应力加倍. 在轴的表面有一平行于轴长的小的半圆槽时 (图 170), 亦将发生同样的影响; 槽底 m 处的剪应力约两倍于离槽较远的轴面上的剪应力.

这一流体动力学比拟也能解释椭圆截面的小孔或半椭圆截面的槽对于圆轴中的应力的影响. 如果椭圆小孔在圆轴半径方向的主轴是 a, 另一主轴是 b,

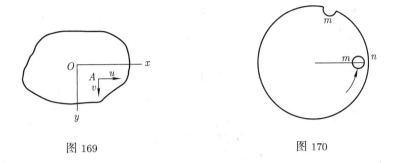

图 169   图 170

则在 a 轴两端的孔边应力将按 $(1 + a/b) : 1$ 的比例增大. 因此, 在这种情况下, 最大应力与比率 a/b 有关. 当椭圆的长轴在圆轴半径方向时, 这个孔对应力的影响, 比长轴在圆周方向时的影响为大. 这说明, 何以一个径向裂缝会大大削弱轴的强度. 在轴的表面而平行于轴长的半椭圆槽, 对应力分布也将产生相似的影响.

由流体动力学比拟又可断定: 在扭杆的截面上, 凸出处的应力为零, 而凹角处的应力在理论上是无限大. 这就是说, 即使扭矩很小, 也能使凹角处的材料屈服或发生裂缝. 因此, 在矩形键槽的情况下, 槽底的凹角处将发生高度的应力集中. 将凹角作成圆形, 可使这些应力降低[7].

注:

① Kelvin and Tait, "Natural Philosophy," pt. 2, p. 242.

② J. Boussinesq, *J. Math. pure Appl.*, ser. 2, vol. 16, 1871.

③ M. Paschoud 曾应用这种比拟, 见 *Compt. Rend.*, vol. 179, p. 451, 1924. 又见 *Bull. Tech. Suisse Rom.* (Lausanne), November, 1925.

④ 如以 u 和 v 代表流速分量, 则旋度的解析式与 §83 中所讨论的转动 ω_z 的解析式相同.

⑤ A. G. Greenhill, Hydromechanics (Encyclopaedia Britannica, 1910 年第十一版中的一节, 第 115 页).

⑥ 见 J. Larmor, *Phil. Mag.*, vol. 33, p. 76, 1892.

⑦ 键槽处的应力曾用皂膜法研究过, 见 §107 的注 ① 中提到的 Griffith 和 Taylor 的论文, p. 938. 关于设计公式和图线, 见 R. E. Peterson, "Stress Concentration Design Factors", 1953; 又见 M. Nisida and M. Hondo, *Proc. Japan Nat. Congr. Appl. Mech.*, vol. 2, pp. 129-132, 1959.

§115 空心轴的扭转

以上所讨论的轴的截面都限于是由单曲线围成的. 现在来考察截面有两个或更多个边界的空心轴. 这类问题中最简单的是一空心轴, 它的外边界与某

[328]

实心轴的边界相同而内边界与实心轴的一条应力线(见 §107) 相合.

试以椭圆截面 (图 153) 为例. 实心轴的应力函数是

$$\phi = \frac{a^2 b^2 F}{2(a^2 + b^2)} \left(\frac{x^2}{a^2} + \frac{y^2}{b^2} - 1 \right). \tag{a}$$

曲线

$$\frac{x^2}{(ak)^2} + \frac{y^2}{(bk)^2} = 1 \tag{b}$$

是一个与截面的外边界几何相似的椭圆. 沿着这个椭圆, 应力函数 (a) 保持为常量; 因此, 当 $k < 1$ 时, 这椭圆是实心椭圆轴的一条应力线, 线上任一点的剪应力必然是沿着这条线的切线方向. 现在假想有一个以应力线为导线的柱面, 柱面的中心线与椭圆轴的中心线平行. 于是, 由以上关于剪应力方向的结论可知, 将没有应力穿过这一柱面. 可以假想将该柱面所包围的一部分材料移去而不影响轴的外面部分的应力分布. 因此, 应力函数 (a) 也可应用于这空心轴.

对于一定的扭角 θ, 空心轴中的应力与对应的实心轴中的应力相同. 但是空心轴的扭矩较小, 因为少掉了实心轴中对应于椭圆孔的那部分截面所承受的扭矩. 由方程 (156) 可见, 实心轴这部分截面所承受的扭矩与总扭矩之比是 $k^4 : 1$. 因此, 对于空心轴, 应当以

[329]

$$\theta = \frac{M_t}{1 - k^4} \frac{a^2 + b^2}{\pi a^3 b^3 G}$$

代替方程 (156), 而应力函数 (a) 成为

$$\phi = -\frac{M_t}{\pi ab(1 - k^4)} \left(\frac{x^2}{a^2} + \frac{y^2}{b^2} - 1 \right).$$

最大剪应力的公式是

$$\tau_{\max} = \frac{2M_t}{\pi ab^2} \frac{1}{1 - k^4}.$$

在薄膜比拟中, 与轴内椭圆孔对应的薄膜中间部分 (图 171), 必须用水平板 CD 代替. 注意, 分布在薄膜 CFD 部分上的均匀压力, 与均匀分布在板 CD 上的大小相同的压力, 是静力等效的, 而沿板边作用于薄膜的拉力 S 恰与板上的均匀载荷维持平衡. 于是, 在目前所考虑的情况下, 用板 CD 代替薄膜的 CFD 部分, 并不使薄膜的其余部分的形状和平衡条件有所改变, 因而前面所述的皂膜法也可应用.

现在来考察当孔的边界不是实心轴的应力线时的一般情形. 由扭转的一般理论已知 (见 §104), 应力函数沿每一边界都必须是常数, 但各常数不能任意选择. 在讨论二维问题中的多连边界时曾经指出, 这时必须借助于位移的表达

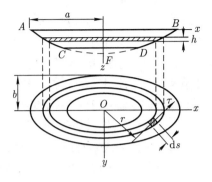

图 171

式, 使位移的表达式为单值的, 从而求得积分常数. 对于空心轴的扭转也必须 [330]
用相似的方法. 应力函数沿边界的常数值将由位移单值条件来决定. 这样就
可得到足够的方程来确定各个常数.

由 §104 中的方程 (b) 和 (d) 有

$$\tau_{xz} = G\left(\frac{\partial w}{\partial x} - \theta y\right), \quad \tau_{yz} = G\left(\frac{\partial w}{\partial y} + \theta x\right). \tag{c}$$

现在沿每一边界求积分

$$\int \tau \mathrm{d}s. \tag{d}$$

将总应力分解成为两个分量并利用 (c), 就得到

$$\begin{aligned}
\int \tau \mathrm{d}s &= \int \left(\tau_{xz}\frac{\mathrm{d}x}{\mathrm{d}s} + \tau_{yz}\frac{\mathrm{d}y}{\mathrm{d}s}\right)\mathrm{d}s \\
&= G\int \left(\frac{\partial w}{\partial x}\mathrm{d}x + \frac{\partial w}{\partial y}\mathrm{d}y\right) - \theta G\int (y\mathrm{d}x - x\mathrm{d}y).
\end{aligned} \tag{174}$$

因为积分是沿闭合曲线进行的, 并且 w 是单值函数, 所以第一个积分式必须
为零. 因此

$$\int \tau \mathrm{d}s = \theta G\int (x\mathrm{d}y - y\mathrm{d}x).$$

右边的积分等于孔的面积的两倍. 于是

$$\int \tau \mathrm{d}s = 2G\theta A. \tag{175}$$

我们必须确定应力函数沿孔边的常数值, 使得对于每一边界, 方程 (175) 都能
满足.

在截面内绘任一封闭曲线, 则方程 (174) 第一、第二项表示剪应力 τ 的切向分量沿这条曲线的线积分, 与流体动力学中环流类比, 可称为剪应力环流. 故方程 (175) 仍可应用并可称为剪应力环流定理.

方程 (175) 的意义曾在 §107 中针对薄膜比拟讨论过. 它表示, 在用薄膜比拟时, 必须令每块板 (如图 171 中的板 CD) 在一定的高度, 以使板上的铅直载荷与薄膜施于板的拉力的合力的铅直分量相等而相反. 如果空心轴的内边界与对应的实心轴的一条应力线重合, 上述条件就足以保证板的平衡. 一般说来, 这条件是不充分的; 为了保持板在水平位置的平衡, 必须用特殊的控制设备. 这使得关于空心轴的皂膜实验比较复杂.

[331]

为了克服这一困难, 可采用如下的步骤[①]. 在板内穿一孔, 以对应于轴的外边界. 对应于各个孔的每一内边界都架在铅直滑柱上, 以便调整其高度. 先任意选定各高度, 将皂膜张于各内边界, 所得的膜面能满足方程 (150) 和边界条件 (152), 但一般不能满足方程 (175), 因而皂膜不能表示空心轴内的应力分布. 重复这一实验, 使实验次数与边界数目相同, 每次用不同的内边界高度并量测皂膜, 这样就可以得到足够的数据以确定各内边界应有的高度, 而最后可将皂膜张成所需的形状. 证明如下: 设 i 是边界数目, ϕ_1、ϕ_2、$\cdots$、ϕ_i 是调整边界高度 i 次而得到的皂膜高度, 于是函数

$$\phi = m_1\phi_1 + m_2\phi_2 + \cdots + m_i\phi_i \tag{e}$$

也将是方程 (150) 的解, 只须

$$m_1 + m_2 + \cdots + m_i = 1,$$

其中 m_1、m_2、$\cdots$、m_i 是数字因子. 注意剪应力等于薄膜的斜率, 并将 (e) 代入方程 (175), 可得 i 个如下形式的方程:

$$\int \frac{\partial \phi}{\partial n} \mathrm{d}s = 2G\theta A_i,$$

由此可求得 i 个因子 m_1、m_2、$\cdots$、m_i, 用 θ 表示. 最后可由 (e) 得到真正的应力函数[②]. 格里费斯和泰勒曾用这方法确定有键槽的空心圆轴内的应力. 这方法并说明, 使轴孔偏离中心, 可以使最大应力显著减小而增加轴的强度.

具有一个或几个孔的轴内的扭矩等于薄膜和平板下面的体积的两倍. 为了证明这点, 我们来计算图 171 中分布于两条相邻应力线之间的单元环 (现在代表一个任意的空心截面) 上的剪应力所产生的扭矩. 用 δ 代表环的变宽度, 并考察图中阴影所示的单元面. 作用于这单元面上的剪力是 $\tau\delta\mathrm{d}s$, 而剪力对 O 点的矩是 $r\tau\delta\mathrm{d}s$. 因此, 单元环上的扭矩是

$$\mathrm{d}M_t = \int r\tau\delta\mathrm{d}s. \tag{f}$$

这里的积分是沿着环的全长而求的. 用 A 代表单元环所包围的面积, 并注意 [332] τ 是薄膜的斜率, 因而 $\tau\delta$ 是两相邻等高线的高度差 h, 于是由 (f) 有

$$\mathrm{d}M_t = 2hA, \tag{g}$$

就是说, 对应于单元环的扭矩, 等于图中阴影部分的体积的两倍. 总扭矩等于这些体积之和, 也就是两倍于平面 AB 与薄膜 AC、BD 和平板 CD 之间的体积. 对于有几个孔的空心轴, 也可得到相似的结论.

注:

① Griffith and Taylor, 见 §114 的注 ⑦ 中提到的论文, p. 938.

② 格瑞费斯和泰勒曾用实验得出结论: 在研究空心轴的应力分布时, 用零压力皂膜代替常压力皂膜 (见 §107), 较为方便. 关于 m_1、m_2、$\cdots$ 的计算的详细讨论, 见他们的论文.

§116 薄管的扭转

利用薄膜比拟, 容易求得薄管扭转问题的近似解答. 令 AB 和 CD (图 172) 代表外边界和内边界的水平面, AC 和 BD 代表张于两边界之间的薄膜. 在薄壁的情况下, 可以不计薄膜斜率沿着壁的厚度的变化, 而假定 AC 和 BD 是直线. 这相当于假设剪应力均匀分布在壁的厚度上. 令 h 代表两边界的高度差, δ 代表壁的变厚度, 由薄膜的斜率可得任一点的应力为

$$\tau = \frac{h}{\delta}. \tag{a}$$

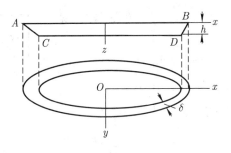

图 172

这个应力与壁的厚度成反比, 因而在管壁最薄处应力最大.

为了建立应力与扭矩 M_t 之间的关系, 可再用薄膜比拟而由体积 $ACDB$ 计算扭矩. 这样得 [333]

$$M_t = 2Ah = 2A\delta\tau, \tag{b}$$

其中 A 是管截面的内外两边界所包围的面积的平均值. 由 (b) 得计算剪应力的简单公式

$$\tau = \frac{M_t}{2A\delta}. \tag{176}$$

为了确定扭角 θ, 可用方程 (160). 这样得

$$\int \tau \mathrm{d}s = \frac{M_t}{2A} \int \frac{\mathrm{d}s}{\delta} = 2G\theta A, \tag{c}$$

由此得[①]

$$\theta = \frac{M_t}{4A^2G} \int \frac{\mathrm{d}s}{\delta}. \tag{177}$$

在均匀厚度管的情况下, δ 是常量, 而 (177) 成为

$$\theta = \frac{M_t s}{4A^2G\delta}, \tag{178}$$

其中 s 是管截面的中心线长度.

　　如果管有凹角, 如图 173 所示, 则在各凹角处可能发生高度的应力集中. 最大应力比由方程 (176) 求得的为大, 并与凹角的内圆角半径 a (图 173b) 有关. 在计算这最大应力时, 仍将用薄膜比拟和对于轧制截面的凹角 (§112) 所作的一样. 在凹角处, 薄膜的方程可以取为

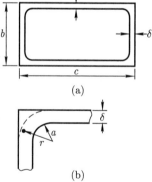

图 173

$$\frac{\mathrm{d}^2z}{\mathrm{d}r^2} + \frac{1}{r}\frac{\mathrm{d}z}{\mathrm{d}r} = -\frac{q}{S}.$$

用 $2G\theta$ 代替 q/S, 并注意 $\tau = -\dfrac{\mathrm{d}z}{\mathrm{d}r}$ (见图 172), 就得到

$$\frac{\mathrm{d}\tau}{\mathrm{d}r} + \frac{1}{r}\tau = 2G\theta. \tag{d}$$

假定薄管具有常厚度 δ, 并用 τ_0 代表由方程 (176) 算出的离凹角较远处的应力, 于是由 (c) 有

$$2G\theta = \frac{\tau_0 s}{A}.$$

代入 (d), 得

$$\frac{\mathrm{d}\tau}{\mathrm{d}r} + \frac{1}{r}\tau = \frac{\tau_0 s}{A}. \tag{e}$$

这方程的通解是

$$\tau = \frac{C}{r} + \frac{\tau_0 sr}{2A}. \tag{f}$$

[334]

假定截面在转角处有半径为 a 的圆角, 如图所示, 则积分常数 C 可用如下的方程确定:

$$\int_a^{a+\delta} \tau \, \mathrm{d}r = \tau_0 \delta, \tag{g}$$

这是由流体动力学比拟 (§114) 得来的, 就是说, 如果有理想流体在形状与管壁截面相同的槽内环流, 则通过槽的每一截面的流量应当保持为常量. 将式 (f) 中的 τ 代入方程 (g), 并积分, 得

$$C = \tau_0 \delta \frac{1 - \dfrac{s}{4A}(2a + \delta)}{\ln\left(1 + \dfrac{\delta}{a}\right)},$$

从而由 (f) 得

$$\tau = \frac{\tau_0 \delta}{r} \frac{1 - \dfrac{s}{4A}(2a + \delta)}{\ln\left(1 + \dfrac{\delta}{a}\right)} + \frac{\tau_0 s r}{2A}. \tag{h}$$

对于薄壁管, $s(2a + \delta)/A$ 和 sr/A 两个比值都很小, 于是 (h) 简化为

$$\tau = \tau_0 \frac{\delta}{r} \Big/ \ln\left(1 + \frac{\delta}{a}\right). \tag{i}$$

将 $r = a$ 代入, 就得到凹角处的应力. 这应力用曲线表示于图 174 内. 图中另一曲线 A 是用差分法得到的[②] (没有假定在转角处薄膜的形状是回转面). 这表明, 对于小的圆角, 例如直到 $a/\delta = 1/4$ 为止, 方程 (i) 足够精确. 对于大的圆角, 由方程 (i) 得出的值过大. [335]

现在来考察管的截面有两个以上的边界时的情形. 以图 175 所示的情形为例. 假设管壁很薄, 由薄膜比拟得各段管壁中的剪应力是

$$\tau_1 = \frac{h_1}{\delta_1}, \quad \tau_2 = \frac{h_2}{\delta_2}, \tag{j}$$

$$\tau_3 = \frac{h_1 - h_2}{\delta_3} = \frac{\tau_1 \delta_1 - \tau_2 \delta_2}{\delta_3},$$

其中 h_1 和 h_2 是内边界 CD 和 EF 的高度[③].

由体积 $ACDEFB$ 求得扭矩的大小是

$$M_t = 2(A_1 h_1 + A_2 h_2) = 2A_1 \delta_1 \tau_1 + 2A_2 \delta_2 \tau_2, \tag{k}$$

其中 A_1 和 A_2 是图中虚线所示的面积.

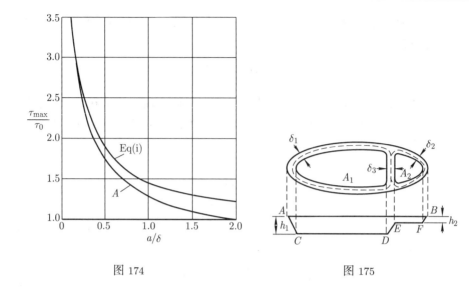

图 174　　　　　　　　　　　　　　图 175

应用方程 (160) 于图中虚线所示的闭合曲线, 可得出用来求解问题的其余几个方程. 假设厚度 δ_1、δ_2、δ_3 是常量, 并用 s_1、s_2、s_3 代表各虚曲线的长度, 于是由图 175 得

[336]

$$\begin{aligned} \tau_1 s_1 + \tau_3 s_3 &= 2G\theta A_1, \\ \tau_2 s_2 - \tau_3 s_3 &= 2G\theta A_2. \end{aligned} \tag{l}$$

用 (j) 中最末一个方程以及方程 (k) 和 (l), 可得应力 τ_1、τ_2、τ_3, 用扭矩表示:

$$\tau_1 = \frac{M_t[\delta_3 s_2 A_1 + \delta_2 s_3 (A_1 + A_2)]}{2[\delta_1 \delta_3 s_2 A_1^2 + \delta_2 \delta_3 s_1 A_2^2 + \delta_1 \delta_2 s_3 (A_1 + A_2)^2]}, \tag{m}$$

$$\tau_2 = \frac{M_t[\delta_3 s_1 A_2 + \delta_1 s_3 (A_1 + A_2)]}{2[\delta_1 \delta_3 s_2 A_1^2 + \delta_2 \delta_3 s_1 A_2^2 + \delta_1 \delta_2 s_3 (A_1 + A_2)^2]}, \tag{n}$$

$$\tau_3 = \frac{M_t(\delta_1 s_2 A_1 - \delta_2 s_1 A_2)}{2[\delta_1 \delta_3 s_2 A_1^2 + \delta_2 \delta_3 s_1 A_2^2 + \delta_1 \delta_2 s_3 (A_1 + A_2)^2]}. \tag{o}$$

在对称截面的情况下, $s_1 = s_2, \delta_1 = \delta_2, A_1 = A_2$, 而 $\tau_3 = 0$. 这时扭矩由管的外壁承受, 而腹壁不受力[④].

为了求得任一类似图 175 所示的截面的扭角, 可将应力的值代入 (l) 中的任一方程. 这样就可以把 θ 用扭矩 M_t 表示.

注:

①　关于薄管的公式, (176) 和 (177), 是 R. Bredt 得到的, 见 *VDI*, vol. 40, p. 815, 1896.

②　Huth, 见 §112 的注 ③.

③　假定板是受控制而保持水平的 (见 §115).

④ 在推导公式时, 与薄膜斜率沿腹壁厚度的变化相对应的微小应力已经略而不计.

§117 螺型位错

在前两节中已经看到, 为了使解答能表示一个扭转状态, w 必须是单值函数. 再次考察一下方程 (149)、(150)、(151) 和边界条件 (152), 很快可以看出, 求得一个相应于 $\theta = 0$ 的应力状态是可能的. 应力函数 ϕ 必须满足拉普拉斯方程, 并且在每一边界曲线上是常量. 但是, 现在必须用 w 而不用 §104 中方程 (b) 所示的形式 $\theta\psi(x, y)$. 于是 §104 中的方程 (f) 改为 [337]

$$\frac{\partial \phi}{\partial y} = G\frac{\partial w}{\partial x}, \quad -\frac{\partial \phi}{\partial x} = G\frac{\partial w}{\partial y}. \tag{a}$$

这是函数 Gw 和 ϕ 的柯西–雷曼方程 (见 §55). 因此, $Gw + i\phi$ 是 $x + iy$ 的解析函数, 于是有

$$Gw + i\phi = f(x + iy). \tag{b}$$

一当函数 f 被选定, 就得到一个状态, 其中只有 w 是非零的位移分量.

现在用 r、ψ 代表截面上的极坐标. 选择

$$f(x + iy) = -iA\ln(x + iy) = A\psi - iA\ln, \tag{c}$$

其中 A 是实常数. 这对于塑性形变的位错理论特别有用 (见 §34). 现在由 (b) 得

$$Gw = A\psi, \quad \phi = -A\ln r. \tag{d}$$

相应的剪应力是沿环向, 其极坐标分量为

$$\tau_{z\psi} = -\frac{\partial \phi}{\partial r} = \frac{A}{r}, \quad \tau_{zr} = 0. \tag{e}$$

任何一个 r 为常量的圆柱边界面上都没有载荷. 但位移 w 是不连续的. 这个解答可以应用于具有轴向切口的 $a < r < b$ 的空心圆柱 (图 176). 由 (d) 中的第一式得到切口的一个面对于另一个面的轴向相对位移

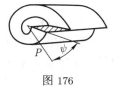

图 176

$$w(r, 2\pi) - w(r, 0) = \frac{2\pi A}{G}. \tag{f}$$

应力 (e) 可以当作由于施加了这个相对位移, 连带式 (e) 所示的两端剪力载荷, 而引起的. 这个载荷合成为扭矩 [338]

$$2\pi \int_a^b \tau_{z\psi} r^2 \mathrm{d}r = \pi(b^2 - a^2)A.$$

为了能够引进一个相等而相反的扭矩, 叠加一个简单的扭转状态 (§101), 其中

$$\tau_{z\psi} = Br, \quad \tau_{zr} = 0, \quad B = -\frac{2A}{a^2 + b^2},$$

而 $w = 0$. 于是最后得应力

$$\tau_{z\psi} = A\left(\frac{1}{r} - \frac{2r}{a^2 + b^2}\right), \tag{g}$$

它可以作为由相对位移 (f) 引起, 而两端的扭矩为零. 当然, 在两端仍然有式 (g) 所示的剪应力分布着. 因为它合成为零, 所以, 按照圣维南原理, 如果把它消除掉, 只会有局部影响.

这个最后状态, 应用于材料科学时, 称为螺型位错[①]. 具有一个切口的空心圆轴, 可能有六种不同形式的位错 (每一种位错中的应变在切口处都是连续的). 螺型位错、§34 中的边缘位错、§34 中同样切口的平行缺口位错, 以及 §31 中的角缺口位错 (图 45), 占了六种中的四种.[②]

注:

① 例如见 A. H. Cottrell, "Dislocations and Plastic Flow in Crystals", 1953.

② 见 §34 的注 ② 中所列的参考文献. 关于空心锥和空心球的螺型位错, 见 J. N. Goodier and J. C. Wilhoit, *Quart, Appl. Math.*, vol. 13, pp. 263-269, 1955.

§118　杆的某一截面保持为平面时的扭转

前面在讨论扭转问题时, 总是假定扭矩是由依一定方式分布于杆端的剪应力组成的, 这剪应力须由方程 (150) 的解答求得, 并且满足边界条件 (152). 如果两端应力分布的方式不同于此, 杆中的应力分布就将发生局部的不规则, 而方程 (150) 和 (152) 的解只有用于离杆端较远的部分才能有满意的精度[①].

[339]　　　如果扭杆的某一截面受约束而不能翘曲, 也将发生相似的不规则. 在工程中有时会遇到这类问题[②]. 图 177 所示的是一个简单例子. 由对称性可以断定, 杆的中间截面在扭转时保持为平面. 因此, 在该截面附近的应力分布与 §109 中就矩形杆求得的不会相同. 在讨论这种应力时, 我们首先考察狭矩形杆的情形[③], 并假定 a 远大于 b. 如果截面可以自由翘曲, 那么, 由 §108, 应力是

$$\tau_{xz} = -2G\theta y, \quad \tau_{yz} = 0, \tag{a}$$

而对应的位移是 [由 §104 的方程 (a)、(b) 和 (d)]:

$$u = -\theta yz, \quad v = \theta xz, \quad w = -\theta xy. \tag{b}$$

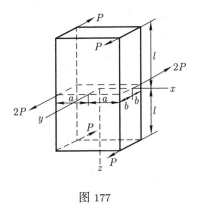

图 177

为了阻止位移 w 所示的截面翘曲, 必须有正应力 σ_z 分布在截面上. 假定 σ_z 与 w 成比例并随着距中间截面的距离 z 的增加而减小, 可得一近似解答. 这些假定可用

$$\sigma_z = -mE\theta \mathrm{e}^{-mz}xy \tag{c}$$

来满足, 其中 m 是待定的因子. 由于有因子 e^{-mz}, 应力 σ_z 将随着 z 的增加而减小, 在某一距离以外就可以不计 (距离视 m 的数值而定).

选择其余的应力分量时, 必须使平衡微分方程 (123) 和边界条件能被满足. 容易证明, 令 [340]

$$
\begin{aligned}
&\sigma_x = \sigma_y = 0, \\
&\tau_{xy} = -\frac{1}{8}Em^3\theta \mathrm{e}^{-mz}(a^2 - x^2)(b^2 - y^2), \\
&\tau_{xz} = \frac{1}{4}Em^2\theta \mathrm{e}^{-mz}(a^2 - x^2)y - 2G\theta y, \\
&\tau_{yz} = \frac{1}{4}Em^2\theta \mathrm{e}^{-mz}(b^2 - y^2)x,
\end{aligned}
\tag{d}
$$

可以满足这些要求. 对于大的 z 值, 这应力分布趋近于简单扭转的应力 (a). 在 $x = \pm a$ 和 $y = \pm b$ 的边界上, 应力分量 τ_{xy} 成为零; 当 $x = \pm a$ 和 $y = \pm b$ 时, τ_{xz} 和 τ_{yz} 分别为零. 因此, 边界条件已被满足, 杆的侧面不受力.

为了确定因子 m, 我们来考察杆的应变能, 使应变能为极小以计算 m. 应用方程 (131), 得

$$V = \frac{1}{2G}\int_{-l}^{l}\int_{-a}^{a}\int_{-b}^{b}\left[\tau_{xy}^2 + \tau_{xz}^2 + \tau_{yz}^2 + \frac{1}{2(1+\nu)}\sigma_z^2\right]\mathrm{d}x\mathrm{d}y\mathrm{d}z.$$

将 (c) 和 (d) 中的各应力分量代入, 并注意, 对于长杆, 令

$$\int_0^l \mathrm{e}^{-mz}\mathrm{d}z = \frac{1}{m}$$

已足够精确. 于是得

$$V = \frac{1}{9}E\theta^2 a^3 b^3 \left\{-3m + (1+\nu)\left[\frac{2}{25}a^2 b^2 m^5 + \frac{1}{5}(a^2+b^2)m^3 + \frac{12}{(1+\nu)^2}\frac{l}{a^2}\right]\right\}.$$

(e)

由应变能极小这一条件得到如下的方程以确定 m:

$$(1+\nu)\left[\frac{2}{5}a^2 b^2 m^4 + \frac{3}{5}(a^2+b^2)m^2\right] = 3.$$

对于狭矩形, 上式可近似地简化为

$$m^2 = \frac{5}{(1+\nu)a^2}.$$

(f)

将 m 的这个值代入 (c) 和 (d), 就得到杆的中间截面保持为平面时的应力分布.

为了计算扭角 ψ, 可令势能 (e) 等于扭矩 M_t 所作的功:

$$\frac{M_t \psi}{2} = V,$$

由此得扭角为

$$\psi = \frac{3M_t}{16Gab^3}\left[l - \frac{\sqrt{5(1+\nu)}}{6}a\right].$$

(g)

将这结果与 §94 的方程 (163) 对比, 可以推断, 阻止中间截面的翘曲, 可以增加杆的扭转刚度. 应力分布的局部不规则对于 ψ 值的影响, 与令长度 l 减小

$$a\frac{\sqrt{5(1+\nu)}}{6}$$

[341]所起的影响相同. 取 $\nu = 0.3$, l 的减小是 $0.425a$. 由此可见, 如果 a 远较 l 为小, 中间截面所受的约束对于扭角的影响就很小.

椭圆截面杆的扭转可用相似的方法研究.[④] 当工字形截面杆扭转时, 如果中间截面受约束, 影响将较大. 在这种情况下, 考虑两翼在扭转时的弯曲, 可以得到计算扭角的近似法[⑤].

注:

① 在圆柱体两端的局部不规则曾由 F. Purser 讨论过, 见 *Proc. Roy. Irish Acad.*, Dublin, ser. A, vol. 26, p. 54, 1906. 又见 K. Wolf, *Sitzber. Akad. Wiss. Wien*, vol. 125, p. 1149, 1916; A. Timpe, *Math. Ann.* vol. 71, p. 480, 1912; G. Horvay and J. A. Mirabel,

J. Appl. Mech., vol. 25, pp. 561-570, 1958; H. D. Conway and J. R. Moynihan, 同上期刊 vol. 31, pp. 346-348, 1964; M. Tanimura, *Tech. Repts. Ozaka Univ.*, vol. 12, no. 497, pp. 93-104, 1962.

② 工字梁在这种情况下的扭转曾由 S. Timoshenko 讨论过, 见 *Z. Math. Physik*, vol. 58, p. 361, 1910. 又见 C. Weber, *Z. Angew. Math. Mech.*, vol. 6, p. 85, 1926.

③ 见 S. Timoshenko, *Proc. London Math. Soc.*, ser. 2, vol. 20, p. 389, 1921.

④ A. Föppl, *Sitzber. Bayer. Akad. Wiss., Math. -phys. Klasse*, München, 1920, p. 261.

⑤ 见 S. Timoshenko, *Z. Math. Physik.*, vol. 58, p. 361, 1910; 或 "strength of Materials", vol. 2, p. 260, 1956. 对于其他开敞或闭合的薄壁截面, 也有类似的近似方法, 见 W. Flügge 编, "Handbook of Engineering Mechanics", pt. 4, McGraw-Hill Book Company, New York, 1962.

§119 变直径圆轴的扭转

设有一回转体形式的轴 (图 178), 两端受力偶而扭转. 取轴的中心线为 z 轴, 并用柱面坐标 r 和 θ 表明横截面内任一单元面的位置. 这时应力分量的记号是 σ_r、σ_θ、σ_z、τ_{rz}、$\tau_{r\theta}$、$\tau_{\theta z}$. 径向和切向的位移分量分别用 u 和 v 代表, z 方向的位移分量用 w 代表. 于是, 利用以前就二维问题求得的各公式 (见 §30), 可得应变分量的表达式如下: [342]

$$\epsilon_r = \frac{\partial u}{\partial r}, \quad \epsilon_\theta = \frac{u}{r} + \frac{\partial v}{r\partial \theta}, \quad \epsilon_z = \frac{\partial w}{\partial z},$$
$$\gamma_{r\theta} = \frac{\partial u}{r\partial \theta} + \frac{\partial v}{\partial r} - \frac{v}{r}, \tag{179}$$
$$\gamma_{rz} = \frac{\partial u}{\partial z} + \frac{\partial w}{\partial r}, \quad \gamma_{z\theta} = \frac{\partial v}{\partial z} + \frac{\partial w}{r\partial \theta}.$$

和以前 (§27) 处理二维问题时一样, 写出单元体 (图 178) 的平衡方程, 并假定没有体力, 就得到如下的平衡微分方程①:

$$\frac{\partial \sigma_r}{\partial r} + \frac{1}{r}\frac{\partial \tau_{r\theta}}{\partial \theta} + \frac{\partial \tau_{rz}}{\partial z} + \frac{\sigma_r - \sigma_\theta}{r} = 0,$$
$$\frac{\partial \tau_{rz}}{\partial r} + \frac{1}{r}\frac{\partial \tau_{\theta z}}{\partial \theta} + \frac{\partial \sigma_z}{\partial z} + \frac{\tau_{rz}}{r} = 0, \tag{180}$$
$$\frac{\partial \tau_{r\theta}}{\partial r} + \frac{1}{r}\frac{\partial \sigma_\theta}{\partial \theta} + \frac{\partial \tau_{\theta z}}{\partial z} + \frac{2\tau_{r\theta}}{r} = 0.$$

应用各方程于扭转问题时, 可采用半逆解法 (见 §104), 假设 u 和 w 都是零, 也就是, 假设扭转时各质点只沿切向移动. 这一假设与以前对常直径圆轴所作的假设不同之点在于, 切向位移不再与距中心线的距离成比例, 就是说,

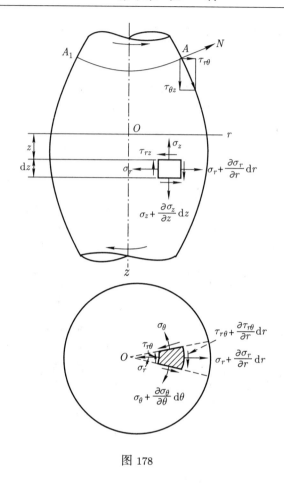

图 178

横截面的半径在扭转时将成为曲线. 下面将证明, 以这一假设为根据而求得的解答, 能满足弹性理论的一切方程, 因而是这问题的真正解答.

将 $u = w = 0$ 代入 (179), 并考虑到, 由于对称, 位移 v 与角 θ 无关, 就得到

$$\epsilon_r = \epsilon_\theta = \epsilon_z = \gamma_{rz} = 0, \quad \gamma_{r\theta} = \frac{\partial v}{\partial r} - \frac{v}{r}, \quad \gamma_{\theta z} = \frac{\partial v}{\partial z}. \tag{a}$$

因此, 所有应力分量中只有 $\tau_{r\theta}$ 和 $\tau_{\theta z}$ 不等于零. 方程 (180) 中的前两个恒被满足, 而第三个方程成为

[343]

$$\frac{\partial \tau_{r\theta}}{\partial r} + \frac{\partial \tau_{\theta z}}{\partial z} + \frac{2\tau_{r\theta}}{r} = 0. \tag{b}$$

这个方程可以写成

$$\frac{\partial}{\partial r}(r^2 \tau_{r\theta}) + \frac{\partial}{\partial z}(r^2 \tau_{\theta z}) = 0. \tag{c}$$

可见, 如将应力函数 ϕ 表为 r 和 z 的函数, 而使

$$r^2\tau_{r\theta} = -\frac{\partial\phi}{\partial z}, \quad r^2\tau_{\theta z} = \frac{\partial\phi}{\partial r}, \tag{d}$$

就能满足方程 (c).

要满足相容条件, 必须考虑到 $\tau_{r\theta}$ 和 $\tau_{\theta z}$ 是位移 v 的函数这一事实. 由方程 (a) 和 (d) 有

$$\begin{aligned}
\tau_{r\theta} &= G\gamma_{r\theta} = G\left(\frac{\partial v}{\partial r} - \frac{v}{r}\right) = Gr\frac{\partial}{\partial r}\left(\frac{v}{r}\right) = -\frac{1}{r^2}\frac{\partial\phi}{\partial z}, \\
\tau_{\theta z} &= G\gamma_{\theta z} = G\frac{\partial v}{\partial z} = Gr\frac{\partial}{\partial z}\left(\frac{v}{r}\right) = \frac{1}{r^2}\frac{\partial\phi}{\partial r}.
\end{aligned} \tag{e}$$

由此得

$$\frac{\partial}{\partial r}\left(\frac{1}{r^3}\frac{\partial\phi}{\partial r}\right) + \frac{\partial}{\partial z}\left(\frac{1}{r^3}\frac{\partial\phi}{\partial z}\right) = 0, \tag{f}$$

或

$$\frac{\partial^2\phi}{\partial r^2} - \frac{3}{r}\frac{\partial\phi}{\partial r} + \frac{\partial^2\phi}{\partial z^2} = 0. \tag{g}$$

现在来考虑关于函数 ϕ 的边界条件. 轴的侧面没有外力, 因此可以断定, 在纵截面的边界上任一点 A (图 178), 总剪应力必须沿边界的切线方向, 而它在边界法线 N 上的投影必须是零. 因此

$$\tau_{r\theta}\frac{\mathrm{d}z}{\mathrm{d}s} - \tau_{\theta z}\frac{\mathrm{d}r}{\mathrm{d}s} = 0,$$

其中 $\mathrm{d}s$ 是边界的单元线. 将 (d) 中的应力分量代入, 得

$$\frac{\partial\phi}{\partial z}\frac{\mathrm{d}z}{\mathrm{d}s} + \frac{\partial\phi}{\partial r}\frac{\mathrm{d}r}{\mathrm{d}s} = 0, \tag{h}$$

由此可以断定, 沿着轴的纵截面的边界, ϕ 是常量.

方程 (g) 和边界条件 (h) 完全确定了应力函数 ϕ; 由 ϕ 可以求得满足平衡方程、相容方程以及轴的侧面上的边界条件的应力[②].　　　　　　　[344]

取任一横截面而计算剪应力 $\tau_{\theta z}$ 的矩, 就可求得扭矩为

$$M_t = \int_0^a 2\pi r^2\tau_{\theta z}\mathrm{d}r = 2\pi\int_0^a \frac{\partial\phi}{\partial r}\mathrm{d}r = 2\pi|\phi|_0^a, \tag{i}$$

其中 a 是截面的外半径. 于是, 只要知道应力函数在横截面的外边界处与在中心处的差值, 就很容易求得扭矩.

现在来讨论轴在扭转时的位移. 用记号 $\psi = v/r$ 代表轴的横截面上半径为 r 的单元环的转角. 假想将轴分成无数薄管, 单元环就是其中一个薄管的横

截面, 而 ψ 是这一薄管的扭角. 由于截面的半径在扭转时变成曲线, 可知 ψ 随 r 变化, 而在轴的同一横截面上, 各薄管的扭角并不相等. 现在将方程 (e) 写成

$$Gr^3\frac{\partial\psi}{\partial r} = -\frac{\partial\phi}{\partial z}, \quad Gr^3\frac{\partial\psi}{\partial z} = \frac{\partial\phi}{\partial r},$$

由此得

$$\frac{\partial}{\partial r}\left(r^3\frac{\partial\psi}{\partial r}\right) + \frac{\partial}{\partial z}\left(r^3\frac{\partial\psi}{\partial z}\right) = 0,$$

或

$$\frac{\partial^2\psi}{\partial r^2} + \frac{3}{r}\frac{\partial\psi}{\partial r} + \frac{\partial^2\psi}{\partial z^2} = 0. \tag{j}$$

这方程的解答[③] 给出扭角, 表为 r 和 z 的函数. 在这解答中令

[345]

$$\psi = \text{const}, \tag{k}$$

就得到一个曲面, 曲面上各点的扭角相同. 在图 178 中, AA_1 就代表这样的一个面与轴的纵截面的交线. 由对称关系可知, 方程 (k) 所表示的面是一些回转面, 而 AA_1 是回转面上经过 A 点的子午线. 扭转时, 这些曲面绕 z 轴转动而不改变形状, 和圆轴中的横截面完全一样. 因此, 在子午线 AA_1 上任一点处的总应变是在垂直于子午线的平面内的纯剪应变, 而轴的纵截面上对应的剪应力则垂直于子午线. 在边界上, 这应力与纵截面的边界相切, 而子午线则垂直于边界. 由 $\psi = \text{const}$ 的曲面到相邻的曲面, ψ 沿着纵截面边界的改变率是 $\mathrm{d}\psi/\mathrm{d}s$. 用研究圆轴时所用的同样的方法 (§101), 可得

$$\tau = Gr\frac{\mathrm{d}\psi}{\mathrm{d}s}, \tag{l}$$

其中

$$\tau = \tau_{r\theta}\frac{\mathrm{d}r}{\mathrm{d}s} + \tau_{\theta z}\frac{\mathrm{d}z}{\mathrm{d}s}$$

是边界上的合剪应力. 可见, 如用实验方法求得 $\mathrm{d}\psi/\mathrm{d}s$ 的值, 就容易求得这合剪应力的值[④].

现在来考察锥形轴 (图 179) 的特殊情形[⑤]. 这时, 在纵截面的边界上, 比率

$$\frac{z}{(r^2 + z^2)^{\frac{1}{2}}}$$

是常数, 等于 $\cos\alpha$. 这比率的任一函数都能满足边界条件 (h). 为了同时满足方程 (g), 可以取

$$\phi = c\left\{\frac{z}{(r^2 + z^2)^{\frac{1}{2}}} - \frac{1}{3}\left[\frac{z}{(r^2 + z^2)^{\frac{1}{2}}}\right]^3\right\}, \tag{m}$$

其中 c 是常数. 通过求导, 得

$$\tau_{\theta z} = \frac{1}{r^2}\frac{\partial \phi}{\partial r} = -\frac{crz}{(r^2 + z^2)^{\frac{5}{2}}}. \tag{n}$$

常数 c 可由方程 (i) 求得. 将 (m) 代入方程 (i), 得

$$c = -\frac{M_t}{2\pi\left(\dfrac{2}{3} - \cos\alpha + \dfrac{1}{3}\cos^3\alpha\right)}.$$

为了计算扭角, 可利用方程 (e), 由这方程求得满足方程 (j) 和边界条件的 ψ 为

$$\psi = \frac{c}{3G(r^2 + z^2)^{\frac{3}{2}}}. \tag{o}$$

可见扭角相同的面是以原点 O 为中心的球面.

回转椭球面、回转双曲面或回转抛物面形的轴可用相似的方法加以讨论[6].

实际上遇到的问题常较复杂. 通常, 轴的直径是突变的, 如图 180a 所示. 首先研究这种问题的是费普尔. 伦盖曾建议用数值计算法求这类问题的近似解答[7], 并证明在点 m 和点 n 处有很高的应力集中; 对于具有两个不同直径 d 和 D 的轴 (图 180a), 最大应力的大小与比值 a/d 和 d/D 有关, 其中 a 是内圆角半径.

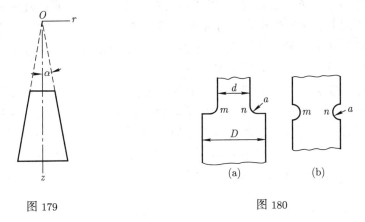

图 179　　　　　　　　　　　图 180

如圆轴有一很小半径 a 的半圆槽 (图 180b), 在槽底的最大应力将两倍于无槽圆轴的表面处的应力[8].

在讨论受扭圆轴的内圆角处和槽底处的应力集中时, 电比拟极为有用[9]. 电流在变厚度均质薄板中流动时的一般方程是

$$\frac{\partial}{\partial x}\left(h\frac{\partial \psi}{\partial x}\right) + \frac{\partial}{\partial y}\left(h\frac{\partial \psi}{\partial y}\right) = 0, \tag{p}$$

[346]

[347]

其中 h 是板的变厚度, ψ 是势函数.

假定: 板的边界与轴的纵截面边界相同 (图 181); x 轴和 y 轴分别与 z 轴和 r 轴一致; 板的厚度与径向距离 r 的立方成比例, 也就是 $h = \alpha r^3$. 这时, 方程 (p) 成为

$$\frac{\partial^2 \psi}{\partial z^2} + \frac{3}{r}\frac{\partial \psi}{\partial r} + \frac{\partial^2 \psi}{\partial r^2} = 0.$$

这方程与方程 (j) 相同. 由此可见, 板的等势线与变直径轴的纵截面内的等扭角线决定于相同的方程.

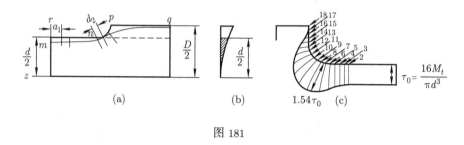

图 181

[348]　　　假定板的两端 (对应于轴的两端) 保持一定的势差, 使电流沿 z 轴流动, 等势线就垂直于板的侧边, 也就是与等扭角线的边界条件相同. 这两种线的微分方程和边界条件都相同, 所以两种线完全相同. 因此, 研究板内电势的分布, 即可得到关于扭转轴中应力分布的有用资料.

最大应力在轴的表面, 可用方程 (l) 求得. 应用电比拟, 由方程 (l) 可知, 最大应力与板边的电势降落率成比例.

图 181 示一实际量测时所用的钢板模型, 长 24 in, 大的一端宽 6 in, 最大厚度 1 in. 沿模型边缘 $mnpq$ 的电势降落用灵敏电流计测定, 电流针的两个端钮与固着于一块木板上而相隔 2 mm 的尖针相连. 使针尖与板接触, 电流计上就指出两针尖之间的电势降落. 使尖针沿圆角移动, 可以得出最大电势梯度的所在处和数量. 这最大电势梯度与较远的一点 m (图 181a) 处的电势梯度之比, 就是方程

$$\tau_{\max} = k\frac{16M_t}{\pi d^3}$$

中的应力集中因子 k 的大小[①]. 图 181c 表示在某一特殊情况下的试验结果. 图中用每一点的边界法线的长度代表在该点量得的电势梯度. 由图可得应力集中因子是 1.54. 就各种尺寸比例的轴求得的这因子的大小示于图 182 内, 其中横坐标代表圆角半径与较细部分的轴的半径的比率 $2a/d$ (图 182), 纵坐标

[349]　　　代表对不同比值 D/d 的应力集中因子 k.

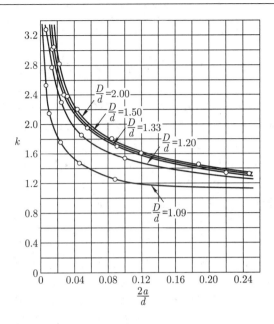

图 182

注:

① 这些方程是 Lamé 和 Clapeyron 得出的, 见 *Crelle's J.*, vol. 7, 1831.

② 本问题的这一通解是 J. H. Michell 求得的, 见 *Proc. London Math. Soc.*, vol. 31, p. 141, 1899. 又见 A. Föppl, *Sitzber. Bayer. Akad. Wiss.*, Müchen, vol. 35, pp. 249 and 504, 1905. 又见 H. Neuber 所著 "Kerbspannungslehre", Berlin, 1958 书中用另外的方法得出了回转双曲线体的解答和空心回转椭球体的解答. 有关这一题材的资料, 见 T. Pöschl, *Z. Angew. Math. Mech.*, vol. 2, p. 137, 1922; T. J. Higgins, *Exp. Stress Anal.* vol. 3, no, 1, p. 94, 1945.

③ 用柱面坐标 r、z 表示的解答, 见 H. Reissner and G. J. Wennagel, *J. Appl. Mech.*, vol. 17, pp. 275-282, 1950. 用球面坐标的乘积表示的解答, 见 H. Poritsky, *Proc. Symp. Appl. Math., Am. Math. Soc.*, vol 3, pp. 163-186, 1951; 又见 J. C. Wilhoit, Jr., *Quart. Appl. Math.*, vol. 11, pp. 499-501, 1954.

④ R. Sonntag 曾做过这样的实验, 见 *Z. Angew. Math. Mech.*, vol. 9, p. 1, 1929.

⑤ Föppl, 见注 ②.

⑥ 见下列作者的论文: E. Melan, *Tech. Blätter*, Prag, 1920; А. Н. Динник, Изв. донского политехн. инст., Новочеркасск, 1912; W. Arndt, Die Torsion von Wellen mit achsensymmetrischen Bohrungen und Hohlräumen, Dissertation, Göttingen, 1916; A. Timpe, *Math. Annalen*, 1911, p. 480. 其他参考资料见 Higgins 所作的书评 (见注 ②). R. E. Peterson 给出了设计曲线, 见 §114 的注 ⑦.

⑦ 见 F. A. Willers, *Z. Math. Physik*, vol. 55, p. 225, 1907. 另一种近似解法见 L.

Föppl, *Sitzber. Bayer. Akad. Wiss.*, München, vol. 51, p. 61, 1921; 以及 R. Sonntag, 注释 ④.

⑧　关于较大的槽, 见 R. E. Peterson 的书 (见 §114 的注 ⑦); 又见 Flügge 编的书 (见 §118 的注 ⑤).

⑨　见 L. S. Jacobsen 的论文, 载 *Trans. ASME*, vol. 47, p. 619, 1925; 又见 T. J. Higgins 的概述 (见 §119 的注释 ②). 在 T. J. Higgins 的概述中还讨论了由这种方法和其他方法得到的结果的差异. 进一步的比较和用应变仪量测的结果 (将图 182 扩展到 $2a/d = 0.50$) 见 A. Weigand, *Luftfahrt-Forsch.*, vol. 20, p. 217, 1943, 已翻译成英文, 载 NACA *Tech. Mem.* 1179, September, 1947.

⑩　这时, 半径 r [方程 (l)] 的微小变化可以不计.

习题

1. 考虑整个杆的平衡, 证明: 当 τ_{xz} 和 τ_{yz} 以外的所有应力分量都等于零时, 载荷必仅仅是一个扭转力偶 [与 §104 的方程 (h) 对比].

2. 试证明 $\phi = A(r^2 - a^2)$ 可以解答实心圆轴或空心圆轴的扭转问题. 求出 A, 用 $G\theta$ 表示. 利用方程 (149) 和 (153) 计算实心轴的最大剪应力和扭转刚度, 用 M_t 表示, 并证明所得结果与材料力学教程中给出的结果一致.

3. 试证明, 对于同样的扭角, 椭圆截面比内切圆截面 (半径等于椭圆的短轴 b) 有较大的剪应力. 如果许用应力相同, 哪种截面承受的扭矩较大?

[350]

4. 试利用方程 (153) 和 §106 中的方程 (g) 计算等边三角形的扭转刚度, 并从而证明 §106 中的方程 (l).

5. 试利用 §106 中用直角坐标表示的应力函数 (m), 求出沿着图 157 的中线 Ax 的剪应力 τ_{yz} 的表达式, 并证明沿着这条线的剪应力最大值就是方程 (p) 给出的值.

6. 试计算图 157 所示截面的扭转刚度. 如果槽很小, 这扭转刚度与整圆截面的扭转刚度有无显著差别?

7. 试证明, 与 §108 中抛物线薄膜相对应的应力函数 ϕ 是

$$\phi = -G\theta \left(x^2 - \frac{c^2}{4} \right).$$

对于狭窄的尖削截面, 如图 183 所示的三角形, 假设在任一水平面 y 处, 薄膜具有与这水平面宽度相适应的抛物线形, 就能得到近似解答. 证明: 对于高度为 b 的三角形截面, 近似地有

$$M_t = \frac{1}{12} G\theta b c_0^3.$$

8. 试应用第 7 题中指出的方法, 求出图 184 中由两条抛物线围成的狭窄对称截面的扭转刚度的近似表达式, 截面中心下方深度 y 处的宽度 c 是

$$c = c_0 \left(1 - \frac{y^2}{b^2} \right).$$

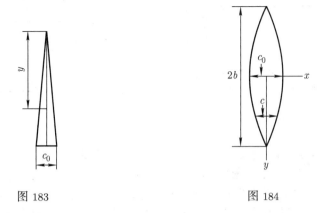

图 183   图 184

9. 试证明, 用第 7 题中指出的方法可求得狭窄椭圆截面的近似应力函数

$$\phi = -G\theta b^2 \left(\frac{x^2}{a^2} + \frac{y^2}{b^2} - 1 \right),$$

椭圆截面如图 153 所示, 但 b/a 很小. 证明 §105 中的精确解答在 b/a 很小时接近这个解答.

导出关于狭窄椭圆截面的近似公式

$$M_t = \pi ab^3 G\theta, \quad \tau_{\max} = 2G\theta b = \frac{2M_t}{\pi ab^2},$$

并将这两个公式与关于长为 $2a$、宽为 $2b$ 的狭矩形截面的相应公式作一比较. [351]

10. 试应用 §111 末尾指出的方法求第 8 题中所述的截面的近似扭转刚度.

11. 某截面有一孔, 而应力函数 ϕ 是这样决定的: 它在截面的外边界上是零, 在孔边上则具有常数 ϕ_H. 试用 §104 中推导方程 (153) 的方法, 证明总扭矩等于 ϕ 曲面下的体积的两倍加上在高 ϕ_H 处覆盖于孔上的平顶下面的体积的两倍 (参阅 §115).

12. 一闭合薄壁管, 具有周长 l 和均匀壁厚 δ. 将这闭合管沿纵向切开一小缝而成为开口管. 试证明, 当闭合管与开口管内的最大剪应力相同时,

$$\frac{M_{t\text{开口}}}{M_{t\text{闭合}}} = \frac{l\delta}{6A}, \quad \frac{\theta_{\text{开口}}}{\theta_{\text{闭合}}} = \frac{2A}{l\delta},$$

而两管的扭转刚度之比是 $l^2\delta^2/12A^2$, 各式中的 A 是 "管洞" 的面积.

试就半径为 1 in、壁厚为 1/10 in 的圆管计算各个比值.

13. 一薄壁管具有如图 185 所示的截面和均匀壁厚 δ. 试证明, 管扭转时, 中间腹壁上没有应力.

导出: (a) 远离转角处的壁中的应力的公式,(b) 单位扭角 θ 的公式, 都用扭矩表示.

14. 导出截面如图 186 所示的管中剪应力的表达式, 管壁厚度 δ 是均匀的.

15. 在讨论闭合薄壁截面时, 曾假定在壁的厚度上剪应力是常量,这相当于假定在 [352] 壁的厚度上薄膜的斜率是常量. 试证明, 即使是对于壁的直线部分 (例如图 173a) 这个

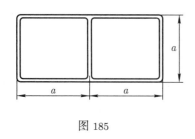

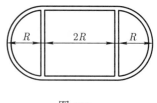

图 185 　　　　　　　　　　　　图 186

假定也并不十分正确; 并证明, 这应力的矫正项大致就是将管沿纵向切开成为 "开口" 管时的剪应力 (参阅第 12 题).

16. §119 中的理论可以将常截面圆轴作为特殊情况包括在内. 对应的函数 ϕ 和 ψ 是怎样的形式? 证明这两个函数能给出扭矩与单位扭角之间的正确关系.

17. 试证明,

$$\phi = \frac{z}{R} + \frac{Az^3}{R^3}$$

其中 $R = (r^2 + z^2)^{\frac{1}{2}}$, 只有当常数 A 是 $-\frac{1}{3}$ 时才能满足 §119 中的方程 (g)[参阅方程 (m)].

18. 在变直径轴的纵截面上任意一点, 任意选取截面内的两单元线段 $\mathrm{d}s$ 和 $\mathrm{d}n$ (互成直角) 如图 187 所示. 剪应力用沿两线段的分量 τ_s 和 τ_n 表示. 试证明,

$$\tau_s = \frac{1}{r^2}\frac{\partial \phi}{\partial n}, \quad \tau_n = -\frac{1}{r^2}\frac{\partial \phi}{\partial s}; \quad \tau_s = Gr\frac{\partial \psi}{\partial s}, \quad \tau_n = Gr\frac{\partial \psi}{\partial n},$$

并导出 ψ 所应满足的边界条件.

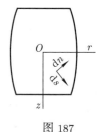

图 187

不用计算而证明: 对于具有任意顶角的锥形边界, §119 中方程 (q) 所示的函数满足上述边界条件.

19. 证明 §119 的方程 (o) 正确给出与方程 (m) 中的函数 ϕ 相对应的函数 ψ.

20. 如果修改 §119 中的理论, 不用 $\phi = \mathrm{const.}$ 的边界条件, 则应力将是由轴端扭矩连带边界上某种 "剪力环" 所引起的. 考虑一均匀圆轴, 试述由 $\phi = Czr^4$ 所解答的问题, 式中的 C 是常数, 而 $0 < z < l$.

[353]

21. 试证明, 图 188 所示截头锥形轴的两端由于扭矩 M_t 而有的相对转角是

$$\frac{M_t}{2\pi \left(\frac{2}{3} - \cos\alpha + \frac{1}{3}\cos^3\alpha\right)} \frac{1}{3G}\left(\frac{1}{a^3} - \frac{1}{b^3}\right).$$

如果 a 和 b 都很大, 且 $b - a = l$, 而 α 很小, 则上面的结果将接近于长为 l 而半径为 αa 的常截面圆轴的两端由于扭矩 M_t 而有的相对转角. 试加以证明.

22. 利用 §119 中的方程 (m) 和 (o) 给出的函数, 求出图 189 所示截头锥形空心轴的两端的相对转角, 用 M_t 表示. 轴的两端是以 O 为中心而分别以 a 和 b 为半径的球面.

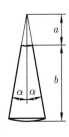

图 188

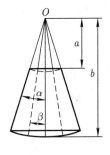

图 189

第十一章

杆的弯曲

---

§120 悬臂梁的弯曲

在讨论纯弯曲时 (§102) 已经证明, 如果柱形杆在两端受到相等而相反的力偶, 在它的一个主平面内弯曲, 则挠度将发生在同一主平面内, 而且六个应力分量中只有平行于杆轴的正应力不等于零. 这个应力与到中性轴的距离成比例. 于是精确解答与初等弯曲理论中所得的解答一致. 在讨论狭矩形截面悬臂梁由于自由端受力而引起的弯曲时 (§21) 又曾证明, 每一截面上除了与弯矩成比例的正应力以外, 还有与剪力成比例的剪应力.

现在来考察任意形状的等截面悬臂梁在自由端受有平行于截面主轴之一的力 P (图 190) 而弯曲的一般情形[①]. 取固定端的形心为坐标原点, 杆的中心线为 z 轴, x 轴和 y 轴与截面的两主轴重合. 在求解这问题时, 我们应用圣维南半逆解法, 首先对应力作某些假设. 我们假设, 在到固定端的距离为 z 的截面上, 正应力的分布与纯弯曲时的情形相同, 就是,

$$\sigma_z = -\frac{P(l-z)x}{I}. \tag{a}$$

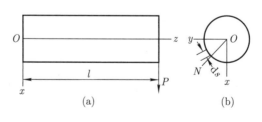

图 190

又假设, 在同一截面上有剪应力作用, 在每一点的剪应力都分解为 τ_{xz} 和 τ_{yz}

两个分量. 再假设其余三个应力分量 σ_x、σ_y、τ_{xy} 都是零. 现在来证明, 如果在 $z = l$ 一端的载荷 P 和在 $z = 0$ 处的反力都按照解答所要求的方式分布, 则根据这些假设而得的解答, 能满足弹性理论的所有方程, 因而是这问题的精确解答.

在这些假设之下, 不计体力, 平衡微分方程 (123) 就成为

$$\frac{\partial \tau_{xz}}{\partial z} = 0, \quad \frac{\partial \tau_{yz}}{\partial z} = 0, \tag{b}$$

$$\frac{\partial \tau_{xz}}{\partial x} + \frac{\partial \tau_{yz}}{\partial y} = -\frac{Px}{I}. \tag{c}$$

由 (b) 可以断定, 剪应力与 z 无关, 在杆的所有截面上都相同.

现在来考虑边界条件 (124), 并将它应用于杆的不受外力的侧面, 可知其中前两个方程恒被满足, 而第三个方程成为

$$\tau_{xz}l + \tau_{yz}m = 0.$$

由图 190b 可见

$$l = \cos(Nx) = \frac{\mathrm{d}y}{\mathrm{d}s}, \quad m = \cos(Ny) = -\frac{\mathrm{d}x}{\mathrm{d}s},$$

其中 $\mathrm{d}s$ 是截面边界曲线的一个单元线段. 于是边界条件成为

$$\tau_{xz}\frac{\mathrm{d}y}{\mathrm{d}s} - \tau_{yz}\frac{\mathrm{d}x}{\mathrm{d}s} = 0. \tag{d}$$

再考虑相容方程 (126), 可见其中包含正应力分量的前三个方程和包含 τ_{xy} 的最末一个方程恒被满足, 而方程组 (126) 简化成为两个方程 [356]

$$\nabla^2 \tau_{yz} = 0, \quad \nabla^2 \tau_{xz} = -\frac{P}{I(1+\nu)} \tag{e}$$

于是, 求解任何一种截面的柱形悬臂梁的弯曲问题, 归结为寻求 τ_{xz} 和 τ_{yz} 表为 x 和 y 的函数, 使其满足平衡方程 (c)、边界条件 (d) 和相容方程 (e).

注:

① 这问题是 Saint-Venant 解答的, 见 *J. Mathémat. (Liouville)*, ser. 2, vol. 1, 1856.

§121 应力函数

在讨论弯曲问题时, 仍将引用应力函数 $\phi(x, y)$. 容易看出, 前节中的平衡微分方程 (b) 和 (c) 可被如下的应力分量所满足:

$$\tau_{xz} = \frac{\partial \phi}{\partial y} - \frac{Px^2}{2I} + f(y), \quad \tau_{yz} = -\frac{\partial \phi}{\partial x}, \tag{181}$$

其中 ϕ 是 x 和 y 的函数; $f(y)$ 只是 y 的函数, 以后将由边界条件来决定.

将 (181) 代入前节中的相容方程 (e), 得

$$\frac{\partial}{\partial x}\left(\frac{\partial^2\phi}{\partial x^2}+\frac{\partial^2\phi}{\partial y^2}\right)=0,$$

$$\frac{\partial}{\partial y}\left(\frac{\partial^2\phi}{\partial x^2}+\frac{\partial^2\phi}{\partial y^2}\right)=\frac{\nu}{1+\nu}\frac{P}{I}-\frac{\mathrm{d}^2f}{\mathrm{d}y^2}.$$

由这些方程可以断定

$$\frac{\partial^2\phi}{\partial x^2}+\frac{\partial^2\phi}{\partial y^2}=\frac{\nu}{1+\nu}\frac{Py}{I}-\frac{\mathrm{d}f}{\mathrm{d}y}+c, \tag{a}$$

其中 c 是积分常数. 这个常数有很简单的物理意义. 试考虑悬臂梁截面内任一单元面的转动, 它是用如下的方程表示的 (见 §83):

$$2\omega_z=\frac{\partial v}{\partial x}-\frac{\partial u}{\partial y}.$$

这个转动沿 z 方向的改变率可写成如下的形式:

$$\frac{\partial}{\partial z}\left(\frac{\partial v}{\partial x}-\frac{\partial u}{\partial y}\right)=\frac{\partial}{\partial x}\left(\frac{\partial v}{\partial z}+\frac{\partial w}{\partial y}\right)$$

$$-\frac{\partial}{\partial y}\left(\frac{\partial u}{\partial z}+\frac{\partial \omega}{\partial x}\right)=\frac{\partial\gamma_{yz}}{\partial x}-\frac{\partial\gamma_{xz}}{\partial y}$$

[357]　利用胡克定律和应力分量的表达式 (181), 我们得到

$$\frac{\partial}{\partial z}(2\omega_z)=\frac{1}{G}\left(\frac{\partial\tau_{yz}}{\partial x}-\frac{\partial\tau_{xz}}{\partial y}\right)=-\frac{1}{G}\left(\frac{\partial^2\phi}{\partial x^2}+\frac{\partial^2\phi}{\partial y^2}+\frac{\mathrm{d}f}{\mathrm{d}y}\right).$$

代入方程 (a), 得

$$-G\frac{\partial}{\partial z}(2\omega_z)=\frac{\nu}{1+\nu}\frac{Py}{I}+c. \tag{b}$$

如果 x 轴是截面的一个对称轴, 那么, 沿着这个轴的一个力 P 将引起截面上各个单元面的对称型的转动 ω_z (对应于互反曲率), 在整个截面上的平均值是零. 于是 $\partial\omega_z/\partial z$ 的平均值也将是零, 这就需要把方程 (b) 中的 c 取为零. 如果截面不是对称的, 我们可以用 $\partial\omega_z/\partial z$ 的平均值为零来定义[①]没有扭转的弯曲, 这自然也要求 c 的值为零. 因此, 方程 (b) 表明: 对于在各个截面形心处的单元面来说, $\partial\omega_z/\partial z$ 是零, 这就是说, 在中心轴处的这些单元面没有相对转动; 如果其中一个单元面被固定, 其他单元面也就没有绕中心轴的转动. 于是, 令 c 等于零, 方程 (a) 成为

$$\frac{\partial^2\phi}{\partial x^2}+\frac{\partial^2\phi}{\partial y^2}=\frac{\nu}{1+\nu}\frac{Py}{I}-\frac{\mathrm{d}f}{\mathrm{d}y}. \tag{182}$$

将 (181) 代入前节中的边界条件 (d), 得

$$\frac{\partial\phi}{\partial y}\frac{\mathrm{d}y}{\mathrm{d}s} + \frac{\partial\phi}{\partial x}\frac{\mathrm{d}x}{\mathrm{d}s} = \frac{\partial\phi}{\partial s} = \left[\frac{Px^2}{2I} - f(y)\right]\frac{\mathrm{d}y}{\mathrm{d}s}. \tag{183}$$

如果函数 $f(y)$ 被选定, 就可由这个方程算出函数 ϕ 沿截面边界的值. 所以方程 (182), 与边界条件 (183) 一起, 就确定了应力函数 ϕ.

在后面要讨论的问题中, 我们将选取函数 $f(y)$ 以使方程 (183) 的右边等于零[2], 从而使 ϕ 在边界上为常数. 令这常数等于零, 就把弯曲问题简化为寻求微分方程 (182) 的解, 而边界条件是 $\phi = 0$. 这个问题与均匀受拉的薄膜的挠度问题相似, 只须薄膜具有与受弯杆截面相同的边界, 并受到如方程 (182) 右边所示的连续载荷. 后面将说明这一相似性的应用. [358]

注:

① J. N. Goodier, *J. Aeron. Sci.*, vol. 11, p. 273, 1944. E. Trefftz 曾提出不同的定义, 见 *Z. Angew. Math. Mech.*, vol. 15, p. 220, 1935.

② 见 С. П. Тимощснко, Сб. инст. инженеров путей сообщсния, Петербурт, 1913. 又见 *Proc. London Math. Soc.*, ser. 2, vol. 20, p. 398, 1922.

§122 圆截面

设截面边界的方程是

$$x^2 + y^2 = r^2. \tag{a}$$

如果取

$$f(y) = \frac{P}{2I}(r^2 - y^2), \tag{b}$$

边界条件 (183) 的右边将成为零. 将 (b) 代入方程 (182), 于是应力函数 ϕ 决定于方程

$$\frac{\partial^2\phi}{\partial x^2} + \frac{\partial^2\phi}{\partial y^2} = \frac{1+2\nu}{1+\nu}\frac{Py}{I} \tag{c}$$

和在边界处 $\phi = 0$ 的条件. 这样, 当均匀受拉的半径为 r 的圆形薄膜受有集度与

$$-\frac{1+2\nu}{1+\nu}\frac{Py}{I}$$

成比例的横向载荷时, 薄膜的挠度就代表应力函数. 容易看出, 在这种情形下, 方程 (c) 和边界条件可被如下的函数满足:

$$\phi = m(x^2 + y^2 - r^2)y, \tag{d}$$

其中 m 是常数因子. 在边界 (a) 处, 这函数是零; 如果取

$$m = \frac{(1+2\nu)}{8(1+\nu)}\frac{P}{I},$$

方程 (c) 也被满足. 于是方程 (d) 成为

$$\phi = \frac{(1+2\nu)P}{8(1+\nu)I}(x^2+y^2-r^2)y. \tag{e}$$

现在可由方程 (181) 求出剪应力分量:

$$\tau_{xz} = \frac{(3+2\nu)P}{8(1+\nu)I}\left(r^2-x^2-\frac{1-2\nu}{3+2\nu}y^2\right),$$
$$\tau_{yz} = -\frac{(1+2\nu)Pxy}{4(1+\nu)I}. \tag{184}$$

剪应力的铅直分量 τ_{xz} 是 x 和 y 的偶函数, 而水平分量 τ_{yz} 是 x 和 y 的奇函数. 因此, 应力 (184) 的合力是沿着圆截面的铅直直径.

[359]

沿截面的水平直径, $x=0$; 由 (184) 得

$$\tau_{xz} = \frac{(3+2\nu)P}{8(1+\nu)I}\left(r^2-\frac{1-2\nu}{3+2\nu}y^2\right), \quad \tau_{yz}=0 \tag{f}$$

最大剪应力在截面中心 ($y=0$), 在这里

$$(\tau_{xz})_{\max} = \frac{(3+2\nu)Pr^2}{8(1+\nu)I} \tag{g}$$

在水平直径的两端 ($y=\pm r$), 剪应力是

$$(\tau_{xz})_{y=\pm r} = \frac{(1+2\nu)Pr^2}{4(1+\nu)I}. \tag{h}$$

可见剪应力的大小与泊松比的大小有关. 取 $\nu=0.3$, (g) 和 (h) 就成为

$$(\tau_{xz})_{\max} = 1.38\frac{P}{A}, \quad (\tau_{xz})_{y=\pm r} = 1.23\frac{P}{A}, \tag{i}$$

其中 A 是杆的截面积. 在梁的初等理论中, 假定剪应力 τ_{xz} 沿截面的水平直径均匀分布而得到

$$\tau_{xz} = \frac{4}{3}\frac{P}{A}.$$

可见, 在这一情况下, 初等解答中的最大剪应力的误差约为 4%.

§123 椭圆截面

前节中的方法也可以用于椭圆截面的情形. 设

$$\frac{x^2}{a^2}+\frac{y^2}{b^2}-1=0 \tag{a}$$

是截面的边界. 如果取

$$f(y) = -\frac{P}{2I}\left(\frac{a^2}{b^2}y^2 - a^2\right),\tag{b}$$

方程 (183) 的右边就等于零. 将 (b) 代入方程 (182), 得

$$\frac{\partial^2\phi}{\partial x^2} + \frac{\partial^2\phi}{\partial y^2} = \frac{Py}{I}\left(\frac{a^2}{b^2} + \frac{\nu}{1+\nu}\right).\tag{c}$$

应力函数 ϕ 确定于这一方程和边界条件 $\phi = 0$. 取

$$\phi = \frac{(1+\nu)a^2 + \nu b^2}{2(1+\nu)(3a^2+b^2)} \cdot \frac{P}{I}\left(x^2 + \frac{a^2}{b^2}y^2 - a^2\right)y,\tag{d}$$

边界条件和方程 (c) 都被满足. 当 $a = b$ 时, 这解答与前节中的解答 (c) 一致.

将 (b) 和 (d) 代入方程 (181), 就得到应力分量

$$\tau_{xz} = \frac{2(1+\nu)a^2 + b^2}{(1+\nu)(3a^2+b^2)}\frac{P}{2I}\left[a^2 - x^2 - \frac{(1-2\nu)a^2}{2(1+\nu)a^2+b^2}y^2\right],\tag{185}$$

$$\tau_{yz} = -\frac{(1+\nu)a^2 + \nu b^2}{(1+\nu)(3a^2+b^2)}\frac{Pxy}{I}.$$

对于椭圆截面的水平轴 $(x = 0)$, 求得

$$\tau_{xz} = \frac{2(1+\nu)a^2 + b^2}{(1+\nu)(3a^2+b^2)}\frac{P}{2I}\left[a^2 - \frac{(1-2\nu)a^2}{2(1+\nu)a^2+b^2}y^2\right],$$
$$\tau_{yz} = 0.$$

最大剪应力在截面中心 $(y = 0)$, 等于

$$(\tau_{xz})_{\max} = \frac{Pa^2}{2I}\left(1 - \frac{a^2 + \dfrac{\nu}{1+\nu}b^2}{3a^2 + b^2}\right).$$

如果 b 远比 a 为小, 可将含有 b^2/a^2 的各项略去, 这时

$$(\tau_{xz})_{\max} = \frac{Pa^2}{3I} = \frac{4}{3}\frac{P}{A},$$

与梁的初等理论中的解答一致. 如果 b 远比 a 为大, 就得到

$$(\tau_{xz})_{\max} = \frac{2}{1+\nu}\frac{P}{A}.$$

这时, 在水平直径的两端 $(y = \pm b)$, 剪应力是

$$\tau_{xz} = \frac{4\nu}{1+\nu}\frac{P}{A}.$$

[361]　可见在这一情况下剪应力沿水平直径的分布远不是均匀的; 而且与泊松比 ν 的大小有关. 取 $\nu = 0.3$, 得

$$(\tau_{xz})_{\max} = 1.54\frac{P}{A}, \quad (\tau_{xz})_{x=0,y=b} = 0.92\frac{P}{A}.$$

最大剪应力比初等公式所给出的约大出 14%.

§124　矩形截面

　　图 191 所示的矩形的边界线方程是

$$(x^2 - a^2)(y^2 - b^2) = 0 \tag{a}$$

如果以常数 $Pa^2/2I$ 作为方程 (183) 中的 $f(y)$, 那么, 沿矩形的 $x = \pm a$ 两边, 表达式 $Px^2/2I - Pa^2/2I$ 就成为零; 沿 $y = \pm b$ 的铅直边, 导数 $\mathrm{d}y/\mathrm{d}s$ 为零. 于是, 沿着边界线, 方程 (183) 的右边是零, 因而在边界上可以取 $\phi = 0$. 微分方程 (182) 成为

$$\frac{\partial^2 \phi}{\partial x^2} + \frac{\partial^2 \phi}{\partial y^2} = \frac{\nu}{1+\nu}\frac{Py}{I}. \tag{b}$$

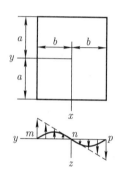

图 191

这方程与边界条件完全确定了应力函数. 于是这问题归结为寻求均匀受拉的矩形薄膜受连续载荷时的挠度, 而连续载荷的集度与

$$-\frac{\nu}{1+\nu}\frac{Py}{I}$$

成比例. 图 191 中的曲线 mnp 代表薄膜与 yz 平面的交线.

[362]　　由方程 (181) 可见, 剪应力可分解成下列两组:

$$(1)\ \tau'_{xz} = \frac{P}{2I}(a^2 - x^2), \quad \tau'_{yz} = 0;$$

$$(2)\ \tau''_{xz} = \frac{\partial \phi}{\partial y}, \quad \tau''_{yz} = -\frac{\partial \phi}{\partial x}. \tag{c}$$

第一组代表梁的初等理论所给出的抛物线应力分布. 第二组与函数 ϕ 有关, 代表对初等解答应有的矫正, 其大小可由薄膜的斜率得出. 沿着 y 轴, 由于对称, $\partial\phi/\partial x = 0$, 因而对初等解答的矫正就是由斜率 $\partial\phi/\partial y$ 给出的铅直剪应力. 由图 191 可知, τ''_{xz} 在点 m 和 p 处为正, 而在 n 处为负. 因此, 沿水平对称轴, 应力 τ_{xz} 的分布不像初等理论中那样是均匀的, 而是在两端点 m 和 p 具有最大值, 在中心 n 具有最小值.

由薄膜的载荷情况可知, ϕ 是 x 的偶函数而是 y 的奇函数. 为满足这一要求和边界条件, 可取应力函数 ϕ 为傅里叶级数:

$$\phi = \sum_{m=0}^{m=\infty} \sum_{n=1}^{n=\infty} A_{2m+1,n} \cos \frac{(2m+1)\pi x}{2a} \sin \frac{n\pi y}{b}. \tag{d}$$

代入方程 (b), 并采用通常计算傅里叶级数的系数的方法, 就得到

$$A_{2m+1,n}\pi^2 ab \left[\left(\frac{2m+1}{2a} \right)^2 + \left(\frac{n}{b} \right)^2 \right]$$

$$= -\frac{\nu}{1+\nu} \frac{P}{I} \int_{-a}^{a} \int_{-b}^{b} y \cos \frac{(2m+1)\pi x}{2a} \sin \frac{n\pi y}{b} \mathrm{d}x \mathrm{d}y,$$

$$A_{2m+1,n} = -\frac{\nu}{1+\nu} \frac{P}{I} \frac{8b(-1)^{m+n-1}}{\pi^4 (2m+1)n \left[\left(\frac{2m+1}{2a} \right)^2 + \left(\frac{n}{b} \right)^2 \right]}.$$

代入 (d), 得

$$\phi = -\frac{\nu}{1+\nu} \frac{P}{I} \frac{8b^3}{\pi^4} \sum_{m=0}^{m=\infty} \sum_{n=1}^{n=\infty} \frac{(-1)^{m+n-1} \cos \dfrac{(2m+1)\pi x}{2a} \sin \dfrac{n\pi y}{b}}{(2m+1)n \left[(2m+1)^2 \dfrac{b^2}{4a^2} + n^2 \right]}.$$

有了这一应力函数, 就可由方程 (c) 求得剪应力分量.

现在来导出对初等理论给出的沿 y 轴的应力的矫正. 由薄膜的挠度 (图 191) 可知, 沿这个轴, 矫正项的值最大, 因此, 最大应力发生在 $y = \pm b$ 的两边的中点. 求导数 $\partial\phi/\partial y$, 并令 $x = 0$, 得 [363]

$$(\tau''_{xz})_{x=0} = -\frac{\nu}{1+\nu} \frac{P}{I} \frac{8b^2}{\pi^3} \sum_{m=0}^{m=\infty} \sum_{n=1}^{n=\infty} \frac{(-1)^{m+n-1} \cos \dfrac{n\pi y}{b}}{(2m+1) \left[(2m+1)^2 \dfrac{b^2}{4a^2} + n^2 \right]}.$$

由此可得矩形截面的中心 ($y = 0$) 和铅直边中点的应力如下:

$$(\tau''_{xz})_{x=0,y=0} = -\frac{\nu}{1+\nu} \frac{P}{I} \frac{8b^2}{\pi^3} \sum_{m=0}^{m=\infty} \sum_{n=1}^{n=\infty} \frac{(-1)^{m+n-1}}{(2m+1) \left[(2m+1)^2 \dfrac{b^2}{4a^2} + n^2 \right]},$$

$$(\tau''_{xz})_{x=0,y=b} = -\frac{\nu}{1+\nu} \frac{P}{I} \frac{8b^2}{\pi^3} \sum_{m=0}^{m=\infty} \sum_{n=1}^{n=\infty} \frac{(-1)^{m-1}}{(2m+1) \left[(2m+1)^2 \dfrac{b^2}{4a^2} + n^2 \right]}.$$

用下列已知公式, 可以大大简化这些级数中的求和运算:

$$\sum_{n=1}^{n=\infty} \frac{1}{n^2} = \frac{\pi^2}{6}, \quad \sum_{n=1}^{n=\infty} \frac{(-1)^n}{n^2} = -\frac{\pi^2}{12},$$

$$\sum_{m=0}^{m=\infty} \frac{(-1)^m}{(2m+1)[(2m+1)^2+k^2]} = \frac{\pi^3}{32} \frac{\left(1 - \text{sch}\dfrac{k\pi}{2}\right)}{\dfrac{1}{2}\left(\dfrac{k\pi}{2}\right)^2}.$$

这最后一个公式可由下述方法求得: 对于长度为 l 的一根简支拉杆, 当它受拉力 S 并在 $x=0$ 的一端受力偶矩 M 而弯曲时, 我们可以求得挠度 y, 表示成为傅里叶级数:

$$y = \frac{2Ml^2}{EI\pi^3} \sum_{n=1}^{n=\infty} \frac{\sin\dfrac{n\pi x}{l}}{n(n^2+k^2)},$$

其中 $k^2 = Sl^2/EI\pi^2$. 在中点 $x=l/2$ 的挠度是

$$\delta = \frac{2Ml^2}{EI\pi^3} \sum_{m=0}^{m=\infty} \frac{(-1)^m}{(2m+1)[(2m+1)^2+k^2]};$$

由挠度曲线的微分方程积分而得的中点的挠度是

$$\delta = \frac{Ml^2}{2EI\pi^2 k^2} \left(1 - \text{sch}\frac{k\pi}{2}\right).$$

将二者对比, 就得到上述公式.

[364]　　　　于是得

$$(\tau''_{xz})_{x=0,y=0} = -\frac{\nu}{1+\nu}\frac{3P}{2A}\frac{b^2}{a^2}\left[\frac{1}{3} + \frac{4}{\pi^2}\sum_{n=1}^{n=\infty}\frac{(-1)^n}{n^2\text{ch}\dfrac{n\pi a}{b}}\right],$$

$$(\tau''_{xz})_{x=0,y=b} = \frac{\nu}{1+\nu}\frac{3P}{2A}\frac{b^2}{a^2}\left[\frac{2}{3} - \frac{4}{\pi^2}\sum_{n=1}^{n=\infty}\frac{1}{n^2\text{ch}\dfrac{n\pi a}{b}}\right], \qquad (186)$$

其中 $A = 4ab$ 是截面面积. 这两个级数收敛很快, 对于比率 a/b 的任何值都不难计算矫正值 τ''_{xz}. 这些矫正值应附加于由初等公式给出的 $3P/2A$. 将下表中第一行的数字因子乘以剪应力的近似值 $3P/2A$, 就得到精确值①. 计算时所用的泊松比 ν 等于 $1/4$. 由此可见, 当 $a/b \geqslant 2$ 时, 初等公式所给出的各剪应力的值很精确. 对于正方形截面, 由初等公式求得的最大剪应力的误差约为 10%.

点	$\dfrac{a}{b} =$	2	1	$\dfrac{1}{2}$	$\dfrac{1}{4}$
$x=0, y=0$	精确值	0.983	0.940	0.856	0.805
	近似值	0.981	0.936	0.856	0.826
$x=0, y=b$	精确值	1.033	1.126	1.396	1.988
	近似值	1.040	1.143	1.426	1.934

　　如果矩形的两个边长是同阶大小的, 就可以取应力函数为

$$\phi = (x^2 - a^2)(y^2 - b^2)(my + ny^3), \tag{e}$$

从而得到用多项式表示的应力分布近似解答. 由能量为极小的条件算得系数 m 和 n 是[②]

$$m = -\frac{\nu}{1+\nu}\frac{P}{8Ib^2}\frac{\dfrac{1}{11}+\dfrac{8a^2}{b^2}}{\left(\dfrac{1}{7}+\dfrac{3a^2}{5b^2}\right)\left(\dfrac{1}{11}+\dfrac{8a^2}{b^2}\right)+\dfrac{1}{21}+\dfrac{9a^2}{35b^2}},$$

$$n = -\frac{\nu}{1+\nu}\frac{P}{8Ib^4}\frac{1}{\left(\dfrac{1}{7}+\dfrac{3a^2}{5b^2}\right)\left(\dfrac{1}{11}+\dfrac{8a^2}{b^2}\right)+\dfrac{1}{21}+\dfrac{9a^2}{35b^2}}.$$

由 (e) 算得剪应力是 [365]

$$(\tau_{xz})_{x=0,y=0} = \frac{Pa^2}{2I} + ma^2b^2,$$
$$(\tau_{xz})_{x=0,y=b} = \frac{Pa^2}{2I} - 2a^2b^2(m+nb^2). \tag{f}$$

前面表中第二行所列的剪应力的近似值, 就是由这两个公式算得的. 可见, 在表中所列 a/b 的范围内, 由近似公式 (f) 可以得到满意的精度.

　　利用薄膜比拟, 可导出计算剪应力的有用的近似公式. 如果 a 远比 b 为大 (图 191). 就可以假定, 在离矩形短边较远处, 薄膜面实际上是柱面. 于是方程 (b) 成为

$$\frac{\mathrm{d}^2\phi}{\mathrm{d}y^2} = \frac{\nu}{1+\nu}\frac{Py}{I},$$

由此求得

$$\phi = \frac{\nu}{1+\nu}\frac{P}{6I}(y^3 - b^2y). \tag{g}$$

代入方程 (c), 求得沿 y 轴的剪应力是

$$\tau_{xz} = \frac{P}{2I}\left[a^2 + \frac{\nu}{1+\nu}\left(y^2 - \frac{b^2}{3}\right)\right]. \tag{h}$$

由此可见, 对于狭矩形, 方括号中第二项所表示的对初等公式的矫正值总是很小.

如果 b 远比 a 为大, 那么, 在离矩形的短边较远处[③], 可以把薄膜的挠度作为 y 的线性函数, 从而由方程 (b) 得

$$\frac{\partial^2 \phi}{\partial x^2} = \frac{\nu}{1+\nu} \frac{Py}{I},$$

$$\phi = \frac{\nu}{1+\nu} \frac{Py}{2I}(x^2 - a^2). \tag{i}$$

代入方程 (c), 得剪应力分量

$$\tau_{xz} = \frac{1}{1+\nu} \frac{P}{2I}(a^2 - x^2), \quad \tau_{yz} = -\frac{\nu}{1+\nu} \frac{P}{I} xy.$$

[366]　在截面的中心 $(x = y = 0)$,

$$\tau_{xz} = \frac{1}{1+\nu} \frac{Pa^2}{2I}, \quad \tau_{yz} = 0.$$

与初等解答对比, 这一点的剪应力以 $1/(1+\nu)$ 的比率减小了.

但是, 对于很宽的矩形 (b 比 a 大得多), 最大应力将比初等理论给出的 $3P/2A$ 大得多. 而且, 如果 b/a 超过 15, 最大应力就不再是铅直边中点 ($x = 0$、$y = \pm b$) 处的 τ_{xz}, 而是在上下两边邻近角点 ($x = a$、$y = \pm \eta$) 处的水平分量 τ_{yz}. 这些应力在 $\nu = 1/4$ 时的值列于下面的表内[④]. η 的值在表的最末一列以 $(b-\eta)/2a$ 的形式表明, 而 $b - \eta$ 是最大应力所在的点距角点的距离.

$\dfrac{b}{a}$	$\dfrac{(\tau_{xz})_{x=0,y=b}}{3P/2A}$	$\dfrac{(\tau_{yz})_{x=a,y=\eta}}{3P/2A}$	$\dfrac{b-\eta}{2a}$
0	1.000	0.000	0.000
2	1.39(4)	0.31(6)	0.31(4)
4	1.988	0.968	0.522
6	2.582	1.695	0.649
8	3.176	2.452	0.739
10	3.770	3.226	0.810
15	5.255	5.202	0.939
20	6.740	7.209	1.030
25	8.225	9.233	1.102
50	15.650	19.466	1.322

注:

①　表中的数字与圣维南所发表的略有出入. 校核圣维南的结果, 发觉他的计算有误差.

② С. П. Тимошенко, 见 §121 的注 ②.

③ 关于其他形状的狭截面的近似解答, 以及与有限差分法计算结果的对比, 见 W. J. Carter, *J. Appl. Mech.*, vol. 25. pp. 115-121, 1958.

④ E. Reissner and G. B. Thomas, *J. Math, Phys.*, vol. 25, p. 241, 1946.

§125 附加结果

试考虑一截面, 它的边界由两个铅直边 $y = \pm a$ (图 192) 和两条双曲线

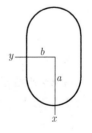

$$(1 + \nu)x^2 - \nu y^2 = a^2 \qquad (a)$$

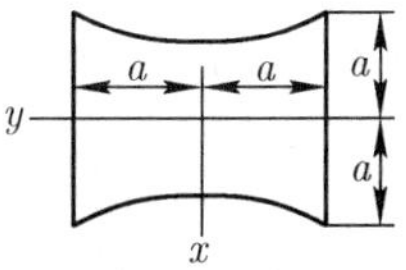

构成①. 容易证明, 要使方程 (183) 的右边在边界上为零, 只需取

图 192

$$f(y) = \frac{P}{2I}\left(\frac{\nu}{1+\nu}y^2 + \frac{a^2}{1+\nu}\right).$$

代入方程 (182), 得

$$\frac{\partial^2 \phi}{\partial x^2} + \frac{\partial^2 \phi}{\partial y^2} = 0.$$

取 $\phi = 0$, 可以满足这一方程和边界条件 (183). 于是由方程 (181) 得剪应力分量

$$\tau_{xz} = \frac{P}{2I}\left(-x^2 + \frac{\nu}{1+\nu}y^2 + \frac{a^2}{1+\nu}\right),$$
$$\tau_{yz} = 0.$$

在截面上每一点, 剪应力都是铅直的. 最大剪应力在截面的铅直边中点, 等于

$$\tau_{\max} = \frac{Pa^2}{2I}.$$

如果截面的边界方程是

$$\left(\pm\frac{y}{b}\right)^{\frac{1}{\nu}} = 1 - \frac{x^2}{a^2}, \quad a > x > -a, \qquad (b)$$

问题也容易解答. 当 $\nu = 1/4$ 时, 截面形状如图 193 所示.

取

$$f(y) = \frac{Pa^2}{2I}\left[1 - \left(\pm\frac{y}{b}\right)^{\frac{1}{\nu}}\right],$$

边界条件 (183) 的右边就成为零, 就是说, 沿着边界, ϕ 必须是常量. 方程 (182) 成为

$$\frac{\partial^2 \phi}{\partial x^2} + \frac{\partial^2 \phi}{\partial y^2} = \frac{\nu}{1+\nu}\frac{Py}{I} \pm \frac{Pa^2}{2bI\nu}\left(\pm\frac{y}{b}\right)^{\frac{1}{\nu}-1}.$$

图 193

[368]　如果取

$$\phi = \frac{Pa^2\nu}{2(1+\nu)I}\left[y\left(\frac{x^2}{a^2}-1\right) \pm b\left(\frac{y}{b}\right)^{\frac{1}{\nu}+1}\right],$$

上面的方程和边界条件就都能满足. 代入方程 (181), 得

$$\tau_{xz} = \frac{P}{2(1+\nu)I}(a^2-x^2), \quad \tau_{yz} = -\frac{P\nu}{(1+\nu)I}xy. \tag{c}$$

这个结果也可以由另一方法得到. 在讨论宽度远比高度为大的矩形梁中的应力时, 作为近似解, 曾用应力函数 [§124 方程 (g)]

$$\phi = \frac{\nu}{1+\nu}\frac{Py}{2I}(x^2-a^2),$$

由此可以导出应力分量的表达式 (c). 现在根据边界上剪应力的方向与边界的切线重合这一条件来求出边界的方程, 这时

$$\frac{\mathrm{d}x}{\tau_{xz}} = \frac{\mathrm{d}y}{\tau_{yz}}.$$

将 (c) 中的应力分量代入, 然后积分, 就得到边界的方程

$$y = b\left(1-\frac{x^2}{a^2}\right)^{\nu}.$$

利用能量法 (§124), 可以得到其他许多情况下的近似解答. 例如, 试考察图 194 所示的截面. 铅直边的方程是 $y = \pm b$; 其他两边是圆弧, 方程是

$$x^2 + y^2 - r^2 = 0. \tag{d}$$

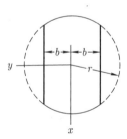

如果取

$$f(y) = \frac{P}{2I}(r^2-y^2),$$

方程 (183) 的右边就成为零. 于是得应力函数的一个近似表达式

图 194

$$\phi = (y^2-b^2)(x^2+y^2-r^2)(Ay+By^3+\cdots),$$

其中系数 A、B、$\cdots$ 可由能量为极小的条件求得.

[369]　有很多种截面的解答都已经用极坐标和其他曲线坐标以及复变函数求得. 其中包括由下列各种曲线围成的截面: 两个同心圆[2] 或非同心圆[3], 具有径向裂口的一个圆[4], 一条心脏线[5], 一条蚶线[6], 一条椭圆蚶线[7], 两个共焦椭圆[8], 一个椭圆和一个共焦双曲线[9], 三角形和多边形[10](包括有裂口的矩形[11]), 扇形[12].

注:

① 这问题曾由 F. Grashof 讨论过, 见 "Elastizität und Festigkeit," p. 246, 1878.

② 解答在下列两书中给出: A. E. H. Love, "Mathematical Theory of Elasticity", 4th ed., p. 335; I. S. Sokolnikoff, "Mathematical Theory of Elasticity", 2d ed., p. 228, 1956.

③ B. R. Seth, *Proc. Indian Acad. Sci.*, vol, 4, sec. A, p. 531, 1936, 和 vol. 5, p. 23, 1937.

④ W. M. Shepherd, *Proc. Roy. Soc. (London)*, ser. A, vol. 138, p. 607, 1932; L. A. Wigglesworth, *Proc. London Math. Soc.* ser. 2, vol. 47, p. 20, 1940, 和 *proc. Roy. Soc. (London)*, ser. A, vol. 170, p. 365, 1939.

⑤ W. M. Shepherd, *Proc. Roy. Soc. (London)*, ser. A, vol. 154, p. 500, 1936.

⑥ D. L. Holl and D. H. Rock, *Z. Angew. Math. Mech.*, vol. 19, p. 141, 1939.

⑦ A. C. Stevenson, *Proc. London Math. Soc.*, ser. 2, vol. 45, p. 126, 1939.

⑧ A. E. H. Love, "Mathematical Theory of Elasticity," 4th ed., p. 336.

⑨ Б. Г. Галеркин, Сб. Ленингр. инст. инженеров путей сообщения, вып. 96, 1927. 又见 S. Ghosh, *Bull. Calcutta Math. Soc.*, vol. 27, p. 7, 1935.

⑩ B. R. Seth, *Phil. Mag.*, vol. 22, p. 582, 1936, 和 vol. 23, p. 745, 1937.

⑪ D. F. Gunder, *Phys.*, vol. 6, p. 38, 1935.

⑫ M. Seegar and K. Pearson, *Proc. Roy. Soc. (London)*, ser. A, vol. 96, p. 211, 1920.

§126　非对称截面

作为第一个例子, 我们来考察等腰三角形 (图 195) 的情形. 截面边界的方程是

$$(y-a)[x+(2a+y)\mathrm{tg}\alpha][x-(2a+y)\mathrm{tg}\alpha] = 0.$$

如果取

$$f(y) = \frac{P}{2I}(2a+y)^2\mathrm{tg}^2\alpha,$$

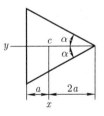

图 195

方程 (183) 的右边就成为零. 确定应力函数 ϕ 的方程 (182) 成为

$$\frac{\partial^2\phi}{\partial x^2} + \frac{\partial^2\phi}{\partial y^2} = \frac{\nu}{1+\nu}\frac{Py}{I} - \frac{P}{I}(2a+y)\mathrm{tg}^2\alpha. \tag{a}$$

用能量法可得一近似解答. 在　　　　　　　　　　　　　　　　[370]

$$\mathrm{tg}^2\alpha = \frac{\nu}{1+\nu} = \frac{1}{3} \tag{b}$$

的特殊情况下, 取应力函数为

$$\phi = \frac{P}{6I} \left[x^2 - \frac{1}{3}(2a+y)^2 \right] (y-a),$$

可得到方程 (a) 的精确解答. 这时, 由方程 (181) 得应力分量

$$\tau_{xz} = \frac{\partial \phi}{\partial y} - \frac{Px^2}{2I} + \frac{P}{6I}(2a+y)^2 = \frac{2\sqrt{3}P}{27a^4}[-x^2 + a(2a+y)],$$
$$\tau_{yz} = -\frac{\partial \phi}{\partial x} = \frac{2\sqrt{3}P}{27a^4}x(a-y). \tag{c}$$

沿 y 轴, $x=0$, 合剪应力是铅直的, 可表为线性函数:

$$(\tau_{xz})_{x=0} = \frac{2\sqrt{3}P}{27a^3}(2a+y).$$

这应力的最大值是在截面铅直边的中点, 等于

$$\tau_{\max} = \frac{2\sqrt{3}P}{9a^2}. \tag{d}$$

计算应力 (c) 对于 z 轴的矩, 可知剪应力的合力通过截面的形心 C.

　　其次, 考察具有水平对称轴的截面的更一般的情形 (图 196). 截面边界的下部和上部的方程是

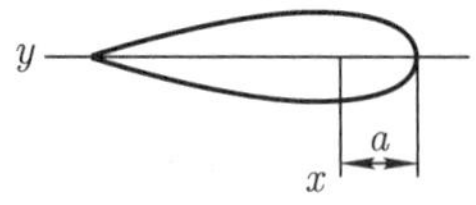

当 $x>0$ 时 , $x = \psi(y)$;

当 $x<0$ 时 , $x = -\psi(y)$.

图 196

于是, 函数

$$[x + \psi(y)][x - \psi(y)] = x^2 - [\psi(y)]^2$$

在边界上成为零, 而在应力分量的表达式 (181) 中可以取

$$f(y) = \frac{P}{2I}[\psi(y)]^2.$$

根据这一假设, 应力函数必须满足微分方程

$$\frac{\partial^2 \phi}{\partial x^2} + \frac{\partial^2 \phi}{\partial y^2} = \frac{\nu}{1+\nu}\frac{Py}{I} - \frac{P}{I}\psi(y)\frac{\mathrm{d}\psi}{\mathrm{d}y},$$

而在边界上是常数. 这问题归结为寻求均匀受拉的薄膜的挠度, 载荷的集度如上面方程的右边所示. 这后一个问题通常可用能量法求解而足够精确, 像对矩形截面的情形那样 (见 §124 末尾).

[371]

图 197 所示的情形可用相似的方法处理. 例如, 假定截面是抛物线弓形, 而抛物线的方程是

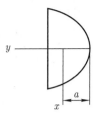

图 197

$$x^2 = A(y + a).$$

这时可以取

$$f(y) = \frac{P}{2I} A(y + a).$$

利用 $f(y)$ 的这一表达式, 方程 (183) 右边的第一个因子在边界的抛物线部分上就成为零. 沿边界的直线部分, 因子 $\mathrm{d}y/\mathrm{d}s$ 成为零. 这样, 又可见应力函数沿着边界是常数, 因而这问题也可用能量法处理.

§127 剪力中心

在讨论悬臂梁问题时, 我们选取梁的中心轴为 z 轴, 截面的两个中心主轴为 x 轴和 y 轴. 我们曾假定力 P 平行于 x 轴, 并与截面形心有一适当距离, 使梁不致发生扭转. 在实际计算中很重要的这一距离, 只要方程 (181) 所代表的应力是已知的, 就容易求得. 为此, 我们来计算剪应力 τ_{xz} 和 τ_{yz} 对于截面形心的矩. 这矩显然是

$$M_z = \iint (\tau_{xz}y - \tau_{yz}x)\mathrm{d}x\mathrm{d}y. \tag{a}$$

考虑到分布在梁端截面上的剪应力与作用力 P 是静力等效的, 就可以断定, 力 P 与截面形心的距离 d 是

$$d = \frac{|M_z|}{P}. \tag{b}$$

当 M_z 为正时, 距离 d 须取在 y 轴的正方向. 在以上的讨论中, 我们假定力 P 是平行于 x 轴的.

当力 P 不是平行于 x 轴而是平行于 y 轴时, 可用相似的计算定出 P 的作用线的位置, 以使截面的形心单元面不发生转动. 上述两个弯力的作用线的交点有着重要的意义. 如果有一个垂直于梁轴的力作用在这交点, 可将它分解成为平行于 x 轴和 y 轴的两个分力, 而根据上面的讨论可知, 这个力不致使梁截面的形心单元面发生转动. 这一点称为剪力中心, 有时也称弯曲中心.

如果梁的截面有两个对称轴, 就立即可以断定, 剪力中心与截面形心重合. 当只有一个对称轴时, 由对称性可知, 剪力中心将在对称轴上. 取这对称轴为 y 轴, 就可由方程 (b) 算出剪力中心的位置.

作为一个例子, 我们来考察图 198 所示的半圆截面[①]. 为了求得剪应力, 可利用就圆截面梁得出的解答 (见 §122). 在圆截面的情况下, 在铅直直径截

[372]

面 xz 上没有应力作用. 于是可以假想, 用 xz 面将梁分成两半, 每一半代表半圆形截面的一个梁, 被力 $P/2$ 所弯曲. 由方程 (184) 求出各应力, 代入方程 (a), 积分, 并用 $P/2$ 除 M_z, 就得到弯力与原点 O 的距离

$$e = \frac{2M_z}{P} = \frac{8}{15\pi}\frac{3+4\nu}{1+\nu}r.$$

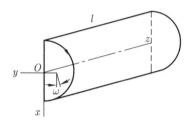

图 198

[373] 这就决定了力的这样一个位置: 当力作用在这位置时, 在圆心 O 处的截面单元面将不转动. 同时, 在半圆截面的形心处的单元面将转动一个角度 [见 §121 方程 (b)]

$$\omega = \frac{\nu P(l-z)}{EI}0.424r,$$

其中 $0.424r$ 是由原点 O 到半圆形心的距离. 为了消除这转动, 必须施加一个扭矩. 这扭矩的大小可用 §110 中的表求得. 对于半圆截面, 由表可得单位长度的扭角

$$\theta = \frac{M_t}{0.298Gr^4}.$$

于是, 由截面的形心单元面不转动的条件得

$$\frac{M_t(l-z)}{0.298Gr^4} = \frac{\nu P(l-z)}{EI}0.424r,$$

而

$$M_t = \frac{\nu P(0.298r^4)0.424r}{2(1+\nu)I}.$$

要产生这个扭矩, 可将弯力 $P/2$ 向着 z 轴移动一段距离

$$\delta = \frac{2M_t}{P} = \frac{8\nu(0.298)0.424r}{2(1+\nu)\pi}.$$

必须从前面算得的距离 e 减去这一距离, 才得到剪力中心与圆心 O 的距离. 假定 $\nu = 0.3$, 得

$$e - \delta = 0.548r - 0.037r = 0.511r.$$

在如图 196 所示的截面上, 剪应力分量是

$$\tau_{xz} = \frac{\partial \phi}{\partial y} - \frac{P}{2I}[x^2 - \psi^2(y)], \quad \tau_{yz} = -\frac{\partial \phi}{\partial x}.$$

因此

$$M_z = \iint \left(\frac{\partial \phi}{\partial y} y + \frac{\partial \phi}{\partial x} x \right) \mathrm{d}x\mathrm{d}y - \frac{P}{2I} \iint [x^2 - \psi^2(y)]y\mathrm{d}x\mathrm{d}y. \quad \text{(c)}$$

分部积分, 并注意 ϕ 在 $x = \pm\psi(y)$ 的边界上是零, 就得到

$$\iint \left(\frac{\partial \phi}{\partial y} y + \frac{\partial \phi}{\partial x} x \right) \mathrm{d}x\mathrm{d}y = -2 \iint \phi \mathrm{d}x\mathrm{d}y,$$

$$\int [x^2 - \psi^2(y)]\mathrm{d}x = \frac{2}{3}\psi^3(y) - 2\psi^3(y) = -\frac{4}{3}\psi^3(y),$$

$$\iint [x^2 - \psi^2(y)]y\mathrm{d}x\mathrm{d}y = -\frac{4}{3} \int y\psi^3(y)\mathrm{d}y,$$

$$I = \iint x^2 \mathrm{d}x\mathrm{d}y = \frac{2}{3} \int \psi^3(y)\mathrm{d}y.$$

代入 (c), 并除以 P, 得

$$d = \frac{|M_z|}{P} = \left| -\frac{2}{P} \iint \phi \mathrm{d}x\mathrm{d}y + \frac{\int y\psi^3(y)\mathrm{d}y}{\int \psi^3(y)\mathrm{d}y} \right|.$$

[374]

知道了 $\psi(y)$, 并利用薄膜比拟求出 ϕ, 就总能足够精确地算出[2] 这些截面的剪力中心的位置.

在开口薄壁截面的情形下, 剪力中心的问题特别重要. 对于这类截面, 可以假设剪应力在壁的厚度上是均匀分布的, 并且平行于壁的中面, 这样就容易求出剪力中心的位置而足够精确[3].

剪力中心在截面内的位置只决定于截面的形状. 在另一方面, 扭转中心的位置 (见 §107) 却与杆的约束方式有关. 适当选取约束方式, 可以使扭转轴线与剪力中心轴线重合. 可以证明, 当杆的约束使截面上的积分式 $\iint w^2 \mathrm{d}x\mathrm{d}y$ 为极小时就是这样[4]; 积分式中的 w 是扭转时的翘曲位移 (在应用积分式为极小的条件之前, 它含有 x 和 y 的未定的线性函数). 实际上, 杆的约束 —— 例如完全阻止端截面的位移 —— 通常将扰乱邻近约束端的应力分布. 在那样的情况下, 如果把弯力当作是作用在剪力中心的集中力, 不引起转动, 那么, 由互等定理 (§97) 可知, 扭矩将不使剪力中心产生挠度. 这就表示扭转中心与剪力中心重合[5]. 这个论证只是近似的, 因为扭转中心的存在条件是截面在它自身平面内不变形, 而这在邻近约束端的被扰区域内是不成立的.

注:

① 见С. П. Тимошенко, Сб. инст. инженеров путей сообщения, Петербург, 1913. 这篇论文似乎是初次研究了弯力与截面形心的距离的问题.

② 这种计算的例子见Л. С. Лейбензон, Вариачионные методы решения задач теории упругости, Москва, 1943 (该书 1951 年新版已由叶开沅、卢文达译成中文, 名为 "弹性力学问题的变分解法", 科学出版社 1958 年出版).

③ 参考资料见 S. Timoshenko, "Strength of Materials," 3d ed., vol. 1, p. 240, 1955.

④ R. Kappus, *Z. Angew. Math. Mech.*, vol. 19. p. 347, 1939; A. Weinstein, *Quart. Appl. Math.*, vol. 5, p. 79, 1947.

⑤ 见 R. V. Southwell, "Introduction to the Theory of Elasticity," p. 29; W. J. Duncan, D. L. Ellis and C. Scruton, *Phil. Mag.*, vol. 16, p. 201, 1933.

§128　用皂膜法解弯曲问题

只有在截面具有某几种简单形状的特殊情况下, 弯曲问题有了精确解答. 为了实用的目的, 获得求解任意指定形状截面的方法是很重要的. 为此, 可用以差分方程为根据的数值计算法, 如本书附录中所述: 或用皂膜实验法①, 与求解扭转问题时所用的相似 (见 §107). 现在用方程 (181)、(182) 和 (183) 导出皂膜法的原理. 取

[375]

$$f(y) = \frac{\nu}{2(1+\nu)} \frac{Py^2}{I}.$$

于是应力函数的方程 (182) 成为

$$\frac{\partial^2 \phi}{\partial x^2} + \frac{\partial^2 \phi}{\partial y^2} = 0. \tag{a}$$

这和不受载荷而均匀受拉的薄膜的方程 (161) 相同边界条件 (183) 成为

$$\frac{\partial \phi}{\partial s} = \left[\frac{Px^2}{2I} - \frac{\nu}{2(1+\nu)} \frac{Py^2}{I} \right] \frac{\mathrm{d}y}{\mathrm{d}s}. \tag{b}$$

沿边界 s 积分, 得表达式

$$\phi = \frac{P}{I} \int \frac{x^2 \mathrm{d}y}{2} - \frac{\nu}{2(1+\nu)} \frac{Py^3}{3I} + \mathrm{const.}, \tag{c}$$

由此可以算出边界上任一点处的 ϕ 值. $\int (x^2/2)\mathrm{d}y$ 是截面对于通过其形心的 y 轴的矩, 当沿整个边界积分时, 这一项成为零. 因此, 由 (c) 算得的 ϕ 沿着边界可用一闭合曲线来代表.

现在假想将皂膜张在这曲线上, 于是皂膜面将满足方程 (a) 和边界条件 (c). 因此, 皂膜的纵坐标就代表截面上各点的应力函数 ϕ, 比例尺与代表沿边界的函数 ϕ [方程 (c)] 的比例尺相同.

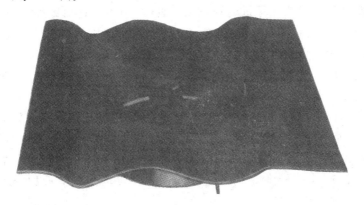

图 199

图 199 中的照片[②] 表明构成皂膜边界的一种方法. 在软金属薄板上挖一个孔, 孔的形状是: 薄板弯曲后, 孔边在水平面上的投影与梁截面的边界形状相同. 将薄板弯曲, 使其沿孔边的纵坐标依一定的比例尺代表由 (c) 得来的 ϕ 值.

只有当皂膜的挠度很小时, 皂膜方程与弯曲问题方程之间的相似性才成立. 最好使皂膜纵坐标的范围不超过最大水平尺寸的十分之一. 如有必要, 可用如下的代换式引用新函数 ϕ_1 代替 ϕ, 以减小沿边界的函数值的范围: [376]

$$\phi = \phi_1 + ax + by, \tag{d}$$

其中 a 和 b 是任意常数. 可以看出, 函数 ϕ_1 也满足薄膜方程 (a). 由方程 (c) 和 (d) 得函数 ϕ_1 沿边界的值是

$$\phi_1 = \frac{P}{I} \int \frac{x^2}{2} \mathrm{d}y - \frac{\nu}{2(1+\nu)} \frac{Py^3}{3I} - ax - by + \mathrm{const},$$

适当地调整常数 a 和 b, 通常可以有效地减小边界上函数 ϕ_1 的范围.

由皂膜求得函数 ϕ_1 之后, 可由 (d) 算得函数 ϕ. 然后即可由方程 (181) 求得剪应力分量, 而这些方程现在成为

$$\tau_{xz} = \frac{\partial \phi}{\partial y} - \frac{Px^2}{2I} + \frac{\nu}{2(1+\nu)} \frac{Py^2}{I},$$
$$\tau_{yz} = -\frac{\partial \phi}{\partial x}. \tag{e}$$

如果已知导数 $\partial\phi/\partial y$ 和 $\partial\phi/\partial x$ 在截面上某一点的值, 就容易算出在这一点的
应力分量, 而这些导数可由皂膜在 y 方向和 x 方向的斜率得出. 确定斜率的方
法与扭转问题中相同. 首先画出皂膜面的等高线图. 在等高线图上作直线平行
于坐标轴, 并作出代表皂膜的对应截线的曲线, 就可求得斜率. 将求得的斜率
代入式 (e), 就得到剪应力分量. 计算截面上所有剪应力的合力, 可以校核这方
法的精度. 因为这合力应当等于作用在悬臂梁端的弯力 P.

实验证明, 用皂膜法确定应力, 能得到满意的精度. 对工字形截面[③] 求得
的结果示于图 200 内. 由图可见, 一般初等理论中假设工字梁的腹板承受绝大
部分剪力而剪应力沿腹板的厚度为常量, 是完全确实的. 在中性面处的最大剪
应力与由初等理论算得的很能符合. 剪应力 τ_{yz} 在梁腹上实际上是零, 而在凹
角处为最大. 这最大值与凹角处的内圆角半径有关, 在本例中仅约为中性面处
的最大剪应力 τ_{xz} 的一半. 图中的等剪应力线表明各点的剪应力分量与平均
剪应力 P/A 的比率.

对于 T 字梁的凹角处的应力集中也曾加以研究 —— 逐步增大内圆角的
半径, 并就每一种情形画出等高线图. 这样可以证明, 当内圆角的半径约为梁
腹厚度的十六分之一时, 在凹角处的最大应力就等于梁腹中的最大应力.

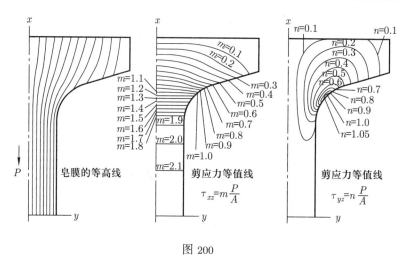

图 200

注:

①　这方法是 Vening Meinesz 首先提出的, 见 *De Ingenieur*, p. 108, Holland, 1911.
A. A. Griffith 和 G. I. Taylor 也曾独立加以发展, 见 *Advisory Comm. Aeron. Tech.
Rept.*, vol. 3, p. 950, 1917–1918. 这里的结果就是从这篇论文中摘出的.

②　P. A. Cushman 所作. 这一个以及其他的实验方法, 见 M. Hetényi 编,"Hand-
book of Experimental Stress Analysis", chap. 16,1950.

③ 在这种对称的情况下, 只须研究截面的四分之一.

§129 位移

求得应力分量之后, 就可以计算位移 u、v、w, 方法与纯弯曲情况下的相同 (见 §102). 试考察悬臂梁的挠度曲线. 这曲线在 xz 面和 yz 面内的曲率, 用导数 $\partial^2 u/\partial z^2$ 和 $\partial^2 v/\partial z^2$ 在 $x = y = 0$ 处的值来表示, 已足够精确. 各导数的值是

$$\frac{\partial^2 u}{\partial z^2} = \frac{\partial \gamma_{xz}}{\partial z} - \frac{\partial \epsilon_z}{\partial x} = \frac{1}{G}\frac{\partial \tau_{xz}}{\partial z} - \frac{1}{E}\frac{\partial \sigma_z}{\partial x} = \frac{P(l-z)}{EI} \tag{a}$$

$$\frac{\partial^2 v}{\partial z^2} = \frac{\partial \gamma_{yz}}{\partial z} - \frac{\partial \epsilon_z}{\partial y} = 0.$$

可见悬臂梁的中线是在载荷作用的 xz 面内弯曲, 而在任一点的曲率与这一点的弯矩成比例, 像初等弯曲理论中通常所假定的一样. 由 (a) 中的第一方程的积分, 得

$$u = \frac{Plz^2}{2EI} - \frac{Pz^3}{6EI} + cz + d, \tag{b}$$

其中 c 和 d 是积分常数, 须由悬臂梁固定端的条件确定. 如果中心线的一端被固定, 则当 $z = 0$ 时, u 和 du/dz 都是零, 因而方程 (b) 中的常数 c 和 d 都是零.

梁的截面并不保持为平面, 却由于剪应力的作用而翘曲. 在截面的形心处, 翘曲截面的单元面与挠曲后的中心线所成的倾角是

$$\frac{\pi}{2} - \frac{(\tau_{xz})_{x=0,y=0}}{G}.$$

如果形心处的剪应力已知, 就可以算出这个倾角.

§130 弯曲的进一步研究

在以上各节中, 我们讨论了悬臂梁在一端被固定而在另一端受横向力时的弯曲问题. 假如两端截面上外力分布的方式与解答中的应力 σ_z、τ_{xz}、τ_{yz} 的分布相同, 所得的解答就是弯曲问题的精确解答. 如果这一条件不满足, 在靠近梁的两端处的应力分布就将有局部的不规则; 但根据圣维南原理, 对于离两端较远之处 (如距离大于梁的截面尺寸), 可以认为解答足够精确. 再应用同一原理, 可将以上的解答推广应用于其他载荷和支承情况. 我们可以假定, 在离载荷充分远的任何截面上, 应力仅与这截面上的弯矩和剪力的大小有关, 并可将前面就悬臂梁求得的解答相叠加以计算应力而足够精确.

如果弯力倾斜于梁截面的主轴, 可将它们分解成为作用在主轴方向的两个分力, 而分别讨论每一主平面内的弯曲. 总应力和总位移则可用叠加法求得.

[379]

靠近外力的作用点, 应力分布是不规则的, 以前曾就狭矩形截面的情形加以讨论 (见 §40). 对于其他种截面的类似研究, 也证明这种不规则只是局部的[①].

在某几种分布载荷情况下的弯曲问题, 也已经有了解答[②]. 已经证明, 在这些情况下, 梁的中心线通常总有伸长或缩短, 与 §22 中已经讨论过的狭矩形截面的情况一样. 这时, 中心线的曲率不再与弯矩成比例, 但必需的矫正很小, 在实际问题中可以不计. 例如, 圆形悬臂梁因受自重而弯曲时[③], 固定端的曲率由如下的方程给出:

$$\frac{1}{r} = \frac{M}{EI}\left[1 - \frac{7 + 12\nu + 4\nu^2}{6(1+\nu)}\frac{a^2}{l^2}\right],$$

其中, a 是截面的半径, l 是悬臂梁的长度. 方括号中第二项代表由载荷分布所引起的对曲率的矫正项. 这一项是 a^2/l^2 阶的微量. 这结论也适用于别种截面的梁因受自重而弯曲的情形[④].

注:

① 见 L. Pochhammer, "Untersuchungen über das Gleichgewicht des elastischen Stabes", Kiel, 1879. 又见 J. Dougall 的论文, 载 *Trans. Roy Soc. Edinburgh*, vol. 49, p. 895, 1914.

② J. H. Michell, *Quart. J. Math.*, vol. 32, 1901; 又见 K. Pearson, *Quart. J. Math.*, vol. 24, 1889 以及 K. Pearson and L. N. G. Filon, *Quart. J. Math.*, vol. 31,1900.

③ 这问题是 A. E. H. Love 讨论的, 见 "Mathematical Theory of Elasticity," 4th ed., p. 362, 1927.

④ 椭圆截面悬臂梁曾由 Ж. М. Клитев 加以讨论, 见 Изв. Пгр. политехн. инст., стр. 441, 1915.

第十二章

回转体中轴对称的应力和形变 [380]

§131 一般方程

前面曾经遇到过几个关于回转体受轴对称载荷而变形的问题。最简单的例子是受均匀内压力的圆筒 (§28) 和转动的圆盘 (§32). 这些是无扭转轴对称的例子. 与此相反, 有圆柱和圆筒的扭转问题 (第十章的习题 2), 其中的剪应力只是柱面坐标 r 的函数. 还有, 在变截面圆轴的扭转问题中 (§119), 非零的应力分量 $\tau_{r\theta}$ 和 $\tau_{\theta z}$ 只是 r 和 z 的函数, 与 θ 无关.

在本章中, 除了最后的 §146 和 §147 两节以外, 只涉及无扭转的轴对称问题. 在与柱面坐标 r、θ、z 相对应的位移分量 u、v、w 中间, 分量 v 是零而 u 和 w 都与 θ 无关. 于是应力分量也与 θ 无关, 而且其中的两个分量 $\tau_{r\theta}$ 和 $\tau_{\theta z}$ 是零. 这是可以由柱面坐标中的一般的应变–位移关系式 (179) 看出的. 这些关系式现在简化为

$$\epsilon_r = \frac{\partial u}{\partial r}, \quad \epsilon_\theta = \frac{u}{r}, \quad \epsilon_z = \frac{\partial w}{\partial z}, \quad \gamma_{rz} = \frac{\partial u}{\partial z} + \frac{\partial w}{\partial r}. \tag{187}$$

平衡微分方程 (180) 简化为

$$\frac{\partial \sigma_r}{\partial r} + \frac{\partial \tau_{rz}}{\partial z} + \frac{\sigma_r - \sigma_\theta}{r} = 0,$$
$$\frac{\partial \tau_{rz}}{\partial r} + \frac{\partial \sigma_z}{\partial z} + \frac{\tau_{rz}}{r} = 0. \tag{188}$$

对于很多的问题, 为了方便, 仍应用应力函数 [①]ϕ. 用代入法可以证明, 取 [381]

$$\sigma_r = \frac{\partial}{\partial z}\left(\nu\nabla^2\phi - \frac{\partial^2\phi}{\partial r^2}\right),$$

$$\sigma_\theta = \frac{\partial}{\partial z}\left(\nu\nabla^2\phi - \frac{1}{r}\frac{\partial\phi}{\partial r}\right), \tag{189}$$

$$\sigma_z = \frac{\partial}{\partial z}\left[(2-\nu)\nabla^2\phi - \frac{\partial^2\phi}{\partial z^2}\right],$$

$$\tau_{rz} = \frac{\partial}{\partial r}\left[(1-\nu)\nabla^2\phi - \frac{\partial^2\phi}{\partial z^2}\right],$$

方程 (188) 可被满足, 但须应力函数 ϕ 满足方程

$$\left(\frac{\partial^2}{\partial r^2} + \frac{1}{r}\frac{\partial}{\partial r} + \frac{\partial^2}{\partial z^2}\right)\left(\frac{\partial^2\phi}{\partial r^2} + \frac{1}{r}\frac{\partial\phi}{\partial r} + \frac{\partial^2\phi}{\partial z^2}\right)$$

$$= \nabla^2\nabla^2\phi = 0. \tag{190}$$

运算记号 ∇^2 代表

$$\frac{\partial^2}{\partial r^2} + \frac{1}{r}\frac{\partial}{\partial r} + \frac{1}{r^2}\frac{\partial^2}{\partial\theta^2} + \frac{\partial^2}{\partial z^2}, \tag{a}$$

相当于直角坐标中的拉普拉斯算子

$$\frac{\partial^2}{\partial x^2} + \frac{\partial^2}{\partial y^2} + \frac{\partial^2}{\partial z^2}.$$

应当注意, 应力函数 ϕ 与 θ 无关, 因而, 将 (a) 用于 ϕ 时, 第三项为零.

相应于应力表达式 (189) 的位移 u、v、w, 是容易求得的. 对于 u, 由 (187)、(189) 及 (a) 有

$$u = r\epsilon_\theta = \frac{r}{E}[\sigma_\theta - \nu(\sigma_r + \sigma_z)] = -\frac{1+\nu}{E}\frac{\partial^2\phi}{\partial r\partial z}. \tag{190'}$$

对于 w, 可由 (187) 中的第三式及第四式分别求出 $\partial w/\partial z$ 及 $\partial w/\partial r$. 于是有

$$E\frac{\partial w}{\partial z} = \sigma_z - \nu(\sigma_r + \sigma_\theta)$$

$$= \frac{\partial}{\partial z}\left[2(1-\nu^2)\nabla^2\phi - (1+\nu)\frac{\partial^2\varphi}{\partial z^2}\right],$$

[382]　　从而有

$$Ew = (1+\nu)\left[2(1-\nu)\nabla^2\phi - \frac{\partial^2\phi}{\partial z^2}\right] + f(r), \tag{b}$$

其中 $f(r)$ 只是 r 的函数 (现在还是任意的). 将 (190') 代入 (187) 中的第四式, 得

$$G\frac{\partial w}{\partial r} = \tau_{rz} - G\frac{\partial u}{\partial z} = \frac{\partial}{\partial r}\left[(1-\nu)\nabla^2\phi - \frac{1}{2}\frac{\partial^2\phi}{\partial z^2}\right].$$

因此, 注意 $2(1+\nu)G = E$, 即得

$$Ew = (1+\nu)\left[2(1-\nu)\nabla^2\phi - \frac{\partial^2\phi}{\partial z^2}\right] + g(z), \qquad \text{(c)}$$

其中 $g(z)$ 只是 z 的函数 (现在还是任意的). 但因 (b) 与 (c) 必须一致, 所以 $f(r)$ 和 $g(z)$ 必须在区域内的所有各点都相等. 于是

$$f(r) = g(z) = A, \quad \text{一个常量}.$$

这个常量, 在 (b) 或 (c) 中, 相应于轴向的刚体平移, 可以略去 (但当需要用来满足约束条件时, 也可以恢复它). 这样就由 (190′) 和 (b) 或 (c) 得到

$$2Gu = -\frac{\partial^2\phi}{\partial r\partial z}, \quad 2Gw = 2(1-\nu)\nabla^2\phi - \frac{\partial^2\phi}{\partial z^2}. \qquad (190'')$$

如果我们是从位移开始, 把它们用一个满足微分方程 (190) 的函数 ϕ 来表示, 就可以由此求出应变分量 (187), 再求出应力分量 (189). 这些应变分量没有相容的问题, 因为它们是直接由位移分量 (190″) 导出的. 如果能够找到一个函数 ϕ, 使边界条件也能满足, 就解决了一个具体问题. 在 §133 至 §144 中, 将讨论几个这样的问题. 其他的方法将在 §145 中指出.

在某些情况下, 将方程 (190) 表以极坐标 R 和 ψ (图 201) 以代替柱面坐标 r 和 z, 是很有用的. 利用 §27 中的公式, 很容易完成这一变换. 这样就得出

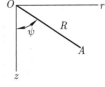

图 201

$$\frac{\partial^2}{\partial r^2} + \frac{\partial^2}{\partial z^2} = \frac{\partial^2}{\partial R^2} + \frac{1}{R}\frac{\partial}{\partial R} + \frac{1}{R^2}\cdot\frac{\partial^2}{\partial\psi^2},$$

$$\frac{1}{r}\frac{\partial}{\partial r} = \frac{1}{R\sin\psi}\left(\frac{\partial}{\partial R}\sin\psi + \frac{\cos\psi}{R}\frac{\partial}{\partial\psi}\right)$$

$$= \frac{1}{R}\frac{\partial}{\partial R} + \frac{\operatorname{ctg}\psi}{R^2}\frac{\partial}{\partial\psi}.$$

代入方程 (190), 得

$$\left(\frac{\partial^2}{\partial R^2} + \frac{2}{R}\frac{\partial}{\partial R} + \frac{1}{R^2}\operatorname{ctg}\psi\frac{\partial}{\partial\psi} + \frac{1}{R^2}\frac{\partial^2}{\partial\psi^2}\right)\left(\frac{\partial^2\phi}{\partial R^2}\right.$$

$$\left. + \frac{2}{R}\frac{\partial\phi}{\partial R} + \frac{1}{R^2}\operatorname{ctg}\psi\frac{\partial\phi}{\partial\psi} + \frac{1}{R^2}\frac{\partial^2\phi}{\partial\psi^2}\right) = 0. \qquad (191)$$

在以下几节中, 将应用这个方程的一些解以研究一些特殊的轴对称问题.

注:

① 拉甫应力函数, 见 A. E. H. Love, "Mathematical Theory of Elasticity", 4th ed., p. 274, 1927. K. Marguerre 曾对这样用于应力和位移的各种函数进行全面的评述, 见 *Z. Angew. Math. Mech.*, vol. 35, pp. 242-263, 1955.

[383]

§132 用多项式求解

我们来考察方程 (191) 的一些解, 这些解同时也是方程

$$\frac{\partial^2\phi}{\partial R^2} + \frac{2}{R}\frac{\partial\phi}{\partial R} + \frac{1}{R^2}\mathrm{ctg}\psi\frac{\partial\phi}{\partial\psi} + \frac{1}{R^2}\frac{\partial^2\phi}{\partial\psi^2} = 0 \tag{192}$$

的解. 方程 (192) 的一个特解可取为如下的形式:

$$\phi_n = R^n\Psi_n, \tag{a}$$

其中 Ψ_n 只是 ψ 角的函数. 将 (a) 代入方程 (192), 得到 Ψ 的下列常微分方程:

$$\frac{1}{\sin\psi}\frac{\partial}{\partial\psi}\left(\sin\psi\frac{\partial\Psi_n}{\partial\psi}\right) + n(n+1)\Psi_n = 0. \tag{b}$$

引用新的自变数 $x = \cos\psi$, 则方程 (b) 成为

$$(1-x^2)\frac{\partial^2\Psi_n}{\partial x^2} - 2x\frac{\partial\Psi_n}{\partial x} + n(n+1)\Psi_n = 0. \tag{193}$$

[384] 这是勒让德方程[①]. 它的两个基本解, 通常用 $P_n(x)$ 和 $Q_n(x)$ 表示, 分别为第一类和第二类勒让德函数. 对于 $n = 0, 1, 2, 3, 4, 5$, 等等, $P_n(x)$ 是勒让德多项式

$$P_0(x) = 1, \quad P_1(x) = x, \quad P_2(x) = (3x^2 - 1)/2,$$

$$P_3(x) = (5x^3 - 3x)/2, \quad P_4(x) = (35x^4 - 30x^2 + 3)/8,$$

$$P_5(x) = (63x^5 - 70x^3 + 15x)/8, 等等.$$

用这些多项式作为 (a) 中的 Ψ_n, 就得到方程 (192) 的相应解答. 每一个解答都可乘以任意常数 A_n. 通过下列关系式恢复 r 和 z:

$$x = \cos\psi, \quad Rx = z, \quad R = \sqrt{r^2 + z^2},$$

即得方程 (192) 的多项式解答如下:

$$\phi_0 = A_0,$$

$$\phi_1 = A_1 z,$$

$$\phi_2 = A_2\left[z^2 - \frac{1}{3}(r^2 + z^2)\right],$$

$$\phi_3 = A_3\left[z^3 - \frac{3}{5}z(r^2 + z^2)\right], \tag{194}$$

$$\phi_4 = A_4\left[z^4 - \frac{6}{7}z^2(r^2 + z^2) + \frac{3}{35}(r^2 + z^2)^2\right],$$

$$\phi_5 = A_5\left[z^5 - \frac{10}{9}z^3(r^2 + z^2) + \frac{5}{21}z(r^2 + z^2)^2\right],$$

$$\cdots\cdots\cdots.$$

这些多项式也是方程 (191) 的解. 由这些解又可得方程 (191) 的一些新解, 这些新解不再是方程 (192) 的解. 如果 $R^n\Psi_n$ 是方程 (192) 的一个解, 就可以证明, $R^{n+2}\Psi_n$ 是方程 (191) 的一个解. 照方程 (191) 括弧中所指示的运算进行, 得

$$\left(\frac{\partial^2}{\partial R^2}+\frac{2}{R}\frac{\partial}{\partial R}+\frac{1}{R^2}\mathrm{ctg}\psi\frac{\partial}{\partial\psi}+\frac{1}{R^2}\frac{\partial^2}{\partial\psi^2}\right)R^{n+2}\Psi_n=2(2n+3)R^n\Psi_n. \quad \text{(c)}$$

重复如方程 (191) 中所示的同样的运算, 其结果将为零, 因为 (c) 的右边是方程 (192) 的解. 因此, $R^{n+2}\Psi_n$ 是方程 (191) 的一个解. 于是, 以 $R^2=r^2+z^2$ 乘解 (194), 可得新的解如下:

$$\begin{aligned}
\phi_2 &= B_2(r^2+z^2), \\
\phi_3 &= B_3 z(r^2+z^2), \\
\phi_4 &= B_4(2z^2-r^2)(r^2+z^2), \\
\phi_5 &= B_5(2z^3-3r^2z)(r^2+z^2), \\
&\quad\cdots\cdots\cdots\cdots .
\end{aligned} \quad (195)$$

注:

① 例如见 F. B. Hildebrand, "Advanced Calculus for Applications", 1962.

§133 圆板的弯曲 [385]

借助于以上的解答, 可以解决若干有实际意义的问题, 其中包括圆板 (图 202) 在轴对称载荷下弯曲的各种情形. 例如, 取 (194) 和 (195) 中的三次多项式, 得应力函数

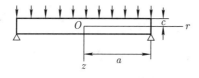

图 202

$$\phi = a_3(2z^3-3r^2z)+b_3(r^2z+z^3). \quad \text{(a)}$$

代入方程 (189), 得

$$\begin{aligned}
\sigma_r &= 6a_3+(10\nu-2)b_3, \quad \sigma_\theta=6a_3+(10\nu-2)b_3, \\
\sigma_z &= -12a_3+(14-10\nu)b_3, \quad \tau_{rz}=0.
\end{aligned} \quad (196)$$

可见板中的应力分量是常量. 当已知板面上的 σ_z 和 σ_r 为某些常数值时, 适当调整常数 a_3 和 b_3, 即可求得板中的应力.

现在取 (194) 和 (195) 中的四次多项式, 得

$$\phi = a_4(8z^4 - 24r^2z^2 + 3r^4) + b_4(2z^4 + r^2z^2 - r^4). \tag{b}$$

代入方程 (189), 得

$$
\begin{aligned}
\sigma_r &= 96a_4 z + 4b_4(14\nu - 1)z, \\
\sigma_z &= -192a_4 z + 4b_4(16 - 14\nu)z, \\
\tau_{rz} &= 96a_4 r - 2b_4(16 - 14\nu)r.
\end{aligned}
\tag{197}
$$

取

$$96a_4 - 2b_4(16 - 14\nu) = 0,$$

得

$$\sigma_z = \tau_{rz} = 0, \quad \sigma_r = 28(1 + \nu)b_4 z. \tag{c}$$

如果 z 是距板的中面的距离, 解答 (c) 就代表板在边界上受匀布弯矩时的纯弯曲.

[386] 　　为了求得圆板受均匀载荷时的解答, 可以取一个六次多项式的应力函数. 按照前一节中所述的方式进行, 得

$$
\begin{aligned}
\phi = &\frac{1}{3}a_6(16z^6 - 120z^4r^2 + 90z^2r^4 - 5r^6) \\
&+ b_6(8z^6 - 16z^4r^2 - 21z^2r^4 + 3r^6).
\end{aligned}
$$

代入 (189), 得

$$
\begin{aligned}
\sigma_r = &\, a_6(320z^3 - 720r^2z) \\
&+ b_6[64(2 + 11\nu)z^3 + (504 - 48 \times 22\nu)r^2z], \\
\sigma_z = &\, a_6(-640z^3 + 960r^2z) + b_6\{[-960 + 32 \times 22(2 - \nu)]z^3 \\
&+ [384 - 48 \times 22(2 - \nu)]r^2z\}, \\
\tau_{rz} = &\, a_6(960rz^2 - 240r^3) \\
&+ b_6[(-672 + 48 \times 22\nu)z^2r + (432 - 12 \times 22\nu)r^3].
\end{aligned}
$$

在这些应力上, 叠加以在 (197) 中令 $b_4 = 0$ 而得的应力

$$\sigma_r = 96a_4 z, \quad \sigma_z = -192a_4 z, \quad \tau_{rz} = 96a_4 r,$$

以及由 (196) 得来的在 z 方向的均匀拉应力 $\sigma_z = b$, 就得到含有四个常数 a_6、b_6、a_4、b 的应力分量表达式. 调整各个常数, 可以使得板的上下两面的边界条件 (图 202) 能被满足. 这些条件是

$$
\begin{aligned}
&\text{在 } z = c \text{ 处,} \quad \sigma_z = 0; \\
&\text{在 } z = -c \text{ 处,} \quad \sigma_z = -q; \\
&\text{在 } z = c \text{ 处,} \quad \tau_{rz} = 0; \\
&\text{在 } z = -c \text{ 处,} \quad \tau_{rz} = 0.
\end{aligned} \tag{d}
$$

在这里, q 是均匀载荷的集度, 而 $2c$ 是板的厚度. 将应力分量的表达式代入条件 (d), 就可以确定常数 a_6、b_6、a_4、b. 利用求得的各常数值, 就得到满足条件 (d) 的应力分量的表达式

$$
\begin{aligned}
\sigma_r &= q\left[\frac{2+\nu}{8}\frac{z^3}{c^3} - \frac{3(3+\nu)}{32}\frac{r^2 z}{c^3} - \frac{3}{8}\frac{z}{c}\right], \\
\sigma_z &= q\left(-\frac{z^3}{4c^3} + \frac{3}{4}\frac{z}{c} - \frac{1}{2}\right), \\
\tau_{rz} &= -\frac{3qr}{8c^3}(c^2 - z^2).
\end{aligned} \tag{e}
$$

可见应力 σ_z 和 τ_{rz} 的分布方式与狭矩形截面梁受均匀载荷时的情形 (§22) 完全相同. 径向应力 σ_r 是 z 的奇函数, 在板的边界上组成沿边界均匀分布的弯矩. 为了求得简支板 (图 202) 的解答, 可叠加以纯弯曲应力 (c), 并调整常数 b_4, 以使在边界上 $(r = a)$ [387]

$$
\int_{-c}^{c} \sigma_r z \mathrm{d}z = 0.
$$

于是 σ_r 的表达式最后成为

$$
\sigma_r = q\left[\frac{2+\nu}{8}\frac{z^3}{c^3} - \frac{3(3+\nu)}{32}\frac{r^2 z}{c^3} - \frac{3}{8}\frac{2+\nu}{5}\frac{z}{c} + \frac{3(3+\nu)}{32}\frac{a^2 z}{c^3}\right], \tag{198}
$$

而在板的中心有

$$
(\sigma_r)_{r=0} = q\left[\frac{2+\nu}{8}\frac{z^3}{c^3} - \frac{3}{8}\frac{2+\nu}{5}\frac{z}{c} + \frac{3(3+\nu)}{32}\frac{a^2 z}{c^3}\right]. \tag{f}
$$

在板的初等弯曲理论中, 假定垂直于板的中面($z = 0$) 的单元线在板弯曲时保持为直线并垂直于板的挠曲面[①], 由此而得在中心的径向应力

$$
\sigma_r = \frac{3(3+\nu)}{32}\frac{a^2 z}{c^3}q. \tag{g}
$$

将这个结果与 (f) 对比, 可见, 如果板的厚度 $2c$ 远比半径 a 为小, 精确解答中的一些附加项就很小.

应当注意, 叠加纯弯曲时, 沿板边的弯矩虽被消除, 但边界上的径向应力并不是零, 而是

$$(\sigma_r)_{r=a} = q\left(\frac{2+\nu}{8}\frac{z^3}{c^3} - \frac{3}{8}\frac{2+\nu}{5}\frac{z}{c}\right). \tag{h}$$

可是, 每单位长度边界上的应力的合力和力矩都是零. 因此, 根据圣维南原理可知, 除去这些应力, 对于离板边较远处的应力分布并无影响.

取应力函数为高于六次的多项式, 就可以研究圆板受非均布载荷时的弯曲. 如果再把 §132 中的函数 $Q_n(x)$ 和 $P_n(x)$ 也包括在内, 还可以求得对于中心有孔的圆板的解答[②]. 只有当板的挠度远比厚度为小时, 这些解答才能令人满意; 对于大的挠度, 就必须考虑中面内的伸长[③].

注:

① 这一假定与梁的弯曲理论中截面保持为平面的假定相似. 发展了板的弯曲的精确理论的, 有: J. H. Micheli, 见 *Proc. London Math. Soc.*, vol. 31, P. 114, 1899; A. E. H. Love, 见 "Mathematical Theory of Elastieity," 4th ed., p. 465, 1947.

② A. Коробов曾讨论过受对称载荷的圆板的许多种解答, 见 Изв. Киевского политехн. инст., 1913. A. Timpe 也独立求得过相似的一些解答, 见 *Z. Angew. Math. Mech.*, vol. 4, 1924.

③ 见 Kelvin and Tait, "Natural Philosophy," vol. 2, p. 171, 1903.

§134 转动的圆盘作为三维问题

在以前的讨论中 (见 §32), 曾假定应力不沿盘的厚度变化. 现在来考察这同一问题, 但只假定应力分布对称于转动轴. 将离心力加入方程 (188) 中, 得平衡微分方程

$$\frac{\partial \sigma_r}{\partial r} + \frac{\partial \tau_{rz}}{\partial z} + \frac{\sigma_r - \sigma_\theta}{r} + \rho\omega^2 r = 0,$$
$$\frac{\partial \tau_{rz}}{\partial r} + \frac{\partial \sigma_z}{\partial z} + \frac{\tau_{rz}}{r} = 0, \tag{199}$$

其中 ρ 是每单位体积的质量, ω 是圆盘的角速度.

相容方程也必须加以改变. 代替方程组 (126) 的将是三个 (g) 型的方程和三个 (h) 型的方程 (均见 §85). 将体力分量

$$X = \rho\omega^2 x, \quad Y = \rho\omega^2 y, \quad Z = 0 \tag{a}$$

代入这些方程中, 可见含有剪应力分量的后三个方程与 (126) 中的相同, 而前

三个方程成为

$$\nabla^2 \sigma_r - \frac{2}{r^2}(\sigma_r - \sigma_\theta) + \frac{1}{1+\nu}\frac{\partial^2 \Theta}{\partial r^2} = -\frac{2\rho\omega^2}{1-\nu},$$

$$\nabla^2 \sigma_\theta + \frac{2}{r^2}(\sigma_r - \sigma_\theta) + \frac{1}{1+\nu}\frac{1}{r}\frac{\partial \Theta}{\partial r} = -\frac{2\rho\omega^2}{1-\nu}, \tag{b}$$

$$\nabla^2 \sigma_z + \frac{1}{1+\nu}\frac{\partial^2 \Theta}{\partial z^2} = -\frac{2\nu\rho\omega^2}{1-\nu}.$$

我们将从方程 (199) 的一个满足相容方程的特解开始. 在这特解上叠加以多项式解答 (194) 和 (195), 并调整各多项式中的常数以满足这问题的边界条件. 取下列表达式为特解:

$$\sigma_r = Br^2 + Dz^2, \quad \sigma_z = Ar^2, \quad \sigma_\theta = Cr^2 + Dz^2, \quad \tau_{rz} = 0. \tag{c}$$

可以看出, 这些表达式能满足第二个平衡方程, 也满足包含剪应力分量的相容方程. 还须确定常数 A、B、C、D 以满足其余四个方程, 也就是 (199) 中的第一方程和方程 (b). 将 (c) 代入这几个方程, 得

$$A = \frac{\rho\omega^2(1+3\nu)}{6\nu}, \quad B = -\frac{\rho\omega^2}{3},$$

$$C = 0, \quad D = -\frac{\rho\omega^2(1+2\nu)(1+\nu)}{6\nu(1-\nu)}$$

于是得特解

[389]

$$\sigma_r = -\frac{\rho\omega^2}{3}r^2 - \frac{\rho\omega^2(1+2\nu)(1+\nu)}{6\nu(1-\nu)}z^2,$$

$$\sigma_z = \frac{\rho\omega^2(1+3\nu)}{6\nu}r^2, \tag{200}$$

$$\sigma_\theta = -\frac{\rho\omega^2(1+2\nu)(1+\nu)}{6\nu(1-\nu)}z^2,$$

$$\tau_{rz} = 0.$$

这个解可用来讨论任一回转体绕回转轴转动时的应力.

在常厚度圆盘的情况下, 可将由五次多项式的应力函数 [见方程 (194) 和 (195)]

$$\phi = a_5(8z^5 - 40r^2z^3 + 15r^4z) + b_5(2z^5 - r^2z^3 - 3r^4z) \tag{d}$$

导出的应力叠加于解答 (200). 于是, 由方程 (189) 得

$$\sigma_r = -a_5(180r^2 - 240z^2) + b_5[(36 - 54\nu)r^2 + (1 + 18\nu)6z^2],$$

$$\sigma_z = -a_5(-240r^2 + 480z^2) + b_5[(96 - 108\nu)z^2 + (-102 + 54\nu)r^2], \tag{e}$$

$$\sigma_\theta = a_5(-60r^2 + 240z^2) + b_5[(6 + 108\nu)z^2 + (12 - 54\nu)r^2],$$

$$\tau_{rz} = 480a_5rz - b_5(96 - 108\nu)rz.$$

与应力 (200) 相加, 并确定常数 a_5 和 b_5 以使总的应力 τ_{rz} 和 σ_z 均为零, 得

$$\sigma_r = -\rho\omega^2\left[\frac{\nu(1+\nu)}{2(1-\nu)}z^2 + \frac{3+\nu}{8}r^2\right],$$
$$\sigma_\theta = -\rho\omega^2\left[\frac{1+3\nu}{8}r^2 + \frac{\nu(1+\nu)}{2(1-\nu)}z^2\right]. \tag{f}$$

为了消除边界上的径向应力的合力, 就是说, 使

$$\left(\int_{-c}^{c}\sigma_r\,\mathrm{d}z\right)_{r=a} = 0,$$

可在 (f) 上叠加一均匀径向拉应力

$$\frac{\rho\omega^2}{8}(3+\nu)a^2 + \rho\omega^2\frac{\nu(1+\nu)}{2(1-\nu)}\frac{c^2}{3}.$$

于是总应力最后成为[①]

$$\sigma_r = \rho\omega^2\left[\frac{3+\nu}{8}(a^2-r^2) + \frac{\nu(1+\nu)}{6(1-\nu)}(c^2-3z^2)\right],$$
$$\sigma_\theta = \rho\omega^2\left[\frac{3+\nu}{8}a^2 - \frac{1+3\nu}{8}r^2 + \frac{\nu(1+\nu)}{6(1-\nu)}(c^2-3z^2)\right],$$
$$\sigma_z = 0, \quad \tau_{rz} = 0. \tag{201}$$

[390]　　与以前的解答 (54) 对比, 这里多了具有因子 (c^2-3z^2) 的附加项[②]. 在薄圆盘的情况下, 与这些项对应的应力很小, 而且它们在圆盘厚度上的合力是零. 如果盘边不受外力, 解答 (201) 就只代表离盘边较远处的应力状态.

　　扁平回转椭球形的转动盘中的应力分布曾由奇雷讨论过[③].

　　注:

　　① Love 曾用另一方法导出, 见 §131 的注 ① 中提到的 Love 的书, pp. 147-148. 书中还给出了位移表达式以及由中心自由孔引起的附加项.

　　② 这些项与 §98 中求得的含 z^2 的项的性质相同. 因为 σ_z 和 τ_{rz} 等于零, 所以方程 (201) 表示一种平面应力状态. 在 §98 中未考虑的体力 (这里是离心力) 并不改变一般结论, 只要它与 z 无关.

　　③ C. Chree, *Proc. Roy. Soc.* (*London*), vol. 58, p. 39, 1895. 关于一般的椭球体, 见 M. A. Goldberg and M. Sadowsky, *J. Appl. Mech.*, vol. 26, pp. 549-552, 1959.

§135　在无限大物体内一点的力

　　当原点是力的作用点时, 必然有一部分或全部应力分量在该处具有奇异性. 回到 §132 中的表达式 (a), 把它作为方程 (192) 的解, 可以求得适当的解答. 设 n 已经选好, 再取 $-n-1$ 来替换 n, 也就是取

$$\phi_{-n-1} = R^{-n-1}\Psi_{-n-1}, \tag{a}$$

然后把表达式 (a) 和它在替换以后的形式对比. §132 方程 (b) 中的系数 $n(n+1)$ 成为 $(-n-1)(-n)$, 而 Ψ_{-n-1} 具有与 Ψ_n 相同的值. 因此, 可以取

$$\phi_{-n-1} = R^{-n-1}\Psi_n \tag{b}$$

来代替上面的方程 (a). 和 §132 中同样地用 $P_n(x)$ 作为 Ψ_n, 得到方程 (192) 的如下一组解:

$$\begin{aligned}
\phi_1 &= A_1(r^2 + z^2)^{-\frac{1}{2}}, \\
\phi_2 &= A_2 z(r^2 + z^2)^{-\frac{3}{2}}, \\
\phi_3 &= A_3\left[z^2(r^2 + z^2)^{-\frac{5}{2}} - \frac{1}{3}(r^2 + z^2)^{-\frac{3}{2}}\right], \\
&\cdots\cdots\cdots\cdots,
\end{aligned} \tag{202}$$

它们也是方程 (191) 的解. 以 $r^2 + z^2$ 乘表达式 (202)(见 §132), 得方程 (191) 的另一组解, 就是

$$\begin{aligned}
\phi_1 &= B_1(r^2 + z^2)^{\frac{1}{2}}, \\
\phi_2 &= B_2 z(r^2 + z^2)^{-\frac{1}{2}}, \\
&\cdots\cdots\cdots\cdots.
\end{aligned} \tag{203}$$

(202) 和 (203) 中的每一个解, 以及它们的任何线性组合, 都可以取为应力函数; 适当地调整常数 A_1、A_2、$\cdots$、B_1、B_2、$\cdots$, 可得各种问题的解答. [391]

对于集中力的情况, 我们取 (203) 中的第一个解. 去掉下标, 应力函数为

$$\phi = B(r^2 + z^2)^{\frac{1}{2}},$$

其中 B 是待定常数. 代入方程 (189), 得对应的应力分量:

$$\begin{aligned}
\sigma_r &= B[(1-2\nu)z(r^2+z^2)^{-\frac{3}{2}} - 3r^2 z(r^2+z^2)^{-\frac{5}{2}}], \\
\sigma_\theta &= B(1-2\nu)z(r^2+z^2)^{-\frac{3}{2}}, \\
\sigma_z &= -B[(1-2\nu)z(r^2+z^2)^{-\frac{3}{2}} + 3z^3(r^2+z^2)^{-\frac{5}{2}}], \\
\tau_{rz} &= -B[(1-2\nu)r(r^2+z^2)^{-\frac{3}{2}} + 3rz^2(r^2+z^2)^{-\frac{5}{2}}].
\end{aligned} \tag{204}$$

在坐标原点, 即集中力的作用点, 这些应力全都具有奇异性. 因此, 我们把原点当作一个微小球形洞的中心 (图 203), 并认为洞面上的力如方程 (204) 所示. 可以证明, 这些力的合力是一个作用于原点而沿着 z 方向的力. 由与洞紧邻的环形单元体 (图 203) 的平衡条件, 可知在 z 方向的面力分量是

$$\overline{Z} = -(\tau_{rz}\sin\psi + \sigma_z\cos\psi).$$

利用方程 (204) 和公式

$$\sin\psi = r(r^2 + z^2)^{-\frac{1}{2}},$$

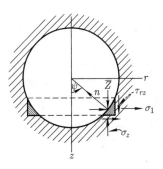

图 203

$$\cos\psi = z(r^2 + z^2)^{-\frac{1}{2}},$$

求得

$$\overline{Z} = B[(1 - 2\nu)(r^2 + z^2)^{-1} + 3z^2(r^2 + z^2)^{-2}].$$

[392]   在整个洞面上的这些力的合力是

$$2\int_0^{\frac{\pi}{2}} \overline{Z}\sqrt{r^2 + z^2}\,\mathrm{d}\psi 2\pi r = 8B\pi(1 - \nu).$$

由于对称, 径向面力的合力是零. 设 P 是所施力的大小, 就有

$$P = 8B\pi(1 - \nu).$$

将

$$B = \frac{P}{8\pi(1 - \nu)} \tag{205}$$

代入方程 (204), 就得到在原点沿 z 方向作用的一个力所引起的应力[1]. 这个力和一个球形或其他形状的外边界 (不论多大) 上的面力成平衡. 上述解答是与 §42 中所讨论的二维问题解答相类似的三维问题解答.

将 $z = 0$ 代入方程 (204), 可见在坐标平面 $z = 0$ 上没有正应力作用. 这平面上的剪应力是

$$\tau_{rz} = -\frac{B(1 - 2\nu)}{r^2} = -\frac{P(1 - 2\nu)}{8\pi(1 - \nu)r^2}, \tag{c}$$

它和距载荷作用点的距离 r 的平方成反比.

注:

[1]   这问题的解答是 Lord Kelvin 求得的, 见 *Cambridge and Dublin Math. J.*, 1848. 又见他的 "Mathematical and Physical Papers," vol. 1, p. 37. 由他的解答可知, 对应于应力 (204) 的位移是单值的, 这证明 (204) 是这问题的正确解答 (见 §96). 当然, 不管洞是多么小, 这个解答都要求洞面上的力具有特殊的分布形式.

§136   受均匀内压力或外压力的球形容器

用叠加法, 可由前节中的解答得到一些有实际意义的新解答. 先从这一情形开始: 两个相等而相反的力作用于无限大弹性体, 相隔一微小距离 d (图 204). 由施于原点 O 的力 P 所引起的任一点的应力, 可以决定于前节中的方程 (204) 和 (205). 由施于 O_1 的力 P 所引起的应力也可用相同的各方程算出. 由于第二个力在相反方向作用, 而距离 d 可当作无限小的量, 因而表达式 (204) 中的任一项 $f(r, z)$ 应以 $-[f + (\partial f/\partial z)d]$ 代替. 将两个力所引起的应力相叠加, 并用记号 A 代表乘积 Bd, 就得到

[393]

$$\sigma_r = -A\frac{\partial}{\partial z}[(1-2\nu)z(r^2+z^2)^{-\frac{3}{2}} - 3r^2z(r^2+z^2)^{-\frac{5}{2}}],$$

$$\sigma_\theta = -A\frac{\partial}{\partial z}[(1-2\nu)z(r^2+z^2)^{-\frac{3}{2}}], \qquad (206)$$

$$\sigma_z = A\frac{\partial}{\partial z}[(1-2\nu)z(r^2+z^2)^{-\frac{3}{2}} + 3z^3(r^2+z^2)^{-\frac{5}{2}}],$$

$$\tau_{rz} = A\frac{\partial}{\partial z}[(1-2\nu)r(r^2+z^2)^{-\frac{3}{2}} + 3rz^2(r^2+z^2)^{-\frac{5}{2}}].$$

现在来考察 (图 204) 在 M 点作用于与半径 OM 垂直的单元面上的应力分量 σ_R 和 $\tau_{R\psi}$, OM 的长度用 R 代表. 由图中所示三角形单元体的平衡条件可得[①]

$$\sigma_R = \sigma_r \sin^2\psi + \sigma_z\cos^2\psi + 2\tau_{rz}\sin\psi\cos\psi,$$

$$\tau_{R\psi} = (\sigma_r - \sigma_z)\sin\psi\cos\psi - \tau_{rz}(\sin^2\psi - \cos^2\psi). \qquad (a)$$

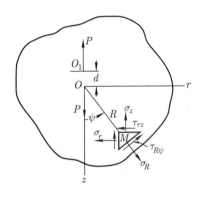

图 204

利用 (206), 并取

$$\sin\psi = r(r^2+z^2)^{-\frac{1}{2}} = \frac{r}{R}, \quad \cos\psi = z(r^2+z^2)^{-\frac{1}{2}} = \frac{z}{R},$$

就得到

$$\sigma_R = -\frac{2(1+\nu)A}{R^3}\left[-\sin^2\psi + \frac{2(2-\nu)}{1+\nu}\cos^2\psi\right],$$

$$\tau_{R\psi} = -\frac{2(1+\nu)A}{R^3}\sin\psi\cos\psi. \qquad (b)$$

各应力的分布对称于 z 轴并对称于与 z 轴垂直的坐标平面. [394]

现在假想, 除了沿 z 轴作用的两个力 P 以外, 在原点还有一个相同的力系沿 r 轴作用, 另一个相同的力系沿垂直于 rz 面的轴作用. 这样, 由于上述的对称性, 就得到一个对称于原点的应力分布. 如果考虑一个以原点为中心的球, 那么, 在这球面上将只有均匀分布的正应力, 它的大小可由 (b) 中的第一方程算得. 考虑 rz 面内的圆上各点的应力时, 用 (b) 中的第一方程可得沿 z 轴的双力所引起的正应力; 将 $\sin\psi$ 与 $\cos\psi$ 互换, 可得由沿 r 轴的双力在圆上所引起的正应力; 将 $\psi = \pi/2$ 代入同一方程, 就得到由垂直于 rz 面的双力所引起的正应力. 结合互相垂直的三组双力的作用, 可得作用于球面上的正应力

$$\sigma_R = \frac{4(1-2\nu)A}{R^3}. \tag{c}$$

这三个互相垂直的双力的组合称为压力中心. 由 (c) 可见, 对应的径向压应力只与到压力中心的距离有关, 并与这距离的立方成反比.

[395]　　　　这个球对称的奇异解答, 可用来求得受均匀内压力 p_i 和均匀外压力 p_o 的空心圆球中的应力[②]. 在应力 (c) 上叠加以各向均匀的拉压力或压应力, 即可将径向正应力的一般表达式取为

$$\sigma_R = \frac{C}{R^3} + D, \tag{d}$$

其中 C 和 D 是常数, 其大小决定于容器内外两面上的条件, 这些条件是

$$\frac{C}{a^3} + D = -p_i, \quad \frac{C}{b^3} + D = -p_o.$$

于是

$$
\begin{aligned}
C &= \frac{(p_i - p_o)a^3 b^3}{a^3 - b^3}, \\
D &= \frac{p_o b^3 - p_i a^3}{a^3 - b^3}, \\
\sigma_R &= \frac{p_o b^3 (R^3 - a^3)}{R^3 (a^3 - b^3)} + \frac{p_i a^3 (b^3 - R^3)}{R^3 (a^3 - b^3)}.
\end{aligned}
\tag{207}
$$

压力 p_i 和 p_o 也在球内引起切向正应力 σ_t (图 205), 它的大小可由用半径各为 R 和 $R + \mathrm{d}R$ 的两个同心球面以及一个顶角为 $\mathrm{d}\psi$ 的圆锥面从球内割出的单元体的平衡条件求得. 平衡方程是

$$\sigma_t \frac{\pi R}{2} \mathrm{d}R(\mathrm{d}\psi)^2 = \frac{\mathrm{d}\sigma_R}{\mathrm{d}R} \frac{\pi R^2}{4} \mathrm{d}R(\mathrm{d}\psi)^2 + \sigma_R \frac{\pi R}{2} \mathrm{d}R(\mathrm{d}\psi)^2,$$

由此得

$$\sigma_t = \frac{\mathrm{d}\sigma_R}{\mathrm{d}R} \frac{R}{2} + \sigma_R. \tag{e}$$

利用 (207) 中 σ_R 的表达式, 这应力成为

$$\sigma_t = \frac{p_o b^3 (2R^3 + a^3)}{2R^3 (a^3 - b^3)} - \frac{p_i a^3 (2R^3 + b^3)}{2R^3 (a^3 - b^3)}. \tag{208}$$

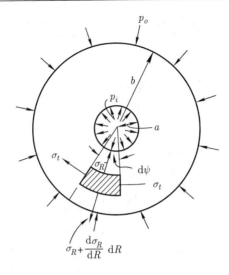

图 205

当 $p_o = 0$ 时,

$$\sigma_t = \frac{p_i a^3}{2R^3} \frac{(2R^3 + b^3)}{b^3 - a^3}.$$

可见, 在这种情况下, 最大切向拉应力在内表面, 等于

$$(\sigma_t)_{\max} = \frac{p_i}{2} \frac{2a^3 + b^3}{b^3 - a^3}.$$

所有这些结果都是拉梅求得的[3].

注:

① 作用于单元体的两个子午面上的应力分量 σ_θ 给出高阶微量的合力, 在导出平衡方程时可以不计.

② 直接按径向位移求解这个问题, 也是容易的.

③ Lamè, "Leç ons sur la Théorie · · · de l' Élasticité", Paris, 1852.

§137 球形洞周围的局部应力

[396]

作为第二个例子, 我们来考察受有均匀拉力 S 的杆内一微小球形洞 (图 206) 周围的应力分布[1]. 在实心杆受拉力的情况下, 作用于球面上的正应力和剪应力是

$$\sigma_R = S \cos^2 \psi,$$
$$\tau_{R\psi} = -S \sin \psi \cos \psi. \tag{a}$$

为了求得有一半径为 a 的微小球形洞时的解答, 必须在这简单拉应力上叠加一个应力系, 其中各应力分量在球面上须与由 (a) 给出的相等而相反, 而在无

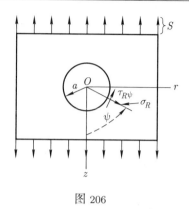

图 206

穷远处须为零.

从前节中取出由 z 方向的双力引起的应力 (b) 和由压力中心引起的应力 (c), 即可将作用于半径为 a 的球面上的对应的应力表为如下的形式:

$$\sigma'_R = -\frac{2(1+\nu)A}{a^3}\left(-1 + \frac{5-\nu}{1+\nu}\cos^2\psi\right),$$
$$\tau'_{R\psi} = -\frac{2(1+\nu)A}{a^3}\sin\psi\cos\psi, \tag{b}$$

$$\sigma''_R = \frac{B}{a^3}, \quad \tau''_{R\psi} = 0, \tag{c}$$

其中 A 和 B 是待定的常数. 可见, 应力 (b) 与 (c) 的结合并不能消除由拉力引起的应力 (a), 因而必须再附加一个应力系.

从解答 (202) 中取应力函数

$$\phi = Cz(r^2 + z^2)^{-\frac{3}{2}},$$

[397]　　由方程 (189) 求得对应的应力分量

$$\sigma_r = \frac{3C}{R^5}(-4 + 35\sin^2\psi\cos^2\psi),$$
$$\sigma_z = \frac{3C}{R^5}(3 - 30\cos^2\psi + 35\cos^4\psi),$$
$$\sigma_\theta = \frac{3C}{R^5}(1 - 5\cos^2\psi), \tag{d}$$
$$\tau_{rz} = \frac{15C}{R^5}(-3\sin\psi\cos\psi + 7\sin\psi\cos^3\psi).$$

利用前节中的方程 (a), 可得作用于半径为 a 的球面上的应力分量

$$\sigma'''_R = \frac{12C}{a^5}(-1 + 3\cos^2\psi),$$
$$\tau'''_{R\psi} = \frac{24C}{a^5}\sin\psi\cos\psi. \tag{e}$$

结合应力系 (b)、(c)、(e), 得

$$
\begin{aligned}
\sigma_R &= \frac{2(1+\nu)A}{a^3} - 2(5-\nu)\frac{A}{a^3}\cos^2\psi \\
&\quad + \frac{B}{a^3} - \frac{12C}{a^5} + \frac{36C}{a^5}\cos^2\psi,
\end{aligned}
\tag{f}
$$

$$
\tau_{R\psi} = -\frac{2(1+\nu)A}{a^3}\sin\psi\cos\psi + \frac{24C}{a^5}\sin\psi\cos\psi.
$$

将这些应力叠加于 (a) 以后, 可见, 要使得球形洞的面上不受力, 必须满足条件

$$
\begin{aligned}
&\frac{2(1+\nu)A}{a^3} + \frac{B}{a^3} - \frac{12C}{a^5} = 0, \\
&-2(5-\nu)\frac{A}{a^3} + \frac{36C}{a^5} = -S, \\
&-\frac{2(1+\nu)A}{a^3} + \frac{24C}{a^5} = S,
\end{aligned}
\tag{g}
$$

由此得

$$
\frac{A}{a^3} = \frac{5S}{2(7-5\nu)}, \quad \frac{B}{a^3} = \frac{S(1-5\nu)}{7-5\nu},
$$

$$
\frac{C}{a^5} = \frac{S}{2(7-5\nu)}.
\tag{h}
$$

将由 (d) 求得的应力、由双力所引起的应力 (206) 以及前节中方程 (c) 和 (e) 所给出的由压力中心引起的应力, 叠加于简单拉应力 S, 就得到任一点的总应力.

例如, 试求作用于平面 $z = 0$ 上的应力. 由对称条件可知, 这平面上没有剪应力. 以 $\psi = \pi/2$ 和 $R = r$ 代入方程 (d), 得

$$
\sigma_z' = \frac{9C}{r^5} = \frac{9Sa^5}{2(7-5\nu)r^5}.
\tag{i}
$$

在方程 (206) 中令 $z = 0$, 得

$$
\sigma_z'' = \frac{A(1-2\nu)}{r^3} = \frac{5(1-2\nu)S}{2(7-5\nu)}\frac{a^3}{r^3}.
\tag{j}
$$

由前节中的方程 (e) 得

$$
\sigma_z''' = (\sigma_t)_{z=0} = -\frac{B}{2r^3} = -\frac{S(1-5\nu)}{2(7-5\nu)}\frac{a^3}{r^3}.
\tag{k}
$$

于是, 在平面 $z = 0$ 上的总应力是

[398]

$$
\sigma_z = \sigma_z' + \sigma_z'' + \sigma_z''' + S = S\left[1 + \frac{4-5\nu}{2(7-5\nu)}\frac{a^3}{r^3} + \frac{9}{2(7-5\nu)}\frac{a^5}{r^5}\right].
\tag{l}
$$

在 $r = a$ 处, 得

$$(\sigma_z)_{\max} = \frac{27 - 15\nu}{2(7 - 5\nu)} S. \tag{m}$$

取 $\nu = 0.3$, 则

$$(\sigma_z)_{\max} = \frac{45}{22} S.$$

由此可见, 最大应力约为施于该杆的均匀拉力 S 的两倍. 这种应力增大具有很大的局部性. 随着 r 的增大, 应力 (l) 将迅速趋近于 S. 例如, 取 $r = 2a, \nu = 0.3$, 得 $\sigma_z = 1.054S$.

对于平面 $z = 0$ 内的各点, 由同样方法得

$$(\sigma_\theta)_{z=0} = \frac{3C}{r^5} - \frac{A(1 - 2\nu)}{r^3} - \frac{B}{2r^3}.$$

将 (h) 中的各值代入, 并取 $r = a$, 求得沿着洞的 "赤道" ($\psi = \pi/2$) 上的拉应力为

$$(\sigma_\theta)_{z=0, r=a} = \frac{15\nu - 3}{2(7 - 5\nu)} S.$$

在洞的两极 ($\psi = 0$ 或 $\psi = \pi$), 有

$$\sigma_r = \sigma_\theta = \frac{2(1 - 2\nu)A}{a^3} - \frac{12C}{a^5} - \frac{B}{2a^3} = -\frac{3 + 15\nu}{2(7 - 5\nu)} S.$$

可见纵向拉力 S 在这两点引起压应力.

将某一方向的拉力 S 与垂直方向的压力 S 相结合, 就得到关于纯剪情况下球形洞周围的应力分布的解答[2]. 这样可以证明, 最大剪应力是

$$\tau_{\max} = \frac{15(1 - \nu)}{7 - 5\nu} S. \tag{n}$$

在讨论小洞[3] 对于受重复应力的试件的持久极限的影响时, 本节中的结果有些实用价值.

注:

① 这个问题的解答归功于 R. V. Southwell, 见 *Phil. Mag.*, 1926. 关于不同材料的弹性包体, 见 J. N. Goodier, *Trans. ASME*, vol. 55, p. 39, 1933. 关于三轴不相等的椭球形洞的问题, 见 E. Sternberg and M. Sadowsky, *J. Appl. Mech.*, vol. 16, p. 149, 1949. 关于三维应力集中问题的文献, 见 E. Sternberg, *Appl. Mech. Rev.*, vol. 11, pp. 1-4, 1958.

② 这个问题曾由 J. Larmor 讨论过, 见 *Phil. Mag.*, ser. 5, vol. 33, 1892. 又见 A. E. H. Love, "Mathematical Theory of Elasticity", 4th ed. p. 252, 1927. 该书的第十一章中给出球形边界的更一般问题的解答. E. Sternberg, R. A. Eubanks 和 M. A. Sadowsky 重新考虑了空心圆球的轴对称问题, 见 *Proc. 1st U. S. Congr. Appl. Mech.*, pp. 209-215, 1951.

③ 例如见 R. V. Southwell and H. J. Gough, *Phil. Mag.*, vol. 1, p. 71, 1926.

§138 作用于半无限大物体边界上的力

假想平面 $z = 0$ 是半无限大物体的边界, 而力 P 沿 z 轴 (图 207) 作用在这平面上[①]. 在 §135 中曾经证明过, 在原点的集中力和在边界平面 $z = 0$ 上的 [399] 剪力

$$\tau_{rz} = -\frac{B(1 - 2\nu)}{r^2}. \tag{a}$$

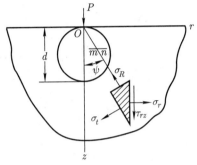

图 207

可以使半无限大物体内发生方程 (204) 和 (205) 所示的应力. 为了消除剪力 (a) 而得到图 207 所示问题的解答, 我们将利用对应于压力中心的应力分布 (§136). 在极坐标中, 这应力分布是

$$\sigma_R = \frac{A}{R^3}, \quad \sigma_t = \frac{\mathrm{d}\sigma_R}{\mathrm{d}R}\frac{R}{2} + \sigma_R = -\frac{1}{2}\frac{A}{R^3},$$

其中 A 是常数. 用柱面坐标 (图 207) 时, 各应力分量具有如下的表达式:

$$\sigma_r = \sigma_R \sin^2\psi + \sigma_t \cos^2\psi = A\left(r^2 - \frac{1}{2}z^2\right)(r^2 + z^2)^{-\frac{5}{2}},$$

$$\sigma_z = \sigma_R \cos^2\psi + \sigma_t \sin^2\psi = A\left(z^2 - \frac{1}{2}r^2\right)(r^2 + z^2)^{-\frac{5}{2}},$$

$$\tau_{rz} = \frac{1}{2}(\sigma_R - \sigma_t)\sin 2\psi = \frac{3}{2}Arz(r^2 + z^2)^{-\frac{5}{2}},$$

$$\sigma_\theta = \sigma_t = -\frac{1}{2}\frac{A}{R^3} = -\frac{1}{2}A(r^2 + z^2)^{-\frac{3}{2}}. \tag{209}$$

现在假定有无数个压力中心沿着 z 轴从 $z = 0$ 到 $z = -\infty$ 均匀分布. 于是, 利 [400] 用叠加原理, 由方程 (209) 可得无限大实体内的应力分量

$$\sigma_r = A_1 \int_z^\infty \left(r^2 - \frac{1}{2}z^2\right)(r^2 + z^2)^{-\frac{5}{2}}\mathrm{d}z$$

$$= \frac{A_1}{2}\left[\frac{1}{r^2} - \frac{z}{r^2}(r^2 + z^2)^{-\frac{1}{2}} - z(r^2 + z^2)^{-\frac{3}{2}}\right],$$

$$\sigma_z = A_1 \int_z^\infty \left(z^2 - \frac{1}{2}r^2\right)(r^2 + z^2)^{-\frac{5}{2}} \mathrm{d}z = \frac{A_1}{2}z(r^2 + z^2)^{-\frac{3}{2}},$$

$$\tau_{rz} = \frac{3}{2}A_1 \int_z^\infty rz(r^2 + z^2)^{-\frac{5}{2}} \mathrm{d}z = \frac{A_1}{2}r(r^2 + z^2)^{-\frac{3}{2}},$$

$$\sigma_\theta = -\frac{1}{2}A_1 \int_z^\infty (r^2 + z^2)^{-\frac{3}{2}} \mathrm{d}z = -\frac{A_1}{2}\left[\frac{1}{r^2} - \frac{z}{r^2}(r^2 + z^2)^{-\frac{1}{2}}\right], \quad (210)$$

其中 A_1 是一个新的常数. 在 $z = 0$ 的平面上, 正应力是零, 而剪应力是

$$(\tau_{rz})_{z=0} = \frac{1}{2}\frac{A_1}{r^2}. \tag{b}$$

显然, 结合解答 (204) 和 (210), 并适当调整常数 A 和 B, 就可以得到集中力 P 作用于原点而平面 $z = 0$ 上没有应力时的应力分布. 由 (a) 和 (b) 可见, 如果使

$$-B(1 - 2\nu) + \frac{A_1}{2} = 0,$$

即可消除边界平面上的剪力. 由此得

$$A_1 = 2B(1 - 2\nu).$$

代入表达式 (210), 并将应力 (204) 与 (210) 相加, 就得到

$$\begin{aligned}
\sigma_r &= B\left\{(1 - 2\nu)\left[\frac{1}{r^2} - \frac{z}{r^2}(r^2 + z^2)^{-\frac{1}{2}}\right]\right.\\
&\quad \left. -3r^2 z(r^2 + z^2)^{-\frac{5}{2}}\right\},\\
\sigma_z &= -3Bz^3(r^2 + z^2)^{-\frac{5}{2}},\\
\sigma_\theta &= B(1 - 2\nu)\left[-\frac{1}{r^2} + \frac{z}{r^2}(r^2 + z^2)^{-\frac{1}{2}}\right.\\
&\quad \left. +z(r^2 + z^2)^{-\frac{3}{2}}\right],\\
\tau_{rz} &= -3Brz^2(r^2 + z^2)^{-\frac{5}{2}}.
\end{aligned} \tag{c}$$

当 $z = 0$ 时, $\sigma_z = \tau_{rz} = 0$, 所以这应力分布满足边界条件. 现在还须确定常数 B, 使得分布在以原点为中心的半球面上的力与沿 z 轴作用的力 P 是静力等效的. 考察图 203 所示的环形单元体的平衡, 可知半球面上的力在 z 方向的分量是

[401]

$$\overline{Z} = -(\tau_{rz}\sin\psi + \sigma_z\cos\psi) = 3Bz^2(r^2 + z^2)^{-2}.$$

为了确定 B, 可利用方程

$$P = 2\pi \int_0^{\frac{\pi}{2}} \overline{Z}r(r^2 + z^2)^{\frac{1}{2}} \mathrm{d}\psi = 6\pi B \int_0^{\frac{\pi}{2}} \cos^2\psi\sin\psi \mathrm{d}\psi = 2\pi B,$$

由此得

$$B = \frac{P}{2\pi}.$$

最后, 将 B 的值代入 (c), 就得到作用于半无限大物体边界平面上的法向力 P 所引起的应力分量

$$\sigma_r = \frac{P}{2\pi}\left\{(1-2\nu)\left[\frac{1}{r^2} - \frac{z}{r^2}(r^2+z^2)^{-\frac{1}{2}}\right] - 3r^2 z(r^2+z^2)^{-\frac{5}{2}}\right\},$$

$$\sigma_z = -\frac{3}{2}\frac{P}{\pi}z^3(r^2+z^2)^{-\frac{5}{2}}, \tag{211}$$

$$\sigma_\theta = \frac{P}{2\pi}(1-2\nu)\left[-\frac{1}{r^2} + \frac{z}{r^2}(r^2+z^2)^{-\frac{1}{2}}\right] + z(r^2+z^2)^{-\frac{3}{2}},$$

$$\tau_{rz} = -\frac{3P}{2\pi}rz^2(r^2+z^2)^{-\frac{5}{2}}.$$

这是与半无限大板的解答 (见 §36) 类似的三维问题解答.

如果取一个垂直于 z 轴的单元面 mn (图 207), 由方程 (211) 可得这单元面上正应力分量与剪应力分量之比是

$$\frac{\sigma_z}{\tau_{rz}} = \frac{z}{r}. \tag{d}$$

因此, 合应力的作用线通过原点 O. 合应力的大小是

$$S = \sqrt{\sigma_z^2 + \tau_{rz}^2} = \frac{3P}{2\pi}\frac{z^2}{(r^2+z^2)^2}$$

$$= \frac{3P}{2\pi}\frac{\cos^2\psi}{(r^2+z^2)}. \tag{212}$$

可见合应力与距载荷 P 的作用点的距离的平方成反比. 假想有一直径为 d 的球面, 在原点 O 与平面 $z = 0$ 相切. 对于这球面的每一点,

$$r^2 + z^2 = d^2\cos^2\psi. \tag{e}$$

代入 (212), 可知在球面上的各点, 水平面上的总应力是常量, 等于 $3P/2\pi d^2$.　　[402]

现在来考察半无限大物体内由载荷 P 所引起的位移. 由关于应变分量的方程 (187) 得

$$u = \epsilon_\theta r = \frac{r}{E}[\sigma_\theta - \nu(\sigma_r + \sigma_z)].$$

将方程 (211) 中应力分量代入, 得

$$u = \frac{(1-2\nu)(1+\nu)P}{2\pi Er}\left[z(r^2+z^2)^{-\frac{1}{2}} - 1\right.$$

$$\left. + \frac{1}{1-2\nu}r^2 z(r^2+z^2)^{-\frac{3}{2}}\right]. \tag{213}$$

为了确定铅直位移 w, 先由方程 (187) 得出

$$\frac{\partial w}{\partial z} = \epsilon_z = \frac{1}{E}[\sigma_z - \nu(\sigma_r + \sigma_\theta)],$$

$$\frac{\partial w}{\partial r} = \gamma_{rz} - \frac{\partial u}{\partial z} = \frac{2(1+\nu)\tau_{rz}}{E} - \frac{\partial u}{\partial z}.$$

再将应力分量和上面求得的位移 u 代入, 得

$$\frac{\partial w}{\partial z} = \frac{P}{2\pi E}\{3(1+\nu)r^2 z(r^2+z^2)^{-\frac{5}{2}} - [3+\nu(1-2\nu)]z(r^2+z^2)^{-\frac{3}{2}}\},$$

$$\frac{\partial w}{\partial r} = -\frac{P(1+\nu)}{2\pi E}[2(1-\nu)r(r^2+z^2)^{-\frac{3}{2}} + 3rz^2(r^2+z^2)^{-\frac{5}{2}}],$$

积分, 略去一个任意常数后得

$$w = \frac{P}{2\pi E}[(1+\nu)z^2(r^2+z^2)^{-\frac{3}{2}} + 2(1-\nu^2)(r^2+z^2)^{-\frac{1}{2}}]. \tag{214}$$

在边界平面 ($z=0$) 上, 位移是

$$\begin{aligned}(u)_{z=0} &= -\frac{(1-2\nu)(1+\nu)P}{2\pi Er}, \\ (w)_{z=0} &= \frac{P(1-\nu^2)}{\pi Er},\end{aligned} \tag{215}$$

这表明乘积 wr 在边界上是常量. 可见, 边界平面上由原点画出的径向线在变形以后成为以 Or 和 Oz 为渐近线的双曲线. 在原点, 位移和应力都成为无限大. 因此, 我们必须假想用一微小半径的半球面将靠近原点的材料割去, 而用分布在半球面上的静力等效力系来代替集中力 P.

注:

①　这问题的解答是 J. Boussinesq 给出的, 见 "Application des Potentiels a 1'Efudede 1'Equilibre et du Mouvement des Solides Elastiques", Paris, 1885. 关于切向力, 以及平面上的其他边界条件, 参考文献见 §131 注 ① 中提到的 Love 的书, 第 167 节. 力作用于半无限大物体内部一点时的解答曾由 R. D. Mindlin 求得, 见 *Phys.*, vol. 7, p. 195, 1936. 又见 *Proc. 1st Midwestern Conf. Solid Mech.*, pp. 56-59, 1953. 关于固定平面边界, 见 L. Rongved, *J. App. Mech.*, vol. 22, pp. 545-546, 1955.

[403]　## §139　载荷分布在半无限大物体的一部分边界上

有了半无限大物体在边界上受集中力时的解答, 即可用叠加法求得由分布载荷引起的位移和应力. 试以载荷均匀分布在半径为 a 的圆面积上的情形 (图 208) 作为简单的例子, 考察物体表面上距圆心为 r 的一点 M 沿载荷方向的位移. 在载荷面积内取一微小单元面, 如图中阴影所示. 这单元面是由以 M

为中心而半径各为 s 和 $s+\mathrm{d}s$ 的两圆弧与夹角为 $\mathrm{d}\psi$ 的两半径围成的. 单元面上的载荷是 $qs\mathrm{d}\psi\mathrm{d}s$, 由方程 (215) 得 M 点的对应位移为

$$\frac{(1-\nu^2)q}{\pi E}\frac{s\mathrm{d}\psi\mathrm{d}s}{s}=\frac{(1-\nu^2)q}{\pi E}\mathrm{d}\psi\mathrm{d}s.$$

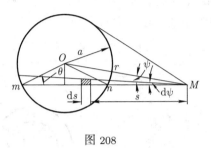

图 208

现在用重积分求出 M 点的总位移

$$w=\frac{(1-\nu^2)q}{\pi E}\iint\mathrm{d}\psi\mathrm{d}s.$$

对 s 积分, 并注意弦 mn 的长度等于 $2\sqrt{a^2-r^2\sin^2\psi}$, 就得到

$$w=\frac{4(1-\nu^2)q}{\pi E}\int_0^{\psi_1}\sqrt{a^2-r^2\sin^2\psi}\mathrm{d}\psi, \tag{a}$$

其中 ψ_1 是 ψ 的最大值, 也就是 r 与圆的切线之间的夹角. 引用变数 θ 以代替变数 ψ (图 208), 可以简化积分 (a) 的运算. 由图有

$$a\sin\theta=r\sin\psi,$$

由此得

$$\mathrm{d}\psi=\frac{a\cos\theta\mathrm{d}\theta}{r\cos\psi}=\frac{a\cos\theta\mathrm{d}\theta}{\sqrt{1-\dfrac{a^2}{r^2}\sin^2\theta}}.$$

代入方程 (a), 并注意当 ψ 由 0 改变到 ψ_1 时, θ 由 0 改变到 $\pi/2$, 即得 [404]

$$w=\frac{4(1-\nu^2)q}{\pi E}\int_0^{\frac{\pi}{2}}\frac{a^2\cos^2\theta\mathrm{d}\theta}{r\sqrt{1-\dfrac{a^2}{r^2}\sin^2\theta}}=\frac{4(1-\nu^2)qr}{\pi E}$$

$$\cdot\left[\int_0^{\frac{\pi}{2}}\sqrt{1-\dfrac{a^2}{r^2}\sin^2\theta}\mathrm{d}\theta-\left(1-\dfrac{a^2}{r^2}\right)\int_0^{\frac{\pi}{2}}\frac{\mathrm{d}\theta}{\sqrt{1-\dfrac{a^2}{r^2}\sin^2\theta}}\right]. \tag{216}$$

这方程中的积分称为椭圆积分, 对于 a/r 的任一值, 积分值可由表查得[1].

为了求得载荷圆的边界的位移, 可在方程 (216) 中令 $r = a$, 得

$$(w)_{r=a} = \frac{4(1-\nu^2)qa}{\pi E}. \tag{217}$$

如果 M 点是在载荷面积之内 (图 209a), 我们仍然考虑由阴影单元面上的载荷 $qsd\psi ds$ 所引起的位移. 这时总位移是

$$w = \frac{(1-\nu^2)q}{\pi E} \iint \mathrm{d}s\mathrm{d}\psi.$$

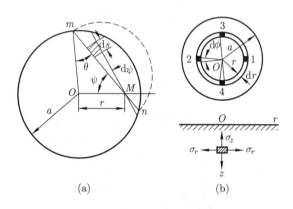

图 209

弦 mn 的长度是 $2a\cos\theta$, 而 ψ 由 0 改变到 $\pi/2$, 所以

$$w = \frac{4(1-\nu^2)q}{\pi E} \int_0^{\frac{\pi}{2}} a\cos\theta\mathrm{d}\psi.$$

又因 $a\sin\theta = r\sin\psi$, 所以

$$w = \frac{4(1-\nu^2)qa}{\pi E} \int_0^{\frac{\pi}{2}} \sqrt{1 - \frac{r^2}{a^2}\sin^2\psi}\mathrm{d}\psi. \tag{218}$$

[405]　　对于 r/a 的任何值, 都容易利用椭圆积分表算出这个位移. 最大位移当然发生在圆心. 将 $r = 0$ 代入方程 (218), 求得

$$(w)_{\max} = \frac{2(1-\nu^2)qa}{E}. \tag{219}$$

将这位移与圆边界的位移对比, 可见后者是最大位移的 $2/\pi$ 倍[2]. 值得注意, 对于一定的载荷集度 q, 最大位移并不是常量, 而是与载荷圆的半径成比例[3].

应力也可用叠加法算得. 例如, 试考察 z 轴上一点 (图 209b) 的应力. 分布于半径为 r、宽度为 dr 的圆环面积上的载荷所引起的这一点的应力 σ_z, 可在方程 (211) 中用 $2\pi r dr q$ 代替 P 而求得. 于是, 由分布于半径为 a 的整个圆面积上的均匀载荷所引起的应力 σ_z 是

$$\sigma_z = -\int_0^a 3qr dr z^3 (r^2 + z^2)^{-\frac{5}{2}} = qz^3 \left| (r^2 + z^2)^{-\frac{3}{2}} \right|_0^a$$
$$= q \left[-1 + \frac{z^3}{(a^2 + z^2)^{\frac{3}{2}}} \right]. \tag{b}$$

这应力在物体的表面上等于 $-q$, 并随距离 z 的增大而逐渐减小. 计算同一点的应力 σ_r 和 σ_θ 时, 宜同时考虑载荷面积内两个单元面 1 和 2 (图 209b) 上的载荷 $qrd\phi dr$. 在 z 轴上的一点由这两个单元载荷所引起的应力, 可用 (211) 中的第一和第三方程求得为

$$d\sigma_r' = \frac{qrd\phi dr}{\pi} \left\{ (1 - 2\nu) \left[\frac{1}{r^2} - \frac{z}{r^2}(r^2 + z^2)^{-\frac{1}{2}} \right] \right.$$
$$\left. - 3r^2 z (r^2 + z^2)^{-\frac{5}{2}} \right\},$$
$$d\sigma_\theta' = \frac{qrd\phi dr}{\pi}(1 - 2\nu) \left[-\frac{1}{r^2} + \frac{z}{r^2}(r^2 + z^2)^{-\frac{1}{2}} + z(r^2 + z^2)^{-\frac{3}{2}} \right]. \tag{c}$$

在同一平面上由点 3 和 4 的单元载荷所引起的正应力是 [406]

$$d\sigma_r'' = \frac{qrd\phi dr}{\pi}(1 - 2\nu) \left[-\frac{1}{r^2} + \frac{z}{r^2}(r^2 + z^2)^{-\frac{1}{2}} + z(r^2 + z^2)^{-\frac{3}{2}} \right], \tag{d}$$
$$d\sigma_\theta'' = \frac{qrd\phi dr}{\pi} \left\{ (1 - 2\nu) \left[\frac{1}{r^2} - \frac{z}{r^2}(r^2 + z^2)^{-\frac{1}{2}} \right] - 3r^2 z (r^2 + z^2)^{-\frac{5}{2}} \right\}.$$

将 (c) 与 (d) 相加, 就得到由图中所示的四个单元载荷所引起的应力

$$d\sigma_r = d\sigma_\theta = \frac{qrd\phi dr}{\pi}[(1 - 2\nu)z(r^2 + z^2)^{-\frac{3}{2}}$$
$$- 3r^2 z(r^2 + z^2)^{-\frac{5}{2}}]$$
$$= \frac{qrd\phi dr}{\pi}[-2(1 + \nu)z(r^2 + z^2)^{-\frac{3}{2}} \tag{e}$$
$$+ 3z^3(r^2 + z^2)^{-\frac{5}{2}}].$$

为了求得由半径为 a 的圆面积上全部均匀载荷所引起的应力, 只须将式 (e) 对 ϕ 及 r 求积分, ϕ 由 0 到 $\pi/2$, 而 r 由 0 到 a. 于是得

$$\sigma_r = \sigma_\theta = \frac{q}{2} \int_0^a [-2(1 + \nu)z(r^2 + z^2)^{-\frac{3}{2}} + 3z^3(r^2 + z^2)^{-\frac{5}{2}}]r dr$$
$$= \frac{q}{2} \left[-(1 + 2\nu) + \frac{2(1 + \nu)z}{\sqrt{a^2 + z^2}} - \left(\frac{z}{\sqrt{a^2 + z^2}} \right)^3 \right]. \tag{f}$$

对于载荷圆的圆心 O, 由方程 (b) 和 (f) 得

$$\sigma_z = -q, \quad \sigma_r = \sigma_\theta = -\frac{q(1+2\nu)}{2}.$$

取 $\nu = 0.3$, 得 $\sigma_r = \sigma_\theta = -0.8q$. 在 O 点的最大剪应力等于 $0.1q$, 作用在与 z 轴成 $45°$ 的平面上. 假定材料的屈服取决于最大剪应力, 可以证明, 上面所考虑的 O 点并不是 z 轴上最不利的一点. 由方程 (b) 和 (f) 得 z 轴 (图 209b) 上任一点的最大剪应力是

$$\frac{1}{2}(\sigma_\theta - \sigma_z) = \frac{q}{2}\left[\frac{1-2\nu}{2} + (1+\nu)\frac{z}{\sqrt{a^2+z^2}} - \frac{3}{2}\left(\frac{z}{\sqrt{a^2+z^2}}\right)^3\right]. \tag{g}$$

当

$$\frac{z}{\sqrt{a^2+z^2}} = \frac{1}{3}\sqrt{2(1+\nu)}$$

时, 这个表达式成为最大, 由此得

$$z = a\sqrt{\frac{2(1+\nu)}{7-2\nu}}. \tag{h}$$

[407]　　代入表达式 (g), 得

$$\tau_{\max} = \frac{q}{2}\left[\frac{1-2\nu}{2} + \frac{2}{9}(1+\nu)\sqrt{2(1+\nu)}\right]. \tag{k}$$

假定 $\nu = 0.3$, 由方程 (h) 和 (k) 得

$$z = 0.638a, \quad \tau_{\max} = 0.33q.$$

这表明, 对于 z 轴上所有各点, 最大剪应力所在点的深度约等于载荷圆半径的三分之二, 而最大剪应力的大小约为所施的均匀压力 q 的三分之一.

当均匀压力 q 分布在边长为 $2a$ 的正方形表面上时, 在中心的最大位移是

$$w_{\max} = \frac{8}{\pi}\ln(\sqrt{2}+1)\frac{qa(1-\nu^2)}{E}$$
$$= 2.24\frac{qa(1-\nu^2)}{E} \tag{220}$$

在正方形四角的位移仅仅是中心的位移的一半, 而平均位移是

$$w_{\mathrm{av}} = 1.90\frac{qa(1-\nu^2)}{E}. \tag{221}$$

对于均匀压力分布在不同边长比值 $\alpha = a/b$ 的各种矩形上的情形, 也曾作过相似的计算. 所有这些结果都可以表为[④]

$$w_{\mathrm{av}} = m\frac{P(1-\nu^2)}{E\sqrt{A}}, \tag{222}$$

其中 m 是与 α 有关的数字因子, A 是载荷面积, P 是总载荷. 因子 m 的若干个值列于下表中. 由表可见, 对于一定的载荷 P 和面积 A, 当载荷面积的周界对面积的比率减小时, 位移随着增大. 方程 (222) 有时用来讨论工程结构的基础沉陷⑤. 为了使结构的各部分有相同的沉陷, 地基上的平均压力必须与载荷面积的大小和形状有一定的关系. [408]

方程 (222) 中的因子 m

	圆形	正方形	矩形的 $\alpha = a/b$					
			1.5	2	3	5	10	100
$m =$	0.96	0.95	0.94	0.92	0.88	0.82	0.71	0.37

在前面的讨论中, 曾假定载荷已知而求它所引起的位移. 现在来考察位移已知而需求边界平面上对应的压力分布的情形. 例如, 设有一绝对刚性的圆柱形压模压在半无限大弹性体的边界平面上. 这时, 整个压模的位移 w 是常量, 但压力分布并不是常量, 它的集度决定于方程⑥

$$q = \frac{P}{2\pi a \sqrt{a^2 - r^2}}, \tag{223}$$

其中 P 是压模上的总载荷, a 是压模的半径, r 是压力 q 作用处距压模中心的距离. 这个压力分布显然是不均匀的, 它的最小值在中心处 $(r = 0)$, 等于

$$q_{\min} = \frac{P}{2\pi a^2},$$

也就等于接触圆面积上的平均压力的一半. 在圆面积的边界处 $(r = a)$, 压力成为无限大. 事实上, 沿边界的材料将有屈服, 但这种屈服只是局部性的, 对于距离边界较远处的压力分布 (223) 并没有显著的影响.

压模的位移决定于方程

$$w = \frac{P(1 - \nu^2)}{2aE}. \tag{224}$$

可见, 对于边界平面上平均单位压力的一定值, 位移并不是常量, 它随着压模半径的增大按相同比率而增大⑦.

为了作比较, 我们也给出 [用方程 (218)] 压力均匀分布时的平均位移 [409]

$$\begin{aligned} w_{\mathrm{av}} &= \frac{\int_0^a w 2\pi r \mathrm{d}r}{\pi a^2} = \frac{16}{3\pi^2} \frac{P(1 - \nu^2)}{aE} \\ &= 0.54 \frac{P(1 - \nu^2)}{aE}. \end{aligned} \tag{225}$$

这个平均位移与绝对刚性压模的位移 (224) 并没有很大差别. 关于非圆形压模, 有很多解答可用[8], 其中包括动压模的动力问题的几个解答.

注:

①　例如, 见 E. Jahnke, F. Emde and F. Lösch, "Tables of Higher Functions", 1960.

②　这问题的解答是 J. Boussinesq 求得的, 见 §138 的注 ①. 又见 H. Lamb, *Proc. London Math. Soc.*, vol. 34, p. 276, 1902; K. Terazawa, *J. Coll. Sci., Univ. Tokyo*, vol. 37, 1916; F. Schleicher, *Bauingenieur*, vol. 7, 1926 和 *Bauingenieur*, vol. 14, p. 242, 1933. 对这一问题的详尽的研究, 以及载荷分布于矩形上的情形, 都见 A. E. H. Love 的论文, *Trans. Roy. Soc. (London)*, ser. A, vol. 228, 1929. 在一般情形下形变和应力的一些特性曾由 S. Way 指出, 见 *J. Appl. Mech.*, vol. 7, p. A-147, 1940.

③　这一结论及其向非圆形载荷面积的推广, 可由问题的简单因次分析得来.

④,⑤　F. Schleicher, 见注 ②.

⑥　这解答是 J. Boussinesq 求得的, 见注 ②.

⑦　见注 ③.

⑧　见 Л. А. Галин, "Контактные задачи Теории Упругости", М. -Д., 1953.

§140　两接触球体之间的压力

前一节中的结果可用来讨论两接触体之间的压力分布[1]. 设两物体在接触处的表面是半径为 R_1 和 R_2 的球面 (图 210). 如果两物体之间没有压力, 两物体将接触于一点 O. 在两球体的子午截面上距轴 z_1 和 z_2 一极小距离 r 处[2] 的两点 M 和 N, 与 O 点的切面之间的距离可以足够精确地表示为

$$z_1 = \frac{r^2}{2R_1}, \quad z_2 = \frac{r^2}{2R_2}, \tag{a}$$

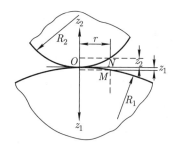

图 210

而两点之间的距离为

$$z_1 + z_2 = r^2 \left(\frac{1}{2R_1} + \frac{1}{2R_2} \right) = \frac{r^2(R_1 + R_2)}{2R_1 R_2}. \tag{b}$$

在球体与平面接触的特殊情况下 (图 211a), $1/R_1$ 为零, 而方程 (b) 给出的距离 mn 是

$$\frac{r^2}{2R_2}. \tag{c}$$

在球体与球座接触的情况下 (图 211b), 方程 (b) 中的 R_1 是负的, 于是得　　[410]

$$z_2 - z_1 = \frac{r^2(R_1 - R_2)}{2R_1 R_2}. \tag{c'}$$

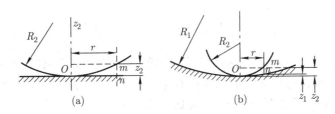

图 211

如果两物体受力 P 而沿着 O 点的法线互相压紧, 邻近接触点处就将发生局部形变, 使两物体接触处成为一具有圆形边界的微小面, 称为接触面. 假定曲率半径 R_1 和 R_2 远比接触面边界的半径为大, 在讨论局部形变时, 就可以应用前面就半无限大物体求得的结果. 用 w_1 代表下球面上一点如 M (图 210) 由于局部形变而有的 z_1 方向的位移, w_2 代表上球面上一点如 N 由于局部形变而有的 z_2 方向的位移. 假定发生局部压缩时, O 点的切面保持不动, 于是, 轴 z_1 和 z_2 上距离 O 点很远③ 的任意两点, 将因这压缩而互相接近一距离 a; 而两点如 M 和 N (图 210) 之间的距离将减小 $\alpha - (w_1 + w_2)$. 如果点 M 和 N 由于局部压缩而最后到达接触面内, 则　　[411]

$$\alpha - (w_1 + w_2) = z_1 + z_2 = \beta r^2, \tag{d}$$

其中 β 是与半径 R_1 和 R_2 有关的常数, 可由方程 (b)、(c) 或 (c') 求得. 于是, 对于接触面上任意一点, 由几何关系得

$$w_1 + w_2 = \alpha - \beta r^2. \tag{e}$$

现在来考察局部形变. 由对称条件可以断定: 两接触体之间的压力集度 q 和对应的形变必然对称于接触面的中心 O. 用图 209a 代表接触面, 并用 M 代表下球体在接触面上的一点, 这一点的位移 w_1 (根据前一节) 是

$$w_1 = \frac{(1 - \nu_1^2)}{\pi E_1} \iint q \mathrm{d}s \mathrm{d}\psi, \tag{f}$$

其中 ν_1 和 E_1 是下球体的弹性常数, 而积分须包括整个接触面. 对于上球体也可得一相似的公式. 于是得

$$w_1 + w_2 = (k_1 + k_2) \iint q \mathrm{d}s \mathrm{d}\psi, \tag{g}$$

其中

$$k_1 = \frac{1 - \nu_1^2}{\pi E_1}, \quad k_2 = \frac{1 - \nu_2^2}{\pi E_2} \tag{226}$$

并由方程 (e) 和 (g) 得

$$(k_1 + k_2) \iint q \mathrm{d}s \mathrm{d}\psi = \alpha - \beta r^2. \tag{h}$$

于是, 必须寻求 q 的一个表达式以满足方程 (h). 现在将证明, 如果用画在接触面上而半径为 a 的半球面的纵坐标代表接触面上的分布压力 q, 就可以满足这一要求. 设 q_0 是接触面中心 O 处的压力, 则

$$q_0 = ka,$$

其中 $k = q_0/a$ 是表示压力分布的比例尺的常量因子. 压力 q 沿弦 mn 的变化如图 209 中虚线半圆所示. 沿弦求积分, 得

$$\int q \mathrm{d}s = \frac{q_0}{a} A,$$

[412]　　　其中 A 是虚线半圆的面积, 等于 $\frac{\pi}{2}(a^2 - r^2 \sin^2 \psi)$. 代入方程 (h), 得

$$\frac{\pi(k_1 + k_2) q_0}{a} \int_0^{\frac{\pi}{2}} (a^2 - r^2 \sin^2 \psi) \mathrm{d}\psi = \alpha - \beta r^2,$$

或

$$(k_1 + k_2) \frac{q_0 \pi^2}{4a} (2a^2 - r^2) = \alpha - \beta r^2.$$

要使这方程在 r 等于任何值时都能满足, 从而证明所假设的压力分布是正确的, 就必须位移 α 与接触面半径 a 之间存在下列关系:

$$\begin{aligned} \alpha &= (k_1 + k_2) q_0 \frac{\pi^2 a}{2}, \\ a &= (k_1 + k_2) \frac{\pi^2 q_0}{4\beta}. \end{aligned} \tag{227}$$

令接触面上压力之和等于总压力 P, 就可求得最大压力 q_0 的值. 对于半球形压力分布, 有

$$\frac{q_0}{a} \frac{2}{3} \pi a^3 = P,$$

由此得

$$q_0 = \frac{3P}{2\pi a^2},\tag{228}$$

就是说, 最大压力是接触面上平均压力的 3/2 倍. 将 q_0 代入方程 (227) 并由方程 (b) 取

$$\beta = \frac{R_1 + R_2}{2R_1 R_2}$$

于是, 对于两球体接触, 求得

$$a = \sqrt[3]{\frac{3\pi}{4} \frac{P(k_1 + k_2)R_1 R_2}{R_1 + R_2}},\tag{229}$$

$$\alpha = \sqrt[3]{\frac{9\pi^2}{16} \frac{P^2(k_1 + k_2)^2(R_1 + R_2)}{R_1 R_2}}$$

假定两球的弹性相同, 取 $\nu = 0.3$, 就得到

$$a = 1.109 \sqrt[3]{\frac{P}{E} \frac{R_1 R_2}{R_1 + R_2}},$$

$$\alpha = 1.23 \sqrt[3]{\frac{P^2}{E^2} \frac{R_1 + R_2}{R_1 R_2}}\tag{230}$$

对应的最大压力是

[413]

$$q_0 = \frac{3}{2} \frac{P}{\pi a^2} = 0.388 \sqrt[3]{PE^2 \frac{(R_1 + R_2)^2}{R_1^2 R_2^2}}.\tag{231}$$

在圆球压入平面的情况下, 假定球与平面的弹性相同, 将 $1/R_1 = 0$ 代入方程 (230) 和 (231), 就得到

$$a = 1.109 \sqrt[3]{\frac{PR_2}{E}}, \quad \alpha = 1.23 \sqrt[3]{\frac{P^2}{E^2 R_2}},$$

$$q_0 = 0.388 \sqrt[3]{\frac{PE^2}{R_2^2}}.\tag{232}$$

取 R_1 为负, 就得到圆球在球座中 (图 211b) 时的方程.

有了接触面的大小和作用于接触面上的压力, 即可用前一节中所述的方法算出应力④. 就轴 Oz_1 和 Oz_2 上各点算得的结果示于图 212 内. 图中以接触面中心的最大压力 q_0 作为应力的单位, 以接触面的半径 a 作为沿 z 轴量度距离的单位. 最大的应力是在接触面中心的压应力 σ_z, 而同一点的另外两个主应力 σ_r 和 σ_θ 都等于 $(1 + 2\nu)\sigma_z/2$. 因此, 与钢料等材料的屈服有关的最大剪

应力在这一点是比较小的. 最大剪应力所在点位于 z 轴上而深度约为接触面半径的一半. 对于钢之类的材料, 这一点应当看作最弱点. 当 $\nu = 0.3$ 时, 这一点的最大剪应力约为 $0.31q_0$.

[414]

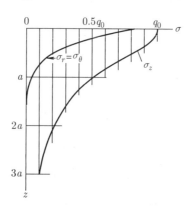

图 212

在脆性材料的情况下, 破坏是由最大拉应力引起的. 这应力发生在接触面的圆边界处, 沿径向作用, 而大小是

$$\sigma_r = \frac{(1 - 2\nu)}{3}q_0.$$

另一个主应力 (沿周向作用) 在数量上等于上述径向应力, 但符号相反. 因此, 沿接触面的边界, 压力成为零, 而有一数量为 $q_0(1 - 2\nu)/3$ 的纯剪应力. 取 $\nu = 0.3$, 这剪应力等于 $0.133q_0$, 它远比上面算得的最大剪应力为小, 但大于接触面中心 (压力最大处) 的剪应力.

对于服从胡克定律而应力在弹性极限以内的材料, 许多实验都证实了赫兹的理论结果[5].

注:

①　这个问题是 H. Hertz 解出的, 见 *J. Math.*(*Crelle's J.*) vol. 92, 1881. 又见 H. Hertz, "Gesammelte Werke", vol. 1, p. 155, Leipzig, 1895. 两文中假定接触是无摩阻的. 如果当接触发展时, 两接触面之间并没有相对滑动, 那么, 问题就不同了 (除非两球体完全相同). 不同球体的无滑动解答曾由 L. E. Goodman 给出 (1962). 接触处的切向力和扭力偶曾由 R. D. Mindlin 论述过 (1949). 关于这些论文的参考文献, 以及已解出的更多问题, 见 W. Flügge 编, "Handbook of Engineering Mechanics", 1962, 第 42 章, J. L. Lubkin 写的 "Contact Problems".

②　r 远比 R_1 和 R_2 为小.

③　距离之远, 足以使在各该点的由压缩而有的形变可以不计.

④ 这样的计算是 A. H. Динник 作出的, 见 Изв. киевского политехн. инст. 1909. 又见 M. T. Huber, *Ann. Physik*, vol. 14, 1904, p. 153; S. Fuchs, *Physik. Z.*, vol. 14, p. 1282, 1913; M. C. Huber and S. Fuchs, *Physik. Z.*, vol. 15, p. 298, 1914; W. B. Morton and L. J. Close, *Phil. Mag.*, vol. 43, p. 320, 1922.

⑤ 有关的参考资料见 G. Berndt, Z. *Tech. Physik*, vol. 3, p. 14, 1922. 又见 "Handbuch der physikalischen und Technischen Mechanik," vol. 3, p. 120.

§141　两接触体之间的压力. 一般情形[①]

对于接触弹性体的压缩的一般情形, 可用与前一节中讨论球体接触时的同样方法来处理. 以接触点 O 处的切面为 xy 平面 (图 210). 略去高阶的微量, 即可将物体在邻近接触点的表面用下列方程[②] 表示:

$$
\begin{aligned}
z_1 &= A_1 x^2 + A_2 xy + A_3 y^2, \\
z_2 &= B_1 x^2 + B_2 xy + B_3 y^2
\end{aligned}
\tag{a}
$$

这时, 两个点如 M 与 N 之间的距离是

$$
z_1 + z_2 = (A_1 + B_1)x^2 + (A_2 + B_2)xy + (A_3 + B_3)y^2.
\tag{b}
$$

我们总可以选取 x 和 y 的方向, 使得含有乘积 xy 的一项消失. 于是　　[415]

$$
z_1 + z_2 = Ax^2 + By^2,
\tag{c}
$$

其中 A 和 B 都是常数, 与两接触体表面的主曲率和主曲率平面之间的夹角有关. 用 R_1 和 R_1' 代表其中一物体在接触点的主曲率半径, R_2 和 R_2' 代表另一物体在接触点的主曲率半径[③], 而 ψ 代表曲率 $1/R_1$ 和 $1/R_2$ 所在的两个法面之间的夹角, 于是, 常数 A 和 B 将决定于方程

$$
\begin{aligned}
A + B &= \frac{1}{2}\left(\frac{1}{R_1} + \frac{1}{R_1'} + \frac{1}{R_2} + \frac{1}{R_2'}\right), \\
B - A &= \frac{1}{2}\left[\left(\frac{1}{R_1} - \frac{1}{R_1'}\right)^2 + \left(\frac{1}{R_2} - \frac{1}{R_2'}\right)^2 \right. \\
&\left. \quad + 2\left(\frac{1}{R_1} - \frac{1}{R_1'}\right)\left(\frac{1}{R_2} - \frac{1}{R_2'}\right)\cos 2\psi\right]^{\frac{1}{2}}
\end{aligned}
\tag{d}
$$

因为 $z_1 + z_2$ 必然是正的, 所以方程 (c) 中的 A 和 B 都是正的, 于是可以断定, 相互间距离 $z_1 + z_2$ 相同的所有各点都在一个椭圆上. 因此, 如果将两物体沿 O 点的法线方向压紧, 接触面就将具有椭圆形边界.

令 α、w_1、w_2 的意义与前一节中的相同. 于是, 对于接触面上各点, 有

$$
w_1 + w_2 + z_1 + z_2 = \alpha,
$$

或

$$w_1 + w_2 = \alpha - Ax^2 - By^2. \tag{e}$$

这是由几何关系得来的. 现在来考察接触面处的局部形变. 假定接触面很小, 应用前面就半无限大物体而求得的方程 (215), 得接触面上两点的位移 w_1 与 w_2 之和为

$$w_1 + w_2 = \left(\frac{1-\nu_1^2}{\pi E_1} + \frac{1-\nu_2^2}{\pi E_2}\right) \iint \frac{q\mathrm{d}A}{r}, \tag{f}$$

[416]　其中 $q\mathrm{d}A$ 是作用于接触面内无限小单元面上的压力, r 是这单元面与所考察的点的距离. 积分必须包括整个接触面. 利用记号 (226), 由 (e) 和 (f) 得

$$(k_1 + k_2) \iint \frac{q\mathrm{d}A}{r} = \alpha - Ax^2 - By^2. \tag{g}$$

现在的问题是寻求分布压力 q 以满足方程 (g). 赫兹曾证明, 如果用画在接触面上的半椭面的纵坐标代表接触面上的压力集度 q, 就可以满足这一要求. 显然, 最大压力是在接触面的中心. 用 q_0 代表最大压力, a 和 b 代表接触面的椭圆边界的半轴, 最大压力的大小就可用如下的方程求得:

$$P = \iint q\mathrm{d}A = \frac{2}{3}\pi ab q_0,$$

由此得

$$q_0 = \frac{3}{2}\frac{P}{\pi ab} \tag{233}$$

可见最大压力是接触面上平均压力的 3/2 倍. 要计算这最大压力, 必须先知道半轴 a 和 b. 由类似于分析球体时所用的方法, 可得

$$\begin{aligned} a &= m\sqrt[3]{\frac{3\pi}{4}\frac{P(k_1+k_2)}{(A+B)}}, \\ b &= n\sqrt[3]{\frac{3\pi}{4}\frac{P(k_1+k_2)}{(A+B)}}, \end{aligned} \tag{234}$$

其中 $A+B$ 由方程 (d) 确定, 而系数 m 和 n 是与比率 $(B-A)/(A+B)$ 有关的数字. 用记号

$$\cos\theta = \frac{B-A}{A+B}, \tag{h}$$

得出与不同的 θ 值对应的 m 和 n 的值如下表所示[④].

$\theta =$	$30°$	$35°$	$40°$	$45°$	$50°$	$55°$	$60°$	$65°$	$70°$	$75°$	$80°$	$85°$	$90°$
$m =$	2.731	2.397	2.136	1.926	1.754	1.611	1.486	1.378	1.284	1.202	1.128	1.061	1.000
$n =$	0.493	0.530	0.567	0.604	0.641	0.678	0.717	0.759	0.802	0.846	0.893	0.944	1.000

例如, 有一轮子的圆柱形轮边 与轨道接触, 轮边半径 $R_1 = 15.8$ in, 轨顶半径　　[417]
$R_2 = 12$ in, 将 $R_1' = R_2' = \infty$ 和 $\psi\pi/2$ 代入方程 (d), 即得

$$A + B = 0.0733, \quad B - A = 0.0099,$$
$$\cos\theta = 0.135, \qquad \theta = 82°15'.$$

于是, 用内插法由上表中得

$$m = 1.098, \quad n = 0.918.$$

代入方程 (234), 并取 $E = 30 \times 10^6 \text{lbf/in}^2$, $\nu = 0.25$,[5] 求得

$$a = 0.00946\sqrt[3]{P}, \quad b = 0.00792\sqrt[3]{P}.$$

当载荷 $P = 1000$ lbf 时,

$$a = 0.0946 \text{ in}, \quad b = 0.0792 \text{ in}, \quad \pi ab = 0.0236 \text{ in}^2$$

而在中心的最大压力是

$$q_0 = \frac{3}{2}\frac{P}{\pi ab} = 63600 \text{lbf/in}^2.$$

知道了压力分布, 即可算出任一点的应力[6]. 这样的计算表明, 最大剪应力发生在 z 轴上深度 z_1 很小的一点, 深度与半轴 a 和 b 的大小有关. 例如: 当 $b/a = 1$ 时, $z_1 = 0.47a$; 当 $b/a = 0.34$ 时, $z_1 = 0.24a$. 如果取 $\nu = 0.3$, 则对应的最大剪应力各为 $\tau_{\max} = 0.31q_0$ 和 $\tau_{\max} = 0.32q_0$.

考虑椭圆接触面上的各点, 并取半轴 a 和 b 的方向为 x 轴和 y 轴, 则在接触面中心的主应力是

$$\sigma_x = -2\nu q_0 - (1 - 2\nu)q_0\frac{b}{a + b},$$
$$\sigma_y = -2\nu q_0 - (1 - 2\nu)q_0\frac{a}{a + b}, \tag{i}$$
$$\sigma_z = -q_0.$$

在椭圆的轴的两端, $\sigma_x = -\sigma_y$, 而 $\tau_{xy} = 0$. 径向拉应力等于周向压应力. 所以　[418]
在这些点有纯剪存在. 这个剪应力的大小在长轴的两端 $(x = \pm a, y = 0)$ 是

$$\tau = (1 - 2\nu)q_0\frac{\beta}{e^2}\left(\frac{1}{e}\text{arcthe} - 1\right), \tag{j}$$

而在短轴的两端 $(x = 0, y = \pm b)$ 是

$$\tau = (1 - 2\nu)q_0\frac{\beta}{e^2}\left(1 - \frac{\beta}{e}\text{arcth}\frac{e}{\beta}\right), \tag{k}$$

其中 $\beta = b/a, e = \sqrt{a^2 - b^2}/a$. 当 b 趋近于 a 而接触面的边界趋近于圆形时, 由 (i)、(j)、(k) 求得的应力趋近于前一节中就两球相压的情形求得的应力.

对接触面内各点应力的更详细的研究表明[⑦]: 当 $e < 0.89$ 时, 最大剪应力由方程 (j) 给出; 当 $e > 0.89$ 时, 最大剪应力却在椭圆中心, 可由上面的方程 (i) 算得.

增大比率 a/b, 椭圆接触面就渐趋狭长. 当 $a/b = \infty$ 时, 就得到轴线平行的两圆柱体接触的情况[⑧]. 这时, 接触面是一个狭矩形. 沿接触面的宽度, 压力 q 的分布可用半椭圆代表 (图 213). 设 x 轴垂直于图平面, b 是接触面宽度的一半, 而 P' 是接触面每单位长度上的载荷, 于是, 根据半椭圆压力分布得

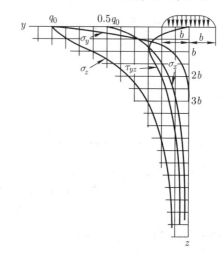

图 213

$$P' = \frac{1}{2}\pi b q_0,$$

由此得

$$q_0 = \frac{2P'}{\pi b} \tag{235}$$

考虑局部形变, 可得 b 的表达式

$$b = \sqrt{\frac{4P'(k_1 + k_2)R_1 R_2}{R_1 + R_2}} \tag{236}$$

[419]　其中 R_1 和 R_2 是两圆柱体的半径, k_1 和 k_2 是由方程 (226) 决定的常数. 设两圆柱体的材料相同, 而 $\nu = 0.3$, 则

$$b = 1.52\sqrt{\frac{P'R_1 R_2}{E(R_1 + R_2)}}. \tag{237}$$

在两个半径相等的情况下 $(R_1 = R_2 = R)$,

$$b = 1.08\sqrt{\frac{P'R}{E}}. \tag{238}$$

对于圆柱体与平面接触的情况,

$$b = 1.52\sqrt{\frac{P'R}{E}}. \tag{239}$$

将方程 (236) 所示的 b 代入方程 (235), 求得

$$q_0 = \sqrt{\frac{P'(R_1 + R_2)}{\pi^2(k_1 + k_2)R_1 R_2}}. \tag{240}$$

设两圆柱体的材料相同, 而 $\nu = 0.3$, 则

$$q_0 = 0.418\sqrt{\frac{P'E}{R_1 R_2}(R_1 + R_2)}. \tag{241}$$

在圆柱体与平面接触的情况下,

$$q_0 = 0.418\sqrt{\frac{P'E}{R}}. \tag{242}$$

知道了 q_0 和 b, 就可以算出任一点处的应力. 这些计算表明[9], 最大剪应力发 [420] 生在 z 轴上某一深度的一点. 当 $\nu = 0.3$ 时, 应力分量沿深度的变化如图 213 所示. 最大剪应力在深度 $z_1 = 0.78b$ 之处, 而大小是 $0.304q_0$.[10]

注:

① 这理论是 Hertz 提出的, 见 §140 的注 ①.

② 假定邻近接触点的表面是光滑的, 可以当作二次曲面.

③ 如果曲率中心在物体之内, 对应的曲率就作为正的. 在图 210 中, 两物体的曲率都是正的; 图 211 中的球座的曲率则是负的.

④ 这个表摘自 H. L. Whittemore and S. N. Petrenko, *Nall. Bur. std. Tech. Paper* 201, 1921. 将表的范围推广到 $0 < \theta < 30°$, 见 M. Kornhauser, *J. Appl. Mech.*, vol. 18, pp. 251-252, 1951.

⑤ 如果 ν 由 0.25 增至 0.3, 半轴约减小 1% 而最大压力 q_0 约增大 2%.

⑥ H. M. Веляев 作过这种研究, 见 Co. инст. инженеров путей сообщения, Пгр., 1917 和 Исследования но теории сооружений, Пгр., 1924; 又见 H. R. Thomas and V. A. Hoersch, *Univ. Illinois Eng. Expt. Sta., Bull.* 212, 1930 和 G. Lundberg and F. K. G. Odqvist, *Proc, Ingeniörs Vetenskaps Akad.*, No. 116, Stockholm, 1932. C. Lipson 和 R. C. Juvinall 曾给出公式和曲线的一个汇编, 见 "Handbook of Stress and Strength", chap. 7, 1963.

⑦　Н. М. Беляев, 见注 ⑥.

⑧　H. Poritsky 曾作出这种情况下的直接推导, 同时考虑接触面内的切向力, 见 *J. Appl. Mech.*, vol. 17, p. 191, 1950.

⑨　Н. М. Беляев, 见注 ⑥.

⑩　赫兹接触理论有广泛的实际应用. 曾有人报道, 算得的接触压力接近 10^6lbf/in^2. 例如, 见 J. B. Bidwell 编, "Rolling Contact Phenomena", 1962, 特别是其中的第 430 页及第 406 页.

§142　球体的碰撞

以上两节中的结果可以用来研究弹性体的碰撞. 试以两球体沿中心连线运动时的碰撞为例 (图 214). 当相向运动的两球在 O 点接触时, 压力 P 开始作用, 并开始改变两球的速度. 设 v_1 和 v_2 是两球的速度, 它们在碰撞过程中的改变率决定于方程.

$$m_1 \frac{\mathrm{d}v_1}{\mathrm{d}t} = -P, \quad m_2 \frac{\mathrm{d}v_2}{\mathrm{d}t} = -P, \tag{a}$$

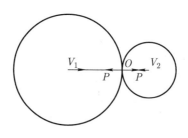

图 214

其中 m_1 和 m_2 是两球的质量. 设 α 是两球由于 O 点的局部压缩而趋近的距离, 则趋近的速度是

$$\dot{\alpha} = v_1 + v_2$$

[421]　而由方程 (a) 得

$$\ddot{\alpha} = -P \frac{m_1 + m_2}{m_1 m_2}. \tag{b}$$

在两球体的大小和性质都相差不大的情况下, 碰撞延续时间, 也就是两球保持接触的时间, 远比两球基本振动方式的周期为长①. 因此, 可以不计振动, 而假定在静力状态下建立的方程 (229) 在碰撞过程中也成立. 引用记号

$$n = \sqrt{\frac{16}{9\pi^2} \frac{R_1 R_2}{(k_1 + k_2)^2 (R_1 + R_2)}}, \quad n_1 = \frac{m_1 + m_2}{m_1 m_2}, \tag{c}$$

由 (229) 得

$$P = n\alpha^{\frac{3}{2}}, \tag{d}$$

而方程 (b) 成为

$$\ddot{\alpha} = -nn_1\alpha^{\frac{3}{2}}. \tag{e}$$

以 $\dot{\alpha}$ 乘两边, 得

$$\frac{1}{2}\mathrm{d}(\dot{\alpha})^2 = -nn_1\alpha^{\frac{3}{2}}\mathrm{d}\alpha,$$

由此积分而得

$$\frac{1}{2}(\dot{\alpha}^2 - v^2) = -\frac{2}{5}nn_1\alpha^{\frac{5}{2}}, \tag{f}$$

其中 v 是碰撞开始时两球趋近的速度. 以 $\dot{\alpha} = 0$ 代入这方程中, 就得到在最大压缩的瞬时两球相互趋近的距离

$$\alpha_1 = \left(\frac{5}{4}\frac{v^2}{nn_1}\right)^{\frac{2}{5}}. \tag{g}$$

将这个值代入方程 (229), 就可以算出碰撞期间作用于两球之间的最大压力 P, 以及对应的接触面半径 α.

为了计算碰撞延续时间, 将方程 (f) 写成如下的形式:

$$\mathrm{d}t = \frac{\mathrm{d}\alpha}{\sqrt{v^2 - \dfrac{4}{5}nn_1\alpha^{5/2}}},$$

或命 $\alpha/\alpha_1 = x$, 并用方程 (g), 得

$$\mathrm{d}t = \frac{\alpha_1}{v}\frac{\mathrm{d}x}{\sqrt{1 - x^{5/2}}},$$

由此求得碰撞延续时间是

$$t = \frac{2\alpha_1}{v}\int_0^1\frac{\mathrm{d}x}{\sqrt{1 - x^{5/2}}} = 2.94\frac{\alpha_1}{v}. \tag{243}$$

在两球材料相同并具有相同半径 R 的特殊情况下, 由 (g) 得

$$\begin{aligned}
\alpha_1 &= \left(\frac{5\sqrt{2}\pi\rho}{4}\frac{1-\nu^2}{E}v^2\right)^{\frac{2}{5}}R, \\
t &= 2.94\left(\frac{5\sqrt{2}\pi\rho}{4}\frac{1-\nu^2}{E}\right)^{\frac{2}{5}}\frac{R}{v^{1/5}},
\end{aligned} \tag{244}$$

其中 ρ 代表球体每单位体积的质量.

由此可见, 碰撞延续时间与球的半径成正比而与 $v^{1/5}$ 成反比. 这个结果曾经由几个实验者证实②. 当两端为球形的长杆碰撞时, 基本振动方式的周期可能与碰撞延续时间属于同阶长短, 研究接触点的局部压缩时, 就应当考虑这个振动③.

[422]

注:

① Lord Rayleigh, *Phil. Mag*, ser. 6, vol. 11, p. 283, 1906. 如果两球体的大小相差很远, 特别是如果两球体之一可以作为无限大 (它的周期很长或是无限长), 则这一说法不成立. 即使如此, 量得的延续时间仍然很能符合这个准静力理论. 例如, 见 J. N. Goodier, W. E. Jahsman and E. A. Ripperger, *J. Appl. Mech.*, vol. 26, p. 3, 1959.

② M. Hamburger, *Wied. Ann.*, vol. 28, p. 653, 1886; А. Н. Динник, Журн. Русск. Физ. -хим. обш., том 38, стр. 242, 1906 和том 41, стр. 57, 1909. 关于这问题的其他参考资料, 见 "Handbuch der Physikalischen und Technischen Mechanik," vol. 3, p. 448, 1927.

③ 见 §169 末尾. 两端为球面的杆的纵向碰撞曾经由 J. E. Sears 讨论过, 见 *Proc. Cambridge Phil. Soc.*, vol. 14, p. 257, 1908, 和 *Trans. Cambridge Phil. Soc.*, vol. 21, p. 49, 1912. 杆的侧向碰撞 (同时考虑局部压缩) 的问题曾经由 S. Timoshenko 讨论过, 见 *Z. Math. Physik*, vol. 62, p. 198, 1914.

§143　圆柱体的轴对称形变

当圆柱体在侧面上受有力的作用, 而力的分布对称于圆柱体的轴线时, 可引用一个以柱面坐标表示的应力函数 ϕ 而应用方程 (190)①. 如果取方程

$$\frac{\partial^2 \phi}{\partial r^2} + \frac{1}{r}\frac{\partial \phi}{\partial r} + \frac{\partial^2 \phi}{\partial z^2} = 0 \tag{a}$$

的解为应力函数 ϕ, 就可以满足方程 (190). 方程 (a) 的解可取为如下的形式:

$$\phi = f(r)\sin kz, \tag{b}$$

其中 f 只是 r 的函数. 将 (b) 代入方程 (a), 就得到确定 $f(r)$ 的常微分方程

$$\frac{\mathrm{d}^2 f}{\mathrm{d}r^2} + \frac{1}{r}\frac{\mathrm{d}f}{\mathrm{d}r} - k^2 f = 0. \tag{c}$$

这是零阶的、宗量为 kr 的第一类和第二类贝塞尔函数所满足的微分方程. 适宜用于实心圆柱体的解, 可直接由如下的级数得来:

$$f(r) = a_0 + a_1 r^2 + a_2 r^4 + a_3 r^6 + \cdots. \tag{d}$$

将这个级数代入方程 (c), 得相邻两系数之间的关系式

$$(2n)^2 a_n - k^2 a_{n-1} = 0,$$

由此得

$$a_1 = \frac{k^2}{2^2}a_0, \quad a_2 = \frac{k^2}{4^2}a_1 = \frac{k^4}{2^2(4^2)}a_0 \cdots,$$

代入级数 (d), 得

$$f(r) = a_0 \left[1 + \frac{k^2 r^2}{2^2} + \frac{k^4 r^4}{2^2(4^2)} + \frac{k^6 r^6}{2^2(4^2)6^2} + \cdots \right]. \tag{e}$$

方程 (e) 右边方括号内的级数是虚宗量 ikr 的零阶贝塞尔函数, 通常用 $I_0(kr)$ 代表. 以下将用 $J_0(ikr)$ 为这函数的记号而将应力函数 (b) 写成

$$\phi_1 = a_0 J_0(ikr) \sin kz. \tag{f}$$

方程 (190) 还有一些解不同于方程 (a) 的解. 其中之一可由上面的函数 $J_0(ikr)$ 导出: [423]

$$\frac{\mathrm{d}J_0(ikr)}{\mathrm{d}(ikr)} = -\frac{ikr}{2}\left[1 + \frac{k^2 r^2}{2(4)} + \frac{k^4 r^4}{2(4^2)6} + \frac{k^6 r^6}{2(4^2)6^2(8)} + \cdots \right]. \tag{g}$$

这个导数, 冠以负号, 称为一阶的贝塞尔函数, 用 $J_1(ikr)$ 代表. 现在来考察函数

$$\begin{aligned} f_1(r) &= r\frac{\mathrm{d}}{\mathrm{d}r}J_0(ikr) = -ikr J_1(ikr) \\ &= \frac{k^2 r^2}{2}\left[1 + \frac{k^2 r^2}{2(4)} + \frac{k^4 r^4}{2(4^2)6} + \cdots \right]. \end{aligned} \tag{h}$$

通过求导, 可知

$$\left(\frac{\mathrm{d}^2}{\mathrm{d}r^2} + \frac{1}{r}\frac{\mathrm{d}}{\mathrm{d}r} - k^2 \right) f_1(r) = 2k^2 J_0(ikr).$$

因为 $J_0(ikr)$ 是方程 (c) 的解, 于是可知 $f_1(r)$ 是下方程的解:

$$\left(\frac{\mathrm{d}^2}{\mathrm{d}r^2} + \frac{1}{r}\frac{\mathrm{d}}{\mathrm{d}r} - k^2 \right)\left(\frac{\mathrm{d}^2 f_1}{\mathrm{d}r^2} + \frac{1}{r}\frac{\mathrm{d}f_1}{\mathrm{d}r} - k^2 f_1 \right) = 0.$$

因此, 方程 (190) 的一个解可以取为

$$\phi_2 = a_1 \sin kz (ikr) J_1(ikr). \tag{i}$$

结合解 (f) 和 (i), 可以取应力函数为

$$\phi = \sin kz [a_0 J_0(ikr) + a_1(ikr)J_1(ikr)]. \tag{j}$$

将这个应力函数代入方程 (189), 求得应力分量的表达式如下:

$$\begin{aligned} \sigma_r &= \cos kz [a_0 F_1(r) + a_1 F_2(r)], \\ \tau_{rz} &= \sin kz [a_0 F_3(r) + a_1 F_4(r)], \end{aligned} \tag{k}$$

其中 $F_1(r)$、$\cdots$、$F_4(r)$ 是 r 的函数, 含有 $\mathrm{J}_0(\mathrm{i}kr)$ 和 $\mathrm{J}_1(\mathrm{i}kr)$. 利用贝塞尔函数表, 容易算出 r 为任一值时 $F_1(r)$、$\cdots$、$F_4(r)$ 的值.

用 a 代表圆柱体的半径, 作用在圆柱体表面上的力可由方程 (k) 给出的下列应力分量得来:

$$\sigma_r = \cos kz[a_0 F_1(a) + a_1 F_2(a)],$$
$$\tau_{rz} = \sin kz[a_0 F_3(a) + a_1 F_4(a)]. \tag{1}$$

适当调整常数 k、a_0、a_1, 就得到圆柱体上受各种对称载荷的情形. 用 l 代表圆柱体的长度, 并取

$$k = \frac{n\pi}{l},$$
$$a_0 F_1(a) + a_1 F_2(a) = -A_n,$$
$$a_0 F_3(a) + a_1 F_4(a) = 0,$$

就得到当圆柱体侧面上受压力 $A_n \cos \dfrac{n\pi z}{l}$ 时常数 a_0 和 a_1 的值. 图 215 表示 $n = 1$ 时的情形. 用相似的方法可以求得圆柱体侧面上受剪力 $B_n \sin \dfrac{n\pi z}{l}$ 时的解答.

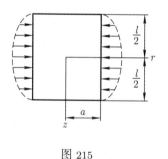

图 215

[424]　　　　如果作用于圆柱体侧面的压力可以表为级数

$$A_1 \cos \frac{\pi z}{l} + A_2 \cos \frac{2\pi z}{l} + A_3 \cos \frac{3\pi z}{l} + \cdots, \tag{m}$$

而剪力可以表为级数

$$B_1 \sin \frac{\pi z}{l} + B_2 \sin \frac{2\pi z}{l} + B_3 \sin \frac{3\pi z}{l} + \cdots, \tag{n}$$

那么, 取 $n = 1$、2、3、$\cdots$, 并应用叠加原理, 就可以求得问题的解答.

如果不用表达式 (b) 而取应力函数为

$$\phi = f(r) \cos kz,$$

照前面一样进行, 就得到代替式 (j) 的应力函数

$$\phi = \cos kz [b_0 \mathrm{J}_0(\mathrm{i}kr) + b_1(\mathrm{i}kr)\mathrm{J}_1(\mathrm{i}kr)]. \tag{o}$$

适当调整常数 k、b_0、b_1, 就得到圆柱体上压力表为正弦级数而剪力表为余弦级数时的解答. 因此, 结合 (j) 与 (o), 可得圆柱体表面上任意一组轴对称分布的压力和剪力. 与此同时, 将另有某些力分布于圆柱体的两端. 叠加以简单拉力或压力, 总可以使这些力的合力成为零, 而根据圣维南原理, 这些力对于离两端较远处的应力的影响可以不计. 法伊隆[②] 在前面提到过的论文中曾讨论过圆柱体受对称载荷的几个例子. 这里将摘录他针对图 216 所示的情形而求得的最后结果. 图 216 示一长度等于 πa 的圆柱体, 受到均匀分布在阴影部分柱面上的剪力的拉伸作用. 这时圆柱体截面上的正应力 σ_z 的分布是有实用价值的. 下表中给出这正应力与平均拉应力 (以圆柱体的截面积除总拉力而得的应力) 的比率. 可以

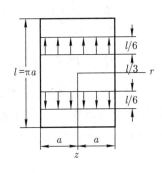

图 216

[425]

看出, 靠近表面受载荷部分的局部拉应力, 随着距各受载荷部分的距离的增大而迅速减小, 并趋近于平均值.

z	$r = 0$	$r = 0.2a$	$r = 0.4a$	$r = 0.6a$	$r = a$
0	0.689	0.719	0.810	0.962	1.117
$0.05l$	0.673	0.700	0.786	0.937	1.163
$0.10l$	0.631	0.652	0.720	0.859	1.344
$0.15l$	0.582	0.594	0.637	0.737	2.022
$0.20l$	0.539	0.545	0.565	0.617	1.368

纳达伊[③] 在讨论在中心受集中力的圆板 (图 217) 的弯曲时, 也曾应用上述表为贝塞尔函数的通解. 适宜用于厚板、半无限体、接触问题和圆裂隙问题的汉开尔变换法, 曾被斯奈顿[④] 广泛应用.

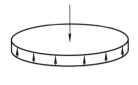

图 217

注:

①　表面受力的圆柱体的形变问题,是 L. Pochhammer 首先加以讨论的,见 *Crelle's J.*, vol. 81, 1876. C. Chree 也曾讨论过关于圆柱体对称形变的若干问题,见 *Trans. Cambridge Phil. Soc.*, vol. 14, p. 250, 1889. 又见 L. N. G. Filon 的论文,载 *Trans. Roy. Soc. (London)*, ser. A, vol. 198, 1902, 其中包括与圆柱体对称形变有关的若干实用问题的解答.

②　见注 ①,又见 G. Pickett, *J. Appl., Mech* vol. 11, p. 176, 1944.

③　"Elastische platten", p. 315, 1925.

④　"Fourier Transforms", 1951.

§144　圆柱体受压力带①

简单的冷缩配合公式,当轴环与轴长度相等时,是正确的,但当一个短轴环与很长的轴配合时,却不准确. 考察长圆柱在表面的环带 $ABCD$ 上受均匀②压力 p 的作用的问题 (图 218a), 可以得出较好的近似解答.

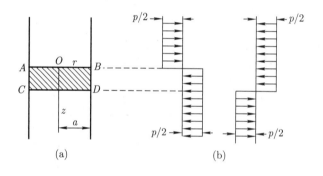

图 218

所需的解答显然可将图 218b 所示两种压力分布的影响叠加而得到. 因此,基本问题是圆柱面的下半部受压力 $p/2$ 而上半部受压力 $-p/2$ 的问题. 假定圆柱为无限长,现在来求出这问题的解答.

[426]　　从 §143 中方程 (o) 所示的应力函数开始. 将 $J_0(ikr)$ 写作 $I_0(kr)$, $J_1(ikr)$ 写作 $iI_1(kr)$, 并令 $b_0 = \rho b_1$, 于是

$$\phi = [\rho I_0(kr) - kr I_1(kr)]b_1 \cos kz. \tag{a}$$

不论给 k 以任何值,这函数都能满足方程 (190). 如果假定 k 值有一个变程,就可以认为 b_1 与 k 和增量 dk 有关,而写作

$$b_1 = f(k)dk.$$

代入 (a), 并将所有这样的应力函数总加起来, 就得到下列形式的更一般的应力函数:

$$\phi = \int_0^\infty [\rho \mathrm{I}_0(kr) - kr\mathrm{I}_1(kr)]f(k)\cos kz\mathrm{d}k. \tag{b}$$

现在来考查, 怎样才可能选取函数 $f(k)$ 使得这应力函数给出目前问题的解答.

由方程 (189) 求得剪应力是

$$
\begin{aligned}
\tau_{rz} = \int_0^\infty [&\rho k\mathrm{I}_0'(kr) - k^2r\mathrm{I}_1'(kr) - k\mathrm{I}_1(kr) \\
&-2k(1-\nu)\mathrm{I}_0'(kr)]k^2f(k)\cos kz\mathrm{d}k,
\end{aligned}
\tag{c}
$$

其中上角一撇表示对 kr 的导数. 这应力在 $r = a$ 的表面上必须成为零. 将 $r = a$ 代入方括号内的表达式, 并使它等于零, 就得到关于 ρ 的一个方程, 解得

$$\rho = 2(1-\nu) + ka\frac{\mathrm{I}_0(ka)}{\mathrm{I}_1(ka)}. \tag{d}$$

剩下的边界条件是

[427]

$$
\begin{aligned}
&\text{当 } r = a \text{、} z > 0 \text{ 时}, \sigma_r = \frac{p}{2}, \\
&\text{当 } r = a \text{、} z < 0 \text{ 时}, \sigma_r = -\frac{p}{2}.
\end{aligned}
\tag{e}
$$

用方程 (189), 由 (b) 求得 σ_r 的值是

$$
\sigma_r = -\int_0^\infty \left[(1 - 2\nu - \rho)\mathrm{I}_0(kr) + \left(kr + \frac{\rho}{kr}\right)\mathrm{I}_1(kr) \right]k^3f(k)\sin kz\mathrm{d}k. \tag{f}
$$

现在利用已知关系[3]

$$
\int_0^\infty \frac{\sin kz}{k}\mathrm{d}k =
\begin{cases}
\dfrac{\pi}{2}, & \text{当 } z > 0 \text{ 时}, \\
0, & \text{当 } z = 0 \text{ 时}, \\
-\dfrac{\pi}{2}, & \text{当 } z < 0 \text{ 时}.
\end{cases}
\tag{g}
$$

乘以 $\dfrac{p}{\pi}$, 得

$$
\frac{p}{\pi}\int_0^\infty \frac{\sin kz}{k}\mathrm{d}k =
\begin{cases}
\dfrac{p}{2}, & \text{当 } z > 0 \text{ 时}, \\
0, & \text{当 } z = 0 \text{ 时}, \\
-\dfrac{p}{2}, & \text{当 } z < 0 \text{ 时},
\end{cases}
\tag{h}
$$

其中右边的值相应于 (e) 所给出的 σ_r 的边界值. 因此, 如果使方程 (f) 的右边在 $r = a$ 时与方程 (h) 的左边恒等, 就能满足边界条件 (e). 这就要求

$$- \left[(1 - 2\nu - \rho) \mathrm{I}_0(ka) + \left(ka + \frac{\rho}{ka} \right) \mathrm{I}_1(ka) \right] k^3 f(k) = \frac{p}{\pi k}, \tag{i}$$

由这方程可以确定 $f(k)$. 然后就可以用公式 (189) 由应力函数 (b) 求得各应力分量. 这些应力分量将是一些积分式, 与 σ_r 的表达式 (f) 中的积分式具有相同的一般性质. 兰金曾在注释 ① 中提到的论文里给出用数值积分法求得的一些值. 图 219 中的各曲线表明在不同径向距离处的各个应力沿轴向的变化, 也表明了表面的位移.

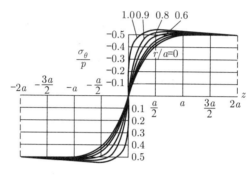

图 219

这些曲线是根据巴尔通的论文 (见注 ①) 复制的, 但却是按照另一方法利用傅里叶级数得到的. 根据这些曲线, 用本节开始时所说的叠加法, 可以求得图 218 所示的问题的结果. 巴尔通的论文里还给出了压力带具有几种不同宽度时应力和位移的曲线. 当压力带的宽度等于圆柱体的半径时, 在压力带中央的表面处, 切向应力 σ_θ 的值比所施加的压力约大出 10%(当然是压应力). 在紧靠压力带外边的表面处, 轴向应力 σ_z 是拉应力, 其值约为施加的压力的 45%. 在压力带的边缘 AB 和 CD (图 218) 并紧靠表面处, 剪应力 τ_{rz} 达到最大值, 等于施加的压力的 31.8%.

当任一长度的圆柱体在整个曲面上都受有压力时, 就有简单的压应力 σ_r 和 σ_θ, 等于施加的压力, 而 σ_z 和 τ_{rz} 等于零.

对于无限大物体内圆孔中的压力带④, 以及邻近实心圆柱体一端的压力带⑤, 都已用相似的方法求得了解答.

注:

① M. V. Barton, *J. Appl. Mech*, vol. 8, p. A-97, 1941; A. W. Rankin, 同上期刊, vol. 11, p. A-77, 1944; C. J. Tranter and J. W. Craggs, *Phil. Mag.*, vol. 36, p. 241, 1945.

② 对于弹性轴环无摩阻地冷缩配合于弹性长轴的问题, H. Okubo 曾进行过分析, 见 *Z. Angew. Math. Mech.*, vol. 32, pp. 178-186, 1952. 关于由无摩阻或有摩阻的冷缩刚性套筒引起的非均匀压力的计算, 见 H. D. Conway and K. A. Farnham, *Intern. J. Eng. Scl.*, vol. 5, pp. 541-554, 1967; 又见 W. F. Yau, *SIAM J. Appl. Math.*, vol. 15, pp. 219-297, 1967.

把尖角改当圆角, 可将无限大应力降低为一个局部应力峰; 有关的公式 (无摩阻时), 见 J. N. Goodier and C. B. Loutzenheisev, *J. Appl. Mech.*, vol. 32, pp. 462-463, 1965.

③ 例如, 见 I. S. Sokolnikoff, "Advanced Calculus", 1st ed., p. 362, 1939.

④ C. J. Tranter, *Quart. Appl. Math.*, vol. 4, p. 298, 1946; O. L. Bowie, idid., vol. 5, p. 100, 1947.

⑤ C. J. Tranter and J. W. Craggs, *Phil. Nag.*, vol. 38, p. 214, 1947.

§145 用两个调和函数解布希涅斯克问题

本章中对于无扭转的轴对称问题的解答一直是用拉甫的单个重调和应力函数 ϕ 表示的. 布希涅斯克给出的更早期的一般解答, 则是用两个调和函数表示的[①]. 此后, 这个一般解答曾广泛应用于比我们已经讨论过的问题更为复杂的一些问题, 例如, 诺伊贝尔曾用来解答回转椭球体和抛物线回转体受轴向拉伸的问题. 在 §88 中提到过的解答, 联系着表以四个调和函数的帕普考维奇-诺伊贝尔位移表达式, 就包含了上述问题的解答 (此外还包含了一些非轴对称的解答). 这里将从这些一般表达式导出布希涅斯克形式的表达式.

对于 §88 中的四个调和函数 φ_0、φ_1、φ_2、φ_3, 我们取

$$\varphi_0 = -\frac{1}{2}\Phi(r, z), \quad \varphi_1 = \varphi_2 = 0, \quad \varphi_3 = -\alpha\Psi(r, z) \tag{a}$$

其中 $4\alpha = 1/(1 - \nu)$, Φ 和 Ψ 是与 θ 无关的调和函数, 也就是

$$\nabla^2\Phi = 0, \quad \nabla^2\Psi = 0, \tag{b}$$

而拉普拉斯算子 ∇^2 如 §131 中的方程 (a) 表示.

方程 (a) 所对应的位移, 可以分离为由 φ_0、$\cdots$、φ_3 单独引起的. 由 φ_0 引起的位移是一个矢量 $-\alpha\mathrm{grad}\varphi_0$, 现在用柱面坐标中的分量表示为

$$(u_1, v_1, w_1) = \left(\frac{\partial\Phi}{\partial r}, 0, \frac{\partial\Phi}{\partial z}\right). \tag{c}$$

由 φ_3 引起的位移现在是

$$(u_2, v_2, w_2) = \left(z\frac{\partial\Psi}{\partial}, 0, z\frac{\partial\Psi}{\partial z}\right) - (3 - 4\nu)(0, 0, \Psi). \tag{d}$$

[429] 位移

$$(u, v, w) = (u_1 + u_2, v_1 + v_2, w_1 + w_2) \tag{e}$$

就是布希涅斯克形式的位移.②

注:

① 见 §138 的注 ①.

② 关于这个形式和帕普考维奇–诺伊贝尔形式的位移的应用, 见 E. Sternberg, *Appl. Mech. Rev.* vol. 11, pp. 1-4, 1958.

§146　螺旋弹簧受拉 (圆环中的螺型位错)

在具有重要实际意义的若干基本问题中, 应力是轴对称的, 位移场却不是轴对称的. 即使未变形时的边界是回转面, 变形后的边界也不是回转面.

作为一个例子, 试考察受力 P 拉伸的螺旋弹簧. 弹簧的任何一段都是在相等而相反的两个轴向力 P 之间成平衡, 如图 220 所示. 任一截面上的剪应力组成一个轴向合力 ρ, 在所有的截面上都相同. 如果截面的半径 ρ_0 并不远比弹簧半径 R_0 为小, 则材料力学中的初等理论成为不适用的. 初等理论中处理两个相邻截面之间的每一薄片, 就好像它是受有扭矩 PR_0 的直柱体. 用柱面坐标表示的相应剪应力, 有非零的分量 $\tau_{r\theta}$ 和 $\tau_{\theta z}$, 它们不随 θ 而变. 弹簧中心线的螺距是不计的.

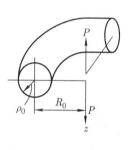

图 220

为了求得一般方程的解答 (考虑到弹簧的曲率 $1/R_0$), 首先把问题通过圣维南原理加以简化, 而考察如下形式的位移:

$$u = 0, \quad v = r\Psi(r, z), \quad w = c\theta, \tag{a}$$

其中 c 是以后将与 P 相关连的一个常量. 由此用方程 (179) 导出应变分量, 可见 ϵ_r、ϵ_θ、ϵ_z、$\gamma_{r\theta}$ 都是零, 并从而得出

$$\frac{\tau_{r\theta}}{G} = r\frac{\partial \Psi}{\partial r}, \quad \frac{\tau_{\theta z}}{G} = r\frac{\partial \Psi}{\partial z} + \frac{c}{r} \tag{b}$$

于是, 非零的应力分量只有 $\tau_{r\theta}$ 和 $\tau_{\theta z}$. 它们不随 θ 变化, 因而在所有的截面上都相同. 三个平衡方程 (180) 简化为 §119 中的方程 (c), 于是我们再次有应力函数 $\varphi(r, z)$, 如 §119 中方程 (d) 所示:

$$r^2\tau_{r\theta} = -\frac{\partial \varphi}{\partial z}, \quad r^2\tau_{\theta z} = \frac{\partial \varphi}{\partial r}. \tag{c}$$

[430]　　由 (b) 和 (c) 容易看出, φ 和 Ψ 各应满足的方程是

$$\frac{\partial^2 \varphi}{\partial r^2} - \frac{3}{r}\frac{\partial \varphi}{\partial r} + \frac{\partial^2 \varphi}{\partial z^2} = -2Gc, \tag{d}$$

$$\frac{\partial^2 \Psi}{\partial r^2} + \frac{3}{r}\frac{\partial \Psi}{\partial r} + \frac{\partial^2 \Psi}{\partial z^2} = 0, \tag{e}$$

用拉普拉斯算子

$$\nabla^2 = \frac{\partial^2}{\partial r^2} + \frac{1}{r}\frac{\partial}{\partial r} + \frac{\partial^2}{\partial z^2} \tag{f}$$

表示, 方程 (d) 和 (e) 可以写成

$$\left(\nabla^2 - \frac{4}{r^2}\right)\frac{\varphi}{r^2} = -2Gc\frac{1}{r^2}, \quad \left(\nabla^2 - \frac{1}{r^2}\right)r\Psi = 0. \tag{g}$$

位移 (a) 与 §119 中所采用的不同, 只在于引用了 w 分量[①]$c\theta$. 因此, 取 $c = 0$, 则现在的方程 (b)、(c)、(d)、(e) 简化为 §119 中给出的形式.

因为方程 (c) 与 §119 中的方程 (d) 相同, 所以自由回转面上的边界条件与 §119 中方程 (h) 所示的相同, 也就是

$$\varphi = \text{const.} \tag{h}$$

当不计螺距时, 未变形时的一圈圆截面螺旋弹簧成为由图 221 中的圆面积绕 z 轴回转而成的圆环. 这一圈弹簧的两端并不相连. 该两端受有相等而相反的剪应力, 分别合成为作用线沿 z 轴的力 P. 由方程 (a) 可见, 当力 P 作用时, 两端将分开而具有轴向的相对位移

$$(w)_{\theta=2\pi} - (w)_{\theta=0} = 2\pi c \tag{i}$$

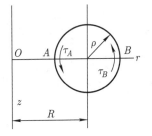

图 221

这个问题要求一个函数 $\varphi(r, z)$, 它在图 221 所示的圆内满足方程 (d), 并在圆周上为常量. 符拉伊勃格[②] 曾用圆环坐标求得级数式解答. 这个坐标系的两族坐标面的形成, 是将图 120 中的平面双极坐标系绕 x 轴回转, 再将整个图形转动, 使 x 成为铅直的, 与图 221 中的 z 轴相对应. 第三族坐标面则是 θ 为常数的子午面. 整个分析当然有些繁复, 这里不加重述. 下表中及图 222 示出主要的结果.[③] 表中给出了方程 (i) 中的相对轴向位移 $2\pi c$(相应于一圈弹簧的 "拉开") 和引起位移的力 P, 这两者之间的关系. 力 P 是螺距可以不计的单圈或多圈弹簧中的轴向拉力. 可以写出

[431]

R_0/ρ_0	3	4	5	6	8	10
δ	1.025	1.017	1.007	1.006	1.004	1.001

$$\delta = \frac{(P/\pi\rho_0^2)}{G(2\pi c/\rho_0)} 4\pi \left(\frac{R_0}{\rho_0}\right)^3, \tag{j}$$

它是一个涉及 P 和 $2\pi c$ 的无因次比率. 表中给出了相应于几个 R_0/ρ_0 值的 δ 值. 在每一情况下, 已知 R_0/ρ_0 和 δ, 即可由 (j) 求得比率

$$\frac{P/\pi\rho_0^2}{G(2\pi c/\rho_0)},$$

于是, 对于已知的 ρ_0 和 G, 可以求得 $P/2\pi c$, 即每一圈弹簧的劲度. 初等理论相应于 $\delta = 1$. 在 $R_0/\rho_0 = 10$ 时, 表中的值很接近于 1. 即使是 $R_0/\rho_0 = 3$ 的粗弹簧, δ 与 1 只相差 0.025.

圆截面上的剪应力, 在圆边界上当然是沿着周向. 最大值在图 221 中的 A 点. 最小值在圆周上的 B 点. 各个值通过无因次系数 K 表示为

$$\tau = K \frac{2R_0}{\pi\rho_0^3} P.$$

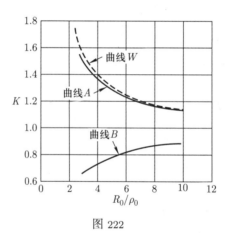

图 222

系数 K 随 R_0/ρ_0 的变化, 对 A 点和 B 点, 分别如图 222 中的曲线 A 和曲线 B 所示. 初等理论给出的 $K = 1$ 相应于细弹簧 (即 R_0/ρ_0 很大) 的情形. 实际值和这个值相差显著, 特别是对于小的 R_0/ρ_0 值 (粗弹簧), 如图 222 所示.

[432]

图 222 中的 W 曲线[④], 是由已经为曲率 $1/R_0$ 和剪力 P 作了矫正的初等理论得出的 (原初等理论给出的应力只是扭矩 PR_0 引起的). 在螺圈弹簧设计中, 为螺距所作的矫正, 可能也是很重要的[⑤].

注:

① §117 中的位移也具有这一分量; 实际上, 这位移是在方程 (a) 中取 $\Psi(r, z)$ 为 Az 而得到的一个特殊情形.

② The Uniform Torsion of an Incomplete Tore, *Australian J. Sci. Res.*, ser. A, vol. 2, pp. 354-375, 1949. 更多的参考文献, 包括关于矩形截面的弹簧的解答, 见 R. Schmidt, *J. Appl. Mech.*, vol. 31, p. 154, 1964.

③ 摘自 Freiberger 的论文, 见注 ②.

④ 见 A. M. Wahl, *J. Appl. Mech.*, vol. 2, pp. A-35-A-37, 1935.

⑤ 关于由一般方程导出的、为曲率和螺距两者所作的矫正项, C. J. Ancker 和 J. N. Goodier 曾报道过系统研究, 见 *J. Appl. Mech.*, vol. 25, 1958: (1) Pitch and Curvature Corrections for Helical Springs, pp. 466-470; (2) Theory of Pitch and Curvature Corrections-I (Tension), pp. 471-483; (3) Theory of Pitch and Curvature Corrections-II (Torsion), pp. 484-495. 又见 A. M. Wahl 所作的讨论, 载 *J. Appl. Mech.*, vol. 26, pp. 312-313, 1959.

§147 非整圆环的纯弯曲

问题如图 223 所示. 如果弯矩 M 系由适当分布的正应力 σ 施于两端, 则在通过 z 轴的任一截面上也将发生同样分布的正应力. 这种应力的近似解答, 已由材料力学中的浅梁理论给出, 又已由文克勒厚曲杆理论给出. 戈讷也曾由轴对称问题的一般方程用浅梁理论的逐步求近得出近似解答. 下表示出这些近似解答, 并与萨多夫斯基和斯特恩伯格的一篇论文① 中的数值加以比较 (这些数值是由一般方程的一系列解答得出的). 这篇论文给出了本问题的历史, 还给出 §146 中问题的历史, 并附有参考文献目录.

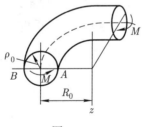

图 223

表中给出了 $\pi\rho_0^2\sigma/4M$ 在 A 点和 B 点 (图 223) 的值, 是就 $R_0/\rho_0 = 5$ 和 $\nu = 0.3$ 的实例给出的.

	萨多夫斯基–斯特恩伯格	戈讷	文克勒	浅梁理论
A 点	−1.273	−1.200	−1.175	−1
B 点	0.891	0.851	0.867	1

注:

① M. A. Sadowsky and E. Sternberg, *J. Appl. Mech.*, vol. 20, pp. 215-226, 1953.

第十三章

热应力

§148 热应力分布的最简单情形. 阻止应变法

物体内发生应力的原因之一是不均匀受热. 物体的各个单元随着温度的升高而膨胀. 在连续体内, 这种膨胀通常不能自由进行, 因而就发生热应力. 玻璃在表面急速受热时的破裂, 就是这种应力导致的. 温度升降的结果可能是发生疲劳破坏[1]. 在蒸汽轮机、内燃机和核反应堆的工程设计的很多方面, 这种热应力的后果是很重要的.

较简单的热应力问题, 很容易化为已经考虑过的某些类型的边界力的问题. 作为第一个例子, 我们来考虑一块均匀厚度的矩形薄板 (图 224), 板内的温度 T 是 y 的偶函数, 而与 x 和 z 无关. 对薄板的每一个单元施加纵向应力

$$\sigma'_x = -\alpha T E, \tag{a}$$

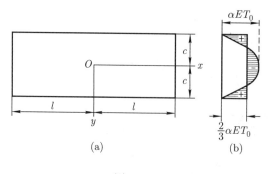

图 224

将使纵向热膨胀 αT 完全被阻止. 当 T 为正时, 这是压应力. 由于薄板可以在

侧向自由膨胀, 施加应力 (a) 时, 不会引起侧向的应力; 为了使整个板内有应
力 (a), 只须在板的两端有大小等于 (a) 的压力分布着. 这些压力将完全阻止
薄板由于温度升高 T 而在 x 轴方向的膨胀. 为了求得不受外力的薄板内的热
应力, 必须在应力 (a) 上叠加以由分布于两端而集度为 αTE 的拉力所引起的
应力. 这些拉力的合力是

$$\int_{-c}^{+c} \alpha TE \mathrm{d}y,$$

它们将在距离两端充分远处引起近于均匀分布的拉应力, 其大小为

$$\frac{1}{2c} \int_{-c}^{+c} \alpha TE \mathrm{d}y.$$

因此, 在具有自由端的薄板内, 在距离两端充分远处的热应力是

$$\sigma_x = \frac{1}{2c} \int_{-c}^{+c} \alpha TE \mathrm{d}y - \alpha TE. \tag{b}$$

例如, 假定温度按抛物线分布, 可用方程表示为

$$T = T_0 \left(1 - \frac{y^2}{c^2} \right).$$

于是由方程 (b) 求得

$$\sigma_x = \frac{2}{3} \alpha T_0 E - \alpha T_0 E \left(1 - \frac{y^2}{c^2} \right). \tag{c}$$

这应力的分布如图 224b 所示. 邻近薄板的两端, 由拉力引起的应力分布
是不均匀的, 必须用适合于端效应的方法 (例如 §26 和 §94 中所述的方法) 进
行计算.

如果温度 T 并不对称于 x 轴, 仍可从阻止应变 ϵ_x 的压应力 (a) 开始.
在非对称情况下, 这个应力不仅有一合力 $-\int_{-c}^{+c} \alpha ET \mathrm{d}y$, 而且有一合力矩 [435]
$-\int_{-c}^{+c} \alpha ET y \mathrm{d}y$. 为了满足平衡条件, 必须在压应力 (a) 上叠加以前面求得
的均匀拉应力和弯应力 $\sigma''_x = \sigma y/c$; 这弯应力可以由分布在截面上的力的矩必
须等于零这一条件求得. 于是有

$$\int_{-c}^{+c} \frac{\sigma y^2 \mathrm{d}y}{c} - \int_{-c}^{+c} \alpha ET y \mathrm{d}y = 0,$$

由此得

$$\frac{\sigma}{c} = \frac{3}{2c^3} \int_{-c}^{+c} \alpha ET y \mathrm{d}y, \quad \sigma''_x = \frac{3y}{2c^3} \int_{-c}^{+c} \alpha ET y \mathrm{d}y.$$

于是总应力是

$$\sigma_x = -\alpha ET + \frac{1}{2c}\int_{-c}^{+c}\alpha ET\mathrm{d}y + \frac{3y}{2c^3}\int_{-c}^{+c}\alpha ETy\mathrm{d}y. \tag{d}$$

在上面的讨论中, 曾假定板在 z 方向很薄. 现在假定 z 方向的尺寸很大. 这样就得到一块平板, 以 xz 面为中面而厚度为 $2c$. 像前面一样, 假定温度 T 与 x 和 z 无关, 而只是 y 的函数.

板的每一单元在 x 方向和 z 方向的自由热膨胀可以完全被施加应力 σ_x 和 σ_z 所阻止, 而这些应力可在方程 (3) 中令 $\epsilon_x = \epsilon_z = -\alpha T$ 和 $\sigma_y = 0$ 而求得:

$$\sigma_x = \sigma_z = -\frac{\alpha ET}{1-\nu}. \tag{e}$$

将 (e) 所示的分布压力施加于 $x = \mathrm{const.}$ 和 $z = \mathrm{const.}$ 的各边, 可以使各单元保持上述的状态. 将由于各边上施加相等而相反的分布力所引起的应力叠加于应力 (e), 就得到不受外力的平板内的热应力. 如果 T 是 y 的偶函数, 而且它在板的厚度上的平均值是零, 那么, 由于在每单位长度的边缘上的合力是零, 根据圣维南原理 (§19), 除了在邻近边缘处外, 将不会引起应力.

如果 T 的平均值不是零, 就必须在压应力 (e) 上叠加以 x 方向和 z 方向的、与边缘上合力相对应的均匀拉应力. 此外, 如果温度不对称于 xz 面, 那就

[436] 还必须加上弯应力. 这样, 最后就得到方程

$$\sigma_x = \sigma_z = -\frac{\alpha TE}{1-\nu} + \frac{1}{2c(1-\nu)}\int_{-c}^{+c}\alpha TE\mathrm{d}y + \frac{3y}{2c^3(1-\nu)}\int_{-c}^{+c}\alpha TEy\mathrm{d}y, \tag{f}$$

与前面得到的方程 (d) 相似. 如果已知温度 T 在板的厚度上的分布, 就容易用方程 (f) 算得板内的热应力.

例如, 有一块板, 原有均匀温度 T_0, 在表面 ($y = \pm c$) 保持常温 T_1 的条件下冷却[②]. 根据傅里叶理论, 在任一瞬时 t, 温度的分布是

$$T = T_1 + \frac{4}{\pi}(T_0 - T_1)\left(\mathrm{e}^{-p_1 t}\cos\frac{\pi y}{2c} - \frac{1}{3}\mathrm{e}^{-p_3 t}\cos\frac{3\pi y}{2c} + \cdots\right), \tag{g}$$

其中 $p_1, p_3 = 3^2 p_1, \cdots, p_n = n^2 p_1, \cdots$ 是一些常数. 代入方程 (f), 得

$$\begin{aligned}\sigma_x = \sigma_z = {}&\frac{4\alpha E(T_0 - T_1)}{\pi(1-\nu)}\left[\mathrm{e}^{-p_1 t}\left(\frac{2}{\pi} - \cos\frac{\pi y}{2c}\right)\right. \\ &\left. + \frac{1}{3}\mathrm{e}^{-p_3 t}\left(\frac{2}{3\pi} - \cos\frac{3\pi y}{2c}\right) + \frac{1}{5}\mathrm{e}^{-p_5 t}\left(\frac{2}{5\pi} - \cos\frac{5\pi y}{2c}\right) + \cdots\right].\end{aligned} \tag{h}$$

经过相当的时间以后, 第一项成为主要的, 因而可以取

$$\sigma_x = \sigma_z = \frac{4\alpha E(T_0 - T_1)}{\pi(1-\nu)}\mathrm{e}^{-p_1 t}\left(\frac{2}{\pi} - \cos\frac{\pi y}{2c}\right).$$

在 $y = \pm c$ 处, 有拉应力

$$\sigma_x = \sigma_z = \frac{4\alpha E(T_0 - T_1)}{\pi(1 - \nu)} \mathrm{e}^{-p_1 t} \frac{2}{\pi}.$$

在中面, $y = 0$, 有压应力

$$\sigma_x = \sigma_z = -\frac{4\alpha E(T_0 - T_1)}{\pi(1 - \nu)} \mathrm{e}^{-p_1 t}\left(1 - \frac{2}{\pi}\right).$$

应力等于零的各点可由如下的方程求得:

$$\frac{2}{\pi} - \cos\frac{\pi y}{2c} = 0,$$

由此得

$$y = \pm 0.560c.$$

如果板的两面 $y = \pm c$ 维持在两个不同的温度 T_1 和 T_2, 在一定时间之后出现热流的定常状态, 温度就可以表示为线性函数 [437]

$$T = \frac{1}{2}(T_1 + T_2) + \frac{1}{2}(T_1 - T_2)\frac{y}{c}. \tag{i}$$

代入方程 (f), 可见热应力是零[③]; 当然, 这里假定板是不受约束的. 如果板边完全被约束住, 不能膨胀和转动, 热应力就应由方程 (e) 求得. 例如, 设 $T_2 = -T_1$, 由 (i) 得

$$T = T_1\frac{y}{c}, \tag{j}$$

而方程 (e) 给出

$$\sigma_x = \sigma_z = -\frac{\alpha E}{1 - \nu}T_1\frac{y}{c}. \tag{k}$$

最大应力是

$$(\sigma_x)_{\max} = (\sigma_z)_{\max} = \frac{\alpha E T_1}{1 - \nu}. \tag{l}$$

这公式中不包含板的厚度, 但在较厚的板中, 通常两面的温度差较大. 因此, 脆性材料的厚板受热应力时比薄板容易破裂.

在很多的应用场合, 板的一面与温度周期升降的热气体相接触, 因而板内的温度将呈现相应的周期升降, 叠加以定常热流. 板材料的温度升降幅度, 在表面处通常都比热气体的为小, 而且在板内随着距表面的距离增大而迅速减小[④]. 例如[⑤], 在 3.5 cm 厚的一块钢板中, 当气体温度升降的频率为每分钟 110 周而幅度为 640°C 时, 钢板温度升降的幅度在表面处为 10°C 而在表面以下 0.5 cm 处为 0.33°C. 在这种情况下, (f) 中的第二和第三项与第一项相比是很小的. 在 $T = \pm 10$°C 而 $\alpha = 1.25 \times 10^{-5}$ 时, 第一项给出 ± 5360 lbf/in^2.

[438]　　　　作为又一个简例, 我们来考察一个半径很大的球体, 假定在以这大球体的中心为中心而半径为 a 的单元球内温度升高 T. 由于这单元球体不能自由膨胀, 在它的表面上将引起压力 p 在大球体中半径 $r > a$ 的各点, 由压力 p 引起的径向应力和切向应力可由公式 (207) 和 (208) 算得. 假定球体半径远大于 a, 由这两个公式可得

$$\sigma_r = -\frac{pa^3}{r^3}, \quad \sigma_t = \frac{pa^3}{2r^3}. \tag{m}$$

在半径 $r = a$ 处, 得

$$\sigma_r = -p, \quad \sigma_t = \frac{1}{2}p,$$

而压力 p 所引起的半径的增大是

$$\begin{aligned} \Delta r &= (a\epsilon_t)_{r=a} = \frac{a}{E}[\sigma_t - \nu(\sigma_r + \sigma_t)]_{r=a} \\ &= \frac{pa}{2E}(1 + \nu). \end{aligned}$$

这个增大必须等于受热单元球的半径由于温度升高和压力 p 而发生的增大. 于是得到方程

$$\alpha Ta - \frac{pa}{E}(1 - 2\nu) = \frac{pa}{2E}(1 + \nu),$$

由此得

$$p = \frac{2}{3}\frac{\alpha TE}{1 - \nu}. \tag{n}$$

代入方程 (m), 就得到受热单元球以外各点的应力的公式

$$\sigma_r = -\frac{2}{3}\frac{\alpha TEa^3}{(1-\nu)r^3}, \quad \sigma_t = \frac{1}{3}\frac{\alpha TEa^3}{(1-\nu)r^3}. \tag{o}$$

注:

①　例如, 见 L. F. Coffin, Jr., *Trans. ASME*, vol. 76, p. 931, 1954.

②　这个问题曾由 Lord Rayleigh 讨论过, 见 *Phil. Mag.*, ser. 6, vol. 1, p. 169, 1901.

③　一般说来, 当 T 是 x、y、z 的线性函数时, 每一单元的对应于自由热膨胀的应变

$$\epsilon_x = \epsilon_y = \epsilon_z = \alpha T, \quad \gamma_{xy} = \gamma_{xz} = \gamma_{yz} = 0$$

满足相容条件 (125), 因而没有热应力发生 (见 §98, 习题 2).

④　这种温度问题的解答在热传导的书籍中给出. 例如, 见 H. S. Carslaw and J. C. Jaeger, "Heat Conduction in Solids", 2d ed., 1959.

⑤　G. Eichelberg, *Forschungsarbeiten*, no. 263, 1923.

习题

1. 在导出方程 (d) 时, 曾假定 E 是常量, 而且板在 z 方向的厚度是均匀的. 现在假定 E 随 y 变化, 或者是连续变化的, 或者是像组合夹心板条那样不连续变化的, 而且厚度 h 可能随 y 缓变. 试证方程 (d) 应改为　　　　　　　　　　　　　　　　　　[439]

$$\sigma_z = E(-\alpha T + \epsilon + \beta y),$$

其中
$$\epsilon = \frac{\int_{-c}^{c} E\alpha Thdy}{\int_{-c}^{c} Ehdy}, \quad \beta = \frac{\int_{-c}^{c} E\alpha Thydy}{\int_{-c}^{c} Ehy^2dy},$$

并证明, 当 E 和 h 为常量时, 上式与 (d) 相符.

2. 设有 (a) 一块大薄板, (b) 一块平面应变中的大厚板 (意指 ϵ_z 在 $T = 0$ 时原来是零, 而且在 z 为常量的两面上施加适当的 σ_z 以保持 ϵ_z 到处为零), 在中央圆区域内加热至均匀温度 T. 加热区域为 $r^2 < a^2$, 其中 $r^2 = x^2 + y^2$. 加热区以外的温度为零. 试导出与方程 (n)、(o) 相似的结果.

§149　板条中的纵向温度变化

设有一薄板条 (图 225) 被不均匀加热, 温度 T 只是纵向坐标 x 的函数, 而在任一横截面上是均匀的. 如果将板分割成许多小条, 如图 225 中的 AB, 这些小条沿铅直方向的膨胀将不相同. 但因各小条实际上是在板内彼此连结着的, 所以将由于相互约束而发生应力.

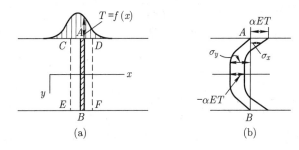

图 225

试考察各个不相连接时的小条. 如果在小条的两端 A 和 B 施加压应力

$$\sigma_y = -\alpha ET \tag{a}$$

使小条内受有这同样的压应力, 就可以阻止它们的铅直膨胀. 这时, 所有的小条就像在未加热的板中那样彼此结合在一起, 但具有侧向的膨胀 (假定这个膨胀由于每个小条在水平方向的刚体平移而可以自由发生). 为了得到热应力,　　　　[440]

必须在板条边缘 $(y = \pm c)$ 施加相等而相反的力, 也就是集度为 αET 的拉力, 并将这拉力引起的应力叠加于应力 (a).

如果加热只限于板条的一段长度, 而这段长度远比板条宽度 $2c$ 为小, 如图 225 中的 $CDFE$, 则拉力 αET 将只对邻近顶边 CD 和底边 EF 的部分有影响. 这时, 每一个这种邻近部分的问题可以看作 §37 中所讨论的问题. 在 §37 中已经指出, 直边界上的正应力将在边界处引起平行于边界的相同正应力. 因此, 拉力 αET 将引起 x 方向的拉应力 αET. 沿垂直于边界的方向向板内深入, 两个正应力都将迅速减小. 将这些应力与 y 方向的压应力 (a) 叠加, 就得到沿着板的最热部分的一条线 (如 AB) 的 σ_x 和 σ_y 的曲线[①], 如图 225b 所示. 邻近板边, 占优势的应力是 σ_x, 大小等于 αET, 当 T 为正时是拉应力; 而邻近板的中央, 占优势的应力却是 σ_y, 大小等于 αET, 当 T 为正时是压应力. 最大应力的大小是 $\alpha ET_{\max}$.

如果温度 T 是 x 的周期函数, 在板边施加拉力 αET, 就成为 §24 中所讨论的问题. 设

$$T = T_0 \sin \alpha x, \tag{b}$$

在 §24 的方程 (k) 中令 $A = B = -\alpha ET_0$, 根据同一节中的方程 (f), 就得到

$$\sigma_x = -2\alpha ET_0 \frac{(\alpha c\,\mathrm{ch}\,\alpha c - \mathrm{sh}\,\alpha c)\mathrm{ch}\,\alpha y - \alpha y\,\mathrm{sh}\,\alpha y\,\mathrm{sh}\,\alpha c}{\mathrm{sh}\,2\alpha c + 2\alpha c} \sin \alpha x,$$

$$\sigma_y = 2\alpha ET_0 \frac{(\alpha c\,\mathrm{ch}\,\alpha c + \mathrm{sh}\,\alpha c)\mathrm{ch}\,\alpha y - \alpha y\,\mathrm{sh}\,\alpha y\,\mathrm{sh}\,\alpha c}{\mathrm{sh}\,2\alpha c + 2\alpha c} \sin \alpha x,$$

$$\tau_{xy} = 2\alpha ET_0 \frac{\alpha c\,\mathrm{ch}\,\alpha c\,\mathrm{sh}\,\alpha y - \alpha y\,\mathrm{ch}\,\alpha y\,\mathrm{sh}\,\alpha c}{\mathrm{sh}\,2\alpha c + 2\alpha c} \cos \alpha x.$$

结合方程 (a) 所示的压应力 $\sigma_y = -\alpha ET$, 就得到板内的热应力[②]. 对于各种不同的波长 $2l = 2\pi/\alpha$, σ_x 在温度最高的线上的分布, 示于图 226 内. 可以看出, 最大应力随波长的减小而增大, 并趋近于 αET_0. 有了温度按正弦分布时的解答, 就可以处理温度是 x 的其他周期函数的情况. 并可断定, 有限长板内的最大应力, 与无限长板条内的应力最大值 αET_0, 只有很小的差别.

[441]

在本节和前一节中, 对于每个问题 (除了前一节末尾的球体问题以外), 我们都对物体施加了力, 以阻止热膨胀所引起的应变. 这种阻止应变的方法可以更有系统地加以应用, 也就是施力以阻止热膨胀所引起的全部三个应变分量. 在 §153 中, 将据此导出并解释三维问题的一般方程.

除此之外, 热应力问题也可以从头就单独处理. 受有载荷或形变的问题, 可以作为同时受有非均匀温度和载荷 (或形变) 的一般问题的一个特殊情况. 在以下的三节中, 我们将这样来考虑圆盘、圆柱和圆球的问题.

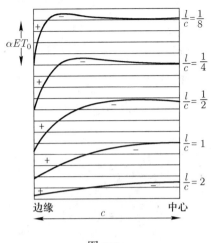

图 226

注:

① J. N. Goodier, *Physics*, vol. 7, p. 156, 1936.

② 这个问题曾由 J. P. Den Hartog 结合焊接过程中产生的热应力讨论过, 见 *J. Franklin Inst.*, vol. 222, p. 149, 1936.

§150 温度对称于圆心的薄圆盘

当温度 T 不沿着盘的厚度变化时, 可以假定由于受热而有的应力和位移也不沿着厚度变化. 应力 σ_r 和 σ_θ 须满足平衡方程

$$\frac{\mathrm{d}\sigma_r}{\mathrm{d}r} + \frac{\sigma_r - \sigma_\theta}{r} = 0, \tag{a}$$

[442]

由于对称, 剪应力 $\tau_{r\theta}$ 等于零.

关于平面应力的通常的应力-应变关系, 方程 (51), 须要加以修正, 因为, 现在应变一部分是由热膨胀引起的, 一部分是由应力引起的. 如果 ϵ_r 是实际的径向应变, 则 $\epsilon_r - \alpha T$ 就代表由应力引起的那部分应变, 于是有

$$\epsilon_r - \alpha T = \frac{1}{E}(\sigma_r - \nu\sigma_\theta), \tag{b}$$

并同样有

$$\epsilon_\theta - \alpha T = \frac{1}{E}(\sigma_\theta - \nu\sigma_r). \tag{c}$$

由 (b) 和 (c) 求解 σ_r 和 σ_θ, 得

$$\sigma_r = \frac{E}{1-\nu^2}[\epsilon_r + \nu\epsilon_\theta - (1+\nu)\alpha T],$$

$$\sigma_\theta = \frac{E}{1-\nu^2}[\epsilon_\theta + \nu\epsilon_r - (1+\nu)\alpha T], \tag{d}$$

由此, 方程 (a) 成为

$$r\frac{\mathrm{d}}{\mathrm{d}r}(\epsilon_r + \nu\epsilon_\theta) + (1-\nu)(\epsilon_r - \epsilon_\theta) = (1+\nu)\alpha r\frac{\mathrm{d}T}{\mathrm{d}r}. \tag{e}$$

用 u 代表径向位移, 于是由 §30 有

$$\epsilon_r = \frac{\mathrm{d}u}{\mathrm{d}r}, \quad \epsilon_\theta = \frac{u}{r}. \tag{f}$$

代入 (e), 得

$$\frac{\mathrm{d}^2 u}{\mathrm{d}r^2} + \frac{1}{r}\frac{\mathrm{d}u}{\mathrm{d}r} - \frac{u}{r^2} = (1+\nu)\alpha\frac{\mathrm{d}T}{\mathrm{d}r},$$

也可写成

$$\frac{\mathrm{d}}{\mathrm{d}r}\left[\frac{1}{r}\frac{\mathrm{d}(ru)}{\mathrm{d}r}\right] = (1+\nu)\alpha\frac{\mathrm{d}T}{\mathrm{d}r}. \tag{g}$$

这方程的积分给出

$$u = (1+\nu)\alpha\frac{1}{r}\int_a^r Tr\mathrm{d}r + C_1 r + \frac{C_2}{r}, \tag{h}$$

其中积分下限 a 可以任意选取. 对于有孔的圆盘, 可以取 a 等于内半径; 对于实心圆盘, 可以取 a 等于零.

[443]　　　　将解答 (h) 代入方程 (f),再将所得结果代入方程 (d), 就得到应力分量

$$\sigma_r = -\alpha E\frac{1}{r^2}\int_a^r Tr\mathrm{d}r + \frac{E}{1-\nu^2}\left[C_1(1+\nu) - C_2(1-\nu)\frac{1}{r^2}\right], \tag{i}$$

$$\sigma_\theta = \alpha E\frac{1}{r^2}\int_a^r Tr\mathrm{d}r - \alpha ET + \frac{E}{1-\nu^2}\left[C_1(1+\nu) + C_2(1-\nu)\frac{1}{r^2}\right]. \tag{j}$$

常数 C_1 和 C_2 须由边界条件确定.

对于实心圆盘, 取 a 为零, 并注意

$$\lim_{r\to 0}\frac{1}{r}\int_0^r Tr\mathrm{d}r = 0,$$

即由方程 (h) 可见, 为了使 u 在圆心为零, C_2 必须是零. 在盘边, $r = b$, 必须 $\sigma_r = 0$, 于是由方程 (i) 得

$$C_1 = (1-\nu)\frac{\alpha}{b^2}\int_0^b Tr\mathrm{d}r.$$

因此, 应力的最后表达式是

$$\sigma_r = \alpha E\left(\frac{1}{b^2}\int_0^b Tr\mathrm{d}r - \frac{1}{r^2}\int_0^r Tr\mathrm{d}r\right), \tag{245}$$

$$\sigma_\theta = \alpha E\left(-T + \frac{1}{b^2}\int_0^b Tr\mathrm{d}r + \frac{1}{r^2}\int_0^r Tr\mathrm{d}r\right). \tag{246}$$

这两个表达式在圆心给出有限值, 因为

$$\lim_{r \to 0} \frac{1}{r^2} \int_0^r Tr\mathrm{d}r = \frac{1}{2}T_0,$$

其中 T_0 是圆心处的温度.

§151 长圆柱

设温度对称于中心轴, 并与轴向坐标 z 无关[①]. 首先假设轴向位移 w 在所有各处都是零, 然后修正解答, 以适合自由端的情形.

平面应变 现在只有三个应力分量 σ_r、σ_θ、σ_z, 因为, 考虑到轴对称和沿轴向的均匀性, 三个剪应力和三个剪应变都是零. 应力-应变关系是 [444]

$$\begin{aligned}
\epsilon_r - \alpha T &= \frac{1}{E}[\sigma_r - \nu(\sigma_\theta + \sigma_z)], \\
\epsilon_\theta - \alpha T &= \frac{1}{E}[\sigma_\theta - \nu(\sigma_r + \sigma_z)], \\
\epsilon_z - \alpha T &= \frac{1}{E}[\sigma_z - \nu(\sigma_r + \sigma_\theta)].
\end{aligned} \tag{247}$$

但由于 $w = 0$, $\epsilon_z = 0$,(247) 中的第三个方程给出

$$\sigma_z = \nu(\sigma_r + \sigma_\theta) - \alpha E T. \tag{a}$$

代入 (247) 中的前两个方程, 就得到

$$\begin{aligned}
\epsilon_r - (1+\nu)\alpha T &= \frac{1-\nu^2}{E}\left(\sigma_r - \frac{\nu}{1-\nu}\sigma_\theta\right), \\
\epsilon_\theta - (1+\nu)\alpha T &= \frac{1-\nu^2}{E}\left(\sigma_\theta - \frac{\nu}{1-\nu}\sigma_r\right).
\end{aligned} \tag{b}$$

很容易看出, 这两个方程可以从关于平面应力的对应方程得到: 在前一节的方程 (b) 和 (c) 中用 $E/(1-\nu^2)$ 代替 E, 用 $\nu/(1-\nu)$ 代替 ν, 用 $(1+\nu)\alpha$ 代替 α, 就得到这两个方程.

前一节中的方程 (a) 和 (f) 在这里仍然有效. 求解 u, σ_r 和 σ_θ, 也可同样进行. 因此, 在前一节的方程 (h)、(i) 和 (j) 中作上述的代换, 就可以得出解答. 于是, 对于当前的问题, 得

$$u = \frac{1+\nu}{1-\nu}\alpha\frac{1}{r}\int_a^r Tr\mathrm{d}r + C_1 r + \frac{C_2}{r}, \tag{c}$$

$$\sigma_r = -\frac{\alpha E}{1-\nu}\frac{1}{r^2}\int_a^r Tr\mathrm{d}r + \frac{E}{1+\nu}\left(\frac{C_1}{1-2\nu} - \frac{C_2}{r^2}\right), \tag{d}$$

$$\sigma_\theta = \frac{\alpha E}{1-\nu}\frac{1}{r^2}\int_a^r Tr\mathrm{d}r - \frac{\alpha ET}{1-\nu} + \frac{E}{1+\nu}\left(\frac{C_1}{1-2\nu} + \frac{C_2}{r^2}\right), \tag{e}$$

并由方程 (a) 得

$$\sigma_z = -\frac{\alpha ET}{1-\nu} + \frac{2\nu EC_1}{(1+\nu)(1-2\nu)}. \tag{f}$$

必须在圆柱两端施加按方程 (f) 分布的轴向力以保持 $w=0$. 但是, 现在叠加以均匀轴向应力 $\sigma_z = C_3$, 就可以选择 C_3, 使在两端的合力都是零. 根据圣维南原理, 在两端的这种自成平衡的分布力, 将只在两端引起局部影响.

[445]

应力 σ_r 和 σ_θ 将仍然如方程 (d) 和 (e) 所示. 但位移 u 却受轴向应力 C_3 的影响. 必须在方程 (c) 的右边加一项 $-\nu C_3 r/E$. 轴向位移则是与均匀应力 C_3 相对应的位移.

实心圆柱　在这个情况下, 可以取方程 (c)、(d) 和 (e) 中积分的下限 a 为零. 当 $r=0$ 时, 位移 u 必须是零, 这就要求 $C_2 = 0$.

常数 C_1 须由曲面 $(r=b)$ 不受力的条件求得, 也就是由 $(\sigma_r)_{r=b} = 0$ 的条件求得. 于是, 由方程 (d) 得 (令 $C_2 = 0, a = 0$)

$$\frac{C_1}{(1+\nu)(1-2\nu)} = \frac{\alpha}{1-\nu}\frac{1}{b^2}\int_0^b Tr\mathrm{d}r. \tag{g}$$

轴向应力 (f) 的合力是

$$\int_0^b \sigma_z 2\pi r\mathrm{d}r = -\frac{2\pi\alpha E}{1-\nu}\int_0^b Tr\mathrm{d}r + \frac{2\nu EC_1}{(1+\nu)(1-2\nu)}\pi b^2,$$

而均匀轴向应力 C_3 的合力是 $C_3\pi b^2$. 因此, 为了使总的轴向力为零, C_3 的值应由如下的方程求得:

$$C_3\pi b^2 = \frac{2\pi\alpha E}{1-\nu}\int_0^b Tr\mathrm{d}r - \frac{2\nu EC_1}{(1+\nu)(1-2\nu)}\pi b^2. \tag{h}$$

如果轴向应变为零 $(\epsilon_z = 0)$, 则由方程 (c)、(d)、(e)、(f)、(g)、(h) 得 u、σ_r、σ_θ、σ_z 的最后表达式

$$u = \frac{1+\nu}{1-\nu}\alpha\left[(1-2\nu)\frac{r}{b^2}\int_0^b Tr\mathrm{d}r + \frac{1}{r}\int_0^r Tr\mathrm{d}r\right], \tag{248}$$

$$\sigma_r = \frac{\alpha E}{1-\nu}\left(\frac{1}{b^2}\int_0^b Tr\mathrm{d}r - \frac{1}{r^2}\int_0^r Tr\mathrm{d}r\right), \tag{249}$$

$$\sigma_\theta = \frac{\alpha E}{1-\nu}\left(\frac{1}{b^2}\int_0^b Tr\mathrm{d}r + \frac{1}{r^2}\int_0^r Tr\mathrm{d}r - T\right), \tag{250}$$

$$\sigma_z = \frac{\alpha E}{1-\nu}\left(\frac{2}{b^2}\int_0^b Tr\mathrm{d}r - T\right). \tag{251}$$

如果轴向力为零 $(F_z = 0)$, 则 σ_r 和 σ_θ 仍然如 (249) 和 (250) 所示, 但 u 和 σ_z 为

$$u = \frac{1+\nu}{1-\nu}\alpha\left(\frac{1-3\nu}{1+\nu}\frac{r^2}{b^2}\int_0^b Trdr + \frac{1}{r}\int_0^r Trdr\right), \tag{252}$$

$$\sigma_z = \frac{\alpha E}{1-\nu}\left(\frac{2}{b^2}\int_0^b Trdr - T\right). \tag{253}$$

例如,设有一长圆柱具有均匀初温度 T_0, 从瞬时 $t = 0$ 开始, 圆柱侧面温度 [446] 保持为零[②], 任一瞬时 t 的温度分布可表为级数[③]

$$T = T_0\sum_{n=1}^\infty A_n \mathrm{J}_0\left(\beta_n\frac{r}{b}\right)\mathrm{e}^{-p_n t}, \tag{i}$$

其中 $\mathrm{J}_0\left(\dfrac{\beta_n r}{b}\right)$ 是零阶的贝塞尔函数, 而各个 β 是方程 $\mathrm{J}_0(\beta) = 0$ 的根. 级数 (i) 的各系数是

$$A_n = \frac{2}{\beta_n \mathrm{J}_1(\beta_n)},$$

而各常数 p_n 则由如下的方程给出:

$$p_n = \frac{k}{cp}\frac{\beta_n^2}{b^2}, \tag{j}$$

其中 k 是导热系数, c 是材料的比热容, p 是密度. 将级数 (i) 代入方程 (249), 并考虑到[④]

$$\int_0^r \mathrm{J}_0\left(\beta_n\frac{r}{b}\right)rdr = \frac{br}{\beta_n}\mathrm{J}_1\left(\beta_n\frac{r}{b}\right),$$

就得到

$$\sigma_r = \frac{2\alpha E T_0}{1-\nu}\sum_{n=1}^\infty \mathrm{e}^{-p_n t}\left\{\frac{1}{\beta_n^2} - \frac{1}{\beta_n^2}\frac{b}{r}\frac{\mathrm{J}_1[\beta_n(r/b)]}{\mathrm{J}_1(\beta_n)}\right\}. \tag{k}$$

同样, 将级数 (i) 代入方程 (250), 得

$$\sigma_\theta = \frac{2\alpha E T_0}{1-\nu}\sum_{n=1}^\infty \mathrm{e}^{-p_n t}\left\{\frac{1}{\beta_n^2} + \frac{1}{\beta_n^2}\frac{b}{r}\frac{\mathrm{J}_1[\beta_n(r/b)]}{\mathrm{J}_1(\beta_n)} - \frac{\mathrm{J}_0[\beta_n(r/b)]}{\beta_n \mathrm{J}_1(\beta_n)}\right\}. \tag{l}$$

将级数 (i) 代入方程 (253), 得

$$\sigma_z = \frac{2\alpha E T_0}{1-\nu}\sum_{n=1}^\infty \mathrm{e}^{-p_n t}\left\{\frac{2}{\beta_n^2} - \frac{\mathrm{J}_0[\beta_n(r/b)]}{\beta_n \mathrm{J}_1(\beta_n)}\right\}. \tag{m}$$

公式 (k)、(l)、(m) 是问题的完整解答. 一些数字例题见注 ③ 中提到的丁尼克和利斯的论文[③].

[447]　　　　图 227 示出一钢质圆柱体中的应力分布⑤. 这里假定圆柱的均匀初温度等于零, 而从 $t = 0$ 的瞬时开始, 圆柱表面的温度保持为 T_1. 对于不同数值的 t/b^2 (t 以 s 计, b 以 cm 计), 沿半径的温度分布如曲线所示. 由方程 (i) 和 (j) 可见, 如果受热时间 t 与圆柱直径的平方成比例, 则不同直径的圆柱将有相同的温度分布. 由图可以算出整个圆柱的平均温度以及半径 r 以内的一部分圆柱的平均温度. 有了这些温度, 就可以由方程 (249)、(250) 和 (253) 求得热应力. 如果 t 的值很小, 上述平均温度将趋近于零, 而对于表面处得

$$\sigma_r = 0, \quad \sigma_\theta = \sigma_z = -\frac{\alpha E T_1}{1 - \nu}.$$

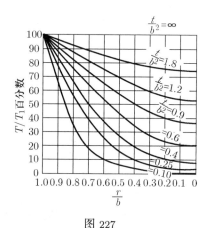

图 227

这是圆柱体内因受热而引起的热应力的最大值, 也就等于完全阻止表面内的 (不垂直于表面的) 热膨胀时所需的应力. 这应力在受热时是压应力, 在冷却时则是拉应力. 对机轴和转子加热时, 为了减低最大应力, 通常总是从略低于最后温度 T_1 的温度开始, 并按照直径的平方而成比例地增长加热时间.

[448]　　　　**具有同心孔的圆筒**⑥　用 a 代表孔的半径, b 代表圆筒的外半径, 在这两个半径处, σ_r 等于零, 这样就可以决定方程 (c)、(d)、(e) 中的常数 C_1 和 C_2. 于是有

$$\frac{C_1}{1 - 2\nu} - \frac{C_2}{\alpha^2} = 0,$$

$$-\frac{\alpha E}{1 - \nu}\frac{1}{b^2}\int_a^b Tr\mathrm{d}r + \frac{E}{1 + \nu}\left(\frac{C_1}{1 - 2\nu} - \frac{C_2}{b^2}\right) = 0,$$

由此得

$$\frac{EC_2}{1 + \nu} = \frac{\alpha E}{1 - \nu}\frac{a^2}{b^2 - a^2}\int_a^b Tr\mathrm{d}r,$$

$$\frac{EC_1}{(1+\nu)(1-2\nu)} = \frac{\alpha E}{1-\nu}\frac{1}{b^2-a^2}\int_a^b Trdr.$$

代入方程 (d)、(e) 和 (f), 并在 (f) 上加轴向应力 C_3, 以使轴向力的合力为零, 就得到公式

$$\sigma_r = \frac{\alpha E}{1-\nu}\frac{1}{r^2}\left(\frac{r^2-a^2}{b^2-a^2}\int_a^b Trdr - \int_a^r Trdr\right), \tag{254}$$

$$\sigma_\theta = \frac{\alpha E}{1-\nu}\frac{1}{r^2}\left(\frac{r^2+a^2}{b^2-a^2}\int_a^b Trdr + \int_a^r Trdr - Tr^2\right), \tag{255}$$

$$\sigma_z = \frac{\alpha E}{1-\nu}\left(\frac{2}{b^2-a^2}\int_a^b Trdr - T\right). \tag{256}$$

试以定常热流的情形为例. 如果圆筒内表面的温度是 T_i, 外表面的温度是零, 距中心为 r 处的温度就可以表示成为

$$T = \frac{T_i}{\ln\left(\dfrac{b}{a}\right)}\ln\frac{b}{r}. \tag{n}$$

代入方程 (254)、(255) 和 (256), 得热应力的表达式如下[⑦]:

$$\sigma_r = \frac{\alpha E T_i}{2(1-\nu)\ln\left(\dfrac{b}{a}\right)}\left[-\ln\frac{b}{r} - \frac{a^2}{(b^2-a^2)}\left(1-\frac{b^2}{r^2}\right)\ln\frac{b}{a}\right],$$

$$\sigma_\theta = \frac{\alpha E T_i}{2(1-\nu)\ln\left(\dfrac{b}{a}\right)}\left[1-\ln\frac{b}{r} - \frac{a^2}{(b^2-a^2)}\left(1+\frac{b^2}{r^2}\right)\ln\frac{b}{a}\right],$$

$$\sigma_z = \frac{\alpha E T_i}{2(1-\nu)\ln\left(\dfrac{b}{a}\right)}\left[1-2\ln\frac{b}{r} - \frac{2a^2}{(b^2-a^2)}\ln\frac{b}{a}\right]. \tag{257}$$

如果 T_i 是正的, 径向应力在所有各点就都是压应力, 而在圆筒的内表面和外表面上成为零. 在圆筒的内外两表面, 应力分量 σ_θ 和 σ_z 具有最大的数值. 令 $r=a$, 得 [449]

$$(\sigma_\theta)_{r=a} = (\sigma_z)_{r=a} = \frac{\alpha E T_i}{2(1-\nu)\ln\dfrac{b}{a}}\left(1 - \frac{2b^2}{b^2-a^2}\ln\frac{b}{a}\right). \tag{258}$$

在 $r=b$ 处, 得

$$(\sigma_\theta)_{r=b} = (\sigma_z)_{r=b} = \frac{\alpha E T_i}{2(1-\nu)\ln\dfrac{b}{a}}\left(1 - \frac{2a^2}{b^2-a^2}\ln\frac{b}{a}\right). \tag{259}$$

在 $a/b = 0.3$ 的特殊情形下, 热应力在筒壁厚度上的分布如图 228 所示. 如果 T_i 是正的, σ_θ 和 σ_z 在内表面处是压应力, 而在外表面处是拉应力. 在砖石或混凝土等抗拉强度很弱的材料中, 在上述情况下, 破裂多半从圆筒的外表面开始.

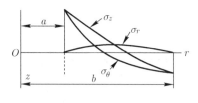

图 228

如果壁厚远比圆筒外半径为小, 可令

$$\frac{b}{a} = 1 + m, \quad \ln\frac{b}{a} = m - \frac{m^2}{2} + \frac{m^3}{3} - \cdots,$$

并将 m 作为很小的数字, 方程 (258) 和 (259) 就将简化为

$$(\sigma_\theta)_{r=a} = (\sigma_z)_{r=a} = -\frac{\alpha E T_i}{2(1-\nu)}\left(1 + \frac{m}{3}\right), \tag{258'}$$

$$(\sigma_\theta)_{r=b} = (\sigma_z)_{r=b} = \frac{\alpha E T_i}{2(1-\nu)}\left(1 - \frac{m}{3}\right). \tag{259'}$$

如果圆筒外表面的温度不等于零, 只须以内外温度之差 $T_i - T_o$ 代替所有方程中的 T_i, 以上的结果仍然可用.

在筒壁很薄的情况下, 方程 (258') 和 (259') 中的 $m/3$ 与 1 相比可以略去, 于是各方程进一步简化为

[450]

$$
\begin{aligned}
(\sigma_\theta)_{r=a} &= (\sigma_z)_{r=a} = -\frac{\alpha E T_i}{2(1-\nu)}, \\
(\sigma_\theta)_{r=b} &= (\sigma_z)_{r=b} = \frac{\alpha E T_i}{2(1-\nu)}.
\end{aligned}
\tag{260}
$$

设有厚度为 $2c = b - a$ 的薄板 (图 224), 板内温度按方程

$$T = \frac{T_i y}{b - a}$$

分布, 而板边被固定, 以阻止非均匀加热所引起的弯曲, 板内热应力的分布就与上述薄圆筒壁厚中的应力分布相同 [见 §148 方程 (k)].

如果将高频率的温度升降叠加于定常热流, 则由温度升降所引起的热应力, 可照研究平板时的方法计算 (见 §148).

在以上的讨论中, 曾假定圆筒很长而我们只考虑距两端很远处的应力. 在靠近两端处, 由于局部的不规则, 热应力分布的问题要复杂得多. 试就薄壁圆筒的情形来考察这一问题. 解答 (260) 要求圆筒两端有如图 229a 所示的轴向力分布. 为了求得两端自由的圆筒中的应力, 必须在应力 (260) 之上叠加以与图 229a 中的力相等而相反的力所引起的应力. 在壁厚 h 很小的情况下, 两端的那些力可简化为如图 229b 所示的弯矩 M, 沿圆筒边缘均匀分布, 在边缘的每单位长度上等于

$$M = \frac{\alpha E T_i}{2(1-\nu)} \frac{h^2}{6}. \tag{o}$$

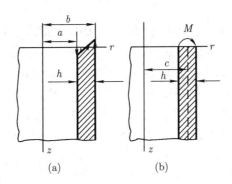

图 229

为了计算这弯矩所引起的应力, 可从该筒壳割出一个单位宽度的纵条来考察. 这样的纵条可以当作弹性地基上的杆看待. 纵条的挠度曲线可表以方程[⑧]   [451]

$$u = \frac{M e^{-\beta z}}{2\beta^2 D}(\cos \beta z - \sin \beta z), \tag{p}$$

其中

$$\beta = \sqrt{\frac{3(1-\nu^2)}{c^2 h^2}}, \quad D = \frac{E h^3}{12(1-\nu^2)}, \tag{q}$$

而 c 是筒壳的中面半径. 有了挠度曲线, 就可以算出对应于任何 z 值的弯曲应力 σ_z 和切向应力 σ_θ. 纵条的最大挠度显然在 $z = 0$ 的一端, 等于

$$(u)_{z=0} = \frac{M}{2\beta^2 D} = \frac{\alpha c T_i \sqrt{1-\nu^2}}{2\sqrt{3}(1-\nu)}.$$

对应的切向应变分量是

$$\epsilon_\theta = \frac{u}{c} = \frac{\alpha T_i \sqrt{1-\nu^2}}{2\sqrt{3}(1-\nu)}. \tag{r}$$

应用胡克定律, 可求得筒壁外表面处的切向应力分量

$$\sigma_\theta = E\epsilon_\theta + \nu\sigma_z = \frac{\alpha E T_i \sqrt{1-\nu^2}}{2\sqrt{3}(1-\nu)} - \frac{\nu\alpha E T_i}{2(1-\nu)}.$$

将这个应力叠加于由方程 (260) 算得的应力, 就得到薄壁圆筒自由端的最大切向应力

$$(\sigma_\theta)_{\max} = \frac{\alpha E T_i}{2(1-\nu)} \left(\frac{\sqrt{1-\nu^2}}{\sqrt{3}} - \nu + 1 \right). \tag{261}$$

假定 $\nu = 0.3$, 得

$$(\sigma_\theta)_{\max} = 1.25 \frac{\alpha E T_i}{2(1-\nu)}.$$

可见圆筒自由端的最大拉应力比由方程 (260) 求得的、距两端较远处的应力大出 25%. 由方程 (p) 可知, 邻近圆筒自由端处的应力的增大与挠度 u 有关, 因而是局部的, 随着距自由端的距离 z 的增大而迅速减小.

　　用弹性地基上的杆的挠度曲线以计算薄壁圆筒内的热应力这一近似方法, 当温度沿筒轴变化时也可以应用[9]. 适当的外压力可以消除每一单元圆环的径向膨胀 (轴向膨胀则自由发生). 除去压力 (现在各单元环是接合的), 即得一可解的非热性的问题.

　　注:

　　① 这问题的最初的解答是 J. M. C. Duhamel 得出的, 见 Memoires··· par Divers Savants, vol. 5, p. 440, Paris, 1838.

　　② 这里假定圆柱表面的温度突然成为零. 如果表面温度不是零而是 T_1, 则在所有的方程中应以 $T_0 - T_1$ 代替 T_0.

　　③ 见 Byerly, "Fourier Series and Spherical Harmonics," p. 229. 对于这种情况下的热应力的计算是 А. Н. Динник 给出的, 见 Приложение функций Бесселя, ч. Ⅱ, стр. 95, Екатеринослав, 1915. 又见 C. H. Lees, *Proc. Roy. Soc. (London)*, vol. 101, p. 411, 1922.

　　④ 见 E. Jahnke, F. Emde and F. Lösch, "Tables of Higher Functions", 1960.

　　⑤ 本图摘自 A. Stodola, "Dampf-und Gasturbincn," 6th ed., p. 961, 1924.

　　⑥ 见 R. Lorenz, *Z. Ver. Deutsch. Ing.*, vol. 51, p. 743, 1907.

　　⑦ 为了由方程 (257) 求应力时计算迅速, L. Barker 曾作成图表, 见 *Eng.*, vol. 124, p. 443, 1927.

　　⑧ 见 S. Timoshenko, "Strength of Materials," 3d ed., vol. 2, p. 126-137, 1956.

　　⑨ S. Timoshenko and J. M. Lessells, "Applied Elasticity," p. 147, 1925; C. H. Kent, *Trans. ASME*, Applied Mechanics Division, vol. 53, p. 167, 1931.

习题

1. 试由 (249) 和 (250) 算出在 $r = 0$ 处的 σ_r 和 σ_θ. 试解释何以结果必然是相等的.

具有同心圆孔的圆柱体, 不受轴向力, 试导出位移 w 的表达式. 如果两端的条件是 $\sigma_z = 0$, 试解释, 何以上述表达式在靠近两端处是不正确的.

2. 如果在 (254) 至 (256) 中令 $a = 0$, 结果就与 (249)、(250) 相一致而在 $r = 0$ 处不是零 (习题 1). 但是, 不论 a 是多么小,(254) 在 $r = a$ 处总能满足边界条件 $\sigma_r = 0$. 为了澄清这一点, 试考察当孔很小时在孔附近的应力状态 (从实心圆柱开始, 考虑孔边应力 σ_r 的消除).

§152 球体

这里只考察温度对称于球心因而只是径距 r 的函数的简单情形①.

和 §136 中一样, 由于对称, 只有三个非零的应力分量: 径向分量 σ_r 和两个切向分量 σ_t, 它们必须满足单元体在径向的平衡条件 [见 §136 中的图 205 和方程 (e)]

$$\frac{\mathrm{d}\sigma_r}{\mathrm{d}r} + \frac{2}{r}(\sigma_r - \sigma_t) = 0. \tag{a}$$

应力–应变关系是

$$\epsilon_r - \alpha T = \frac{1}{E}(\sigma_r - 2\nu\sigma_t), \tag{b}$$

$$\epsilon_t - \alpha T = \frac{1}{E}[\sigma_t - \nu(\sigma_r + \sigma_t)]. \tag{c}$$

此外, 设 u 是径向位移, 就有

$$\epsilon_r = \frac{\mathrm{d}u}{\mathrm{d}r}, \quad \epsilon_t = \frac{u}{r}. \tag{d}$$

由 (b) 和 (c) 得

$$\sigma_r = \frac{E}{(1+\nu)(1-2\nu)}[(1-\nu)\epsilon_r + 2\nu\epsilon_t - (1+\nu)\alpha T], \tag{e}$$

$$\sigma_t = \frac{E}{(1+\nu)(1-2\nu)}[\epsilon_t + \nu\epsilon_r - (1+\nu)\alpha T]. \tag{f}$$

代入 (a), 并以 (d) 所示的值代替 ϵ_r 和 ϵ_t, 就得到 u 的微分方程

$$\frac{\mathrm{d}^2 u}{\mathrm{d}r^2} + \frac{2}{r}\frac{\mathrm{d}u}{\mathrm{d}r} - \frac{2u}{r^2} = \frac{1+\nu}{1-\nu}\alpha\frac{\mathrm{d}T}{\mathrm{d}r}, \tag{g}$$

它也可以写成

$$\frac{\mathrm{d}}{\mathrm{d}r}\left[\frac{1}{r^2}\frac{\mathrm{d}}{\mathrm{d}r}(r^2 u)\right] = \frac{1+\nu}{1-\nu}\alpha\frac{\mathrm{d}T}{\mathrm{d}r}.$$

这方程的解是

$$u = \frac{1+\nu}{1-\nu}\alpha\frac{1}{r^2}\int_a^r Tr^2\mathrm{d}r + C_1 r + \frac{C_2}{r^2}, \tag{h}$$

其中 C_1 和 C_2 是积分常数, 将在后面用边界条件决定; a 是任一适宜的积分下限, 例如空心球的内半径.

将 (h) 代入方程 (d), 再将所得结果代入方程 (e) 和 (f), 得

$$\sigma_r = -\frac{2\alpha E}{1-\nu}\frac{1}{r^3}\int_a^r Tr^2\mathrm{d}r + \frac{EC_1}{1-2\nu} - \frac{2EC_2}{1+\nu}\frac{1}{r^3}, \tag{i}$$

$$\sigma_t = \frac{\alpha E}{1-\nu}\frac{1}{r^3}\int_a^r Tr^2\mathrm{d}r + \frac{EC_1}{1-2\nu} + \frac{EC_2}{1+\nu}\frac{1}{r^3} - \frac{\alpha ET}{1-\nu}. \tag{j}$$

现在来考察几个特殊情形.

实心球体 这时, 积分下限 a 可取为零. 在 $r = 0$ 处必须 $u = 0$, 于是, 由方程 (h) 有 $C_2 = 0$, 因为

$$\lim_{r\to 0}\frac{1}{r^2}\int_0^r Tr^2\mathrm{d}r = 0.$$

这样, 方程 (i) 和 (j) 所示的应力分量在球心就将是有限值, 因为

$$\lim_{r\to 0}\frac{1}{r^3}\int_0^r Tr^2\mathrm{d}r = \frac{T_0}{3},$$

其中 T_0 是球心的温度. 常数 C_1 将由外表面 $r = b$ 处不受外力因而 $\sigma_r = 0$ 这一条件来决定. 在方程 (i) 中令 $\sigma_r = 0, a = 0, C_2 = 0, r = b$, 即得

$$\frac{EC_1}{1-2\nu} = \frac{2\alpha E}{1-\nu}\frac{1}{b^3}\int_0^b Tr^2\mathrm{d}r,$$

[454]   而应力分量成为

$$
\begin{aligned}
\sigma_r &= \frac{2\alpha E}{1-\nu}\left(\frac{1}{b^3}\int_0^b Tr^2\mathrm{d}r - \frac{1}{r^3}\int_0^r Tr^2\mathrm{d}r\right), \\
\sigma_t &= \frac{\alpha E}{1-\nu}\left(\frac{2}{b^3}\int_0^b Tr^2\mathrm{d}r + \frac{1}{r^3}\int_0^r Tr^2\mathrm{d}r - T\right).
\end{aligned}
\tag{262}
$$

在半径 r 以内的球体的平均温度是

$$\frac{4\pi\displaystyle\int_0^r Tr^2\mathrm{d}r}{\dfrac{4}{3}\pi r^3} = \frac{3}{r^3}\int_0^r Tr^2\mathrm{d}r.$$

因此, 在任一半径 r 处的应力 σ_r 与整个球体的平均温度和半径 r 以内的球体的平均温度之差成比例. 如果温度分布是已知的, 就不难算出每种特殊情况下的应力[②]. 格伦堡曾作过一个这种计算的有用实例[③], 它是与研究各向同性材料在三个垂直方向受相同拉应力时的强度有关的. 如果将具有均匀初温度 T_0 的实心球体放在具有较高温度 T_1 的液体中, 球体的外部就将膨胀, 而在球心处将发生各向相同的均匀拉应力. 拉应力的最大值发生在历时

$$t = 0.0574 \frac{b^2 c \rho}{k} \tag{k}$$

以后, 其中 b 是球体的半径, k 是导热系数, c 是材料的比热容, 而 ρ 是密度. 最大拉应力的大小是[④]

$$\sigma_r = \sigma_t = 0.771 \frac{\alpha E}{2(1-\nu)}(T_1 - T_0). \tag{l}$$

最大压应力是在温度 T_1 作用的初瞬时发生在球面上, 大小等于 $\alpha E(T_1 - T_0)/(1-\nu)$. 这个值与前面就圆柱体求得的值相同 (见 §151). 应用方程 (k) 和 (l) 于钢料的情形, 并取 $b = 10$ cm, $T_1 - T_0 = 100°$C, 求得 $\sigma_r = \sigma_t = 1270$ kgf/cm^2, 而 $t = 33.4$ s.

中心有洞的球体 用 a 和 b 代表空心球的内半径和外半径, 并由内外两 [455] 表面上 σ_r 为零的条件确定 (i) 和 (j) 中的常数 C_1 和 C_2. 这时, 由 (i) 有

$$\frac{EC_1}{1-2\nu} - \frac{2EC_2}{1+\nu}\frac{1}{a^3} = 0,$$

$$-\frac{2\alpha E}{1-\nu}\frac{1}{b^3}\int_a^b Tr^2 dr + \frac{EC_1}{1-2\nu} - \frac{2EC_2}{1+\nu}\frac{1}{b^3} = 0.$$

解出 C_1 和 C_2, 再代入 (i) 和 (j), 得

$$\sigma_r = \frac{2\alpha E}{1-\nu}\left[\frac{r^3-a^3}{(b^3-a^3)r^3}\int_a^b Tr^2 dr - \frac{1}{r^3}\int_a^r Tr^2 dr\right],$$

$$\sigma_t = \frac{2\alpha E}{1-\nu}\left[\frac{2r^3+a^3}{2(b^3-a^3)r^3}\int_a^b Tr^2 dr + \frac{1}{2r^3}\int_a^r Tr^2 dr - \frac{1}{2}T\right]. \tag{263}$$

于是, 只须已知温度分布, 即可算得应力分量.

试以定常热流的情形为例. 用 T_i 代表内表面处的温度, 而外表面处的温度取为零. 于是距球心为任一距离 r 处的温度是

$$T = \frac{T_i a}{b-a}\left(\frac{b}{r} - 1\right). \tag{m}$$

代入表达式 (263), 得

$$\sigma_r = \frac{\alpha E T_i}{1-\nu} \frac{ab}{b^3-a^3} \left[a+b-\frac{1}{r}(b^2+ab+a^2)+\frac{a^2b^2}{r^3} \right],$$
$$\sigma_t = \frac{\alpha E T_i}{1-\nu} \frac{ab}{b^3-a^3} \left[a+b-\frac{1}{2r}(b^2+ab+a^2)-\frac{a^2b^2}{2r^3} \right].$$

可见应力 σ_r 在 $r=a$ 和 $r=b$ 处是零, 而在

$$r^2 = \frac{3a^2b^2}{a^2+ab+b^2}$$

处为最大或最小. 当 $T_i>0$ 时, 应力 σ_t 随 r 的增大而增大. 在 $r=a$ 处, 有

$$\sigma_t = -\frac{\alpha E T_i}{2(1-\nu)} \frac{b(b-a)(a+2b)}{b^3-a^3}. \tag{n}$$

在 $r=b$ 处则得

$$\sigma_t = \frac{\alpha E T_i}{2(1-\nu)} \frac{a(b-a)(2a+b)}{b^3-a^3}. \tag{o}$$

[456]   对于厚度很小的球壳, 可令

$$b = a(1+m),$$

其中 m 是很小的数字. 代入 (n) 和 (o), 并略去 m 的高次幂, 得到:

在 $r=a$ 处, $$\sigma_t = -\frac{\alpha E T_i}{2(1-\nu)} \left(1+\frac{2}{3}m \right),$$

在 $r=b$ 处, $$\sigma_t = \frac{\alpha E T_i}{2(1-\nu)} \left(1-\frac{2}{3}m \right).$$

如果略去 $2m/3$, 所得的切向正应力的值就与前面对薄壁圆筒 [见方程 (260)] 和固定边薄板求得的相同.

注:

①   这个问题曾由下列作者讨论过: Duhamel (见 §151 中的注 ①.); F. Neuman, *Abhandl. Akad. Wiss.*, Berlin, 1841, 又见他的 "Vorlesungen über die Theorie der Elastizität der festen Körper," Leipzig, 1885; J. Hopkinson, *Messenger Math.*, vol. 8, p. 168, 1879. 非对称温度分布的情形曾由 C. W. Borchardt 讨论过, 见 *Monatsber. Akad. Wiss.*, 1873, p. 9.

②   这种计算的几个实例见 E. Honegger 的论文, Festschrift Prof. A. Stodola, Zürich, 1929.

③   G. Grünberg, *Z. Physik*, vol. 35, p. 548, 1925.

④   在分析时假定球面立即达到液体的温度 T_1.

§153 一般方程

用位移表示的平衡微分方程 (128), 可以推广到包含热应力和热应变在内. 对于三维问题, 应力–应变关系是

$$\epsilon_x - \alpha T = \frac{1}{E}[\sigma_x - \nu(\sigma_y + \sigma_z)],$$

$$\epsilon_y - \alpha T = \frac{1}{E}[\sigma_y - \nu(\sigma_x + \sigma_z)], \qquad \text{(a)}$$

$$\epsilon_z - \alpha T = \frac{1}{E}[\sigma_z - \nu(\sigma_x + \sigma_y)];$$

$$\gamma_{xy} = \frac{\tau_{xy}}{G}, \quad \gamma_{yz} = \frac{\tau_{yz}}{G}, \quad \gamma_{xz} = \frac{\tau_{xz}}{G}. \qquad \text{(b)}$$

方程 (b) 没有受温度的影响, 因为在各向同性的材料中, 自由热膨胀不会引起角度的改变.

将 (a) 中的三个方程相加, 并用方程 (7) 所示的记号, 得

$$e = \frac{1}{E}(1 - 2\nu)\Theta + 3\alpha T.$$

利用这个表达式并由方程 (a) 解出应力, 得

$$\sigma_x = \lambda e + 2G\epsilon_x - \frac{\alpha E T}{1 - 2\nu}. \qquad \text{(c)}$$

将这种表达式和方程 (6) 代入平衡方程 (123), 并假定没有体力, 就得到三个方程, 其中的第一个是

$$(\lambda + G)\frac{\partial e}{\partial x} + G\nabla^2 u - \frac{\alpha E}{1 - 2\nu}\frac{\partial T}{\partial x} = 0. \qquad \text{(264)} \qquad \text{[457]}$$

在计算热应力时, 须用这些方程代替方程 (127). 将方程 (c) 和 (6) 代入边界条件 (124), 并假定没有面力, 边界条件就成为

$$\frac{\alpha E T}{1 - 2\nu}l = \lambda e l + G\left(\frac{\partial u}{\partial x}l + \frac{\partial u}{\partial y}m + \frac{\partial u}{\partial z}n\right) + G\left(\frac{\partial u}{\partial x}l + \frac{\partial v}{\partial x}m + \frac{\partial w}{\partial x}n\right), \quad \text{(265)}$$

$$\cdots\cdots\cdots\cdots$$

将方程 (264) 和 (265) 与方程 (127) 和 (130) 对比, 可见

$$-\frac{\alpha E}{1 - 2\nu}\frac{\partial T}{\partial x}、 \quad -\frac{\alpha E}{1 - 2\nu}\frac{\partial T}{\partial y}、 \quad -\frac{\alpha E}{1 - 2\nu}\frac{\partial T}{\partial z}$$

各项代替了体力分量 X、Y、Z, 而

$$\frac{\alpha E T}{1 - 2\nu}l、 \quad \frac{\alpha E T}{1 - 2\nu}m、 \quad \frac{\alpha E T}{1 - 2\nu}n$$

各项代替了面力分量 $\overline{X}$、$\overline{Y}$、$\overline{Z}$. 于是, 由温度改变 T 引起的位移 u、v、w 与由体力

$$X = -\frac{\alpha E}{1-2\nu}\frac{\partial T}{\partial x}, \quad Y = -\frac{\alpha E}{1-2\nu}\frac{\partial T}{\partial y}, \quad Z = -\frac{\alpha E}{1-2\nu}\frac{\partial T}{\partial z} \tag{d}$$

和分布于整个表面的法向拉力

$$\frac{\alpha E T}{1-2\nu} \tag{e}$$

所引起的位移相同.

如果求得方程 (264) 的满足边界条件 (265) 的解, 有了位移 u、v、w, 即可由方程 (b) 算出剪应力, 并由方程 (c) 算出正应力. 由方程 (c) 可以看出, 正应力包含两部分: 一部分是用通常的方法由应变分量导出的, 另一部分是在每一点与该点的温度改变成比例的各向相同的压应力

$$\frac{\alpha E T}{1-2\nu}, \tag{f}$$

[458] 因此, 由非均匀受热引起的总应力, 可将压应力 (f) 叠加于由体力 (d) 和面力 (e) 引起的应力而求得.

阻止应变法　用阻止应变法, 也可得到同样的结论. 假想非均匀受热的物体被分成无穷小的单元体, 并假定各单元体的热应变 $\epsilon_x = \epsilon_y = \epsilon_z = \alpha T$ 被施于单元体的均匀压应力 p 所消除, 压应力 p 的大小应如 (f) 所示. 这样消除了自由发生的热应变, 各单元体又互相结合而形成原始形状的连续体. 为了实现压应力分布 (f), 可将某种体力和表面压力施加于各单元体所形成的上述物体. 但施加的力必须满足平衡方程 (123) 和边界条件 (124). 将

$$\sigma_x = \sigma_y = \sigma_z = -p = -\frac{\alpha E T}{1-2\nu}, \\ \tau_{xy} = \tau_{xz} = \tau_{yz} = 0 \tag{g}$$

代入方程 (123) 和 (124), 可知要使各单元体所形成的物体保持原来的形状, 所需的体力是

$$X = \frac{\alpha E}{1-2\nu}\frac{\partial T}{\partial x}, \quad Y = \frac{\alpha E}{1-2\nu}\frac{\partial T}{\partial y}, \quad Z = \frac{\alpha E}{1-2\nu}\frac{\partial T}{\partial z}, \tag{h}$$

而且在表面上还须施以压力 (f).

现在, 假想将各单元体结合在一起, 并除去体力 (h) 和表面压力 (f). 显然, 为了求得热应力, 可在压应力 (f) 上叠加以弹性体内由体力

$$X = -\frac{\alpha E}{1-2\nu}\frac{\partial T}{\partial x}, \quad Y = -\frac{\alpha E}{1-2\nu}\frac{\partial T}{\partial y}, \quad Z = -\frac{\alpha E}{1-2\nu}\frac{\partial T}{\partial z}$$

和在表面上的法向拉力

$$\frac{\alpha ET}{1-2\nu}$$

所引起的应力. 由体力和面力所引起的应力必须满足平衡方程

$$\frac{\partial \sigma_x}{\partial x} + \frac{\partial \tau_{xy}}{\partial y} + \frac{\partial \tau_{xz}}{\partial z} - \frac{\alpha E}{1-2\nu}\frac{\partial T}{\partial x} = 0,$$

$$\frac{\partial \sigma_y}{\partial y} + \frac{\partial \tau_{xy}}{\partial x} + \frac{\partial \tau_{yz}}{\partial z} - \frac{\alpha E}{1-2\nu}\frac{\partial T}{\partial y} = 0, \qquad (266)$$

$$\frac{\partial \sigma_z}{\partial z} + \frac{\partial \tau_{xz}}{\partial x} + \frac{\partial \tau_{yz}}{\partial y} - \frac{\alpha E}{1-2\nu}\frac{\partial T}{\partial z} = 0,$$

和边界条件

[459]

$$\sigma_x l + \tau_{xy} m + \tau_{xz} n = \frac{\alpha ET}{1-2\nu} l,$$

$$\sigma_y m + \tau_{yz} n + \tau_{xy} l = \frac{\alpha ET}{1-2\nu} m, \qquad (267)$$

$$\sigma_z n + \tau_{xz} l + \tau_{yz} m = \frac{\alpha ET}{1-2\nu} n,$$

以及 §85 中讨论过的相容条件. 这些应力伴随有位移 u、v、w 和应变

$$\epsilon_x = \frac{\partial u}{\partial x}, \quad \cdots, \quad \gamma_{xy} = \frac{\partial v}{\partial x} + \frac{\partial u}{\partial y}, \quad \cdots,$$

并与这些应变以胡克定律相关连, 如方程 (3) 和 (6) 所示. 于是得出一个普通的 (等温的) 问题, 其中的体力和面力是用原来的热弹性问题的温度场 $T(x,y,z)$ 表示的. 这个普通问题的解答, 显然就是实际的热弹性位移.

现在显然可见, 以前就普通问题建立起来的方法和定理, 可以立即移用于热应力问题. 例如, §96 的唯一性定理使我们确信: 对于具有一定温度场的一定物体, 在线性、小形变理论的情况下, 应力和应变只有一组解答. 压曲现象当然就不属于这种情况.

利用普通问题的已有解答来导出热弹性问题的解答时, §97 的互等定理特别有用. 现在来说明这一方法并给出几个实例.

§154　热弹性互等定理

现在把上述普通问题作为 §97 的定理中的第一状态, 与带有单撇的记号相对应. 把一般状态作为该定理中的第二状态. 在应用中, 选择第二状态时, 务使它能导致所需的结果.

用 u、v、w 代表实际的热弹性位移分量, 并为了简短起见, 令

$$\beta = \frac{E}{1-2\nu} \qquad (a)$$

[460] 则互等定理成为

$$\int (X''u + Y''v + Z''w)\mathrm{d}\tau + \int (\overline{X}''u + \overline{Y}''v + \overline{Z}''w)\mathrm{d}S$$

$$= -\beta \int \left(u'' \frac{\partial}{\partial x}\alpha T + v'' \frac{\partial}{\partial y}\alpha T + w'' \frac{\partial}{\partial z}\alpha T \right) \mathrm{d}\tau + \beta \int (lu'' + mv'' + nw'')\alpha T \mathrm{d}S. \tag{b}$$

散度定理, 即方程 (138), 给出方程

$$\int \left[\frac{\partial}{\partial x}(u''\alpha T) + \frac{\partial}{\partial y}(v''\alpha T) + \frac{\partial}{\partial z}(w''\alpha T) \right] \mathrm{d}\tau = \int (lu'' + mv'' + nw'')\alpha T \mathrm{d}S \tag{c}$$

右边的积分对应于式 (b) 右边的第二个积分. 对于 (c) 的左边, 可以写出

$$\frac{\partial}{\partial x}(u''\alpha T) = u'' \frac{\partial}{\partial x}\alpha T + \frac{\partial u''}{\partial x}\alpha T, \quad \cdots,$$

然后将它们用于式 (b) 右边的第一个积分. 于是式 (b) 成为

$$\int (X''u + Y''v + Z''w)\mathrm{d}\tau + \int (\overline{X}''u + \overline{Y}''v + \overline{Z}''w)\mathrm{d}S = \int \Theta''\alpha T \mathrm{d}\tau, \tag{268}$$

其中 [见 (7) 和 (8)]

$$\Theta'' = \beta \left(\frac{\partial u''}{\partial x} + \frac{\partial v''}{\partial y} + \frac{\partial w''}{\partial z} \right) = \sigma_x'' + \sigma_y'' + \sigma_z''. \tag{d}$$

方程 (268) 是一个热弹性互等定理[①]. 为了方便, 该方程的左边可以称为辅助问题 (或状态) 的外来体力 (X''、$\cdots$) 和面力 ($\overline{X}''$、$\cdots$) 在热弹性问题的实际位移 u、v、w 上的功.

注:

① §97 中的普通互等定理的推导是 J. N. Goodier 作出的, 见 *Proc. 3d U. S. Nat. Congr. Appl. Mech.*, pp. 343-345, 1958. 更早一些, В.М.Майзель 曾直接从热弹性方程得出基本上相同的定理, 见 Обобшение теоремы Бетти-Максвелла на случай термического напряженного состояния и некоторые ето приложения, ДАН СССР, Т. XXX, 1941, СТР. 115-118.

§155　整体热弹性形变. 任意温度分布

在前一定理的下述应用[①] 中, 辅助问题是一个简单问题, 或是本书中已解出的一个问题; 在每一情况下都得出了在设计中有用的简单普遍公式.

[461] 　　　**体积改变**　在考虑有洞或无洞的任意形状的物体时, 辅助状态取为整个

物体表面上的均匀法向载荷 σ'' 所引起的状态. 这里所谓的整个物体表面, 也包括洞面 (如果有洞的话). 于是在物体内的任一点有

$$\sigma_x'' = \sigma_y'' = \sigma_z'' = \sigma'', \quad \Theta'' = 3\sigma''. \tag{a}$$

这辅助状态的力在相应于任意温升[②] $T(x, y, z)$ 的热弹性位移 u、v、w 上的功是 $\sigma''\Delta\tau$, 其中 $\Delta\tau$ 是物体材料的热弹性膨胀. 定理 (268) 现在给出

$$\sigma''\Delta\tau = \int 3\sigma''\alpha T\mathrm{d}\tau, \quad \text{即} \quad \Delta\tau = \int 3\alpha T\mathrm{d}\tau. \tag{b}$$

这表示, 体积的改变就是自由热膨胀. 虽然有热应力及其所引起的弹性形变, 但对应的体积改变却是在某些部分为正, 在某些部分为负, 总起来是零[③].

洞体积的改变   设物体有一个洞. 当发生任意温升 $T(x, y, z)$ 时, 洞所包含的体积增大了 $\Delta\tau_c$. 如果已知洞内受有均匀内压力时的辅助问题的解答, 就可以确定 $\Delta\tau_c$: 设内压力 p_i'' 单独作用时引起的应力使得

$$\Theta'' = p_i''S, \tag{c}$$

则定理 (268) 给出

$$p_i''\Delta\tau_c = \int p_i''S\alpha T\mathrm{d}\tau, \tag{d}$$

即

$$\Delta\tau_c = \int S\alpha T\mathrm{d}\tau.$$

以空心圆球为例. 内压力作用时的解答 (§136) 给出三个主应力之和为

$$\Theta'' = \sigma_R'' + 2\sigma_t'' = p_i''\frac{3a^3}{b^3 - a^3}. \tag{e}$$

与 (c) 对比, 就得到这一情况下的 S, 于是式 (d) 成为

$$\Delta\tau_c = \frac{a^3}{b^3 - a^3}\int_{R=a}^{R=b} 3\alpha T\mathrm{d}\tau. \tag{f}$$

式中的积分就是球体材料的总的自由热膨胀体积. 当外半径 b 为无限大时, 只要这一积分保持为有限大, 洞的体积就根本没有什么改变.   [462]

杆的伸长   对于任何一根均匀截面的杆, 把辅助状态取为简单拉伸, 其应力为

$$\sigma_x'' = \sigma, \quad \sigma_y'' = \sigma_z'' = 0, \quad \text{从而} \quad \Theta'' = \sigma,$$

即可决定任意温升 $T(x, y, z)$ 引起的平均伸长. 用 ΔL 代表平行于杆轴的各直线的伸长在整个截面积 A 上的平均值, 则定理 (268) 给出

$$\Delta L = \frac{1}{A}\int \alpha T\mathrm{d}\tau. \tag{g}$$

一般说来, 杆除了伸长以外还有其他的形变.

杆的弯曲转动　把杆的纯弯曲 (§102) 取为辅助状态, 可得杆的一端相对于另一端的热弹性弯曲转动 ω 的平均值. 于是, 用 xz 面内的弯矩 M'' 代替图 145 中的 M, 得到

$$\sigma''_z = \frac{M''_x}{I_y}, \quad \sigma''_x = \sigma''_y = 0, \quad \text{从而} \quad \Theta'' = \frac{M''x}{I_y}.$$

公式 (268) 提示我们引用 ω, 并把该公式左边所示的功写成 $M''\omega$. 于是, 删去 M'' 以后, 得到

$$\omega = \frac{1}{I_y} \int \alpha T x \mathrm{d}\tau. \tag{h}$$

悬臂梁的挠度　把 §120 中的圣维南悬臂梁弯曲问题取为辅助问题, 用 p'' 代替 p, 得到

$$\sigma''_z = -p''(l-z)\frac{x}{I}, \quad \sigma_x = \sigma_y = 0, \quad \text{从而} \quad \Theta'' = \sigma''_z.$$

公式 (268) 的左边将包括载荷端 $z = l$ (图 190) 的力 P 和固定端 $z = 0$ 的反力在 T 所引起的热弹性位移上的功. 悬臂梁的固定, 可以通过 $z = 0$ 处一个单元的位置和方向的固定来实现. 于是, 如果杆很细, 这一端的位移就可以当作很小, 因而可以不计. 在受载端 $z = l$, 则引用 x 方向的某一平均挠度 δ, 而把公式 (268) 左边的功表示为 $P\delta$. 于是有

$$\delta = -\frac{1}{I} \int \alpha T x(l-z) \mathrm{d}\tau. \tag{i}$$

[463]　　　**杆的扭转转动**　把 §104 中的圣维南扭转问题取为辅助问题应力分量 σ''_x、σ''_y、σ''_z 都是零, 因而 Θ'' 也是零. 于是 (268) 的右边也是零. 因此, 按照这里暗含的平均意义, 杆的一端相对于另一端的热弹性扭转转动也就是零.

当一根非均匀圆截面杆受扭转时 (见 §119 中的密切尔理论), 正应力 σ''_r、σ''_θ、σ''_z 是零 [参阅 §119 中的方程 (a)], 因此, 两端的相对扭转转动也就是零.

注:

①　摘自 J. N. Goodier 的论文, 见 §154 的注 ①.

②　温升是从取为零的一个均匀温度状态起算的.

③　看来, 这个简单结果到 1954 年才被发现. 它曾由 W. Nowacki 和 M. Hieke 就非各向同性体分别独立地给出. 关于前者, 见 *Arch. Mech. Stos.*, vol. 6, p. 487, 1954; 关于后者, 见 *Z. Angew. Math. Mech.*, vol. 35, pp. 285-294, 1955. 这个结果更普遍地适用于线性弹性体中的任何初应力, 不论是否由于非均匀加热, 见 §158.

§156   热弹性位移. 马依泽尔积分方程

如果对于作用在一点的集中力所引起的应力有了解答, 我们就有了可用的辅助问题, 从而求得该点的热弹性位移. 图 230 所示的弹性体, 受有某种一定方式的支承 (因而可以有一定的位移), 在 A 点受有 x 方向的力 P_x''. 这就意味着该点被认为是一个小球洞的中心, 像 §135 中那样. 这个辅助问题给出 Θ'', 作为一个位置函数. 它将与 P_x'' 成比例, 可以写成

$$\Theta'' = P_x'' \Theta_{1x}'', \tag{a}$$

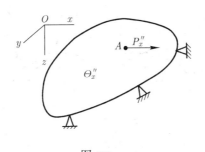

图 230

其中 Θ_{1x}'' 对应于单位值的 P_x''.

方程 (268) 的左边将包括 P_x'' 在 A 点的热弹性位移 u 上的功, 加上支承反力在该支承处的热弹性位移上的功. 但我们现在要求这个支承反力的功为零 (例如, 支承点可能是完全固定的). 于是方程 (268) 立即给出

$$u = \int \Theta_{1x}'' \alpha T \mathrm{d}\tau. \tag{b}$$

这样就能把 u 作为对整个物体所取的这个体积分而求得. 可以看出, 采用以 A 为原点的球面坐标, Θ_{1x}'' 在 A 点的奇异性就不会造成困难. 同样, 依次用 y 和 z 来代替 (a) 中的下标 x, 以分别对应于 y 方向的 P_y'' 和 z 方向的 P_z'', 即得[①]

$$v = \int \Theta_{1y}'' \alpha T \mathrm{d}\tau, \quad w = \int \Theta_{1z}'' \alpha T \mathrm{d}\tau. \tag{c}$$

显然, A 点也可以取在物体的表面上. 这时, 在辅助问题中, 小球洞必须代以小的半球面 (像 §138 的问题中那样) 或其他开口形的曲面.

上面 (b) 和 (c) 所示的解答有着很广泛的应用[①], 因为有很多关于集中力的辅助问题的解答可用. 关于细梁、曲杆、圆环、薄板、薄壳的近似解答, 也

[464]

可以用于 (b) 和 (c), 由此得出温度任意分布时的热弹性成果[②]. 曾经广泛采用的、关于薄板和薄壳中温度沿厚度线性变化的假定, 成为不必要的.

作为例子, 我们来考虑一个 $z \geqslant 0$ 的半无限大物体在平面边界 $z = 0$ 处的法向位移分量. 假定温升 $T(x, y, z)$ 是 x 的偶函数, 也就是对称于 yz 面, 但在其他方面是一般性的.

对于图 231a 中的热弹性问题, 取辅助问题如图 231b 所示, 可以计算 xy 面内的任一边界点 A 相对于原点处一点的位移. 把原点处的力 P'' 当作 §138 和图 207 中的力 P. 柱面坐标中的应力分量由方程 (211) 给出, 由此得

$$(\Theta_{1z}'')_0 = \sigma_r'' + \sigma_\theta'' + \sigma_z'' = -\frac{1}{\pi}(1+\nu)P''\frac{z}{R^3}, \tag{d}$$

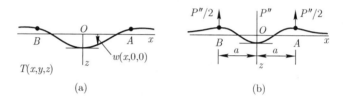

图 231

[465] 其中

$$R = (x^2 + y^2 + z^2)^{1/2}. \tag{e}$$

同样, 两个向上的力 $P/2$ (图 231b) 将引起应力

$$(\Theta_{1z}'')_{AB} = \frac{1}{\pi}(1+\nu)\frac{1}{2}P''z\left(\frac{1}{R_A^3} + \frac{1}{R_B^3}\right), \tag{f}$$

其中

$$R_A = [(x-a)^2 + y^2 + z^2]^{1/2}, \tag{g}$$
$$R_B = [(x+a)^2 + y^2 + z^2]^{1/2}.$$

于是, 对于图 231b 所示的整个辅助问题, 我们有

$$\Theta_{1z}'' = -\frac{1}{\pi}(1+\nu)\frac{1}{2}P''z\left(\frac{2}{R^3} - \frac{1}{R_A^3} - \frac{1}{R_B^3}\right). \tag{h}$$

用 w_0 代表 0 点处的法向位移, w_A 代表 A 点和 B 点处的法向位移, 则公式 (268) 给出

$$P''w_0 - 2\left(\frac{1}{2}\right)P''w_A = -\frac{1}{2\pi}(1+\nu)P''\int z\left(\frac{2}{R^3} - \frac{1}{R_A^3} - \frac{1}{R_B^3}\right)\alpha T\mathrm{d}\tau,$$

或

$$w_A - w_0 = \frac{1}{\pi}(1+\nu)\int\left(\frac{1}{R^3} - \frac{1}{R_A^3}\right)\alpha T\mathrm{d}\tau.$$

支承力的功为零, 这个要求对 T 加上了一个条件. 图 231b 中的力 P'' 和两个力 $P''/2$ 引起的应力分量在无穷远处按 R^{-3} 趋近于零. 一个无限大的半圆球上的相应载荷在该处的热弹性位移上所作的功必须也趋近于零. 如果热弹性位移本身趋近于零, 就能保证这一点. 当 T 的非零值局限于平面边界附近的有限大体积时, 用 §153 中所述的阻止应变法, 连带应用圣维南原理, 可以证明上述热弹性位移是趋近于零的.

对于半无限大物体的内点, 在明德林的论文中有可用的辅助解答, 见 §138 的注①. 对于无限大物体的内点, 则有 §135 中的解答可用. 这个问题中的热弹性位移将在 §162 中用另一方法求出.

第四章中给出的关于半无限区域上的集中力 (§36)、楔形体 (§38)、圆形区域 (§41) 和无限大区域 (§42) 的二维解答, 也是有用的辅助解答, 由此可以直接导出一些热弹性位移的公式.

把 §154 中的热弹性互等定理与正弦载荷 (不是集中载荷) 的傅里叶方法相结合, 用起来也是有效的. 在注释② 提到的报告和论文中给出了一些例子.

注:

① Майзель, 见 §154 的注 ①.

② J. N. Goodier 和 G. E. Nevill, Jr., 曾给出几个实例, 见他们向 Office of Naval Research 所作的报告 "Applications of a Reciprocal Theorem of Linear Thermoelasticity", 1961; 又见 C. E. Nevill, Jr. 的博士论文, Division of Engineering Mechanics, Stanford University, 1961.

习题

[466]

1. 设图 42 所示的曲杆有了温升 $T(r,\theta)$. 试在平面应力的假定下为一端对于另一端的平均热弹性转动导出积分公式.

这里所谓的 "平均", 以及 §155 方程 (h) 中的 w, 它们的精确意义是什么?

2. 对于如图 75 中的平面应力状态下的圆盘, 为了求出由温升 $T(x,y)$ 引起的直径的缩短, 试写出计算的步骤.

3. 在图 231 所示的问题中, 设温度分布 T 在 $R < b$ 的半球形区域之内为均匀温度 T_0 而在该区域之外为零, 试详细证明, 热弹性位移在无穷远处趋近于零.

§157 初应力

在 §153 中所述的阻止应变法可应用于更一般的初应力问题. 假想一物体被分割成微小单元体, 并假定每一单元体由于金相转变而发生一定的永久塑

性形变或形状改变. 命决定这形变的应变分量为

$$\epsilon'_x, \quad \epsilon'_y, \quad \epsilon'_z, \quad \gamma'_{xy}, \quad \gamma'_{xz}, \quad \gamma'_{yz}. \tag{a}$$

假定这些应变分量都很小, 并可表示为坐标的连续函数. 如果各应变分量也能满足相容条件 (125), 则由该物体分割而成的单元体在发生永久应变 (a) 之后仍可互相吻合, 而不致发生初应力.

现在来考察一般的情形. 设应变分量 (a) 不满足相容条件, 以致由该物体分割而成的单元体在发生永久应变之后不能互相吻合, 而为了使它们满足相容方程, 就必须加力于各单元体的表面. 假定永久应变 (a) 发生之后, 材料仍然是完全弹性的. 应用胡克定律, 由方程 (11) 和 (6) 可知, 对每一单元体施以如下的面力, 可以消除永久应变 (a):

$$\sigma'_x = -(\lambda e' + 2G\epsilon'_x), \quad \cdots, \quad \tau'_{xy} = -G\gamma'_{xy}, \quad \cdots, \tag{b}$$

其中

$$e' = \epsilon'_x + \epsilon'_y + \epsilon'_z.$$

为了引起面力 (b), 可对各微小单元体所形成的物体施以某种体力和面力. 这些力必须满足平衡方程 (123) 和边界条件 (124). 将应力分量 (b) 代入这两组方程, 可知必需的体力是

$$X = \frac{\partial}{\partial x}(\lambda e' + 2G\epsilon'_x) + \frac{\partial}{\partial y}(G\gamma'_{xy}) + \frac{\partial}{\partial z}(G\gamma'_{xz}),$$
$$\cdots\cdots\cdots\cdots, \tag{c}$$

而必需的面力是

$$\overline{X} = -(\lambda e' + 2G\epsilon'_x)l - G\gamma'_{xy}m - G\gamma'_{xz}n,$$
$$\cdots\cdots\cdots\cdots. \tag{d}$$

[467]　施加了体力 (c) 和面力 (d), 就消除了永久应变 (a), 各单元体就互相吻合而形成连续体. 现在, 假定由该物体分割而成的单元体已重新结合, 并去掉力 (c) 和 (d). 显然可见, 将应力 (b) 与弹性体内由体力

$$X = -\frac{\partial}{\partial x}(\lambda e' + 2G\epsilon'_x) - \frac{\partial}{\partial y}(G\gamma'_{xy}) - \frac{\partial}{\partial z}(G\gamma'_{xz}),$$
$$\cdots\cdots\cdots\cdots \tag{e}$$

和面力

$$\overline{X} = (\lambda e' + 2G\epsilon'_x)l + G\gamma'_{xy}m + G\gamma'_{xz}n,$$
$$\cdots\cdots\cdots\cdots \tag{f}$$

所引起的应力相叠加, 就得到初应力. 于是, 确定初应力的问题归结为求解弹性理论的一般方程; 只要永久应变 (a) 是已知的, 这些方程中假想的体力和面力的大小就是完全确定的.

在 $\epsilon'_x = \epsilon'_y = \epsilon'_z = \alpha T$ 和 $\gamma'_{xy} = \gamma'_{xz} = \gamma'_{yz} = 0$ 的特殊情况下, 上面的方程与前面计算热应力时所得的方程一致.

现在来考察相反的问题: 设初应力是已知的, 试求引起这种应力的永久应变 (a). 对于玻璃之类的透明材料, 可用光弹性法 (见第五章) 来研究初应力. 对于别种材料, 为了确定初应力, 可将物体分割成微小单元体, 而量测它们的应变 (这应变的发生是将单元体上与未分割的物体的初应力相当的面力去掉的结果). 由前面的讨论可知, 只有当应变分量 (a) 不满足相容方程时, 初应变才引起初应力; 否则, 虽然有初应变, 却并不引起初应力. 因此, 初应力不足以确定应变分量 (a). 如果已得出关于这些应变分量的解答, 那么, 任何一组能满足相容方程的永久应变都可以叠加于这解答而不影响初应力[①].

初应力使玻璃发生双折射性质, 造成光学仪器制造上的极大困难. 通常都是使玻璃韧化以消减这种应力. 玻璃在高温下的弹性极限很低, 因而在初应力作用下屈服. 如果给以充分时间, 材料在高温下的屈服就将大大地消减初应力. 对于各种金属铸件和锻件, 韧化也有相似的效果.

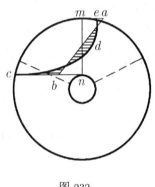

图 232

将大物体分割成小块, 可以去掉沿分割面的初应力, 并减小由于初应力而有的应变能, 但最大初应力并不一定因此而减小. 例如, 假定圆环 (图 232) 具有对称于中心的初应力, 而初应力分量 σ'_θ 依直线律 (图中的 ab) 沿截面 mn 变化. 将圆环沿半径割开, 如图中虚线所示, 就消除了沿分割面的应力 σ'_θ. 这就等于在环的每一部分的两端施以两个相等而相反的力偶, 引起纯弯曲. 由弯曲所引起的应力 σ_θ 沿 mn 的分布近于双曲线 (见 §29), 如曲线 cde 所示. 在割开之后, 沿 mn 的剩余应力是 $\sigma_\theta + \sigma'_\theta$, 如图中阴影面积所示. 如果环的内半径很小, 在内边界处将有高度的应力集中, 割开后的最大初应力 (在图 232 中用 bc 代表) 可能比割开前的最大初应力还大. 这一推理或相似的推理说明玻璃何以在割开之后有时会破裂[②].

[468]

注:

① 永久应变 (a) 不能由初应力完全确定, 这一事实在 H. Reissner 的论文中曾详细讨论过, 见 *Z. Angew. Math. Mech.*, vol. 11, p. 1, 1931.

② M. V. Laue 曾在他的论文中举例讨论过圆板的割出部分中的初应力, 见 *Z.*

Tech. Physik, vol. 11, p. 385, 1930. 在 N. Dawidenkow 的论文中曾讨论过各种计算冷拉管中初应力的方法, 见 *Z. Metallkunde*, vol. 24, p. 25, 1932.

§158　与初应力相关连的总体积改变

前一节中的分析表明, 当物体的每一单元中实现 (不一定相容的) 应变分量 (a) 时, 该物体中实际发生的位移 u、v、w 是和普通弹性体受到体力 (e) 及面力 (f) 时所发生的相同. 但是, 假定在应变 (a) 实现以后, 各单元中按照胡克定律发生相应的应力, 则可由平衡条件推出此项形变的某些整体性质. 例如, 设物体中有初应力 $\sigma_x, \cdots$、τ_{xy}、$\cdots$, 而整个物体并不受有载荷或约束 (图 233). 对于平行于 yz 面的任一截面 AA 右边的部分, 平衡条件要求

$$\iint \sigma_x \mathrm{d}y \mathrm{d}z = 0. \tag{a}$$

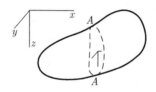

图 233

对各个薄片 $\mathrm{d}x$ 进行积分, 得出

$$\int \sigma_x \mathrm{d}\tau = 0. \tag{b}$$

[469]　同样, 每一个其他应力分量的体积分也必然是零, 从而有

$$\int (\sigma_x + \sigma_y + \sigma_z) \mathrm{d}\tau = 0. \tag{c}$$

于是由胡克定律关系式可见, 相应于这些应力分量所引起的应变, 总的体积改变也是零. 因此, 实际的总体积改变, 只是由 §157 中的非相容应变分量 (a) 施于各个单元体而引起的.

于是, 对于简单的热膨胀, 总体积改变为

$$\Delta\tau = \int 3\alpha T \mathrm{d}\tau,$$

如 §155 中的方程 (b) 所已经证明的.

回到方程 (b) 及其伴随的方程, 显然可见, 应力分量的任一线性函数在整个物体中的体积分一定是零. 这时, 应力分量与应变分量之间的任何线性关系, 都能保证任一应变分量的体积分也是零. 特别是, 应力所引起的总体积改变是零. 这并不要求材料是各向同性的.

由截面 AA (图 233) 上的力矩的平衡条件, 显然可以得出更多的关系式.

§159　平面应变和平面应力. 阻止应变法

在长的柱体或棱柱体内, 当温度虽然在截面上变化但不沿柱或棱柱的轴向 (z 轴) 变化时, 将发生平面应变. 这时, T 与 z 无关.

仍然从不引起应变的应力 [§153 中的 (g)] 开始. 现在, 在必须施加的体力 (h) 中, $Z = 0$; 而压力 (f) 仍必须施加于整个表面, 包括两端在内.

假想将各单元体结合起来, 去掉体力, 并只去掉在曲面上的表面压力, 而保持轴向应变 ϵ_z 为零. 将这些力去掉后的影响, 可从下述问题的解答得到: 对物体施加体力

$$X = -\frac{\alpha E}{1-2\nu}\frac{\partial T}{\partial x}, \quad Y = -\frac{\alpha E}{1-2\nu}\frac{\partial T}{\partial y}, \tag{a}$$

并只在曲面上施加拉应力

$$\frac{\alpha E T}{1-2\nu}, \tag{b}$$

而这是平面应变 ($\epsilon_z = 0$) 的问题. 这个问题与 §17 末尾所考察的问题是同一类型, 只是由于平面应力换为平面应变, 方程 (32) 中的 ν 须用 $\nu/(1-\nu)$ 代替. 于是, 代替方程 (31) 和 (32) 的将是

$$\sigma_x - \frac{\alpha E T}{1-2\nu} = \frac{\partial^2\phi}{\partial y^2}, \quad \sigma_y - \frac{\alpha E T}{1-2\nu} = \frac{\partial^2\phi}{\partial x^2}, \quad \tau_{xy} = -\frac{\partial^2\phi}{\partial x\partial y}, \tag{c}$$

和

$$\frac{\partial^4\phi}{\partial x^4} + 2\frac{\partial^4\phi}{\partial x^2\partial y^2} + \frac{\partial^4\phi}{\partial y^4} = -\frac{\alpha E}{1-\nu}\left(\frac{\partial^2 T}{\partial x^2} + \frac{\partial^2 T}{\partial y^2}\right). \tag{d}$$

所需的应力函数必须满足方程 (d) 并给出法向边界拉力 (b). 有了应力函数, 即可由方程 (c) 算出应力. 在这些应力上还须叠加以 §153 中的应力 (g).

轴向应力 σ_z 将包含 §153 的式 (g) 中的一项和由式 (c) 得来的 $\nu(\sigma_x + \sigma_y)$. 至于在两端的轴向合力和弯矩, 可叠加简单拉伸和弯曲而将其消除. [470]

当温度不沿薄板厚度变化时, 在薄板内将发生平面应力. 取板的中面为 xy 面, 可假定 $\sigma_z = \tau_{xz} = \tau_{yz} = 0$, 并认为每一单元体可在 z 方向自由膨胀. 为了保证各单元体的结合, 只须阻止 x 方向和 y 方向的膨胀. 于是要求

$$\sigma_x = \sigma_y = -\frac{\alpha E T}{1-\nu}, \quad \tau_{xy} = 0. \tag{e}$$

将这些应力代入平衡方程 (18). 求得所需的体力是

$$X = \frac{\alpha E}{1 - \nu} \frac{\partial T}{\partial x}, \quad Y = \frac{\alpha E}{1 - \nu} \frac{\partial T}{\partial y}, \tag{f}$$

此外并须在板边施加法向压力 $\alpha E T / (1 - \nu)$.

去掉这些力, 可以断定, 热应力包含 (e) 以及由体力

$$X = -\frac{\alpha E}{1 - \nu} \frac{\partial T}{\partial x}, \quad Y = -\frac{\alpha E}{1 - \nu} \frac{\partial T}{\partial y}, \tag{g}$$

和沿边缘施加的法向拉力 $\alpha E T / (1 - \nu)$ 所引起的平面应力. 确定这平面应力的问题, 仍然是与 §17 中所考察的问题属于同一类型, 只须在方程 (31) 和 (32) 中令

$$V = \frac{\alpha E T}{1 - \nu},$$

这是与体力 (g) 相对应的势.

§160 有关定常热流的二维问题

在平行于 xy 面的定常热流的情况下, 例如在薄板或长柱体中温度不沿轴向 (z 方向) 变化的情况下, 温度 T 将满足方程

$$\frac{\partial^2 T}{\partial x^2} + \frac{\partial^2 T}{\partial y^2} = 0. \tag{a}$$

试考察处于平面应变状态中的柱体 (不一定是圆的), 其中 $\epsilon_z = \gamma_{xz} = \gamma_{yz} = 0$. 用直角坐标表示的应力–应变关系, 是与 §151 中关于平面应变情形的方程 (a) 和 (b) 相似的. 对应于方程 (b), 有

$$\epsilon_x - (1 + \nu)\alpha T = \frac{1 - \nu^2}{E} \left(\sigma_x - \frac{\nu}{1 - \nu} \sigma_y \right), \\ \epsilon_y - (1 + \nu)\alpha T = \frac{1 - \nu^2}{E} \left(\sigma_y - \frac{\nu}{1 - \nu} \sigma_x \right). \tag{b}$$

[471]   现在要问, σ_x、σ_y 和 τ_{xy} 是否可能成为零. 在方程 (b) 中令 $\sigma_x = \sigma_y = 0$, 得

$$\epsilon_x = (1 + \nu)\alpha T, \quad \epsilon_y = (1 + \nu)\alpha T, \tag{c}$$

而 $\gamma_{xy} = 0$ 是当然的.

这样的应变分量, 只有当它们满足相容条件 (125) 时, 才是可能的. 由于 $\epsilon_z = 0$, 而且其他应变分量与 z 无关, 相容条件中除第一个条件外都已满足. 第一个条件简化为

$$\frac{\partial^2 \epsilon_x}{\partial y^2} + \frac{\partial^2 \epsilon_y}{\partial x^2} = 0.$$

但是, 根据方程 (c) 和 (a), 这一方程也被满足. 由此可知, 在定常热流的情况下, 取

$$\sigma_x = \sigma_y = \tau_{xy} = 0, \quad \sigma_z = -\alpha ET, \tag{d}$$

则平衡方程、曲面上不受力的边界条件以及相容方程全都满足.

对于实心柱体, 上述的一些方程和条件是充分的, 因而可以断定, 在二维热传导的定常状态下, 除了维持平面应变条件 $\epsilon_z = 0$ 所必需的轴向应力 σ_z 如方程 (d) 所示外, 没有其他热应力. 对于两端不受约束的长柱, 可将简单拉伸或压缩与纯弯曲叠加, 使两端由于 σ_z 而有的合力和合力偶成为零, 从而求得近似解答; 除了邻近两端之处外, 这近似解答都是正确的.

但是, 对于空心柱体, 却不能断定方程 (d) 是平面应变问题的解. 必须考察相应的位移. 很可能这位移是不连续的, 如在 §31 和 §34 中讨论过的那样.

例如, 假定这柱体是一根管子, 并在管子上切开一条纵缝, 如图 234b 所示. 如果里边比外边热, 管子将有展平的趋势, 因而纵缝将张开. 在纵缝的两个面之间将有不连续的位移. 于是位移必须用 θ 的不连续函数来表示. 截面是实心的, 就是说, 是单连的, 因而方程 (d) 正确给出平面应变情况下的应力. 但是, 管子本来并没有纵缝 (图 234a), 位移不连续是不可能的. 这表示, 假定的温度分布实际上将引起应力分量 σ_x、σ_y、τ_{xy}, 它们代表将纵缝的两个分离的面拉拢并结合在一起时引起的应力. 应力分量 σ_z 也将受这一措施的影响.

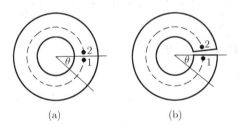

(a)   (b)

图 234

为了进一步研究这问题, 将方程 (c) 写成   [472]

$$\frac{\partial u}{\partial x} = \epsilon', \quad \frac{\partial v}{\partial y} = \epsilon', \tag{e}$$

其中 $\epsilon' = (1+\nu)\alpha T$. 由于 $\gamma_{xy} = 0$, 可以写出

$$\frac{\partial v}{\partial x} + \frac{\partial u}{\partial y} = 0. \tag{f}$$

和

$$\frac{\partial v}{\partial x} - \frac{\partial u}{\partial y} = 2\omega_z, \tag{g}$$

而 w_z 是转动分量 (见 §83). 由方程 (f) 和 (g) 有

$$\frac{\partial u}{\partial y} = -\omega_z, \quad \frac{\partial v}{\partial x} = \omega_z, \tag{h}$$

这两个方程和 (e) 给出

$$\frac{\partial \epsilon'}{\partial x} = \frac{\partial \omega_z}{\partial y}, \quad \frac{\partial \epsilon'}{\partial y} = -\frac{\partial \omega_z}{\partial x}. \tag{i}$$

方程 (i) 就是在 §55 中讨论过的柯西－雷曼方程. 它们表明 $\epsilon' + \mathrm{i}\omega_z$ 是复变数 $x + \mathrm{i}y$ 的解析函数. 用 Z 代表这函数, 就有

$$Z = \epsilon' + \mathrm{i}\omega_z. \tag{j}$$

设 u_1、v_1、u_2、v_2 是 u 和 v 在圆管截面内 1、2 两点的值, $u_2 - u_1$ 和 $v_2 - v_1$ 就可以表示成为

$$u_2 - u_1 = \int_1^2 \left(\frac{\partial u}{\partial x} \mathrm{d}x + \frac{\partial u}{\partial y} \mathrm{d}y \right), \quad v_2 - v_1 = \int_1^2 \left(\frac{\partial v}{\partial x} \mathrm{d}x + \frac{\partial v}{\partial y} \mathrm{d}y \right),$$

其中的积分是沿着连接 1、2 两点并且全部在截面内的曲线而求的. 以 i 乘第二式, 再与第一式相加, 得

$$u_2 - u_1 + \mathrm{i}(v_2 - v_1) = \int_1^2 \left[\frac{\partial u}{\partial x} \mathrm{d}x + \frac{\partial u}{\partial y} \mathrm{d}y + \mathrm{i} \left(\frac{\partial v}{\partial x} \mathrm{d}x + \frac{\partial v}{\partial y} \mathrm{d}y \right) \right]. \tag{k}$$

由 (e) 和 (h) 容易证明, 右边的积分与 $\int_1^2 (\epsilon' + \mathrm{i}\omega_z)(\mathrm{d}x + \mathrm{i}\mathrm{d}y)$ 或 $\int_1^2 Z \mathrm{d}z$ 相同. 于是方程 (k) 成为

$$u_2 - u_1 + \mathrm{i}(v_2 - v_1) = \int_1^2 Z \mathrm{d}z. \tag{l}$$

[473] 如果沿着截面内的任一闭合线路 (如图 234a 中的虚线圆) 而求的积分是零, 位移就是单值的. 在后面解答圆筒的热应力问题时, 将用到这个结果.

对于转动 ω_z (见 §83), 我们有

$$(\omega_z)_2 - (\omega_z)_1 = \int_1^2 \left(\frac{\partial \omega_z}{\partial x} \mathrm{d}x + \frac{\partial \omega_z}{\partial y} \mathrm{d}y \right).$$

利用方程 (i), 它就成为

$$(\omega_z)_2 - (\omega_z)_1 = \int_1^2 \left(-\frac{\partial \epsilon'}{\partial y} \mathrm{d}x + \frac{\partial \epsilon'}{\partial x} \mathrm{d}y \right).$$

因为 ϵ' 与 T 成比例, 所以这个积分与单位时间内在单位轴向距离内流过连接 1、2 两点的曲线的热量成比例. 如果曲线是闭合的, $(\omega_z)_2 - (\omega_z)_1$ 必须是零, 因

而流过曲线的总热量也必须是零①. 如果管子有由内向外或由外向内的热流, 这条件就不满足, 因而方程 (d) 不能正确给出应力.

但是, 如果管子是裂开的, 例如因加热而使裂缝张开, 如图 234b 所示, 那么, 在点 2 的位移或转动就可以与在点 1 的不同. 这时, 方程 (d) 所给出的简单应力状态就是正确的. 为了得到管子没有割开时的应力状态, 必须叠加以由于使裂缝闭合而引起的应力. 这种位错应力② 的确定, 属于图 45 和图 48 所示的一类问题.

试以外半径为 b 并有半径为 a 的同心圆孔的圆柱为例. 设在内表面上的温度 T_i 是均匀的, 而在外表面上的温度是零, 在任一半径 r 处的温度 T 将由 §151 中的方程 (n) 决定, 可以写作

$$T = -A\ln b + A\ln r, \tag{m}$$

其中

$$A = -\frac{T_i}{\ln(b/a)}. \tag{n}$$

方程 (m) 中的常数项 $-A\ln b$ 可以略去, 因为均匀的温度改变并不引起热应力. 于是, 由于 $\ln z = \ln r + \mathrm{i}\theta$, 有

$$Z = \epsilon' + \mathrm{i}\omega_z = (1+\nu)\alpha T + \mathrm{i}\omega_z$$
$$= (1+\nu)\alpha A\ln r + \mathrm{i}\omega_z = (1+\nu)\alpha A\ln z.$$

将 $(1+\nu)\alpha A$ 写作 B, 由方程 (l) 得

$$u_2 - u_1 + \mathrm{i}(v_2 - v_1) = B\int_1^2 \ln z\,\mathrm{d}z = B[z(\ln z - 1)]_1^2. \tag{o}$$

这个方程对于在 1、2 两点之间并全部在截面内的任一曲线都适用. 当温度如方程 (m) 所示而应力如方程 (d) 所示时, 方程 (o) 就给出两点的相对位移. [474]

将这方程应用于半径为 r 的、从点 1 开始 (图 234) 绕孔一周而终止于点 2 的圆形路线, 因为 $\theta_1 = 0, \theta_2 = 2\pi$, 于是有

$$[z(\ln z - 1)]_1^2 = r\mathrm{e}^{\mathrm{i}2\pi}(\ln r + \mathrm{i}2\pi) - r\mathrm{e}^{\mathrm{i}\cdot 0}(\ln r + \mathrm{i}\cdot 0) = \mathrm{i}2\pi r.$$

代入方程 (o), 得

$$u_2 - u_1 = 0, \quad v_2 - v_1 = B2\pi r. \tag{p}$$

相对位移不是零, 因此, 必须认为空心圆柱具有纵缝, 使得点 2 可能以铅直位移 $2\pi rB$ 离开点 1 (图 234b). 纵缝上边的一个面相对于下边一个面的运动相

当于绕圆柱中心沿顺时针方向转动 $2\pi B$. 但是, 当 T_i 是正值时, B 是负值, 这表示纵缝张开, 成一个中心角 $-2\pi B$. 使这纵缝密合的问题, 在 §31 末尾曾就平面应力情况加以解答. 按照 §151 所述的代换, 可将这解答变换为平面应变情况下的解答. 将这样得到的应力分量与方程 (d) 所示的轴向应力 $\sigma_z = -\alpha E T$ 相结合而消除了轴向力以后, 结果与方程 (257) 相同.

内外两边温度沿边界圆的变化, 可用傅里叶级数表示成为

$$
\begin{aligned}
T_i &= A_0 + A_1 \cos\theta + A_2 \cos 2\theta + \cdots + B_1 \sin\theta + B_2 \sin 2\theta + \cdots, \\
T_0 &= A_0' + A_1' \cos\theta + A_2' \cos 2\theta + \cdots + B_1' \sin\theta + B_2' \sin 2\theta + \cdots.
\end{aligned}
\tag{q}
$$

由其中各项引起的热应力, 可以逐项分别考虑. 由均匀温度项 A_0、A_0' 引起的应力已经包括在上面讨论的情况里, 只须令 $T_i = A_0 - A_0'$. 对应于 $\cos\theta$、$\sin\theta$、$\cos 2\theta$、$\sin 2\theta$ 等项, 函数 Z 将有与

$$
z, \quad z^{-1}, \quad z^2, \quad z^{-2}, \quad \cdots
\tag{r}
$$

成比例的项. 现在, 沿半径为 r 的整圆的积分 $\int z^n \mathrm{d}z$, 除开 $n = -1$ 外, 都将是零, 因为

$$
\begin{aligned}
\int z^n \mathrm{d}z &= \int r^n \mathrm{e}^{in\theta} r\mathrm{e}^{i\theta} i\mathrm{d}\theta = i r^{n+1} \int_0^{2\pi} \mathrm{e}^{i(n+1)\theta} \mathrm{d}\theta \\
&= i r^{n+1} \int_0^{2\pi} [\cos(n+1)\theta + i\sin(n+1)\theta] \mathrm{d}\theta.
\end{aligned}
$$

显然, 除开 $n + 1 = 0$ 以外, 这积分都是零. 当 $n + 1 = 0$ 时, 有

$$
\int \frac{\mathrm{d}z}{z} = 2\pi i.
\tag{s}
$$

因此, 在 (r) 的各项中, 只有 z^{-1} 一项能使方程 (l) 右边的积分不为零. 于是可知, 温度级数 (q) 中的 $\cos 2\theta$、$\sin 2\theta$ 以及更高谐波的各项不致使管子的纵缝的两个面发生相对位移. 对应于这些项的、从里向外的净热流是零, 因而它们只引起如方程 (d) 所示的应力.

在 (q) 的各项中, 只有 $\cos\theta$ 项和 $\sin\theta$ 项使 Z 中有 z^{-1} 项. 只须考察 $\cos\theta$ 就够了, 因为 $\sin\theta$ 项的影响可以用改变极轴 $\theta = 0$ 的办法由 $\cos\theta$ 项导出. 于是我们就只考察

$$
T_i = A_1 \cos\theta, \quad T_0 = A_1' \cos\theta.
\tag{t}
$$

对应于这两个边界值的定常温度分布的问题, 可以这样来求解: 取温度 T 为函数

$$
\frac{C_1}{z} + C_2 z
\tag{u}
$$

的实部, 并求出 C_1 和 C_2 的值, 使条件 (t) 能被满足. 这些值是　　　　　　[475]

$$C_1 = \frac{a^2 b^2}{b^2 - a^2}\left(\frac{A_1}{a} - \frac{A_1'}{b}\right), \quad C_2 = \frac{A_1' b - A_1 a}{b^2 - a^2}. \tag{v}$$

式 (u) 中的 C_1/z 一项对应于函数 Z 中的

$$(1 + \nu)\alpha\frac{C_1}{z}.$$

代入方程 (l), 并利用 (s), 求得不连续的位移是

$$u_2 - u_1 + \mathrm{i}(v_2 - v_1) = \mathrm{i}2\pi(1 + \nu)\alpha C_1,$$

因而

$$u_2 - u_1 = 0, \quad v_2 - v_1 = 2\pi(1 + \nu)\alpha C_1.$$

这就表示, 图 234 中纵缝的上边一个面向下移动 $2\pi(1 + \nu)\alpha C_1$, 进到下边一个面以下的材料所占据的空间. 这当然是不可能的, 它必然被两个面之间足以产生相反位移的力所阻止. 由这相反位移引起的应力, 可用 §43 末尾所述的方法来确定; 当然, 目前的情形是平面应变状态. 于是, 对于平面应变 ($\epsilon_z = 0$), 我们得到

$$\sigma_r = \kappa\cos\theta r\left(1 - \frac{a^2}{r^2}\right)\left(\frac{b^2}{r^2} - 1\right).$$

$$\sigma_\theta = \kappa\cos\theta r\left(\frac{a^2 b^2}{r^4} + \frac{a^2 + b^2}{r^2} - 3\right),$$

$$\tau_{r\theta} = \kappa\sin\theta r\left(1 - \frac{a^2}{r^2}\right)\left(\frac{b^2}{r^2} - 1\right),$$

其中

$$\kappa = \frac{\alpha E}{2(1 - \nu)}\left(\frac{A_1}{a} - \frac{A_1'}{b}\right)\frac{a^2 b^2}{b^4 - a^4}.$$

此外, 如 §151 中的式 (a) 所示, 还有

$$\sigma_z = \nu(\sigma_r + \sigma_\theta) - E\alpha T.$$

如果两端是自由的, 还必须考虑由于消除每一端的力和力偶而有的轴向应力.

注:

①　当热流为零时, 仍然可能有 (d) 以外的热应力, 见 §161.

②　定常热流情况下的热应力与位错应力之间的关系是 H. N. Мусхелишвили 建立的, 见 Изв. Электротехн. инст., т. XIII, Пгр., 1916, стр. 23-37; M. A. Biot 也曾独立地建立过, 见 *Phil. Mag.*, ser. 7, vol. 19, p. 540, 1935. 空心圆柱中和具有圆孔的方柱中的热应力, 曾由 E. E. Weibel 用光弹性试验测定, 见 *Proc 5th Intern. Cong. Appl. Mech.*, Cambridge, Mass., 1938, p. 213.

§161　因均匀热流受绝热孔干扰而引起的平面热应力

如果均匀热流被孔、洞或不同材料的包体所干扰, 则热流的改道将引起热应力. 无限大物体中的绝热圆孔问题, 可以作为上一节中分析的应用而得到解决. 对于负 y 方向的、温度梯度的大小为 τ 的、未受干扰的热流, 可以写出 $T = \tau y$. 如果有了孔, 就有

[476]

$$T = \tau \left(r + \frac{a^2}{r^2} \right) \sin \theta.$$

这一次, 考虑的是平面应力而不是平面应变, 要回忆 §151 中的转换规则. 取

$$Z = -\mathrm{i}\alpha\tau \left(z - \frac{a^2}{z^2} \right),$$

其中 a 是孔的半径. 相应于零应力的不连续位移仍然由 §160 中的 (1) 给出, 由此得

$$(u)_{\theta=0} - (u)_{\theta=2\pi} = 2\pi a^2 \alpha\tau,$$

$$(v)_{\theta=0} - (v)_{\theta=2\pi} = 0.$$

用 §34 中讨论过的那种形式的边缘位错来抵消这个位移. 最后的平面应力分量是[1]

$$\sigma_r, \sigma_\theta, \tau_{r\theta} = -\frac{1}{2} E\alpha\tau a \left[\left(\frac{a}{r} - \frac{a^3}{r^3} \right) \sin\theta, \left(\frac{a}{r} + \frac{a^3}{r^3} \right) \sin\theta, - \left(\frac{a}{r} - \frac{a^3}{r^3} \right) \cos\theta \right].$$

在两个极点, $\theta = \pi/2$ 和 $\theta = 3\pi/2$, 应力 σ_θ 达到最大值 $E\alpha\tau a$, 在热极点处为压应力, 在冷极点处为拉应力. 当 $2\tau a = 100°\mathrm{F}$ 时, 钢材中的此项应力约为 $4\,480\mathrm{lbf/in^2}$.

对于其他形状的孔[2], 以及半无限大区域内的圆孔[3], 也有了相应问题的解答. 球形洞的轴对称问题也有了级数形式的解答[4].

注:

[1]　A. L. Florence and J. N. Goodier, *J. Appl. Mech.*, vol. 26, pp. 293-294, 1959.

[2]　A. L. Florence and J. N. Goodier, *J. Appl. Mech.*, vol. 27, pp. 635-639, 1960. 又见 H. Deresiewicz, *J. Appl. Mech.*, vol. 28, pp. 147-149, 1961.

[3]　J. N. Goodier and A. L. Florence, *Quart. J. Mech. Appl. Math.*, vol. 16, pp. 273-282, 1963.

[4]　A. L. Florence and J. N .Goodier, *Proc. 4th U. S. Nat. Congr. Appl. Mech.*, pp. 595-602, 1962.

§162　一般方程的解. 热弹性位移势

可能得到的方程 (264) 的任何特解, 将使热应力问题化为普通的面力问题. 利用方程 (2), 再根据 §153 中的方程 (a) 和 (b), 可以由 u、v、w 的特解得到各应力分量的值. 与非均匀温度共同维持这些应力所必需的面力, 可由方程 (124) 求得. 为了使得边界自由而应力全部是由非均匀温度引起的, 必须将这些面力抵消, 而这是一个普通的表面载荷问题.

求方程 (264) 的特解的一种方法是取

$$u = \frac{\partial \psi}{\partial x}, \quad v = \frac{\partial \psi}{\partial y}, \quad w = \frac{\partial \psi}{\partial z}, \tag{a}$$

其中的 ψ 是 x、y、z 的函数, 如果温度随时间而变, 它还同时是时间 t 的函数. 这样一个函数称为热弹性位移势.

利用方程 (5) 和 (10), 可将方程 (264) 写成 [477]

$$\frac{\partial e}{\partial x} + (1 - 2\nu)\nabla^2 u = 2(1-\nu)\alpha\frac{\partial T}{\partial x}, \tag{b}$$
$$\cdots\cdots\cdots.$$

因为 $e = \dfrac{\partial u}{\partial x} + \dfrac{\partial v}{\partial y} + \dfrac{\partial w}{\partial z}$, 于是由方程 (a) 有 $e = \nabla^2\psi$, 而方程 (b) 成为

$$(1 - \nu)\frac{\partial}{\partial x}\nabla^2\psi = (1+\nu)\alpha\frac{\partial T}{\partial x}, \tag{c}$$
$$\cdots\cdots\cdots.$$

分别以 $\partial/\partial y$ 和 $\partial/\partial z$ 代替 $\partial/\partial x$, 就得到其中第二个和第三个方程. 如果把函数 ψ 取为方程

$$\nabla^2\psi = \frac{1+\nu}{1-\nu}\alpha T \tag{d}$$

的解[①], (c) 中的三个方程显然都能满足.

关于 (d) 型方程的解答, 在势论中有所讨论[②]. 解答可以按照密度为

$$-\frac{(1+\nu)\alpha T}{4\pi(1-\nu)}$$

的分布质量的重力势写出, 也就是写成[③]

$$\psi = -\frac{(1+\nu)\alpha}{4\pi(1-\nu)}\iiint T(\xi,\eta,\zeta)\frac{1}{r'}\mathrm{d}\xi\mathrm{d}\eta\mathrm{d}\zeta, \tag{e}$$

其中 $T(\xi,\eta,\zeta)$ 是体积为 $\mathrm{d}\xi\mathrm{d}\eta\mathrm{d}\zeta$ 的单元体所在的典型点 ξ、η、ζ 的温度, 而 r' 是这一点与点 x、y、z 之间的距离. 设有一无限大实体, 除了某一加热 (或冷

却) 区域外到处温度都是零, 方程 (e) 能给出这一热应力问题的完整解答④. 对于回转椭球形和半无限长圆柱形的这种区域, 在均匀受热的情况下, 解答已经求出⑤. 对于椭球形, 可能发生的最大应力是, $\alpha ET/(1-\nu)$, 并且是在母椭圆的曲率最大的各点而垂直于椭球面. 这个值只是在回转椭球很扁平或很细长这两种极端情形下才发生. 在中间情形下, 最大应力较小. 对于球形区域, 最大值只有这个值的三分之二.

当 T 与 z 无关而且 $w=0$ 时, 就将是平面应变的情形, 这时 ψ 和 u、v 都与 z 无关, 而方程 (d) 成为

$$\frac{\partial^2 \psi}{\partial x^2} + \frac{\partial^2 \psi}{\partial y^2} = \frac{1+\nu}{1-\nu}\alpha T. \tag{f}$$

[478]　这方程的一个特解可以表示成为对数势

$$\psi = \frac{1}{2\pi}\frac{1+\nu}{1-\nu}\alpha \iint T(\xi,\eta)\ln r'\,\mathrm{d}\xi\mathrm{d}\eta, \tag{g}$$

其中

$$r' = [(x-\xi)^2 + (y-\eta)^2]^{\frac{1}{2}}.$$

对于温度 T 不沿厚度变化的薄板, 可以假定为平面应力的情形: $\sigma_z = \tau_{xz} = \tau_{yz} = 0$, 而 u、v、σ_x、σ_y、τ_{xy} 都与 z 无关. 这时应力–应变关系是 [可与 §150 中的方程 (d) 对比]:

$$
\begin{aligned}
\sigma_x &= \frac{E}{1-\nu^2}\left[\frac{\partial u}{\partial x} + \nu\frac{\partial v}{\partial y} - (1+\nu)\alpha T\right], \\
\sigma_y &= \frac{E}{1-\nu^2}\left[\frac{\partial v}{\partial y} + \nu\frac{\partial u}{\partial x} - (1+\nu)\alpha T\right], \\
\tau_{xy} &= \frac{E}{2(1+\nu)}\left(\frac{\partial v}{\partial x} + \frac{\partial u}{\partial y}\right).
\end{aligned}
\tag{h}
$$

将这些表达式代入平衡方程 (18) (体力是零), 就得到

$$\frac{\partial}{\partial x}\left(\frac{\partial u}{\partial x} + \frac{\partial v}{\partial y}\right) + \frac{1-\nu}{1+\nu}\left(\frac{\partial^2 u}{\partial x^2} + \frac{\partial^2 u}{\partial y^2}\right) = 2\alpha\frac{\partial T}{\partial x},$$

$$\cdots\cdots\cdots\cdots. \tag{i}$$

这些方程可被

$$u = \frac{\partial \psi}{\partial x}, \quad v = \frac{\partial \psi}{\partial y} \tag{j}$$

满足, 只要 ψ 是方程

$$\frac{\partial^2 \psi}{\partial x^2} + \frac{\partial^2 \psi}{\partial y^2} = (1+\nu)\alpha T \tag{k}$$

的解. 与方程 (f) 对比, 可见将对数势 (g) 的分母中的因子 $1 - \nu$ 略去, 就可作为 (k) 的特解. 这个特解给出无限大板局部受热时的完整解答 (应力和形变在无穷远处必须趋于零).

作为这类问题的第一个例子, 我们来考察一块无限大板, 除了边长为 $2a$ 和 $2b$ 的矩形区域 $ABCD$ (图 235) 具有均匀温度 T 以外, 板的温度是零[6]. 所需的对数势是

$$\psi = \frac{1}{2\pi}(1+\nu)\alpha T \int_{-b}^{b} \int_{-a}^{a} \frac{1}{2}\ln[(x-\xi)^2 + (y-\eta)^2]\mathrm{d}\xi\mathrm{d}\eta \tag{l}$$

按照 (j) 求导, 就得到位移, 然后可由 (h) 求得应力分量. 对于受热矩形之外的各点 (如 P), σ_x 和 τ_{xy} 的结果可简化为

$$\sigma_x = E\alpha T \frac{1}{2\pi}(\psi_1 - \psi_2), \quad \tau_{xy} = E\alpha T \frac{1}{4\pi}\ln\frac{r_1 r_3}{r_2 r_4}, \tag{m}$$

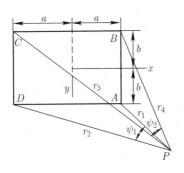

图 235

角 ψ_1、ψ_2 和距离 r_1、r_2、r_3、r_4 如图 235 所示. 角 ψ_1 和 ψ_2 是矩形的平行于 x 轴的两边 AD 和 BC 在 P 点所张的角. 用矩形的另外两边 AB 和 CD 在 P 点所张的角代替 (m) 第一式中的 ψ_1 和 ψ_2, 就得到 σ_y 的表达式.

在 AD 下方紧靠 A 点左边的点, σ_x 的值是

$$E\alpha T \frac{1}{2\pi}\left(\pi - \operatorname{arctg}\frac{a}{b}\right),$$

对于在 y 方向为无限长的矩形, 这个值最大, 成为 $E\alpha T/2$. 当转过矩形的一角时, 两个正应力分量都急剧改变. 当接近矩形的一角时, 剪应力 τ_{xy} 趋于无穷大. 自然, 这些特点是受热矩形具有理想尖角的结果.

如果受热区域不是矩形而是椭圆形[7], 椭圆的方程是

$$\frac{x^2}{a^2} + \frac{y^2}{b^2} = 1,$$

[479]

则在椭圆外面紧邻长轴一端的点, 应力 σ_y 的值是

$$\frac{E\alpha T}{1+\dfrac{b}{a}};$$

对于很细长的椭圆, 这个值接近 $E\alpha T$. 假如受热区域是圆形, 这个值就成为 $E\alpha T/2$. 在椭圆外面紧邻短轴一端的点, 应力 σ_x 是

$$\frac{E\alpha T}{1+\dfrac{a}{b}};$$

对于很细长的椭圆, 这个值趋近于零.

　　设温度随时间而变, 并满足热传导微分方程[⑧]

$$\frac{\partial T}{\partial t} = \kappa \nabla^2 T, \tag{n}$$

[480]　　其中 κ 是导热系数除以比热容并除以密度, 这时, 本节所述的方法变得特别简单. 将方程 (d) 对 t 求导, 再将 (n) 中的 $\partial T/\partial t$ 代入, 可见函数 ψ 必须满足方程

$$\nabla^2 \frac{\partial \psi}{\partial t} = \frac{1+\nu}{1-\nu}\alpha\kappa \nabla^2 T.$$

因此, 可以取

$$\frac{\partial \psi}{\partial t} = \frac{1+\nu}{1-\nu}\alpha\kappa T.$$

如果温度随时间的经过而趋近于零, 这方程的相当的积分将是

$$\psi = -\frac{1+\nu}{1-\nu}\alpha\kappa \int_t^\infty T\mathrm{d}t, \tag{o}$$

只要代入方程 (d), 并利用方程 (n), 就可以证明.

　　例如, 设有一长圆柱 (平面应变) 被冷却或加热, 向热传导的定常状态过渡; 温度并不对称于轴线, 但与轴向坐标 z 无关. 这时, 温度可用如下形式的各项所组成的级数来代表:

$$T_{sn} = \mathrm{e}^{-\kappa s^2 t} J_n(sr)\mathrm{e}^{\mathrm{i}n\theta}, \tag{p}$$

由其中 $\mathrm{e}^{\mathrm{i}n\theta}$ 的实部或虚部可得到 $\cos n\theta$ 或 $\sin n\theta$. 由方程 (o) 可知, 与这一项温度对应的函数 ψ 是

$$\psi_{sn} = -\frac{1+\nu}{1-\nu}\alpha\kappa \frac{1}{s^2} T_{sn}. \tag{q}$$

由这些项组成的、与 T 的级数相对应的级数将代表一般方程 (b) 的特解. 位移可根据方程 (a) 算得, 或根据与 (a) 相当的下列极坐标方程算得:

$$u = \frac{\partial \psi}{\partial r}, \quad v = \frac{1}{r}\frac{\partial \psi}{\partial \theta},$$

其中的 u 和 v 是径向分量和切向分量. 在平面应变的情况下, 轴向分量 w 是零.

应变分量可用 §30 中的公式求得. 然后, 可由 §151 中的平面应变公式 (a) 和 (b) 求正应力, 并由 (51) 中的最后一个方程求剪应力 $\tau_{r\theta}$.

求得这样一个解答之后, 一般都将发现, 这解答在柱体的曲面上给出非零的边界力 $(\sigma_r, \tau_{r\theta})$. 至于去掉这些力后的影响, 可作为一个普通的平面应变问题, 利用 §43 中用极坐标表示的一般应力函数来求解[9].

我们可以更一般地包括这样的情形: 物体内部在单位体积、单位时间内发生热量 q. 这时, 方程 (n) 的右边要加上一项 $q/c\rho$, 其中 c 是比热容, ρ 是密度. 方程 (d) 可用

$$\psi = \frac{1+\nu}{1-\nu}\alpha \int_{t_1}^{t} (\kappa T + Q)\mathrm{d}t + f(x, y, z)$$

来满足, 如果

[481]

$$\nabla^2 Q = \frac{q}{c\rho}, \quad \nabla^2 f = \frac{1+\nu}{1-\nu}\alpha T_1.$$

在这里, Q 一般是 t 和 x, y, z 的函数, T_1 是 $t = t_1$ 时的 T.

注:

① E. Almansi 曾将这种函数用于球体问题. 见 (1) *Atti Reale Accad. Sci. Torino*, vol. 32, p. 963, 1896-1897; (2) *Mem. Reale Accad. Sci. Torino*, ser. 2, vol. 47, 1897.

② 例如, 见 W. D. MacMillan, "Theory of the Potential," New York, 1930.

③ 这势函数曾被 C. W. Borchardt 用于球体问题. 见 *Monatsber. Königl. Preuss. Akad. Wiss.*, Berlin, 1873, p. 9.

④ J. N. Goodier, *Phil. Mag.*, vol. 23, p. 1017, 1937. 半无限大实体的问题曾由 R. D. Mindlin 和 D. H. Cheng 考察过, 见 *J. Appl. Phys.*, vol. 21, pp. 926, 931, 1950.

⑤ N. O. Myklestad, *J. Appl. Mech.*, 1942, p. A-131. R. H. Edwards 解答了具有不同弹性常数的椭球形区域受热的问题, 见 *J. Appl. Mech.*, vol. 18, pp. 19-30, 1951.

⑥ J. N. Goodier, 见 ④. J. Ignaczak 和 W. Nowacki (1958) 曾给出平行六面体受热区域的三维问题的解答, 见 "Thermoelasticity", 1962.

⑦ Goodier, 见注 ④.

⑧ 例如, 见 Carslaw and Jaeger, 参阅 §148 的注 ④.

⑨ 这个问题已由 J. N. Goodier 在上面提到的论文中对具有对应于方程 (p) 的温度的空心圆柱作出解答.

§163　圆形区域的一般二维问题

在 §160 和 §162 中, 我们曾以不同的方式利用热传导微分方程. 如果要处理一个完全任意的温度分布, 例如整个物体内的某种已知初始分布, 就需要其他的方法. 这里将针对极坐标中的平面应变或平面应力论述这样一种方法.

用一个热弹性位移势 ψ 表示位移, 如 §162 中所述, 我们可以用极坐标形式为平面应变问题写出方程 (f), 或是为平面应力问题写出方程 (k), 或者合并写成

$$\frac{\partial^2 \psi}{\partial r^2} + \frac{1}{r}\frac{\partial \psi}{\partial r} + \frac{1}{r^2}\frac{\partial^2 \psi}{\partial \theta^2} = \beta T, \tag{a}$$

其中的 β, 对平面应变是 $\beta = (1+\nu)\alpha/(1-\nu)$, 对平面应力是 $\beta = (1+\nu)\alpha$.

位移的极坐标分量是

$$u = \frac{\partial \psi}{\partial r}, \quad v = \frac{1}{r}\frac{\partial \psi}{\partial \theta}. \tag{b}$$

温度 T, 作为 r 和 θ 的函数, 可以取为傅里叶级数的形式

$$T = \sum_{n=0}^{\infty} T_n(r)\cos n\theta + \sum_{n=1}^{\infty} T'_n(r)\sin n\theta. \tag{c}$$

可是, 我们将限于讨论余弦级数; 正弦级数可以同样地处理. 因此, 取

$$\psi = \sum_{n=0}^{\infty} \psi_n(r)\cos n\theta. \tag{d}$$

这时, 方程 (a) 要求

$$\frac{\mathrm{d}^2 \psi_n}{\mathrm{d}r^2} + \frac{1}{r}\frac{\mathrm{d}\psi_n}{\mathrm{d}r} - \frac{n^2}{r^2}\psi_n = \beta T_n(r). \tag{e}$$

用变更参数法, 可以得到这方程的特解

$$\psi_n = -\frac{\beta}{2n}\left[r^n \int_r^b T_n(\rho)\rho^{1-n}\mathrm{d}\rho + r^{-n}\int_a^r T_n(\rho)\rho^{1+n}\mathrm{d}\rho\right], \tag{f}$$

其中 $n = 1, 2, 3, \cdots, a$ 和 b 是圆区域的内半径和外半径, 而 ρ 只是积分的哑变量. 对于 $n = 0$, 可以直接从 (e) 得出

$$\psi_0 = \beta\left[-\ln r \int_a^r \rho T_0(\rho)\mathrm{d}\rho + \int_r^b \rho T_0(\rho)\ln \rho\,\mathrm{d}\rho\right]. \tag{g}$$

将 (f) 和 (g) 所给出的函数代入 (d), 即可由 (b) 求得位移, 从而用公式 (48)、(49)、(50) 求得应变分量 ϵ_r、ϵ_θ、$r_{r\theta}$. 于是, 通过 §150 中的方程 (d) 或 §151 中

的方程 (b), 可以得出平面应力或平面应变情况下的应力分量. 剪应力与剪应变之间的关系只是 $\tau_{r\theta} = G\gamma_{r\theta}$.

这样用位移势作为微分方程的特解而求得的位移和应力状态, 未必能满足圆周 $r = a$ 和 $r = b$ 上的边界条件. 为了维持这个状态, 就要求有一定的边界力. 当然, 求出 $r = a$ 和 $r = b$ 处的 σ_r 和 $\tau_{r\theta}$, 就可以用前面所说的解答决定这些边界力. 但是, 满足边界条件 (例如圆边界上 $\sigma_r = 0$ 和 $\tau_{r\theta} = 0$ 的条件) 的问题, 现在可以叠加一个 §43 中的傅里叶解答来解决. 可以看出, 方程 (g) 所示的 ψ_0 将导致 §150 和 §151 中给出的温度与 θ 无关时的解答. 于是很明显, 方程 (f) 所示的 ψ_n 可以推广[1] 而导致温度与 θ 和 r 都有关的那些解答.

注:

① 这样的一个推广, 见 H. H. Лебедев, Температурные Напряжения в теории упругости, ОНТИ, Л. -M., 1937, стр. 55-56. 上面的推导系摘自 C. E. Wallace 的博士论文, "Thermoelastic Stress in Plates-Problems in Curvilinear Coordinates", Stanford University, 1958. 论文中还论及椭圆坐标和双极坐标, 并论及不连续温度的问题, 例如一半冷而一半热的圆盘的问题 (对这个问题不宜用傅里叶分析, 因为级数收敛很慢).

§164　用复势求解一般二维问题

我们已经看到, 相应于一定温度 T 并给出连续位移的任何一个位移势 Ψ, 能把热应力问题归结为单纯边界载荷的问题. 因此, 对于平面应变或平面应力问题, 一当求得一个适宜的位移势, 就可以像在第六章中那样应用复势 $\psi(z)$ 和 $\chi(z)$.

用 Ψ 代表这样的位移势 (它只是 x 和 y 的函数), 则对于平面应变问题有

$$u + \mathrm{i}v = \frac{\partial \Psi}{\partial x} + \mathrm{i}\frac{\partial \Psi}{\partial y}, \quad w = 0, \tag{a}$$

而 Ψ 必须满足 §162 中的方程 (f), 即

$$\left(\frac{\partial^2}{\partial x^2} + \frac{\partial^2}{\partial y^2}\right)\Psi = \frac{1+\nu}{1-\nu}\alpha T. \tag{b}$$

当然, 温度 T 只是 x 和 y 的函数. 和第六章中一样, 这里将引用 $z = x + \mathrm{i}y, \bar{z} = x - \mathrm{i}y$, 并有

$$x = \frac{1}{2}(z + \bar{z}), \quad y = \frac{1}{2\mathrm{i}}(z - \bar{z}). \tag{c}$$

将 (c) 代入 $T(x, y)$, 将得出一个函数 $t(z, \bar{z})$, 从而有

$$T(x, y) = t(z, \bar{z}). \tag{d}$$

尽管我们不可能改变 z (作为 xy 面内的一点) 而不同时改变 $\overline{z}$, 但我们可以按照正规求导数

$$\frac{\partial}{\partial z}t(z,\overline{z}), \quad \frac{\partial}{\partial \overline{z}}t(z,\overline{z}), \tag{e}$$

[483]　还可以取不定积分例如

$$\int t(z,\overline{z})\mathrm{d}z, \quad \int t(z,\overline{z})\mathrm{d}\overline{z}, \tag{f}$$

以及

$$\iint t(z,\overline{z})\mathrm{d}z\mathrm{d}\overline{z}. \tag{g}$$

如后面所将证明, 位移势的一个适宜的形式是

$$\Psi(x,y) = f(z,\overline{z}) = \frac{1}{4}\frac{1+\nu}{1-\nu}\alpha\iint t(z,\overline{z})\mathrm{d}z\mathrm{d}\overline{z}. \tag{h}$$

它给去如下形式的位移和应力[①]:

$$2G(u+\mathrm{i}v) = \frac{E\alpha}{2(1-\nu)}\int t(z,\overline{z})\mathrm{d}z,$$

$$\sigma_x + \sigma_y = -\frac{E\alpha}{1-\nu}t(z,\overline{z}), \tag{i}$$

$$\sigma_x - \sigma_y + 2\mathrm{i}\tau_{xy} = \frac{E\alpha}{1-\nu}\int\frac{\partial}{\partial z}t(z,\overline{z})\mathrm{d}z.$$

这个状态是由边界载荷 (可由上列公式算出) 和温度分布 T 共同维持的. 至于侧面上受相等而相反的边界载荷这个无体力的平面应变问题, 则可用复势 $\psi(z)$ 和 $x(z)$ 来求解, 如第六章中所述.

　　为了导出方程 (h) 和 (i), 首先注意由方程 (d) 有

$$\frac{\partial T}{\partial x} = \frac{\partial t}{\partial z}\frac{\partial z}{\partial x} + \frac{\partial t}{\partial \overline{z}}\frac{\partial \overline{z}}{\partial x} = \frac{\partial t}{\partial z} + \frac{\partial t}{\partial \overline{z}},$$

$$\mathrm{i}\frac{\partial T}{\partial y} = \frac{\partial t}{\partial \overline{z}} - \frac{\partial t}{\partial z}. \tag{j}$$

由此得

$$2\frac{\partial t}{\partial z} = \frac{\partial T}{\partial x} - \mathrm{i}\frac{\partial T}{\partial y}, \quad 2\frac{\partial t}{\partial \overline{z}} = \frac{\partial T}{\partial x} + \mathrm{i}\frac{\partial T}{\partial y}. \tag{k}$$

对其中第二个方程进行 $2\dfrac{\partial}{\partial z}$ 的运算, 得

$$4\frac{\partial^2 t}{\partial z\partial \overline{z}} = \left(\frac{\partial}{\partial x} - \mathrm{i}\frac{\partial}{\partial y}\right)\left(\frac{\partial T}{\partial x} + \mathrm{i}\frac{\partial T}{\partial y}\right)$$

$$= \frac{\partial^2 T}{\partial x^2} + \frac{\partial^2 T}{\partial y^2}.$$

在这里, T 代表 x 和 y 的任一函数. 于是, 在方程 (b) 中, 可对左边应用上式, 对右边应用方程 (d), 得出

$$4\frac{\partial^2}{\partial z \partial \bar{z}}f(z,\bar{z}) = 4\beta\alpha t(z,\bar{z}). \tag{l}$$

其中

$$4\beta = \frac{1+\nu}{1-\nu} \tag{m}$$

将方程 (l) 对 z 积分 ($\bar{z}$ 作为固定不变), 得

$$\frac{\partial}{\partial \bar{z}}f(z,\bar{z}) = \beta\alpha \int t(z,\bar{z})\mathrm{d}z, \tag{n}$$

现在可由 (a) 中的第一方程和 (k) 中的第二方程得出 [484]

$$u + \mathrm{i}\nu = 2\frac{\partial}{\partial \bar{z}}f(z,\bar{z}) = 2\beta\alpha \int t(z,\bar{z})\mathrm{d}z, \tag{o}$$

从而得出 (i) 中的第一方程.

方程 (n) 右边的不定积分也是 z 和 $\bar{z}$ 的函数. 对 $\bar{z}$ 积分 (z 作为固定不变), 得

$$f(z,\bar{z}) = \beta\alpha \int \left[\int t(z,\bar{z})\mathrm{d}z \right]\mathrm{d}\bar{z}, \tag{p}$$

它等价于方程 (h). 因为我们只需要方程 (b) 或 (l) 的简单可用的解答, 所以在积分时不必附加任意积分函数. 为了证明 (i) 中的第二个方程, 我们转向平面应变问题中的应力–应变关系. 这些关系式可以取为 §153 中给出的三维形式. 但是, 对于平面应变, 我们有 $\epsilon_z = 0$ (并有 $\gamma_{yz} = \gamma_{xz} = 0$). §153 的三个方程 (c) 中的前两个是

$$\sigma_x = \lambda e + 2G\epsilon_x - \frac{\alpha ET}{1-2\nu},$$
$$\sigma_y = \lambda e + 2G\epsilon_y - \frac{\alpha ET}{1-2\nu}. \tag{q}$$

这样, 因为现在 $e = \epsilon_x + \epsilon_y$, 所以

$$\sigma_x + \sigma_y = 2(\lambda + G)e - 2\frac{\alpha Et}{1-2\nu}. \tag{r}$$

但是, 本节中的方程 (a) 和 (b) 表明, 在由位移势 Ψ 导出的状态中, 有

$$\epsilon_x + \epsilon_y = \frac{1+\nu}{1-\nu}\alpha T. \tag{s}$$

根据这一方程, 以及方程 (5) 和 (10) 所示的弹性常数之间的关系, 方程 (r) 成为

$$\sigma_x + \sigma_y = -\frac{E\alpha}{1-\nu}T.$$

通过方程 (d), 可见这一方程与 (i) 中的第二方程相同.

为了证明 (i) 中的第三方程, 首先对其中第一方程的右边进行 $2\dfrac{\partial}{\partial \bar{z}}$ 的运算, 并对左边进行 $\partial/\partial x + \mathrm{i}\partial/\partial y$ 的等价运算, 得到

$$2G\left[\frac{\partial u}{\partial x} - \frac{\partial v}{\partial y} + \mathrm{i}\left(\frac{\partial v}{\partial x} + \frac{\partial u}{\partial y}\right)\right] = \frac{E\alpha}{1-\nu}\frac{\partial}{\partial \bar{z}}\int t(z,\bar{z})\mathrm{d}z. \tag{t}$$

但由方程 (q) 有

$$\sigma_x - \sigma_y = 2G(\epsilon_x - \epsilon_y) = 2G\left(\frac{\partial u}{\partial x} - \frac{\partial v}{\partial y}\right).$$

方程 (t) 左边括弧内的表达式等同于 γ_{xy}; 右边的求导可以对 $t(z,\bar{z})$ 进行. 于是方程 (t) 成为

$$\sigma_x - \sigma_y + 2\mathrm{i}\tau_{xy} = \frac{E\alpha}{1-\nu}\int\frac{\partial}{\partial \bar{z}}t(z,\bar{z})\mathrm{d}z,$$

与 (i) 中的第三方程相同.

注:

① 见 §163 的注 ① 中关于 Н. Н. Лебедев 的书, 第 55 页及 56 页.(i) 中的第三个方程与 Лебедев 书中的形式不同, 该书中引用了 $t(z,\bar{z})$ 的共轭函数. B. E. Gatewood 曾得出相似的结果, 见 *Phil. Mag.*, vol. 32, pp. 282-301, 1941.

第十四章

弹性固体介质中的波的传播

§165 引言

以上各章论述了弹性静力学问题. 弹性体是在不变的载荷作用下处于静止状态. 或者, 即使考虑到载荷的变化, 这变化也是充分缓慢的, 因而可以正确假定弹性体在每一瞬时都处于静止状态 (例如在 §142 的赫兹碰撞理论中), 这就是准静力问题.

来自爆炸的突施载荷, 或是引起地震的地壳中断层滑动那种实施位移, 在本质上都属于动力问题. 在动力问题中, 平衡方程必须用运动方程来代替. 在开始施力时, 力的作用并不立即传到物体的所有各部分. 应力和形变的波是以有限大的传播速度从受载区域向外辐射的. 例如在大家熟悉的空气传声的情况下, 直到声波有时间到达某一点, 该点才受到扰动. 在弹性体中, 有不止一种的波, 因而有不止一种的独特波速.

我们将从三维问题的直角坐标一般方程和最简单形式的波[①] 的最简单解答开始. 等到用一般理论澄清了涉及的假定性质以后, 再来近似地描述一些特殊情况下的波 (例如杆中的拉伸波) 的运动.

注:

① 对其他形式的运动, 例如振动, 这里不予考虑. 关于杆、环和板的振动, 见 S. Timoshenko, "Vibration Problems in Engineering", chap. 5, 1955.

§166 各向同性弹性介质中的集散波和畸变波

在讨论弹性介质中的波的传播时, 利用以位移表示的微分方程 (127) 较为方便. 要从这些平衡方程得出运动方程, 只须加上惯性力. 这时, 假定没有体

力, 运动方程是

$$(\lambda + G)\frac{\partial e}{\partial x} + G\nabla^2 u - \rho\frac{\partial^2 u}{\partial t^2} = 0,$$
$$(\lambda + G)\frac{\partial e}{\partial y} + G\nabla^2 v - \rho\frac{\partial^2 v}{\partial t^2} = 0, \qquad (269)$$
$$(\lambda + G)\frac{\partial e}{\partial z} + G\nabla^2 w - \rho\frac{\partial^2 w}{\partial t^2} = 0,$$

其中 e 是体积膨胀, 而记号 ∇^2 代表算子

$$\frac{\partial^2}{\partial x^2} + \frac{\partial^2}{\partial y^2} + \frac{\partial^2}{\partial z^2}.$$

首先假定波所引起的形变是这样一种形变: 体积膨胀是零, 而形变只包含剪应变和转动. 这时方程 (269) 成为

$$G\nabla^2 u - \rho\frac{\partial^2 u}{\partial t^2} = 0, \qquad (270)$$
$$\cdots\cdots\cdots\cdots .$$

这些方程所代表的波称为等容波或畸变波.

现在来考察波所引起的形变不伴有转动时的情形. 单元体的转动是 (见 §83).

$$\omega_x = \frac{1}{2}\left(\frac{\partial w}{\partial y} - \frac{\partial v}{\partial z}\right), \quad \omega_y = \frac{1}{2}\left(\frac{\partial u}{\partial z} - \frac{\partial w}{\partial x}\right),$$
$$\omega_z = \frac{1}{2}\left(\frac{\partial v}{\partial x} - \frac{\partial u}{\partial y}\right), \qquad (a)$$

因此, 无旋形变的条件可以表示为

$$\frac{\partial v}{\partial x} - \frac{\partial u}{\partial y} = 0,$$
$$\frac{\partial w}{\partial y} - \frac{\partial v}{\partial z} = 0, \quad \frac{\partial u}{\partial z} - \frac{\partial w}{\partial x} = 0. \qquad (b)$$

如果位移 u、v、w 可由单一的函数 ϕ 表示为

$$u = \frac{\partial \phi}{\partial x}, \quad v = \frac{\partial \phi}{\partial y}, \quad w = \frac{\partial \phi}{\partial z}, \qquad (c)$$

[487]　　则方程 (b) 可被满足. 这时

$$e = \nabla^2 \phi, \quad \frac{\partial e}{\partial x} = \frac{\partial}{\partial x}\nabla^2\phi = \nabla^2 u.$$

代入方程 (269), 得

$$(\lambda + 2G)\nabla^2 u - \rho\frac{\partial^2 u}{\partial t^2} = 0,$$
$$\cdots\cdots\cdots . \tag{271}$$

这就是无旋波或集散波的方程①.

将畸变波与集散波相结合, 就得到弹性介质中的波的传播的更一般的情形②. 对于这两种波, 运动方程具有共同的形式

$$\frac{\partial^2 \psi}{\partial t^2} = \alpha^2 \nabla^2 \psi. \tag{272}$$

对于集散波,

$$\alpha = c_1 = \sqrt{\frac{\lambda + 2G}{\rho}}, \tag{273}$$

而对于畸变波,

$$\alpha = c_2 = \sqrt{\frac{G}{\rho}}. \tag{274}$$

下面将证明, c_1 和 c_2 各为平面集散波和平面畸变波的传播速度.

注:

① 但集散一般都伴有剪应变.

② 关于这种结合的普遍性及其与弹性静力学的联系, 见 E. Sternberg, *Arch. Rational Mech. and Anal.*, vol. 6, pp. 34-50, 1960.

§167 平面波

如果在弹性介质中的某一点发生扰动, 就有波从这一点向各个方向辐射. 在离扰动中心较远之处, 这种波可以看作平面波, 并可假定所有质点的运动都平行于波的传播方向 (纵波) 或垂直于波的传播方向 (横波). 第一种情况下的波是集散波, 第二种情形下的波是畸变波.

首先考察纵波. 取波的传播方向为 x 轴, 于是 $v = w = 0$, 而 u 只是 x 和 t 的函数. 这时方程 (271) 给出

$$\frac{\partial^2 u}{\partial t^2} = c_1^2\frac{\partial^2 u}{\partial x^2}. \tag{275}$$

用代入法可以证明, 任一函数 $f(x + c_1 t)$ 都是方程 (275) 的解, 函数 $f_1(x - c_1 t)$ 也是一个解, 因而方程 (275) 的通解可以表示成为如下的形式: [488]

$$u = f(x + c_1 t) + f_1(x - c_1 t). \tag{276}$$

这个解具有很简单的物理意义, 说明如下. 试考察方程 (276) 右边的第二项. 在一定的瞬时 t, 这一项只是 x 的函数, 可用一曲线如 mnp (图 236a) 表示, 它的形状与函数 f_1 有关. 在经过一段时间 Δt 以后, 函数 f_1 的自变数成为 $x - c_1(t + \Delta t)$. 假使随着 t 增加 Δt 而横坐标也同时增加 $\Delta x = c_1 \Delta t$, 函数 f_1 将保持不变. 这就是说, 如果将那为瞬时 t 而作的曲线 mnp 沿 x 方向移动一距离 $\Delta x = c_1 \Delta t$ (如图中虚线所示), 这曲线对于 $t + \Delta t$ 的瞬时也适用. 由此可见, 解答 (276) 的第二项代表以匀速 c_1 沿 x 方向移动的波. 同样可以证明, 解答 (276) 的第一项代表沿相反方向移动的波. 于是通解 (276) 代表两个波, 沿着 x 轴以方程 (273) 所示的匀速 c_1 向两相反方向移动. 这个速度可以用 E、ν、ρ 表示, 为此, 只须将方程 (10) 和方程 (5) 所示的 λ 和 G 代入方程 (273). 于是得

$$c_1 = \sqrt{\frac{E(1 - \nu)}{(1 + \nu)(1 - 2\nu)\rho}}, \tag{277}$$

钢材的 c_1 可以取为 $19\,550\,\mathrm{ft/s}$.

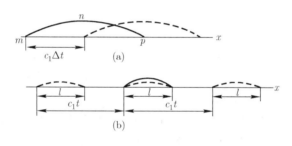

图 236

[489]　　　考虑方程 (276) 中函数 $f_1(x - c_1 t)$ 所示的 "向前" 波动, 得出质点速度 $\dot{u}$ 为

$$\dot{u} = \frac{\partial u}{\partial t} = -c_1 f_1'(\xi), \tag{a}$$

其中 $\xi = x - c_1 t$, 而一撇的记号表示 $f_1(\xi)$ 对 ξ 求导. 于是得单元体 $\mathrm{d}x\mathrm{d}y\mathrm{d}z$ 的动能为

$$\frac{1}{2}\rho \mathrm{d}x\mathrm{d}y\mathrm{d}z \left(\frac{\partial u}{\partial t}\right)^2 = \frac{1}{2}\rho \mathrm{d}x\mathrm{d}y\mathrm{d}z\, c_1^2 [f_1'(\xi)]^2. \tag{b}$$

势能就等于应变能. 应变分量是

$$\epsilon_x = \frac{\partial u}{\partial x} = f_1'(\xi), \quad \epsilon_y = \epsilon_z = 0. \tag{c}$$

于是通过方程 (132) 得单元体的应变能为

$$V_0 \mathrm{d}x\mathrm{d}y\mathrm{d}z = \frac{1}{2}(\lambda + 2G)[f_1'(\xi)]^2 \mathrm{d}x\mathrm{d}y\mathrm{d}z. \tag{d}$$

将方程 (b) 与 (d) 对比, 并注意方程 (273), 显然可见, 在任一瞬时, 动能与势能相等.

对于应力, 我们有

$$\sigma_x = (\lambda + 2G)\epsilon_x, \quad \sigma_y = \sigma_z = \lambda\epsilon_x \tag{e}$$

从而有

$$\frac{\sigma_y}{\sigma_x} = \frac{\sigma_z}{\sigma_x} = \frac{\lambda}{\lambda + 2G} = \frac{\nu}{1 - \nu}. \tag{f}$$

这些应力分量, σ_y 和 σ_z, 是为了保持 $\epsilon_y = \epsilon_z = 0$ 所需要的. 将 (e) 中的 σ_x 与 (a) 中的 $\dot{u}$ 对比, 并应用由 (c) 得来的 $\epsilon_x = f_1'(\xi)$, 可得

$$\sigma_x = -\rho c_1 \dot{u}. \tag{g}$$

如果考虑方程 (276) 中函数 $f(x + c_1 t)$ 所示的 "向后" 波动, 则方程 (g) 和方程 (a) 中的负号将改为正号.

在每一具体情况下, 函数 f 和 f_1 须由 $t = 0$ 时的初始条件来决定. 对于初瞬时, 由方程 (276) 有

$$(u)_{t=0} = f(x) + f_1(x),$$

$$\left(\frac{\partial u}{\partial t}\right)_{t=0} = c_1[f'(x) - f_1'(x)]. \tag{h}$$

例如, 假定初速度是零, 但有初位移如下式所示:

$$(u)_{t=0} = F(x).$$

为了满足条件 (h), 可以取 [490]

$$f(x) = f_1(x) = \frac{1}{2}F(x).$$

于是, 在这一情况下, 初位移分为两半, 作为相反方向的两个波进行传播 (图 236b).

现在来考察横波. 取 x 轴沿波的传播方向, 而 y 轴沿横向位移的方向, 于是位移 u 和 w 是零, 而位移 v 是 x 和 t 的函数. 这时, 由方程 (270) 得

$$\frac{\partial^2 v}{\partial t^2} = c_2^2 \frac{\partial^2 v}{\partial x^2}. \tag{i}$$

这方程的形式与方程 (275) 相同, 因而可以断定, 畸变波沿 x 轴传播的速度是

$$c_2 = \sqrt{\frac{G}{\rho}},$$

或者, 用 (277), 得

$$c_2 = c_1 \sqrt{\frac{1-2\nu}{2(1-\nu)}}.$$

当 $\nu = 0.25$ 时, 上列方程给出

$$c_2 = \frac{c_1}{\sqrt{3}}.$$

任一函数

$$f(x - c_2 t) \tag{j}$$

都是方程 (i) 的解, 并代表以速度 c_2 沿 x 方向传播的波. 例如, 取解答 (j) 为如下的形式:

$$v = v_0 \sin \frac{2\pi}{l}(x - c_2 t). \tag{k}$$

这个波是正弦曲线形的, 波长为 l, 波幅为 v_0. 横向运动的速度是

$$\frac{\partial v}{\partial t} = -\frac{2\pi c_2}{l} v_0 \cos \frac{2\pi}{l}(x - c_2 t). \tag{l}$$

当位移 (k) 为最大时, 速度为零, 而当位移为零时, 速度有最大值. 这个波所引起的剪应变是

$$\gamma_{xy} = \frac{\partial v}{\partial x} = \frac{2\pi v_0}{l} \cos \frac{2\pi}{l}(x - c_2 t). \tag{m}$$

可见, 在某一定点, 剪应变 (m) 的最大值与速度 (l) 的最大绝对值同时发生.

[491] 　　这一类的波的传播可表示如下: 设 mn (图 237) 是弹性介质的一根细丝. 当正弦曲线波 (k) 沿 x 轴传播时, 细丝的一个单元 A 将发生位移和畸变, 其变化有如阴影单元 1、2、3、4、5、$\cdots$ 所示. 在 $t = 0$ 的瞬时, 单元 A 的位置如 1 所示. 在这一瞬时, 这单元的畸变和速度都是零. 然后, 它将有一正速度, 而在经过时间 $1/4c_2$ 以后, 它的畸变如 2 所示. 在这一瞬时, 这单元的位移是零而速度最大. 再经过时间 $l/4c_2$ 以后, 情况如 3 所示, 以后类推.

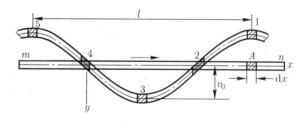

图 237

取细丝的截面积为 $dy dz$, 则单元 A 的动能是

$$\frac{1}{2}\rho dx dy dz \left(\frac{\partial v}{\partial t}\right)^2 = \frac{1}{2}\rho dx dy dz \frac{4\pi^2 c_2^2}{l^2} v_0^2 \cos^2 \frac{2\pi}{l}(x - c_2 t),$$

而它的应变能是

$$\frac{1}{2}G\gamma_{xy}^2\mathrm{d}x\mathrm{d}y\mathrm{d}z = \frac{G}{2}\frac{4\pi^2v_0^2}{l^2}\cos^2\frac{2\pi}{l}(x-c_2t)\mathrm{d}x\mathrm{d}y\mathrm{d}z.$$

由于 $c_2^2 = G/\rho$, 因而可以断定, 在任一瞬时, 这单元的动能与势能相等.

当地震时, 集散波与畸变波各以速度 c_1 和 c_2 在地球内传播. 这两种波都可用地震仪记录, 而两种波到达时间之差, 可以约略指示记录站与扰动中心的距离.

正弦曲线形的和其他形式的平面波可用不同的方式相结合, 以满足自由边界面或两种不同介质的交界面的物理条件. 当传播方向不平行于界面时, 将会发生相应于自由面的反射或相应于交界面的反射和折射[①]. 平行于自由边界面, 以不同于 c_1 和 c_2 的速度传播的波动 (瑞利表面波) 将在 §170 中加以考虑.

[492]

注:

① 例如, 见 H. Kolsky, "Stress Waves in Solids" 1953.

§168　柱形杆中的纵波. 初等理论

在一根矩形截面的杆中, 只有当杆的侧面上保持着方程 (f) 所示的应力分量 σ_y 和 σ_z 时, §167 中所述的简单平面纵波才能存在. 对一根任意截面的杆说来, 侧面上也必须有相应的应力.

当侧面为自由面时, 要得出整套运动方程 (269) 的适当解答, 那就困难得多[①]. 但是, 对于很多实际的情形, 简单的近似理论就够用了. 在这种初等理论中, 把杆的每一薄片当作受有简单拉伸, 相应的轴向应变为 $\partial u/\partial x$, 而 u 只是 x 和 t 的函数. 于是

$$\sigma_x = E\frac{\partial u}{\partial x}. \tag{a}$$

其他的应力分量则略去不计. 试考察一个原来处于 x 和 $x+\mathrm{d}x$ 两个截面之间的单元体, 图 238. 它的运动方程 (在消去截面积以后) 是

$$\frac{\partial \sigma_x}{\partial x}\mathrm{d}x = \rho\mathrm{d}x\frac{\partial^2 u}{\partial t^2},$$

或将式 (a) 代入而得

$$\frac{\partial^2 u}{\partial t^2} = c^2\frac{\partial^2 u}{\partial x^2}, \tag{b}$$

[493]

其中

$$c = \sqrt{\frac{E}{\rho}}. \tag{278}$$

方程 (b) 与 §167 中的方程 (275) 具有同样的形式, 其通解为

$$u = f(x+ct) + f_1(x-ct). \tag{c}$$

这通解的意义与前面对方程 (276) 所述的意义相仿. 但这里的波速[②] 是 c, 如方程 (278) 所示. 它低于方程 (277) 中的波速 c_1, 比值 c_1/c 为

$$\frac{c_1}{c} = \sqrt{\frac{1-\nu}{(1+\nu)(1-2\nu)}}.$$

当 $\nu = 0.3$ 时, 这个比值等于 1.16. 对于钢材, 可以取 $c = 16\,850\text{ft/s}$.

如果在方程 (c) 中只保留函数 f_1(向前的波动), 则由方程 (a) 和方程 (278) 有

$$\sigma_x = -\rho c\dot{u}; \tag{d}$$

如果只有 f(向后的传播), 则有

$$\sigma_x = \rho c\dot{u}. \tag{e}$$

不借助微分方程, 也可以导出方程 (278) 和 (e) 的结果. 试考虑突然施加于杆左端的均布压应力 (图 239). 在最初的瞬时, 只有杆端无限薄的一层内发生均匀压缩. 这压缩将被传送至相邻一层, 并继续传送. 于是有一个压缩波开始以某一速度 c 沿杆移动, 而在经过时间 t 之后, 长度为 ct 的一段杆将被压缩, 但其余部分仍然保持无应力状态.

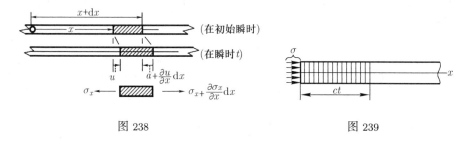

图 238　　　　　　　　　　　　　　　图 239

波的传播速度 c 与压力所给予杆的受压部分的质点的速度 v 不同. 质点的速度 v 可由受压部分 (图中阴影部分) 因受压应力 σ 而缩短 $(\sigma/E)ct$ 的条件求得. 因此, 杆的左端移动的速度, 也就等于受压部分的各质点的速度, 是

$$v = \frac{c\sigma}{E}. \tag{f}$$

波的传播速度 c 可用动量方程求得. 开始时, 杆的阴影部分是静止的. 经过时间 t 之后, 它将有速度 v 和动量 $Act\rho v$. 令这动量等于压力的冲量, 得

$$A\sigma t = Act\rho v. \tag{g}$$

利用方程 (f), 就得到方程 (278)[③] 所示的 c 值, 而质点的速度是

$$v = \frac{\sigma}{\sqrt{E\rho}}. \tag{279}$$

这一结果与方程 (e) 相对应, 因为方程 (e) 中的 $\dot{u}$ 代表质点的速度. 由此可见, c 与压力无关, 而质点的速度 v 则与应力 σ 成比例.

如果不是将压力而是将拉力突然加于杆端, 就将有拉伸波以速度 c 沿杆传播. 质点的速度仍然如方程 (279) 所示, 但方向与 x 轴的方向相反. 因此, 在压缩波中, 质点速度 v 的方向与波的传播速度的方向相同, 而在拉伸波中, 速度 v 的方向与波的传播方向相反.

由方程 (278) 和 (279) 得

$$\sigma = E\frac{v}{c}. \tag{280}$$

可见波中的应力决定于两个速度的比率和材料的弹性模量 E. 如果有一个以速度 v 运动的绝对刚体沿纵向冲击一根柱形杆, 则在最初的瞬时, 接触面上的压应力即如 (280) 所示[④]. 如果冲击体的速度 v 超过某一限度 (这限度决定于杆的材料的机械性质), 那么, 即使冲击体的质量很小, 杆中也将发生永久形变[⑤].

现在来考察图 239 中阴影部分的波的能量. 这能量包括两部分: 一部分是由于形变而有的应变能, 等于

$$\frac{Act\sigma^2}{2E};$$

另一部分是动能, 等于

$$\frac{Act\rho v^2}{2} = \frac{Act\sigma^2}{2E}.$$

可见, 波的总能量, 等于压力 $A\sigma$ 在 $(\sigma/E)ct$ 一段距离内所作的功, 一半是势能, 一半是动能.

决定波的传播的方程 (b) 是线性方程, 因此, 如果有这方程的两个解, 则两个解之和也将是这方程的解. 由此可见, 在讨论沿杆移动的波时, 可应用叠加法. 如果沿相反方向移动的两个波 (图 240) 相遇, 合应力和质点的合速度都可用叠加法求得. 例如, 设两个波都是压缩波, 那么, 合压应力可用简单加法求得, 如图 240b 所示, 而质点的合速度则用减法求得. 两波分离以后, 仍各恢复其原来的形状, 如图 240c 所示.

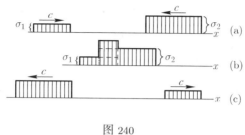

图 240

设有一压缩波沿着杆在 x 方向运动, 另有一波长相同、应力大小也相同
的拉伸波向相反方向运动 (图 241). 当两波相遇时, 拉伸与压缩互相抵消, 因
[496] 而在杆中两波重叠部分的应力是零; 同时, 在这部分杆中质点的速度加倍, 等
于 $2v$. 两波分离以后, 仍各恢复其原来的形状, 如图 241b 所示. 在中间截面
mn 处, 无论何时应力都是零, 因而可将这截面当作杆的自由端(图 241c). 将图
241a 与 241b 对比, 可以断定: 在自由端, 压缩波反射而成为相似的拉伸波, 反
过来也是一样.

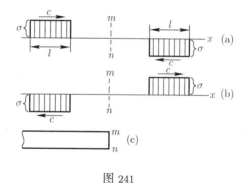

图 241

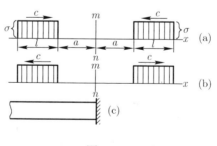

图 242

如果相向运动的两个等同的波 (图 242a) 相遇, 则在杆中两波重叠部分的
应力加倍而质点的速度是零. 在中间截面 mn 处, 速度总是零. 当波传播时, 这

截面保持不动, 因而可当作杆的固定端 (图 242c). 将图 242a 与 242b 对比, 可以断定: 波由固定端反射后毫无改变.

注:

① 一些特殊情况下数字结果, 曾由数字电子计算机得来. 例如, 见 L. D. Bertholf, *J. Appl. Mech.*, vol 34, pp. 725-734, 1967.

关于杆件问题和应力波传播的其他主要问题, 综合论述 (附有文献目录) 见 J. Miklowitz, Elastic Wave Propagation, pp. 809-839 及 R. M. Davies, Stress Waves in Solids, pp. 803-807, 均载于 H. M. Abramson, H. Libowitz, J. M. Crowley 及 S. Juhasz 所编的 "Applied Mechanics Surveys", 1966.

② 常被称为 "杆速".

③ 波的传播速度的这一初等公式是 Babinet 导出的, 见 Clebsch, "Théorie de l'Élasticité des Corps Solides", traduite par Saint-Venant, p. 480d, 1883.

④ 这个结论是 Thomas Young 得到的, 见他的 "Course of Lectures on Natural Philosophy···", vol. 1, pp. 135 and 144, 1807.

⑤ 假定杆端截面上所有各点同时发生接触.

§169 杆的纵向碰撞

[497]

如果两根长度相等、材料相同的杆以相同的速度 v 沿纵向互相碰撞 (图 243a), 那么, 在碰撞过程中, 接触面 mn 将不动①, 而两个相同的压缩波开始以相等的速度 c 沿两杆传播. 波区内的质点的速度与杆的初速度叠加以后, 使波区成为静止, 而在波到达杆的自由端的瞬时 $(t = l/c)$, 两杆都受均匀压缩并处于静止中. 然后, 压缩波由自由端折回成为拉伸波, 并向接触面 mn 移动, 这时, 波区内的质点的速度等于 v 而方向是离开 mn. 当波到达接触面时, 两杆就以与初速 v 相等的速度分离. 在这情形下, 碰撞延续时间显然等于 $2l/c$, 而压应力等于 $v\sqrt{E\rho}$ [由方程 (279)].

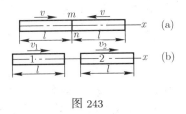

图 243

现在来考察杆 1 和杆 2 (图 243b) 各以速度 v_1 和 $v_2 (v_1 > v_2)$ 而运动的更一般的情形②. 在碰撞开始的瞬时, 两个相同的压缩波开始沿两杆传播. 两杆波区内的质点对于两杆的未受应力部分的相对速度相等, 而方向是离开接触面. 两杆在接触面上的质点的绝对速度必须相等, 因而相对速度的大小必等

于 $(v_1 - v_2)/2$. 在经过一段时间 l/c 以后, 压缩波到达两杆的自由端. 在这一瞬时, 两杆都在均匀压缩状态中, 而两杆所有质点的绝对速度都是

$$v_1 - \frac{v_1 - v_2}{2} = v_2 + \frac{v_1 - v_2}{2} = \frac{v_1 + v_2}{2}.$$

[498] 此后, 压缩波将由自由端折回成为拉伸波, 而在波到达两杆接触面的瞬时 $t = 2l/c$. 杆 1 和杆 2 的速度将各为

$$\frac{v_1 + v_2}{2} - \frac{v_1 - v_2}{2} = v_2,$$
$$\frac{v_1 + v_2}{2} + \frac{v_1 - v_2}{2} = v_1.$$

可见, 在碰撞后两杆的速度互换.

如果上述两杆具有不同的长度 l_1 和 l_2 (图 244a), 则碰撞开始时的情况将与上述情况相同. 但是, 经过一段时间 $2l_1/c$ 之后, 短杆 1 中的波折回而到达接触面 mn, 并通过接触面而沿长杆传播, 情况将如图 244b 所示. 杆 1 的拉伸波将两杆之间的压力抵消, 但两杆仍保持接触, 直到长杆中的压缩波 (图中阴影所示) 折回而到达接触面时 $(t = 2l_2/c)$ 为止.

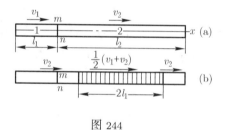

图 244

在两杆等长情况下, 回跳之后, 每杆中所有各点的速度相同, 每一杆都像刚体一样运动. 这时的总能量就是平行移动的动能. 在两杆不等长的情况下, 回跳之后, 长杆中还有移动着的波, 在计算杆的总能量时必须考虑这波的能量[3].

现在来考察一端固定的杆 (图 245) 在另一端受运动体撞击的问题[4]. 设

[499] M 是杆截面的每单位面积上所受的运动体的质量, v_0 是运动体的初速度. 将运动体看作绝对刚体, 在碰撞开始的瞬时 $(t = 0)$, 杆端各质点的速度就是 v_0, 而初压应力则由方程 (279) 求得为

$$\sigma_0 = v_0 \sqrt{E\rho}. \tag{a}$$

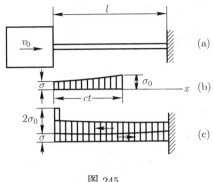

图 245

由于杆的阻力, 运动体的速度及其对于杆的压力都将逐渐减低, 于是得到一个沿杆长传播而压应力逐渐减低的压缩波 (图 245b). 压应力随时间的变化很容易由物体的运动方程求得. 用 σ 代表杆端的变化压应力, v 代表物体的变化速度, 得

$$M\frac{\mathrm{d}v}{\mathrm{d}t} + \sigma = 0. \tag{b}$$

将方程 (279) 中 v 的表达式代入, 得

$$\frac{M}{\sqrt{E\rho}}\frac{\mathrm{d}\sigma}{\mathrm{d}t} + \sigma = 0,$$

由此得

$$\sigma = \sigma_0 \mathrm{e}^{-\frac{t\sqrt{E\rho}}{M}}. \tag{c}$$

在 $t < 2l/c$ 的时间内, 这方程都适用. 当 $t = 2l/c$ 时, 波前压力为 σ_0 的压缩波将折回到与运动体接触的杆端. 运动体的速度不能突然改变, 因此, 波将被反射回来, 就像从固定端反射回来一样, 而接触面上的压应力将突然增大 $2\sigma_0$, 如图 245c 所示. 在碰撞过程中, 在每一段时间 $T = 2l/c$ 的终了, 都将发生这种压力突然增大的现象, 因而必须用不同的表达式以表示各段时间内的应力 σ. 在第一段时间内, $0 < t < T$, 可用方程 (c). 在第二段时间内, $T < t < 2T$, 有如图 245c 所示的情况, 压应力 σ 是由两个离开撞击端的波和一个移向这一端的波引起的. 用 $s_1(t)$、$s_2(t)$、$s_3(t)$、$\cdots$ 代表经过时间 T、$2T$、$3T$、$\cdots$ 之后所有离开撞击端的波在这一端引起的总压应力. 回向撞击端的波就是前一段时间内离开这一端的波, 由于在杆中来回一次, 所以延迟一段时间 T. 因此, 只须把前一段时间内离开撞击端的波所引起的压应力的表达式中的 t 用 $t - T$ 代替, 就得到由回向撞击端的波所引起的压应力. 于是, 在任一时间 $nT < t < (n+1)T$ 内的总压应力的一般表达式是

$$\sigma = s_n(t) + s_{n-1}(t - T). \tag{d}$$

[500]

撞击端的质点的速度, 应为由于离开这一端的波的压力 $s_n(t)$ 而有的速度减去由于移向这一端的波的压力 $s_{n-1}(t-T)$ 而有的速度. 于是, 由方程 (279) 得

$$v = \frac{1}{\sqrt{E\rho}}[s_n(t) - s_{n-1}(t-T)]. \tag{e}$$

现在利用撞击体的运动方程 (b) 求出 $s_n(t)$ 与 $s_{n-1}(t-T)$ 之间的关系. 用 α 代表杆的质量与撞击体的质量之比, 就有

$$\alpha = \frac{l\rho}{M}, \quad \frac{\sqrt{E\rho}}{M} = \frac{cl\rho}{Ml} = \frac{2\alpha}{T}. \tag{f}$$

应用这关系式和 (d) 与 (e), 方程 (b) 就成为

$$\frac{\mathrm{d}}{\mathrm{d}t}[s_n(t) - s_{n-1}(t-T)] + \frac{2\alpha}{T}[s_n(t) + s_{n-1}(t-T)] = 0.$$

乘以 $\mathrm{e}^{\frac{2\alpha t}{T}}$, 得

$$\mathrm{e}^{\frac{2\alpha t}{T}}\frac{\mathrm{d}s_n(t)}{\mathrm{d}t} + \frac{2\alpha}{T}\mathrm{e}^{\frac{2\alpha t}{T}}s_n(t) = \mathrm{e}^{\frac{2\alpha t}{T}}\frac{\mathrm{d}s_{n-1}(t-T)}{\mathrm{d}t}$$
$$+ \frac{2\alpha}{T}\mathrm{e}^{\frac{2\alpha t}{T}}s_{n-1}(t-T) - \frac{4\alpha}{T}\mathrm{e}^{\frac{2\alpha t}{T}}s_{n-1}(t-T),$$

或

$$\frac{\mathrm{d}}{\mathrm{d}t}[\mathrm{e}^{\frac{2\alpha t}{T}}s_n(t)] = \frac{\mathrm{d}}{\mathrm{d}t}[\mathrm{e}^{\frac{2\alpha t}{T}}s_{n-1}(t-T)]$$
$$- \frac{4\alpha}{T}\mathrm{e}^{\frac{2\alpha t}{T}}s_{n-1}(t-T),$$

[501]　　由此得

$$s_n(t) = s_{n-1}(t-T)$$
$$- \frac{4\alpha}{T}\mathrm{e}^{-\frac{2\alpha t}{T}} \times \left[\int \mathrm{e}^{\frac{2\alpha t}{T}}s_{n-1}(t-T)\mathrm{d}t + C\right], \tag{g}$$

其中 C 是积分常数. 现在将利用这方程依次导出 s_1、s_2、$\cdots$ 的表达式. 在第一段时间 $0 < t < T$ 内, 压应力由方程 (c) 给出, 可以写成

$$s_0 = \sigma_0 \mathrm{e}^{-\frac{2\alpha t}{T}}. \tag{h}$$

用这个值代替方程 (g) 中的 s_{n-1}, 得

$$s_1(t) = \sigma_0 \mathrm{e}^{-2\alpha\left(\frac{t}{T}-1\right)} - \frac{4\alpha}{T}\mathrm{e}^{-\frac{2\alpha t}{T}}\left(\int \sigma_0 \mathrm{e}^{2\alpha}\mathrm{d}t + C\right)$$
$$= \sigma_0 \mathrm{e}^{-2\alpha\left(\frac{t}{T}-1\right)}\left(1 - \frac{4\alpha t}{T}\right) - C\frac{4\alpha}{T}\mathrm{e}^{-\frac{2\alpha t}{T}}. \tag{k}$$

积分常数 C 可由这样的条件求得: 撞击端的压应力在 $t = T$ 的瞬时突然增加 $2\sigma_0$ (图 245c). 因此, 用方程 (d), 得

$$\left[\sigma_0 e^{-\frac{2\alpha t}{T}}\right]_{t=T} + 2\sigma_0 = \left[\sigma_0 e^{-2\alpha\left(\frac{t}{T}-1\right)}\right.$$
$$\left. + \sigma_0 e^{-2\alpha\left(\frac{t}{T}-1\right)}\left(1 - \frac{4\alpha t}{T}\right) - C\frac{4\alpha}{T}e^{-\frac{2\alpha t}{T}}\right]_{t=T},$$

由此得

$$C = -\frac{\sigma_0 T}{4\alpha}(1 + 4\alpha e^{2\alpha}).$$

代入方程 (k), 得

$$s_1 = s_0 + \sigma_0 e^{-2\alpha\left(\frac{t}{T}-1\right)}\left[1 + 4\alpha\left(1 - \frac{t}{T}\right)\right]. \tag{l}$$

依照同样方法进行, 用 s_1 代替方程 (g) 中的 s_{n-1}, 得到

$$s_2 = s_1 + \sigma_0 e^{-2\alpha\left(\frac{t}{T}-2\right)}\left[1 + 2(4\alpha)\left(2 - \frac{t}{T}\right) + 2(4\alpha^2)\left(2 - \frac{t}{T}\right)^2\right]. \tag{m}$$

再依同样方法继续进行, 就得到

$$s_3 = s_2 + \sigma_0 e^{-2\alpha\left(\frac{t}{T}-3\right)}\left[1 + 2(6\alpha)\left(3 - \frac{t}{T}\right)\right.$$
$$\left. + 2(3)4\alpha^2\left(3 - \frac{t}{T}\right)^2 + \frac{2(2)3}{3(3)}8\alpha^3\left(3 - \frac{t}{T}\right)^3\right], \tag{n}$$

其余类推[5]. 图 246 针对 $\sigma_0 = 1$ 和 $\alpha = 1/6$、$1/4$、$1/2$、1 四种不同的比率用曲 [502] 线[6] 表示函数 s_0、s_1、s_2、$\cdots$. 利用这些曲线, 很容易由方程 (d) 算出撞击端的 压应力 σ. 图 247 针对 $\sigma_0 = 1$ 和 $\alpha = 1/4$、$1/2$、1 用曲线表示这压应力. 在每 一段时间 T、$2T$、$\cdots$ 的终了, 应力都有突变. 应力的最大值与比率 α 有关. 当 $\alpha = 1/2$ 和 $\alpha = 1$ 时, 在 $t = T$ 的瞬时, 应力有最大值. 当 $\alpha = 1/4$ 时, 最大应力 发生在 $t = 2T$ 的瞬时. 当 σ 变成等于零的瞬时, 表明碰撞终止. 可见, 当 α 减 [503] 小时, 碰撞延续时间增长. 圣维南的计算给出碰撞延续时间的值如下:

$\alpha =$	$\dfrac{1}{6}$	$\dfrac{1}{4}$	$\dfrac{1}{2}$	1
$\dfrac{2t}{T} =$	7.419	5.900	4.708	3.068

当 α 很小时, 碰撞延续时间可用初等公式

$$t = \frac{\pi l}{c}\sqrt{\frac{1}{\alpha}} \tag{p}$$

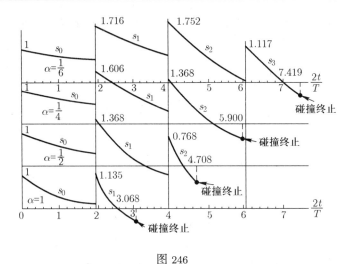

图 246

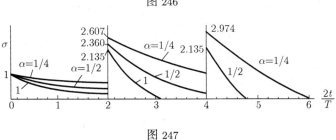

图 247

算得. 推导这公式时, 完全不计杆的质量, 并假定碰撞延续时间等于将撞击体固着于杆端作简谐振动时的周期的一半.

上面算得的函数 s_1、s_2、s_3、$\cdots$ 也可以用来确定杆的任一截面上的应力. 总应力总是两个 s 值之和 [方程 (d)], 一个值是由于移向固定端的合成波而有的, 另一个值是由于向相反方向移动的合成波而有的. 当对应于 s 的最大值 (图 246 中每一曲线的最高点) 的波到达固定端而折回时, 上述两个波都将具有这一最大值, 而这一点在这一瞬时的总压应力是碰撞过程中可能发生的最大压应力. 由此可见, 碰撞过程中的最大应力发生在固定端, 并等于 s 的最大值的两倍. 由图 246 立即可知, 当 $\alpha = 1/6$、$1/4$、$1/2$、1 时, 最大压应力分别是 $2 \times 1.752\sigma_0$、$2 \times 1.606\sigma_0$、$2 \times 1.368\sigma_0$ 和 $2 \times 1.135\sigma_0$. 图 248 中给出 $\alpha = \rho l / M$ 为各种值时的 $\sigma_{\max}/\sigma_0$ 的值[⑦]. 为了作比较, 图中并画出由下列方程算得的抛物线:

$$\sigma = \sigma_0 \sqrt{\frac{M}{\rho l}} = \frac{\sigma_0}{\sqrt{\alpha}}. \tag{q}$$

[504]

这一方程可用简单的方法得到 —— 完全不计杆的质量, 并令杆的应变能等于

撞击体的功能. 图中的虚线是方程

$$\sigma = \sigma_0\left(\sqrt{\frac{M}{\rho l}} + 1\right) \tag{r}$$

所决定的抛物线[8]; 可见, 对于大的 $1/\alpha$ 值, 能由这曲线得到很好的近似值.

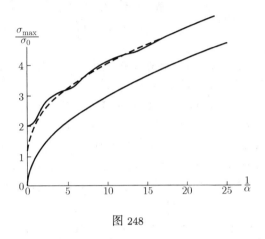

图 248

上述碰撞理论是根据 "杆端全部表面同时发生接触" 这一假定推出的. 事实上, 这一假定很难实现. 为了保证杆端确是平面而且两杆确能对准, 以及为了把两杆端之间的空气薄膜的影响降至最小, 必须非常当心. 这样, 观察到的波的传播就能很好地符合初等理论. 由拜克和孔卫的一篇论文[9] 中摘来的图 249, 表示沿圆杆传播并由平面杆端折回的波形的示波仪记录, 波形在情况 (c) 之下的失真是可以不计的. 在早期的实验工作中,[10] 曾把碰撞端作成圆球面, 并用赫兹理论考虑了接触处的局部形变.

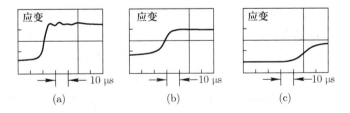

图 249 应变仪信号的振荡图, 表明碎波的形成与碰撞速度有关. 杆经 1/2 in; 应变片距碰撞处 30 in; 碰撞锤速 (a) 6 in/s,(b) 4 in/s,(c) 3 in/s.

注:
① 假设杆端整个截面同时发生接触.
② 沿 x 轴方向的速度作为正的.

③ 在杆的纵向碰撞的情况下, 平行移动的功能的损失曾经由 Cauchy 和 Poisson 讨论过, 最后又由 Saint-Venant 讨论过, 见 *Compt. Rend.*, p. 1108, 1866, 和 *J. Mathémat.* (*Liouville*), pp. 257 和 376, 1867.

④ 这问题曾经由几个著者讨论过, 最后的解答是 J. Boussinesq 得出的, 见 *Compt. Rend.*, p. 154, 1883. 这问题的历史见 "Théorie de l'Élasticité des Corps Solides," Clebsch, traduite par Saint-Venant, 第 60 节的注解. L. H. Donnell 也曾讨论过这问题, 他应用波的传播定律以简化解答, 并将解答推广到锥形杆的情形, 见 *Trans. ASME*, Applied Mechanics Division, 1930.

⑤ 这个问题所说明的逐次反射的影响, 可用拉普拉斯变换法精确导出. 例如见 W. T. Thomson, "Laplace Transformation", p. 123, 1950.

⑥ 这些曲线是 Saint-Venant 和 Flamant 算得的. 见 *Compt. Rend.*, pp. 127, 214, 281 和 353, 1883.

⑦ 见 Saint-Venant 和 Flamant 的论文 (见注 ⑥).

⑧ 这曲线是 Boussinesq 建议的, 见 *Compt. Rend.*, p. 154, 1883.

⑨ E. C. H. Becker and H. D. Conway, *Brit. J. Appl. Phys.*, vol. 15, pp. 1225-1231, 1964.

⑩ J. E. Sears 曾做过这样的研究, 见 *Trans. Cambridge Phil. Soc.*, vol 21, p. 49, 1908. 又见 J. E. P. Wagstaff, *Proc. Roy. Soc (London)*, Ser. A, vol. 105, p. 544, 1924; W. A. Prowse, *Phil. Mag.*, vol. 22, p. 209, 1936.

[505] ## §170　瑞利表面波

在 §166 和 §167 中, 把服从胡克定律的各向同性均匀介质中传播的扰动作为两种波的叠加, 即速度为 c_1 的无旋波和速度为 c_2 的等容波的叠加. 即使当波前处的质点速度和应力有间断时, 只要初始的扰动是局限于有限大的区域内, 那么, 无限大介质中的波速也只可能是 c_1 和 c_2.①

如果有自由边界, 或者有两种介质的交界面, 就会有另外的传播速度. 可能出现 "表面波" 它实质上只涉及一个薄表面层的运动. 这种波很像石块投入水中时平静水面上发生的波, 又很像带有高频交流电的导体的 "表面效应". 瑞利② 首先指出一般方程存在着表面波解答, 并曾说过: "这里所研究的表面波, 未必不在地震和弹性体碰撞中起重要的作用. 由于只是二维的发散, 它们必然在离波源较远之处继续增加其优势." 对地震波记录的研究, 支持瑞利的推测.

在离开波源较远之处, 由这些波所引起的形变可以当作二维形变. 假定物体以 $y = 0$ 的平面为边界, 并取 y 轴的正方向指向物体内部, 而 x 轴的正方向为波的传播方向. 将集散波方程 (271) 与畸变波方程 (270) 结合, 可求得位移的表达式. 假定在两种情况下 w 都是零, 集散波方程 (271) 的解答可取为如下

的形式:

$$u_1 = se^{-ry} \sin(pt - sx),$$
$$v_1 = -re^{-ry} \cos(pt - sx),$$
(a)

其中 p、r 和 s 都是常数. 式中的指数因子表明, 当 r 为正实数时, 波幅随深度 y 的增加而迅速减小. 三角函数的幅角 $pt - sx$ 表明波沿 x 方向传播, 速度是

$$c_3 = \frac{p}{s}.$$
(281)

将式 (a) 代入方程 (271), 可以发现, 如果

[506]

$$r^2 = s^2 - \frac{\rho p^2}{\lambda + 2G},$$

各方程就都被满足; 或者引用记号

$$\frac{\rho p^2}{\lambda + 2G} = \frac{p^2}{c_1^2} = h^2,$$
(b)

就有

$$r^2 = s^2 - h^2.$$
(c)

现在取畸变波 (270) 的解答为如下的形式:

$$u_2 = Abe^{-by} \sin(pt - sx),$$
$$v_2 = -Ase^{-by} \cos(pt - sx),$$
(d)

其中 A 是常数, 而 b 是正数. 可以证明, 如果

$$b^2 = s^2 - \frac{\rho p^2}{G},$$

对应于位移 (d) 的体积膨胀就成为零, 而方程 (270) 也被满足; 或者, 引用记号

$$\frac{\rho p^2}{G} = \frac{p^2}{c_2^2} = k^2,$$
(e)

就得到

$$b^2 = s^2 - k^2.$$
(f)

现在将解答 (a) 与 (d) 结合, 而取 $u = u_1 + u_2, v = v_1 + v_2$, 并决定常数 A、b、p、r、s, 使能满足边界条件. 物体的边界上没有外力作用, 因此, 当 $y = 0$ 时, $\overline{X} = 0, \overline{Y} = 0$. 将这些值代入方程 (130), 并令 $l = n = 0, m = -1$, 就得到

$$\frac{\partial u}{\partial y} + \frac{\partial v}{\partial x} = 0,$$
$$\lambda e + 2G \frac{\partial v}{\partial y} = 0.$$
(g)

前一个方程表明物体表面上的剪应力是零, 第二个方程表明表面上的正应力是零. 将上面 u 和 v 的表达式代入这两个方程, 得

$$
\begin{aligned}
& 2rs + A(b^2 + s^2) = 0, \\
& \left(\frac{k^2}{h^2} - 2\right)(r^2 - s^2) + 2(r^2 + Abs) = 0,
\end{aligned}
\tag{h}
$$

[507]　　其中的

$$
\frac{k^2}{h^2} - 2 = \frac{\lambda}{G},
$$

是由 (b) 和 (e) 得来的.

　　由方程 (h) 中消去常数 A, 并利用 (c) 和 (f), 就得到

$$
(2s^2 - k^2)^2 = 4brs^2,
\tag{k}
$$

或者, 再用 (c) 和 (f), 得

$$
\left(\frac{k^2}{s^2} - 2\right)^4 = 16\left(1 - \frac{h^2}{s^2}\right)\left(1 - \frac{k^2}{s^2}\right).
$$

利用方程 (b)、(e) 和 (281), 可将这方程中的各个量用集散波的速度 c_1、畸变波的速度 c_2 和表面波的速度 c_3 表示, 于是得

$$
\left(\frac{c_3^2}{c_2^2} - 2\right)^4 = 16\left(1 - \frac{c_3^2}{c_1^2}\right)\left(1 - \frac{c_3^2}{c_2^2}\right).
\tag{l}
$$

用记号

$$
\frac{c_3}{c_2} = \alpha,
$$

并注意

$$
\frac{c_2^2}{c_1^2} = \frac{1 - 2\nu}{2(1 - \nu)},
$$

方程 (l) 就成为

$$
\alpha^6 - 8\alpha^4 + 8\left(3 - \frac{1 - 2\nu}{1 - \nu}\right)\alpha^2 - 16\left[1 - \frac{1 - 2\nu}{2(1 - \nu)}\right] = 0.
\tag{m}
$$

例如, 取 $\nu = 0.25$, 得

$$
3\alpha^6 - 24\alpha^4 + 56\alpha^2 - 32 = 0,
$$

或

$$
(\alpha^2 - 4)(3\alpha^4 - 12\alpha^2 + 8) = 0.
$$

这方程的三个根是

$$\alpha^2 = 4, \quad \alpha^2 = 2 + \frac{2}{\sqrt{3}}, \quad \alpha^2 = 2 - \frac{2}{\sqrt{3}}.$$

这三个根中, 只有最后一个能使方程 (c) 和 (f) 中的 r^2 和 b^2 为正数. 因此

$$c_3 = \alpha c_2 = 0.9194\sqrt{\frac{G}{\rho}}.$$

在 $\nu = 1/2$ 的极端情形下, 方程 (m) 成为

$$\alpha^6 - 8\alpha^4 + 24\alpha^2 - 16 = 0,$$

由此得   [508]

$$c_3 = 0.9553\sqrt{\frac{G}{\rho}}.$$

在两种情况下, 表面波的速度都只是略小于畸变波在物体中传播的速度. 有了 α, 就容易算出物体表面处的水平位移与铅直位移两者的幅度的比率. 当 $\nu = 1/4$ 时, 这个比率是 0.681. 上述表面波的传播速度, 也可考虑两平行面间的物体的振动而求得③.

注:

①　A. E. H. Love, "Mathematical Theory of Elasticity", 4th ed., pp. 295-297, 1927.

②　见 *Proc. London Math. Soc.*, vol. 17, pp. 4-11, 1885; 或见 "Scientific Papers", vol. 2, pp. 441-447, 1900.

③　见 H. Lamb, *Proc. Roy. Soc (London)*, ser. A, vol. 93, p. 114, 1917 又见 S. Timoshenko, *Phil. Mag.*, vol. 43, p. 125, 1922.

§171　无限介质中的球对称波

当球形洞内有球对称的爆炸之类的扰动时, 发生的波或脉冲也是球对称的. 这时, 位移只有径向分量 u, 它是球面坐标中的径向坐标①r 和时间 t 的函数. 由于对称性, 位移是无旋的, 因此, 只涉及方程 (273) 或 (277) 所示的传播速度 c_1.

考虑一个如图 250 所示的, 由四个径向平面和两个球面所围成的, 径向厚度为 d_1 的典型单元体, 不难得出 u 的微分方程. 径向运动的动力方程是　　[509]

$$\frac{\partial \sigma_r}{\partial r} + \frac{2}{r}(\sigma_r - \sigma_t) = \rho\frac{\partial^2 u}{\partial t^2}. \tag{a}$$

应变分量是

$$\epsilon_r = \frac{\partial u}{\partial r}, \quad \epsilon_t = \frac{u}{r}. \tag{b}$$

于是由表明胡克定律的关系式得

$$\sigma_r = \frac{E}{(1+\nu)(1-2\nu)}\left[(1-\nu)\frac{\partial u}{\partial r} + 2\nu\frac{u}{r}\right], \qquad \text{(c)}$$

$$\sigma_t = \frac{E}{(1+\nu)(1-2\nu)}\left(\frac{u}{r} + \nu\frac{\partial u}{\partial r}\right).$$

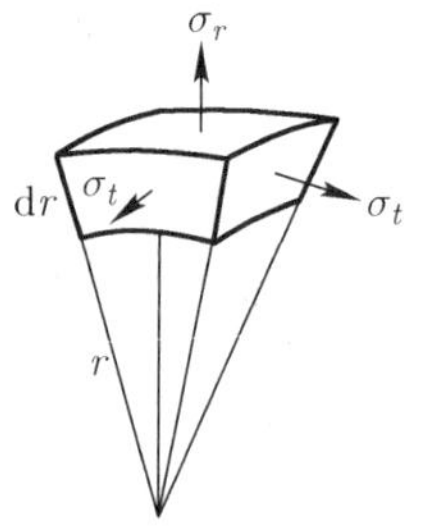

代入方程 (a), 得

$$\frac{\partial^2 u}{\partial r^2} + \frac{2}{r}\frac{\partial u}{\partial r} - \frac{2u}{r^2} = \frac{1}{c_1^2}\frac{\partial^2 u}{\partial t^2}. \qquad \text{(d)}$$

图 250

相应于 §166 中的方程 (c), 引用函数 ϕ, 可以写出

$$u = \frac{\partial \phi}{\partial r}. \qquad \text{(e)}$$

于是, 方程 (d) 等价于

$$\frac{\partial}{\partial r}\left[\frac{1}{r}\frac{\partial^2}{\partial r^2}(r\phi)\right] = \frac{1}{c_1^2}\frac{\partial}{\partial r}\frac{\partial^2 \phi}{\partial t^2}, \qquad \text{(f)}$$

这是可以实行左边的求导而立即得到证明的. 将 (f) 对 r 积分, 得

$$\frac{1}{r}\frac{\partial^2}{\partial r^2}(r\phi) - \frac{1}{c_1^2}\frac{\partial^2 \phi}{\partial t^2} = F(t), \qquad \text{(g)}$$

其中 $F(t)$ 是任意函数. 如果这个任意函数不是零, 我们总可以找到 (g) 的一个特解, 它只是 t 的一个函数 $\phi(t)$. 但这并不会改变位移 (e). 因此, 可以把 $F(t)$ 删去. 于是, 将 (g) 乘以 r, 即得

$$\frac{\partial^2}{\partial r^2}(r\phi) = \frac{1}{c_1^2}\frac{\partial^2}{\partial t^2}(r\phi). \qquad (282)$$

与方程 (275) 及其解答 (276) 对比, 可见 (282) 的通解是

$$r\phi = f(r - c_1 t) + g(r + c_1 t). \qquad (283)$$

[510]　　对这个通解的解释与对通解 (276) 的相似. 函数 $f(r - c_1 t)$ 代表一个向外的波, 而函数 $g(r + c_1 t)$ 代表一个向内的波. 前者适用于爆炸问题. 后者适用于向内爆炸的问题, 例如有限大实心球体中在整个表面上受到实施压力以后向球心汇集的波.

　　注:

　　① 在第十二章中, 这个坐标用 R 表示, 而 r 是柱面坐标系中的径向坐标.

§172 球形洞内的爆炸压力

删去方程 (238) 中的函数 (g), 问题就归结为决定单个函数 f, 使其既满足边界条件, 也满足初始条件.

初始条件是: 在 $t = 0$ 时, 具有球形洞的无限介质的位移和速度到处为零. 当 $t > 0$ 时, 作用于洞表面 $r = a$ 的压力是 t 的已知函数 $p(t)$. 这是边界条件之一. 另一个边界条件是无限远处的介质保持不受扰动.

由于在 $r = a$ 处有一个边界条件, 宜将 (283) 取为

$$\phi = \frac{1}{r} f(\tau), \quad 其中 \tau = t - \frac{1}{c_1}(r - a). \tag{a}$$

于是在 $r = a$ 处有 $\tau = t$, 而且 τ 就量度一个信号从 $r = a$ 处发出而到达 $r > a$ 处的时间. 用记号

$$f' = \frac{\mathrm{d}}{\mathrm{d}\tau} f(\tau),$$

则由 §171 中的方程 (e) 和 (c) 可得

$$u = -\frac{1}{c_1}\frac{1}{r}f' - \frac{1}{r^2}f, \tag{b}$$

$$\frac{1}{\rho c_1^2}(1 - \nu)\sigma_r = (1 - \nu)\frac{1}{c_1^2}\frac{1}{r}f'' + 2(1 - 2\nu)\left(\frac{1}{c_1}\frac{1}{r^2}f' + \frac{1}{r^3}f\right), \tag{c}$$

$$\frac{1}{\rho c_1^2}(1 - \nu)\sigma_t = \nu\frac{1}{c_1^2}\frac{1}{r}f'' - (1 - 2\nu)\left(\frac{1}{c_1}\frac{1}{r^2}f' + \frac{1}{r^3}f\right). \tag{d}$$

洞面的边界条件是: 在 $r = a$ 处, $\sigma_r = -p(t)$. 将这个 σ_r 值代入 (c) 的左边而在右边取 $r = a$, 并注意有 $\tau = t$, 可见该边界条件要求

$$f''(t) + 2\gamma f'(t) + 2\gamma\frac{c_1}{a}f(t) = -\frac{a}{\rho}p(t), \tag{e}$$

其中的撇号现在可以看作对 t 的求导, 而 [511]

$$\gamma = \frac{1 - 2\nu}{1 - \nu}\frac{c_1}{a}. \tag{f}$$

常微分方程 (e) 属于

$$x''(t) + a_1 x'(t) + a_0 x(t) = F(t) \tag{g}$$

的形式, 其中 a_1 和 a_0 是常数. 这种形式在动力学中是周知的, 它是受黏滞阻尼的简单弹簧振荡器的一般受迫运动问题的微分方程. 它的通解可以表示成为

$$x(t) = \int_0^t F(\xi)g_1(t - \xi)\mathrm{d}\xi + C_1 \mathrm{e}^{\alpha t} + C_2 \mathrm{e}^{\beta t}. \tag{h}$$

在这里, C_1 和 C_2 是补充函数 (即齐次方程的通解) 中的任意常数, α 和 β 是 z 的下列二次方程的两个根:

$$z^2 + a_1 z + a_0 = 0. \tag{i}$$

(h) 右边的积分式是 (g) 的一个特解, 其中的函数 $g_1(t-\xi)$ 可由函数

$$g_1(t) = \frac{1}{\alpha - \beta}(\mathrm{e}^{\alpha t} - \mathrm{e}^{\beta t}) \tag{j}$$

得来, 而后者的得来不过是在补充函数中选择 C_1 和 C_2, 使得

$$g_1(0) = 0, \quad g_1'(0) = 1. \tag{k}$$

相应于 (h) 右边的积分式, 方程 (e) 的特解是

$$f(t) = -\frac{1}{\alpha - \beta}\frac{a}{\rho}\int_0^t p(\xi)[\mathrm{e}^{\alpha(t-\xi)} - \mathrm{e}^{\beta(t-\xi)}]\mathrm{d}\xi, \tag{l}$$

现在其中

$$\begin{matrix}\alpha \\ \beta\end{matrix} = \gamma(-1 \pm \mathrm{i}s) \text{ 而 } s = \sqrt{\frac{1}{1-2\nu}}, \tag{m}$$

并且 s 和上面 (f) 给出的 γ 都是正实数. 虽然这里的 α 和 β 是复数, 但方程 (l) 的右边是实数.

现在可以说明, 特解 (l) 就是爆炸问题中所需的一切. 在方程 (b) 中令 $t = 0$, 可见位移为零的初始条件要求

在 $r \geqslant a$ 处,

$$-\frac{1}{c_1}\frac{1}{r}f'\left(-\frac{r-a}{c_1}\right) - \frac{1}{r^2}f\left(\frac{r-a}{c_1}\right) = 0. \tag{n}$$

[512]　　将方程 (b) 对 t 求导, 得出

$$\frac{\partial u}{\partial t} = -\frac{1}{c_1}\frac{1}{r}f''(\tau) - \frac{1}{r^2}f'(\tau),$$

然后在 τ 中令 $t = 0$, 即可将速度为零的初始条件表示成为

$$-\frac{1}{c_1}\frac{1}{r}f''\left(-\frac{r-a}{c_1}\right) - \frac{1}{r^2}f''\left(-\frac{r-a}{c_1}\right) = 0. \tag{o}$$

到此为止, 我们对于函数 $f(t)$ 的自变量 t 只注视了它的正值. 但在初始条件 (n) 和 (o) 中, 自变量是 $-(r-a)/c_1$, 它在所讨论的区域 $r > a$ 内是负的. 显然, 这就必须定义 $f(\eta)$, 使 η 可用于任何自变量, 包括正实数和负实数.

试考虑如下的定义: 对于正的 η, 在 (1) 中用 η 代替 t, 从而给出 $f(\eta)$; 当 η 为负时, $f(\eta)$ 为零.

于是, 当 η 为负时, 导数 $f'(\eta)$、$f''(\eta)$ 也都是零, 因而初始条件 (η) 和 (o) 都被满足. 此外, 由 (1) 可见, 对于正的 τ,

$$\lim_{\tau \to 0} f(\tau) = 0, \quad \lim_{\tau \to 0} f'(\tau) = 0, \tag{p}$$

因此, 注意到上面的方程 (b), 可见在 r 处的位移一直到 $t = (r-a)/c_1$ (也就是一直到 $\tau = 0$) 时都保持为零, 而在此后成为不间断的非零值. 这就进一步表示, 无穷远处的材料保持不受扰动. 而且, 如果考虑 r 的全范围, 则位移在任何瞬时都没有间断, 正如物理条件所要求的那样. 显然, 上面对 $f(\eta)$ 所下的定义能满足问题的所有一切条件[①].

突施并持续的洞内压力. 在这一情况下, 可以取: $t > 0$ 时, $p(t) = p_0$, 而 p_0 为常量[②]. 于是在方程 (1) 中有 $p(\xi) = p_0$, 因而容易求得该方程中的积分式. 用 τ 代替 t 以后, 结果是

$$f(\tau) = -\frac{p_0 a^2}{2\rho\gamma c_1} \left[1 - \mathrm{e}^{-\gamma\tau} \left(\cos\gamma s\tau + \frac{1}{s}\sin\gamma s\tau \right) \right]. \tag{q}$$

代入方程 (b)、(c)、(d), 即可得出位移和应力. 杭特 (见注[①]) 曾求得洞面处的应力差的比率 $(\sigma_t - \sigma_r)p_0$, 表示成为无因次的时间 $\bar{t} = c_1 t/a$ 的函数. 在 $\bar{t} = 0$ 时, 即压力被突施时, 这个比率突然升至 0.592; 在 $\bar{t} = 2.19$ 时, 该比率进一步增大至 1.75; 此后, 该比率下降, 以 1.5 为渐近值, 而这就是相应于静力问题的值.　　　　[513]

注:

① 在 H. G. Hopkins 所写的一篇文章里, 列出了自 1935 年以来出现的、用变换法得来的若干解答, 见 Dynamic Expansion of Spherical Cavities in Metals, 载于 "Progress in Solid Mechanics", vol. 1, pp. 84-164, 1960, 其中还概括了弹塑性介质和大形变方面的内容.

② 关于早期解答和冲击压力等相关问题的参考文献, 见 J. N. Goodier and P. G. Hodge, "Elasticity and plasticity", 1958.

附录

差分方程在弹性理论中的应用

1. 差分方程的推导

我们已经看到, 弹性理论问题通常要求在给定边界条件下求解某些偏微分方程. 只有在简单边界的情况下, 才能用严格的方法处理这些方程.

我们常常不能求得严格的解答, 而必须借助于各种近似法. 作为这些方法之一, 这里将讨论一种数值计算法, 它的根据是将微分方程用相应的差分方程来代替[①].

如果一个光滑函数 $y(x)$ 由一组对应于 $x=0, x=\delta, x=2\delta, \cdots$ 的等距数值 $y_0, y_1, y_2, \cdots$ 给定, 就可以用减法算得一阶差分 $(\Delta_1 y)_{x=0} = y_1 - y_0, (\Delta_1 y)_{x=\delta} = y_2 - y_1, (\Delta_1 y)_{x=2\delta} = y_3 - y_2, \cdots$. 分别除以间距 δ, 就得到 $y(x)$ 的一阶导数在各对应点的近似值:

$$\left(\frac{\mathrm{d}y}{\mathrm{d}x}\right)_{x=0} \approx \frac{y_1 - y_0}{\delta}, \quad \left(\frac{\mathrm{d}y}{\mathrm{d}x}\right)_{x=\delta} \approx \frac{y_2 - y_1}{\delta}, \quad \cdots. \tag{1}$$

利用这些一阶差分, 可以算得二阶差分如下:

$$(\Delta_2 y)_{x=\delta} = (\Delta_1 y)_{x=\delta} - (\Delta_1 y)_{x=0} = y_2 - 2y_1 + y_0.$$

由这些二阶差分可得二阶导数的近似值, 如

$$\left(\frac{\mathrm{d}^2 y}{\mathrm{d}x^2}\right)_{x=\delta} \approx \frac{(\Delta_2 y)_{x=\delta}}{\delta^2} = \frac{y_2 - 2y_1 + y_0}{\delta^2}. \tag{2}$$

设有 x、y 两个变数的光滑函数 $w(x,y)$, 可用与方程 (1) 和 (2) 相似的方程近似地计算偏导数. 例如, 假定所处理的是矩形边界 (图 1), 而且函数 w 在网格边长为 δ 的规则正方形网格的各结点处的数值是已知的. 这时, 可用如下

的表达式作为 w 的偏导数在 O 点的近似值:

$$\frac{\partial w}{\partial x} \approx \frac{w_1 - w_0}{\delta}, \qquad \frac{\partial w}{\partial y} \approx \frac{w_2 - w_0}{\delta},$$

$$\frac{\partial^2 w}{\partial x^2} \approx \frac{w_1 - 2w_0 + w_3}{\delta^2}, \quad \frac{\partial^2 w}{\partial y^2} \approx \frac{w_2 - 2w_0 + w_4}{\delta^2}. \tag{3}$$

同样可以导出高阶偏导数的近似表达式. 有了这些表达式, 即可将偏微分方程交换成为差分方程.

试以柱形杆的扭转作为第一个例子. 已经看到②, 这个问题可以归结为求 [517] 解偏微分方程

$$\frac{\partial^2 \phi}{\partial x^2} + \frac{\partial^2 \phi}{\partial y^2} = -2G\theta, \tag{4}$$

其中 ϕ 是应力函数, 在截面边界上必须是常量; θ 是杆的每单位长度的扭角; G 是剪弹性模量. 利用公式 (3), 可将上面的方程交换成差分方程

$$\frac{1}{\delta^2}(\phi_1 + \phi_2 + \phi_3 + \phi_4 - 4\phi_0) = -2G\theta. \tag{5}$$

这样, 每一扭转问题就归结为寻求函数 ϕ 的一组数值, 使其在截面边界之内的每一结点满足方程 (5), 而在边界上成为常数.

作为最简单的例子, 我们来考察截面为正方形 $a \times a$ 的杆 (图 2), 并采用网格边长为 $\delta = a/4$ 的正方形网格. 由对称性可知, 在这一情况下, 只须考察截面的八分之一 (图中阴影部分) 就够了. 如果确定了函数 ϕ 在图 2 所示三点的值 α, β, γ, 就可以知道在边界之内的所有网格结点的 ϕ. 沿着边界, 可以取 ϕ 等于零. 于是问题成为计算 α, β, γ 三个量. 为此, 可写出三个 (5) 型的方程. 注意对称条件, 得到

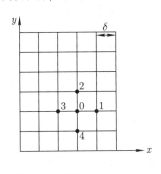

图 1

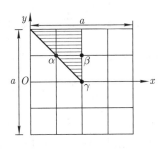

图 2

$$2\beta - 4\alpha = -2G\theta\delta^2,$$

$$2\alpha + \gamma - 4\beta = -2G\theta\delta^2,$$

$$4\beta - 4\gamma = -2G\theta\delta^2.$$

求解这三个方程, 得

$$\alpha = 1.375G\theta\delta^2, \quad \beta = 1.750G\theta\delta^2, \quad \gamma = 2.250G\theta\delta^2.$$

于是, 由边界之内所有各结点的上列数值, 以及在边界上的零值, 就决定了所求的应力函数.

为了计算应力函数的偏导数, 我们假想有一光滑曲面, 以算得的各个数值作为它在各个结点的纵坐标. 于是, 这曲面在任一点的斜率就将给出对应的扭应力的近似值. 最大应力发生在正方形边界各边的中点. 为了获得一些关于采用少数网格结点可能得到的精确度的概念, 我们来计算在图 2 中 O 点的扭应力. 为了求得所需的斜率, 可取一光滑曲线, 使其在 x 轴上各结点处具有算得的纵坐标 β, γ, β. 这些值, 除以 $G\theta\delta^2/4$ 后, 列于下表中的第二行. 表中其余各行则给出逐阶差分的数值③. 于是所求的光滑曲线可由如下的牛顿内插公式给出:

$$\phi = \phi_0 + x\frac{\Delta_1}{\delta} + x(x-\delta)\frac{\Delta_2}{1(2\delta^2)} + x(x-\delta)(x-2\delta)\frac{\Delta_3}{1(2)3\delta^3}$$
$$+ x(x-\delta)(x-2\delta)(x-3\delta)\frac{\Delta_4}{1(2)3(4\delta^4)}.$$

$x =$	0	δ	2δ	3δ	4δ
$\phi =$	0	7	9	7	0
$\Delta_1 =$	7	2	-2	-7	
$\Delta_2 =$	-5	-4	-5		
$\Delta_3 =$	1	-1			
$\Delta_4 =$	-2				

取 ϕ 的导数, 并将上表中 Δ_1、Δ_2、$\cdots$ 的值乘以 $G\theta\delta^2/4$ 后代入, 当 $x=0$ 时得

$$\left(\frac{\partial\phi}{\partial x}\right)_{x=0} = \frac{124}{48}G\theta\delta = 0.646Ga\theta.$$

将这结果与 §109 中的精确值对比, 可见在此情况下的误差约为 4.3%. 为了得到更高的精度, 须用较密的网格. 例如, 取 $\delta = \dfrac{a}{6}$ (图 3), 这时须求解六个方程, 得

$$\alpha = 0.952(2G\theta\delta^2), \quad \beta = 1.404(2G\theta\delta^2), \quad \gamma = 1.539(2G\theta\delta^2),$$

$$\alpha_1 = 2.125(2G\theta\delta^2), \quad \beta_1 = 2.348(2G\theta\delta^2), \quad \gamma_1 = 2.598(2G\theta\delta^2).$$

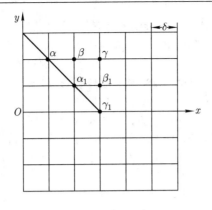

图 3

现在沿 x 轴用七个纵坐标, 计算 O 点的斜率[4], 得最大剪应力

$$\left(\frac{\partial \phi}{\partial x}\right)_{x=0} = 0.661 G\theta a.$$

这个结果的误差约为 2%. 有了 $\delta = a/4$ 和 $\delta = a/6$ 时的结果, 可用外推法得到更好的近似值[4]. 可以证明[5], 用差分方程代替微分方程, 当网格边长很小时, 应力函数 ϕ 的导数的误差与网格边长的平方成正比. 如果 $\delta = a/4$ 时最大应力的误差用 Δ 代表, 则 $\delta = a/6$ 时的误差可以认为等于 $\Delta(2/3)^2$. 利用上面算得的最大应力的值, 可由下列方程求得 Δ:

$$\Delta - \Delta\left(\frac{2}{3}\right)^2 = 0.015 G\theta a,$$

由此得   [520]

$$\Delta = 0.027 G\theta a.$$

于是, 应力的较精确的值是

$$0.646 G\theta a + 0.027 G\theta a = 0.673 G\theta a,$$

这与精确值 $0.675 G\theta a$ 的差异小于 $\frac{1}{3}$%.

注:

① 首先在弹性理论中应用差分方程的似乎是 C. Runge, 他曾用这方法来解答扭转问题 (*Z. Math. Phys.*, vol. 56, p. 225, 1908), 将这问题化为求解一组线性代数方程. 进一步的发展归功于 L. F. Richardson, 见 *Trans. Roy. Soc.* (*London*), ser. A, vol. 210, p. 307, 1910, 他用一种迭代法求解这样的代数方程, 从而求得坝体中由重力和水

压力引起的应力的近似值. H. Licbmann 曾提出另一种迭代法, 并证明了它的收敛性, 见 *Sitzber. Bayer. Akad. Wiss.*, 1918, p. 385. 这种迭代法在调和方程和重调和方程情形下的收敛性, 曾由 F. Wolf 和 R. Courant 作过进一步的讨论, 分别见 *Z. Angew. Math. Mech.*, vol. 6, p. 118 和 p. 322, 1926. 差分法曾被 H. Marcus 和 H.Hencky 成功地应用于薄板理论, 分别见 *Armierter Beton*, 1919, p. 107 和 *Z. Angew. Math. Mech.*, vol. 1, p. 81, 1921 和 vol. 2, p. 58, 1922. 近来, 在 R. V. Southwell 和他的学生们的著作中, 差分法得到极其广泛的应用, 见 R. V. Southwell, "Relaxation Methods in Theoretical Physics", 1946. 计算机可在几分钟内为几千个联立线性代数方程提供数值解答, 因而大大扩展了实用的可能性.

②　见 §104 中的方程 (150).

③　这里假定该量集在一端的各阶差分都存在, 并将它们用于牛顿公式.

④　利用 W. G. Bickley 算出的一些表格, 可大大简化内插曲线的导数计算. 在注 ① 中提到的 Southwell 所著的书中, 给出了这些表格.

⑤　L. F. Richardson, 见注 ①.

2.　逐步求近法

由前一节中简单的例子可见, 要提高差分法的精度, 必须采用愈来愈密的网格. 但是, 这样一来, 所须求解的方程的数目就愈来愈大.① 利用逐步求近法, 可以使这些方程的求解大为简化. 为了说明这点, 我们来考察方程②

$$\frac{\partial^2 \phi}{\partial x^2} + \frac{\partial^2 \phi}{\partial y^2} = 0. \tag{6}$$

由方程 (5), 对应的差分方程是

$$\phi_0 = \frac{1}{4}(\phi_1 + \phi_2 + \phi_3 + \phi_4). \tag{7}$$

这表示, 函数 ϕ 在正方形网格的任一结点 O 处的真值等于这函数在与 O 相邻的四结点处的值的平均值. 现在将利用这一事实, 以逐步求近法计算 ϕ 值. 仍然以正方形边界 (图 4) 作为最简单的例子, 假设 ϕ 的边界值如图中所示. 由于边界值对称于铅直中心轴, 可知 ϕ 也将对称于这个轴. 于是, 只须计算 ϕ 在六个结点 a、b、a_1、b_1、a_2、b_2 的值. 只要写出并求解六个 (7) 型的方程, 就可以做到. 那些方程在目前情况下是简单的, 它们给出 $\phi_a = 854, \phi_b = 914, \phi_{a_1} = 700, \phi_{b_1} = 750, \phi_{a_2} = 597, \phi_{b_2} = 686$③. 我们也可以不用这一方法而进行如下: 假设 ϕ 的某些值, 例如图 4 中每一方格内最上面的数字. 为了求得 ϕ 的较好的近似值, 可对每一结点应用方程 (7). 考虑 a 点, 作为一次近似值, 我们取

$$\phi'_a = \frac{1}{4}(800 + 1000 + 1000 + 900) = 925.$$

计算 b 点的一次近似值时, 我们将利用算得的 ϕ'_a 值, 并利用对称条件, 这条件 [521]
要求 $\phi'_c = \phi'_a$. 于是方程 (7) 给出

$$\phi'_b = \frac{1}{4}(925 + 1200 + 925 + 900) = 988.$$

对所有内结点作同样的计算, 就得到各个一次近似值, 如每一方格中的第二行
所示. 再利用这些数值计算二次近似值, 如

$$\phi''_a = \frac{1}{4}(800 + 1000 + 988 + 806) = 899,$$

$$\phi''_b = \frac{1}{4}(899 + 1200 + 899 + 850) = 962,$$

$$\cdots\cdots\cdots\cdots .$$

各个二次近似值也写在图 4 内. 可以看出, 各次近似值如何逐步接近前面给出
的准确值. 重复这样的计算 10 次, 所得结果的最后一位数字与真值之差将不
超过 1, 这近似值是可以令人满意的.

　一般说来, 为了求得满意的近似值所必须重复的计算次数, 与函数 ϕ 的
初值的选择有很大关系. 开始的一组值愈好, 随后改正的工作就愈少.

　最好是从只有少数几个内结点的稀网格开始. 各结点的 ϕ 值可直接由 (7)
型方程的解答得来, 或用上述迭代法求得. 此后, 改用较密的网格, 如图 5, 其
中粗线代表稀网格. 有了 ϕ 在小圆所示各结点处的值, 就可以用方程 (7) 计算

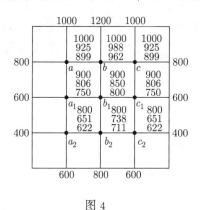

图 4

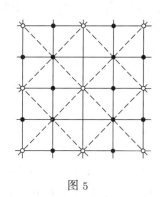

图 5

斜十字所示各点的值. 然后, 利用这两组值再由方程 (7) 求得用小黑点所示各
点的值. 这样求得在细线所示密网格的各结点处的 ϕ 值以后, 就可在密网格上 [522]
开始迭代计算.

　我们也可以不计算 ϕ 值而计算对函数 ϕ 的初设值 ϕ^0 的矫正值 ψ[④], 这时

$$\phi = \phi^0 + \psi.$$

由于函数 ϕ 满足方程 (6), $\phi^0 + \psi$ 也必须满足方程 (6), 于是得

$$\frac{\partial^2 \psi}{\partial x^2} + \frac{\partial^2 \psi}{\partial y^2} = -\left(\frac{\partial^2 \phi^0}{\partial x^2} + \frac{\partial^2 \phi^0}{\partial y^2}\right). \tag{8}$$

在边界上, ϕ 值是给定的, 这表示在边界上矫正值 ψ 是零. 于是现在的问题是寻求 ψ, 使其在每一内节点处满足方程 (8), 而在边界上成为零. 用相应的差分方程代替方程 (8), 对于正方形网格的任一点 O (图 1) 有

$$\psi_1 + \psi_2 + \psi_3 + \psi_4 - 4\psi_0 = -(\phi_1^0 + \phi_2^0 + \phi_3^0 + \phi_4^0 - 4\phi_0^0). \tag{8'}$$

对于每一个内结点, 利用函数 ϕ 的各个初值 ϕ^0, 这方程的右边就可以算出. 于是, 计算矫正值 ψ 的问题成为求解与前一节中的方程 (5) 相似的方程组, 这可以用迭代法来处理.

　　注:

　　① 关于数字计算机的利用, 见第 10 节.

　　② 在 §106 中已经指出, 扭转问题可归结为在 ϕ 的指定边界值下求解这一方程.

　　③ 计算时只取三位数字而将小数点后的数字略去.

　　④ 这个方法使计算简化, 因为只须处理较小的数字.

3.　松弛法

处理前一节中方程 (8′) 一类的差分方程时, 一种有效的方法是由苏斯威尔提出并命名的松弛法. 苏斯威尔从普郎都的薄膜比拟[①] 开始, 而薄膜比拟的根据是: 扭转问题的微分方程 (4) 在形式上与均匀受拉并受横向载荷的薄膜的挠度方程

$$\frac{\partial^2 w}{\partial x^2} + \frac{\partial^2 w}{\partial y^2} = -\frac{q}{S} \tag{9}$$

相同. 这方程中的 w 代表薄膜从原来水平位置算起的挠度, q 是分布载荷的集度, S 是薄膜边界每单位长度上的均匀拉力. 这问题是寻求 w, 表为 x 和 y 的函数, 使其在薄膜的每一点满足方程 (9), 而在边界上为零.

现在来导出对应的差分方程. 为此, 用均匀受拉的弦作成正方形网格 (图 1) 以代替薄膜. 考察 O 点, 用 $S\delta$ 代表弦内的拉力, 可以看出, $O-1$ 及 $O-3$ 两弦对结点 O (图 6) 施一向上的力, 等于[②]

$$S\delta\left(\frac{w_0 - w_1}{\delta} + \frac{w_0 - w_3}{\delta}\right). \tag{10}$$

[523]

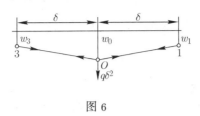

图 6

关于其他两弦 $O-2$ 和 $O-4$ 施于结点 O 的力, 也可以写出相似的表达式. 用施于各结点的集中力 $q\delta^2$ 代替作用于薄膜上的连续载荷, 可以写出结点 O 的平衡方程如下:

$$q\delta^2 + S(w_1 + w_2 + w_3 + w_4 - 4w_0) = 0. \tag{11}$$

这就是对应于微分方程 (9) 的差分方程. 为了求解这问题, 必须寻求挠度 w 的一组值, 使其在每一结点都满足方程 (11).

从挠度的某些初设值 w_0^0、w_1^0、w_2^0、w_3^0、w_4^0、$\cdots$ 开始。将这些值代入方程 (11), 一般都将发现, 平衡条件不能满足, 而为了维持网的初设挠度, 必须在各结点安置支座. 于是, 如

$$R_0 = q\delta^2 + S(w_1^0 + w_2^0 + w_3^0 + w_4^0 - 4w_0^0) \tag{12}$$

[524]

等等的各个量, 就代表载荷的传到各支座上的部分. 这些力称为剩余力或余差. 现在假想各支座是螺杆型的, 因而可以使任一结点具有所需的控制位移. 这样就可以通过支座的适当位移使所有的剩余力 (12) 成为零. 这样的一些位移, 就是为了得到 w 的真值而必须给予初设挠度 w_0^0、w_1^0、w_2^0、$\cdots$ 的矫正值.

苏斯威尔在操纵各支座的位移时所用的方法, 与卡利塞夫[③] 在处理高次超静定刚架时所用的方法相似. 首先使一个支座如 O (图 6) 发生位移, 而其他支座保持不动. 由 (11) 型的方程可见, 向下的位移 w_0' 对应于作用在结点 O 的铅直力 $-4Sw_0'$, 负号表示力是向上作用的. 调整这位移, 使得

$$R_0 - 4Sw_0' = 0, \quad \text{即} \quad w_0' = \frac{R_0}{4S}, \tag{13}$$

就消除了剩余力 (12) 而不再有压力传到支座 O. 但是, 在这同时, 将有压力 Sw_0 传到相邻的各支座, 使得各支座的剩余力增加 Sw_0'. 同样处理所有其他的支座, 并重复进行若干次, 就可以使所有的剩余力减小成为可以不计. 各支座在这过程中累积的总位移, 就是为了求得正方形网格的真挠度而必须加于初值 w_0^0、w_1^0、w_2^0、$\cdots$ 的矫正值 (加上适当的符号).

为了简化上述过程中的计算, 首先令

$$w = \frac{q\delta^2}{S}\psi, \tag{14}$$

使方程 (11) 成为无因次的形式. 这样就得到

$$1 + (\psi_1 + \psi_2 + \psi_3 + \psi_4 - 4\psi_0) = 0, \tag{15}$$

其中 ψ_0、ψ_1、$\cdots$ 是纯数.

[525]　　　　于是问题归结为寻求 ψ 的一组值, 使得方程 (15) 在网格的所有内结点都能满足. 在边界上 ψ 是零. 为了求得解答, 可依上述方法进行, 而取一组初值 ψ_0^0、ψ_1^0、$\psi_2^0 \cdots$. 这些值将不能满足平衡方程 (15), 因而将有剩余

$$r_0 = 1 + (\psi_1^0 + \psi_2^0 + \psi_3^0 + \psi_4^0 - 4\psi_0^0), \tag{16}$$

其中 r_0 是纯数.

　　　　现在的问题是, 将一些矫正值加于初设值 ψ_0^0、ψ_1^0、ψ_2^0、$\cdots$ 以消除剩余. 将矫正值 ψ_0' 加于 ψ_0^0 时, 就使剩余 r_0 增加 $-4\psi_0'$, 而使相邻各结点的剩余增加 ψ_0'. 取 $\psi_0' = \dfrac{r_0}{4}$, 就将消除结点 O 的剩余, 而在相邻各结点的剩余将有所改变. 对所有结点都照此进行, 并重复进行若干次, 就将使剩余减小成为可以略去的值, 而得到足够精确的 ψ 值. 然后就可由方程 (14) 求得相应的 w 值.

　　　　为了举例说明这一方法, 我们来考察已在第 1 节中讨论过的正方形杆的扭转问题. 在这种情况下, 有微分方程 (4). 为了使它成为无因次的形式, 可令

$$\phi = \frac{2G\theta\delta^2}{1000}\psi. \tag{17}$$

于是差分方程 (5) 成为

$$1000 + (\psi_1 + \psi_2 + \psi_3 + \psi_4 - 4\psi_0) = 0. \tag{18}$$

在方程 (17) 中引进分母 1000, 是为了使各个 ψ 成为较大的数目, 而末位数字的半个单位可以略去. 这样就只须计算整数. 为了使这例子尽可能简单, 我们从图 2 中的稀网格开始. 这时只须求三个内结点的 ψ 值, 而它们的准确解答是已经有了的 (见第 1 节). 我们用大比例尺的方格, 为的是有足够的地方写上所有中间运算的结果 (图 7). 从 ψ 的初设值开始计算, 把它们写在每一结点的左上方. 数值 700,900 和 1100 是故意取得和前面算出的准确值略有差别的. 将这些值以及在边界上的零值一并代入各 (18) 型方程的左边, 算出所有各结点的剩余, 记在每一结点的右上方. 最大的剩余等于 200, 发生在网格的中心, 我们就从这一点开始应用松弛法. 在初设值 1100 上加以矫正值 50(图中写在

[526]　1100 之上), 就完全消除了中心的剩余. 这时在图中画去 200 而代以 0. 现在须要改变相邻各结点的剩余. 将 50 加于每一相邻结点的剩余上, 并在初设值的上面写下新值 −50, 如图所示. 这就完成了对网格中心点的计算. 现在有四

个位置对称的结点具有剩余 −50, 同时对它们进行矫正较为方便. 在这几点取相同的矫正值, 等于 −12④. 各矫正值在图中写在初设值 900 之上. 根据这些矫正值, 必须将 $12 \times 4 = 48$ 加于先前的剩余 −50 上, 于是得到剩余 −2, 如图所示. 同时, 须将矫正值 −12 加于相邻各点的剩余. 因此, 容易看出, 必须将 $−12 \times 4 = −48$ 加于中心点的剩余上, 而将 $−12 \times 2 = −24$ 加于紧邻图角的各点上. 这就完成了第一轮的计算. 第二轮仍然从中心点开始, 并取矫正值为 −12, 就消除了中心点的剩余, 而在相邻各点的剩余上应加以 −12. 现在取紧邻图角

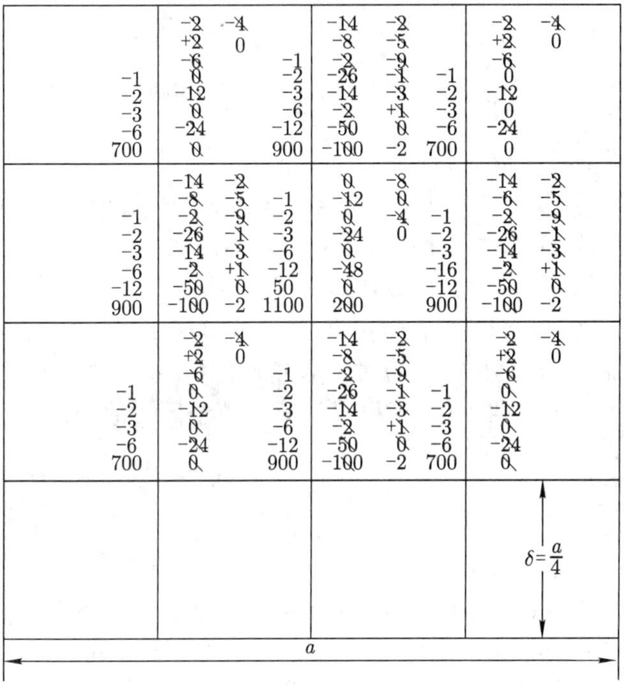

```
        -2  -4       -14  -2       -2  -4
        +2   0       -8   -5       +2   0
        -6           -2   -9       -6
               -1    -26  -1  -1          0
 -1            -2    -14  -3  -2   -12
 -2            -3    -2   +1  -3    0
 -3                  -50   0  -6   -24
 -6     -24   -12    -100 -2 700    0
700      0   900              0

        -14  -2       0   -8       -14  -2
        -8   -5      -12   0       -8   -5
        -2   -9      -4    0  -1    -2   -9
 -1     -26  -1  -1  -24       -2  -26  -1  -1
 -2     -14  -3  -2   0        -3  -14  -3  -2
 -3     -2   +1 -12  -48      -16  -2   +1
 -6     -50      50  -16           -2
-12    -100  -2 1100 -12           -50       +1
900                  200   900    -100  -2

        -2  -4       -14  -2       -2  -4
        +2   0       -8   -5       +2   0
        -6           -2   -9       -6
               -1    -26  -1  -1          0
 -1            -2    -14  -3  -2   -12
 -2            -3    -2   +1  -3    0
 -3                  -50   0  -6   -24
 -6     -24   -12    -100 -2 700    0
700      0   900              0

                                       δ = a/4

                        a
```

图 7

的各点, 引用矫正值 −6, 以消除各点的剩余, 并使得位置对称的四个点的剩余等于 −26. 对这些点引用矫正值 −6, 就完成了第二轮的计算. 图上并注出此后各点的矫正值, 它们使中心点和紧邻图角的四点的剩余成为零. 其余四个位置对称的结点的剩余各为 −2, 因此, 在这四点, 方程 (18) 不是精确满足, 而是

$$\psi_1 + \psi_2 + \psi_3 + \psi_4 - 4\psi_0 = -1000 - 2.$$

[527]

将右边的剩余 −2 与 −1000 对比, 显然可见它只对应于很小的剩余力. 为了得

到 ψ 值, 我们把所有引用了的矫正值加于初值, 这样得到

$$700 - 6 - 3 - 2 - 1 = 688, \quad 900 - 12 - 6 - 3 - 2 - 1 = 876,$$
$$1100 + 50 - 12 - 6 - 3 - 2 - 1 = 1126.$$

于是方程 (17) 给出 ϕ 的各个值为

$$\frac{688}{500}G\theta\delta^2 = 1.376G\theta\delta^2 = 0.0860G\theta a^2,$$
$$\frac{876}{500}G\theta\delta^2 = 1.752G\theta\delta^2 = 0.1095G\theta a^2,$$
$$\frac{1126}{500}G\theta\delta^2 = 2.252G\theta\delta^2 = 0.1408G\theta a^2,$$

这与前面求得的结果极为相近 (见第 1 节).

可以看出, 苏斯威尔的方法对求解方程 (15) 时的迭代步骤给出了具体形象, 这可能有助于在处理网格结点时选择适当的次序.

为了获得较好的近似值, 必须加密网格. 利用图 5 中表明的方法, 可求得用 $\delta = a/8$ 的正方形网格时 ψ 的初值. 对这些值应用标准的松弛法, 就可求得密网格的 ψ 值, 从而算出最大应力的较精确的值. 有了在 $\delta = a/4$ 和 $\delta = a/8$ 时求得的最大应力的两个值, 就可以用第 1 节中所述的外推法求得更好的近似值.

注:

① 见 §107.

② 我们假定挠度很微小.

③ K. A. Calisev, Tehnicki List, 1922 和 1923, Zagreb. 德文译文载 *Publ. Intern. Assoc. Bridge Structural Eng.*, vol. 4, p. 199, 1936. 在美国, Hardy Cross 也提出过相似的方法, 见 *Trans. ASCE*, vol. 96, pp. 1-10, 1932.

④ 取矫正值 -12 而不取 $-50/4 = -12.5$, 因为用整数计算比较方便.

4. 三角形网格和六边形网格

在前面的讨论中, 采用了正方形网格, 但是, 有时用三角形网格或六边形网格 (图 8a 和 8b) 更好. 考察三角形网格 (图 8a), 可见在图中用虚线表示的六边形之内的分布载荷将传给结点 O. 设 δ 代表网格边长, 上述六边形的边长就等于 $\delta/\sqrt{3}$, 而六边形的面积是 $\sqrt{3}\delta^2/2$, 因而传给每一结点的载荷将是 $\sqrt{3}\delta^2 q/2$. 这个载荷将被弦 $O-1$、$O-2$、$\cdots$、$O-6$ 中的力所平衡. 要使这弦网对应于均匀受拉的薄膜, 每一根弦内的拉力就必须等于由六边形的一边传递的薄膜拉力, 也就是等于 $S\delta/\sqrt{3}$. 现在照上一节中的方法进行, 得到结点 O

[528]

的平衡方程如下:

$$\frac{w_1 + w_2 + \cdots + w_6 - 6w_0}{\delta}\frac{S\delta}{\sqrt{3}} + \frac{\sqrt{3}q\delta^2}{2} = 0,$$

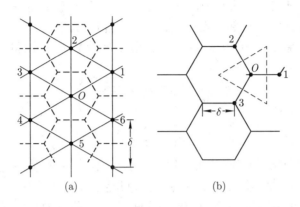

图 8

或

$$w_1 + w_2 + \cdots + w_6 - 6w_0 + \frac{3}{2}\frac{q\delta^2}{S} = 0. \tag{19}$$

引用一个由方程

$$w = \frac{3}{2}\frac{q\delta^2}{S}\psi \tag{20}$$

决定的无因次的函数 ψ, 差分方程就成为

$$\psi_1 + \psi_2 + \cdots + \psi_6 - 6\psi_0 + 1 = 0. \tag{21}$$

对每一个内结点都可写出这样一个方程. 求解这些方程时, 可和前面一样地用迭代法或松弛法.

在六边形网格的情况下 (图 8b), 分布在图中虚线所示的等边三角形内的载荷将传给结点 O. 用 δ 代表网格边长, 可见三角形的边长是 $\delta\sqrt{3}$, 而面积是 [529] $3\sqrt{3}\delta^2/4$. 对应的载荷是 $3\sqrt{3}q\delta^2/4$. 这载荷将被 $O-1, O-2, O-3$ 三根弦内的拉力所平衡. 要使这弦网对应于受拉的薄膜, 应取弦内的拉力等于 $S\delta\sqrt{3}$. 于是平衡方程是

$$\frac{w_1 + w_2 + w_3 - 3w_0}{\delta}S\delta\sqrt{3} + \frac{3\sqrt{3}q\delta^2}{4} = 0,$$

或

$$w_1 + w_2 + w_3 - 3w_0 + \frac{3}{4}\frac{q}{S}\delta^2 = 0. \tag{22}$$

为了得到扭转问题的差分方程, 须在方程 (19) 和 (22) 中用 $2G\theta$ 代替 q/S.

试以截面为等边三角形 (图 9) 的杆的扭转为例[①]. 这种情况下的严格的解答已在 §106 中给出.

对于这种情形, 应用松弛法时, 自然是选取三角形网格. 从稀网格开始, 取网格边长 δ 等于三角形边长 a 的三分之一. 这时网格就只有一个内结点 O, 而所求的函数 ϕ 在所有相邻结点 1、2、$\cdots$、6 的值都是零, 因为这些点都在边界上. 于是, 在方程 (19) 中用 ϕ_0 代替 w_0, 用 $2G\theta$ 代替 q/S, 就得到 O 点的差分方程

$$6\phi_0 = 3G\theta\delta^2 = \frac{G\theta a^2}{3},$$

从而得出

$$\phi_0 = \frac{G\theta a^2}{18}. \tag{23}$$

[530]　　　现在加密网格. 为了得到关于这样一个网格的一些初值, 我们来考察 a 点, 即三角形 $1-2-O$ 的形心. 将这一点用三根长度为 $\delta/\sqrt{3}$ 的弦 $a-O$、$a-1$、$a-2$ 与结点 O、1、2 相连接. 将 a 点看作图 8b 中的六边形网格的一个结点, 在方程 (22) 中用 $\delta/\sqrt{3}$ 代替 δ, $2G\theta$ 代替 q/S, 并取 $w_1 = w_2 = 0, w_3 = \phi_0, w_0 = \phi_a$, 就得到

$$\phi_a = \frac{1}{3}\left(\phi_0 + \frac{G\theta\delta^2}{2}\right) = \frac{G\theta a^2}{27}. \tag{24}$$

对图 9 中的 b、c、d、e、f 各点, 应力函数也取为这一个值. 为了得到应力函数在 k、l、m 各点的值, 再次用方程 (22), 并注意这时 $w_1 = w_2 = w_3 = 0$, 于是求得

$$\phi_k = \phi_m = \phi_l = \frac{G\theta a^2}{54}. \tag{25}$$

这样就求得在图 10 中小黑点所示各结点处的 ϕ 值. 由图可见, 在这样一个三角形网格中, 在 a、c、e 三个结点各需要 6 根弦 (图 10), 而在其他各结点, 弦的数目都少于 6. 为了在所有内结点处满足三角形网格的条件, 可按照图 10 的上面部分用虚线所示的划分法进行. 这样, 截面就被分成边长为 $\delta = a/9$ 的等边三角形. 由对称性可知, 只须考察截面的六分之一, 如图 11a 所示. 在 O、a、b、k 各结点的 ϕ 值已经求得. 现在, 和前面一样, 利用方程 (22) 以及在三个相邻结点的 ϕ 值, 求出在 1、2、3 各点的 ϕ 值. 例如, 对于结点 1, 有

[531]

$$\phi_0 + \phi_b + \phi_a - 3\phi_1 + \frac{3}{4}2G\theta\left(\frac{a}{9}\right)^2 = 0,$$

将前面算得的 ϕ_a、ϕ_b、ϕ_0 的值代入, 就得到

$$\phi_1 = \frac{4}{81}G\theta a^2. \tag{26}$$

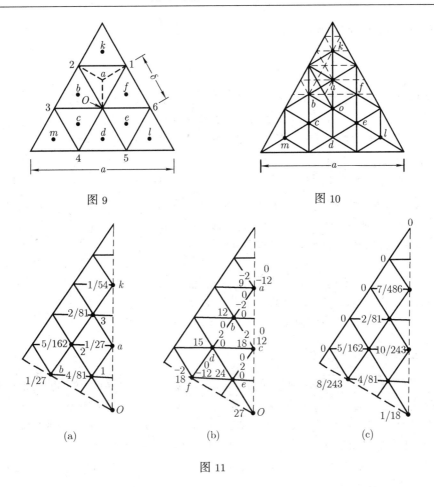

图 9 图 10

图 11

用同样的方法可以算出 ϕ_2 和 ϕ_3. 这些值都写在图 11a 中各对应结点的左边[②].

现在就用这些值作为松弛法中的初值.

在扭转问题里, 应以方程

$$\phi_1 + \phi_2 + \cdots + \phi_6 - 6\phi_0 + 3G\theta\frac{a^2}{81} = 0$$

代替方程 (19). 为了使它成为纯数的形式, 引用[③]

$$\phi = \frac{G\theta a^2\psi}{486} \quad \text{或} \quad \psi = \frac{486\phi}{G\theta a^2}, \tag{27}$$

于是得到

$$\psi_1 + \psi_2 + \cdots + \psi_6 - 6\psi_0 + 18 = 0. \tag{28}$$

由式 (27) 算出 ψ 的初值, 写在图 11b 中各结点的左边. 将这些值代入方程 (28)

的左边, 求得对应的剩余

$$R_0 = \psi_1^0 + \psi_2^0 + \cdots + \psi_6^0 - 6\psi_0^0 + 18. \tag{29}$$

[532]　将这样算出的剩余写在图 11b 中各结点的右边. 从 a 点开始消除这些剩余. 给这点以位移 $\psi_a' = -2$, 将 $+12$ 加于 [见方程 (29)] a 点的剩余, 而将 -2 加于相邻各点的剩余. 这样就消除了 a 点剩余, 而在 b 点却增加了剩余 -2. 我们不考虑在边界上的剩余, 因为边界上有固定支座. 现在来考察 c 点, 引用位移 $+2$, 使这点的剩余成为零, 并以 $+2$ 加于 b、d、e 各点的剩余. 再在 f 点引用位移 -2, 就可使其他的剩余都成为零. 将所有记下的矫正值加于 ψ 的初值, 就得到所需的 ψ 值, 从而由公式 (27) 求得 ϕ 值. 这些值除以 $G\theta a^2$ 后, 写在图 11c 上. 这些值与 §106 中严格解答 (g) 给出的值一致.

注:

①　这个例子在前面提到的 Southwell 所著的书中曾详加讨论.

②　常因子 $G\theta a^2$ 在图上未注出.

③　式中引用 486 这个数, 是为了只作整数计算.

5.　整块松弛和成群松弛

直到现在, 消除剩余时所采用的每一步骤都是只处理一个结点, 而将其余结点当作不动. 有时, 同时放松一群结点更好. 例如, 设图 12 代表正方形网格的一部分, 并使阴影面积内所有各结点都有一单位位移, 而其余结点保持不动. 可以假想阴影面积内的所有结点都附着在一块绝对刚性的无重平板上, 并给平板以垂直于板的单位位移. 考虑平衡 (图 6), 可知这位移将使连接阴影平板与网格其余部分的各弦的端点处的剩余发生改变. 设 O 和 1 是一根弦的两
[533]　端的结点, 由于位移 w_0 和 w_1 而增加的剩余是

$$R_0 = -S\delta\frac{w_0 - w_1}{\delta},$$
$$R_1 = S\delta\frac{w_0 - w_1}{\delta}.$$

如果现在保持点 1 不动而给点 O 以附加位移 Δw_0, 增加的剩余将是

$$\Delta R_0 = -S\Delta w_0, \quad \Delta R_1 = S\Delta w_0.$$

按照前面的记号引用无因次的量

$$r = \frac{R}{q\delta^2}, \quad \psi = \frac{S}{q\delta^2}w,$$

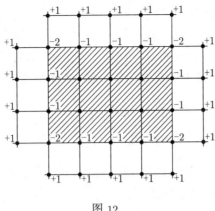

图 12

就得到

$$\Delta r_0 = -\Delta \psi_0, \quad \Delta r_1 = \Delta \psi_0.$$

可见 ψ_0 的单位增量将引起剩余的变更

$$\Delta r_0 = -1, \quad \Delta r_1 = +1.$$

这些变更都注明在图上. 网格的其余结点的剩余都保持不变. 设 n 代表连接阴影平板与网格其余部分的弦数, 则平板的单位位移将使网格的阴影部分的剩余力的合力减小 n. 适当选取位移, 使合力成为零, 就得到一些自成平衡的剩余力, 这样就使得它们可在以后正常的逐点松弛中更快地被消除. 实际应用时, 最好是交替地进行整块位移和逐点松弛. 例如, 假设图 13 中阴影面积代表三角形网格的一部分. 连接这部分与网格的其余部分的弦数 n 是 16, 而图中所示剩余力的合力是 8.8. 因此, 在这情况下, 适宜的整块位移是 $8.8/16 = 0.55$. 这样位移之后, 作用于阴影部分网格上的剩余力的合力就成为零, 而以后用逐点松弛法消除各剩余力时就可以进行得很快.

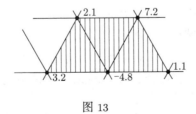

图 13

我们也可以不给假想平板以垂直于板的位移以使附着于平板的各结点位移相同, 而令平板绕着板平面内的一轴转动. 各结点的相应位移以及各剩余力

[534]　的变更也容易算得. 这样就不仅可以消除假想平板所受的剩余力的合力, 而且可以消除对板平面内任选的一轴的合力矩.

我们还可以不用假想平板这一概念, 而给予一群结点以任意选取的一些位移. 如果我们大致了解网格挠曲面的形状, 就可能选得一组加快消除剩余力的位移.

6. 具有多连截面的杆的扭转

已经证明[①], 在具有多连截面的杆的情形下, 不仅应力函数 ϕ 必须满足方程 (4), 而且沿着每个孔的边界必须有

$$-\int \frac{\partial \phi}{\partial n} \mathrm{d}s = 2G\theta A, \tag{30}$$

其中 A 代表孔的面积.

应用薄膜比拟时, 对应的方程是

$$-S \int \frac{\partial w}{\partial n} \mathrm{d}s = qA, \tag{31}$$

它表示, 均匀分布在孔的面积上的载荷被薄膜内的拉力所平衡[②]. 现在应用差分方程, 并采用正方形网格, 设弦内的拉力是 $S\delta$, 孔的边界的挠度是 w_0, 与孔相邻的结点 i 的挠度是 w_i. 于是有代替方程 (31) 的方程

$$S\delta \sum \frac{(w_i - w_0)}{\delta} + qA = 0,$$

或

$$S\left(\sum_{i=1}^{n} w_i - nw_0\right) + qA = 0, \tag{32}$$

其中 n 是连接孔的面积与网格的其余部分的弦数. 平衡方程 (11) 只是方程 (32) 在 $n = 4$ 时的特殊情形.

截面内有几个孔就可以写出几个 (32) 型的方程. 这些方程, 连同针对正方形网格的每一结点写出的方程 (11), 足以确定网格的所有结点的挠度以及
[535]　所有孔边的挠度.

试以正方形管为例, 管的截面如图 14 所示. 取图示的正方形稀网格, 并考虑到对称条件, 可见这时只须计算应力函数的五个值 a、b、c、d、e. 利用方程 (32), 并对结点 a、b、c、d 写出 4 个 (11) 型的方程, 就将得到所需的方程. 用

$2G\theta$ 代替 q/S, 并注意 $n = 20, A = 16\delta^2$, 写出这些方程如下:

$$20e - 8b - 8c - 4d = 16(2G\theta\delta^2),$$

$$2b - 4a = -2G\theta\delta^2,$$

$$a - 4b + c + e = -2G\theta\delta^2,$$

$$b - 4c + d + e = -2G\theta\delta^2,$$

$$2c - 4d + e = -2G\theta\delta^2.$$

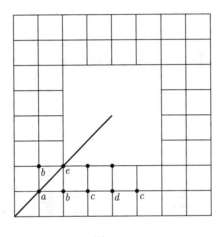

图 14

这些方程可以很快地解出, 从而得

$$e = \frac{1170}{488}2G\theta\delta^2,$$

以及 a、b、c、d 几个值.

用稀网格求得的这些值, 不能给出充分精确的应力, 还必须加密网格. 用松弛法对这种密网格计算的结果可参看苏斯威尔所著的书[③].

注:

① 见 §115.

② 用无重的绝对刚性平板代表这个孔, 板可以在垂直于薄膜初始平面的方向运动.

③ 见第 1 节注 ① 中提到的 R. V. Southwell 的书, p. 60.

7. 邻近边界的点

[536]

在前面的例子里, 靠近边界的结点都正在边界上, 因此, 对于所有的结点, 都可用相同的标准松弛办法. 但常常有些结点是靠近边界而用短弦与边界相连的. 由于各弦长度不同, 必须对平衡方程 (11) 和 (19) 作某些变更. 这里将结合图 15 所示的例子来讨论必要的变更. 一块具有半圆槽的平板试件, 在两端受有均布拉力的作用. 假定每一点的主应力差已用第五章中所述的光弹性法求得, 而须求出主应力之和. 我们已经知道 (见 §16), 主应力之和必须满足微分方程 (24). 对于边界上的各点, 两主应力之一是已知的, 利用光弹性试验的结果可以算出另一个主应力, 因而边界上的两主应力之和成为已知的. 于是需要在已知 ϕ 的边界值的条件下求解微分方程 (24). 应用差分法, 采用正方形网格. 由对称性可知, 只须考察试件的四分之一部分. 这一部分, 连带 ϕ 的边界值, 示于图 16 中. 考察图上的结点 A, 可见这一结点有三根弦具有标准长度 δ, 而第四根较短, 例如, 长度为 $m\delta$ (这里 $m \approx 0.4$). 在导出结点 A 的平衡方程时, 必须考虑到这一点. 这个方程应写成如下的形式:

$$S\delta \left(\frac{\phi_a - \phi_1}{\delta} + \frac{\phi_a - \phi_2}{\delta} + \frac{\phi_a - \phi_3}{\delta} + \frac{\phi_a - \phi_4}{m\delta} \right) = 0,$$

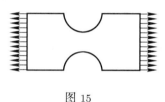

图 15

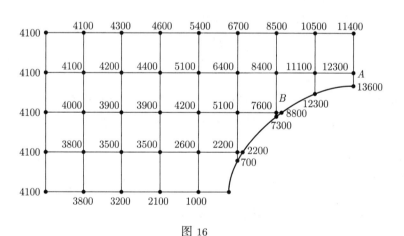

图 16

或

$$\phi_1 + \phi_2 + \phi_3 + \frac{1}{m}\phi_4 - \left(3 + \frac{1}{m} \right) \phi_a = 0.$$

当对结点 A 进行松弛而给 ϕ_a 以单位增量时, 相邻各结点的剩余将有如图 17a 所示的变更. 消除 A 点的剩余时, 必须采用这个格式. 考察 B 点时, 须注意有两根短弦. 用 $m\delta$ 和 $n\delta$ 代表短弦的长度, 在消除 B 点的剩余时就必须用图 17b 所示的格式. 对邻近边界的各点作这些变更, 而对其余各点采用标准松弛办法, 就得到如图 16 所示的 ϕ 值①. [537]

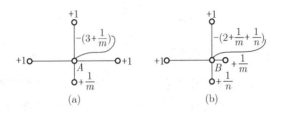

图 17

在更一般的情况下, 当应用方程 (9) 而结点上有外载荷时, 用 $m\delta$、$n\delta$、$r\delta$、$s\delta$ 代表正方形网格中某一不规则结点 O 处的弦长, 并假定传给这结点的载荷等于 $(q\delta^2/4)(m+n+r+s)$. 这时, 平衡方程将是②

$$
\frac{q\delta^2}{4}(m+n+r+s) + S\left[\frac{w_1}{m} + \frac{w_2}{n} + \frac{w_3}{r} + \frac{w_4}{s}\right.
$$
$$
\left. - w_0\left(\frac{1}{m} + \frac{1}{n} + \frac{1}{r} + \frac{1}{s}\right)\right] = 0. \tag{33}
$$

当 $m=n=r=s=1$ 时, 这方程就与前面针对规则结点导出的方程 (11) 一致. 利用方程 (33), 可以对每一特殊情形建立与图 17 相似的适当格式.

有了本节中所讨论的变更, 就可以把松弛法推广应用于邻近边界处有不规则点的情形.

注:

① R. Weller 和 G. H. Shortly 曾解答这个例子, 但对 B 点用了不同的近似处理, 见 *J. Appl. Mech.*, vol. 6, pp. A-71-78, 1939. 关于他们的方程的推导, 见 S. H. Crandall, "Engineering Analysis", p. 263, 1956.

对于这种应力问题之一, 曾得出数字结果, 并与苏斯威尔的早期结果对比, 见 D. S. Griffin and R. S. Varga, *J. Soc. Ind. Appl. Math.*, vol. 2, pp. 1047-1062, 1963.

② 苏斯威尔 (见第 1 节的注 ①) 曾经针对具有成等角的 N 个 P_1 等长弦线的结点导出方程. 方程 (33) 是 $N=4$ 时的特殊情况.

8. 重调和方程

[538]

我们已经知道 (§17), 对于弹性理论的二维问题, 当没有体力而边界上的

力为已知时, 应力可由应力函数 ϕ 决定, 而应力函数 ϕ 满足重调和方程

$$\frac{\partial^4\phi}{\partial x^4} + 2\frac{\partial^4\phi}{\partial x^2\partial y^2} + \frac{\partial^4\phi}{\partial y^4} = 0, \tag{34}$$

这时的边界条件 (20) 成为

$$\begin{aligned} l\frac{\partial^2\phi}{\partial y^2} - m\frac{\partial^2\phi}{\partial x\partial y} &= \overline{X}, \\ m\frac{\partial^2\phi}{\partial x^2} - l\frac{\partial^2\phi}{\partial x\partial y} &= \overline{Y}. \end{aligned} \tag{35}$$

知道了沿边界分布的力, 就可由方程 (35) 的积分[①] 计算边界上的 ϕ. 于是问题归结为寻求一个函数 ϕ, 使它在边界以内的每一点满足方程 (34), 并使它和它的一阶导数在边界上具有指定的值. 我们应用差分法, 取正方形网格 (图 18), 并将方程 (34) 化为差分方程. 已知二阶导数

$$\left(\frac{\partial^2\phi}{\partial x^2}\right)_0 \approx \frac{1}{\delta^2}(\phi_1 - 2\phi_0 + \phi_3),$$

$$\left(\frac{\partial^2\phi}{\partial x^2}\right)_1 \approx \frac{1}{\delta^2}(\phi_5 - 2\phi_1 + \phi_0),$$

$$\left(\frac{\partial^2\phi}{\partial x^2}\right)_3 \approx \frac{1}{\delta^2}(\phi_0 - 2\phi_3 + \phi_9),$$

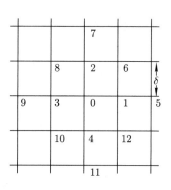

图 18

[539] 于是可知

$$\begin{aligned} \left(\frac{\partial^4\phi}{\partial x^4}\right)_0 = \frac{\partial^2}{\partial x^2}\left(\frac{\partial^2\phi}{\partial x^2}\right) &\approx \frac{1}{\delta^2}\left[\left(\frac{\partial^2\phi}{\partial x^2}\right)_1 - 2\left(\frac{\partial^2\phi}{\partial x^2}\right)_0 + \left(\frac{\partial^2\phi}{\partial x^2}\right)_3\right] \\ &\approx \frac{1}{\delta^4}(6\phi_0 - 4\phi_1 - 4\phi_3 + \phi_5 + \phi_9), \end{aligned}$$

同样可以求得

$$\frac{\partial^4 \phi}{\partial y^4} \approx \frac{1}{\delta^4}(6\phi_0 - 4\phi_2 - 4\phi_4 + \phi_7 + \phi_{11}),$$

$$\frac{\partial^4 \phi}{\partial x^2 \partial y^2} \approx \frac{1}{\delta^4}[4\phi_0 - 2(\phi_1 + \phi_2 + \phi_3 + \phi_4) + \phi_6 + \phi_8 + \phi_{10} + \phi_{12}].$$

代入方程 (34), 就得到所需的差分方程

$$20\phi_0 - 8(\phi_1 + \phi_2 + \phi_3 + \phi_4) + 2(\phi_6 + \phi_8 + \phi_{10} + \phi_{12}) + \phi_5 + \phi_7 + \phi_9 + \phi_{11} = 0. \quad (36)$$

这方程必须在薄板边界以内的网格的每一结点都被满足. 为了求得应力函数 ϕ 的边界值, 将方程 (35) 积分. 注意 (§15, 图 20)

$$l = \cos\alpha = \frac{\mathrm{d}y}{\mathrm{d}s}, \quad m = \sin\alpha = -\frac{\mathrm{d}x}{\mathrm{d}s},$$

可将方程 (35) 写成如下的形式:

$$\frac{\mathrm{d}y}{\mathrm{d}s}\frac{\partial^2 \phi}{\partial y^2} + \frac{\mathrm{d}x}{\mathrm{d}s}\frac{\partial^2 \phi}{\partial x \partial y} = \frac{\mathrm{d}}{\mathrm{d}s}\left(\frac{\partial \phi}{\partial y}\right) = \overline{X},$$
$$-\frac{\mathrm{d}x}{\mathrm{d}s}\frac{\partial^2 \phi}{\partial x^2} - \frac{\mathrm{d}y}{\mathrm{d}s}\frac{\partial^2 \phi}{\partial x \partial y} = -\frac{\mathrm{d}}{\mathrm{d}s}\left(\frac{\partial \phi}{\partial x}\right) = \overline{Y}. \quad (37)$$

积分, 得

[540]

$$-\frac{\partial \phi}{\partial x} = \int \overline{Y}\mathrm{d}s, \quad \frac{\partial \phi}{\partial y} = \int \overline{X}\mathrm{d}s. \quad (38)$$

为了求 ϕ, 我们利用方程

$$\frac{\partial \phi}{\partial s} = \frac{\partial \phi}{\partial x}\frac{\mathrm{d}x}{\mathrm{d}s} + \frac{\partial \phi}{\partial y}\frac{\mathrm{d}y}{\mathrm{d}s},$$

分部积分之后, 得[2]

$$\phi = x\frac{\partial \phi}{\partial x} + y\frac{\partial \phi}{\partial y} - \int\left(x\frac{\partial^2 \phi}{\partial s \partial x} + y\frac{\partial^2 \phi}{\partial s \partial y}\right)\mathrm{d}s. \quad (39)$$

将方程 (37) 和 (38) 中各导数的值代入, 即可计算 ϕ 的边界值. 应当注意, 在计算一阶导数 (38) 时, 有两个积分常数如 A 和 B 出现, 而求方程 (39) 的积分时, 又将引进第三个常数, 如 C, 因而 ϕ 的最后表达式将包含线性函数 $Ax + By + C$. 由于应力分量是由 ϕ 的二阶导数表示的, 这个线性函数不影响应力分布, 因而常数 A、B、C 可以任意选取.

由 ϕ 的边界值和它的一阶导数, 可以计算 ϕ 在邻近边界的网格结点处的

(如在图 19 中 A、C、E 各点的) 近似值. 例如, 有了在 B 点的值 ϕ_B 和 $\left(\dfrac{\partial \phi}{\partial x}\right)_B$, 可得

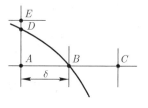

$$\phi_C = \phi_B + \left(\frac{\partial \phi}{\partial x}\right)_B \delta, \quad \phi_A = \phi_B - \left(\frac{\partial \phi}{\partial x}\right)_B \delta.$$

对 E 点也可写出相似的公式. 此后, 由进一步的计算大概知道代表应力函数 ϕ 的曲面的形状时, 即可求得这些量的更好的近似值.

图 19

[541]　　　求出 ϕ 在邻近边界的各结点处的近似值, 并对边界之内的其余结点写出 (36) 型的方程后, 就得到一组线性方程, 足够计算 ϕ 在所有各结点处的值. 最后可用 ϕ 的二阶差分计算应力的近似值.

　　　一组像 (36) 那样的方程, 可以直接求解, 也可以用已经讲过的某一种方法求近似解. 现在用正方形薄板承受如图 20 所示的载荷作为简单例子[③] 来说明各种解法.

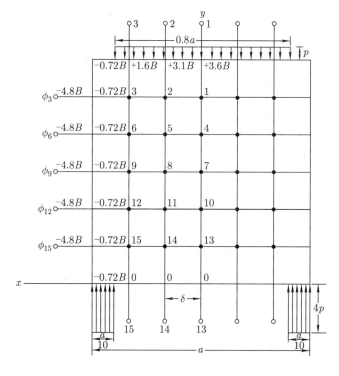

图 20

取坐标轴如图所示[④], 从坐标原点开始计算 ϕ 的边界值. 由 $x = 0$ 到

$x = 0.4a$, 没有力作用在边界上, 因此

$$\frac{\partial^2 \phi}{\partial x^2} = \frac{\partial^2 \phi}{\partial x \partial y} = 0,$$

积分得

[542]

$$\frac{\partial \phi}{\partial x} = A, \quad \phi = Ax + B, \quad \frac{\partial \phi}{\partial y} = C.$$

这里的 A、B、C 沿 x 轴是常数, 前面已经提到, 可以任意选取. 取 $A = B = C = 0$. 于是, 沿着薄板底边的未受载荷部分, ϕ 成为零, 这就保证 ϕ 对称于 y 轴. 从 $x = 0.4a$ 到 $x = 0.5a$, 有集度为 $4p$ 的均布载荷作用, 而方程 (38) 给出

$$\frac{\partial \phi}{\partial x} = -\int 4pdx = -4px + C_1,$$

$$\frac{\partial \phi}{\partial y} = 0.$$

第二次积分给出

$$\phi = -2px^2 + C_1 x + C_2.$$

各积分常数将由 $x = 0.4a$ 一点的条件算得; 这一点是边界的两部分的公共点, 对于两部分, ϕ 的值和 $\dfrac{\partial \phi}{\partial x}$ 的值都应相同. 因此

$$(-4px + C_1)_{x=0.4a} = 0, \quad (-2px^2 + C_1 x + C_2)_{x=0.4a} = 0,$$

由此得

$$C_1 = 1.6pa, \quad C_2 = -0.32pa^2.$$

从 $x = 0.4a$ 到 $x = 0.5a$, 应力函数 ϕ 按抛物线变化:

$$\phi = -2px^2 + 1.6pax - 0.32pa^2. \tag{a}$$

在薄板的左下角有

$$(\phi)_{x=0.5a} = -0.02pa^2, \quad \left(\frac{\partial \phi}{\partial x}\right)_{x=0.5a} = -0.4pa. \tag{b}$$

沿着薄板的铅直边, 没有力作用, 由方程 (38) 可知, 沿着这一边, $\dfrac{\partial \phi}{\partial x}$ 和 $\dfrac{\partial \phi}{\partial y}$ 的值必与它们在左下角的值相同, 也就是

$$\frac{\partial \phi}{\partial x} = -0.4pa, \quad \frac{\partial \phi}{\partial y} = 0. \tag{c}$$

由此可见, 沿着薄板的铅直边, ϕ 保持为常量. 这常量必等于前面对左下角算得的值 $-0.02pa^2$.

[543]　　　　沿着薄板的上边未受载荷部分, ϕ 的一阶导数保持为常量, 并与对左上角算得的值(c) 相同. 于是应力函数是

$$\phi = -0.4pax + C.$$

　　　由于 ϕ 在左上角必须等于前面算得的值 $-0.02pa^2$, 可说 $C = 0.18pa^2$, 而应力函数是

$$\phi = -0.4pax + 0.18pa^2. \tag{d}$$

现在来考虑薄板上边的受载荷部分. 注意, 对于这部分, $\mathrm{d}s = -\mathrm{d}x, \overline{Y} = -p, \overline{X} = 0$, 由方程 (38) 可得

$$\frac{\partial \phi}{\partial x} = -px + C_1, \quad \frac{\partial \phi}{\partial y} = C_2.$$

当 $x = 0.4a$ 时, 这两个值必须与 (c) 一致. 因此 $C_1 = C_2 = 0$, 而应力函数必有如下的形式:

$$\phi = -\frac{px^2}{2} + C.$$

当 $x = 0.4a$ 时, ϕ 的值应等于由方程 (d) 求得的值. 于是求得 $C = 0.1pa^2$, 而

$$\phi = -\frac{px^2}{2} + 0.1pa^2. \tag{e}$$

应力函数是由对称于 y 轴的抛物线表示的. 这样就完成了 ϕ 的边界值及其一阶导数的计算, 因为, 对边界的右边部分, 所有的值都可由对称关系得到.

　　　引用记号

$$\frac{pa^2}{36} = B,$$

可将所有算出的 ϕ 的边界值写出, 如图 20 所示.

　　　其次, 用外推法计算边界外面的各结点的 ϕ 值. 仍然从板的底边开始. 注意, 沿着这一边, $\partial\phi/\partial y$ 等于零, 因而可以令各外结点与邻近边界的各内结点有相同的值 ϕ_{13}、ϕ_{14}、ϕ_{15}[⑤]. 沿着板的上边, 可同样进行. 沿板的铅直边, 有斜率

$$\left(\frac{\partial \phi}{\partial x}\right)_{x=0.5a} = -0.4pa.$$

[544]　　作为近似值, 可从邻近边界的各内结点的值减去

$$0.4pa(2\delta) = \frac{0.4pa^2}{3} = 4.8B$$

而得到各外结点的值, 如图 20 中所示.

　　　现在可开始计算网络各内结点的 ϕ 值. 用直接求解差分方程的方法, 在这对称情形下, 必须就图 20 所示的 15 个内结点写出 (36) 型的方程. 这些方程的解给出 ϕ 值如下表所示:

	1	2	3	4	5	6	7	8
ϕ/B	3.356	2.885	1.482	2.906	2.512	1.311	2.306	2.024
	9	10	11	12	13	14	15	
ϕ/B	1.097	1.531	1.381	0.800	0.634	0.608	0.396	

现在来计算沿 y 轴的正应力 σ_x. 这应力的值由二阶导数 $\partial^2\phi/\partial y^2$ 给出. 应用差分计算, 对于顶上一点 $(y=a)$ 得

$$(\sigma_x)_{y=a} \approx \frac{(3.356 - 2 \times 3.600 + 3.356)B}{\delta^2}$$
$$= -\frac{0.488pa^2}{36\delta^2} = -0.488p;$$

对于底边一点 $(y=0)$ 得

$$(\sigma_x)_{y=0} \approx \frac{(0.634 - 0 + 0.634)B}{\delta^2} = 1.268p.$$

如果把薄板看作两端支承的梁, 并假定中间截面 $(x=0)$ 上的 σ_x 按直线分布, 将求得 $(\sigma_x)_{\max} = 0.60p$. 可见, 对于这样一种尺寸比例的薄板, 梁的普通公式给出的结果不能令人满意.

用迭代法求解差分方程 (36) 时, 须对应力函数假设一些初值 $\phi_1, \phi_2, \cdots,$ ϕ_{15}. 将这些值代入方程 (36), 得到所有内结点的剩余力, 这些剩余力可用松弛法予以消除. 由方程 (36) 得到的松弛格式如图 21 所示, 图中给出了由于 ϕ_0 改变 1 个单位而引起的各剩余力的变更. 将这一方法应用于上面讨论的正方形薄板时, 必须注意沿边界的 ϕ 值受到边界条件的限制, 这表明在边界上各点的剩余力不须消除.

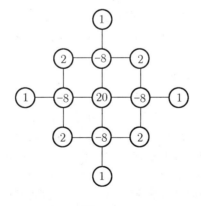

图 21

再用较密的网格计算时, 可从稀网格计算的结果得出 ϕ 的初值.

[545]　　　　在如图 22a 所示的非对称载荷的情形下, 可将载荷分成如图 22b 和 22c 所示的对称载荷和反对称载荷. 对后面两种情形都只须考虑薄板的一半, 因为, 对于对称情形, $\phi(x, y) = \phi(-x, y)$, 对于反对称情形, $\phi(x, y) = -\phi(-x, y)$.

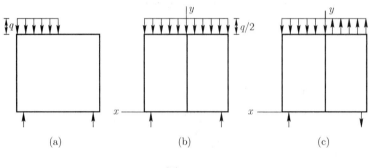

图 22

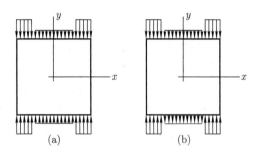

图 23

考虑矩形薄板的水平对称轴, 还可使计算进一步简化. 图 20 所示的载荷可分解成如图 23 所示的对称和反对称的情形. 对于这两种情形中的每一种, 在计算应力函数的数值时, 都只须考虑薄板的四分之一.

注:

①　这里只考虑单连区域.

②　等价的形式曾在 §59 中以方程 (d) 和 (e) 给出.

③　对于很多这样的 "深梁", 已经得出数字解答. L. Chow, H. D. Conway 和 G. Winter 给出的解答, 见 *Proc. Am. Soc. Civil Eng.*, vol. 78, 1952, 其中包括了 H. Bay (1931) 的几个解答. 本书中的解法摘自 П. М. Варвак, Сбсрник, грудов Киевского стро итеяльвого института, вып. Ⅲ, Гостехиздат Украины, 1936.

④　将 §14 图 20 中的坐标轴顺时针转动 π 角, 就得到这个坐标系.

⑤　在 Варвак 的论文中用的这种外推法, 与前面所述的不同.

9. 变直径圆轴的扭转

关于这种情形, 我们已经看到 (§119), 必须寻求一个应力函数, 使其在圆轴的纵截面 (图 24) 上的每一点满足微分方程

$$\frac{\partial^2 \phi}{\partial r^2} - \frac{3}{r}\frac{\partial \phi}{\partial r} + \frac{\partial^2 \phi}{\partial z^2} = 0, \tag{40}$$

而在截面的边界上是常数. 这问题只是在少数简单情况下才有严格解答, 而对于一些实际情形, 通常必须借助于近似法.　　　　　　　　　　　　　　　　　　[546]

应用差分法时, 我们取正方形网格. 考察结点 O (图 24), 方程 (40) 中的二阶导数可像前面一样计算. 至于一阶导数, 可取

$$\left(\frac{\partial \phi}{\partial r}\right)_{r=r_0} \approx \frac{1}{2}\left(\frac{\phi_1 - \phi_0}{\delta} + \frac{\phi_0 - \phi_3}{\delta}\right) = \frac{\phi_1 - \phi_3}{2\delta}.$$

这样, 对应于方程 (40) 的差分方程是

$$\phi_1 + \phi_2 + \phi_3 + \phi_4 - 4\phi_0 - \frac{3\delta}{2r_0}(\phi_1 - \phi_3) = 0. \tag{41}$$

于是问题成为寻求 ϕ 的一组值, 使其在网格的每一结点满足方程 (41), 而在边界上等于设定的常数值. 解答这问题时, 可直接求解 (41) 型的方程, 或者用某种迭代法.

作为例子, 我们来考察图 25 所示的情形. 在直径急剧变化的部分, 应力　　[547]
分布很复杂, 但在离开凹角充分远处, 简单的库仑解答将具有足够的精度, 而应力分布将与 z 无关. 对于这些点, 方程 (40) 成为

$$\frac{\mathrm{d}^2\phi}{\mathrm{d}r^2} - \frac{3}{r}\frac{\mathrm{d}\phi}{\mathrm{d}r} = 0. \tag{42}$$

这方程的通解是

$$\phi = Ar^4 + B, \tag{43}$$

而对应的应力是 (见 §119)

$$\tau_{z\theta} = \frac{1}{r^2}\frac{\mathrm{d}\phi}{\mathrm{d}r} = 4Ar, \quad \tau_{r\theta} = 0.$$

将这结果与库仑解答对比, 得

$$4A = \frac{M_t}{I_p},$$

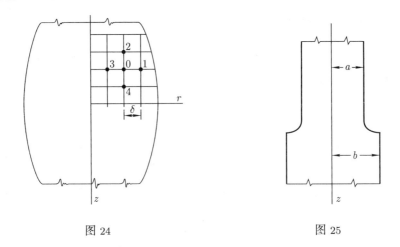

图 24   图 25

其中 M_t 是施加的扭矩, 而 I_p 是轴截面的极惯矩. 通解 (43) 中的常数 B 对应力分布没有影响, 可以略去, 于是得应力函数在离凹角充分远处的表达式

$$\phi_a = \frac{M_t}{2\pi a^4} r^4, \quad \phi_b = \frac{M_t}{2\pi b^4} r^4. \tag{44}$$

[548]

这两个表达式在轴的中心线上等于零, 而在边界上取公共值 $M_t/2\pi$. 由于沿着边界 ϕ 是常数, $M_t/2\pi$ 这个值在凹角处也适用. 于是, 在求解 (41) 型的方程时, 选择在边界上的常数, 相当于假设扭矩的一定值.

求解 (41) 型的方程时, 仍可应用薄膜比拟. 从适用方程 (42) 的各点开始. 对应的差分方程是

$$\phi_1 + \phi_3 - 2\phi_0 - \frac{3\delta}{2r_0}(\phi_1 - \phi_3) = 0. \tag{45}$$

这一方程与柱面形薄膜受到反比于 r^3 的拉力时的挠度的方程相同. 为了证明这一点, 我们来考察网格的三个相邻的点 (图 26). 各点的挠度用 w_3、w_0、w_1 代表.

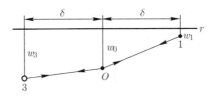

图 26

弦 $3-O$ 中点和 $O-1$ 中点的拉力是

$$\frac{S\delta}{\left(r_0 - \dfrac{\delta}{2}\right)^3} \approx \frac{S\delta}{r_0^3}\left(1 + \frac{3\delta}{2r_0}\right)$$

和

$$\frac{S\delta}{\left(r_0 + \dfrac{\delta}{2}\right)^3} \approx \frac{S\delta}{r_0^3}\left(1 - \frac{3\delta}{2r_0}\right).$$

于是 O 点的平衡方程是

$$\frac{S\delta}{r_0^3}\left(1 - \frac{3\delta}{2r_0}\right)\frac{w_1 - w_0}{\delta} + \frac{S\delta}{r_0^3}\left(1 + \frac{3\delta}{2r_0}\right)\frac{w_3 - w_0}{\delta} = 0,$$

$$w_1 - 2w_0 + w_3 - \frac{3\delta}{2r_0}(w_1 - w_3) = 0,$$

与方程 (45) 相同.

相似地, 在一般情况下, 注意到薄膜内的拉力与 z 无关, 可得方程

$$w_1 + w_2 + w_3 + w_4 - 4w_0 - \frac{3\delta}{2r_0}(w_1 - w_3) = 0, \qquad (46)$$

与方程 (41) 一致. 可见, 我们可将应力函数当作受非均匀拉力的薄膜的挠度来计算, 薄膜沿边界有不变的挠度 $M_t/2\pi$, 而在远离凹角的各点有挠度 (44). 设定 w 在各结点处的一些初值, 代入方程 (46) 的左边, 算出剩余. 现在的问题是 [549] 用松弛法消除所有的剩余. 由图 26 可见, 给 O 点以单位位移, 须在点 1 和点 3 的剩余上分别加以

$$\frac{S}{r_0^3}\left(1 - \frac{3\delta}{2r_0}\right) \quad \text{和} \quad \frac{S}{r_0^3}\left(1 + \frac{3\delta}{2r_0}\right),$$

这表示松弛格式应如图 27 所示. 这个格式是随着径向距离 r_0 的变化而逐点改变的. 苏斯威尔和阿伦[①] 曾进行过这种计算.

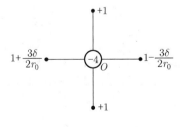

图 27

注:

① 见 *Proc. Roy. Soc (London)*, Ser. A, vol. 183, pp. 125-134. 又见第 1 节的注① 中提到的 Southwell 的书, p. 152.

10. 用数字计算机求解①

在平面问题和轴对称问题中, 如果涉及的边界形状和载荷情况比我们考虑过的那些情形更为复杂, 则对台式计算机说来, 实用精度所要求的差分方程的数目太大. 这时, 宜在高速自动数字计算机上用程序求解.

[550] 程序总要执行这种或那种可用的基本方法来求解差分方程组. 松弛法对于自动计算并不总是适用的. 可以用直接法, 例如高斯消元法 (或克莱姆法则), 但方程的数目仍然受到极大的限制. 用迭代法②, 却能有效地求解几千个未知数, 但要求方程组的系数矩阵具有恰当的性质. 这个要求使得按位移求解比按应力求解更合适些.

由一个具有 525 个内结点和边界结点的非均匀网格得来的结果, 示于图 28 中. 实际问题是: 受内压力的圆筒, 其壁厚在内圆角处的变化如图 29 中的轴向截面所示, 须求出应力. 这是一个轴对称问题, 每一结点有两个位移分量, 约有 1050 个未知数需要求出. 沿着内圆角的各点 (在图 28 中用角坐标 α 表示) 的表面应力值用曲线示出. 图中并用小圆圈和小方框示出光弹性结果③, 以资比较.

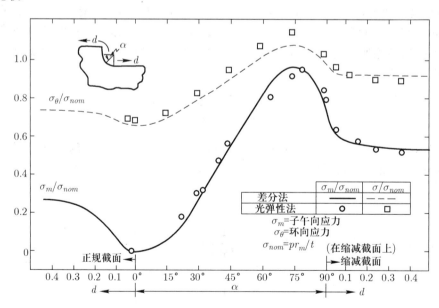

图 28

准备用计算机求解的差分方程, 可用不同的方法推导出来. 本附录的第 1 节中所述, 是由连续介质的偏微分方程通过数学转换得来的. 也可以用变分法. 例如, 在图 29 的问题中, 是把势能表示成为与结点位移有关的若干项之和, 然后应用极小值条件. 本附录的第 3 节中所述, 是使连续介质 (薄膜) 通过 "物理转换" 而成为受均匀拉伸的弦网, 然后把差分方程作为弦网的一个有限单元的物理方程而导出的. 对于更繁复的问题, 相似的方法则归入现在所谓的有限单元法④.

[551]

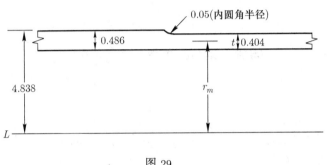

图 29

注:

① 本节是以 D. S. Griffin 和 R. B. Kellogg 的一篇论文为基础的, 见 A Numerical Solution for Axially Symmetrical and plane Elasticity problems, 载于 *Intern. J. Solids Struc.*, vol. 3, pp. 781-794, 1967. 图 28 和图 29 是得到允许而从这篇论文中复制出来的. 关于非线性弹性问题的计算程序, 见 B. Alder, S. Gernbach and M. Rötenberg (编), "Methods in Computational Physics", 1964, 特别是其中第三卷的一节: M. L. Wilkins, "Calculation of Elastic-Plastic Flow". 又见注 ④.

② 例如见 (1) C. E. Forsythe and W. R. Wasow, "Finite Difference equations for Partial Differential Equations", 1960; (2) R. S. Varga, "Matrix Iterative Analysis", 1962.

③ M. M. Leven 所作, 见 §48 的注 ⑥.

④ 例如见 (1) R. W. Clough, The Finite Element Method in Structural Mechanics, 载于 O. C. Zienkiewicz and G. S. Holister (编), "Stress Analysis", pp. 85-119, 1965; (2) J. H. Argyris 的几篇技术短文, 载于 *J. Roy. Aeron, Soc.*, vol. 69 and 70, 1965 and 1966.

人名对照表

A

阿尔曼西　E. Almansi

阿伦　D. N.de G. Allen

艾瑞　G. B. Airy

B

巴尔通　M. V. Barton

巴伦勃拉特　G. I. Barenblatt

拜克　E. C. H. Becker

泊松　S. D. Poisson

布茹斯特　D. Brewster

布希涅斯克　J. Boussinesq

D

丁尼克　A. H. Динник

杜瑞里　A. J. Durelli

F

法伊隆　L. N. G. Filon

费普尔　A. Föppl

符拉芒　A. Flamant

符拉伊勃格　W. Freiberger

傅里叶　J. B. J. Fourier

G

戈讷　O. Göhner

格拉斯霍夫　F. Grashof

格林　A. E. Green

格林斯潘　M. Greenspan

格林希尔　A. G. Greenhill

格伦堡　G. Grünberg

格瑞费斯　A. A. Griffith

H

杭特　S. C. Hunter

豪兰　R. C. J. Howland

赫兹　H. Hertz

亨格斯特　H. Hengst

胡克　R. Hooke

J

贾可布森　L. S. Jacobsen

杰佛瑞　G. B. Jeffery

K

卡利塞夫　K. A. Calisev

卡门　T. von Kármán
卡若色斯　S. D. Carothers
开尔文　Lord Kelvin
柯克　E. G. Coker
柯洛索夫　Г. В. Колосов
柯西　A. L. Couchy
孔卫　H. D. Conway
库仑　C. A. Coulomb

L

拉甫　A. E. H. Love
拉梅　G. Lamé
拉普拉斯　P. S. Laplace
兰金　A. W. Rankin
兰目　H. Lamb
郎肯　W. J. M. Rankine
利斯　C. H. Lees
伦盖　C. Runge

M

马修　E. Mathieu
马依泽尔　В. М. Майзелъ
迈兰　E. Melan
麦克斯韦　J. C. Maxwell
麦斯纳格　A. Mesnager
密切尔　J. H. Michell
明德林　R. D. Mindlin
莫尔　O. Mohr
穆斯赫利什维利　Н. И. Мусхел-
ишвили

N

纳达伊　A. Nádái
纳维叶　L. M. H. Navier

诺伊贝尔　H. Neuber

P

帕普考维奇　П. Ф. Папкович
皮尔森　K. Pearson
普郎都　L. Prandtl

Q

奇瑞　C. Chree

R

瑞次　W. Ritz
瑞利　Lord Rayleigh

S

萨多夫斯基　М. А. Садовский
萨文　Г. Н. Савин
赛瓦德　E. Seewald
圣维南　B. de Saint-Venant
斯特恩伯格　E. Sternberg
斯脱多拉　A. Stodola
斯脱克斯　G. G. Stokes
苏斯威尔　R. V. Southwell

T

泰勒　G. I. Taylor
特莱夫次　E. Trefftz

W

瓦伊刚德　A. Weigand
文克勒　E. Winkler
威尔森　C. Wilson
韦伯　C. Weber

人名索引*

索引页码为本书页边方括号中的页码, 对应英文原版书的页码

Abrahamson, G. R. , 58n.

Abramson, H. N., 165n., 194n., 492n.

Airy, G. B., 32n.

Alder, B., 549n.

Allen, D, N. de G., 549

Almansi, E., 477n.

Alwar, R. S., 63n.

Ancker, C. J., 432n.

Anderson, E. W., 315n.

Anthes, H., 303n.

Argyris, J. H., 551n.

Arndt, W., 346n.

Babinet, J., 494n.

Barenblatt, G. I., 254

Barjansky, A., 202n.

Barker, L. H., 448n.

Barton, M. V., 248n., 425n., 427

Bassali, W. A., 315n.

Basu, N. M., 319n.

Bay, H., 57n., 541n.

Beadle, C. W., 325n.

Becker, E. C. H., 504

Belajef, N. M., 417n.

Benthem, J. P., 62n.

Berndt, G., 414n.

Bertholf, L. D., 492n.

Beschkine(Beskin)L., 262n.

Betser, A. A., 115n.

Betti, E., 272n.

Beyer, K., 61n., 541n.

Bickley, W. G., 96n., 519n.

Bidwell, J. B., 420

Biezeno, C. B., 325n.

Billevicz, V., 74n.

Biot, M. A., 58n., 473n.

Bisshopp, K. E., 83n.

Bleich, F., 56n., 59n.

Borchardt, C. W., 452n., 477n.

Born, J. S., 62n.

Boussinesq, J., 97n., 242n., 326n., 399n., 405n., 428, 498n., 504n.

Bredt, R., 333

Brewster, D., 150, 162

Brock, J. E., 74n.

* 页码带 n. 的人名在注释中

英文主题索引

图书在版编目(CIP)数据

弹性理论：第 3 版 /（美）铁摩辛柯
(Timoshenko，S. P.)，（美）古地尔（Goodier，J. N.）著；
徐芝纶译. — 北京：高等教育出版社，2013.5（2020.4 重印）
书名原文：Theory of elasticity：third edition
ISBN 978-7-04-037077-5

Ⅰ.①弹… Ⅱ.①铁… ②古… ③徐… Ⅲ.①弹性理
论 Ⅳ.①O343

中国版本图书馆 CIP 数据核字（2013）第 055925 号

策划编辑 王 超　　责任编辑 王 超　　封面设计 王 洋　　版式设计 余 杨
插图绘制 尹 莉　　责任校对 刘 莉　　责任印制 尤 静

出版发行	高等教育出版社	咨询电话	400-810-0598
社　　址	北京市西城区德外大街 4 号	网　　址	http://www.hep.edu.cn
邮政编码	100120		http://www.hep.com.cn
印　　刷	涿州市星河印刷有限公司	网上订购	http://www.landraco.com
开　　本	787mm×1092mm　1/16		http://www.landraco.com.cn
印　　张	34.25	版　　次	2013 年 5 月第 1 版
字　　数	630 千字	印　　次	2020 年 4 月第 3 次印刷
购书热线	010-58581118	定　　价	99.00 元

本书如有缺页、倒页、脱页等质量问题，请到所购图书销售部门联系调换
版权所有　侵权必究
物 料 号　37077-00

ISBN: 978-7-04-020849-8
ISBN: 978-7-04-035173-6
ISBN: 978-7-04-024306-2

ISBN: 978-7-04-030572-2
ISBN: 978-7-04-034659-6

ISBN: 978-7-04-031953-8
ISBN: 978-7-04-024160-0